普通高等教育"十三五"规划教材

冶金与材料近代物理化学研究方法

（下册）

李 钒 李文超 编著

北 京

冶金工业出版社

2020

内 容 提 要

本书依据科学研究的全过程，简要介绍文献检索和科技论文撰写要点，在概述基础研究手段的基础上，提出实验设计的思路与方法，并介绍了计算机在数据处理和工艺参数优化方面的应用，较全面地介绍了常用于冶金和新材料的组成、性能、结构表征和观测的化学和物理方法的原理和适用条件，并通过实例说明方法的具体应用，突出诠释如何运用物理化学原理结合近代测试技术，对研究对象进行较深入分析的方法，使理论分析与实际观测相结合，互为佐证，以期进一步了解冶金与材料物理化学研究方法在科学研究实践中如何运用。

全书分为上、下两册共6章。上册内容包括：文献信息检索与科技论文写作，实验设计与应用实例，实验研究的基本手段，近代化学分析方法及其应用；下册内容包括：物理分析方法，计算机数据处理及参数优化等。

本书为材料、冶金及化工相关专业高年级本科生和研究生教材，也可供相关专业科技工作者参考。

图书在版编目(CIP)数据

冶金与材料近代物理化学研究方法. 下册/李钒，李文超编著. —北京：冶金工业出版社，2020.7

普通高等教育"十三五"规划教材

ISBN 978-7-5024-8500-9

Ⅰ.①冶… Ⅱ.①李… ②李… Ⅲ.①冶金—物理化学—高等学校—教材 Ⅳ.①TF01

中国版本图书馆 CIP 数据核字（2020）第 119154 号

出 版 人　陈玉千
地　　址　北京市东城区嵩祝院北巷 39 号　邮编　100009　电话　(010)64027926
网　　址　www.cnmip.com.cn　电子信箱　yjcbs@cnmip.com.cn
责任编辑　高　娜　宋　良　美术编辑　吕欣童　版式设计　禹　蕊
责任校对　郑　娟　责任印制　李玉山
ISBN 978-7-5024-8500-9

冶金工业出版社出版发行；各地新华书店经销；三河市双峰印刷装订有限公司印刷
2020 年 7 月第 1 版，2020 年 7 月第 1 次印刷

787mm×1092mm　1/16；28.25 印张；680 千字；440 页
69.00 元

冶金工业出版社　投稿电话　(010)64027932　投稿信箱　tougao@cnmip.com.cn
冶金工业出版社营销中心　电话　(010)64044283　传真　(010)64027893
冶金工业出版社天猫旗舰店　yjgycbs.tmall.com
（本书如有印装质量问题，本社营销中心负责退换）

前　言

冶金与材料物理化学研究方法是从宏观和微观（分子、原子等）尺度上，研究提取金属和化合物及制备材料过程中的物理现象和化学变化规律的方法。随着高新科技、军工国防、航空航天工业的发展和清洁能源材料及资源再利用需求的增长，对冶金产品和材料的性能提出了更新、更高的要求，对冶金新工艺、新技术、新方法的需求更加迫切，对新材料的成分分析、性能测试和结构观察的精度和灵敏度的要求也更加苛刻，从而促进了冶金与材料近代物理化学研究方法的快速发展。

随着冶金新技术的发展，出现了洁净钢、超洁净钢以及超级钢，也出现了电磁冶金、生物冶金、纳米冶金、纤维冶金以及激光冶金等新技术、新方法在冶炼和材料制备方面的运用。这就要求运用一些近代的物理化学测试技术和方法，来满足这些新技术、新方法的研究与开发的需要。

材料科学与工程的快速发展出现了许多的高新材料，诸如新型陶瓷材料、各种功能材料、生物材料、新能源材料等。新材料的研发过程则需要与之匹配的近代物理化学研究方法进行观测与分析，反馈成分、结构、性能等信息。

尽管近年来材料设计和计算机模拟得到了很大的发展，但实验仍是发展冶金新工艺、新技术、新方法和研究开发新材料的实践手段，而且实验又是验证模拟结果可靠性的基石。其中，仍不可忽视冶金与材料物理化学原理是冶金和材料学科发展的理论基础。

然而，人们在科学研究实践中，常常遇到一些实验设计、分析测试方法的选择，以及对获得的结果如何进行理论分析，探求其所以然等问题，有时还不能给出合理的判断。面对这些情况，作者借鉴在科研和教学实践中的一些体会，编写了本书，供读者参考。

本书以实验方法为主，依据科学研究的全过程，简要介绍文献检索和科技论文撰写要点，在概述基础研究手段的基础上，提出实验设计的思路与方法，并介绍了计算机在数据处理和工艺参数优化方面的应用，力求简洁明了地介绍常用于冶金和新材料的组成、性能、结构表征和观测的化学和物理方法的原理、设备构成和工作条件的选择、影响因素及适用范围，并通过实例说明方法的具体应用，帮助读者认识每种测试方法可以获得的信息，突出诠释如何运用物理化学原理，结合近代测试技术，对研究对象进行较深入分析的方法，使理论分析与实际观测相结合，互为佐证，以进一步了解冶金与材料物理化学研究方法在科研实践中如何运用。期望读者通过阅读和学习，达到对如何进行冶金和材料方面的科学研究有一个基本的认识，能初步掌握进行科学研究、总结研究成果必备的基本技能，达到培养分析问题和解决问题能力的目的。

本书中分析测试方法的应用实例来自作者的科研实践。在此，作者衷心感谢国家自然科学基金（No.51472009，No.51172007，No.50974006）、教育部留学回国人员科研启动基金（第39批）、北京市自然科学基金（No.2102004，No.2120001）、北京市高水平创新团队项目（No.IDHT20170502）的资助。作者也衷心感谢北京工业大学大型仪器开放共享平台给予的支持。感谢孙贵如同志对本书的大力支持，她审阅了相关的内容，提出了诸多宝贵意见。

由于作者水平所限，书中或有叙述不当和疏漏之处，诚请读者批评指正。

作　者

2018 年 4 月

目　　录

5 近代物理测试方法及应用

随着高新技术、军工国防、航天航空工业的发展和清洁能源及资源再利用需求的增长，对冶金产品和材料的性能提出更新、更高的要求，对冶金和材料制备新工艺、新方法、新技术的需求更加迫切，对材料的成分分析、微量元素的作用，以及结构的观测和性能的测量在精度和灵敏度方面的要求也更加苛刻。随着科学研究的深入和测试技术的发展，出现了许多近代物理研究与分析测试的方法，限于篇幅，本书仅介绍一些常用的、仪器设备价格较低的、较易实现的研究测试方法，如穆斯堡尔谱法、核磁共振波谱法、X射线衍射分析法、电子显微分析法、光电子能谱分析法、俄歇电子能谱分析法等，也简单介绍扫描隧道显微镜和原子力显微镜及其应用。应该指出，在所有研究微观结构的方法中，包括核物理研究方法和其他方法，都具有各自的特色，一般来说这些方法应相互配合使用。

5.1 穆斯堡尔谱法及其在材料物理化学研究中的应用

德国物理学家穆斯堡尔（Mössbauer R L）在 1957~1958 年进行其博士论文的实验研究中，发现了原子核对 γ 射线的共振吸收现象，并很快得到科学界的普遍承认，后来将这种现象称为穆斯堡尔效应。穆斯堡尔也因这重大发现于 1961 年获得了诺贝尔奖。

穆斯堡尔效应的基础是放射性核发射出 γ 光子，随后这些 γ 光子又被同种核共振吸收。这种效应的应用和发展，形成了一个跨学科的分析方法，称之为穆斯堡尔谱法（Mössbauer spectrocopy，MS）。它可以探测 γ 射线能量极微小的变化，其相对精度高达 10^{-13}，是高灵敏度测量能量的方法，可用于研究分子中原子的价态、化学键的离子性和配位数等的变化而引起核能级的变化。20 世纪 60 年代后，随着 ^{57}Fe 的 γ 射线无反冲共振吸收的发现，以及在 α-Fe_2O_3 的穆斯堡尔谱中观测到了化学移位，使穆斯堡尔谱法在固态物质研究领域得到了广泛的应用，诸如研究物质的化学键、元素的价态、离子配位数、晶体结构、原子中电子的价态、电子密度、固溶体结构、磁学性质等，涉及物理、化学、材料科学、地质学、考古学、生物学和医学等诸多学科领域。

5.1.1 穆斯堡尔谱法的工作原理

穆斯堡尔谱法是以穆斯堡尔效应为基础的微观结构分析方法。

5.1.1.1 穆斯堡尔效应

A 穆斯堡尔效应基本概念

穆斯堡尔效应又称核 γ 共振，是原子核对 γ 射线的无反冲共振吸收现象。若一个原子核处于能量为 E_e 的激发态，当跃迁到能量为 E_g 的基态时，发射出一个能量为 $E_0 = E_e - E_g$ 的

γ光量子。在一定条件下（没有反冲作用），具有能量 E_0 的光量子可以全部被一个电子数相等、质子数目也相等的同种核吸收，吸收此光子能量的核将从基态跃迁到激发态，这种现象叫做γ射线核共振吸收。由于在气体和液体中原子核跃迁时发生反冲作用，有相当可观的能量损失，因此在气体和液体中很难观察到γ射线核共振吸收现象。

能观察到穆斯堡尔效应的原子核称之为穆斯堡尔核。这种穆斯堡尔核通常存在或掺在固体物中，由于各种固体的化学组成或晶体结构不同，穆斯堡尔核发射或吸收的γ光子能量会有微小的变化反映在穆斯堡尔谱上，测量这些细微变化，从而可以获得有关穆斯堡尔核所处环境的信息。

现在观察到的穆斯堡尔效应约有112种核跃迁，它们分属于46种元素的91种核素，而只有约15~20种元素能应用于物理、化学、冶金、地质和生物等方面的研究。最常用的穆斯堡尔核有 ^{57}Fe、^{119}Sn 及 ^{151}Eu。

B　无反冲过程与无反冲分数

a　无反冲过程

处于激发态的原子核，有一定的概率 f 发射γ光子且没有能量传递给晶格振动（即不发射声子）的过程，称之为无反冲过程（或叫零声子过程）。只有 $1-f$ 的概率发射γ光子同时将能量传递给晶格振动（即激发一个声子）。也就是说，无反冲过程不改变晶格的振动状态，与晶格没有能量交换，所观察到的共振谱线极窄。

b　无反冲分数

原子核处于激发态的能量实现无反冲过程的概率（即能量没有传递给晶格振动只用于发射γ光子的概率）称之为无反冲分数，也叫做穆斯堡尔分数或兰姆-穆斯堡尔因数。无反冲分数与晶格振动有关，它由原子在γ射线方向上的均方位移所决定，可提供晶体动力学方面的信息。处在物质中的穆斯堡尔核因受周围介质的影响，它在某一温度下围绕平衡位置振动的位移平方均值会不同，由此反映出由物质结构决定的相近邻原子间的结合力的大小。因此，根据测得的无反冲分数的大小及各向异性，便可探讨物质内部原子间结合力的变化等情况。

5.1.1.2　超精细相互作用与穆斯堡尔谱参数

物质总是按一定的微观结构，以原子、分子等形式构成。原子核是原子或分子的一部分，且总是处于核外环境所引起的电场、磁场中。穆斯堡尔谱涉及的是具有一定体积的原子核与其周围环境电场或磁场的相互作用。这种相互作用的一方是原子核带正电荷、具有电荷电四极矩和磁偶极矩，另一方是环境（原子核的核外电子、近邻原子的电荷和磁矩）形成的电荷分布、电场梯度和磁场。两方相互作用结果会对原子核能级产生影响（即给核能级施以微扰），这种影响被称为超精细相互作用。它可以是仅仅改变核能级能量的电单极相互作用，也可以是部分或全部消除简并从而引起核能级分裂的四极相互作用和磁偶极相互作用。

A　电单极相互作用与同质异能移位

a　电单极相互作用

电单极相互作用是指原子核的电荷与核外分布电子之间的库仑相互作用，它能使核能级产生改变，即电单极相互作用影响谱线在多普勒速度坐标上的位置。

b 同质异能移位

由单电极相互作用引起谱线能量的移动，称之为同质异能移位（文献中常用 I. S. 或 δ 表示）。

同质异能移位也称化学移位，是谱线中心移位。事实上它包括化学移位和二次多普勒移位（由穆斯堡尔核在晶体位置上的不停振动引起，与温度有关）。在二次多普勒移位很小时，中心移位就是化学移位。同质异能移位的直接影响因素是价电子（s 轨道）的密度，而间接影响因素是其他 p、d、f 轨道电子的屏蔽作用。用穆斯堡尔谱测得同质异能移位的变化，可以得知化学键的性质、氧化状态、有序度、原子偏聚等化学信息。

注意，同质异能移位一般是相对某一标准参照物而言的，且使用的放射源不同，所测得的同质异能移位也不同。

B 电四极相互作用与四极分裂

a 电四极相互作用

电四极相互作用是指非球形对称原子核具有的电四极矩与核外电子环境所引起的电场梯度之间的相互作用。此作用致使核能级部分消除简并，引起能级发生细微的分裂。因此，在激发态与基态间跃迁时出现谱线分裂，对应不同能量值（四极分裂值）。例如 ^{57}Fe 的 14.4eV 跃迁，对基态能级不发生变化，而对于自旋 $I = 3/2$ 的第一激发态，电四极相互作用使激发态能级对称地分裂成两个能级。因此，在由激发态与基态间跃迁时对应两个不同的能量值，从而使谱线分裂呈现出一个双谷（峰）线。电四极相互作用取决于核的形状，所以也有人把电四极相互作用称为核的形状效应。

b 四极分裂

由电四极相互作用致使能级分裂，分裂的谱线两线之间的距离叫做四极分裂裂距，简称四极分裂（文献中常用 Q. S. 或 Δ、ΔE_Q 表示）。

四极分裂双线的中点就是其穆斯堡尔谱的中心，把这个中心对应的速度与标准参照物的中心速度比较，差值就是四极分裂谱的同质异能移位。

四极裂距的观测可以用于研究有关电子结构、键的性质和分子对称性等。

C 磁偶极相互作用与磁超精细分裂

a 磁偶极相互作用

磁偶极相互作用，也称作磁超精细相互作用，它是原子核的磁偶极矩与核外环境所引起的磁场之间的相互作用。磁偶极相互作用中的磁场包括固体内部本身产生的磁场（又称有效场、超精细场）和外加磁场在原子核处引起的磁场（称为局域场）。

b 磁超精细分裂

磁偶极相互作用能使核能级产生分裂，完全消除简并。能级分裂使激发态的亚能级和基态的亚能级间发生跃迁，从而引起谱线的分裂。人们将这种由磁偶极相互作用引起的谱线分裂称为磁超精细分裂，也称磁分裂。如对最常用的穆斯堡尔核 ^{57}Fe、^{119}Sn 都分裂为六条亚谱线，被称为特征六线谱。由磁超精细分裂可以推断原子核所处的有效磁场。

磁超精细分裂的观测可以测量材料的磁性转变点 M_s，以及材料的磁性转变点 M_s 随温度的变化规律。

同质异能移、四极分裂、磁超精细分裂（磁分裂）三个参数反映了穆斯堡尔核的核外电子结构、近邻原子的类型和配置，从而提供了材料成分、晶体结构、原子占位、有序化、氧化状态和自旋状态等信息。

电四极相互作用和磁偶极矩相互作用都会引起谱线的分裂，但不会引起谱线的移动。注意，这两种相互作用是有方向性的，可能会引起复杂的共同影响。

上述三种相互作用可以单独存在，但常见的是两种相互作用同时存在。三种超精细作用及其影响因素和在谱线上测量的量列于表 5-1。图 5-1 为 ^{57}Fe 的三种超精细作用及其引起的发射或吸收特征谱线示意图。

表 5-1 超精细相互作用及其影响因素与在谱线上测量的量

作用类型	与原子核有关的因子	与核外环境有关的因子	从谱线上测得的量
电单极相互作用（I.S. 或 δ）	激发态与基态核半径之差	原子核所在处的核外电子电荷密度	同质异能移位
电四极相互作用（Q.S. 或 Δ）	电四极矩	电场梯度	四极分裂（四极分裂裂距）
磁偶极相互作用	磁矩	磁场强度（超精细场及局域场）	磁超精细分裂

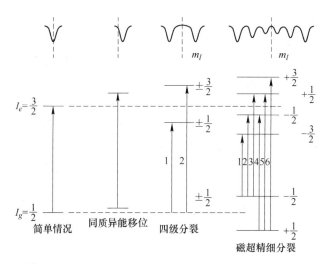

图 5-1 ^{57}Fe 的三种超精细作用及其引起的发射或吸收特征谱线示意图

5.1.1.3 穆斯堡尔谱

A 穆斯堡尔谱简介

穆斯堡尔谱是透射（或散射）γ 光子计数与多道分析器的道数的关系图。它实际上由两部分组成：一部分是极宽分布的谱，形成背景，它是由有反冲过程形成的（即涉及有能量传递给晶格，使晶格振动能量有变化）；另一部分是极窄的具有自然线宽的谱线，峰值相对较高，它是由晶格振动能没有变化的无反冲过程形成的。在发射或吸收 γ 光子时没有反冲效应发生，这种无反冲谱线的位置在共振能量 E_0 处（没有能移发生）。

B 穆斯堡尔谱给出的信息

解析穆斯堡尔谱时，一般分析穆斯堡尔谱中峰的个数、位置和强度，由此可得穆斯堡尔谱的重要参数，即同质异能移位、四极分裂和磁超精细分裂和无反冲分数。

同质异能移位、四极分裂和磁超精细分裂这三个超精细作用参数反映了穆斯堡尔核的核外电子结构、邻近原子的类型和配置，由此提供了材料成分、晶体结构、原子占位、有序化，以及氧化状态和自旋状态等方面信息。无反冲分数反映出由物质结构决定的相近邻原子间结合力的大小，它可提供晶体动力学方面的信息。

5.1.2 穆斯堡尔谱仪

穆斯堡尔谱仪（Mössbauer spectrometer）由放射源、吸收体、驱动装置、γ射线探测器、放大器以及数据记录系统组成。图5-2为一台穆斯堡尔谱仪外貌和组成单元方框图。

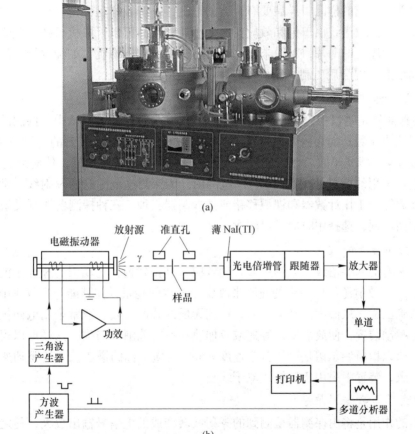

(a)

(b)

图5-2 穆斯堡尔谱仪及其组成单元方框图

（a）穆斯堡尔谱仪；（b）谱仪组成单元方框图

A 放射源

放射源是穆斯堡尔谱仪必不可少的重要组成部分，作用是提供相应穆斯堡尔核跃迁所需的γ射线。穆斯堡尔谱仪用的放射源不同于一般放射源，根据不同的穆斯堡尔核素，可以用多种方法得到穆斯堡尔同位素激发态的核衰变。通常用的途径有电子俘获、β衰变等，由可衰变到穆斯堡尔核的激发态的母核产生。如采用^{57}Fe 作为穆斯堡尔核，可用^{57}Co 作为母核，^{57}Co 从内层电子轨道上俘获电子，使核中的一个质子变为中子，原子序数降低 1，即用^{57}Co$_{27}$+ ^{0}β$_{-1}$→^{57}Fe$_{26}$表示这个过程。

放射源的制备，一般都采取将穆斯堡尔源的放射性同位素扩散到固体晶格中的方法。对放射源的主要要求是，要有高的无反冲分数和放置在空气中有一定的化学稳定性。通常采用长寿命的母核。

为测得穆斯堡尔谱，最常用的放射源有^{57}Fe 在 Cu 中、^{119}Sn 在 SnO$_2$ 中和^{151}Eu 在 Eu$_2$O$_3$/Gd 中等 20 余种。常用的穆斯堡尔核的性质和母核放射源可在相关的书中查到，这里不再赘述。

B　吸收体

吸收体即为研究的样品，样品要有合适的厚度，以防止样品太薄，信号太弱；样品太厚则谱线变宽，导致谱线由于饱和效应而畸变。通常样品可以采取机械法、化学法或电解法制成具有合适厚度的薄片，对粉末样品也可与适当的载体物质（如纯食糖、淀粉等有机化合物作黏结剂）混合后压制，制成具有一定厚度的薄片。

C　γ 射线探测器

γ 射线探测器是谱仪中检测 γ 射线的部件。在穆斯堡尔透射测试中，探测的是透过吸收体的 γ 射线光子数；而在穆斯堡尔背散射测试中，探测的是再发射的内转换电子数、X 射线光子数、γ 射线光子数。在这里被探测到的计数将转换成电信号，传输给放大器。

穆斯堡尔 γ 射线能量处在 5~160keV 范围内。为探测这范围内的 γ 射线，常用的探测器有闪烁计数器、正比计数器和锂漂移锗或硅探测器三种。三种探测器探测灵敏度依 γ 射线能量范围而不同，选择用时应予以注意。

D　驱动装置

为得到所有的共振谱线，常利用多普勒效应（即由发射体运动引起 γ 光子能量或频率改变的现象）对放射源施以一定的速度来改变 γ 射线的能量，使其能与吸收体中穆斯堡尔核的跃迁精确匹配，从而满足共振条件，得到无反冲共振吸收。通常采用电磁振动器、波形发生器等驱动装置，使放射源以等速或等加速在一定范围内扫描，这样可以得到所有的共振谱线，所以穆斯堡尔谱是以多普勒速度 mm/s 为横坐标的谱图。为使驱动速度与驱动信号完全一致，装置中采用负反馈式电子线路。

E　放大器与数据记录系统

放大器的作用是将由探测器检测到的 γ 射线转变成的电信号输出放大，使之成为便于收集的一系列脉冲信号送入单道分析器。单道分析器是一个能量选择窗口，它只允许被特别选定的能量范围的脉冲通过，进入后面的数据采集系统（即进入多道分析器或计算机化的多道扫描器）。

数据记录系统采用计算机控制的多道分析器收集经放大后的信号，并转化成穆斯堡尔谱的数据，存储在存贮器中，以便需要时显示和输出打印。

5.1.3　穆斯堡尔谱的获得

测量穆斯堡尔谱有透射（吸收）法和背散射法两种几何方式，如图 5-3 所示。最常用的是透射法，也叫吸收法，相应的谱仪也叫穆斯堡尔吸收谱仪。

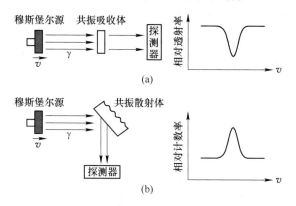

图 5-3 测量穆斯堡尔谱的几何方式

（a）透射法；（b）背散射法

5.1.3.1 透射法

在透射（吸收）法中，测量 γ 射线的透射计数与多普勒速度的关系。记录的是透过吸收体的 γ 射线，得到一个或多个吸收谷的穆斯堡尔吸收谱。样品为薄片或粉末。

透射法又分放射源振动和吸收体振动两种方式。为使吸收体可放置于特殊环境中，如低温、高温、高压、磁场等，一般采用放射源振动方式。

因只有放射源和吸收体间有相对运动才有多普勒效应，实现对 γ 射线能量的微调，以达到穆斯堡尔核共振吸收条件。因此，测试时采用多普勒速度（源或样品的运动速度）调制 γ 射线的能量，调制后的 γ 射线在吸收体中被同种穆斯堡尔原子核共振吸收，测量透过吸收体的 γ 射线计数与多普勒速度的关系，获得穆斯堡尔吸收谱。

5.1.3.2 背散射法

在背散射法中，探测的是吸收体原子核共振吸收 γ 射线后，从激发态返回到基态，再发射的 γ 射线、次生 X 射线、内转换电子。穆斯堡尔谱呈现一个或多个发射峰。这种方法非常适合样品表面层的研究。

应该指出，在背散射测量中，穆斯堡尔原子核从激发态跃迁到基态，除发射 γ 射线外，还通过内转换的方式，将能量交给核外电子，射出内转换电子。发射 γ 射线和发射内转换电子过程都属 γ 蜕变。

内转换过程是指处于激发态的原子核直接把能量交给核外的电子，使之以自由电子形式射出原子之外（发射内转换电子）。在内转换过程中，原子核不发射出 γ 射线，而是通过原子核的电磁场与核外的电子相互作用，直接发射内转换电子。内转换电子被发射出去后，内壳层出现一个空位，外层的电子就会向这个空位跃迁，发射一定能量的 X 射线；或者不发射 X 射线，而是将能量交给上一层的另一个电子，使之以自由电子形式射出（俄歇效应），这个电子称之为俄歇电子。例如，^{57}Fe 从激发态变到基态时，有 10% 的概率直接发射 14.4keV 的 γ 射线，90% 的概率是经过内转换过程衰变；而在内转换过程中，发射出内转换电子（7.3keV）和 X 射线（6.4keV），而 X 射线的能量有 63% 的概率引起俄歇电子的发射。

由于 γ 射线、X 射线和内转换电子的穿透能力不同（分别为 10μm、1μm 和 50nm），因此采用不同的探测器测量它们，就可以研究表面层不同深度的物质结构。典型的内转换电子探测器可用 94%He 与 6%CH$_4$ 混合气体的正比计数器，而探测 X 射线可用 90%Ar 与 10%CH$_4$ 混合气体的正比计数器。图 5-4 为用于同时测量穆斯堡尔谱与内转换电子谱的装置示意图，用它可以直接比较样品体内和表面层结构的差别。

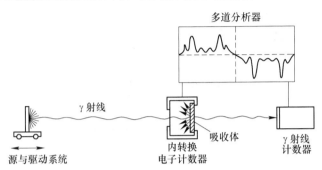

图 5-4   同时测量穆斯堡尔谱和内转换电子谱的装置图

5.1.4   穆斯堡尔谱数据处理

测得的穆斯堡尔谱绝大多数是比较复杂的，可能是多个物相或若干组超精细场的叠加，弱的峰被强的峰淹没，甚至一组吸收峰中要分解出几套亚峰等。为了获得穆斯堡尔谱参数，必须用计算机对谱线的数据进行分析、拟合解谱，得到准确的谱线参数，如吸收峰位置、峰的线宽和强度等，根据这些参数才能计算出超精细相互作用参数（同质异能移位、四极分裂、磁超精细分裂）、有效磁场、吸收峰面积等。

穆斯堡尔谱仪将测得的穆斯堡尔谱存储在多道分析器或谱仪计算机中的 N 个道存储器内。分析处理记录下来的穆斯堡尔谱数据，需先进行速度定标，然后利用一定的物理模型和算法对谱线进行拟合，得到穆斯堡尔谱参数。

5.1.4.1   速度定标

速度定标就是要标定出多道分析器中每一道所对应的多普勒速度值。通常采用标准样品进行相对速度标定，也就是采用一些经过多次精密测定穆斯堡尔谱的物质为参考物，以参考物作为标准，来标定速度。速度定标适用于小速度范围内的标定。例如，^{57}Fe 穆斯堡尔谱测量中常用纯 α-Fe 作为标准参考物，它的穆斯堡尔谱六个峰所在的道地址分别对应着下面的六个速度值：- 5.3123mm/s，- 3.0760mm/s，- 0.8397mm/s，0.8397mm/s，3.0760mm/s，5.3123mm/s。此外，还有采用激光干涉法和衍射光栅法进行绝对速度标定的。

5.1.4.2   谱线拟合

A   计算机处理穆斯堡尔谱的基础

速度标定之后，利用一定的物理模型借助计算机对穆斯堡尔谱进行拟合。利用计算机处理穆斯堡尔谱的基础是，它几乎完全满足利用电子计算机分析实验数据必须的条件，即

（1）需要知道使用何种数学表达式来描述该实验的物理过程；

（2）每一个计数的方差或统计偏差是统计数值的已知函数；

（3）基线能用以函数形式描述；

（4）实验测量得到的数据输出形式是数字形式。

迄今已知的穆斯堡尔谱数据分析方法有很多，可以分为以下几大类：按晶态非晶态材料分类，有分立谱拟合法和超精细磁场连续谱的拟合法；按数学方法分类，有最小二乘法拟合法和非最小二乘法拟合法；按类型分类，有高斯-牛顿法、改进高斯-牛顿法、拟合或剥离和剥离拟合混合运算法、考虑原子核的能级分裂和跃迁的拟合法（也称全谱拟合法）、比较法、不求逆矩阵的高斯-牛顿法等。目前，穆斯堡尔谱数据分析工作中，数学模型和计算方法的改进，新物理模型的提出都有很大发展，总的趋势是理论方法趋于完整统一，计算程序趋于简练和多功能。

B　拟合谱线的计算方法

下面以拟合较简单的谱线（即谱线吸收峰的个数不多、各个亚峰又不严重重叠）的高斯-牛顿法为例，讲述其拟合谱线的计算方法，以帮助读者了解穆斯堡尔谱的拟合。

穆斯堡尔谱的高斯-牛顿拟合法的算法是基于数学上将非线性函数用泰勒级数展开略去高次项，使非线性方程组线性化的思路。

谱仪存储器记录的穆斯堡尔谱有 N 个计数值 $Y_i(i=1，2，3，\cdots，N)$，经过速度标定后 N 个道（存储）地址转变成多普勒速度值 V_i，原始数据就变成 N 个数对（V_i，Y_i）（$i=1，2，3，\cdots，N$）。

在待测样品厚度非常薄（如对 ^{57}Fe，样品中的铁含量不超过 $10mg/cm^2$）时，所测的穆斯堡尔谱线是洛仑兹线型（由 N 条洛仑兹曲线的叠加），这样拟合谱线就是从包络线中求出 N 条洛仑兹谱线的强度、线宽和峰位，即

$$y_{(V)} = E + FV + GV^2 \pm \sum_{i=1}^{N} \frac{A_i}{1 + \left(\dfrac{V - C_i}{B_i}\right)^2} \tag{5-1}$$

式中，E 为背景（基线）计数（考虑源与探测器的距离随速度变化，写为 $E + FV + GV^2$ 进行抛物线修正，若基线为平坦直线，则 $F=G=0$）；V 为多普勒速度；A_i、B_i、C_i 分别为第 i 个洛仑兹线的高度（强度）、半高处线宽和峰位；$\sum$ 和式前的负号用于透射吸收谱分析，而正号用于背散射发射谱的分析，$\sum$ 和式表示 N 个洛仑兹曲线的叠加；N 为实验数据点的个数。

用式（5-1）拟合实测谱时，通常用加权最小二乘法。由最小二乘法原理知，对有 m 个待求参数（A_j、B_j、C_j 和 E、F、G，$j=1，2，3，\cdots，N$），$m=3N+3$。因拟合时不一定从 1 道到 N 道，所以取 j 从 j_{min} 到 j_{max}。当参数达到最佳值时，χ^2 函数应为最小，即

$$\chi^2 = \sum_{j=j_{min}}^{j=j_{max}} \frac{1}{y_j} \left[y_j - y_{(V)} \right]^2 \tag{5-2}$$

式中，y_j 为第 j 道的实测计数；$\dfrac{1}{y_j}$ 为统计权重。

若将待求参数记为 $q_k(k=1，2，3，\cdots，3N+3)$，则式（5-2）中 $y_{(V)}$ 可记为 $y_{(V,q_k)}$。使式（5-2）达到极小的条件是

$$\frac{\partial \mathcal{X}^2}{\partial q_k} = 0$$

为了达到这个条件，在各种不同的算法中，根据最小二乘法原理，计算时都应依据谱图和物理模型适当给出每个 q_k 的初始值，使 χ^2 值极小来确定每个 q_k 的修正值 δq_k，然后由修正的值 $q_k + \delta q_k$ 作为下一次迭代的初值。重复上述过程，直到满足收敛判据为止。

一般用最小二乘法进行计算机拟谱，采用高斯-牛顿法与不求逆矩阵的高斯-牛顿法（框图如图5-5所示）进行计算。不求逆矩阵的高斯-牛顿（Gauss-Newton）法是为拟合重叠严重谱线提出的，可拟合洛仑兹线型穆斯堡尔谱，也可拟合高斯型谱线。计算开始时，先给出每一条洛仑兹曲线（吸收峰）强度、线宽和吸收峰的位置三个参数的初始估值，即吸收峰的实际高度（用计数表示）、峰的半宽（用道数表示）和峰的位置（用道数表示）。基线参数可参照实测曲线粗略地给出。注意：初始值的选取会影响迭代收敛；无论使用哪种算法，在计算前一定要考虑物理意义，以期能得到明确的物理意义信息值。具体计算过程和计算技巧包括参数初始值的选择、对某些参数的约束条件，以及计算结束的判据等，有兴趣者可参阅本章后有关穆斯堡尔谱法的参考书，这里不再赘述。

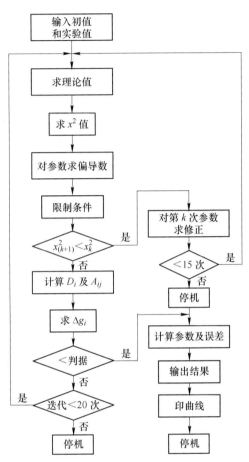

图 5-5　不求逆矩阵的高斯-牛顿法框图

若测试的试样有一定厚度，导致洛仑兹线型发生畸变，则需要更多强度的信息，或比较一系列不同厚度样品，从实验谱及样品的有效厚度中找出吸收体的吸收截面，再在拟合时作厚度修正；或选用其他模型。

5.1.5　穆斯堡尔谱法的优点及局限性

5.1.5.1　穆斯堡尔谱法的优点

穆斯堡尔谱法的优点为：

（1）高分辨率、高灵敏度和无损检测，提供的化学移位（同质异能移位）信息具有极高的精度，可对同一样品进行多次测试而不破坏（改变）样品的状态。

（2）受环境的影响相对较小，因而对样品的纯度和晶体质量的优劣等要求不十分苛刻。

（3）对导体而言不存在趋肤效应，可测量单晶样品。

（4）得到的是固体物质中原子尺度的微观状态的统计总和，而不是宏观平均值。

5.1.5.2 穆斯堡尔谱法使用的局限性

受到有限的几种穆斯堡尔谱核的限制，对一些元素（比如铜）就不能进行分析，只能用于含有穆斯堡尔核素的样品；而且除 ^{57}Fe、^{119}Sn 外，大多数核素的测量需在低温下进行；采集数据的时间相对较长；所用样品常要有一定的尺寸。另外，有的试样单独依靠穆斯堡尔谱法分析确定结果比较困难，一般还需要配合其他测量手段（如 X 射线衍射、电子显微镜技术、核磁共振、电子-原子核双共振、光电子能谱、中子衍射等方法），从不同侧面提供相互补充的信息来进行综合分析。

5.1.6 穆斯堡尔谱法在材料物理化学研究中的应用实例

由于穆斯堡尔核所处环境因素的不同，（如处于不同的晶体学相、非晶相、磁相、有序-无序相时），它们的穆斯堡尔谱也不相同，穆斯堡尔参数如同质异能移位、四极分裂、磁超精细分裂通常也是不相同的。通过计算机拟合出穆斯堡尔谱中各个谱线吸收峰，将穆斯堡尔参数作为"指纹"鉴别出不同的相，根据谱线吸收峰的积分强度进行计算就可以确定各相的相对含量。

5.1.6.1 用穆斯堡尔谱法对古陶瓷釉结构价态分析

我国宋代有驰名中外的五大名窑：汝、钧、官、哥、定，而汝为魁，其传世品成为各国收藏家、鉴赏家和考古学家研究的对象。汝瓷属青瓷，铁为主要成色剂。其艺术风格俊美，烧制技术独特，在北宋大观年间（公元 1107～1110 年）曾为宫廷专用瓷。然而，到南宋其工艺失传。

国内外考古工作者对汝瓷做了大量的研究，对釉的化学成分进行分析发现，釉属石灰碱釉，其中 Fe_2O_3 含量为 1.4%～2.2%，TiO_2 含量为 0.8%，P_2O_5 含量低于 1%；对其显微结构进行了观测，发现釉中有晶体相和气泡等存在。X 射线相分析表明，汝瓷青釉中存在钙长石、莫来石和方石英。釉中的钙长石微晶和微气泡群等尺寸远大于入射光的波长，成为光的散射体，而光的散射为无色白光，因而出现乳浊现象。

关于青瓷釉成色机理的研究，大都认为在还原焰烧成时，Fe^{3+}/Fe^{2+} 离子为主要着色剂。当釉中 Fe_2O_3 含量过高或在氧化焰烧成时，釉呈黄褐色。釉层越厚，釉色越深，且显得优雅。釉的基本化学组成不变，铁氧化物含量越少，色调越浅；反之色调越深。有的研究者提出了发色团理论，认为 Fe^{3+}—O—Fe^{2+} 形成发色团，由于 Fe^{3+} 在占据结构中网络形成子的条件下，Fe^{2+} 和 Fe^{3+} 之间产生相互作用，因此需要 Fe^{3+} 取代 Si^{4+}。釉中 Fe^{3+} 浓度越低，Fe^{3+}—O—Fe^{2+} 原子团的浓度越高，釉色越偏青；反之釉色趋于黄绿色。

总之，对汝瓷天青釉呈色的分析，都认为铁是主要呈色元素，但缺乏不同价态 Fe 离子的配位情况和它们的相对含量对呈色作用的理论依据和实验数据的支撑。因此，研究汝瓷天青釉中铁离子的存在形式，是从本质上了解其呈色的关键，也可为实现仿制烧成工艺提供理论依据。

利用经考古鉴定的河南宝丰清凉寺出土的宋代汝瓷残片，在防止铁的二次氧化的条件下剥离釉层，部分用作吸收光谱及等离子光谱对天青釉的化学成分分析，部分釉的粉末用有机胶膜制成穆斯堡尔谱试样探测不同价态 Fe 离子的配位对呈色的作用机理。

本实验采用等速穆斯堡尔谱仪，放射源为 ^{57}Co（Cu 基），γ 射线由 NaI（Ⅱ）闪烁计数器检测。用 α-Fe 为标准样品，定标常数为 0.8585mm/s（chanel），中心道数为 128.675（chanel）。在 300K 下测定汝瓷天青釉的吸收谱，为了对比还分析了草酸亚铁和三氧化二铁的吸收谱，测试结果见图 5-6~图 5-8。

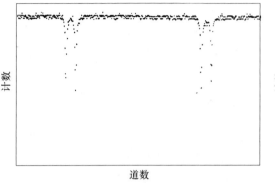

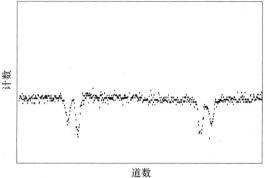

图 5-6　草酸亚铁的穆斯堡尔谱分析结果　　　图 5-7　汝瓷天青釉的穆斯堡尔谱分析结果（300K）

图 5-7 汝瓷天青釉穆斯堡尔的吸收谱上，没有出现 Fe_2O_3 的特征六线谱，但两个吸收峰的强度不同，这表明存在 Fe^{3+} 离子，它与氧形成配位体存在于网络结构中。为此，对实验数据按洛仑兹（Lorentz）线型谱线，用最小二乘法、高斯-牛顿（Gauss-Netwon）法与不求逆矩阵法交替处理，进行拟合谱，结果见图 5-9。

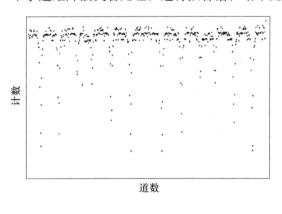

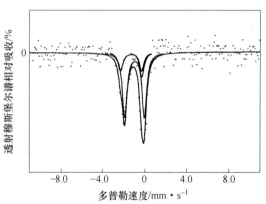

图 5-8　三氧化二铁的穆斯堡尔谱分析结果　　　图 5-9　汝瓷天青釉穆斯堡尔谱计算机拟合曲线

拟合曲线由两套双峰和一个单峰组成，得到的穆斯堡尔谱参数，见表 5-2。

表 5-2　汝瓷天青釉 300K 下的穆斯堡尔谱参数

配位 \ 参数	同质异能移位值 I. S. /mm · s^{-1}	四级分裂值 Q. S. /mm · s^{-1}	由吸收峰面积计算铁离子的相对含量/%	最大吸收的半高全宽 /mm · s^{-1}
双峰 Fe^{2+} 八面体配位	1.3041	2.0063	67.7	0.258
双峰 Fe^{2+} 四面体配位	0.9670	1.8786	19.3	0.258
单峰 Fe^{3+} 四面体配位	0.2812		13.0	0.129

根据吸收峰的面积，计算得到汝瓷天青釉中有关铁离子的相对含量分别为：二价铁在四面体的配位 Fe_{tet}^{2+} 占 19.3%；二价铁在八面体的配位 Fe_{oct}^{2+} 占 67.7%；三价铁在四面体的配位 Fe_{tet}^{3+} 占 13.0%。由于高价铁 Fe^{3+} 比二价铁 Fe^{2+} 具有较高的离子势、较小的离子半径和较强的酸性，因此可以取代硅离子 Si^{4+}，优先占据网络形成子的位置，形成四面体配位。

在穆斯堡尔谱测定铁离子在汝瓷天青釉中的配位情况的基础上，利用配位场理论进行分析，发现汝釉呈色与元素的电子排列和配位场环境有关。过渡族金属铁离子对应 5 个角动量矢量的方向，有 5 种 d 轨道。在没有外场作用时，即为自由离子，5 种 d 轨道是简并的，它们具有相同的能量；在有配位场存在时，所有 d 轨道的能量不同，且被分裂成簇。分裂后的较高和较低能级之间的能量差，称之为能级分裂参数。铁离子处于八面体和四面体配位时，它们的 d 轨道发生不同的分裂，但 d 轨道分裂过程总能量应保持不变。在八面体配位场下，铁离子 5 个 d 轨道分裂为 e_g 轨道容纳 4 个电子和 t_{2g} 轨道容纳 6 个电子；铁离子在四面体配位时，d 轨道分裂为 e 轨道容纳四个电子和 t_2 轨道容纳 6 个电子。在四面体中负离子与铁离子的相互作用比在八面体配位的弱，因此分裂能小，于是有 $\Delta_{tet} = -\dfrac{4}{9}\Delta_{oct}$。

对于汝瓷天青釉，处于八面体配位的 Fe^{2+} 相对含量较高，电子成对能为 $19150cm^{-1}$，大于 Fe^{2+} 在八面体中 d 轨道能级分裂参数 $9520cm^{-1}$，因此电子不成对排列，电子构型为高自旋态。Fe^{2+} 离子进入八面体配位时，能量变为负值，表明处于八面体配位的 Fe^{2+} 离子比处于球形电场的同类离子要稳定。

正是由于铁离子的 d 轨道分裂，才对汝瓷天青釉呈色情况产生较大的影响。八面体配位的 Fe^{2+} 离子 d 轨道分裂后，由低能级向高能级跃迁时，吸收光的能量为

$$\Delta E = \Delta_{oct} = 1.18eV$$

已知

$$\Delta E = h\nu_{吸收光}$$

计算吸收光的波长

$$\lambda = \frac{c}{\nu} = \frac{hc}{\Delta E} = \frac{6.626 \times 10^{-34}J \cdot s \times 2.998 \times 10^{10} cm/s}{1.18eV \times 1.602J/eV} \times 10^7 = 1051nm$$

式中，h 为普朗克常数；c 为真空光速。

计算结果表明，八面体配位的 Fe^{2+} 离子在近红外区 1051nm 处产生吸收带。同样可以计算处于四面体配位的 Fe^{3+} 在 280nm 处产生吸收带。这与汝瓷天青釉的紫外-可见-近红外吸收光谱分析结果（见图 5-10）相吻合。

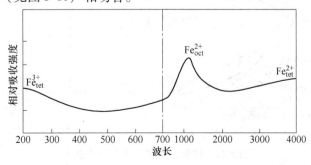

图 5-10 汝瓷天青釉的吸收光谱曲线

结合配位场理论分析可以确定，图中 1000nm 附近的吸收峰是由 Fe^2 在八面体配位引起的。从汝瓷天青釉的化学成分（见表 5-3）看，釉中含有相当量的 CaO、Na_2O 和 K_2O，碱度较大，这使 O^{2-} 的极化率增加，配位体畸变成为低对称的多面体，导致 d 轨道能级分裂参数增大，致使 1000nm 附近的吸收峰向可见光区移动，釉呈现蓝色。

表 5-3   宋代汝瓷天青釉的化学成分 x_i （%）

SiO_2	Al_2O_3	Fe_2O_3	CaO	MgO	K_2O	Na_2O	TiO_2
72.29	9.08	0.62	10.84	1.95	2.53	2.08	0.15
MnO	P_2O_5	BaO	SrO	ZrO_2	CuO	Li_2O	ZnO
0.10	0.14	0.03	0.02	0.006	0.07	0.05	0.03

而在红外区，4000nm 处的吸收峰是由 Fe^{2+} 在四面体配位时引起的光吸收。由于 Fe_{tet}^{2+} 的相对含量较小，产生的光吸收峰又远离可见光区，故对汝瓷天青釉的呈色影响不大。

图 5-10 中在 200nm 附近的吸收峰是 Fe^{3+} 离子在四面体配位时产生的吸收。由于汝瓷天青釉中 Fe^{3+} 离子的含量很小，光吸收峰较弱，对釉呈色的贡献小于 Fe^{2+} 的。但 Fe_{tet}^{3+} 的吸收峰离可见光较近，对天青釉呈色还是有一定的影响，可认为起辅助呈色作用。由此可见，控制 Fe^{2+}/Fe^{3+} 离子的比例，是保证汝瓷天青釉呈色的关键所在。

此外，穆斯堡尔谱分析表明，在相同的烧成气氛下，釉中 CaO/SiO_2 的比例增加，Fe^{3+} 离子占据网络形成子的位置，促进 Fe^{3+} 离子形成四面体配位，釉色就越深。

我们还可从热力学角度分析 Fe^{2+} 和 Fe^{3+} 对天青釉呈色的贡献。按天青釉烧成的温度 1240℃（1513K）和古代用木材烧成的气氛 4%～7%（$CO+H_2$）绘制出铁氧化物还原热力学参数状态图，参见图 5-11。由图可以看出，在 1100℃（1373K）釉料尚未熔化时，Fe_2O_3 已完全转化为 Fe_3O_4，随着温度升高只有部分 Fe_3O_4 转化为 FeO。因此在釉中是以 Fe^{2+} 为主，还有一定量的 Fe^{3+}，即由热力学分析可以认为，天青釉中 Fe^{2+} 呈色为主，而 Fe^{3+} 辅助呈色。

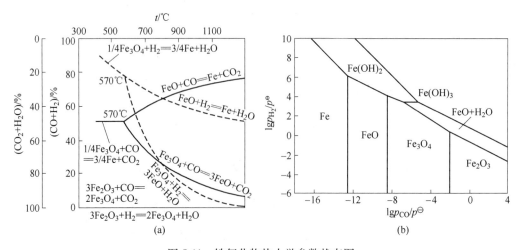

图 5-11   铁氧化物热力学参数状态图
（a）铁氧化物还原热力学参数状态图；（b）1200℃下 Fe-O 稳定区相图

由图 5-11（a）可以看出，随着还原气体浓度的增加，Fe_3O_4 转变为 FeO 的趋势就越大；又由于从烧成到冷却过程中经历了再氧化，故在汝瓷天青釉中应该存在一定量的三价铁离子。这与穆斯堡尔谱分析的结果相吻合。

在上述研究和分析的基础上，进行了仿汝瓷的模拟实验。实验结果表明：氧化气氛下烧成，青釉泛黄；只有在还原气氛下才能得到天青釉色，还原气氛越强 Fe^{3+} 离子的含量越少，其对呈色影响也就越少；与此同时 Fe^2 离子在青釉中的含量就相对增加，产生的吸收峰也就越强；通过热力学参数状态图实现还原气氛的控制，可以获得汝瓷天青釉。

此外，穆斯堡尔谱分析表明，在相同的烧成气氛下，釉中 CaO/SiO_2 的比例增加，Fe^{3+} 离子占据网络形成子的位置，促进 Fe^{3+} 离子形成四面体配位，釉色就越深。

5.1.6.2 穆斯堡尔谱法在宝石改色研究中的应用

我国东部地区出产的蓝宝石，以其颗粒大、晶体完整性好、透射光下呈现漂亮的蓝色著称。但是绝大部分原石晶体的颜色太深，透明度差，表观呈黑色。因而，无论从经济价值，还是从美学价值考虑，都要求对其进行适当的优化处理。宝石的优化处理结果，首先由其内在的物理化学性质决定，而所采用的人工物理环境如采用中子辐照处理，改变铁、钛的价态，也可获得较好的颜色。

关于蓝宝石的蓝色成色机理，普遍用以分子轨道理论为基础的电荷转移机制解释。刚玉晶体中的两价铁 Fe^{2+} 和四价钛 Ti^{4+} 为致色离子，在受到光照时，一个电子由 Fe^{2+} 跃迁到 Ti^{4+} 离子上，发生 $Fe^{2+} + Ti^{4+} \rightarrow Fe^{3+} + Ti^{3+}$ 的能态变化，使刚玉呈现蓝色，Fe^{2+}、Ti^{4+} 含量越高，蓝颜色越深。因此，Fe、Ti 含量及其价态对蓝宝石的优化处理至关重要。

利用中子活化分析方法对我国东部地区出产的不同蓝宝石原石中的全铁和钛的含量进行了测量，测量结果见表 5-4。

表 5-4 我国东部地区蓝宝石原石中铁和钛含量的中子活化分析

样品号	晶体颜色特征		c（铁）$\times 100$	c（钛）$\times 10^6$	对热处理的敏感程度
	平行生长轴	垂直生长轴			
1	乳白蓝色	中等绿色	1.065	1325.0	褪色显著
2	浅蓝色	亮绿色	0.948	243.0	中等
3	深蓝色	深亮绿色	1.023	322.8	褪色有效
4	浅蓝色	中等绿色	0.723	285.2	中等
5	深蓝色	深绿色	1.522	734.7	中等
6	中等蓝色	中等绿色	0.964	185.7	中等
7	深蓝色	蓝绿色	0.836	264.7	褪色显著
8	深蓝色	黄绿色	1.156	242.5	褪色显著
9	中等蓝色	黄绿色	0.855	81.8	中等

从表 5-4 中可以看出：铁的平均含量（质量分数）为 1.01%，钛为 0.041%，Fe：Ti = 25：1，这给人工优化处理带来极大困难。平行晶体生长轴方向的颜色越深，铁含量越高，

颜色最深的 5 号试样比最浅的 4 号试样含量高一倍。1 号试样钛含量最高,铁与钛之比为 8,物理处理可获得最佳的效果。

利用穆斯堡尔谱对我国东部地区蓝宝石原石样品中铁的价态进行了分析,结果显示谱图中未出现 Fe_2O_3 的特征六线谱,出现的两个吸收峰强度不相等,表明仍有 Fe^{3+} 存在,但其配位状态难以确定。表 5-5 列出了中子辐照下的高温氧化处理前后蓝宝石的穆斯堡尔谱拟谱获得的数据,其中,I. S. 和 Q. S. 分别为同质异能移位值和四极分裂值,η 为谱峰面积的份额。从表 5-5 中可以看出,依据 Fe^{2+}、Fe^{3+} 含量正比于相应的谱峰面积的百分比,可知处理前样品中的 Fe^{2+} 含量明显高于处理后,而 Fe^{3+} 的情况则相反,且 Fe^{2+}/Fe^{3+} 比值由处理前的 5.341 降至处理后的 1.068。

表 5-5   我国东部地区蓝宝石原石热处理前后的穆斯堡尔谱拟谱结果

配位态	热处理	I. S. /mm · s^{-1}	Q. S. /mm · s^{-1}	$\eta \times 100$
Fe^{3+}	前	0.206	2.601	15.77
	后	− 0.063	0.364	48.35
Fe^{2+} 八面体	前	0.061	0.499	53.39
	后	0.680	0.324	29.81
Fe^{2+} 四面体	前	0.109	1.295	30.84
	后	− 0.153	1.069	21.84

在造成 Fe^{2+}/Fe^{3+} 值降低的诸因素中,既有夹杂相(包裹体)中的 Fe 由低价向高价转变的因素,也有固溶在 α-2Al_2O_3 基体中的包括八面体配位和四面体配位在内的 Fe^{2+} 被氧化成 Fe^{3+} 的因素。控制 Fe^{2+}/Fe^{3+} 比值是优化处理技术的关键。Fe^{2+}/Fe^{3+} 比值高为氧化不足,颜色降不下来;Fe^{2+}/Fe^{3+} 比值低为过氧化,宝石呈黄、绿色。只有严格控制热处理的温度和氧分压,使 Fe^{2+}/Fe^{3+} 比值趋近于 1,才能获得纯正的蓝色。

利用扫描电子显微镜 SEM 及配置的 EDS 观测分析宝石中铁的分布状况。结果表明,多数样品中铁元素呈均匀分布,但在蓝宝石的包裹体中观察到了铁的富集区,尺寸约为 $5\sim10\mu m$。图 5-12 为透射电子显微镜(TEM)观察到的在深色蓝宝石处理前后单晶体中的夹杂物、析出相及非晶相的形貌,图中的小图为它们的选区电子衍射图。

在热处理前的样品中,TEM 观察到的原生夹杂物相有钛铁矿型 $FeO \cdot TiO_2$(图 5-12(a))、假板钛矿型 Fe_2TiO_5(图 5-12(b))、钙钛矿型 $CaTiO_3$(图 5-12(c))及非晶相(图 5-12(f))等。经高温氧化处理后的样品中仍能观察到有 Fe_2TiO_5 和 $CaTiO_3$ 夹杂物相,但 $FeO \cdot TiO_2$ 相消失,出现了两个微量新夹杂物相,钛酸铝 Al_2TiO_5(图 5-10d)和铁铝氧化物 $Al_2O_3 \cdot Fe_2O_3$(图 5-12(e)),即发生了钛和铁的化合物由低价 Fe^{2+} 向高价 Fe^{3+} 的转变。这和穆斯堡尔谱分析中 Fe^{2+} 减少,Fe^{3+} 增多的结果相吻合。此外,在非晶相包裹体内还观察到了微晶颗粒的宽化衍射环,这表明原非晶态相的初晶化,即非晶向结晶态的转变(图 5-12(g))。非晶相的晶态转变有助于透明度的提高,从而可在总体上改善蓝宝石的色光效应。

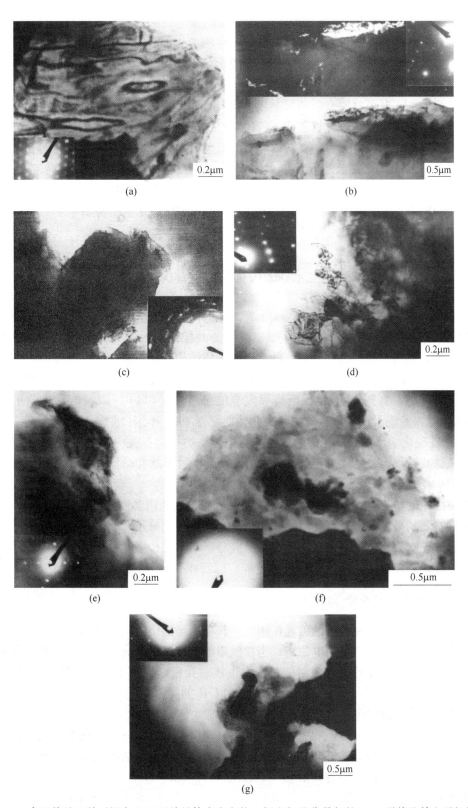

图 5-12　高温热处理前后深色蓝宝石单晶体中夹杂物、析出相及非晶相的 TEM 形貌及其电子衍射图

由表5-4可以看出我国东部地区具有代表性的蓝宝石的铁和钛的含量，显然它们必须经过物理处理才能提高晶体的透明度，降低颜色深度，提升宝石的品质。这种品质不太好的蓝宝石经过中子辐照条件下的热处理：原周边色带细而稀表观上为蓝色的 1 号样品，处理后整体上变为纯正的蓝色；原为深墨水蓝色的 3 号样品，处理后晶体呈现海蓝色；7 号样品处理后为纯正蓝色；原蓝色色带是黑色的 8 号样品处理后变成漂亮的蓝色。

综上所述，穆斯堡尔谱分析表明，我国东部地区的蓝宝石中大多数铁元素处于 Fe^{2+} 价态，是造成颜色深的主要原因。要获得纯正的蓝色，热处理时须严格控制处理温度和相应的氧分压，使 Fe^{2+}/Fe^{3+} 比值趋近于 1，才能使颜色变浅，透明度增加，提高宝石的品质；高温氧化处理后，非晶相发生初晶化，$FeO \cdot TiO_2$ 消失，出现钛酸铝 Al_2TiO_5 和铁铝氧化物 $Al_2O_3 \cdot Fe_2O_3$ 两个新夹杂物相，二价铁含量减少，这与穆斯堡尔谱分析中 Fe^{2+}/Fe^{3+} 比值下降的结果相吻合。

5.2　核磁共振波谱法及应用

核磁共振波谱法（nuclear magnetic resonance spectroscopy，NMR）是利用在射频电磁波作用下，原子核在外磁场中的核磁亚能级间的共振跃迁发射光谱的现象进行分析的方法。发射的光谱属于吸收光谱，是一种常用的物质结构分析方法。

早在 1924 年，鲍利（Pauli）认为有些核同时具有自旋和磁量子数，这些核在磁场中会发生能级分裂。直到 1946 年，斯坦福大学的布洛赫（Bloch）以及哈佛大学的玻塞尔（Purcell）等人发现了核磁共振波谱，为此他们获得 1952 年诺贝尔物理奖。随后，克奈特（Knight）发现化学环境对核磁信号的影响与化合物的结构有关。直到 1956 年才出现第一台商用核磁共振仪，之后埃姆斯特（R. R. Ernst）发明了脉冲傅里叶变换核磁共振仪，为此获得 1991 年诺贝尔化学奖。

核磁共振的特点是：作为原子核"探针"能深入物质内部而不破坏样品本身，适于研究分子和物质的微观结构；与环境相互作用小，对研究的分子和物质的性质没有干扰；可从原子核的成对相互作用获得几何信息，研究分子结构的构型，分析固体物质的结构和晶体结构，探讨固体中物质的运动（扩散过程）以及相变过程等。

5.2.1　核磁共振基本原理

具有磁矩的原子核在恒定的磁场作用下，其磁矩会围绕磁场做旋转运动，若在与恒定磁场垂直的方向施加一个高频电磁场，当核磁矩的旋转频率与高频电磁场频率相等时，核磁矩系统将从高频电磁场吸收辐射能量，发生核磁共振。约有 80 种元素含有一种或多种具有核磁矩的同位素可以产生核磁共振。其中以 ^1H 的灵敏度最高，应用最广，而 ^{13}C 在有机及生化分子结构测定中具有更大的优越性。

核磁共振谱是由具有磁矩的原子核受电磁波辐射而发生跃迁所形成的吸收光谱，也就是说核磁共振谱是一种原子核在恒定磁场下对高频电磁场能量的吸收随其频率的变化的谱图。它可以提供物质结构的重要信息。

电子能自旋，质子也能自旋，质量数为奇数的原子核，自旋量子数 I 为半整数，诸如 ^1H、^{11}B、^{13}C、^{17}O、^{19}F、^{31}P 等，其自旋量子数不为 0，称磁性核。质量数为偶数，质子数为奇数的原子核，自旋量子数为整数，也是磁性核。由于核中质子的自旋在沿着核轴的方向产生磁矩，因此可以发生核磁共振，常见的是^{1}H 核磁共振谱和^{13}C 核磁共振谱。而质量数和质子数均为偶数的原子核，自旋量子数为 0，即 $I=0$，诸如^{12}C、^{16}O、^{32}S 等，原子核不具有磁性，故不发生核磁共振，称非磁性核。自然界共有 279 种稳定的原子核素，其中只有 105 种核素自旋量子数不为 0，即 $I \neq 0$，是核磁共振研究的对象。

5.2.1.1 核能级与共振条件

有些原子核在磁场中会发生吸收射频辐射能的现象，表明这些原子核具有一定的能级，对这种现象的描述不管是量子力学方法还是经典力学方法，都说明了有些原子核在磁场存在的情况下有不同能级分布，可吸收一定频率的辐射能而发生变化。下面用量子力学方法来说明原子核的能级和共振条件。

一个自旋量子数 I 不为零的原子核具有角动量 P

$$P = \frac{h}{2\pi} \sqrt{I(I+1)} \tag{5-3}$$

磁偶极矩（简称磁矩）μ

$$\mu = \mu_N g \sqrt{I(I+1)} \tag{5-4}$$

自旋数为 I 原子核的磁矩在外加磁场 H_0 上的投影为

$$\mu_m = \mu_N g_N m = \gamma \frac{2\pi}{h} m \qquad (m = -I, -I+1, \cdots, I) \tag{5-5}$$

式中，μ_N 为核磁子；g_N 为朗德因子；γ 为磁旋比，它是原子核的特征常数，不同的核有自己的固定值；m 为磁量子数。

因此，在外磁场 H_0 中核的磁矩有 $2I+1$ 种取向，能级分裂成 $2I+1$ 个亚能级，能级的能量为

$$E = -\mu H_0 = -\mu_N g_N m H_0 = -\gamma \frac{h}{2\pi} m H_0 \qquad (m = -I, -I+1, \cdots, I) \tag{5-6}$$

原子核可在亚能级间跃迁。根据选择定则（$\Delta m = 0$，± 1），只有相邻能级间才可能发生跃迁，两能级的能量差为

$$\Delta E = \gamma \frac{h}{2\pi} H_0 \tag{5-7}$$

如果原子核受到一个频率为 ν 的射频电磁波照射，当射频电磁波的能量正好与原子核相邻两能级的能量差相等，即

$$h\nu = \Delta E = \gamma \frac{h}{2\pi} H_0$$

$$\nu = \frac{\gamma}{2\pi} H_0 \tag{5-8}$$

此时就会发生原子核体系对射频电磁波辐射能的吸收，使处于低能态的核磁矩跃迁到高能态，这就是发生了核磁共振（NMR）现象。若将射频电磁波的频率 ν 用角频率 ω 表示，因 $\omega = 2\pi\nu$，式（5-8）可改写成

$$\omega = \gamma H_0 \tag{5-9}$$

由式（5-8）和式（5-9）可知，发生核磁共振的条件是：原子核有自旋，即自旋量子

数 $I \neq 0$（磁性核）；有外磁场 H_0 存在，能级产生分裂；有电磁波照射，照射频率与核所处外磁场的比值为 $\gamma/2\pi$。

核磁共振波谱法就是利用共振频率（角频率）与核自身的性质 γ 有关，也与核所处的磁场有关，而磁场又与核所处近邻环境有关，从而可以利用核环境信息进行分析和研究。因此，可以利用不同的原子核 γ（磁旋比）值不同，产生共振的条件不同，即在相同的磁场中，不同原子核发生共振时的频率各不相同，依此来区分它们。例如，在测定重水中的 H_2O 含量时，虽重水 D_2O 和 H_2O 的化学性质十分相似，但两者的核磁共振频率却相差极大，因此可用核磁共振法准确地测定。又如对于同一种核，磁旋比 γ 为定值，如果近邻环境变了，外加磁场 H_0 即使没有变，共振频率 ν 也会随着改变，即发生共振的频率 ν 与磁旋比 γ 和核所处的外加磁场有关，根据这一点可以鉴别各种元素及同位素。

简言之，核磁共振波谱法分析的基本原理就是用一定频率的射频电磁波照射放置在磁场中的样品，使特定化学结构环境中的原子核实现共振跃迁，在照射扫描中记录发生共振时的信号位置和强度，得到核磁共振波谱。核磁共振波谱上的共振信号位置，反映样品分子的局部结构如官能团、分子构象等信息；而信号强度，表明有关原子核在样品中的量。

应该指出，不同类型的原子核自旋量子数 I 也不同，但只有自旋量子数 I 等于 1/2 的原子核，如 ${}^1H$、${}^{13}C$、${}^{19}F$、${}^{31}P$ 等，其核磁共振信号才能够被利用。因为这类核可看作是一个电荷均匀分布的球体，有自旋，因而有磁矩形成，特别适用于核磁共振实验和分析。尤其是氢核（质子），不仅易于测定，而且它又是组成有机化合物的主要元素之一，因此在有机分析中，主要采用的是 ${}^1H$、${}^{13}C$ 核磁共振波谱的测定。对于 $I = 0$ 的原子核，如 ${}^{16}O$、${}^{12}C$、${}^{32}S$、${}^{28}Si$ 等，这类原子核没有自旋现象，因而没有磁矩（称非磁性核），不产生共振吸收谱。而 $I \geqslant 1$ 的原子核，如 $I = 3/2$ 的 ${}^{11}B$、${}^{35}Cl$、${}^{79}Br$、${}^{81}Br$ 等，$I = 5/2$ 的 ${}^{17}O$、${}^{127}I$，以及 $I = 1$ 的 ${}^2H$、${}^{14}N$ 等，这类原子核的核电荷分布是一个椭圆体，电荷分布不均匀，共振吸收复杂，解析波谱较难，在一般核磁共振分析中应用较少，但随着高科技材料发展的需求，科技工作者也在不断探求运用其他具有磁矩同位素的 NMR 谱来研究新型高科技材料。

5.2.1.2 饱和与弛豫

A 饱和

如上节所述，自旋量子数 $I = 1/2$ 的原子核在外磁场 H_0 中，原子核的能级分裂成 $2I+1$ 个亚能级，核优先分布在低能态能级（与磁场同向的能级）上。但由于高、低能级间能量差很小，室温下核在热运动中仍有机会从低能态跃迁到较高能态，并能返回到低能态，整个体系的核处在高、低能态的动态平衡之中。平衡状态时，处在高、低两能态的核数遵从玻耳兹曼定律，即

$$\frac{n_2}{n_1} = \mathrm{e}^{\frac{\Delta E}{kT}} \tag{5-10}$$

式中，n_1、n_2 分别代表分布在低能态和高能态的核数；ΔE 为高、低两能态的能量差；k 为玻耳兹曼常数；T 为绝对温度。

常温下，处于低能态的核数比处于高能态的核数多一点，如在室温 300K，磁场强度为 1.4T 条件下，对氢核 ${}^1H$，$(n_1-n_2)/n_1 = 1 \times 10^{-5}$，也就是说处于低能态的核数比处于高能态的多十万分之一。核磁共振就是依靠这部分稍微多点的低能态的核吸收射频辐射能量

产生共振信号。对于一个核来说，由低能态到高能态或由高能态到低能态的跃迁概率是一样的，但因低能态的核数略多，所以总计仍有净吸收信号。

应该指出，核磁共振与紫外-可见光光谱及红外光谱一样，是靠低能态吸收一定的辐射能跃迁到高能态而产生吸收谱的，但由于紫外-可见光光谱及红外光谱的能级差比较大，即使在比较高的温度下，处于基态（低能态）的原子或分子数目也比处于激发态的多得多。

在进行核磁共振实验时，由于低能态核数略占优势，所以有共振信号。随着核共振吸收过程的进行，处于低能态的核总数不断减少，经过一段时间后，处在高、低能态的核数趋于相等（$n_1 = n_2$），吸收与辐射概率趋于相同，达到了饱和，即不再有净吸收，此时几乎就观察不到核磁共振吸收的信号，信号减弱甚至消失。另外，若加载的射频电磁场太强，从低能态跃迁到高能态的核数增加太快，使处于高能态的核来不及回到低能态，也同样会导致核磁共振吸收的信号减弱甚至消失。这种核磁共振吸收信号减弱甚至消失的现象称为饱和。

B　弛豫

若处于较高能态的核能及时地返回到低能态，则可使核磁共振信号保持稳定，将处于高能态的核借助非辐射途径释放能量返回至低能态的过程称为弛豫。在核磁共振中，物质中核自旋体系的弛豫有两类，一类是自旋-晶格弛豫（或称纵向弛豫），另一类是自旋-自旋弛豫（或称横向弛豫）。

a　自旋-晶格弛豫

自旋体系与周围粒子交换能量的过程为自旋-晶格弛豫（或称纵向弛豫），即处于高能态的核将能量转移到周围粒子（固体传递给晶格，液体传递给周围分子或溶剂分子）中去，成为粒子热动能，失去能量后的核返回到低能态。弛豫的结果是高能态的核数减少，达到新的平衡。自旋体系与周围粒子交换能量达到新的平衡过程所需的时间称为自旋-晶格弛豫时间（或纵向弛豫时间），通常用 T_1 表示。T_1 是高能态原子核寿命的一个量度，T_1 越小，表示弛豫过程的效率越高，T_1 越大则效率越低，容易达到饱和。T_1 数值与核的种类、样品状态和温度有关。固体的 T_1 值很大，有时可达几小时或更长，气体及液体的 T_1 值很小，一般在 $10^{-1} \sim 100\text{s}$ 之间。

b　自旋-自旋弛豫

自旋体内部交换能量过程为自旋-自旋弛豫（或称横向弛豫），即一个处于高能态的核将能量传递给近邻的同类低能态（不同自旋状态）核的过程，这个过程只是同类核间自旋状态的交换，并不引起自旋体系总能量的改变。自旋体内部交换能量过程所需的时间称为自旋-自旋弛豫时间（或横向弛豫时间），通常用 T_2 表示。固体或黏稠的液体因核的相互位置比较近，有利于核磁间能量的交换，T_2 值一般很小，通常在 μs 数量级，而气体及液体样品的 T_2 值在 1s 左右。

c　弛豫时间对谱线宽度的影响

按照测不准原理

$$\Delta E \Delta t \approx h$$

又因

$$\Delta E \approx h \Delta \nu$$

所以

$$\Delta \nu = \frac{1}{\Delta t} \qquad (5-11)$$

由此式看出，谱线宽度与弛豫时间成反比。因固体样品 T_2 很小，共振吸收峰谱线非常宽，分辨率低，所以想要得到高分辨率的共振谱，得先将试样配制成溶液，再进行测试。

应该提到的是，因弛豫引起的谱线加宽是自然线宽，不能通过仪器的改进来改变。

5.2.1.3　磁屏蔽作用与化学位移

A　化学位移的定义

在分子体系中，因各种核所处的化学环境不同，故产生的共振频率不同。由于核周围分子环境不同使共振频率发生位移的现象称之为化学位移。化学位移由核外电子云的磁屏蔽作用引起。化学位移反映了核外电子云分布的特点，可用于确定物质的化学结构，研究扩散等动力学。

核外电子云在外磁场的作用下，会在垂直于外磁场的平面里做环流运动，从而产生一个与外磁场反向的感应磁场，因此原子核实际所受的磁场强度被减弱。因感应磁场强度与外加磁场强度 H_0 呈正比，原子核实际所受的磁场强度 H 为

$$H = (1 - \sigma) H_0 \qquad (5-12)$$

式中，σ 为原子核的屏蔽常数（数值在 10^{-5} 数量级）。

此时共振频率为

$$\nu = \frac{\gamma}{2\pi} (1 - \sigma) H_0 \qquad (5-13)$$

由式（5-13）可以看出，由于核外电子云磁屏蔽的存在，若在固定射频频率情况下，核磁发生共振需要更强的外加磁场来抵消屏蔽影响；若在固定外加磁场强度情况下，需要降低射频频率才能达到核磁发生共振的条件。因此把核周围的电子云对抗外加磁场强度所起的作用称为磁屏蔽作用。

同类核在分子内或分子间所处化学环境不同，核外电子云的分布不同，因而屏蔽作用也就不同。原子核周围的电子云密度越高，屏蔽效应越大，即在较高的磁场强度条件下发生核磁共振；反之屏蔽效应越小，则在较低的磁场强度条件下发生核磁共振。

B　化学位移的标度

化学位移的数值很小，一般在 10×10^{-6} 范围内，难以精确地测出其值，同时化学位移与磁场强度有关，因此为了提高化学位移数值的准确度（避免漂移对测量的影响）和统一标定化学位移的数据，采用相对值来消除不同频率源对化学位移的影响，即样品与标准物质的共振频率的相对差就定义为该原子核的化学位移，用符号 δ 表示。

$$\delta = \frac{\nu_x - \nu_s}{\nu_s} \times 10^6 \qquad (5-14)$$

式中，δ 为化学位移（$\times 10^6$ 是为了使所得数值易于使用）；ν_x 为样品的吸收频率；ν_s 为标准物质的吸收频率。

δ 是量纲为一的物理量，表示相对位移，对给定的峰即使采用不同频率（40MHz、60MHz、100MHz、300MHz）的仪器测量，δ 值也是相同的。大多数物质质子峰的 δ 值在 1~12 之间。

目前最常用的标准物质是四甲基硅烷（$(CH_3)_4Si$，TMS），并人为地规定它的化学位移 $\delta_{(CH_3)_4Si} = 0$，即人为地将它的吸收峰出现的位置定为 0。

采用 TMS 作为标准物质的主要原因如下：

（1）TMS 中 12 个氢核所处化学环境完全相同，只产生一个峰；

（2）TMS 分子的屏蔽常数大于大多数化合物的。位移最大。TMS 只在谱图中远离其他大多数待测物峰的低频（高磁场）区有一个尖峰，与有机化合物中的质子峰不重叠。

（3）TMS 是化学惰性的，易溶于大多数有机溶剂，沸点低，易于从样品中去除。

通常测试时，标准物 TMS 一般混在待测样品中（即按内标法把 TMS 作为内标物质加入）。TMS 易溶于有机溶剂，但不溶于水。在测试水溶性样品 ^1H 谱时，以叔丁醇为内标标准物。叔丁醇相对于 TMS 的 δ_H 为 1.231，通过简单换算就可得到水溶液样品以 TMS 为标准的 δ 值。^{13}C 谱测试常用的水溶性内标标准物为二噁烷（$\delta_C = 67.4$）或叔丁醇（$\delta_C = 31.9$）。

在各种化合物分子中，与同一类基团相连的质子，它们都有大致相同的化学位移，化学位移是分析分子中各类氢原子所处位置的重要依据。δ 值越大，表示屏蔽作用越小，吸收峰出现在低场；δ 值越小，表示屏蔽作用越大，吸收峰出现在高场。

在非磁性金属中，由于电子具有顺磁性，使共振频率比非金属化合物中同种核的频率高，可用于研究金属中的电子结构和相变等机制。

磁性材料中的核磁共振可直接确定不同晶体位置上精细场的强度、方向，以及离子占位情况，获得磁结构和超精细场相互作用的信息，用于研究磁有序理论、自旋波理论、相变和磁化动力学等。

C 影响化学位移的因素

化学位移是由于核外电子云密度不同而产生的，因此诸多影响核外电子云密度的内、外部因素都会影响化学位移。主要内部因素有诱导效应、共轭效应、磁各向异性效应等；外部因素有氢键的形成、有机溶剂效应等。

a 取代基的诱导效应和共轭效应

取代基的诱导效应和共轭效应源于取代基对核外电子云密度的影响。由于电负性基团（如卤素、硝基等）的存在，使与之相连的核的核外电子云密度下降，从而产生去屏蔽作用，使共振信号向低场移动。由于磁屏蔽作用来源于外磁场作用下的环电子流运动，因此核周围电子云密度越大，则对核产生的屏蔽作用越强，而与氢核相连接的原子或基团的电负性的大小直接影响电子云密度的大小。例如，卤化甲烷的化学位移随取代基的电负性的增强而增大，参见表 5-6。在没有其他因素影响的情况下，屏蔽作用将随取代基的电负性大小和个数的多少发生相应的变化。

表 5-6 基团电负性与化学位移的关系

化合物	CH_3F	CH_3Cl	CH_3Br	CH_3I	CH_4	CH_3OH	CH_2Cl_2	$CHCl_3$
取代基	F	Cl	Br	I	H	O	2Cl	3Cl
电负性	4.0	3.1	2.8	2.5	2.1	3.5	—	—
质子化学位移 δ	4.26	3.05	2.68	2.16	0.23	3.40	5.33	7.24

由表 5-6 可以看出，取代基的电负性直接影响与它相连的碳原子上质子的化学位移，

并且通过诱导方式传递给邻近碳上的质子。这主要是对电负性较高的基团或原子，使质子周围的电子云密度降低，导致该质子的共振信号向低场移动。取代基的电负性愈大，质子的δ值愈大。如将O—H键与C—H键相比较，由于氧原子的电负性比碳原子大，O—H键的质子周围电子云密度比C—H键上质子的要小，因此O—H键上的质子峰在较低场。

共轭效应与诱导效应一样，可使电子云的密度发生变化，从而使共振峰移向高场或低场。在含π键的取代衍生物中，取代基的共轭效应分为使δ_H值减小的推电子效应和使δ_H值增加的拉电子效应两种。例如，若键连接的—OH或—OCH$_3$为供电子基团，基团的氧原子可通过共轭向外推p电子，使得邻位碳上的电子云密度增加，屏蔽效应增加，化学位移向高场移动，δ值减小；若键连接的—CHO、CH$_3$OC—为拉电子基团，使得邻位碳上的氢表现为顺磁去屏蔽，化学位移向低场移动，δ值增大。

　　b　磁各向异性效应

如果在外磁场作用下，一个基团中的电子环流取决于它相对于磁场的取向，则电子环流所产生的感应磁场与外磁场在空间共同作用，使相应的质子化学位移发生变化，即处在空间不同的部位其屏蔽效应不同，产生化学位移不同。与外磁场反向的感应磁场起屏蔽作用，处于此区的氢核的化学位移在高场；与外磁场同向的感应磁场起去屏蔽作用，处于此区的氢核化学位移在低场。这就是磁各向异性效应。

在分子中，质子与某一官能团的空间关系，有时会影响质子的化学位移，这种效应称磁各向异性效应。磁各向异性效应是通过空间而起作用的，它与通过化学键而起作用的效应不一样。例如C＝C或C＝O双键中的π电子云垂直于双键平面，它在外磁场作用下产生电子环流。在双键平面上的质子周围，感应磁场的方向与外磁场相同而产生去屏蔽，吸收峰位于低场；然而在双键上下方向则是屏蔽区域，因而处在此区域的质子共振信号将在高场出现。

　　c　氢键和溶剂效应

氢键对化学位移的影响也比较明显，因为氢键的形成会降低核外电子的密度，使化学位移变大。例如，乙醇的—OH峰通常条件下$\delta=4.6$，随着氢键的形成，缔合增强，化学位移δ变大。

采用不同的溶剂，化学位移也会发生变化，强极性溶剂的作用更加明显。溶剂也有磁各向异性效应，溶剂和溶质有氢键的形成都会影响化学位移的改变。提请注意，核磁共振测试时，对溶液样品或样品配成溶液，需特别注意水溶液氢键的形成和有机溶剂的溶剂效应对化学位移的影响。

另外，温度、pH值和同位素效应等因素也会影响化学位移。

　　d　化学位移与分子结构的关系

化学位移是确定分子结构的一个重要信息，主要用于基团鉴定。各种基团的化学位移具有一定的特征性，处在同一类基团中的氢核其化学位移相似，因而其共振峰在一定的范围内出现。例如，—CH$_3$氢核的化学位移δ一般在0.8~1.5，羧基在9~13。自20世纪50年代末高分辨核磁共振仪出现以来，人们测定了大量化合物的质子化学位移数值，建立了分子结构与化学位移的经验关系，需要时可从有关书籍中查到。

必须指出，有些复杂的屏蔽效应往往难以估计到，在鉴别时最好能有结构相似的化合物作对照，以免得出错误结论。

5.2.1.4　自旋-自旋耦合与耦合常数

人们在乙醇的高分辨核磁共振（NMR）谱图中发现，由于氢核处在不同的化学环境，在谱图不同位置出现吸收峰，而在与低分辨NMR谱图比较，—CH₂—和—CH₃的质子峰出现分裂现象（参见图5-13）。多重峰的出现是由于分子中相邻氢核自旋相互干扰造成的。

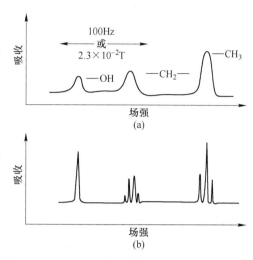

图 5-13　乙醇的低分辨与高分辨 NMR 谱图
（a）低分辨；（b）高分辨

如前所述，对 $I \neq 0$ 的核，在外磁场作用下，自旋可有不同的取向，如 $I = 1/2$ 的氢核在磁场中有两个自旋取向，而这些不同取向的自旋会产生局部磁场，对邻近核的自旋产生干扰，两个核自旋之间产生的相互干扰称为自旋-自旋耦合，简称自旋耦合，相互干扰的大小用耦合常数 J 表示（单位 Hz）。由自旋耦合所引起的谱线分裂称为自旋-自旋分裂，简称自旋分裂。一般认为，自旋耦合的相互干扰作用是通过成键电子间接传递的，耦合传递的程度有限。但在共轭体系化合物中，自旋耦合可沿共轭链传递，往往在四个键以上也能观察到耦合现象。对氢核而言，根据相互耦合的核之间相隔的键数，分为同碳耦合、邻碳耦合（邻位碳上的氢核间产生的耦合）和远程耦合（相隔4个或4个以上的键之间的相互耦合）三类，分别用 ^2J，^3J，…表示。对简单类型谱图，耦合常数可为谱线分裂间距，但对复杂类型谱图，耦合常数一般不等于谱线分裂间距。

5.2.2　核磁共振波谱仪

常用的高分辨核磁共振波谱仪分为连续波核磁共振波谱仪和脉冲（又称为傅里叶变换）核磁共振波谱仪两类。NMR谱仪对具有磁矩的核都能进行检测和分析，在研究材料分子结构表征、溶液及固体状态的材料结构方面起着重要的作用。傅里叶变换核磁共振技术使用 ^{13}C、^{15}N、^{29}Si 等核磁共振及固体核磁共振，在化学化工、生物医学和材料科学中应用得更为广泛。

核磁共振波谱仪（nuclear magnetic resonance spectrometer）主要由磁铁、探头、谱仪三大部分组成。磁铁的功能是产生一个稳定的磁场；探头放置在磁极间，用来检测磁共振信号；谱仪内装有射频振荡器（射频发生器）、射频接收器和信号放大显示、记录装置等。谱仪的工作方式一般有两种类型，一种是连续波方式，另一种是脉冲傅里叶变换方式。图5-14为连续波核磁共振波谱仪工作原理示意图。图5-15为脉冲傅里叶变换核磁共振波谱仪框图。

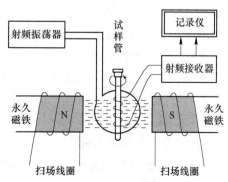

图 5-14　连续波核磁共振波谱仪的工作原理示意图

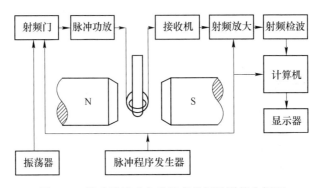

图 5-15　脉冲傅里叶变换核磁共振波谱仪方框图

5.2.2.1　磁铁

磁铁是 NMR 谱仪中最重的部分，NMR 的灵敏度和分辨率主要由磁铁的质量和强度决定。在 NMR 中通常用对应的质子共振频率来描述磁铁的不同场强。用于 NMR 的磁铁有三种：永久磁铁、电磁铁和超导磁铁。

A　永久磁铁

永久磁铁用硬磁性材料制成，充磁后即保持一定的磁场强度，通常可提供 0.7046T 或 1.4092T 的场强，它们分别对应质子共振频率为 30MHz 和 60MHz。永久磁铁的优点是磁场稳定性高，消耗电功率小。其缺点是对外界温度变化敏感，需安装在长期工作的恒温槽内；为保持磁场强度，磁极磁面和两极间隙较小，相应的磁场均匀区也较小。

B　电磁铁

电磁铁是用软磁材料外绕激磁线圈通电后产生磁场。可提供对应质子共振频率为 60MHz、90MHz、120MHz。电磁铁的优点是对外界温度变化不敏感，磁极磁面和两极间隙大，相应的磁场均匀区大；缺点是消耗电功率大，热效应发热量大，需要冷却水系统。

C　超导磁铁

超导磁铁实际是装有超导合金丝的螺线管，螺线管放置在装有液氮（液氦）的杜瓦瓶中，通电闭合后电流即可循环不止，产生很强的磁场，可以提供更高的磁场强度，场强可达 $10\sim15$T，相应的氢核共振频率为 $400\sim600$MHz，最高可达到 800MHz。超导磁铁的优点是磁场很强、稳定；缺点是超导核磁共振波谱仪价格昂贵，磁铁维持费较高，即使不测量也要用液氮（液氦）来维持磁铁的温度。人们在研究和特殊测量中，为了得到更高的分辨率，常使用超导磁铁的谱仪。

NMR 要求磁场在足够大的范围内很均匀，因此在磁铁上备有特殊的绕阻，以抵消磁场的不均匀性。磁铁上还备有扫描线圈，在射频振荡器的频率固定时，可以连续改变磁场强度进行扫描。改变磁场强度进行扫描称扫场。

5.2.2.2　射频振荡器

射频振荡器是采用恒温下石英振荡器产生基频，经倍频、调谐及功率放大后馈入于外磁场垂直的线圈中，发射一定频率的电磁辐射信号。为获得高分辨率，频率的波动必须小于 10^{-8}，输出功率小于 1W，且在扫描时间内波动小于 1%。氢核的核磁共振测定是从晶体控制的振荡器发生 60MHz 或 100MHz 的电磁波，若要测定其他的核，如 ^{10}F、^{13}C、^{11}B，则要用其他频率的振荡器。

5.2.2.3 射频接收器及记录处理系统

共振产生的射频信号通过探头上的接受线圈被射频接收器检出，产生的电信号经放大后才能记录下来。核磁共振仪的记录仪的横轴驱动与扫描同步，纵轴为共振信号。

在 NMR 波谱仪中，磁场方向、射频线圈轴和接收线圈轴三者之间是相互垂直的。

现代核磁共振仪常配有一套积分装置，可在 NMR 波谱上显示积分数据（自动画出积分线），指出各组共振吸收峰的面积，有助于定量分析。随着计算机技术的发展，一些连续波 NMR 仪配有多次重复扫描并将信号进行累加的功能，从而有效地提高仪器的分辨率。提请注意：应根据仪器的稳定性，选择适宜的累加次数。

5.2.2.4 样品管

样品管为外径 5mm、8mm 或 10mm 的玻璃管，管壁均匀、内外平直，有防止溶剂挥发的管帽。如图 5-14 所示，分析试样配成溶液后放在玻璃管中密封好，插在位于磁极中间的射频线圈中试管插座内，分析时插座和试样管以一定速度旋转，以期减小磁场不均匀引起信号峰的加宽。也有进行 ^{1}H 谱测量时，用外径为 6mm 的薄壁玻璃管的报道。

5.2.2.5 液体样品制备

由于液态样品可以得到分辨较好的图谱，测定时常将样品配成溶液。

A 样品体积和浓度

配好的样品装入直径 5mm 样品管中，溶液体积以 0.4~0.5mL 为宜。为获得良好的信噪比，样品的浓度为 5%~10%。测 ^{13}C 谱样品需要几到十几毫克，而测 ^{1}H 谱仪需要 1mg 的样品。

B 溶剂

在制备 NMR 溶液样品时，最主要的是选择适当的溶剂。采用的溶剂应溶解性能好、不产生干扰信号，常采用稳定的氘代溶剂，例如，氘代氯仿（$CDCl_3$）、（CD_3）$_2$SO、（CD_3）$_2$CO 等，溶液的浓度应为 5%~10%。不同的溶剂测得的 δ 值会有一定的差异。对 ^{1}H 及 ^{13}C，常用溶剂的 δ_H 和 δ_C 可由相关文献查到。

C 内标物

一般采用加入 1%四甲基硅（TMS）作为内标。

5.2.2.6 核磁共振波谱仪的工作方式

核磁共振（NMR）的基本实验方法有连续波（CW）法和脉冲傅里叶变换（PFT）法。连续波法的工作方式相当于通过一个移动狭缝来观察核磁共振。脉冲傅里叶变换法是用射频脉冲使所有的共振核激发，同时观察核对脉冲的响应信号，对响应信号进行傅里叶变换，得到频率域的核磁共振信号。

A 连续波核磁共振波谱仪

连续波核磁共振波谱仪观察和记录谱图的工作方式有两种：一种是固定射频频率，逐渐改变磁场强度进行扫描，达到共振点，获得吸收峰，简称扫场法；而另一种是固定磁场，连续改变射频频率进行扫描，直到发生共振吸收，简称扫频法。两种方式得到的谱图是等价的。扫场法应用较多，扫频法应用相对较少。

注意：扫描的速度不能太快，一般扫一次全谱约 200~400s。扫描速度过快，共振核来不及弛豫，谱线就会有畸变。

连续波法工作的 NMR 谱仪的灵敏度较低，一般只用于核磁共振信号较强的 ^{1}H 和 ^{19}F 核。累加法虽可提高灵敏度，但扫描仪器难以长时间保持稳定性。

　　B　脉冲核磁共振波谱仪

脉冲核磁共振波谱仪，亦称脉冲傅里叶变换核磁共振谱仪（pulsed Fourier transform NMR，PFT-NMR），是 20 世纪 70 年代开始出现的新型仪器。

脉冲傅里叶变换核磁共振波谱仪的工作原理是，射频电磁场将一个强而短的包含一系列谐波分量的射频脉冲加到样品上，使所有共振核的共振谱线同时激发，然后接受核对射频脉冲响应的信号，即时间域上的自由感应衰减信号 FID（复杂的频率图，强度随时间逐渐衰减），通过计算机对 FID 进行傅里叶变换，最后得到常见的频率域核磁共振谱。

加在样品上的射频脉冲谐波的频率范围和各谐波分量的强度取决于脉冲间隔和脉冲宽度。调节脉冲间隔和宽度使谐波分布包含样品的整个共振区。

脉冲核磁共振波谱仪的优点是：灵敏度和精确度高，可以测量丰度小的核（如 ^{13}C 核）、灵敏度低的核和微量样品；测量速度快，可研究动态过程、瞬间过程和反应动力学；用途较为广泛，可较准确地测量单个谱线的弛豫时间、扩散速度和研究化学交换。此外，因可以用数学方法完成滤波、增强灵敏度和分辨率，脉冲傅里叶变换核磁共振技术是后来发展多维 NMR 和成像 NMR 等一系列核磁共振新技术的基础。

5.2.3　核磁共振波谱

^{1}H（质子）核磁共振波谱（^{1}H NMR 波谱）、^{13}C 核磁共振波谱（^{13}C NMR 波谱）为最常用的核磁共振波谱，在有机高分子化合物鉴别及研究中应用广泛，在无机化合物及金属材料方面也有应用。

^{31}P 核磁共振波谱的应用主要集中在生物化学领域的研究，^{19}F 的核磁共振波谱在氟化学研究中有广阔的应用前景。

^{7}Li 的核磁共振波谱在 Li 离子电池的电化学研究中有重要的作用。

对 ^{1}H NMR 波谱来说，核磁共振波谱主要提供化学位移（吸收峰频率）、峰的分裂和耦合常数，以及各峰的积分面积等方面的结构信息。

5.2.3.1　吸收峰的积分面积

对于 ^{1}H（质子）核磁共振波谱，吸收峰信号强度正比于峰下面的面积，各吸收峰强度之比等于相应的质子数比，所以核磁共振波谱上吸收峰的面积与相应的各种质子数目成正比。因此，比较各峰的面积就能获得各质子的相应数目。通常 NMR 谱仪的记录仪都装有电子积分仪，吸收峰面积用阶梯式的积分曲线表示，积分线是从低场向高场画出，从积分线起点到终点的高度与所有质子数成正比，而每一阶梯的高度与相应的质子数正比。下面以用 60MHz 测得的乙醚 ^{1}H-NMR 谱（参见图 5-16）为例给予说明。图 5-16 中下面曲

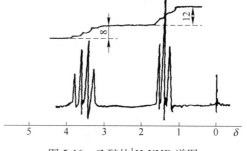

图 5-16　乙醚的 ^{1}H NMR 谱图

线是乙醚的质子的共振谱线，$\delta = 0$ 处是参考物 TMS 的峰，右边三重峰对应乙基中甲基质子吸收峰，左边四重峰是乙基中次甲基质子的吸收峰。图中上部分为阶梯式积分曲线，上面的数字表示高度（与相应基团的质子数成正比）。通过积分面积曲线测定质子数，既可用于定量分析，又可帮助推断化学结构。

5.2.3.2 一级波谱图

核磁共振波谱图中有些谱图被称之为一级波谱图，可采用一级波谱解析规则解析。一级波谱具有以下几个特征：

（1）等价质子间虽有耦合，但没有分裂现象，谱图信号为单峰。例如，Cl—CH_2—CH_2—Cl 的次甲基质子谱图信号为单峰。

（2）对氢核和自旋量子数 $I = 1/2$ 的核，相邻质子相互耦合产生的多重峰的峰数目等于相邻耦合质子数目 $n+1$（即通常称的 $n+1$ 规则）。对自旋量子数为 I 的核，多重峰的峰数目为 $2nI+1$。

（3）各峰的相对强度比可用二相式 $(a+b)^n$ 的展开式系数表示，n 是相邻质子数。例如，相邻质子数 $n=1$ 时，分裂为双峰，相对强度比 $(a+b)^1 = a+b$，两项系数比为 $1:1$；而相邻质子数 $n=2$ 时，分裂为三重峰，相对强度比为 $(a+b)^2 = a^2+2ab+b^2$，展开式系数比为 $1:2:1$。

（4）谱线以化学位移为中心，左右近乎对称，各峰间距相等。因此可从 NMR 谱图的中心位置和谱线间距直接得到化学位移和耦合常数。

5.2.3.3 对较复杂谱图的简化措施

A 复杂谱图的识别

有机高分子化合物的 NMR 谱图多数不是一级谱图，而是复杂的谱图。产生复杂谱图的原因是由于耦合核的相互作用较强，而化学位移又相差不大，这时耦合作用会造成跃迁能级混合，引起谱线位置、强度变化，呈现出复杂的谱图。复杂谱图与一级谱图比有以下几个特点：

（1）谱线分裂数超过 $n+1$ 规则计算出的分裂数；

（2）分裂后谱线强度不再符合二项式展开式的各项系数比；

（3）耦合常数一般不等于分裂峰间距。

B 较复杂谱图简化的方法

对复杂的 NMR 谱可用一些辅助实验措施进行简化，下面简单介绍一些常用的实验方法。

a 改变磁场强度法

利用核磁共振耦合常数不随磁场强度变化而变化，而化学位移却随磁场强度的增大而变大的特点，当遇到耦合分裂和化学位移相差不大，谱线难以解析时，可采用改变磁场强度的方法进行测定，这将有助于解析谱图，确定各峰归属，特别是用高磁场测定更能使谱图简化。

b 自旋去耦法

采用自旋去耦法可使原本因两基团中核 A 与核 B 的耦合造成的谱线分裂变成单峰，简化谱图。

自旋去耦法（也称双照射去耦技术）是在 NMR 扫频实验中除使用一个连续变化的射频电磁场扫描样品外，同时使用第二个（也可以是三个或更多）较强的射频电磁场照射样品，调准第二个射频电磁场的频率为与待测核 A 耦合的核 B 的共振频率照射样品，加快核 B 在自旋态能级间的跃迁，使核 B 对核 A 的耦合作用平均化，测量核 A，此时由耦合引起的谱线分裂消失，变成单峰。去耦频率与该基团的共振频率对得越准，去耦越明显。

c   化学位移试剂法

对复杂分子或大分子化合物的 NMR 谱，即使在高磁场情况下往往也难分开，此时常采用辅以化学位移试剂来使被测物质的 NMB 谱中各峰发生位移，从而达到重合峰分开的方法。所谓化学位移试剂，多为过渡族元素或稀土元素的配合物。

常用的位移试剂有铕的配合物（低场位移）和镨的配合物（高场位移）等。

化学位移试剂的作用原理是，位移试剂具有磁各向异性，使在其周围产生一个较大的局域磁场，对试样分子内的各个基团有不同的磁场作用，从而产生空间诱导位移（称偶极位移或赝触位移），使各基团的化学位移发生变化（可高达 20），因此可使原本重叠的谱线分开，加大 NMR 谱分布范围并简化谱图。

d   同位素取代

用同位素取代样品中的某种核，可以简化谱图。例如，用氘（^2H）取代分子中的部分质子（^1H），可以去掉部分波谱，而且氘与质子之间的耦合作用小，从而可以使复杂谱图得到简化。

大多数化合物的核磁共振波谱都比较复杂，需要进行计算才能解析。

5.2.3.4   核磁共振波谱法与穆斯堡尔谱法比较

核磁共振波谱法与穆斯堡尔谱法都是以探测核的自旋和局部电磁场相互作用为原理，在原子尺度范围内研究材料结构的重要方法，但二者之间还是各有特点，它们的不同之处在于具体的测量方法和在各种条件下不同的灵敏度，每种只对有限的几种同位素。充分了解每种方法的长短之处，正确选择合适的方法，或者相互配合，才能对观察到的现象作出正确的解释。

A   产生的机理

核磁共振（NMR）和穆斯堡尔效应产生的机理有区别。核磁共振仅涉及基态的亚能级间的跃迁，而穆斯堡尔效应涉及的是基态与激发态间的跃迁。

B   测量研究对象

核磁共振波谱法只适用于测量研究基态自旋量子数 $I \geqslant 1/2$ 的原子核的核磁共振波谱，而穆斯堡尔谱法在基态自旋量子数 $I=0$ 的场合也适用。

C   方法的精度

核磁共振波谱法的精度远比穆斯堡尔谱法的要高，核磁共振波谱法的谱线峰锐，相互作用能测量的精度可达 10^{-5}，而穆斯堡尔谱法的精度为 1%。

D   原子核的性质和用量

穆斯堡尔谱法测量实验用的是放射性元素，而核磁共振波谱法测量实验中的探针原子核大部分是非放射性的。穆斯堡尔谱法测量实验用的探针原子数量只有核磁共振波谱法实验中的 $10^{-6} \sim 10^{-12}$。

E 探测对象

核磁共振波谱法可以对许多较轻的元素（如 B、P、C、Si 等）的共振进行测量，而穆斯堡尔谱法适宜的元素较少。例如，用穆斯堡尔谱法可以研究大多数含 Fe 的非晶态材料，但要得到 Co 基非晶态合金（如非晶态 Co_xP_{1-x} 合金）的超精细场分布，核磁共振技术是仅有的选择。

5.2.3.5 核磁共振技术的新发展

A 核磁双核共振法

核磁双核共振法是在原外加射频电磁场 H_1 之外，再加上第二个射频电磁场 H_2，使之能满足第二种原子核的共振条件。用双核共振法可以大大简化谱线，发现隐藏的谱线，确定各谱线之间的关系，提供比单谱线更多的信息。

B 固体高分辨核磁共振技术

固体高分辨核磁共振是指能显示出化学位移和多重结构的固体核磁共振。它提供了在金属和非金属中研究弱相互作用的可能性，有广泛应用前景。

固体中 NMR 谱线的加宽要比液体中的 NMR 谱线加宽大几个数量级，常常掩盖了化学位移等一些精细结构的信息。固体高分辨 NMR 技术采取样品魔角旋转法和多脉冲法等措施抵消固体核自旋之间强的相互作用（使偶极相互作用平均为零）。

C 二维核磁共振（2D-NMR）

普通核磁共振谱描述的是共振信号的强度、形状与频率或场强的关系，是一维共振谱，适于研究线性或近似线性系统。一维 NMR 谱不能提供核自旋间的连接关系及分子空间结构方面的信息，且在遇到复杂分子体系众多的共振吸收峰重叠解析谱十分困难。

二维核磁共振是采用简单的两个脉冲源得到一个二维的时域数据矩阵，经傅里叶变换得到一个二维频域波谱。二维核磁共振谱或是将相同或不相同的物理量的关系显示在二维平面上，或是将不同的物理量显示在不同的频率轴上，是一维谱的简化。

采用二维 NMR 技术能精确测量自旋-自旋耦合常数，得到固体中化学位移各向异性的特征信息等。因此说二维 NMR 技术可以提高谱的分辨率，简化谱的分析，提供比一维谱更多的信息。

在二维 NMR 技术基础上，目前已有人在研究三维、四维 NMR 技术。

D 核磁共振成像

核磁共振（NMR）成像技术是通过在静磁场之外，施加一个具有线性梯度的磁场（相当于叠加一个空间坐标），获得来自物体空间各处的信息，得到某共振核的空间分布图像，即核磁共振成像。

现已发展成熟的核磁共振断层成像仪在医学和工业上都得到了广泛的应用。

5.2.4 核磁共振波谱的应用

核磁共振波谱分析技术是利用原子核本身性质的差异从原子尺度对物质进行分析，能反映出样品分子的局部结构（如官能团、分子构象等），是材料分子结构表征中特别是有机化合物和生物化学分子结构分析常用的测试手段之一。对无机和金属材料可用核磁共振波谱研究晶体中的缺陷、金属中的电子结构、合金的有序结构、合金中组元的自扩散系数、稀土永磁合金、马氏体相变、多层膜的物理性能、催化剂在载体上的分布、非晶结构、超导体、纳米晶结构、分子筛，以及陶瓷的结构信息等。对复杂化合物，核磁共振波谱与元素分析、紫外、红外等测试手段相配合，是鉴定化合物的重要工具之一。

5.2.4.1　在有机化学和高分子化合物的应用

A　定性分析——化合物鉴定

^{1}H 和 ^{12}C 的核磁共振（NMR）是有机高分子化合物鉴定的重要手段。它们的 NMR 谱图可提供一些化合物的结构信息，如化学位移（吸收峰频率）、峰的裂分、偶合常数和各峰的相对面积等。

实验测得化合物的 NMR 谱图，可根据下面的方法解析谱图，鉴别确定化合物。

（1）根据化学位移确定基团。

（2）依据耦合分裂峰数、耦合常数确定基团连接关系。

（3）因 ^{1}H NMR 谱谱峰的积分面积正比于相应的质子数，故根据峰积分面积高度定出各基团质子比。

（4）对复杂谱图可用去偶法，或改变磁场强度、改变溶剂等方法简化谱图。

对简单化合物分子根据 δ 位置和谱峰形状，利用核磁共振标准谱图，可定性鉴别未知化合物。有机高分子核磁共振标准谱图为萨德勒（Sadler）标准谱图集，使用时必须注意测定条件、溶剂、共振频率等因素的影响。

根据 δ 位置和谱峰形状可以鉴别简单化合物分子。例如，利用峰形鉴别聚烯烃，尽管聚丙烯、聚异丁烯和聚异戊二烯同为聚烯烃碳氢化合物，但它们的核磁共振谱谱峰形状有明显差异，参见图 5-17，可利用峰形鉴别它们。

又如对不同的尼龙的鉴别，可以比较尼龙 66（己二酸和己二胺［NHCH$_2$(CH$_2$)$_4$CH$_2$NHCOCH$_2$(CH$_2$)$_2$CH$_2$CO］）、尼龙 6（—［NHCH$_2$(CH$_2$)$_3$CH$_2$CO］—）和尼龙 11（—［NHCH$_2$(CH$_2$)$_8$CH$_2$CO］—）的 ^{1}H 核磁共振谱来识别它们，参见图 5-18。如图所示，尼龙 11 的（CH$_2$)$_8$ 峰形很尖，尼龙 6 的（CH$_2$)$_3$ 峰为较宽的单峰，而尼龙 66 的（CH$_2$)$_2$ 和（CH$_2$)$_4$ 两个峰峰形较宽。

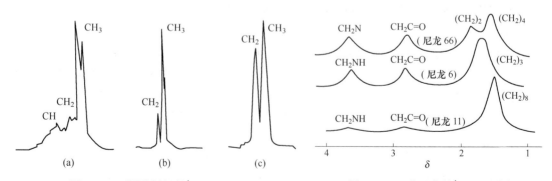

图 5-17　不同聚烯烃的 ^{1}H-NMR 图　　　　图 5-18　三种尼龙的 ^{1}H-NMR 图

（a）聚丙烯；（b）聚异丁烯；（c）聚异戊二烯

B 聚合物数均分子量的测定

用 NMR 测定聚合物数均分子量 $\overline{M_n}$，基于端基的分析无需标准校正，而且快速，尤其适用于线形分子的数均分子量的测定。

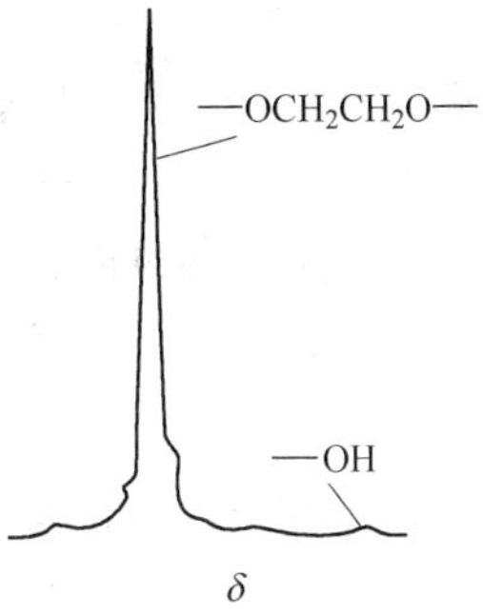
—OCH₂CH₂O—
—OH
δ

图 5-19 聚乙二醇的 ^{1}H-NMR 谱（60MHz）

以聚乙二醇 $HO(CH_2CH_2O)_nH$ 为例进行分析，图 5-19 为聚乙二醇的 60MHz 氢谱。其端基—OH 峰与—OCH_2CH_2O—峰相距甚远，设它们的谱峰面积之比分别为 x 和 y，则

$$n=\frac{y}{2x}\quad 或\quad \frac{x}{y}=\frac{2}{4n} \tag{5-15}$$

由此，依式（5-16）计算 $HO(CH_2CH_2O)_nH$ 的数均分子量 $\overline{M_n}$。

$$\overline{M_n}=22\frac{y}{x}+18 \tag{5-16}$$

聚乙二醇数均分子量 $\overline{M_n}$ 的准确度依赖于—OH 峰的峰面积数据的准确度，且样品中不含水。

C 共聚物组成的测定

对共聚物的 NMR 谱进行定性分析后，根据峰面积与共振核数目成比例的原则，就可以定量计算共聚物的组成。下面以苯乙烯-甲基丙烯酸甲酯共聚物为例进行分析。

如果共聚物中有一个组分至少有一个可以准确分辨的峰，就可以以它来代表这个组分，推算其组成比。例如，用氢核 NMR 测量苯乙烯-甲基丙烯酸甲酯二元共聚物（$CH_3—[CH_2—CH]_x—[CH_2—C]_y—C_6H_5O═CO—CH_3$），在谱图 $\delta=8$ 左右的一个孤立的峰归属于苯环上的质子（见图 5-20），用该峰代表苯乙烯可计算苯乙烯的摩尔分数 x

$$x=\frac{8A_{苯}}{5A_{总}} \tag{5-17}$$

式中，$A_{苯}$ 为 $\delta=8$ 附近峰的峰面积；$A_{总}$ 为 NMR 谱图中所有峰的总面积；$8A_{苯}/5$ 为苯乙烯对应的峰面积。

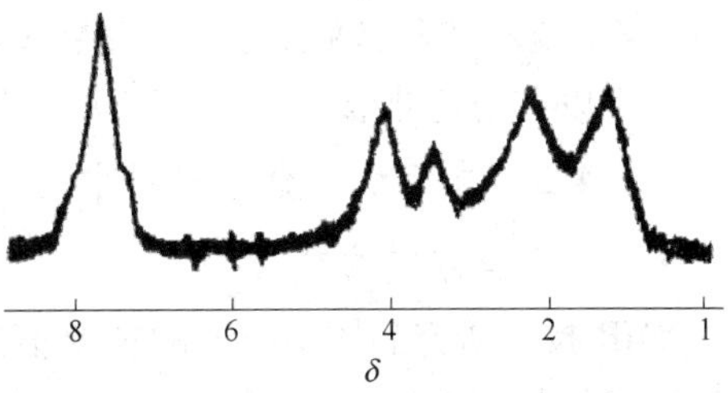
8
6
4
2
1
δ

图 5-20 苯乙烯-甲基丙烯酸甲酯无规共聚物的 ^{1}H-NMR 谱（60MHz）

D 几何异构体的测定

双烯类高分子的几何异构体大多有不同的化学位移，可用于定性和定量分析。例如，聚异戊二烯有四种不同的加成方式或几何异构体，如图 5-21 所示。

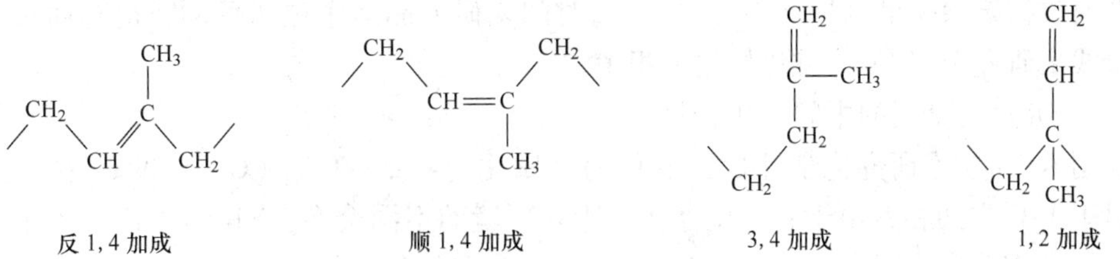
反 1,4 加成
顺 1,4 加成
3,4 加成
1,2 加成

图 5-21 聚异戊二烯的四种几何异构体

利用 ^{1}H-NMR 技术，由双键碳上质子的化学位移可以测定 1，4 和 3，4（或 1，2）加成的比例。对 1，4 加成（包括顺式和反式）的 C＝CH—C，$\delta=5.08$；对 3，4（或 1，2）加成的 C＝CH$_2$，$\delta=4.67$。由此法测得天然橡胶中 3，4 或 1，2 加成的含量仅 0.3%。由 CH$_3$ 的化学位移可以测定顺式 1，4 和反式 1，4 之比。顺 1，4 加成异构体，$\delta=1.67$；对反 1，4，$\delta=1.60$。此法测得天然橡胶中含 1% 反 1，4 结构。

E　在有机合成反应中的应用

核磁共振技术在有机合成中，不仅可对反应物或产物进行结构解析和构型确定，还可研究合成反应中的电荷分布及其定位效应、探讨反应机理等。核磁共振谱可精细地表征出各个 H 核或 C 核的电荷分布状况，通过研究配合物中金属离子与配体的相互作用，从微观层次上阐明配合物的性质与结构的关系。对有机合成反应机理的研究主要是对其产物结构的研究和动力学数据的推测来实现的。另外，通过对有机反应过程中间产物及副产物的辨别鉴定，可以研究有机反应的历程及考察合成路线是否可行等问题。

5.2.4.2　在医学和生命科学中的应用

核磁共振成像不仅适合做结构成像，还可以做功能性成像，因而成为与 X 射线 CT 并列的人体核磁共振断层成像（MRI-CT）的重要技术。现已是一种对人体无创、低辐射、成像性能好的诊断工具及研究脑科学的重要手段。NMR 分析技术可以提供药物设计的结构信息，还可以进行配体的筛选，从而确定药物的有效性等。NMR 分析技术在生物生理研究中可提供许多信息。例如，可以无侵入地获取活体生物系统的信息，用于分析生物细胞系统的代谢途径，包括分析细胞内的 pH 值、分析乳酸菌糖分的分解以及分析转基因生物的代谢过程等。NMR 分析技术还可以用于生物反应器系统的优化，将 NMR 成像技术与代谢 NMR 技术结合起来用于设计生物反应器。此外，NMR 分析技术还用于结构基因组学研究，可以方便地获取蛋白质、DNA 等的三级结构。

5.2.4.3　在无机和金属材料中的应用

A　研究晶体中的缺陷

NMR 技术研究晶体中缺陷的重要信息来自于四级相互作用导致谱线宽增加，且谱线强度下降，甚至消失。

a　估算晶体中的位错密度

人们最早在离子晶体中发现，有位错的样品的 NMR 谱线的强度只有期望值的 40%。后来在用 NMR 研究一系列铜基合金时发现，冷加工铜的共振吸收谱线强度是其退火态的一半，并由此估算出冷加工铜的位错密度为 $10^{11}/cm^2$，退火态度铜的位错密度为 $10^7/cm^2$。有学者通过核磁共振谱测量自旋-晶格弛豫时间来研究晶体中位错运动，也有通过谱图中的卫星线来研究金属 Co 中堆垛层错的报道。

b　研究过渡金属的中间相化合物

利用 NMR 技术研究化学计量比变化的金属化合物如 VC_x（$x(C)=39\%\sim47\%$）时发现，对于 V-C 中间相，由于有空位存在，所处环境的不同会在 NMR 谱中产生若干四极分裂卫星线（谱图中小竖道），参见图 5-22，这表明空位分布是有序的。奈特位移和四极矩测量表明存在一系列的非化学计量比化合物，如 V_8C_7 和 V_6C_5 等。

在核磁共振技术研究金属材料的文献中，常会遇到奈特位移一词。在非磁性金属中，由于电子有顺磁性，使其核磁共振频率比同种核在非金属化合物中的共振频率高，这种频率位移称之为奈特位移。奈特位移对研究金属的电子结构极其有用，研究相变时也会用到。

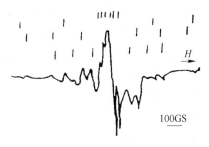

图 5-22 $V_{0.53}C_{0.47}$ 中 ^{51}V 的核磁共振吸收导数谱
（图中小竖道为 ^{51}V 在不同环境下的四极分裂卫星线）

B 研究合金中元素的扩散

有研究者观察到在 LiAl、LiIn、LiTl 等一系列金属间化合物中，因 Li 的扩散使 Li 的共振线变窄。因此当金属中存在扩散时，核的偶极作用与时间有关，并导致线宽变窄，根据谱线宽度的变化可以计算扩散的活化能。另外，当合金中存在金属组元的自扩散时，共振核不会一直处于固定磁场中，共振频率也在改变，扩散过程使自旋回波幅度减小，因而通过测量自旋弛豫过程，也可以研究扩散过程。

C 研究具有超晶格的多层膜

超晶格多层膜具有优良的特性，如巨磁阻效应等，多应用在高新技术领域。核磁共振对原子短程有序比较敏感，适于研究多层膜的结构，来获得膜/膜交界处原子分布的信息。图 5-23（a）为沉积不同厚度的 Co/Cu 多层膜 ^{59}Co 的自旋回波核磁共振谱。主峰在 210MHz 处，这与钴的块体材料的频率相近，归属于有 12 个近邻 Co 原子的 ^{59}Co 核；而低频率处的峰归属界面附近的钴核，其强度随沉积时间 t_{min} 的延长而增大，表明与铜混合的钴原子数

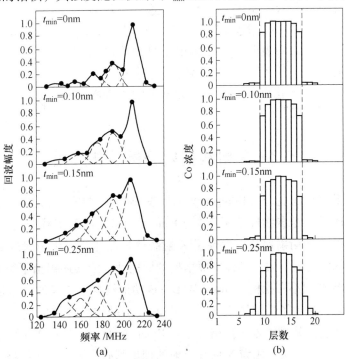

图 5-23 Co/Cu 多层膜核磁共振分析

（a）Co/Cu 多层膜 ^{59}Co 的自旋回波核磁共振谱；（b）根据（a）估算的 Co/Cu 多层膜中超晶格化学断面图

增多。采用 5 个高斯线型拟合进行定量分析，每个峰间距为 15MHz。这 5 个峰可分别归属于在近邻处有 12~8 个钴原子的组态。对沿 fcc（110）堆垛的超晶格，通过二项式分布规律计算了在各层钴原子有 N 个最近邻原子的概率，并与实验测试结果对比。获得的超晶格的化学成分截面图（见图 5-23（b）），即为 Co/Cu 多层膜内膜/膜交界处原子混合情况随沉积时间 t_{min} 变化的规律。

　　D　研究载体上催化剂分布及吸附原子的移动

NMR 可用于研究材料的表面性质。例如，有学者用 NMR 研究了催化剂 Pt 微颗粒在 Al_2O_3 载体上的尺寸，发现即使 Pt 颗粒大到 10nm，其性质也不同于块体的 Pt，载体表面的 Pt 原子产生了一条新的共振线峰，其奈特位移极小，小到可认为它是非金属性的。研究还发现表面原子的峰形和峰位与被吸附的原子有关，进而可以确定吸附原子的种类。又如，有人通过 ^{13}C 核磁共振研究铂团簇上吸附的孤立碳原子的运动和扩散能，结果表明碳原子极易移动，其扩散活化能很低。

　　E　研究纳米晶粒的尺寸及其表面电子特性

纳米颗粒因其具有量子尺寸效应、表面效应，以及磁有序颗粒的小尺寸效应等而备受研究者关注。有学者用 NMR 测量了惰性气体冷凝法制备的不同尺寸钒超微颗粒。图 5-24 为 110K 下不同尺寸的纳米钒颗粒的核磁共振谱，由图可以看到除一个主峰外，在低场处有一个与颗粒尺寸有关的小峰，其强度随颗粒尺寸的减小而增大，这是颗粒表面区域的贡献。由 110~300K 温度范围的自旋晶格弛豫时间 T_1 测量结果计算 T_1T，结果表明颗粒表面电子呈现价电子特性。另外，还有人用 NMR 研究了在真空蒸发制备的 6nm 铜颗粒中加入微量金对磁化作用的影响，分析了纳米颗粒的电子结构与尺寸的关系。

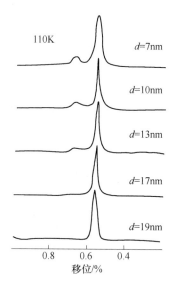

图 5-24　110K 下不同尺寸纳米钒颗粒的核磁共振谱

5.3　X 射线衍射分析及其应用

　　1895 年德国物理学家伦琴（Röntgen W C）发现了 X 射线，后人为了纪念他也称 X 射线为伦琴射线。1912 年德国物理学家劳埃（Laue M Von）用 X 射线照射无水硫酸铜晶体，获得世界第一张 X 射线衍射照片，发现了 X 射线通过晶体时产生衍射现象，证明了 X 射线是一种电磁波的波动性本质和晶体内部结构的周期性，劳埃还提出了衍射方程，称之为劳埃方程。1912 年英国小布拉格（Bragg W L）成功地解释了劳埃的实验现象和 X 射线晶体衍射的形成原因，提出了能够用 X 射线来获取关于晶体结构的信息，从而诞生了 X 射线衍射学。1913 年英国物理学家布拉格父子（Bragg W H 和 Bragg W L）推导出简单、实用的布拉格方程 $2d\sin\theta = n\lambda$，成为 X 射线衍射的理论基础。同年，布拉格设计出第一台 X 射线分光计，并利用这台仪器，发现了特征 X 射线，成功地测定出了金刚石的晶体结构。1914 年莫塞莱（Moseley H G J）发现了原子序数与发射 X 射线的频率之间关系的莫塞莱定律，在此基础上发展产生了 X 射线发射光谱分析（电子探针）和 X 射线荧光分析。1916 年德拜（Debye P）和谢乐（Sherrer P S）提出适用多晶体试样 X 射线衍射分析的"粉末法"。1928 年盖革（Geiger H）和米勒（Müller W）采用计数器记录 X 射线，在此基础上出现了 X 射线衍射仪。直至 20 世纪 70 年代，随着计算机等科学技术的发展出现了现代 X 射线衍射仪。

X 射线衍射分析法（X ray diffraction analysis）是一种利用晶体形成的 X 射线衍射对物质的内部原子在空间分布状况进行结构分析的方法。X 射线衍射分析法具有不损伤样品、无污染、快捷测量和精度高等特点，可用于物质晶体结构的精确测量、物相分析、材料的精细结构测量和研究（晶粒尺寸、晶体取向、宏观与微观应力），因此在物理、化学、材料、冶金、化工等领域已广泛应用。X 射线衍射分析法在材料制备与科学研究中主要用于物相分析，晶体结构、精细结构、微小晶粒尺寸、单晶体取向、宏观和微观应力应变及多晶结构的测定等。

5.3.1　有关 X 射线理论的概述

5.3.1.1　X 射线的产生

实验已证实，凡是高速运动着的电子碰撞到任何物质，均能产生 X 射线，其他带电的基本粒子也有类似的现象。产生 X 射线的条件是：（1）具有一定能量的自由电子；（2）在高真空中，电子在高电压作用下向一定方向加速运动；（3）高速运动的电子受到撞击发生能量交换，产生 X 射线。

研究测试所用的 X 射线发生装置为 X 射线发射管（通常称 X 射线管），如图 5-25 所示。X 射线管中的钨丝发射自由电子是阴极，阻碍电子运动的金属靶为阳极，管内为高真空。工作时接通电源在管子两极间加上高电压，使阴极发射出的电子流高速运动撞击金属阳极靶，产生 X 射线。

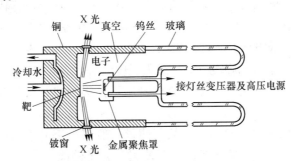

图 5-25　X 射线发射管示意图

阳极靶一般由导热性好的金属铜制成，由于撞击时高速运动电子的能量 99% 以上转变为热能，故需要通水冷却金属阳极靶。为获得各种波长的 X 射线，常在阳极靶面上镀一层 Cr、Co、Fe、Mo 或 W 等不同的金属元素。

实验已证明 X 射线的本质是电磁波，其波长范围在 0.001~100nm 之间，介于紫外线和 γ 射线之间，如图 5-26 所示。

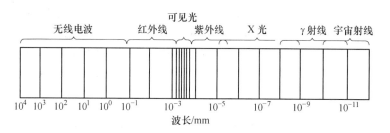

图 5-26　电磁波谱

X射线存在在一定波长范围内，不同波长的 X 射线用途不同。在 X 射线衍射分析中，常用 0.05~0.25nm 波长的射线，其穿透力相对较弱，称为软 X 射线。在金属探伤中，则使用 0.005~0.01nm 甚至更短波长的射线，其穿透力很强，称为硬 X 射线。

5.3.1.2　X 射线谱

由 X 射线管发出的 X 射线，其波长并不相同，且不同波长的强度也不同，可划分为两种不同的波谱，图 5-27 为不同管压下的 X 射线谱（波长与强度的关系曲线）。图中，强度随波长连续变化的部分称为连续谱，是多种波长的混合体，也称白色 X 射线；而叠加在连续谱上面的是强度很高的具有一定波长的 X 射线，称为特征谱，或称单色 X 射线。

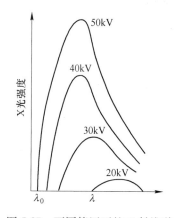

图 5-27　不同管压下的 X 射线谱

A　连续谱

连续谱产生的原因是：阴极发射能量为 eV 的电子与阳极靶的原子发生碰撞时，电子损失能量，损失能量中绝大部分动能转化为热能，只有一部分动能以 X 射线光子的形式辐射出来。在与阳极靶碰撞的众多电子中，有的辐射一个 X 射线光子，有的发生多次碰撞辐射出多个能量不同的 X 射线光子，它们的总和就构成了连续谱。图 5-27 中，在各种不同的管压下，连续谱都有一强度最大值，并在短波方面有一波长极限，称短波限，用 λ_0 表示。随着 X 射线管电压的升高，各种波长的 X 射线的强度升高，最大强度值所对应的波长变短，短波限也相应变短，与此同时波谱变宽。这说明 X 射线管的管压不仅影响连续谱的强度，也影响其波长范围。

由于 X 射线光子的能量来自电子，故其能量一般都小于电子的能量。在极端的情况下，电子通过一次碰撞将其能量全部转变为 X 射线光子的能量，光子的能量达到最大值，可表示为

$$eV = h\nu_{max} = \frac{hc}{\lambda_0} \tag{5-18}$$

式中，e 为电子电荷，$e = 1.602 \times 10^{-19}$ C；V 为管电压，V；h 为普朗克常数，$h = 6.626 \times 10^{-34}$ J·s；ν 为 X 射线频率，s^{-1}；c 为 X 射线的速度，$c = 2.998 \times 10^8$ m/s；λ_0 为短波限，nm。

由式（5-18）可得

$$\lambda_0 = \frac{hc}{eV} = \frac{1.24 \times 10^3}{V} \tag{5-19}$$

由式（5-19）可知，短波限 λ_0 仅与 X 射线管的管电压有关，与阳极靶的材料无关。

X 射线的强度（I）取决于每个光子的能量和单位时间内通过的光子的数量，因此在连续谱中，尽管短波限对应的光子能量最大，但相应光子数量不多，故强度极大值并不在短波限处，通常在 $1.5\lambda_0$ 附近。

一定管压下连续谱的总强度就是图 5-27 中相应管压曲线下所包围的面积，即为

$$I_{连续} = \int_{\lambda_0}^{\infty} I(\lambda) \mathrm{d}\lambda$$

一个连续谱的总强度与其 X 射线管管压 V、管流 i 及阳极靶材的原子序数 Z 之间的关系，为

$$I_{连续} = KiZV^m$$

式中，K 和 m 为常数，$K \approx 1.1 \times 10^{-9} \sim 1.4 \times 10^{-9}$，$m = 2$。

由此可计算出 X 射线管发射连续 X 射线的效率 η

$$\eta = \frac{连续谱总强度}{X 射线管功率} = \frac{KiZV^2}{iV} = KZV \tag{5-20}$$

由式（5-20）可以看出，随着阳极靶材原子序数 Z 的增加，X 射线管效率提高。因此，为了提高 X 射线管发射 X 射线的效率，要选用重金属靶材并施加高电压。应该提到的是，即便使用原子序数很大的钨靶（$Z = 74$），施加管电压高达 100kV，此时的 $\eta \approx 1\%$，可见效率是很低的。这是因电子在与阳极撞击时，其携带能量的绝大部分转变成热能而损失掉，因此 X 射线管的阳极必须强制冷却。

B　特征谱

当 X 射线管的管流不变而增加管压到某一临界值 V_k 时，在连续谱的某些特定波长上出现一些强度很高的锐峰，它们构成了 X 射线特征谱（见图 5-28）。激发特征谱的临界管压称为激发电压。当继续增加管压时，连续谱和特征谱强度都增加，但是特征谱对应的波长保持不变，它只与阳极靶材的原子序数有关。对一定的阳极靶材，所产生的特征谱的波长是固定的，该波长可视为阳极靶材的标志或特征，故称之为特征谱或标识谱。

a　产生机理

特征谱的产生机理与原子结构有关。根据原子结构的壳层模型，中心是原子核，原子中的电子分布在以原子核为中心的若干壳层中，每一壳

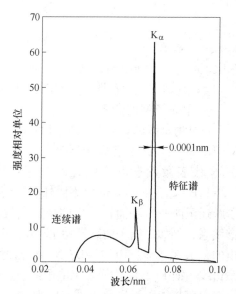

图 5-28　X 射线特征谱

层都有固定的能量，按能量高低，依次称为 K、L、M、N、…壳层，分别对应于主量子数 $n = 1, 2, 3, 4, \cdots$。在稳定状态下，每个壳层有一定数量的电子，并具有一定的能量，最内层（K 层）电子的能量最低，依次按 L、M、N、…的顺序递增，从而构成一系列的

能级。在正常情况下，电子优先占满能量低的壳层（见图 5-29）。

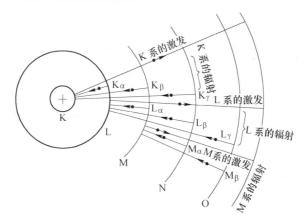

图 5-29   产生特征 X 射线的原理示意图

从 X 射线管中的阴极发出的电子，在高电压场的作用下，以很快的速度撞击到阳极上，此时如果电子的能量足够大，就可以将阳极靶材原子的内层电子激发到能量较高的外部壳层或使原子电离，于是阳极原子就处于高能量、不稳定的激发态。根据稳定态的能量最低原理，电子将自发地跃回低能级，所以当 K 层被激发有一个空位出现时（K 激发态），L、M、N、…层中的电子就会跃入此空位，同时将多余的能量以 X 射线光子的形式释放出来（参见图 5-29），称之为跃迁。辐射出的 X 光子能量等于电子跃迁所跨越的两个能级的能量之差，依此可以计算辐射出的 X 射线频率和波长

$$h\nu_{n_2 \to n_1} = E_{n_2} - E_{n_1}$$

$$\lambda_{n_2 \to n_1} = \frac{c}{\nu_{n_2 \to n_1}} = \frac{hc}{E_{n_2} - E_{n_1}} \tag{5-21}$$

式中，n_2、n_1 分别为电子跃迁前后所在的能级；E_{n_2}、E_{n_1} 分别为电子跃迁前后的能量状态。

b   特征谱线的命名

特征射谱线的命名规则如图 5-30 所示，字母 K、L、M 代表激发态电子跃迁的终态，下标 α、β、γ 代表激发态电子跃迁跨越壳层能级序差（α=1，β=2，γ=3）。即由不同外层上的激发态电子跃迁至同一内层而辐射出的特征谱线属于同一谱线系，例如，电子的跃迁由 L→K、M→K 辐射出的是 K 系谱线，由 M→L、N→L 辐射出的是 L 系谱线。而 K_α、K_β 谱线表示电子跃迁至同一 K 内层，但跨越能级壳层数不同，K_α 跨越一个壳层能级，K_β 跨越二个壳层能级，参见图 5-30，依此类推。此外还有 M 系谱线等。

电子能级间的能量差，愈靠近原子核的相邻能级间能量的差值愈大。所以，同一靶材的 K、

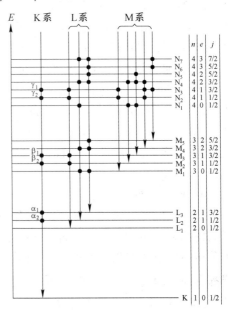

图 5-30   电子能级及可能产生的辐射

L、M 系谱线中，以 K 系谱线的波长最短，L 系谱线的次之。此外，由式（5-21）结合图 5-31 可推知，同一线系各谱线间，如在 K 系谱线中，必定是 $\lambda_{K_\alpha} > \lambda_{K_\beta} > \lambda_{K_\gamma}$。

特征 X 谱线的波长 λ 只与靶材的原子结构有关，并随着靶材原子序数 Z 的增大，波长变短，参见图 5-31。莫塞莱给出了原子序数 Z 与特征谱波长 λ 的关系式，称莫塞莱定律，即

$$\sqrt{\frac{1}{\lambda}} = K(Z - \sigma) \tag{5-22}$$

式中，K，σ 为常数。

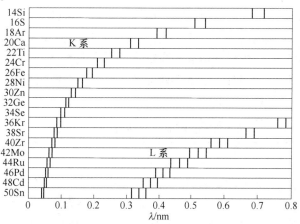

图 5-31 原子序数与特征谱波长关系

由于原子同一壳层上的电子并不处于同一能量状态，而是分属于若干个能量有微小差的亚能级。如 L 层的 8 个电子分属于 L_1、L_2、L_3 三个亚能级。因此，电子从同层的不同亚层向同一内层跃迁时，辐射的特征谱线波长必然有微小的差值。此外，电子在各能级间的跃迁并不是随意的，如图 5-30 所示，K_α 谱线是电子由 $L_2 \to K$ 和 $L_3 \to K$ 跃迁时辐射出来的 K_{α_1}、K_{α_2} 两根谱线组成的。由于能级 L_3 与 L_2 能量值相差很小，因此 K_{α_1}、K_{α_2} 通常无法分辨，故以 K_{α_1} 和 K_{α_2} 谱线波长的加权平均值作为 K_α 线的波长。由实验得知，K_{α_1} 线的强度是 K_{α_2} 线的两倍，故 K_α 线的波长为

$$\lambda_{K_\alpha} = \frac{2\lambda_{K_{\alpha_1}} + \lambda_{K_{\alpha_2}}}{3}$$

c 特征谱线的强度

（1）特征谱线的强度与电子跃迁概率的关系。特征谱线的强度是由电子在各能级间的跃迁概率决定的，且与跃迁前原壳层上的电子数多少有关。L 层电子跃入 K 层空位的概率比 M 层电子跃入 K 层空位的概率大，因此，K_α 谱线的强度大于 K_β 谱线的，且它们的比值约为 5∶1。对 K_{α_1} 和 K_{α_2} 谱线，L_3 上的四个电子跃迁至 K 层空位的概率比 L_2 上的两个电子跃迁至 K 层的概率大一倍，所以 K_{α_1} 与 K_{α_2} 谱线的强度之比为 2∶1。

（2）特征谱线强度与 X 射线管管压和管流的关系。特征谱线的强度随 X 射线管管压 V 和管流 i 的增大而增大，K 系谱线强度的经验公式为

$$I_K = Ai(V - V_K)^n \tag{5-23}$$

式中，A 为比例常数；V_K 为 K 系谱线的临界激发电压；n 为常数，约为 1.5。

产生特征辐射的前提是在原子内层产生空位，需要入射电子能把内层电子击出，这就要求由阴极射来的电子具有足够的动能，其值必须大于内层电子与原子核的结合能 E_K。只有当加速电压 $V \geqslant V_K$ 时，受电场加速的电子的动能足够大，把阳极靶材原子的内层电子轰击出来，才能产生特征 X 射线。所以，V_K 实际上是与能级 E_B 的数值相对应，即

$$eV_K = E_B$$

由于愈靠近原子核的内层，电子与原子核的结合能就愈大，所以轰击出同一靶材原子的 K、L、M 等不同内层上的电子，就需要不同的 V_K、V_L、V_M 等临界激发电压。阳极靶材原子序数越大，所需临界激发电压也越高。由式（5-23）可知，增加管流和管压可以提高特征 X 射线的强度，但同时也增加了连续谱的强度，这对需要单色特征 X 射线进行衍射分析是不利的。经验表明，欲得到最大的特征 X 射线与连续 X 射线的强度比，X 射线管的工作电压选在 $3V_K \sim 5V_K$ 时为最佳。表 5-7 列出了几种常用阳极靶材的特征 X 射线的波长及有关参数。

表 5-7 常用阳极靶材料的特征谱参数

靶材	原子序数	K 系谱线波长/10^{-1} nm				K 吸收限 $\lambda/10^{-1}$ nm	临界激发电压 V_K/kV	适宜的工作电压[①] V/kV
		K_{α_1}	K_{α_2}	K_α	K_β			
Cr	24	2.28970	2.293606	2.29100	2.08487	2.0702	5.99	20~25
Fe	26	1.936042	1.939980	1.937355	1.75661	1.74346	7.11	25~30
Co	27	1.788965	1.792850	1.790260	1.62079	1.60815	7.71	30
Ni	28	1.657910	1.661747	1.659189	1.500135	1.48807	8.29	30~35
Cu	29	1.540562	1.544390	1.541838	1.392218	1.38059	8.98	35~40
Mo	42	0.70930	0.713590	0.710730	0.632288	0.61978	20.00	50~55
Ag	47	0.554075	0.563798	0.560871	0.497068	0.48589	25.52	50~55

①一般情况下 X 射线管的使用电压不超过 60kV。

5.3.1.3 X 射线与物质的相互作用

当 X 射线照射到物质时，会发生相互作用，产生康普顿效应、俄歇效应、光电效应和衍射效应等一系列可被应用的效应。除了部分贯穿物质成为透射的光束外，射线能量损失在与物质作用过程中，一部分消耗在 X 射线的散射之中（包括相干散射和非相干散射）及激发电子，另外一部分转变成热量逸出，如图 5-32 所示。

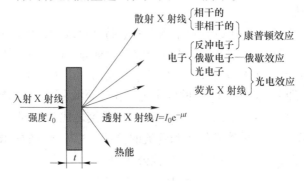

图 5-32 X 射线与物质的相互作用

A　X射线的散射

沿一定方向运动的X射线光子流与物质原子中的电子发生作用而偏离原来的方向，射向四方，即发生了X射线的散射。物质对X射线的散射分为波长不变的相干散射和波长改变的非相干散射。

a　相干散射

相干散射又称经典散射或汤姆逊散射。当入射的X射线光子与原子中受核束缚较紧的电子发生碰撞时，产生弹性散射，光子的能量几乎没有损失，波长没有改变，只是运动的方向发生了改变。这些散射波的振动方向相同，频率相同，位相差恒定，能发生相互干涉，故称此时发生的散射为相干散射。虽然产生相干散射波的能量只占入射X射线能量的极小部分，但它的相干特性是X射线衍射分析的基础。

b　非相干散射

非相干散射又称量子散射，是由康普顿（Compton A. H.）和我国物理学家吴有训首先发现的，故也称为康普顿-吴有训散射。当X射线光子与原子中受核束缚较弱的电子发生碰撞时，电子被撞击离开原子，并带走光子的一部分能量成为康普顿反冲电子，而光子损失部分能量，波长增加并向偏离原入射方向 2θ 的角度前行（如图5-33所示），成为散射光。散射光子的能量小于入射光子的，散射波的波长大于入射波的波长且向各方向传播。由于波长互不相同，相位也不存在确定关系，不能发生相互干涉，因此不能参与晶体对X射线的衍射，只会在衍射图像上形成强度随 $\sin\theta/\lambda$ 的增加而增大的连续背底，给衍射分析精度带来不利影响。

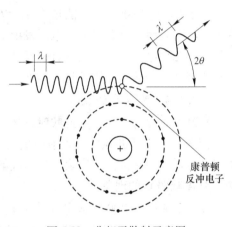

图5-33　非相干散射示意图

B　X射线的衰减

X射线通过物体时，沿透射方向的X射线强度下降的现象称为X射线的衰减。X射线的衰减除受物质对射线的散射影响外，还受激发电子产生光电效应、荧光辐射及热等对射线吸收（真吸收）的影响。

a　光电效应与荧光辐射

当入射的X射线光量子的能量足够大时，可以将原子内层电子击出，产生光电效应，被击出的电子称光电子。被打掉了电子的内层有了空位后，外层电子在向内层跃迁时，同时辐射出波长一定的特征X射线。为了区别于灯丝电子轰击阳极靶材时产生的特征辐射，称这种由X射线激发而产生的特征辐射为二次特征辐射，它在本质上属于光致发光的荧光现象，故称荧光辐射。

要激发原子产生K、L、M等线系的荧光辐射，入射X射线光量子的能量必须大于或等于从原子中轰击出K、L、M层的电子所需的功，亦即电子与原子核的结合能 E_K、E_L、E_M。例如，对K层电子

$$E_K = h\nu_K = \frac{hc}{\lambda_K}$$

式中，ν_K 和 λ_K 分别为激发被照射物质产生 K 系荧光辐射所需入射 X 射线具有的临界频率值和临界波长值；h 为普朗克常数；c 为电磁波在真空中的速度。

产生光电效应时，入射 X 射线光子能量被大量吸收，故 λ_K 以及 λ_L、λ_M 等称为被照射物质产生 K、L、M 荧光辐射时吸收入射 X 射线的吸收限值。激发不同元素产生不同谱线的荧光辐射，所需要的临界能量条件是不同的，因此它们的吸收限值也不相同，原子序数愈大，吸收限波长值愈短。X 射线荧光是 X 射线荧光分析的基础。

b   俄歇效应

原子 K 层电子被轰击出，L 层电子向 K 层跃迁，其能量差 $\Delta E = E_K - E_L$，能量不是以产生一个 K 系 X 射线光量子的形式释放，而是被邻近的电子所吸收，使这个电子受激发而逸出原子成为自由电子，这类电子称为俄歇电子，而使电子激发而逸出原子成为自由电子的作用称为俄歇效应，如图 5-34 所示。

对于 KL_1L_2 俄歇电子的能量为 $\Delta E = E_K - E_{L_1} - E_{L_2}$，仅与产生俄歇效应的物质的元素种类有关。研究表明，轻元素俄歇电子发射概率比荧光 X 射线发射概率大。俄歇电子能量低，一般只有几百电子伏特，故只有表面几层原子所产生的俄歇电子才能逸出而被探测到，所以扫描俄歇电子显微镜用于材料表面研究。

5.3.1.4   X 射线的吸收

X 射线通过物质时，受到散射、光电效应等的影响，光子的能量变成了其他形式的能量，使透射 X 射线的强度较入射时的弱，这种现象称为 X 射线的吸收，它是由物质原子本身的性质所决定的。简言之，X 射线的吸收是指 X 射线通过物质时，发生入射 X 射线衰减（强度减弱）的现象。

A   X 射线的衰减规律与吸收系数

实验已证明 X 射线通过物质时遵循系数规律，即通过厚度为 dx 的无穷小薄层物体时，X 射线强度的相对衰减量 $\dfrac{dI}{I}$ 与物体的厚度 dx 成正比（见图 5-35），即

$$\frac{dI}{I} = -\mu_1 dx \tag{5-24}$$

式中，μ_1 为线吸收系数，cm^{-1}，表示 X 射线通过单位厚度物质时的吸收，其大小与入射线

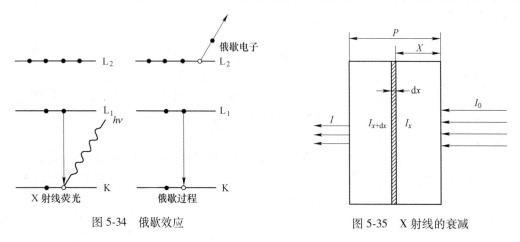

图 5-34   俄歇效应   图 5-35   X 射线的衰减

波长和物质有关；负号表示强度的变化由强变弱。

将式（5-24）积分，得

$$I = I_0 e^{-\mu_l x} \tag{5-25}$$

式中，I_0 为 X 射线入射强度；I 透射强度；x 为物质的厚度，cm；μ_l 为线吸收系数，cm^{-1}；I/I_0 为穿透系数或称透射因数。

式（5-25）表明，X 射线穿过物质时，其强度随穿透深度的增加按指数规律减弱。由式（5-24）可知，线吸收系数 μ_l 表征穿越单位厚度物质时，X 射线强度的相对衰减量。由于强度是指单位时间内通过单位截面的能量，因此 μ_l 实际表示的是单位时间内单位体积物质对 X 射线的吸收。单位体积内的物质量随其密度 ρ 而变，因此 μ_l 还与物质的物理状态有关。为了消除线吸收系数 μ_l 随吸收体物理状态不同而变的问题，可以用 μ_l/ρ 代替 μ_l，ρ 为吸收物质的密度，于是式（5-25）可写成

$$I = I_0 e^{-\frac{\mu_l}{\rho}\rho x} = I_0 e^{-\mu_m \rho x} \tag{5-26}$$

在非相干散射公式中，μ_m 为质量吸收系数（$cm^2 \cdot g^{-1}$）。

质量吸收系数 $\mu_m = \mu_l/\rho$，表示单位质量物质对 X 射线的吸收程度。对一定波长的 X 射线和一定的物质，则 μ_m 为定值，表示这个物质吸收 X 射线的特性。当吸收物质一定时，X 射线的波长越短，穿透能力越强；当波长一定时，吸收物质的原子序数 Z 越大，对 X 射线的吸收能力就越强。质量吸收系数 μ_m 与波长 λ 和原子序数 Z 存在的经验关系式为

$$\mu_m \approx K\lambda^3 Z^3 \tag{5-27}$$

式中，K 为常数。

将物质的质量吸收系数与 X 射线波长作图，可得到如图 5-36 所示的该物质的 μ_m-λ 关系曲线，称此曲线为该物质的吸收谱。

由图 5-36 可以看出，整个曲线被一系列质量吸收系数突变点分为若干连续曲线段，各段间的 K 值不同，每段曲线的连续变化满足式（5-26）。这些突变点称为物质的吸收限。它是由于随着入射线波长的减小，光子的能量达到了能激发某个内层电子的数值时，X 射线光子能量被强烈吸收，质量吸收系数突然增大所致。

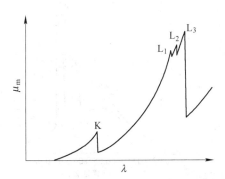

图 5-36 物质的 μ_m 与 λ 的关系

每种物质都有它自身确定的一系列吸收限，正如每种元素都有 K 系、L 系、M 系等标识 X 射线一样，吸收限也有 K 系（1 个）、L 系（3 个）、M 系（5 个）等之分，且分别用 λ_K、λ_L、λ_M 等表示。物质对 X 射线的吸收是通过单个原子进行的，由物质的原子自身的性质决定，不同元素的质量吸收系数也不同，因此若吸收体物质是由多种元素组成的化合物、混合物、陶瓷、合金等，则它的质量吸收系数 μ_m 是其组分元素的质量吸收系数 μ_m 的加权平均。即

$$\mu_m = \sum_i \mu_{m_i} w(i) \tag{5-28}$$

式中，$w(i)$ 为吸收体物质中各元素的质量分数；μ_{m_i} 为吸收体物质中各元素的质量吸收系数。

由实验结果知，连续 X 射线穿过物质时的质量吸收系数，相当于一个有效波长 λ 值对应的质量吸收系数，且 λ（有效）$= 1.35\lambda_0$，λ_0 为连续谱的短波线。

B　吸收限的应用

吸收限主要用于阳极靶材和滤波片的选择。

a　阳极靶材的选择

在 X 射线衍射分析中，要求入射 X 射线尽可能少地激发样品的荧光辐射，对于每一试样而言，所选 X 射线管阳极靶材的 K_α 应比试样的 λ_K 稍长一些（或者短很多），以降低试样衍射花样的背底，使图像清晰。根据试样的化学成分选择靶材的原则是 $Z_靶 \leqslant Z_样 + 1$ 或 $Z_靶 \gg Z_样$。例如，分析 Fe 试样时，采用 Co 靶或 Fe 靶，而不用 Ni 靶，由于 Fe 的 $\lambda_K = 0.1743\text{nm}$，与 Ni 的波长 $\lambda_{K_\alpha} = 0.1659\text{nm}$ 相当，会产生大量的荧光辐射和较高的背底。

b　滤波片的选择

X 射线 K 系的特征谱线包括 K_α 和 K_β 两条线，在晶体衍射中会产生两套衍射花样，使分析工作复杂化。为了在 X 射线衍射分析时得到单色的特征谱线，利用吸收限两边吸收系数相差悬殊的特点，选择适当的材料制成 X 射线滤波片，使其吸收限波长 λ_K 正好位于所用的 K_α 和 K_β 的波长之间，分析时将滤波片放置在入射线或衍射线的光路中，主要吸收不需要的 K_β 谱线，得到近乎单一的 K_α 线（参见图 5-37），便于衍射分析。常用的滤波片列于表 5-8 中。

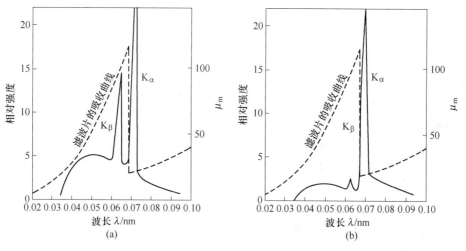

图 5-37　X 射线滤波片原理

（a）滤波前；（b）滤波后

表 5-8　常用 X 射线滤波片数据表

阳　极　靶				滤　波　片				
元素	原子序数	$\lambda_{K_\alpha}/10^{-1}\text{nm}$	$\lambda_{K_\beta}/10^{-1}\text{nm}$	元素	原子序数	$\lambda_K/10^{-1}\text{nm}$	厚度/mm	$I/I_0(K_\alpha)$
Cr	24	2.2909	2.0848	V	23	2.2690	0.16	0.50
Fe	26	1.9373	1.7565	Mn	25	1.8694	0.16	0.46
Co	27	1.7902	1.6207	Fe	26	1.7429	0.18	0.44
Ni	28	1.6591	1.5001	Co	27	1.6072	0.13	0.53

阳 极 靶				滤 波 片				
元素	原子序数	$\lambda_{K_\alpha}/10^{-1}$nm	$\lambda_{K_\beta}/10^{-1}$nm	元素	原子序数	$\lambda_K/10^{-1}$nm	厚度/mm	$I/I_0(K_\alpha)$
Cu	29	1.5418	1.3922	Ni	28	1.4869	0.21	0.40
Mo	42	0.7107	0.6323	Zr	40	0.6888	1.08	0.31
Ag	47	0.5609	0.4970	Rh	45	0.5338	0.79	0.29

从表中数据可以看出，滤波片材质选择规律是，滤波片的原子序数应比 X 射线管阳极靶材原子序数小 1 或 2，即当 $Z_{靶}<40$ 时，$Z_{滤}=Z_{靶}-1$；当 $Z_{靶}>40$ 时，$Z_{滤}=Z_{靶}-2$。

5.3.2 X射线衍射现象

入射 X 射线与周期排列晶体的原子作用，在空间某些方向上发生相干增强，而在其他方向上发生抵消，这种现象称之为衍射。即衍射是入射波受周期排列原子的作用产生相干散射，各原子的相干散射叠加的结果。X 射线与晶体作用产生衍射花样（pattern），而衍射花样中的衍射线方向主要受晶体结构（晶胞类型、晶面间距、晶胞参数）影响，而衍射线强度由晶体中各组成原子的元素种类及其分布排列坐标决定。因此，通过衍射花样的分析，就能确定晶体的结构。衍射线方向可分别用劳埃方程、布拉格方程、衍射矢量方程及厄瓦尔德图解来描述。

劳埃方程和布拉格方程是从数学的角度描述衍射线在空间分布规律（衍射线的方向），前者基于直线点阵，而后者基于平面点阵，这两个方程实际上是等效的，但布拉格方程在 X 射线衍射分析中计算更方便。厄瓦尔德（Ewald）图解是以作图的方式解决衍射线方向问题，有时衍射分析也采用。这里仅介绍最常用的布拉格方程和厄瓦尔德球图解方法。

5.3.2.1 布拉格方程

劳埃由光的干涉条件导出描述衍射线空间方位与晶体结构关系的公式——劳埃方程。虽然用劳埃方程可以解释晶体的衍射现象，但用它描述 X 射线被晶体衍射时，入射线、衍射线与晶轴的夹角不易确定，且用解方程组的方法求点阵常数也比较困难，使用不方便。

英国物理学家布拉格（Bragg）父子把晶体的点阵结构视为由一组组相互平行且等距离的原子面组成，不管这些原子在平面上如何分布，如果衍射光束服从反射定律（反射线在入射平面中，反射角等于入射角），则这组晶面所反射的 X 射线，只有当其光程差是 X 射线波长的整数倍时才相互增强，出现衍射。也就是晶体对 X 射线的衍射，可视为晶体中某些原子面对 X 射线的"反射"。据此，他们于 1913 年推导出了一个比较直观、方便使用的 X 射线衍射方程——布拉格衍射方程。

A 布拉格方程的推导

晶体的空间点阵可划分为一组组平行且间距相等的平面点阵（hkl），或称晶面，不同指数的晶面在空间的取向不同，面间距 d_{hkl} 也会不同。

设有一束波长为 λ 的单色 X 射线入射到面间距为 d_{hkl} 的一组晶面，发生"反射"，入射线、反射线和晶面的法线在同一平面内，晶面与入射线及反射线的交角为 θ，相邻的晶面（如图 5-38 所示），晶面 1 与晶面 2 所反射的 X 射线的光程差计算方法为：过 D 点分别向入射线、反射线和晶面组作垂线，交点分别为 A、C 和 B，则入射与反射的 X 射线的光程

差为 $\delta=AB+BC$。由于 DB 垂直于晶面组，所以等于晶面间距 d_{hkl}，DA 垂直于入射线，因此 $\angle ADB=\theta$。$AB=BC=DB\sin\theta=d_{hkl}\sin\theta$，所以光程差 $\delta=AB+BC=2d_{hkl}\sin\theta$。发生衍射的必要条件是入射线与反射线的光程差为波长整数倍，由此得到布拉格衍射方程（也称布拉格方程、布拉格公式）

$$2d_{hkl}\sin\theta=n\lambda \qquad\qquad (5\text{-}29a)$$

式中，n 为正整数，称为衍射级数，$n=1$，2，3，…时，分别称为一级衍射、二级衍射、三极衍射…；θ 为入射线、反射线与反射晶面的夹角，称为衍射角或掠射角。

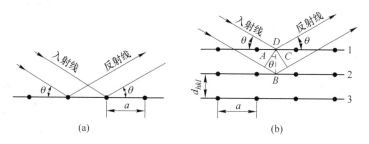

图 5-38　布拉格衍射方程的推导

（a）一个原子面的反射；（b）多层原子面的反射

由布拉格衍射方程可知，对于一组点阵平面（hkl），由于 $\sin\theta<1$，在满足布拉格方程和 $n\lambda<2d$ 条件下，可能有的反射角的数目等于整数 n。对第 n 级的反射也可看成是与（hkl）晶面组平行，且面间距为 d/n 的平面组的第一级衍射。这里不管面间距为 d/n 平面组的平面上是否有原子存在，都一样看待。依照米勒指数（Miller indices）的定义，这些平面的指数为（nh，nk，nl）。用这广义的晶体点阵平面，布拉格方程式可简化为

$$2d_{hkl}\sin\theta=\lambda \qquad\qquad (5\text{-}29b)$$

因此，对一个给定晶面指数的晶面，只和一个衍射角 θ 相对应，这样就把衍射角、面间距和波长的关系简化了。

注意，如果使用晶体单色器时，入射线中存在谐波 $\lambda/2$，$\lambda/3$，…，则（nh，nk，nl）和（hkl）的晶面组将在同一衍射角 θ 发生衍射。

布拉格衍射方程是 X 射线在晶体中产生衍射必须满足的条件，它反映了衍射线方向与晶体结构之间的关系。该方程把测量的宏观量 θ 与微观量 d_{hkl}、λ 联系起来，通过测定 θ，已知 λ，便可以求出 d_{hkl}，或者已知 d_{hkl} 求出 λ。

B　布拉格衍射方程的意义

a　选择反射

把晶体对 X 射线的衍射看作是"反射"，这种反射只有符合布拉格方程条件才能发生，因此，晶体反射 X 射线是一种"选择反射"。

b　产生衍射的限制条件

由布拉格方程 $2d_{hkl}\sin\theta=\lambda$ 可知 $\sin\theta=\dfrac{\lambda}{2d_{hkl}}$，因 $\sin\theta<1$，所以 $\dfrac{\lambda}{2}<d_{hkl}$ 为能够产生衍射的限制条件。这表明，当用 X 射线照射晶体时，晶体中只有晶面间距 $d_{hkl}>\dfrac{\lambda}{2}$ 的晶面才

能产生衍射。

例如，α-Fe 晶体的一组晶面面间距从大到小的顺序为：0.202nm、0.143nm、0.117nm、0.101nm、0.090nm、0.083nm、0.076nm……。当用铁靶的 X 射线波长为 λ_{K_α} = 0.194nm 照射晶体时，因 $\dfrac{\lambda_{K_\alpha}}{2}$ = 0.097nm，所以 α-Fe 晶体的这一组晶面中只有前面四个面间距 d 大于 0.097，能够产生衍射。

c 衍射线方向与晶体结构的关系

由布拉格衍射方程可以看出，当 λ 一定时，衍射束的方向 θ 与衍射晶面面间距 d_{hkl} 有关。在不同晶系中，面间距 d_{hkl} 与一系列衍射晶面组（hkl）及晶体的点阵常数（a，b，c，α，β，γ）的关系不同，若将立方、四方、正交、六角晶系的晶面间距公式代入，可以得到

立方晶系 $\qquad a=b=c$, $\quad \alpha=\beta=\gamma=90°$, $\quad V=a^3$

$$\sin^2\theta = \frac{\lambda^2}{4a^2}(h^2 + k^2 + l^2) \tag{5-30}$$

四方晶系 $\qquad a=b\neq c$, $\quad \alpha=\beta=\gamma=90^o$, $\quad V=a^2c$,

$$\sin^2\theta = \frac{\lambda^2}{4}\left(\frac{h^2 + k^2}{a^2} + \frac{l^2}{c^2}\right) \tag{5-31}$$

正交方晶系 $\qquad a\neq b\neq c$, $\quad \alpha=\beta=\gamma=90°$, $\quad V=abc$,

$$\sin^2\theta = \frac{\lambda^2}{4}\left(\frac{h^2}{a^2} + \frac{k^2}{b^2} + \frac{l^2}{c^2}\right) \tag{5-32}$$

六角晶系 $\quad a=b\neq c$, $\quad \alpha=\beta=90°$, $\gamma=120°$, $\quad V=\dfrac{\sqrt{3}}{2}a^2c$,

$$\sin^2\theta = \frac{\lambda^2}{4}\left(\frac{4(h^2 + hk + k^2)}{3a^2} + \frac{l^2}{c^2}\right) \tag{5-33}$$

对于其他晶系也可以求得类似的公式。当入射线波长一定时，由式（5-30）～式（5-33）可以计算出任何一组晶面产生衍射的衍射角。

由上述公式可以看出，晶体所属晶系不同，对于同指数的点阵面，其衍射线方向 θ 也不同。不同晶系或点阵参数不同的晶体，它们的衍射线空间分布的规律不同，衍射花样不同。由此可得出结论：衍射线分布规律是由晶胞形状和大小确定的。根据这一原理，可以从衍射线的分布规律来测定未知晶体中晶胞的形状和大小，确定晶体的结构。

d 布拉格衍射方程的应用

（1）结构分析。用已知波长的 X 射线法照射晶体，通过衍射角的测量求得晶体中各晶面的面间距。（2）组成分析。用一种已知面间距的晶体的衍射来分析从试样发射出来的 X 射线，通过衍射角的测量求得 X 射线的波长，进而可确定试样的组成元素。

5.3.2.2 厄瓦尔德图解

A 厄瓦尔德图解的含义

表示衍射条件还可以用德国物理学家厄瓦尔德提出的图解方法，它可以形象地展现产生衍射的条件。将布拉格方程 $2d_{hkl}\sin\theta = \lambda$ 改写为 $\dfrac{1}{d_{hkl}} = \dfrac{\lambda}{2}\sin\theta$，这样 X 射线波长（$\lambda$）、

晶面间距（d_{hkl}）及衍射线方向的关系（衍射几何）可用作图的方式表示。

如图 5-39 所示，AO 为 X 射线的入射方向，以 O_1 为中心，以 $1/\lambda$ 为半径作一个球面，交 AO 于 O 点，$AO = 2/\lambda$。在球面上任选一点 G，由于 AO 为球的直径，与之相对的角 $\angle AGO$ 为直角，ΔAOG 为直角三角形，所以

$$\overline{OG} = \overline{OA}\sin\theta = \frac{2}{\lambda}\sin\theta$$

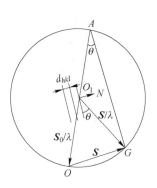

因为矢量 OG 的长度恰好为参与衍射的晶面间距的倒数，$\overline{OG} = \dfrac{1}{d_{hkl}}$。即 hkl 晶面的倒易点 G 落在反射球面上，连接球心和 G 得到矢量 O_1G，O_1G 为衍射矢量。因为入射方向与衍射方向对参与衍射晶面是对称分布，参与衍射的晶面平分了 $\angle OO_1G$，即垂直于等腰三角形 OO_1G 的底边 OG，也就是说矢量 OG 平行于衍射晶面的法线 O_1N。根据倒易矢量定义：从倒易点阵原点出发指向任意一个倒易结点 hkl 的矢量是倒易矢量，它垂直于晶体中相同指数的晶面，且等于 $1/d_{hkl}$，可以确定 OG 就是参与衍射的晶面组的倒易矢量。而且由图 5-39 可以看出，倒易矢量 OG 为反射波矢量 $\dfrac{1}{\lambda}S$ 和入射波矢量 $\dfrac{1}{\lambda}S_0$ 的差（S

图 5-39 衍射几何的厄瓦尔德图解

和 S_0 分别为反射和入射方向上的单位矢量），即

$$OG = O_1G - O_1O = \frac{1}{\lambda}S - \frac{1}{\lambda}S_0 = \frac{1}{\lambda}(S - S_0) \tag{5-34}$$

以 O_1 为中心，$1/\lambda$ 为半径所作的球面，称为厄瓦尔德球或衍射球（反射球）。凡球面上代表晶体点阵面（hkl）的倒易点阵点都满足衍射加强条件，O 点称倒易点阵原点。

总之，当衍射波矢与入射波矢相差一个倒易矢量时，衍射才能产生，此时倒易点 G（指数为 hkl）正好落在厄瓦尔德球面上，产生的衍射沿着球心到倒易点 G 的方向，相应的晶面组（hkl）与入射束的关系满足布拉格方程。据此，厄瓦尔德给出了表达晶体各晶面产生衍射必要条件的几何图解。

B   厄瓦尔德图解的作图步骤及应用

a   厄瓦尔德图解的作图步骤

厄瓦尔德图解可以帮助确定哪些晶面参与衍射，具体作图步骤如下：

（1）以 X 射线波长的倒数 $1/\lambda$ 为半径作厄瓦尔德球（反射球）。

（2）X 射线沿厄瓦尔德球的直径方向入射（$\dfrac{1}{\lambda}S_0$）。

（3）以 X 射线射出球面的点作为晶体倒易点阵原点，引入该倒易点阵，则与厄瓦尔德球面（反射球面）相交的倒易点阵结点所对应的晶面组均可参与衍射；

（4）连接球心与倒易点阵结点的连线指向即为衍射方向（$\dfrac{1}{\lambda}S$）。

b   厄瓦尔德图解的应用

（1）对单晶晶体。先画出倒易点阵并确定倒易点阵原点位置 O。然后沿入射线相反方

向，距倒易点阵原点 O 为 $1/\lambda$ 的点作为厄瓦尔德球心 O_1（晶体的位置）。以入射线波长倒数 $1/\lambda$ 为半径作厄瓦尔德球。所有落在厄瓦尔德球的倒易点阵结点所对应的晶面组均可参与衍射。

（2）对多晶晶体。由于多晶晶体的倒易点在空间中连接呈现出了倒易球面，只要与厄瓦尔德球相交的倒易球面均可参与衍射。

图 5-40 给出了单晶、多晶晶体衍射的厄瓦尔德图解的示意图。

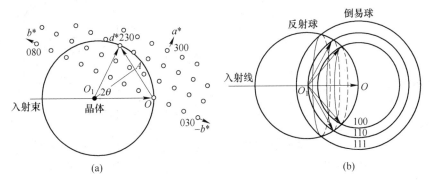

图 5-40　单晶、多晶晶体衍射的厄瓦尔德图解
（a）单晶体；（b）多晶体

5.3.2.3　X 射线衍射实验方法

根据布拉格方程，要使某晶体产生衍射，必须使 X 射线波长 λ、入射线与晶面所成的掠射角 θ 和晶面间距 d 满足布拉格方程。因此，当用单色的 X 射线照射不动晶体时，要观察到衍射现象，必须设法连续改变 θ 或 λ，以便能提供满足布拉格方程的条件。根据改变 θ 或 λ 这两个参数所采取的方式，衍射实验方法可分为劳埃法、转晶法和粉末法。三种方法适用试样状况及实验条件参见表 5-9。

表 5-9　X 射线衍射方法

方法	试样	λ	θ
劳埃法	单晶体	变化	不变化
转晶法	单晶体	不变化	部分变化
粉末法	粉末、多晶体	不变化	变化

A　劳埃法

劳埃法是采用连续的 X 射线照射不动的单晶体的衍射方法。因 X 射线的波长连续可变，总会有能满足布拉格关系的 X 射线波长与这个单晶体产生衍射。由于单晶体的特点是每种 (hkl) 晶面只有一组，单晶体固定在台架上，任何晶面相对于入射 X 射线的方位固定（即入射角一定），入射线束波长连续，这相当于反射球的半径连续变化，使晶体的倒易点阵有机会与某一反射球相交，形成衍射斑点。所以每一族晶面可以选择性地反射满足布拉格方程的特定波长 X 射线，这样不同晶面族都以不同方向反射不同波长的 X 射线，从而在空间形成许多衍射线，它们在与平板底片相遇就形成劳埃斑点。

劳埃法用垂直于入射线的平板底片记录由许多劳埃斑点构成的衍射花样（衍射图），

如图 5-41 所示。劳埃法多用于单晶体取向测定及晶体对称性的研究。

B　转晶法

转晶法是采用单色 X 射线照射绕某轴旋转的单晶体，并用一张以旋转轴为中心线的圆筒形底片来记录的衍射方法。图 5-42 为这种方法的示意图。

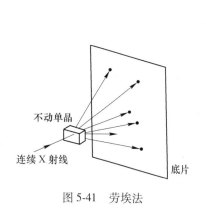

图 5-41　劳埃法

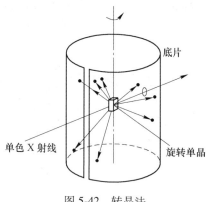

图 5-42　转晶法

转晶法的特点是入射线波长 λ 不变，而靠旋转单晶体以连续改变各晶面与入射线的 θ 角来满足布拉格方程的条件要求。在单晶体不断旋转的过程中，某晶面会在某个瞬间和入射线的夹角恰好满足布拉格方程，于是在此瞬间产生一条衍射束，使底片感光，出现一个感光点。只有单晶样品的旋转轴与晶体点阵的一个晶面平行时，衍射斑点才是规律分布的。转晶法通常选择晶体某一已知点阵的晶面直线为旋转轴，入射 X 射线与之相垂直，衍射花样为层线状分布（衍射斑点分布在一系列平行的直线上）。通过入射线斑点的线为零层线，从零层线向上或向下分别有正、负第一、第二……层线，呈现对称分布。

转晶法可确定晶体在旋转轴方向上的点阵周期，通过多个方向上点阵周期的测定，就可确定晶体的结构。

C　粉末照相法（粉末法）

a　粉末照相法

粉末照相法也称粉末法。粉末照相法是采用单色 X 射线照射固定或旋转的多晶体或粉末试样的衍射方法，也是应用范围较广泛的衍射方法。用照相底片来记录衍射图，则称粉末照相法，简称粉末法；若用计数管来记录衍射图，则称衍射仪法。利用多晶体或粉末试样中的各个微晶不同取向来改变 θ，以满足布拉格方程的条件要求。粉末照相法是采用各种类型照相机的多晶体 X 射线衍射分析的总称，其中以德拜-谢乐照相法最具典型，它用窄圆筒底片来记录衍射花样，如图 5-43 所示。

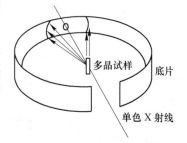

图 5-43　粉末法

b　多晶衍射花样的形成

当一束单色 X 射线照射到多晶试样时，对每一族（hkl）晶面而言，总有一些小晶粒的（hkl）晶面族与入射线的掠射角 θ，恰好满足布拉格方程条件而产生衍射。由于试样中小晶粒数目众多，满足布拉格方程条件的晶面族（hkl）也很多，它们与入射线的掠射角都是 θ，从而可把它们看作是由其中一个晶面以入射线为旋转轴而得到的。因此，可以看出它们的反射线将分布在一个以入射线为轴、以 2θ 为半顶角的圆锥面上。不同晶面族的衍射角不同，衍射线所在的圆锥的半顶角也不同。各个不同晶面族的衍射线将共同构成一系列的以入射线为轴的同顶点的圆锥。如图 5-44 所示，粉末法用厄瓦尔德图解可以显示粉末衍射的特征：以 $1/\lambda$ 为半径的倒易球面与反射球相截于一系列圆上，而这些圆的圆心都在通过反射球球心的入射线上，于是衍射线就在反射球球心与这些圆的连线上，也就是以入射线为轴、各组晶面的 2θ 为半顶角的一系列圆锥面上。显然，当单色 X 射线照射多晶试样时，衍射线分布在一组以入射线为轴的圆锥面上。在垂直于入射线的平底片上，所记录到的衍射花样将为一组同心圆，此类底片仅可记录部分衍射圆锥，通常采用以试样为轴的圆筒窄条底片来记录。图 5-45 为多晶德拜（Debye）相的示意图。

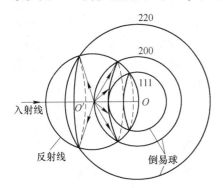

图 5-44　粉末法的厄瓦尔德图解

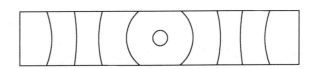

图 5-45　多晶德拜相的示意图

　　粉末法是衍射分析中最常用的方法。大多数材料的粉末或多晶体块、板、丝、棒等均可直接用作试样。粉末法主要用于测定晶体结构，进行物相定性、定量分析，精确测定晶体的点阵参数，以及测定材料的应力、织构、晶粒尺寸等。

　　此外，衍射方法中还有聚焦法（又称针孔法），也可用平板底片记录。

5.3.3　X射线衍射强度

　　在用 X 射线衍射进行物相定量分析、固溶体有序测定、内应力以及织构测定时，都必须对射线的衍射强度进行准确测定。关于 X 射线衍射强度的理论有运动学理论和动力学理论，前者只考虑入射波的一次散射，而后者考虑入射波的多次散射。这里仅介绍有关衍射强度的运动学理论。理论中认为衍射线的方向是由晶胞大小决定的，原子在晶胞中的位置只影响衍射线的强度，不影响其方向。为计算多晶的 X 射线衍射强度，必须求出晶体结构中原子的种类和位置与衍射线强度之间的定量关系。根据 X 射线衍射强度理论，对多晶样品某 hkl 衍射面的累积强度的影响因素有：（1）偏振因子（或称汤姆逊 Thomson 因子）$\frac{1}{2}(1+\cos^2 2\theta)$；（2）洛伦兹（Lorentz）因子 $\frac{1}{4\sin^2\theta\cos\theta}$；（3）原子散射因子 f；（4）结构因子 F_{hkl}；（5）多重性因子 P_{hkl}；（6）温度因子 e^{-2M}；（7）吸收因子 $A(\theta)$。由于偏振因子和洛伦兹因子对衍射线强度的影响都随衍射角而变化，因此又把这两种因素联合在一起，称之为角因子（或偏振洛伦兹因子）。

为此，首先分析计算基元散射强度，即单个电子对入射波的相干散射强度（涉及偏振因子）；然后将原子内所有电子的散射波叠加合成，得到一个原子对入射波的散射强度（涉及原子散射因子）；再将一个晶胞内所有原子的散射波叠加合成，得到晶胞的衍射强度（涉及结构因子）。最后再讨论实际测试条件下等同晶面数、温度、吸收等因素对粉末试样衍射强度的影响，在衍射强度计算公式中出现多重因子、温度因子和吸收因子。在一些文献中将偏振因子、洛伦兹因子、原子散射因子、结构因子、多重性因子、温度因子、吸收因子分别称为偏振因数、洛伦兹因数、原子散射因数、结构因数、多重性因数、温度因数、吸收因数。

5.3.3.1   单电子对 X 射线的散射与偏振因子

一束 X 射线的衍射是由电子的相干散射引起，当一束强度为 I_0 的 X 射线沿 OX 方向传播，照射到位于 O 点的一个自由电子上时，该电子在 X 射线电磁波的作用下产生受迫振动，振动频率与原入射 X 射线的振动频率相同。由于电子获得能量，因此向空间各方向辐射与原入射 X 射线频率相同并具有确定相位关系的电磁波。汤姆逊（Thomson，J. J.）首先推导出：一个电荷为 e、质量为 m 的自由电子，在强度为 I_0 的偏振 X 射线作用下，在与电子距离为 R 处的 P 点，产生散射波的振幅为

$$A_e = A_0 \frac{e^2}{4\pi mRc^2}\sin\varphi$$

式中，A_0 为入射线波矢 $\boldsymbol{E}_0$ 的振幅；e 和 m 分别为电子的元电荷和质量；c 为光速；φ 为散射波矢方向与入射波矢的夹角。

因电磁波的强度 I 与电磁波的振幅 A 平方成正比，故 P 点处散射波强度为

$$I_e = I_0 \frac{e^4}{(4\pi mRc^2)^2}\sin^2\varphi$$

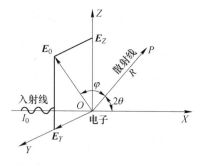

通常采用的入射到晶体的 X 射线并非偏振光，在垂直于入射线传播方向的平面上，入射波矢 $\boldsymbol{E}_0$ 可指向任意方向。但总可以把到达散射电子 O 的入射波矢 $\boldsymbol{E}_0$ 按平行四边形法则分解为两个互相垂直的偏振光波矢分量（如图 5-46 所示）。一个是沿 Y 轴方向 $\boldsymbol{E}_Y$，另一个沿 Z 轴方向的 $\boldsymbol{E}_Z$。由于 $\boldsymbol{E}_0$ 在各方向出现的概率相等，故 $\boldsymbol{E}_Y = \boldsymbol{E}_Z$。

图 5-46   单电子对 X 射线的散射

所以

$$E_0^2 = E_Y^2 + E_Z^2 = 2E_Y^2 = 2E_Z^2$$
$$A_0^2 = A_Y^2 + A_Z^2 = 2A_Y^2 = 2A_Z^2$$

或

$$I_0 = I_Y + I_Z = 2I_Y = 2I_Z$$

即

$$I_Y = I_Z = \frac{1}{2}I_0$$

由于沿 Z 方向的偏振光波矢 $\boldsymbol{E}_Z$ 与散射波方向 OP 间的夹角为 $\dfrac{\pi}{2} - 2\theta$，所以电子在 $\boldsymbol{E}_Z$ 作用下在 P 点的散射波强度为

$$I_{PZ} = I_Z \frac{e^4}{(4\pi mRc^2)^2} \sin^2\left(\frac{\pi}{2} - 2\theta\right) = \frac{1}{2}I_0 \frac{e^4}{(4\pi mRc^2)^2} \cos^2 2\theta$$

同理，沿 Y 方向的偏振光波矢 $\boldsymbol{E}_Y$ 与散射波方向 OP 间的夹角为 $\frac{\pi}{2}$，电子在 $\boldsymbol{E}_Y$ 作用下在 P 点的散射波强度为

$$I_{PY} = I_Y \frac{e^4}{(4\pi mRc^2)^2} \sin^2 \frac{\pi}{2} = \frac{1}{2}I_0 \frac{e^4}{(4\pi mRc^2)^2}$$

电子在非偏振入射波的作用下，在 P 点的散射强度为

$$I_e = I_{PY} + I_{PZ} = I_0 \frac{e^4}{(4\pi mRc^2)^2} \frac{1 + \cos^2 2\theta}{2} \tag{5-35}$$

式（5-35）为汤姆逊公式。由此式可知，对与一束非偏振入射波，电子散射在各个方向的强度不同；式中除 $\frac{1}{2}(1 + \cos^2 2\theta)$ 外，其余各参数均为常数，所以电子散射强度 I_e 随 2θ 而变，在 2θ 为 0° 和 180° 方向的强度为 90° 方向的 2 倍。即一束非偏振的 X 射线经电子散射后偏振化了，偏振化程度取决于 2θ 的大小，故称 $\frac{1}{2}(1 + \cos^2 2\theta)$ 为偏振因子。令 $r_e = \frac{e^2}{mc^2}$，称 r_e 为电子经典半径，其值为 $2.82 \times 10^{-15}\,\mathrm{m}$。把它代入式（5-35），可以计算出一个电子对 X 射线的散射强度，计算所得值极其微小。

5.3.3.2 原子对 X 射线的散射与原子散射因子

一个原子对入射波的散射是由原子中各个电子散射波相干散射引起的。原子对 X 射线的散射称为原子散射因子。由于核的质量比电子大得多，一个质子的质量是一个电子质量的 1836 倍，它的散射强度也只有一个电子散射线强度的 $(1/1836)^2$。因此，在计算原子的散射时可以忽略原子核对 X 射线的散射，只考虑电子散射的贡献。

如果入射 X 射线的波长比原子的直径大得多，则设原子序数为 Z 的原子中有 Z 个电子并集中在一个点上，而且各个电子散射波之间不存在相位差，原子散射波矢 $\boldsymbol{E}_a$ 为单个电子散射波矢的 Z 倍，即 $\boldsymbol{E}_a = Z\boldsymbol{E}_e$。所以一个原子的散射强度 $I_a = A_a^2$，即

$$I_a = Z^2 A_e^2 = Z^2 I_e \tag{5-36}$$

$$I_a = I_0 \frac{(Ze)^4}{(4\pi ZmRc^2)^2} = Z^2 I_e \tag{5-37}$$

式中，e 为电子元电荷；m 为电子质量。

在 X 射线衍射分析中，所用波长与原子直径大小差不多，故不能认为所有电子集中在一点，它们的散射波有相位差（如图 5-47 所示）。只有在 $2\theta = 0°$ 方向，各电子散射波相位相同，原子散射波振幅 A_a 是一个电子散射波振幅 A_e 的 Z 倍，$I_a = Z^2 I_e$。但随 2θ 增加，电子散射波相位差 φ 越来越大，I_a 越来越小。将原子散射强度表示为

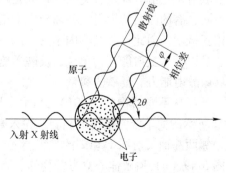

图 5-47 一个原子对 X 射线的散射

$$I_a = f^2 I_e = f^2 \frac{e^2}{m^2 c^2 R^2}$$

式中，f 称为原子散射因子，且 $f \le Z$。

原子散射因子的物理意义为一个原子相干散射波振幅与一个电子相干散射波振幅之比，f 值的大小与 θ 和 λ 有关。即

$$f = \frac{一个原子相干散射波振幅}{一个电子相干散射波振幅} = \frac{A_a}{A_e} = f\left(\frac{\sin\theta}{\lambda}\right) \tag{5-38}$$

f 是 $\frac{\sin\theta}{\lambda}$ 的函数，随着 θ 角增大，在该方向上的电子散射波间相位差加大，f 减少；当 θ 固定时，入射波长越短，相位差越大，f 越小。f 随 $\frac{\sin\theta}{\lambda}$ 增大而减小。图 5-48 为不同原子的 $f\sim\frac{\sin\theta}{\lambda}$ 关系曲线。由图可以看出，只有在 $\frac{\sin\theta}{\lambda}=0$ 处，$f=Z$，而在其他散射方向上，$f<Z$。因此，各元素的原子散射因子可用理论计算求得。

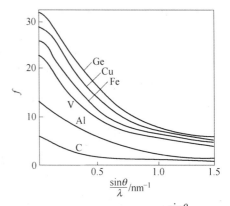

图 5-48　不同原子的散射因子 f 与 $\frac{\sin\theta}{\lambda}$ 关系曲线

上述分析是假定电子处于自由电子状态，实际原子中的电子受核的束缚，受核束缚越紧的电子其散射能力和自由电子差别越大，散射波的相位差也不同。在一般条件下，可以忽略电子受核的束缚和阻尼作用。

需要注意的是：当入射线波长接近原子的某一吸收限时，f 值将明显下降，称该现象为原子的反常散射，此时需对 f 值进行校正，即 $f' = f - \Delta f$，Δf 称原子散射因子校正值。原子散射因子 f 和原子散射因子校正值 Δf 的数据可从有关 X 射线晶体学数据表中获得。

5.3.3.3　一个晶胞对 X 射线的散射与结构因子

A　单胞对 X 射线的散射

一个晶胞对 X 射线的散射是晶胞内各原子散射波叠加的结果。当一束波长为 λ 的平行入射波，以 θ 角照射到原子面分析不同晶面的衍射时，晶胞内所有原子对某晶面能否产生相干散射发生衍射都是有贡献的，只是随晶面取向的不同，各原子的散射波的叠加合成结果不同，有的晶面的散射波叠加合成的衍射波相干加强，有的晶面散射波叠加合成的衍射波相互抵消。因此，用结构因子（F_{hkl}）来描述晶胞内某个晶面的衍射波强度参量。结构因子是以电子散射能力为单位，反映单胞内原子种类、各种原子的个数和原子排列对晶面（hkl）散射能力的贡献的参量。

下面从不同结构的（001）晶面对入射光的反射相干和抵消为例来说明。如图 5-49（a）所示的简单立方结构的晶胞，在入射波的波长 λ 和 θ 角刚好满足布拉格方程条件时，即相邻两晶面反射线 1′ 和 2′ 的光程差 ABC 为一个波长，于是在 1′2′ 方向能观察到反射线。在图 5-49（b）所示体心立方结构的晶胞中，反射线 1′ 和 2′ 也是同相位的，光程差 ABC 同样是一个波长，若无其他原子影响，在 1′2′ 方向也能观察到反射线，但由于有体心原子，

体心原子面的反射线为 3′，该原子面与晶胞上下两层原子面的距离相等，因此反射线 1′ 与反射线 3′ 之间的光程差 DEF 刚好是 ABC 的一半，即为半个波长，故反射线 1′ 与 3′ 的相位完全相反，反射线强度互相抵消，因此在体心立方晶胞中不会出现（001）反射。

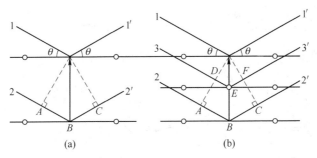

图 5-49   不同结构的（001）晶面对光的干涉现象

（a）简单立方结构；（b）体心立方结构

晶胞对入射波的散射是晶胞中各个原子的散射波叠加合成的结果，也就是晶胞内多个原子散射波的振幅和位相的叠加合成结果。为了求晶胞内所有原子散射波的叠加合成，先求晶胞内任一原子 A 与晶胞顶角原子 O 之间散射波的位相差（相角），如图 5-50 所示，然后按位相对所有原子散射波进行叠加。

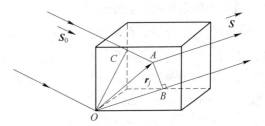

图 5-50   一个晶胞对 X 射线散射波波程差的计算

设晶胞中有 n 个原子，它们的原子散射因子分别为 f_1，f_2，f_3，$\cdots$，f_n，位置用从晶胞顶角到这些原子的位置矢量（位矢）$\boldsymbol{r}_1$，$\boldsymbol{r}_2$，$\cdots$，$\boldsymbol{r}_j$，$\cdots$，$\boldsymbol{r}_n$ 来表示。若晶胞中任一原子 j 的位矢 $\boldsymbol{r}_j$ 可用它的坐标 x_j，y_j，z_j 表示，$0 \leqslant x_j \leqslant 1$，$0 \leqslant y_j \leqslant 1$，$0 \leqslant z_j \leqslant 1$，则 $\boldsymbol{r}_j = x_j \boldsymbol{a} + y_j \boldsymbol{b} + z_j \boldsymbol{c}$，这里 $\boldsymbol{a}$，$\boldsymbol{b}$，$\boldsymbol{c}$ 为晶胞的基矢。图 5-50 中原子 A 和原子 O 两原子散射波波程差 δ_j 的计算为

$$\delta_j = OB - AC = \boldsymbol{r}_j \cdot \boldsymbol{S} - \boldsymbol{r}_j \cdot \boldsymbol{S}_0 = \boldsymbol{r}_j(\boldsymbol{S} - \boldsymbol{S}_0)$$

位相差（相角）为

$$\varphi_j = 2\pi \frac{\delta_j}{\lambda} = 2\pi \boldsymbol{r}_j \left(\frac{\boldsymbol{S} - \boldsymbol{S}_0}{\lambda} \right) \tag{5-39}$$

由图 5-39 和式（5-34）知 $\dfrac{\boldsymbol{S} - \boldsymbol{S}_0}{\lambda}$ 为产生衍射的晶面的倒易矢量 $\boldsymbol{r}^*$（$\boldsymbol{r}^* = h\boldsymbol{a}^* + k\boldsymbol{b}^* + l\boldsymbol{c}^*$），因此

$$\frac{\boldsymbol{S} - \boldsymbol{S}_0}{\lambda} = h\boldsymbol{a}^* + k\boldsymbol{b}^* + l\boldsymbol{c}^* \tag{5-40}$$

所以相位差（相角）
$$\varphi_j = 2\pi \boldsymbol{r}_j \boldsymbol{r}^* = 2\pi (x_j \boldsymbol{a} + y_j \boldsymbol{b} + z_j \boldsymbol{c})(h\boldsymbol{a}^* + k\boldsymbol{b}^* + l\boldsymbol{c}^*)$$
$$\varphi_j = 2\pi (hx_j + ky_j + lz_j) \tag{5-41}$$

式（5-40）描述了入射线方向矢量 $\dfrac{\boldsymbol{S}_0}{\lambda}$、衍射线方向矢量 $\dfrac{\boldsymbol{S}}{\lambda}$ 和倒易矢量 $\boldsymbol{r}_{hkl}^*$ 之间的关

系。晶胞内 j 原子的散射波用复数表示为 $E_e f_j \mathrm{e}^{\mathrm{i}\varphi_j}$，因此晶胞内 n 个原子，各原子散射波与入射波位相差（相角）为 φ_1、φ_2、$\cdots$、φ_n，按光学上用复数表示各散射波，则它们相干散射叠加合成的复合波 E_b 是晶胞中具有不同相位差及散射振幅的原子的矢量总和，即

$$E_b = E_e f_1 \mathrm{e}^{\mathrm{i}\varphi_1} + E_e f_2 \mathrm{e}^{\mathrm{i}\varphi_2} + \cdots + E_e f_n \mathrm{e}^{\mathrm{i}\varphi_n} = E_e \sum_{j=1}^{n} f_j \mathrm{e}^{\mathrm{i}\varphi_j}$$

如果以电子散射波为自然单位，则 hkl 晶面的结构因子 F_{khl} 为

$$F_{hkl} = \frac{E_b}{E_e} = \sum_{j=1}^{n} f_j \mathrm{e}^{\mathrm{i}\varphi_j} = \sum_{j=1}^{n} f_j \mathrm{e}^{\mathrm{i}2\pi(hx_j + ky_j + lz_j)} \tag{5-42}$$

应用欧拉公式 $\mathrm{e}^{\mathrm{i}\varphi} = \cos\varphi + \mathrm{i}\sin\varphi$，则式（5-42）成为

$$F_{hkl} = \sum_{j=1}^{n} f_j \big[\cos 2\pi(hx_j + ky_j + lz_j) + \mathrm{i}\sin 2\pi(hx_j + ky_j + lz_j) \big] \tag{5-43}$$

若每一个散射波的振幅用矢量的长度表示，而其相位差（相角）φ 用矢量方向表示。散射波的矢量总和就代表晶胞的衍射束，如图 5-51 所示。晶胞中原子 j 的波矢可以分解为水平和垂直两个分量，水平分量为 $\sum f_j \cos\varphi_j$，垂直分量为 $\sum f_j \sin\varphi_j$，这两个分量是直角三角形的两个直角边，当矢量加和时，其谐波就是 F。因此，F_{khl} 称为衍射指标晶面 hkl 的结构因子，它是由晶胞中原子的种类和原子位置（晶体结构）决定。F_{khl} 的绝对值（模量）$|F_{hkl}|$ 称为结构振幅。它的物理意义为

$$|F| = \frac{\text{一个单位晶胞中所有原子散射波的合成波振幅}}{\text{一个电子散射波的振幅}} = \frac{E_b}{E_e}$$

结构因子 F_{khl} 包含两方面数据，结构振幅 $|F_{hkl}|$ 和相角 φ。但一般从实验测得的衍射强度数据只能得出结构振幅 $|F_{hkl}|$，或结构振幅平方 $|F_{hkl}|^2$——它是衍射强度测量的因数，某一晶面（hkl）的衍射强度 I_{hkl} 正比于 $|F_{hkl}|^2$；而相角问题一般不能从强度测量数据中获得。$|F_{hkl}|^2$ 的数学表达式为

$$|F_{hkl}|^2 = \Big[\sum_{j=1}^{n} f_j \cos 2\pi(hx_j + ky_j + lz_j) \Big]^2 + \Big[\sum_{j=1}^{n} f_j \sin 2\pi(hx_j + ky_j + lz_j) \Big]^2$$

式中，x_j，y_j，z_j 分别代表在单胞内第 j 个原子以单胞边长的分数表示的坐标。

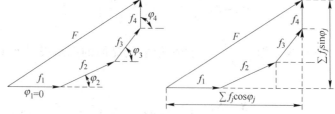

图 5-51　各原子散射矢量的加和

结构振幅平方 $|F_{hkl}|^2$ 与原子种类（f_j）和原子在晶胞中位置（x_j，y_j，z_j）有关。

B　点阵结构与消光规律

实验中，满足布拉格方程只是产生衍射的必要条件，能出现可观察到的、具有一定强

度的衍射线，还取决于原子在晶胞内的分布。原子在晶胞中的位置不同会造成某些晶面的结构因子为零，使之相关的衍射线强度为零而消失，这种现象称为系统消光（结构消光）。只有结构因子不为零的晶面，才可能出现衍射线。对于同种原子组成的晶体点阵的结构因子及其消光规律，可分为四种基本类型，即简单点阵、底心点阵、体心点阵和面心点阵。

a　简单点阵

这种晶体结构中每个单位晶胞只含有一个原子，其位置坐标在原点上，为 $(x_j, y_j, z_j) = (0, 0, 0)$，原子散射因子为 f_j，结构因子为

$$F_{hkl} = f_j e^{i2\pi(h\times0+k\times0+l\times0)} = f_j e^{i2\pi(0)} = f_j$$

结构振幅平方　　　　　　　　　　　　$|F_{hkl}|^2 = f_j^2$

结构振幅平方 $|F_{hkl}|^2$ 不受 hkl 取值影响。即对简单点阵，无论 hkl 取什么值，任何指数的晶面都能产生衍射。

b　底心点阵

这种晶体结构中每个晶胞有两个同类原子，其位置坐标分别为 $(0, 0, 0)$，$\left(\frac{1}{2}, \frac{1}{2}, 0\right)$，原子散射因子为 f_j，结构因子为

$$F_{hkl} = f_j e^{i2\pi(h\times0+k\times0+l\times0)} + f_j e^{i2\pi\left(h\times\frac{1}{2}+k\times\frac{1}{2}+l\times0\right)} = f_j\left[1 + e^{i\pi(h+k)}\right]$$

（1）当 h，k 全为偶数或奇数时，$F_{hkl} = 2f_j$；此时底心点阵晶体的 F_{hkl} 不受 l 取值影响，如（420），（421），（422），（423）等晶面族，它们具有同样的 h，k，衍射的结构因子也相同，都能产生衍射。

（2）当 h，k 为一奇一偶时，$F_{hkl} = 0$，这种晶面不产生衍射，称系统消光。

c　体心点阵

这种晶体结构中每个晶胞有两个同类原子，其位置坐标分别为 $(0, 0, 0)$，$\left(\frac{1}{2}, \frac{1}{2}, \frac{1}{2}\right)$，原子散射因子为 f_j，结构因子为

$$F_{hkl} = f_j e^{i2\pi(h\times0+k\times0+l\times0)} + f_j e^{i2\pi\left(h\times\frac{1}{2}+k\times\frac{1}{2}+l\times\frac{1}{2}\right)} = f_j\left[1 + e^{i\pi(h+k+l)}\right]$$

（1）当 $h+k+l$ = 偶数时，$F_{hkl} = 2f_j$，这种晶面能产生衍射。

（2）当 $h+k+l$ = 奇数时，$F_{hkl} = 0$，这种晶面不能产生衍射，系统消光。

d　面心点阵

这种晶体结构中每个晶胞有四个同类原子，其坐标分别为 $(0, 0, 0)$，$\left(\frac{1}{2}, \frac{1}{2}, 0\right)$，$\left(\frac{1}{2}, 0, \frac{1}{2}\right)$，$\left(0, \frac{1}{2}, \frac{1}{2}\right)$，原子散射因子为 f_j，结构因子为

$$F_{hkl} = f_j e^{i2\pi(h\times0+k\times0+l\times0)} + f_j e^{i2\pi\left(h\times\frac{1}{2}+k\times\frac{1}{2}+l\times0\right)} + f_j e^{i2\pi\left(h\times\frac{1}{2}+k\times0+l\times\frac{1}{2}\right)} + f e^{i2\pi\left(h\times0+k\times\frac{1}{2}+l\times\frac{1}{2}\right)}$$

$$F_{hkl} = f_j\left[1 + e^{i\pi(h+k)} + e^{i\pi(h+l)} + e^{i\pi(k+l)}\right]$$

（1）当 hkl 为同性指数（即全奇或全偶）时，$h+k$、$h+l$、$k+l$ 全为偶数，$F_{hkl} = 4f_j$；

（2）当 hkl 为异性指数时，则 $h+k$、$h+l$、$k+l$ 中总有两项为奇数一项为偶数，则 $F_{hkl} = 0$。这表明，在面心点阵中，只有 hkl 为全奇或全偶的晶面才能产生衍射。

归纳上述四种基本类型点阵结构的衍射和消光规律列于表 5-10 中。而有关复杂晶体

结构和不同元素原子构成晶体的 F_{hkl} 的计算，先要确定化合物中各元素原子在晶胞中的坐标位置，然后根据有关专著中相关的计算 F_{hkl} 的表达式计算。

表 5-10   同种元素原子构成四种基本类型点阵的衍射和消光规律

布拉维点阵	可衍射晶面指数	无衍射晶面指数
简单点阵	hkl 为任意数	无
底心点阵	$h+k$ 为偶数	$h+k$ 为奇数
体心点阵	$h+k+l$ 为偶数	$h+k+l$ 为奇数
面心点阵	hkl 全奇或全偶	hkl 奇偶混合

点阵结构的消光规律还可用来判断合金的有序—无序转变。一些合金在一定的热处理条件下，可以发生无序—有序转变。例如，$AuCu_3$ 在 395℃ 以上是无序固溶体，每个原子位置上发现 Au 和 Cu 的概率分别是 0.25 和 0.75，这个无序固溶体的平均原子的原子散射因子 $f_{平均} = 0.25f_{Au} + 0.75f_{Cu}$。在 395℃ 以下，快冷可保留无序态；若经较长时间保温后慢冷，便是有序态。此时 Au 原子占据晶胞顶角位置，Cu 原子则占据面心位置。显然无序态时，遵循面心点阵消光规律（h，k，l 奇偶混合时，消光）。而完全有序时，Au 原子坐标 $(0，0，0)$，Cu 原子坐标 $\left(\dfrac{1}{2}，\dfrac{1}{2}，0\right)$、$\left(\dfrac{1}{2}，0，\dfrac{1}{2}\right)$、$\left(0，\dfrac{1}{2}，\dfrac{1}{2}\right)$ 代入结构因子公式，其结果是：当 h，k，l 为全奇数或全偶数时，$|F_{hkl}|^2 = (f_{Au}+3f_{Cu})^2$；当 h，k，l 奇偶混合时，$|F_{hkl}|^2 = (f_{Au}-f_{Cu})^2$，没有消光。

有序化使无序固溶体因消光而失去的衍射线又复出现，这些又复出现的衍射线称为超点阵线。根据超点阵线条的出现及其强度可判断有序化程度。

多晶衍射法测定晶体结构也正是利用结构因子与原子位置的关系，用尝试法比较计算衍射强度与实验观测强度来确定原子在晶体中的位置。

5.3.3.4 其他影响多晶（粉末）衍射强度的因素

影响多晶（粉末）衍射强度的因素还有多重性因子、温度因子、吸收因子和晶粒数目等。

A 多重性因子

晶体中存在着晶面指数类似、晶面间距相等、晶面上原子排列相同、通过对称操作可以复原的一族晶面，称等同晶面。等同晶面的个数与晶体对称性高低及晶面指数有关。如立方系中 $\{h00\}$ 等同晶面有 6 个，如 (100)、$(\bar{1}00)$、(010)、$(0\bar{1}0)$、(001)、$(00\bar{1})$ 属于 $\{100\}$ 等同晶面族，而同为立方系中的 $\{hhh\}$ 有 8 个等同晶面，它们是 (hhh)、$(\bar{h}hh)$、$(h\bar{h}h)$、$(hh\bar{h})$、$(\bar{h}\bar{h}h)$、$(\bar{h}h\bar{h})$、$(h\bar{h}\bar{h})$、$(\bar{h}\bar{h}\bar{h})$。由于等同晶面的面间距相等，因此在粉末衍射花样中衍射角相同，等同晶面族的衍射线都重叠在一个衍射圆环上，衍射强度相互叠加。若某晶面 (hkl) 有 P 个等同晶面，衍射在同一位置，底片上该晶面的衍射线的强度假设只有一个 (hkl) 晶面衍射时的 P 倍，则等同晶面个数 P 称为影响衍射强度的多重性因子 P。而实际对强度做贡献的是 $P/2$ 倍。多重性因子与晶体的对称性有关（具体数据可从有关数据手册中查到），也与所用的实验方法有关，如在劳厄照相法、旋进照相法、魏森堡照相法中，多重性因子均为 1。

提请注意：对粉末衍射，有的晶面族虽然不属于同一个晶型，但它们的面间距 d 相同，衍射线强度重叠。由于不同晶型的结构因子不同，衍射强度必须分别计算，然后相加。

B　温度因子

由于晶体内原子的热振动，随温度的升高，原子振动偏离平衡结点的位置，破坏了晶体的周期性。原来严格满足布拉格条件的相干散射产生附加相位差，从而使衍射强度减弱。为了修正实验温度给衍射强度带来的影响，需在积分强度公式上乘以温度因子 e^{-2M}。

温度因子是在温度（T）下原子热振动时衍射强度（I_T）与原子没有热振动时的衍射强度（I）之比，或是在温度（T）下热振动的原子的散射因子（f）与该原子在绝对零度下原子散射因子（f_0）之比，即 $e^{-2M}=I_T/I$ 或 $e^{-2M}=f/f_0$。

从而对只含一种原子的简单立方晶体，可以导出

$$M = B\frac{\sin^2\theta}{\lambda^2} \tag{5-44}$$

$$B = \frac{6h^2}{m_a k\Theta}\left[\frac{\phi(\chi)}{\chi}+\frac{1}{4}\right] \tag{5-45}$$

$$M = \frac{6h^2}{m_a k\Theta}\left[\frac{\phi(\chi)}{\chi}+\frac{1}{4}\right]\frac{\sin^2\theta}{\lambda^2} \tag{5-46}$$

式中，h 为普朗克常数；m_a 为原子质量；k 为玻耳兹曼常数；Θ 为物质的特征温度；χ 为特征温度与试样的热力学温度之比，即 $\chi=\Theta/T$；θ 为衍射角；λ 为 X 射线波长；$\phi(\chi)$ 为德拜函数。一些物质的特征温度 Θ 和 $\left[\dfrac{\phi(\chi)}{\chi}+\dfrac{1}{4}\right]$ 数值参见附录 9 和附录 10，也可从有关物理和化学数据手册中获得。

由式（5-46）即可计算只含一种原子晶体的 M 值。

对含有两种以上原子的晶体中，每种原子都有自己的温度因子，呈现出温度因子的非均匀性，需分别求出每种原子的温度因子对该原子散射因子的修正。

对非立方晶系对称性低的晶体，温度因子 e^{-2M} 为

$$e^{-2M} = \exp\left[-16\pi\,\overline{u}^2\left(\frac{\sin^2\theta}{\lambda^2}\right)\right] = \exp\left[-4\pi^2\left(\frac{n}{d}\right)^2\overline{u}^2\right] \tag{5-47}$$

式中，$(\overline{u})^2$ 为原子均方偏移，即原子在垂直于反射面方向的位移平方的平均值；n 为衍射级数。

从式（5-47）可以看出，反射晶面的面间距 d 值越小，或衍射级 n 越大时，温度因子的影响也越大；也就是说，当 T 一定时，θ 角越大，M 越大，e^{-2M} 越小，在同一衍射花样中，θ 角越大的衍射线强度减弱也就越多。T 越高，M 越大，e^{-2M} 越小，即原子热振动越激烈，衍射强度减弱得就越多。

对于圆柱试样，温度因子向相反方向变化，因此温度因子和吸收因子两者对强度的影响相互抵消。在一些对强度要求不是很精确时，可以把 e^{-2M} 与 $A(\theta)$ 同时忽略。

晶体原子的热振动减弱了布拉格方向上的衍射强度，也产生非布拉格角方向上的相干漫散射，使衍射花样的背景变黑，这种变黑的程度随 θ 角的增大而增加。这种漫散射称为热漫散射或温度漫散射。

图 5-52 为温度对衍射峰的影响的示意图。图中锐锋为正常的晶体反射，虚线为不受温度因子影响的衍射峰；图下部为由热漫散射产生的宽峰。

C　吸收因子

在所有 X 射线实验中，X 射线通过晶体时，都会有部分射线被吸收。由于试样本身对 X 射线的吸收，使衍射强度的实验测量值比完全没有吸收的晶体的衍射强度要小。为此，在强度公式中乘以吸收因子 $A(\theta)$ 进行修正。$A(\theta)$ 越小，吸收越多，衍射强度衰减程度越大。$A(\theta)$ 与试样的形状（圆柱状或平板状）、大小、组成以及衍射角有关。一般情况下，对吸收因子的处理比较复杂。下面就粉末衍射测量主要情况的吸收因子加以讨论。

a　德拜-谢乐衍射几何的吸收

在德拜-谢乐衍射测量中，由于试样对 X 射线的吸收随衍射角的增加而减小，而温度因子则随衍射角的增加而增加，两者作用相反，相互抵消。因此，在德拜-谢乐衍射实验中，初步考虑相对强度时，可以把这两个因素忽略。但在要求精确测量衍射强度时，则必须分别考虑这两个因素的影响。

b　圆柱试样的吸收因子

圆柱试样对 X 射线的衍射，在试样半径 r 和线吸收系数 μ 较大时，入射线仅穿过一定的深度便完全被吸收，实际上只有表面一薄层物质（图 5-53 所示阴影的区域）参与衍射。透射衍射线吸收更为严重，而对背射衍射线影响较小。下面简单介绍均质和非均质圆柱体粉末试样的吸收因子 A 的计算。

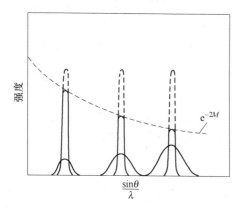

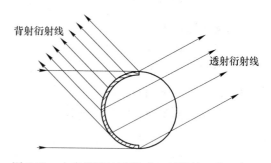

图 5-52　温度因子对衍射峰的影响示意图　　图 5-53　大直径圆柱试样对 X 射线的吸收示意图

均质圆柱体粉末试样对 X 射线的吸收因子 A 的计算式为

$$A = \frac{1}{\pi r^2} \iint \exp(-\mu s)\,\mathrm{d}a = \iint \exp(-\mu r x)\,\mathrm{d}\sigma \qquad (5-48)$$

式中，μ 为试样线吸收系数；r 为均质试样的半径；s 为平行 X 射线束通过粉末试样的距离；a 为试样的横截面面积；$x = s/r$，$\mathrm{d}\sigma = \mathrm{d}a/\pi r^2$。

如果粉末试样黏附在玻璃丝或其他吸附系数小的圆柱体物质上时，则被 X 射线辐照的试样为非均质试样。对非均质试样的吸收因子 A 的计算式为

$$A = \frac{1}{\pi(r^2 - r_g^2)} \iint \exp(-\mu s + \mu_g s_g)\,\mathrm{d}a \qquad (5-49)$$

式中，s_g为平行射线通过黏附试样的玻璃圆柱体的距离；μ_g与r_g分别为玻璃丝的线吸收系数和半径。

对需要精确测量衍射强度的多组分粉末试样，可以使用少量加拿大胶作为黏接剂与粉末试样均匀混合，制成圆柱均质测试样。此时采用待测试样的平均线吸收系数$\bar{\mu}$

$$\bar{\mu} = \Big[\ \sum_i \Big(\frac{\mu}{\rho}\Big)_i x_i \Big]\bar{\rho} \qquad (5\text{-}50)$$

式中，$\Big(\dfrac{\mu}{\rho}\Big)_i$为粉末试样组成中$i$组元的质量吸收系数，$cm^2/g$；$x_i$为$i$组元的质量分数；$\bar{\rho}$为圆柱均质测试样的实际平均密度，$g/cm^3$。

不同元素对常用辐射波长的质量吸收系数$\Big(\dfrac{\mu}{\rho}\Big)$数据参见附录6，也可从有关X射线晶体学数据表的文献中查到。

圆柱试样的吸收因子$A(\theta)$还与布拉格角θ和μr值呈函数关系。对同一试样，μr是个定值，$A(\theta)$随θ值增大而增加，在$\theta = 90°$时，具有最大值为1。对不同μr值试样，在同一θ值处，μr愈大者，$A(\theta)$值愈小。$A(\theta)$与μr、θ的关系曲线示于图5-54。不同的μr值圆柱体粉末试样的吸收因子$A(\theta)$与衍射角θ的关系，以及非均质圆柱体粉末试样吸收因子倒数$A^*(\theta)$与μr和衍射角θ的关系，均可从本章参考文献［9］中查到。

c　平板试样的吸收因子

衍射仪测试使用平板试样，测试时通常使入射线与衍射线位于平板试样同一侧，且与板面呈相等的夹角，透射的X射线可以忽略不计，称此为对称布拉格配置（见图5-55）。可以证明此时吸收因子反比于试样的线吸收系数，且为与衍射角无关的常数，即$A(\theta) = 1/2\mu$。

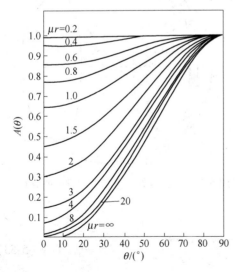

图5-54　圆柱试样的吸收因子关系曲线

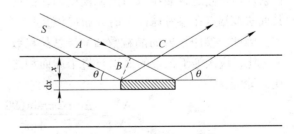

图5-55　平板试样的吸收因子

当一束强度为I_0，截面积为S的X射线照射到平板试样上时，其入射线与试样表面的夹角为布拉格角θ，衍射线也与试样表面成θ角，距试样表面深度为x的一个薄层的dx的衍射强度。入射线照射到薄层dx上时，已经过了一段路程AB，所以其强度已变为

$I_0 \mathrm{e}^{-\mu(AB)}$，而衍射线在离开 d$x$ 经过距离 BC 到达表面时，因为吸收，强度又降低了一个因子 $\mathrm{e}^{\mu(BC)}$，因此薄层的衍射强度为

$$\mathrm{d}I = QI_0 \mathrm{e}^{-\mu(AB)} \cdot \mathrm{e}^{-\mu(BC)} \mathrm{d}V = QI_0 \mathrm{e}^{-\mu(AB+BC)} \mathrm{d}V \tag{5-51}$$

式中，Q 代表单位体积的反射本领。

由图 5-55 可知

$$AB = BC = \frac{x}{\sin\theta}, \quad \mathrm{d}V = \frac{S}{\sin\theta}\mathrm{d}V$$

将各量代入式（5-51）并积分，可得到衍射强度：

$$I = I_0 QS \int \mathrm{e}^{-\frac{2\mu x}{\sin\theta}} \frac{1}{\sin\theta} \mathrm{d}x$$

当试样足够厚（厚度≫μ）时，积分限可取为∞，于是

$$I = I_0 QS \int_0^\infty \mathrm{e}^{-\frac{2\mu x}{\sin\theta}} \frac{1}{\sin\theta} \mathrm{d}x = I_0 QS \frac{1}{2\mu} \tag{5-52}$$

可见，衍射仪中吸收因子为 $A(\theta) = \dfrac{1}{2\mu}$，是与衍射角 θ 无关的常数。

D　晶粒数目

在粉末法中，由于位于或接近某种布拉格角的晶粒数目不同，即使在各个晶粒取向完全无规则时，在该布拉格角的晶粒数目也不是恒定的。下面讨论参与衍射晶粒对衍射积分强度的贡献。

为方便讨论，以位于 O 点的粉末试样为中心，作一半径为 r 的参考球，如图 5-56 所示。对于 (hkl) 晶面的衍射，ON 即为试样内某个晶粒中这组晶面的法线。实际衍射中，除了与入射线成准确的布拉格角的晶面外，相对偏离一个小角度 $\Delta\theta$ 的晶面也可以参加衍射。所以对于 (hkl) 的衍射，包含了晶面法线的端点位于宽度为 $r\Delta\theta$ 的一条带内的晶粒所能产生的衍射。由于假定各晶粒取向是无规则的，因此其面法线端点在参考球面上的分布应该是均匀的。因此，参加衍射的晶粒数 ΔN 与总晶粒数 N 之比，应该等于该带的面积与整个球面积之比。即

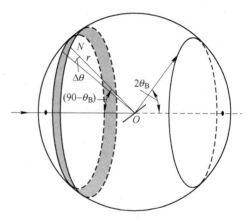

图 5-56　面法线在某个衍射圆锥中的分布

$$\frac{\Delta N}{N} = \frac{r\Delta\theta \cdot 2\pi r\sin(90° - \theta)}{4\pi r^2} = \frac{\cos\theta}{2}\Delta\theta \tag{5-53}$$

由此得出，粉末多晶体的衍射积分强度与参加衍射的晶粒数目成正比，即与 $\cos\theta$ 成正比。

5.3.3.5　多晶（粉末）衍射的积分强度

若将波长为 λ、强度为 I_0 的平行 X 射线，照射到晶胞体积为 $V_{胞}$ 的多晶粉末试样上，被照射晶体试样体积为 V，测量某一衍射面的衍射线积分强度 I，即在距试样为 R 处（照

相机或衍射仪半径）将记录到的衍射线的积分强度为

$$I = I_0 \left(\frac{e^4}{c^4 m_0^2} \right) \frac{\lambda^3}{32\pi R} V V_0^2 \, |F|^2 P \frac{1 + \cos^2 2\theta}{\sin^2 \theta \cos \theta} A(\theta) \mathrm{e}^{-2M} \tag{5-54}$$

式中，P 为多重因子；F 为结构因子；$\dfrac{1 + \cos^2 2\theta}{\sin^2 \theta \cos \theta}$ 为角因子；$A(\theta)$ 为吸收因子；e^{-2M} 为温度因子；e，m_0 和 c 分别为电子元电荷、质量和光速；V_0 为单位体积内晶胞数目，$V_0 = 1/V_{\text{胞}}$（有的书用单胞体积 $V_{\text{胞}}$）；V 为被 X 射线照射的试样体积。

式（5-54）中的角因子也称洛伦兹-偏振因子，角因子随 θ 角变化，见图 5-57。

式（5-54）是绝对积分强度计算式，在同一测试条件下，一般只考虑强度的相对值。对同一衍射花样中的同一物相的各条衍射线强度相互比较时，因测试条件和样品环境相同，所以式（5-54）中的 $I_0 \left(\dfrac{e^4}{c^4 m_0^2} \right) \dfrac{\lambda^3}{32\pi R} V V_0^2 = K$ 的值是相同的，故只需比较它们之间的相对积分强度，即相对积分强度写为

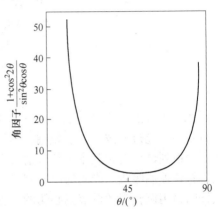

图 5-57　角因子与 θ 角的关系

$$I = |F|^2 P \frac{1 + \cos^2 2\theta}{\sin^2 \theta \cos \theta} A(\theta) \mathrm{e}^{-2M} \tag{5-55a}$$

若比较同一衍射花样中不同物相衍射线强度，则需考虑样品中各物相的被照射体积和它们各自的单位体积内的晶胞数目。此时，相对积分强度可写为

$$I = V V_0^2 \, |F|^2 P \frac{1 + \cos^2 2\theta}{\sin^2 \theta \cos \theta} A(\theta) \mathrm{e}^{-2M} \tag{5-55b}$$

5.3.4　多晶 X 射线衍射与分析方法

在材料科学与工程中大都用多晶体 X 射线衍射分析法，称"粉末法"。获取物质衍射图（花样）的方法按使用的设备可分为两大类：一是照相法，如德拜-谢乐法（简称德拜法），还有聚焦照相法和平板照相法（针孔法）等；二是衍射仪法。照相法的优点是设备简单、价格便宜、试样量非常少的情况下也可进行测量；缺点是照相时间长（几个小时甚至更多），衍射强度依靠黑度测量精确度较低。而衍射仪法具有测量速度快、强度测量精确度高、能与计算机相结合实现多功能和全自动化等特点，并且可以自动地给出大多数实验结果，目前已成为较为广泛使用的 X 射线衍射分析法。

5.3.4.1　照相法（德拜-谢乐法）

照相法是在一个很长的时间内，被测多晶试样的所有衍射面都同时发生衍射而使 X 射线感光胶片感光，记录衍射信息的一种用 X 射线测量晶体结构的方法。

通常所说的粉末法，如不另加说明即指德拜-谢乐（Debye-Scherrer）法。德拜-谢乐法简称德拜法，它是 X 射线多晶（粉末）衍射分析方法中应用最早、最广的一种经典衍射分析方法。德拜法使用圆筒形德拜相机，是照相法的代表，得到的多晶衍射花样（衍射图）称德拜相。

A　德拜相的拍摄

a　德拜相机的构造

德拜相机的构造如图 5-58 所示。

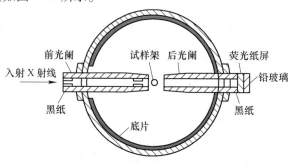

图 5-58　德拜相机示意图

德拜相机的主体是一个带盖的密封圆筒。从 X 射线管射出的 X 射线，沿圆筒形相机的直径，先经过滤波片、前光阑，然后进入准直管的小孔中，获得一小束单色平行的 X 射线。照射到试样上，其中一部分射线穿过试样到达出射光阑（后光阑），经荧光屏和铅玻璃，被铅玻璃吸收。光阑的内径尺寸为 0.2～1.2mm。试样用胶泥固定在试样杆上，安装试样时，用调整螺丝调节偏心轮的位置，使试样与相机轴线同心。摄照时，用电机带动槽轮转动试样，以期增加反射 X 射线的晶粒数目，使衍射线条更均匀，缩短曝光时间。

常用的德拜相机的直径为 57.3mm 或 114.6mm。相机使用长条底片，安装时底片紧贴圆筒内壁，故底片圆环直径近似等于圆筒直径。

b　工作原理

采用德拜-谢乐法拍摄获得试样的德拜像（衍射花样），测量衍射线的相对位置和相对强度，用来计算 θ 角和晶面间距 d。测试获得的每一张德拜像都包括一系列的衍射圆弧对，每一衍射圆弧对都对应相应的衍射圆锥与底片相交的痕迹，代表一族晶面的反射，如图 5-59 所示。

从图 5-60 德拜-谢乐法衍射几何知

$$2l = 4\theta R$$

或

$$\theta = \frac{2l}{4R}(\mathrm{rad}) = \frac{2l}{4R} \times 57.3(°) \tag{5-56}$$

式中，R 为相机半径。

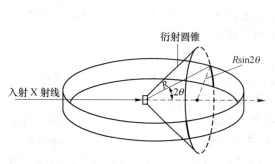

图 5-59　衍射圆锥与底片的交截

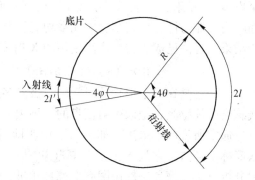

图 5-60　德拜-谢乐法衍射几何

测出各衍射圆弧对之间的距离 $2l(\mathrm{mm})$，由式（5-56）算出 θ 角。将得到的 θ 值代入布拉格方程，就可求出各衍射线的 d 值。

B　试样的要求

德拜法所用试样是圆柱形的粉末黏合体，也可以是多晶体细丝，试样直径 $0.3 \sim 0.8\mathrm{mm}$，长约 $10\mathrm{mm}$。试样粉末可用胶水粘在细玻璃丝上，或填充于硼酸玻璃或醋酸纤维制成的细管中。粉末粒度应控制在 $45 \sim 60\mu\mathrm{m}$，颗粒过粗参加衍射的晶粒数目减少，会使衍射环不连续，过细则使衍射线发生宽化，不利于分析。对于多相物质须研磨至全部通过 $74\mu\mathrm{m}$ 网筛，以防止其中某些物相因易于粉碎而被筛掉。经研磨的韧性物质粉末应在真空或保护气氛下退火，以消除加工应力。

C　底片安装

德拜相机采用长条形 X 光底片，并按光阑位置打 $1 \sim 2$ 个圆孔，底片紧贴德拜相机内壁放置，并压紧固定不动。按照入射线与底片开口的相对位置，底片可有三种安装方式，正规装片法、背射装片法和偏装法，如图 5-61 所示。

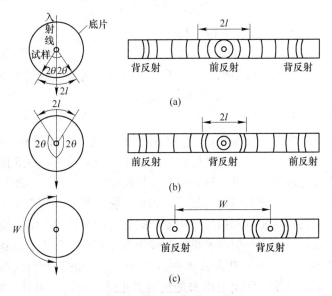

图 5-61　德拜相机底片安装方法
(a) 正装法；(b) 反装法；(c) 偏装法

a　正装法

X 射线从底片接口处入射，照射试样后从中心孔穿出，如图 5-61（a）所示。低角衍射线接近中心孔，高角衍射线则位于底片两端。测量衍射线对间的距离 $2l$，由相机半径为 R 和式（5-56）就可计算衍射角 θ。

$$2l = 4\theta R, \quad \text{即} \quad \theta = \frac{2l}{4R}$$

若上式中 θ 以度为单位，l 和 R 以 mm 为单位时，则

$$\theta = \frac{2l}{4R} \times \frac{180}{\pi} = \frac{2l}{4R} \times 57.3 \tag{5-57}$$

因此，当 $2R = 57.3\text{mm}$ 时，$\theta = 2l/2(°)$，当 $2R = 114.6\text{mm}$ 时，$\theta = 2l/4(°)$。

　　b　反装法

　　X 射线从底片中心孔射入，从底片接口处穿出，如图 5-61（b）所示，显然，高角线条集中在中心孔附近。衍射角按式（5-58）计算：

$$2\pi - 4\theta = \frac{2l}{R}, \quad \theta = \frac{\pi}{2} - \frac{2l}{4R}(\text{rad}) \tag{5-58}$$

当 $R = 57.3\text{mm}$ 时，$\theta = 90-2l/2(°)$。

　　用反装片法安装的底片几乎能记录全部高角衍射线，适用于点阵参数的测定。

　　c　偏装法（不对称装片法）

　　在底片上不对称开两个孔，X 射线先后从该两个孔通过，底片开口置于前后光栏之间，如图 5-61（c）所示。衍射线条为围绕进出光孔的两组弧线对。此法也具有反装法的优点。由前后衍射线对中心点间的距离 W 可求出相机半径，可由 W 用式（5-59）计算衍射角 θ

$$\frac{4\theta}{2l} = \frac{180}{W} \quad (\text{前衍射区}) \tag{5-59}$$

$$\frac{360 - 4\theta}{2l} = \frac{180}{W} \quad (\text{背衍射区}) \tag{5-60}$$

　　该法可校正由于底片收缩及相机半径不准确等引起的误差，适用于点阵参数的精确测定等工作。

　　D　拍摄条件的选择

　　在拍摄粉末德拜相之前，要根据试样和工作要求，选择阳极靶材、滤波片、管电压、管电流及曝光时间等。管电压通常为阳极靶材激发电压（kV）的 3~5 倍，此时特征谱的强度与连续谱的强度比最大，管电流较大可缩短拍摄时间。注意，不能超过 X 射线管额定功率所允许用的最大管流。曝光时间与试样、相机、底片及 X 光源等诸多因素有关，通常通过实验来确定。用大直径相机和拍摄结构复杂的化合物时，须大幅度增加曝光时间。

　　照相法虽数据采集时间长，但在收集衍射线强度方面有一些明显的优点：一是不需要高稳定性的 X 射线源；二是由非常多的 X 射线光子产生一条衍射线或斑点，从而使统计误差降低到可以忽略的程度，所反射的总能量是真正的平均值。另外，对于德拜-谢乐照相法，可以调节试样的吸收因子，使高角度衍射线和低角度衍射线的衍射强度不会相差悬殊，方便将记录的衍射强度调节到感光胶片灵敏度的线性范围。此外，随着计算机化的显微光度计在衍射强度测量中的应用，以及 X 射线感光胶片在提高分辨率和底片黑度与曝光量的线性范围的进步，使得照相法仍在 X 射线衍射结构分析工作中应用。

　　鉴于目前大多采用衍射仪进行 X 射线衍射分析及篇幅限制，这里只简单介绍有关德拜相的测量。若需要了解有关详细内容，可参阅本章后参考文献［9］及有关 X 射线衍射分析专业书籍。

　　E　德拜相的测量和计算

　　照相法是在一个很长的时间内，被测多晶试样的所有衍射面都同时发生衍射而使 X 射线感光胶片感光，记录衍射信息。

　　用德拜-谢乐相机获得的德拜相的测量，主要是测量衍射线条的相对位置和相对强度，

然后计算出面间距 d。在测量之前，需判别底片是属于正装、倒装或不对称装法，并区分低角区和高角区。低角区线条较窄且清晰，附近的背景颜色较浅，而高角区线条则与此相反。特别高的线条，尚能看到分离的 K_α 双线（高角度的线条对点阵参数精确测定很重要）。拍得衍射照片后，把照片放在底片观察灯上进行测量，用测长仪或比长仪测量衍射线位置，用显微光度计测量衍射线条的相对强度。

a 衍射线位置测定

根据式（5-56），由弧线对距离 $2l$ 和相机半径 R，可求得掠射角 θ。如果底片的尺寸改变（或因底片未能紧贴相机内腔，或者底片在冲洗过程中收缩或伸长，致使底片所围成的圆筒直径不等于其真实直径），便产生误差。采用底片不对称装法可以纠正这种误差。从不对称底片上，可以直接测量出底片所围成的圆筒周长（称为有效周长），其测定方法见图 5-62。

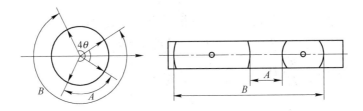

图 5-62 有效周长的测定

有效周长等于高低角区两对弧的内、外弧距之和。

$$C_{有效} = A + B \tag{5-61}$$

假定弧线对距离与底片长度按同一比例收缩，按照有效周长计算便可得到较准确的 θ 角。由图 5-62 可知

$$\frac{2l}{C_{有效}} = \frac{4\theta}{360°} \tag{5-62}$$

所以

$$\theta = \frac{90°}{C_{有效}} \cdot 2l = K \cdot 2l \tag{5-63}$$

式中，K 值对同一底片是恒定的。

b 相对强度的测定

在 X 射线衍射分析中，德拜相在照相底片的黑度不仅取决于曝光量 E（$E = It$，I 为射线强度，t 为曝光时间），还与底片乳胶特性、冲洗条件及 X 光源等诸多因素有关，通常通过实验来确定曝光量与照相底片黑度之间的关系，这样就可以确定各衍射线的相对强度。

标定衍射强度与照相底片黑度的关系，可用稳定射线源，曝光不同时间来标定。也就是在同一张照相底片制作黑度校正强度标尺，以保证是在同一条件下处理强度标尺和衍射线强度。强度标尺的制作方法有两种：一种是分级斑点的强度标尺，用快门控制不同曝光时间；另一种是使用快速旋转的阶梯扇形轮装置控制曝光时间，拍摄 18 个强度标或连续变化的强度标。

（1）强度标尺制作。在 X 射线衍射分析中，先按通常方法拍摄试样的衍射图，然后将拍摄了试样的底片用黑纸包裹好，放置在距放射源 2m 外的强度标定装置中的曝光盒里，在预留制作标尺区（底片的上部或下部）制作强度标尺。注意，拍摄衍射图和强度标尺的每一步，只让该操作的部分底片曝光，不曝光的部分需遮挡，以实现在同一张照相底片上拍摄衍射图和强度标尺。底片冲洗后，X 射线衍射花样的强度和强度标尺均用计算机化的显微光度计测量。

（2）衍射线强度。在显微光度计中，大多电流计的偏转或电势计的记录笔位移量都与底片透射量呈线性关系。用 T_0，T_B，T_{L+B} 分别代表底片未曝光区域、曝光区域背底和衍射线的光学透射率。当把显微光度计的零点放在 T_0 透射处（即零点定在未曝光区域），则衍射线的曝光黑度 D_{L+B} 和背底黑度 D_B 分别为

$$D_{L+B} = \ln(T_0/T_{L+B}) \qquad (5-64)$$
$$D_B = \ln(T_0/T_B) \qquad (5-65)$$

如果黑度 D 与曝光量 E 呈线性关系，则衍射线的强度 I_L 为

$$I_L = I_{L+B} - I_B = k(E_{L+B} - E_B)$$
$$I_L = \frac{k}{K}(D_{L+B} - D_0 - D_B + D_0) = \frac{k}{K}(D_{L+B} - D_B) \qquad (5-66)$$

即

$$I_L = \frac{k}{K}\left(\ln\frac{T_0}{T_{L+B}} - \ln\frac{T_0}{T_B}\right) = \frac{k}{K}\ln\frac{T_B}{T_{L+B}} \qquad (5-67)$$

式中，k 与 K 为常数。

同样可以证明，若将显微光度计的零点定在电流计在底片背底区域的某一偏转值，同时 D 与 E 仍呈线性关系，式（5-67）仍然正确可用。

必须指出，若底片上衍射线的黑度 D 与曝光量 E 不是线性关系，应根据强度标尺的 D 与 E 的关系，把底片的黑度 D 转变成相对强度，然后从衍射线和背底总强度中扣除背底强度，得到衍射线的强度。

5.3.4.2　X 射线衍射仪

50 多年前的 X 衍射线分析，绝大部分是采用射线底片来记录衍射信息。随着辐射探测器（计数器）和电子线路和计算机技术的不断发展，特别是近二三十年来，利用各种探测器和电子技术测量衍射强度和方向的 X 射线衍射仪层出不穷。衍射仪测量方法具有快速、方便、准确等优点，越来越多地取代了传统的照相法，用于科研和生产中。而且，还出现了许多具有特殊功能的 X 射线衍射仪，如测定 2θ 范围为 $3° \sim 160°$ 的多晶广角衍射仪，可测量更低的 2θ 角的小角散射的衍射仪，它们更便于大分子晶体以及微粒尺寸的测定。另外，还有单晶结构测定用的单晶四圆衍射仪等。

X 射线衍射仪是以特征 X 射线照射多晶体（粉末）试样，用射线探测器和测角仪来探测衍射线的强度和位置，并将它们转变成电信号，然后借助计算机技术对数据进行自动记录、处理和分析的仪器。

X 射线衍射仪由 X 射线发生器、测角仪、辐射探测器、射线衍射强度记录单元，以及自动控制单元等组成。为扩展衍射仪的功能，衍射仪上还可安装各种附件，诸如高温、低温、织构测定、应力测量、试样旋转、摇摆及小角散射附件等。目前还有微光束 X 射线衍

射仪和高功率阳极旋转靶 X 射线衍射仪商品出售。

实验室用的 X 射线衍射仪的结构框图如图 5-63 所示。由图可知 X 射线衍射仪的主要部件有：高压电源、高压变压器、整流器、电流和电压的稳定调节系统、X 射线管、测量记录系统（探测器、定标器、计数率仪和计算机数据处理系统）等。

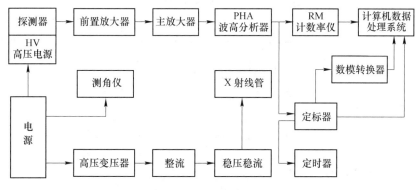

图 5-63　X 射线衍射仪框图

A　X 射线测角仪

a　测角仪结构

X 射线测角仪是 X 射线衍射仪的核心部件，用于精确测定衍射角。测角仪利用 X 射线管的线焦斑，采用发散光束、平板试样，用计数器记录衍射线强度。衍射仪的测角仪有水平、垂直和卧式三种类型。水平测角仪（θ-θ 测角仪）是试样放置不动，探测器和 X 射线管转动。垂直测角仪是 X 射线管不动，水平放置试样和探测器转动。卧式测角仪是立式放置试样和探测器转动，X 射线管不动。图 5-64 为垂直测角仪（θ-2θ 测角仪）构造示意图。

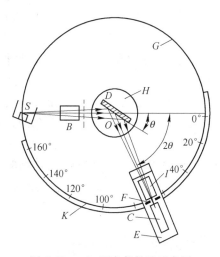

图 5-64　θ-2θ 测角仪构造示意图

图 5-64 中，平板试样 D 安装在样品台 H 上，样品台可绕垂直于图面的 O 轴旋转。S 为 X 射线源，X 射线管的靶面上的线状焦斑与图面相垂直，与衍射仪的轴平行。当一束发散的 X 射线照射到试样上时，满足布拉格关系的某晶面，其反射线便形成一条收敛光束。F 处有一接收狭缝与计数管 C 安装在围绕 O 旋转的支架 E 上，当计数管转到适当的位置时便可接收到一条反射线。计数管的角位置 2θ 可从测角仪的大转盘 G 上的刻度尺 K 上读出。衍射仪的设计使 H 和 E 保持固定的转动关系。当 H 转过 θ 度时，E 转过 2θ 度，试样计数管的连动（θ~2θ）关系保证了试样表面始终平分入射线和衍射线的夹角 2θ；当 θ 符合某（hkl）晶面相应的布拉格条件时，从试样表面各点由诸（hkl）晶面平行于试样表面晶粒所贡献的衍射线都能聚焦进入计数管。计数管能把不同强度的 X 射线转变成电信号，并通过计数率仪、电位差计把信号记录下来。当试样和计数管连续转动时，衍射仪就能自动描绘出衍射强度随 2θ 角的变化，获得如图 5-65 所示的衍射图。

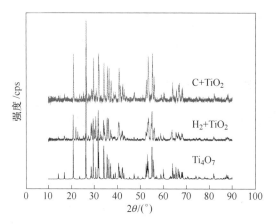

图 5-65 Ti_4O_7 的标准衍射图与氢、碳还原制备的 Ti_4O_7 的衍射图

b   测角仪的工作原理与光路

（1）工作原理。测角仪的衍射几何关系是根据聚焦原理设计的，既要满足布拉格方程反射条件，又要满足衍射线的聚焦条件，图 5-66 为测角仪的聚焦几何。

从测角仪圆上线状焦点 S（光源）发出的射线，照射到位于聚焦圆上的试样 MON 表面上，根据聚焦原理，试样的同一族晶面的反射线必然会汇聚于半径为 R 的同一聚焦圆上的 F 点。若使探测器围绕聚焦圆旋转，就能记录下不同晶面的衍射线的强度和位置。但实际衍射仪中，探测器是围绕测角仪圆旋转，而不是围绕聚焦圆旋转。所以在测角仪运转过程中，试样相对于线状焦点 S（光源）距离不变，而入射角在改变，聚焦圆半径 r 也随之时刻变化着，其半径 r 随衍射角 θ 的增大而减小，它们的定量关系为

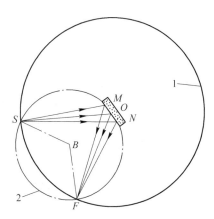

图 5-66   测角仪聚焦几何
1—测角仪圆；2—聚焦圆

$$r = \frac{R}{2\sin\theta}$$

（5-68）

式中，R 为测角仪圆的半径。

θ-2θ 型衍射仪的设计是将试样旋转与探测器的旋转始终保持在 1∶2 的转动速度比，这样可以保证在试样的整个转动过程中，与试样表面平行的那些晶面族，在满足布拉格方程式时，产生的衍射线会在测角仪圆上聚焦，进入探测器。因为此时入射线与试样表面成 θ 角，与反射线的夹角为 2θ，由于晶面族平行于试样表面，所以入射线也与试样表面成 θ 角，此时探测器刚好转过 2θ 角，因此衍射线会进入探测器。而 θ-θ 测角仪则是样品平面不动，X 射线光源与探测器以样品中心为圆点对应进行 θ-θ 角转动。

由于采用平板试样和 X 射线对试样的穿透性，在测角仪运转过程中，实际上只有试样表面中心点才严格位于聚焦圆上，所以只有中心轴上的衍射线才严格聚焦于 F 点，试样其他部分的衍射线并非严格地聚焦在 F 点上，而是分散在一定的宽度范围内（有一定的散焦）。但是只要入射线的发散度不太大，在聚焦点 F 处的衍射线宽度也不会太大，基本上

实现了聚焦作用，从而增加了衍射线的强度。

（2）测角仪的光路。图5-67为卧式测角仪的光路。S 为阳极靶面的线状焦斑，其长轴方向为竖直，入射线和衍射线要通过一系列狭缝光阑。K 为发射狭缝，用来限制入射线束的水平发散度；L 为防散射狭缝；F 为接收狭缝，用来限制衍射线束在水平方向的发散度，防散射狭缝还可排除非试样的辐射，改善峰背；接收狭缝则可以提高衍射的分辨率，狭缝有不同的尺寸；S_1、S_2 为梭拉狭缝，由一组相互平行的金属薄片所组成，相邻两片间的空隙在0.5mm以下，薄片厚度约为0.05mm，长约30mm，可限制入射线束在垂直方向的发散度至2°左右；衍射线在通过狭缝 L、S_2 及 F 后便进入计数管中。

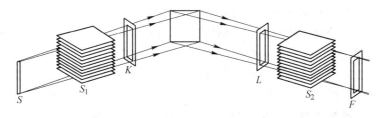

图5-67   卧式测角仪的光路

B   探测器

X射线探测器是X射线衍射仪的重要组成部分。它包括换能器和脉冲形成电路。换能器将X射线光子能量转变为电流，脉冲形成电路将电流转变为电脉冲，并被计数装置所记录。常用的X射线探测器主要有气体电离计数器、闪烁计数器和半导体探测器（包括Si(Li)二极管探测器和本征Ge探测器）。

a   正比计数器

正比计数器是气体电离计数器的一种类型，它的构造如图5-68所示。

气体电离计数器的X射线探测元件为计数管及其基本电路。计数管有玻璃外壳，内充惰性气体。阴极为一金属圆筒，阳极为共轴的金属丝，两极间加有600～900V的直流电压。X射线从铍或云母等低吸收材料制成的窗口进入。进入计数管的X射线光子使惰性气体电离，所产生的电子在电场作用下向阳极加速运动。高速电子足以使管内气体再电离，于是出现电离过程的连锁反应——雪崩，产生的大量电子涌向阳极，在外电路中形成电脉冲，经放大后可输入到专用的计数电路中。

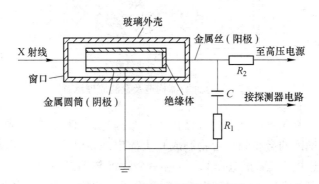

图5-68   正比计数器构造示意图

正比计数器所给出的脉冲峰的大小与吸收的光子能量成正比，用其测定衍射线的强度比较可靠。正比计数器响应快，其计数率可达 $10^5/s$，性能稳定，能量分辨率高，背底低，并可以与脉冲高度分析器联用。但它对温度敏感，对电压的稳定性要求高，需要稳压电源设备和较大的电压放大设备，计数率不够理想，存在漏计数的现象。

b　位敏正比计数器

位敏正比计数器是正比计数器的发展和突破。它分单丝和多丝两种类型。多丝位敏正比计数器是一种二维平面探测器，可给出衍射的二维信息，但减少了所记录的衍射角范围。

位敏正比计数器是利用 X 射线光子的电离作用在阳极丝上形成的局部"雪崩"，继而在阴极延迟线的相应位置上感应出一个电脉冲，该脉冲在延迟线两端位置出现的时间和在脉冲起始位置出现的时间，与脉冲起始位置至延迟线两端的距离成正比，只要测出延迟线两端出现脉冲的时间差，就能确定产生"雪崩"的位置。位敏正比计数器对 X 射线光子的入射位置灵敏，它能同时将不同方向入射的 X 射线光子转变为电脉冲信号，并确定其位置。因此，应用这种计数器能同时确定 X 射线光子的数目及其被吸收的位置，从而在计数器不扫描的情况下就可记录全部衍射图谱，大大缩短衍射数据收集时间。又因同时记录全部衍射数据，不需要高稳定性的 X 射线入射源，且所收集的强度数据的准确度与扫描方式近似，自 20 世纪 70 年代后期开始得到广泛应用，并在研究生物大分子和高聚物的形变、结晶过程等动态结构变化上，显示出优越性。

c　闪烁计数器

闪烁计数器的时间分辨率高，易于进行脉冲高度分析甄别，且在很宽的波长范围内具有均匀的灵敏度，是当前被广泛应用的 X 射线衍射仪的探测器。它主要由闪烁晶体、光电倍增管和其他辅助部件组成。闪烁计数器是利用某些激发荧光体（闪烁晶体）在 X 射线照射下会发射可见荧光，并把这种荧光耦合到具有光敏阴极的光电倍增管上，经光电倍增管的多级放大后，得到可测量的电脉冲信号的原理而制成。由于闪烁晶体的发光量与入射光子能量呈正比，所以闪烁计数器输出的脉冲高度也与入射 X 射线光子能量成正比，故可用来测量 X 射线的强度。图 5-69 为闪烁计数器构造及探测原理示意图。

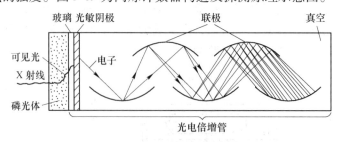

图 5-69　闪烁计数器构造及探测原理示意图

闪烁晶体吸收一个 X 射线光子后，便产生一个闪光，该闪光射进光电倍增管中，并从光敏阴极（一般用铯锑的金属间化合物制成）上撞出许多电子。在光电倍增管中装有若干个联极（每个联极递增 100V 正电压），最后一个联极与测量电路连接。每个电子通过光电倍增管，在最后一个联极可倍增到 $10^5 \sim 10^7$ 个电子。这样当闪烁晶体吸收一个 X 射线光子时，便可在光电倍增管的输出端收集到大量的电子所产生的电压脉冲。

闪烁计数器分辨时间可达 10^{-6}s 数量级，当计数率在 10^5 次/s（cps）以下时没有计数损失，计数效率高，但能量分辨率低于正比计数管的，背底较高，且闪烁晶体掺铊碘化钠单晶、掺铕碘化钙单晶晶体易受潮失效。

d 固体半导体探测器

固体半导体探测器是一种用固体半导体材料制作的，将 X 射线的能量转变成电信号的射线探测器。它利用了 X 射线能在半导体中激发产生电子-空穴对原理，如目前较为普遍使用的锂漂移硅 Si(Li) 固体半导体探测器。

当 X 射线光子进入半导体探测器时，由于射线的激发作用产生电子-空穴对，其数目与吸收的 X 射线光子能量成正比，并被探测器的两电极分开，同时被阴极和阳极收集，产生与电子-空穴对的数目成正比的脉冲信号，因此脉冲振幅值正比于入射 X 射线光子能量。因此半导体探测器可通过脉冲高度的分析来区分 X 射线能量的范围，探测范围很宽。半导体探测器的突出优点是对入射光子的能量分辨率高，分析速度快，计数率高。当与强的辐射源联用时，只需几十秒就可记录到一张可供识别的谱图曲线，很适用于某些样品的动态研究。

目前固体半导体探测器有 Si(Li) 半导体探测器、本征锗探测器和室温半导体探测器。Si(Li) 探测器的优点是能量分辨率高，分析速度快，无计数损失，适用于较长波长的 X 射线的检测。但需要置于低温（液氮）和高真空环境中，以防室温热激发形成的高噪声和表面污染，并且需要配置低噪声、高增益的前置放大器。而本征锗探测器适用于短波长范围 X 射线的检测，也需要在低温下使用。由于 Si(Li) 和本征 Ge 探测器都必须在低温下使用，这给实验测量和测角仪的设计带来不便，一直有研究者在进行室温半导体探测器的工作。现有的 CdTe 探测器可在室温下使用，但只能用于较短波长 X 射线的检测，且因有较高的背底噪声，对 CuK_α 辐射很难获得满意的信噪比。

C 辐射测量电路

辐射测量电路的主要功能是保证辐射探测器有最佳工作状态，把 X 射线的能量转换成电脉冲信号，并将所输出的电脉冲信号转变成直接读取的数值。辐射测量电路框图示于图 5-70。

由图 5-70 可看出，从探测器来的电脉冲信号，经前置放大器和线性放大器后，进入脉冲高度分析器，滤去过高和过低的脉冲，再进入计数率仪或定标器。

a 脉冲高度分析器

脉冲高度分析器由上、下甄别器复合构成，只有脉冲高度介于上、下甄别器之间的脉冲才能通过

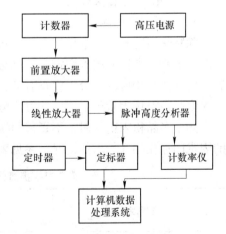

图 5-70 辐射测量电路框图

电路传到计数率仪或定标器电路。在衍射测量时，进入计数器的除了试样衍射的特征 X 射线外，尚有连续 X 射线、荧光 X 射线等干扰脉冲。脉冲高度分析器可以剔除那些对衍射分析不需要的干扰脉冲，从而达到提高峰背比的作用。

b 定标器

定标器是对输入的脉冲进行累积计数的电路。它可以实现定时计数，即测量规定时间

间隔内的脉冲计数值，并用数码器显示，将衍射强度量化；也可以实现定数计时，即测量某一选定的脉冲总数所需的时间。若与定时器联用，确定计数时间，就可以计算脉冲速率。测量脉冲总数越大，测量误差越小，对强度的测量多采用定数计时比较合理。

　　c　计数率仪

　　计数率仪是一种能连续测量平均脉冲计数速率的装置，由脉冲整形电路、电阻、电容积分电路和电压测量电路组成。它的功能是把一定时间间隔内从脉冲高度分析器传来的脉冲信号累积起来，并对时间平均求得与衍射强度成正比的计数率（每秒脉冲数），并将单位时间内输入的平均脉冲数对 2θ 作图，得到（计数率）-2θ 衍射强度曲线。

　　D　测量前准备工作

　　采用 X 射线衍射仪测量试样前应注意仪器适用范围和要求。

　　（1）衍射仪不能用于单晶体试样的测试。若试样为单晶体时，则一个布拉格角只能有一个晶面参与衍射，这样衍射强度将会很小，以致于无法检测出来。

　　（2）制样要求。试样尺寸按样品框大小制备。测量粉末试样时，把粉末在试样框内压制成片，试样框可为长方形或圆形，大小依所用仪器要求固定面积而定，厚度约 2mm。测量多晶块样，采用表面磨平的多晶块状试样。

　　（3）粉末粒度选择。粉末压片时考虑粒度的选择，一般粒度在 $1\sim5\mu m$ 左右，粒度太大会影响衍射强度（对衍射峰强度贡献的颗粒数太少），粒度太小产生的衍射峰会宽化。

　　（4）样品厚度的选择。考虑样品厚度对强度的影响，较厚的样品会产生吸收，太薄的样品产生的衍射较弱，此外还应考虑择优取向问题。

　　（5）选择合理的实验参数。根据试样要求选择实验方法及参数，如狭缝宽度、扫描速度、测角范围、时间常数、取样停留时间等。

　　E　X 射线衍射仪的测量

　　a　衍射强度的测量

　　除特殊情况外，一般用衍射线的积分强度作为衍射强度、衍射线的相对强度 $I(khl)$ 以及结构中原子参数的精确测定时，都必须以积分强度的测量作为基础。在通常情况下，只有衍射峰值与相应的积分强度具有某种比例关系时，才可选用峰值来代表衍射强度。

　　多晶衍射仪测量衍射强度的方法分为连续扫描法和步进（阶梯）扫描法。

　　测量多晶粉末衍射时，不管采用哪种方式收集数据，选择提高分辨率和增加衍射强度的因素间存在相互矛盾的情况，参见表 5-11。应根据测量实验情况，综合考虑合理选择。

表 5-11　提高分辨本领和衍射强度的条件比较

选择因素	合理的调整因素	
	提高分辨本领	提高衍射强度
入射线取出角	3°或更低	不低于 6°①
试样	薄层粉末	厚层粉末①
接收狭缝宽度	小①	大①
水平方向发散度	中或小	大①
垂直方向发散度	小	大

　　①表示起主要影响的因素。

（1）连续扫描法。此法需探测器（计数器）与计数率仪相连接，衍射仪在选定的 2θ 角范围内，试样与探测器按 1：2 的速度联动，连续转动扫描测量各衍射角相应的衍射强度。其衍射强度是由脉冲平均电路混合成电流起伏，而后由长图记录仪将数据绘制成 I-2θ 曲线。采用连续扫描法可在较快速度获得一幅完整而连续的衍射图。例如，以 $4°/\text{min}$ 的速度测量一个 2θ 从 $20°\sim100°$ 的衍射花样（图），仅需 20min。当需要全谱测量定性分析时，选用连续扫描法。为了保证测量的精确度，要合理选择扫描速度 $\omega(°/\text{min})$、接收狭缝宽度 $\nu(°)$ 和时间常数 $RC(\text{s})$ 等实验条件。

记录仪的输出有线性计数率和对数计数率两种。线性计数率记录仪的优点是衍射强度即相对于衍射曲线的高度或面积，各衍射线强度比即相应于它们的面积比，而且便于获得最大衍射强度峰的半高宽值；缺点是被记录的强度范围受到限制。对数记录率记录仪目前应用较少，只在定性分析工作和衍射强度相差悬殊的情况下应用。

此外，还有一种常用的记录衍射强度的方法是连续扫描累积计数法。它是在一规定时间（如 1min）扫描某一衍射峰加背底的累积强 $I_{\text{p+b}}$，并在衍射峰起始位置和终止位置各记录一半规定时间（如 0.5min）累积背底强度 I_{b1} 和 I_{b2}，则衍射峰的强度为 $I_{\text{p}}=I_{\text{p+b}}-I_{\text{b1}}-I_{\text{b2}}$。

（2）步进（阶梯）扫描法。步进扫描法有固定时间和固定计数两种记录衍射强度的方式。此法需探测器（计数器）与定标器相连。

1）固定时间步进扫描方式。此记录方式是在所需收集强度衍射峰的位置前后，按一定的步宽步进，且在每一步固定位置收集相同时间（2s，5s，$\cdots$）。每步的步宽选择取决于对实验精度要求。每步步宽可选 $0.01°$，$0.02°$，$\cdots$，$0.05°$，$\cdots$。也可在衍射峰的位置选小步宽，而在背底的位置选大步宽。收集时间的长短取决于衍射线的强弱和实验对精度的要求。

2）固定计数步进扫描方式。此记录方式是在衍射线的每一位置都收集设定的相同计数 N 值，记录其收集所需的时间，用时间的倒数表示衍射线的相对强度。

固定时间步进扫描方式的主要缺点是其相对统计误差 $\dfrac{1}{\sqrt{N}}$ 随着每一个测量点的强度而改变，这使背底测量的精度比峰值测量的精度相对要低很多。固定计数步进扫描方式虽克服了这一缺点，但对于很弱的衍射或背底的测量就需要很长的时间。步进扫描法测量精确度高，但较费时，适用于定量分析。为保证测量的精度，要合理选择步进宽度、步进时间和计数 N 值。

应该指出，步进扫描法测量虽然费时，但可获得比连续法更为精确的数据，在需要精确衍射数据的工作中广泛应用。随着计算机和自动化技术的发展和在衍射技术中的广泛应用，步进扫描法的步进和记录计数值实现了计算机自动控制和自动打印输出，更加方便使用。

b 选择实验参数的影响

不同分析项目参数的选择有所区别，在物相定性分析中，应注意狭缝宽度、扫描速度、时间常数等参数的选择。

（1）狭缝宽度。增加狭缝宽度可使衍射线强度增高，但分辨率下降。增宽发散狭缝 K（参见图 5-67 测角仪的光路）即增加入射线强度，但在 θ 角较小处，因光束过宽而照射到样品之外，降低了有效的衍射强度，并且会产生试样框架带来的干扰线条及背底强度的增加。物相分析通常选用的发散狭缝 K 为 $1°$ 或 $0.5°$。防散射狭缝 L 对峰背比有影响，通常使其与狭缝 K 宽度的数值相同。接收狭缝 F 对峰强度、峰背比，特别是对分辨率有明显影响。在一般情况下，只要衍射强度足够，应尽量地选用较小的接收狭缝（常选用 0.2mm 或 0.4mm）。

（2）扫描速度。指探测器在测角仪圆上连续转动的角速度（在定性分析中扫描速度为 $2°\sim4°/$min），提高扫描速度，可以节省测试时间，但会导致强度和分辨率下降，使衍射峰的位置向扫描方向偏移，并引起衍射峰的不对称宽化。在物相分析中，若使用位敏正比计数器，扫描速度可达 $120°/$min。

（3）时间常数。计数率仪所记录的强度是一段时间内的平均计数率，这一时间间隔称时间常数，在物相分析中所选用的时间常数为 $1\sim4$s。增大时间常数可使衍射峰轮廓及背底变得平滑，但同时降低了强度和分辨率，并使衍射峰向扫描方向偏移，造成峰的不对称宽化。但采用过低的扫描速度，增大了测试时间；而过小的时间常数使背底波动加剧，从而造成弱衍射线难以识别。

c　连续扫描法实验条件的选择

采用连续扫描法测试可参考克鲁格（Klug）等人给出的实验条件，见表 5-12。表中列出在各种不同的接受狭缝宽度 ν 和扫描角速度 ω 值时，建议使用的时间常数 RC 值。表中接收狭缝的时间宽度 $w_t = \nu/\omega(\min) = \dfrac{\nu}{\omega} \times 60(\mathrm{s})$，表示在给定扫描角速度 ω 下，跨过接受狭缝宽度 ν 所需的时间。

表 5-12　对各种扫描速度和接受狭缝宽度建议选择的时间常数 RC

扫描速度 $\omega/(°)\cdot\min^{-1}$	接受狭缝宽度 $\nu/(°)$	狭缝的时间宽度 $w_t/$s	推荐的 RC 最大值/s
2.0	0.20	6	3
	0.10	3	1.5
	0.05	1.5	<1
	0.025		
1.0	0.20	12	6
	0.10	6	3
	0.05	3	1.5
	0.025	1.5	<1
0.5	0.20	24	12
	0.10	12	6
	0.05	6	3
	0.025	3	1.5
0.2	0.20	60	30
	0.10	30	15
	0.05	15	7.5
	0.025	7.5	3.8

对于不同测试目的采用连续扫描法测试，表5-13给出可供参考的实验条件。

表5-13　用于不同测试目的连续扫描法的实验条件

测试目的	水平方向发散度 $\gamma/(°)$	接受狭缝宽度 $\nu/(°)$	扫描角速度 $\omega/(°)\cdot\min^{-1}$	时间宽度 w_t/s	最大 RC 值 $/s$	相等标准偏差 $(\omega/\gamma\nu)^{1/2}$	记录仪刻度
1. 为定性分析的大角度范围的衍射图	2	0.10	2	3	1.5~2.0	3.16	线性的或对数的
	2	0.10	1	6	3	2.24	
2. 为精确测量几个敏锐锋的相对强度	4	0.05	1/8	24	12	0.79	线性的
	4	0.10	1/4	24	12	0.79	
	2	0.05	1/8	24	12	1.12	
	2	0.10	1/4	24	12	1.12	
3. 与2目的相同，但为展宽的峰	4	0.10	1/4	24	12	0.79	线性的
	2	0.20	1/2	24	12	1.12	
4. 为提高衍射细节的分辨能力	1	0.02	1/8	9.6	5	2.49	线性的
	2	0.02	1/8	9.6	5	1.76	
	2	0.02	1/4	4.8	2~3	2.49	
5. 为精确测定点阵常数	1	≤0.035	1/8	≤17	8	≥1.88	线性的
6. 为获得用于鉴定较少组分的大角范围的衍射图	4	0.10	2	3	1	2.24	对数的

5.3.5　X射线衍射分析的应用

5.3.5.1　X射线衍射物相分析

X射线衍射（物相）分析简称 XRD 分析（X ray diffraction analysis），它包括定性分析和定量分析两部分。物相分析（包括纯元素、化合物和固溶体等）是指确定材料由哪些相组成和确定各组成相的含量（物相定量分析）以及各物相的相结构（晶态、晶粒尺寸、晶体类型和晶胞常数等）。材料的相组成和结构对其性能起着决定性作用，也是全面认识材料的重要方面。因而，物相分析在材料科学与工程、冶金与化工、机械、资源与环境、有机高分子聚合物及药物合成等诸多领域得到广泛的应用。

A　物相定性分析

用 XRD 进行物相定性分析，包括了试样信息的采集和查找、比对标准衍射图谱的工作，从而鉴别出待测样品是由哪些"物相"所组成并获得各相的晶体结构信息。

X 射线之所以能用于物相分析，是因为由各衍射峰的角度位置所确定的晶面间距 d，以及它们的相对强度 I/I_1 是物质的固有特性。每种物质都有特定的晶体结构类型和晶胞尺寸，而这些又都与衍射角和衍射强度有对应的关系，所以可以用已知物相的衍射花样与未知物相的衍射花样相比较来鉴别晶体物相组成和晶体结构。为此，就有必要大量搜集各种已知物质的多晶衍射花样作为标准谱。

a　定性分析原理及方法

XRD 定性分析就是利用 X 射线衍射谱图（花样）来确定晶态试样中的物相组成和结构。因为每种晶态物质都有其特有的晶体结构参数（晶体结构类型，晶胞大小，晶胞中原子、离子或分子的位置与数目等），从而有它独特的 X 射线衍射谱图（花样），像指纹一样，不存在两种结晶物质有完全相同的衍射谱图（花样）。当试样为混合物时，公认混合物的衍射谱图（花样）是由各组成物相的粉末衍射谱的权重叠加。在叠加过程中，各组成物相的各衍射线的位置不会发生变动，而衍射线的强度是随该物相在混合物中所占的百分比（体积或质量比），以及其他因素（它的散射力和其他物相的吸收力等）而变。

通常定性方法是根据某一待测试样测试获得的一套衍射谱图（花样）中，各衍射峰的位置计算确定的 d 值及相对强度 I/I_1 值，与已知标准物的一组 d、I/I_1 值进行匹配比较，根据匹配情况，可以鉴别、确定待测样品的物质组成及晶体结构。由于强度 I 值会受到实验条件影响而变化，匹配比较时，I/I_1 值仅作为参考。定性分析是以 d 值匹配的情况作为主要依据。

应该指出，现在出现的计算机全谱拟合方法和软件，使用了整个衍射谱图，包括峰形，信息量加大，克服了传统方法没有考虑衍射线的形状及处理严重峰重叠困难的缺点，大大提高了准确度。

显然，无论哪种方法都需要标准物的粉末衍射谱图的大量数据。如果将每种纯物质都测定一组面间距 d 值和相应的衍射强度（相对强度）等数据收集，并制成标准卡片或数据库，在测定多相混合物的物相时，只需将待测试样测定的一组 d 值和对应的相对强度，与标准卡片的一组 d 值和相对强度进行比较，若其中的主要衍射峰的 d 和 I/I_1 与卡片记载数据完全吻合，则可以确定该待测多相混合物中就有卡片记载的物相。同理，可以对多相混合物的其余相逐一进行鉴定。

b　粉末衍射标准卡片

1938 年哈纳瓦尔特（J. D. Hanawalt）等公布了收集的上千种物质的衍射谱图（花样）数据，并将其分类，给出每种物质三条最强线的面间距索引（称哈纳瓦尔特索引）。1941年美国材料试验协会（ASTM）提出推广，把每种物质的面间距 d 和相对强度 I/I_1 及其他一些数据以卡片形式出版（称 ASTM 卡），公布了 1300 种物质的衍射数据，随后 ASTM 卡逐年增加。1969 年 ASTM 和英、法、加等国有关协会组成国际机构"粉末衍射标准联合委员会"，负责卡片搜集、校订和编辑工作，从此卡片改称粉末衍射卡（the power diffraction file），简称 PDF 卡，或 JCPDS 卡（the joint committee on power diffraction standards）。目前，已有卡片 55 组。卡片形式和内容，如图 5-71 所示。

d	2.19	2.06	1.26	2.19	C					
I/I_1	100	100	75	100	Carbon (2H)			Lonsdaleite		

Rad. CuK$_\alpha$ λ 1.5418　Filter　Dia.	d Å	I/I_1	hkl	d Å	I/I_1	hkl
Cut off　　　I/I_1 Visual	2.19	100	100			
Ref.*	2.06	100	002			
	1.920	50	101			
Sys. Hexagonal　　　　S.G. P6$_3$/mmc (194)	1.500	25	102			
a_0 2.52　b_0　　c_0 4.12　A　C 1.635	1.260	75	110			
α　　β　　　γ　　Z 4 Dx 3.51	1.170	50	103			
Ref. ibid.	1.075	50	112			
	1.055	25	201			
$\varepsilon\alpha$　$n\omega\beta$　　$\varepsilon\gamma$　　Sign	0.855	25	203			
2V　　D　>3.3　mp　Color	0.820	25	210			
Ref. ibid.						
*Bundy and Kasper, Jour.Chem.Phys., 46 3437-46 (1967) Frondel and Marvin, Nature, 214 597-89 (1967) Synthesized from graphite at static pressure 130 K bar and temperature＞1000℃						

(a)

⑩ 卡片号

d	1a	1b	1c	1d	⑦分子式					
I/I_1	2a	2b	2c	2d	⑧质量标识					
③ 实验条件					d Å	I/I_1	hkl	d Å	I/I_1	hkl
Rad.　λ　　Filter　　Dia.					⑨					
Cut off　coll.　I/I_1　d　corr·abs?					面间距	相对强度	晶面指数	面间距	相对强度	晶面指数
Ref.										
④ 晶体数据等										
Sys.　　　　　S.G.										
a_0　b_0　c_0　A　C										
α　β　γ　Z　Dx										
Ref.										
⑤ 光学性质等										
$\varepsilon\alpha$　$n\omega\beta$　$\varepsilon\gamma$　Sign										
2V　D　mp　Color										
Ref.										
⑥ 试样来源与制备方法										

(b)

图 5-71　PDF（JCPDS）卡片示例及各栏目内容说明

（a）C 的 PDF（JCPDS）卡片；（b）PDF（JCPDS）卡片说明

下面介绍图 5-71（b）中各栏（有的标有数字）中的各项符号代表的意义。

（1）卡片左上第一行 d 后面 1a，1b，1c 位置上的数字，表示衍射花样中前反射区（$2\theta<90°$）三条最强特征衍射峰对应的晶面间距。1d 位置上的数字是最大面间距。

（2）卡片左上第二行 2a，2b，2c，2d 位置的数字为与第一行对应的特征衍射峰的相对强度 I/I_1，依次为最强、次强、再次强峰的和最大面间距的。最强峰的相对强度为 100。

（3）图中标③实验条件栏目中，Rad. 为辐射种类；λ 为辐射波长；Filter 为滤波片；Dia. 为相机直径；Cut off 为相机或测角仪能测得的最大面间距；coll. 为光阑尺寸；I/I_1 为衍射强度的测量方法；$d_{corr \cdot abs}$ 为所测 d 值是否经过吸收校正；Ref. 为此栏目中数据来源的文献。

（4）图中标④晶体学数据栏目中，Sys. 为晶系；S.G. 为空间群；a_0，b_0，c_0，α，β，γ 为晶胞参数；$A=a_0/b_0$ 和 $C=c_0/b_0$ 为轴比；Z 为单位晶胞中化学式单位数目（对于元素是指单胞中的原子数，对于化合物是指单胞中的化学式单位的数目）；Dx 为用衍射法测量的晶体密度，Dm 为用常规法测量的晶体密度；Ref. 为此栏目中数据来源的文献。

（5）图中标⑤光学及其他物理性质栏目中，$\varepsilon\alpha$、$n\omega\beta$、$\varepsilon\gamma$ 为折射率；Sign 为光性正负；2V 为光轴夹角；D 为密度；mp 为熔点；Color 为颜色；Ref. 为此栏目中数据来源的文献。

（6）图中标⑥栏目内容为试样来源、制备方法及化学分析数据等，有时亦注明升华点、分解温度、相转变点、实验温度等，卡片的替换信息等进一步的说明亦列于本栏。

（7）图中标⑦位置为物相的化学式，它的下一面为英文名称（矿物学名称或普通名称），有的卡片还列出"点"式或结构式。

（8）图中标⑧质量符号标记，系指位于卡片最右上角表示数据可靠性的标记，符号的意义：★为数据高度可靠；i 为已指标化和估计强度，但可靠性不如前者；○为可靠性较差；无符号者表示一般；C 为衍射数据来自计算。

（9）图中标⑨位置为两组晶面间距 $d/\text{Å}$（$1\text{Å}=0.1\text{nm}$）、相对强度 I/I_1 及晶面指数 hkl 的数据。

（10）卡片的表框外最左上角的数字为此张卡片的卡片序号。

c　粉末衍射标准卡索引

索引可分为"有机"和"无机"两类，每类又分为字母索引及数字索引两种。若已知被测试样物相的主要化学成分采用字母检索，不知被测试样的化学成分采用数字检索。

（1）字母索引。字母索引是根据物质英文名称的第一个字母顺序编排的索引。检索给出的信息，在每一行上列出卡片的质量标记、物质名称、化学式、衍射谱图中三条最强衍射线的 d 值和相对强度及卡片序号。检索者知道了试样中的一种或数种化学元素时，便可以使用这种索引。

当被分析的试样中可能含有的物相可以从文献中查到或估计出来时，可通过字母索引将有关卡片找出，与测试获得试样的特定衍射花样对比，确定物相。

（2）数字索引。数字索引也称哈那瓦特（Hanawalt）数字索引。在完全没有待测试样的物相或元素信息时，可以使用数字索引。该索引把已经测定的所有物质的三条最强衍射峰的面间距 d_1 值从大到小按顺序分组排列，组的面间距范围及其误差在每页顶部标出。考虑到影响强度的因素比较复杂，为了减少因强度测量的差异而带来查找的困难，索引中把每种物质列出三次。分别以 $d_1d_2d_3$、$d_2d_3d_1$、$d_3d_1d_2$ 进行排列，使同一物质在索引的不同部分多次出现。每条索引包括物质的三条最强衍射线（简称三强线）的 d 和 I/I_1、物质的化学式、矿物名称或普通名称及卡片的顺序号和参比强度值 I/I_c。

此外，还有"芬克（Fink）无机索引"及"普通相索引"，使用方法与前述索引相同。

随着计算机技术的发展，科技工作者多利用计算机对物相分析结果进行自动检索，而后人工核对。计算机自动检索是利用已储存全部物相分析卡片资料的数据库（并分为若干分库）软件，把实验测得的衍射数据输入计算机，先根据三强线原则，与计算机中所存数据一一对照，粗选出三强衍射线匹配的一些卡片，而后根据其他线的吻合情况和试样中已知的元素进行计算机筛选，给出确定物相组成。最后人工对于计算机给出的结果再进行检索、校对及分析，得到正确的物相组成和结构数据。

当今的 X 射线衍射仪都配有物相自动检索系统，包括：（1）数据库。按一定格式把标准物质的衍射图谱（花样）数据输入并存储到计算机中，建立 PDF 卡片数据库。（2）检索系统。主要有约翰逊-范德（Johnson-Vand）系统和弗雷莱尔（Frevrel）系统，其中约翰逊-范德系统能检索全部的 JCPDS-PDF 卡片，应用较多。把待测试样的实验衍射数据及其误差输入，并输入试样的元素信息和物相隶属的子数据库类型，计算机按设定程序将其与标准图谱（花样）进行匹配、检索、淘汰和选择，最后输出结果。

由于物相比较复杂，单凭计算机检索会出现判断的误差和漏检，因此最终结果还应经过人工审核。

d 物相定性分析的步骤

在测取多相混合物的衍射图谱时，若某个相分含量过少，不足以产生其完整的衍射图谱，甚至根本不出现衍射线，首先应把其分离，再进行衍射分析；在多相混合物的图谱中，属于不同相的某些衍射线会因面间距相近而互相重叠，致使图谱中的最强线可能并非单一相的最强线，而是由两个或多个相的某些次强线叠加。因此必须进行多次假设和反复检索，方可得到正确的结果。物相分析的具体步骤是：

（1）拍摄衍射图谱（花样）。在 X 射线衍射仪上获得衍射图谱，或者用 X 射线晶体分析仪器拍摄德拜相。

（2）测定计算出各衍射线对应的面间距 d 及相对强度 I/I_1，将获得的数据依 d 值从大到小列表。

1）面间距 d 的测量。在衍射谱图上，可取衍射峰的顶点或者中线位置作为该线的 2θ 值，用布拉格公式计算相应的 d 值。

2）相对强度 I/I_1 的测量。在衍射谱图上取扣除了背底的峰强度，并将最强线强度定为 100，并按此算出其他峰的相对强度。

新型的全自动 X 射线衍射仪，由计算机自动采集数据和处理，并自动输出对应各衍射峰的 d 和 I 数值表。

（3）查索引。

1）已知被测试样的主要化学成分。按已知物相的英文名称，利用字母索引查找卡片。在包括主元素的各物质中找出与三强线符合的卡片，核对全部衍射线。

2）试样组成元素未知。利用数字（哈瓦尔特）索引查找卡片。从试样衍射图谱中前反射区（$2\theta < 90°$）中选取强度最大的三条衍射线为依据，并使其 d 值按强度递减的次序排列，而后再把其余线条的 d 值按强度递减顺序排列于三强线之后。从索引中找到最强衍射线对应的面间距 d_1 组，再按次强线的面间距 d_2 找到接近的几行，并从中找出最可能的物相对应的卡片。

（4）按 PDF（JCPDS）卡对照全谱确定出物相。把实验所得 d 及 I/I_1 与卡片上的数据详细对照，如果对应吻合得很好，即完成了一物相的鉴定。

将剩余的衍射线作归一化处理，也就是把剩余的衍射线中最强衍射线的强度作为100，重新计算剩余的衍射线的相对强度，再取新的三强线按上述方法查对索引，得出对应的第二相物质。同样方法可将试样中其他物相鉴定出。

总之，如果实验测得的谱线面间距和相对强度与卡片上的数据值完全吻合，则待测试样中含有这卡片所记载的物相。

另外，考虑到实验数据的误差，所得的 d 及 I/I_1 与卡片数据的误差约为 0.2%，但不能超过 1%，这是鉴定物相的最主要根据。由于对强度的影响因素较多，故 I/I_1 的误差允许范围更大些。

对于多相混合物的衍射分析，若其中的微量相衍射极其微弱，则应先予以富集。如钢中夹杂物的分析，必须先把试样中的夹杂物电解分离，而后再用衍射仪分析微量的沉淀相。此外，还应注意待测物质衍射图谱（花样）数据的误差对分析的影响。

B 物相定量分析

若被测样品含多个物相，且各相通过鉴定已被确定，要求测定各物相的相对含量，就必须进行定量分析。XRD 定量分析方法有：（1）外标法；（2）内标法；（3）K 值法；（4）参比强度法；（5）直接比较法，即以试样自身中某一相作为标准进行强度比较。

a 物相定量分析原理

X 射线衍射物相定量分析是根据混合试样中各物相的衍射线的强度，来确定各物相的相对含量。测定物相在混合物中的相对含量可以用体积分数或者用质量分数表示。

若从理论分析或实验测量方法确定衍射强度与物相的相对含量关系，就可通过实验测得的衍射强度计算出该物相在试样中的含量。

下面求证混合试样中各物相的相对含量与其衍射强度间的关系。由 5.3.3.5 节知，一个物相的某个衍射面 hkl 的衍射峰强度 I 与该物相受 X 射线照射的体积 V 之间的关系为

$$I_{hkl} = \left[I_0 \left(\frac{e^4}{c^4 m_0^2} \right) \frac{\lambda^3}{32\pi R} \right] V V_0^2 \ |F_{hkl}|^2 P_{hkl} \frac{1 + \cos^2 2\theta}{\sin^2 \theta \cos \theta} A(\theta) \mathrm{e}^{-2M}$$

采用衍射仪测量时，吸收因子 $A(\theta)$ 为 $1/(2\mu)$，这里 μ 为该物相对 X 射线的线吸收系数。上式可写为

$$I_{hkl} = \left[I_0 \left(\frac{e^4}{c^4 m_0^2} \right) \frac{\lambda^3}{32\pi R} \right] \left[V_0^2 \ |F_{hkl}|^2 P_{hkl} \frac{1 + \cos^2 2\theta}{\sin^2 \theta \cos \theta} \mathrm{e}^{-2M} \right] \frac{1}{2\mu} V \qquad (5\text{-}69)$$

式（5-69）中第一个方括号中的参数只与测量仪器有关，而与试样和被测试物相无关，令

$$B = I_0 \left(\frac{e^4}{c^4 m_0^2} \right) \frac{\lambda^3}{32\pi R} \qquad (5\text{-}70)$$

式（5-69）中第二个方括号的参数与具体物相有关，令

$$K = V_0^2 \ |F_{hkl}|^2 P_{hkl} \frac{1 + \cos^2 2\theta}{\sin^2 \theta \cos \theta} \mathrm{e}^{-2M} \qquad (5\text{-}71)$$

对于一个多物相的混合物试样来说，一个被 X 射线照射的物相体积就是其在试样中所占的体积分数 V_j。因此，多相混合物中任何指定物相 j 的衍射强度（为书写方便，以下省略 hkl 衍射面指数）与其在混合物中所占体积分数 V_j 的关系为

$$I_j = BK_j \frac{1}{2\mu} V_j \tag{5-72}$$

式中，K_j 表示针对物相 j 的 K；μ 为混合物对 X 射线的线吸收系数；$V_j = \nu_j / V$，ν_j 为物相 j 被照射体积。

n 相混合物对 X 射线的线吸收系数 μ 与混合物的质量吸收系数及组成混合物中各物相的质量吸收系数的关系为

$$\mu = \rho\mu_{\mathrm{m}} = \rho \sum_{j=1}^{n} w_j(\mu_{\mathrm{m},j}) \tag{5-73}$$

式中，ρ 为混合物的密度；μ_{m} 为混合物的质量吸收系数；$\mu_{\mathrm{m},j}$ 为物相 j 的质量吸收系数；w_j 为物相 j 的质量分数。

因此，混合物中任一物相 j 的衍射强度和相应的体积分数 V_j 的关系为

$$I_j = BK_j \frac{V_j}{2\rho \sum\limits_{j=1}^{n} w_j(\mu_{\mathrm{m},j})} \tag{5-74}$$

在实际应用时，为便于测量，常用物相 j 的质量分数 w_j 代替体积分数 V_j。若射线照射混合物试样的体积为 V，质量为 W，密度为 ρ，质量吸收系数 $\mu_{\mathrm{m}} = \mu / \rho$，而对 j 相对应的物理量为 ρ_j，$\mu_{\mathrm{m},j}$，ν_j，W_j。因此，质量分数 w_j 与体积分数 V_j 关系为

$$V_j = \frac{\nu_j}{V} = \frac{1}{V} \frac{W_j}{\rho_j} = \frac{W}{V} \frac{w_j}{\rho_j} = \rho \frac{w_j}{\rho_j}$$

将上式代入式（5-72）和式（5-74），分别得

$$I_j = BK_j \frac{w_j}{2\mu\rho_j} \tag{5-75}$$

$$I_j = BK_j \frac{w_j}{2\rho_j \sum\limits_{j=1}^{n} w_j(\mu_{\mathrm{m},j})} \tag{5-76}$$

式（5-72）、式（5-74）~式（5-76）为物相定量分析的基本公式。提请注意，物相 j 的质量分数不但出现在式（5-76）的分子中，也出现在分母中，说明物相 j 的质量分数与其衍射强度并非完全呈线性关系。实验也发现，各物相衍射线的强度随其含量的增加而提高，但由于试样对 X 射线的吸收，衍射强度与物相的相对含量并不呈线性正比关系。

b 定量分析方法

（1）外标法。外标法又称单线条法。此法是通过测量多相混合物中待测物相 j 的某条强衍射线的强度与单独测定纯的物相 j 的同指数衍射线强度相比较，定出 j 相在混合物相试样中的相对含量。此法原则上应用于两相混合物体系，对线吸收系数 μ 及密度 ρ 均相近（等）的多相混合物体系也可应用。

由式（5-72）知，测量多相混合物中待测物相 j 的某条强衍射线强度 I_j 正比于其体积分数 V_j。

$$I_j = BK_j \frac{1}{2\mu} V_j$$

而测量纯 j 相的同指数强衍射线的强度为 $(I_j)_0$，因纯的物相 j 的体积分数 $V_j = 1$，因此有

$$\frac{I_j}{(I_j)_0} = V_j \tag{5-77a}$$

因为体系中各相的线吸收系数 μ 及密度 ρ 均相近（等），因此体积分数与质量分数关系 $V_j/\rho = w_j$，ρ 为试样密度，所以

$$\frac{I_j}{(I_j)_0} = V_j/\rho = w_j \tag{5-77b}$$

式（5-77）表明，通过测量混合试样中 j 相与纯 j 相一条相同指数强衍射线强度之比，可以得到混合试样中 j 相的体积分数或质量分数。

根据式（5-77）可进行定量分析，方法简单易行，但准确度较差。为提高测量的可靠性，可事先配制一系列不同比例的混合试样（j 相含量已知），制作 $I_j/(I_j)_0$-$w_j(V_j)$ 定标曲线。根据强度比从曲线上可查出物质的含量。这种方法也适用于吸收系数不相同的两相混合物的定量分析。

（2）内标法。把一种标准物掺入待测样中作为内标，绘制定标曲线，称内标法，它仅限于粉末样品。测定 j 相在混合物中的含量时，需掺入内标物质 S 组成复合试样。

1）内标法原理。把试样中待测相的某条强衍射线强度与掺入已知含量内标相的复合试样的相同强衍射线强度相比较。根据式（5-72），j 相某条强衍射线的强度为

$$I_j = \frac{BK_j}{2\mu} V'_j$$

式中，V'_j 为 j 相在掺入内标 S 相后的复合试样中的体积分数。

在求 j 相的质量分数时，需考虑 j 相的密度 ρ_j，则

$$I_j = \frac{BK_j V'_j}{2\rho_j \mu} = \frac{BK_j w'_j}{2\mu} \tag{5-78}$$

式中，w'_j 为 j 相在有内标复合试样中的质量分数。

测量掺入的内标 S 相的衍射强度为

$$I_S = \frac{BK_S w'_S}{2\rho_S \mu} \tag{5-79}$$

式中，w'_S 为内标相 S 在有内标复合试样中的质量分数。

式（5-78）除以式（5-79）得

$$\frac{I_j}{I_S} = \frac{K_j \rho_j w'_j}{K_S \rho_S w'_S} \tag{5-80}$$

设 j 相在未掺入内标 S 相的原混合样中的质量分数为 w_j，S 相在原混合样的质量分数为 w_S，它们与掺入内标后的 w'_j 和 w'_S 的关系分别为

$$w_j = \frac{w'_j}{1-w'_S}, \qquad w_S = \frac{w'_S}{1-w'_j}$$

代入式（5-80），得

$$\frac{I_j}{I_S} = \frac{K_j \rho_j w_j}{K_S \rho_S w_S} \tag{5-81}$$

对于内标 S 相含量恒定、j 相含量不同的一系列复合试样，K_j、ρ_j、K_S、ρ_S、w_S 均为定值，设 $A = K_j\rho_j / (K_S\rho_S w_S)$，则式（5-81）可写成

$$\frac{I_j}{I_S} = Aw_j \tag{5-82}$$

由式（5-82）可以看出，I_j/I_S 与 w_j 呈线性直线关系，$A = K_j\rho_j / (K_S\rho_S w_S)$ 为直线的斜率。用实验方法求得内标法的直线斜率 A。因此，已知直线斜率 A，由实验测定 I_j 及 I_S，由 I_j/I_S 即可求出 w_j。

2）内标法的实验方法。先配制一系列样品，样品由一系列不同质量分数的待测相 j 以及恒定质量分数的内标物相 S 组成，在相同条件下进行衍射分析实验，获得一系列衍射强度 I_j 和 I_S，计算 I_j/I_S，并绘制定标曲线，I_j/I_S-w_j 曲线。然后，把同样质量分数的内标物相 S 掺入待测试样中组成复合试样，并测量获得该试样的 I_j/I_S，最后通过定标曲线查对与 I_j/I_S 对应的 w_j 值，由此即可求得待测试样中 j 相的质量分数 w_j。

图 5-72 为采用萤石作为内标物，绘制的用于测定无机材料粉体中石英含量的定标曲线。

在应用内标法测定待测试样 j 相含量时，应注意加入试样的内标物质种类及含量、待测 j 相与内标 S 相强衍射线的选取等条件，都要与所用定标曲线绘制时所采用的条件完全相同。

内标法适用于物相种类固定且经常性的样品分析，缺点是绘制定标曲线工作量大，通用性不强，加入内标相的量要恒定。

（3）K 值法。为克服内标法的缺点，1974年出现了 K 值法，又称基体清洗法，它是内标

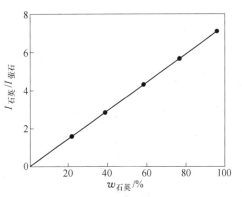

图 5-72 石英分析定标曲线

法的一种，目前较普遍使用。K 值法不用绘制定标曲线，使分析简化。K 值法所用公式是由内标法的公式（5-81）演化来的。

1）K 值法原理。对于由 j 与 i 两相混合物组成的试样，它的密度为 ρ，则式（5-81）变为

$$\frac{I_j}{I_i} = \frac{K_j w_j}{K_i w_i} = K_i^j \frac{w_j}{w_i} \tag{5-83}$$

在 $w_i = w_j$ 时，

$$\frac{I_j}{I_i} = \frac{K_j}{K_i} = K_i^j \tag{5-84}$$

式（5-84）为 K 值表达式。K_i^j 称 j 相对 i 相的 K 值，仅与两相及用以测量的晶面和波长有关，而与标准相的加入量无关。可以简单地理解 K 值为两相质量分数相等时两相的衍射强度比。若 j 相和 i 相的强衍射线选定，则 K_i^j 为常数。可由实验测量两相的衍射线强度求出，也可通过式（5-71）计算获得。

若被测混合物中含多个物相，且包括 j 相，但不含有 i 相，则可在混合物试样中加入 i 物相混合制成新的样品。由于加入到混合物中的 i 相的质量分数已知，测量 j 相和 i 相的衍射强度，由式（5-83）就可求出 j 相在新混合物中的质量分数 w_j。而 j 相在原试样中的质量分数 w_{j0} 由式（5-85）求出

$$w_{j0} = \frac{w_j}{1 - w_i} \tag{5-85}$$

式中，w_i 为在原来待测试样中加入 i 相后的质量分数。

注意，使用这种方法的条件是：1）要测 j 相的含量必须要有 j 相的纯样品，便于由实验获得必要的 K 值；2）要找到待测样品中没有的 i 相作为掺入相，掺入相的结构稳定，且不与待测样品中任何一相的衍射峰有重叠。

2）K_i^j 值的实验测定方法。配制等量的 j 相和 i 相混合物，$w_j/w_i = 1$，测量配制混合物的 j 相和 i 相的强衍射线强度，测量的 I_j/I_i 即为 K_i^j，也就是 $K_i^j = I_j/I_i$。

运用 K 值法进行定量分析时应注意，待测相与内标物质种类及衍射线条的选取等条件要与 K 值测定时相同。显然，只要往待测样中加入已知量的 i 相，测量 I_j/I_i，已知 K_i^j，便可通过式（5-83）求得 w_j，再用式（5-85），计算 j 相在原试样中的质量分数 w_{j0}。

K 值法的优点是适用范围宽，不管待测物中含有多少相，是否含有非晶相，都适用。明显的缺点是，一次只可测量待测试样中的一个相的含量，以及需要纯的 j 相来制作测量 K 值的样品。

（4）参比强度法。因为 K 值具有常数的意义，如果对任何物相都选一种结构稳定的物相来作参比标准相（i 相），这样可测量计算出任何物相的相对于这个参比标准相（i 相）的 K 值，供实验者定量分析使用，以避免每个实验者自行测 K 值。

从 1978 年开始，ICDD 发表的一些 PDF 卡片开始附加有 K 值，这样 K 值法可进一步简化为参比强度法。若 PDF 卡片上附加有 K 值，它是用刚玉作参比物质的 K 值。也就是取物相（j）与刚玉（Al_2O_3）按 $1:1$ 质量分数比混合后，测量该物相（j）和刚玉它们最强峰的积分强度比 $I_j/I_{Al_2O_3}$，即 $K_{Al_2O_3}^j = \dfrac{K_j}{K_{Al_2O_3}} = \dfrac{I_j}{I_{Al_2O_3}}$，$K_{Al_2O_3}^j$ 称为以刚玉为参比物时 j 相的 K 值。因刚玉的结构稳定，常用来作为参比物。某物相的衍射强度与参比物的衍射强度比，简称为"参比强度"。在 PDF 卡片上通常表示为 I/I_e（reference intensity ratio，RIR）。一些物质的 K 值已载于粉末衍射卡片或索引上，故不必通过计算或实验测定它们的 K 值。由某物质的 PDF 卡片获得 K 值，即可知它的参比强度，即知道该物质与刚玉（α-Al_2O_3）等质量混合物试样的 X 射线图谱中两相最强衍射线的积分强度比。

若参比物质改变，可以通过计算将 PDF 卡片上相对于刚玉参比物的 K 值转变成相对于另一种参比物的 K 值。

假设有 j 相和 i 相两相的 K 值都能从 PDF 卡片上查到，它们是相对刚玉（α-Al_2O_3）的，由这两个数据可以得到 j 相直接对 i 相的 K_i^j 值。因为

$$K_i^i = \frac{K_{Al_2O_3}^i}{K_{Al_2O_3}^i} = 1 \; ; \qquad K_i^j = \frac{\dfrac{K_{Al_2O_3}^j}{K_{Al_2O_3}^i}}{\dfrac{K_{Al_2O_3}^i}{K_{Al_2O_3}^i}} = \frac{K_{Al_2O_3}^j}{K_{Al_2O_3}^i}$$

这说明，当待测样中只有 1 和 2 两个相做定量分析时，且已经鉴定出两相物质，只要由 PDF 卡片分别获得它们的 K 值，不必加入标准物质，就可由它们的强衍射峰的积分强度确定它们的质量分数。

已知 $w_1 + w_2 = 1$，$K_2^1 = \dfrac{K_S^1}{K_S^2}$

$$\frac{I_1}{I_2} = K_2^1 \frac{w_1}{w_2}$$

于是

$$w_1 = \frac{1}{1 + K_2^1 \dfrac{I_2}{I_1}} \tag{5-86}$$

由式（5-86）可以看出，只要用实验测得 $\dfrac{I_2}{I_1}$，即可计算出另一相的含量。例如，有一样品由锐钛矿（A-TiO$_2$）和金红石（R-TiO$_2$）两种物质组成，要测定其中金红石的含量就可以直接借用索引上的数据。由索引数据知，采用 CuK$_\alpha$ 辐射，R-TiO$_2$ 用 $d = 0.325$nm 的衍射线，$K_S^R = 3.4$；A-TiO$_2$ 用 $d = 0.351$nm 的衍射线，$K_S^A = 4.3$。通过实验测得待测样的 I_A/I_R 以后，即可计算出金红石含量，但测定的精度稍差。

上述内标法、K 值法和参比强度法只适用于粉末样品，而不适用于块体样品，对于块体试样只能采用直接对比法。

（5）直接对比法。样品中不加入任何物质，直接利用样品中各相的强度比值实现物相定量的方法，称为直接对比法，即把试样中待测相的某衍射线的强度与另一相的某衍射线的强度相比较（即以试样自身中某一相作为标准进行强度比较）。该方法既适用于块状试样，也适用于粉末试样。

运用直接对比法时需知有关 K 值数据。获得 K 值数据，可以从已知待测试样中各相的晶体结构，根据式（5-71）直接计算出与 j 相的某条衍射线有关的常数 K_j；或者可从 PDF 卡获得待测试样中各相的 K 值。

若一个样品不含非晶相，样品由 n 个相混合而成，且 n 个相都已被鉴定出，则每个相 K 值都可以从 PDF 卡上查到，或根据待测试样中各相的晶体结构由式（5-71）计算出 K_j，或通过配制等量两相混合样品测量出来。然后，选用试样中 n 个相中的 i 相作为参考物相，于是可得 n 个下列方程，组成方程组，

$$\frac{I_j}{I_i} = K_i^j \frac{w_j}{w_i}$$

或改写成

$$w_j = \frac{I_j}{I_i} \frac{w_i}{K_i^j} \quad (j = 1,2,3,\cdots,n) \tag{5-87}$$

由于 $\sum w_j = 1$，因此有

$$\sum_{j=1}^{n} \frac{I_j}{I_i} \frac{w_i}{K_i^j} = 1, \quad w_i = \frac{I_i}{\displaystyle\sum_{j=1}^{n} \frac{I_j}{K_i^j}}$$

将 w_i 表达式代入式（5-87）得到对试样中任意一种物相 j 的质量分数为

$$w_j = \frac{I_j}{K_i^j \displaystyle\sum_{j=1}^{n} \frac{I_j}{K_i^j}} \tag{5-88}$$

也可按式（5-72）得到下列方程组

$$\begin{cases} \dfrac{I_1}{I_2} = \dfrac{K_1}{K_2}\dfrac{V_1}{V_2} \\ \vdots \\ \dfrac{I_{j-1}}{I_j} = \dfrac{K_{j-1}}{K_j}\dfrac{V_{j-1}}{V_j} \\ \vdots \\ \dfrac{I_{n-1}}{I_n} = \dfrac{K_{n-1}}{K_n}\dfrac{V_{n-1}}{V_n} \\ \displaystyle\sum_{j=1}^{n} V_j = 1 \end{cases} \qquad (5\text{-}89)$$

各方程中每一相的衍射强度 I_j 由实验测得。式（5-89）中共有 n 个独立方程，n 个未知量 V_j，因此解方程组即可求得各相的体积分数 V_j。

例如，钢中含有马氏体和奥氏体两相，实际是成分相同但晶体结构不同的两相混合物，可采用直接比较法测定钢中残余奥氏体含量。此时，应在同一衍射花样上测定残余奥氏体和马氏体的某对强衍射线的强度比，再根据公式（5-89）计算残余奥氏体的含量。具体做法如下所述。

已知钢中只含马氏体和奥氏体，它们的 PDF 卡上有 K 值，分别为 K_α 和 K_γ，则方程组为

$$V_\alpha + V_\gamma = 1$$
$$\frac{I_\gamma}{I_\alpha} = \frac{K_\gamma}{K_\alpha}\frac{V_\gamma}{V_\alpha}$$

奥氏体的体积分数为

$$V_\gamma = \frac{1}{1 + \dfrac{I_\alpha K_\gamma}{I_\gamma K_\alpha}}$$

直接对比法的实验方法和步骤如下：

1）XRD 实验获得待测试样的全谱，即至少包含了试样中每个物相的最强衍射峰；

2）鉴定出每个物相，必须全部鉴定出，若待测试样中含有非晶相，或有某一相还不能确定，则不能使用此方法；

3）测量出各个物相的最强衍射峰积分强度（因测量 K 值时使用最强峰的强度比）；

4）查出全部物相的 PDF 卡，获得每个物相的 K 值，并转换对应物相的 K 值；

5）解式（5-89）方程组或式（5-88），计算出各个物相的体积或质量分数。

现代 X 射线衍射数据处理软件都能自动计算，只需每一个相的 K 值和每一个相的最强衍射峰强度值，无需人手工计算。

c 定量分析应用实例——采用内标法对 AlON-TiN 复相材料的定量分析

（1）首先计算 K 值。选用待测纯 TiN 物相为标准物质，内标物质为硅粉，配制质量比为 1∶1 的复合样，其 X 射线定量图谱见图 5-73（a），在各相的最强峰（TiN 的（200）晶面为最强峰，$2\theta = 42.60$，Si 的（111）晶面为最强峰的位置，$2\theta = 28.50$）附近没有其他的

衍射线，便可计算各峰的积分面积，其结果见表5-14。

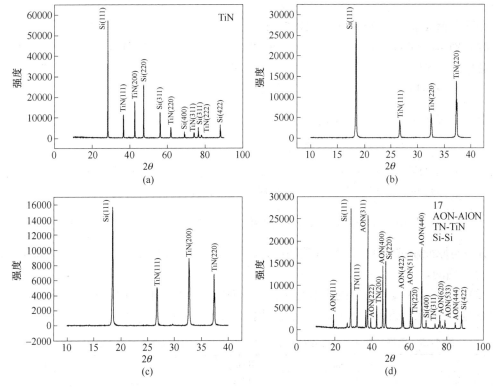

图 5-73 Si-TiN 复合相的 XRD 定性图谱

（a）质量比为 1:1 的 Si-TiN 复相样品；（b）质量比为 60/40 的 Si-TiN 复相样品

（c）质量比为 40/60 的 Si-TiN 复相样品；（d）质量比为 1:4 的 AlON-TiN 复相样品

表 5-14　Si-TiN 复合相 XRD 定量分析样品中各峰的积分面积

样品	2θ	$d \times 10^{-1}/\text{nm}$	峰高	面积	FWHM
质量比为 1:1 的 复合样品	28.428	3.1371	45675.7	179209.4	0.1196
	36.678	2.4482	7467.5	63786.5	0.1927
	42.606	2.1203	12511.8	115620.7	0.1978
	47.293	1.9205	18516.4	125676.9	0.1505
	56.109	1.6379	8607.9	62329.7	0.1636
质量比为 60/40 的 Si-TiN 复合样品	28.399	3.1403	21777.2	101846.0	0.1250
	36.658	2.4495	2814.7	23871.4	0.1893
	42.579	2.1216	4014.1	40839.0	0.2078
	47.262	1.9217	9933.8	59846.1	0.1492
质量比为 40/60 的 Si-TiN 复合样品	28.509	3.1284	12633.1	59003.4	0.1244
	36.763	2.4428	3573.6	33546.2	0.1999
	42.687	2.1165	6695.5	60977.1	0.1998
	47.368	1.9177	4831.4	33203.7	0.1575

根据式（5-84）$K_i^j = \dfrac{I_j}{I_i} = \dfrac{K_j}{K_i}$ 和公式 $\dfrac{I_j}{I_S} = Kw_j$ 和表 5-14 中质量比为 1：1 的复合样品的数据，计算得到 $K_{\text{TiN}}^{\text{Si}} = 179209.4/115620.7 = 1.55$。

（2）对 K 值进行检验。分别配制了 Si/TiN 质量比为 60/40 和 40/60 的复相试样，进行定量分析，实验得到 XRD 谱，见图 5-73（b）和图 5-73（c），计算相应各峰的积分面积，结果见表 5-14。

根据公式 $w_j = \dfrac{1}{1 + K_i^j \dfrac{I_i}{I_j}}$、$K_{\text{TiN}}^{\text{Si}} = 1.55$ 及测试强度数据，可以分别计算出所配制的两种

复相试样中 Si 的质量分数为 0.6167 和 0.3843，然后再得到 TiN 的质量分数。由此将得到的 TiN 质量分数与原配制试样量比较，考察准确率情况。对 $w_{\text{Si}}/w_{\text{TiN}} = 60/40$ 的复相试样，为 $\dfrac{1 - 0.6167}{0.4} = 0.96 = 96\%$；而对 $w_{\text{Si}}/w_{\text{TiN}} = 40/60$ 的复相试样，为 103%。由此看出得到的质量分数与原配制试样 TiN 质量分数间的误差在允许误差 ±5% 以内，由此可以认为，$K = 1.55$ 是正确的。

（3）AlON-TiN 复相材料的定量分析。在 AlON-TiN 复相材料样品中掺入 25%Si 粉进行 XRD 的定量分析，如图 5-73（d）所示，计算各峰的积分面积，结果见表 5-15。

表 5-15   质量比为 1：4 的 AlON-TiN 复相样品的 XRD 定性图谱各峰的积分面积

2θ	$d \times 10^{-1}/\text{nm}$	峰高	面积	FWHM
19.207	4.6173	1881.0	18381.6	0.2178
26.410	3.3721	744.8	11872.3	0.3198
28.283	3.1529	19393.7	173014.8	0.1924
31.733	2.8175	4751.9	40738.7	0.1960
36.445	2.4634	2613.3	27826.4	0.2269
37.442	2.3910	19687.9	152762.7	0.1740
39.184	2.2972	1401.1	13648.0	0.2080
42.366	2.1318	3546.5	37758.2	0.2301
45.587	1.9883	9845.0	91518.6	0.2016
47.156	1.9258	11872.0	95671.1	0.1838

由此可以计算出在 AlON-TiN 复相材料中 TiN 的含量为：$w(\text{TiN}) = 8.57\%$，其余除微量玻璃相外，皆为 AlON。

5.3.5.2　传统定量分析方法的优缺点

上述介绍的几种定量分析方法属传统的定量分析方法。传统定量方法有它的优点，也存在一些缺点。因此，根据现代 X 射线衍射技术的发展需要，对复杂样品采用 Rietveld 全谱拟合的方法做定量分析，能解决一些用传统方法不能解决的问题。

A　传统定量分析方法的优点

传统定量分析方法的优点有：

（1）容易理解和操作，每一种方法都有明确的物理解释和操作步骤；

（2）大多适用于试样物相种类不多、结晶性好的粉末及矿物样品；

（3）可以针对具体的试样情况和要求，制定不同的测量方案；

（4）数据采集时间相对较短，不需要特别严格的实验条件和强的衍射强度数据；

（5）可以对未知晶体结构的试样进行定量，这是全谱拟合精修方法无法实现的。

B 传统定量分析方法的缺点

传统定量分析方法的缺点有：

（1）遇到试样中含有多种不同物相、衍射峰重叠严重时，分离重叠峰操作复杂，可能有分峰不正确的情况，从而造成计算结果的误差较大，会出现相对误差大于±5％的情况；

（2）K 值法虽可用于含非晶相试样定量问题，但因需向试样加入标准（参比）物质，这样会稀释试样中的物相含量，计算结果误差较大；

（3）对于含有不同晶粒尺寸且差别较大的试样，定量分析结果可能会有极大的误差。因为一种物相由微米级晶粒减小到纳米级晶粒时，K 值的变化可能超过 10 倍之多；

（4）实际试样或多或少都存在择优取向情况，虽然计算机数据处理软件可采用一些算法解决部分择优取向问题，但并不能完全解决得很好；

（5）不能解决试样中或多或少存在的固溶、缺陷、残余应力问题。

粉末衍射全谱拟合方法可以克服传统定量分析方法的缺点，已在定量分析要求较高的情况下广泛使用。限于篇幅，下节中仅简单描述有关全谱拟合方法概貌，有关方法的原理、实验和数据处理方法及软件运用的详细内容，可参考本章参考文献 [10, 11]。

5.3.5.3 粉末衍射全谱拟合方法简介

1967 年，Rietveld 首先提出了粉末衍射全谱拟合的概念。就是利用整个而不是局部衍射谱，去进行粉末衍射谱图的分析。全谱拟合法 X 射线衍射谱数据处理的新方法，是按一定的理论和模型来计算研究对象的粉末衍射谱，改变计算式中的某些参数，使计算出来的谱图与研究对象的实测谱图相符合。用这数据处理的新方法来处理一些传统方法可解决的问题，则可得到更准确的结果。

全谱拟合方法最初是用于晶体结构测定的精修，后来人们发现全谱拟合中的比例因子也可用来做物相定量分析，并逐渐将全谱拟合法用到了物相定性分析（称全谱匹配法）中。限于篇幅，本节仅扼要介绍全谱拟合法的概况。

A 粉末衍射全谱拟合的理论要点概述

（1）每个衍射峰均有一定的形状和宽度，可用函数来模拟。

（2）整个衍射谱是各衍射峰的叠加。

（3）根据一定的模型计算衍射谱上各 2θ 处的衍射强度，改变结构参数使计算值与实测值比较，用最小二乘法使计算结果与实测结果的误差最小，即为全谱拟合。

（4）全谱拟合的好坏用拟合误差 R 因子来判断。

B 粉末衍射全谱拟合的函数名称

（1）峰形函数 G_k（下角 k 表示某一（hkl）衍射）。选择正确的能和实验测量峰形吻合的峰形函数，是 Rietveld 全谱拟合能否成功的一个关键。许多科学家一直在寻找能和实测峰形相符的函数，现在一般认为最适当的函数有：Voigt 函数（VF），Pearson Ⅶ（$P7$）函数和 Pseudo-Voigt 函数。后两者易于数学处理。另外，还有其他几种常用峰形函数可选择。

（2）峰宽函数 H_k。在所有的峰形函数中都包含两个变量，一个是衍射峰的位置 θ_k，另一个是衍射峰的半高宽 H_k，英文缩写为 FWHM。半高宽 H_k 用角度表示（单位用度，也可用弧度）。

在同一张衍射谱中各峰的半高宽 H_k 是不同的，它们随 θ 而变。一般情况下 θ_k 大，H_k 也大，这种 H_k 与 θ_k 的关系也可以用函数表示，对应不同的峰形函数。

对于不对称的衍射峰，在做对开拟合时，用于左右两半峰宽函数中的峰宽参数也将不同。影响峰宽的因素很多，有仪器的、实验方面的、试样本身的，有许多研究已做过峰宽函数中的各项与各种因素的关系，可供选择。

（3）背底（背景）函数 Y_{ib}。在衍射谱中必然存在背底，它是由试样产生的荧光、探测器的噪声、试样的热漫散射、非相干散射、试样存在部分无序和非晶，以及空气和狭缝等造成的散射混合而成。正确测定背底强度并从实测衍射强度中减去，得到正确的衍射强度，才能保证全谱拟合成功。

背底强度随 2θ 的变化也是用函数来模拟，用下角 i 表示在 2θ 处。有许多用于不同衍射谱情况的模拟函数形式。

（4）择优取向校正。由于有些试样存在或多或少择优取向问题，因此实测衍射强度在扣除背景强度后，还需作择优取向校正。校正函数形式也有多种，根据试样情况选择。

在拟合精修过程中，可变的参数比较多，概括起来可分为结构参数和峰形参数两类。但每次拟合中并不需要同时改变那么多参数，只需根据问题的需要改变一些参数，如其中参数已知，可不改变。如何运用全谱拟合法，以及运用实例，请参看本章后参考文献 [9~11]。

C　粉末衍射全谱拟合对实验测量的要求

采用全谱拟合法要求实验测量谱要有：高的分辨率，减少衍射线的加宽和重叠；高准确度，即衍射峰的位置及强度值均要准；需要数字谱以便做逐点拟合，最好采用步进扫描的方式，步进宽度要小。

D　方法概要

（1）要有一个包括各种参比物的数字粉末衍射谱的数据库，代替现常用的 PDF 库（d-I/I_1 库），以作匹配的参考标准。

（2）设计几种符合指数（figure of merit，简写为 FOM），用来判别参比物图谱与未知物的图谱匹配吻合情况。

（3）将数据库的每一参比图谱与未知物图谱叠合，逐点对比，算出各种 FOM。

（4）把各参比物按算出的 FOM 的大小次序打印输出，具有最大 FOM 的物相可认为是检出的物相。

（5）在未知物谱中减去最大 FOM 的参比谱，对残余谱线再重复步骤（3）～（5），直至检出全部物相。

5.3.5.4　点阵常数的精确测定

在研究固态相变、判别固溶体类型和固溶体的化学成分、测定固溶体的溶解度曲线、观测热膨胀系数、测定晶体中杂质含量、确定热力学二级相变温度、确定化合物的化学计量比等方面，核心问题是点阵常数的测定。点阵常数随化学成分和外界条件（温度和压力等）的变化而变化，通过了解点阵常数的变化，可以揭示晶体物质的物理本质和变化规律。由于晶格常数随各种条件变化的数量级很小（通常反映在 $10^{-2} \sim 10^{-3}$ nm 数量级上），因而精确地测量点阵常数在研究固体的晶体结构和物理参量方面具有十分重要的理论意义和应用价值。

　　为了达到精确测定晶体点阵常数的目的，一方面通过完善测试设备、实验条件，减小实验误差；另一方面了解各种实验方法（包括照相法、衍射仪法，以及各种不同的衍射几何）中系统误差产生的原因及其出现的规律，通过改善实验技术和数学处理加以消除。

　　A　点阵常数测定理论依据

　　测定点阵常数的依据是 X 射线衍射线的位置，即 2θ 角，在衍射花样已经指标化的情况下，可通过布拉格方程 $2d_{hkl}\sin\theta = \lambda$ 和面间距公式计算点阵常数。如以立方晶体系为例，通过 hkl 衍射线的位置，测定 θ 角后，点阵常数 a 可按下式计算，

$$a = d\sqrt{h^2 + k^2 + l^2} = \frac{\lambda\sqrt{h^2 + k^2 + l^2}}{2\sin\theta} \tag{5-90}$$

式中，波长 λ 可以精确测定；h，k，l 为整数。

　　由式（5-90）可以看出，点阵常数 a 的精确度主要取决于 $\sin\theta$ 的精度，即 θ 角的测定精度。当 $\Delta\theta$ 一定时，$\sin\theta$ 的变化与 θ 所在的范围有关，如图 5-74 所示。

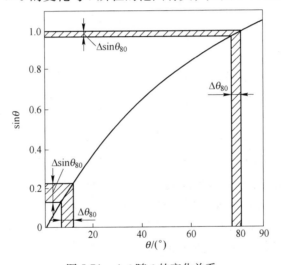

图 5-74　$\sin\theta$ 随 θ 的变化关系

　　可以看出，当 θ 接近 90°时，$\sin\theta$ 变化最为缓慢，误差趋近于 0。若在不同的 θ 角度下 $\Delta\theta$ 一定时，则在高 θ 角时所得的 $\sin\theta$ 值比在低角时更精确，面间距误差 $\Delta d/d$ 减小，这与对布拉格方程微分所得到的结论完全一致。因此，应选择接近 90°的线条进行测量。实际可利用的衍射线的 θ 角大都偏离 90°，通过外推法使其接近于 90°。如先测出同一物质的多条衍射线，并按每条衍射线的 θ 计算出相应的 a 值，再以 θ 为横坐标，以 a 为纵坐标，连接各点成一条光滑的曲线，延伸在 $\theta = 90°$ 处与纵轴相交，交点的纵坐标值即为精确的所测点阵常数值。

　　B　点阵常数测量中的误差

　　点阵常数的测量误差包括了偶然误差和系统误差。偶然误差可通过多次实验消除，而系统误差取决于实验方法和条件，或采取适当的措施使其减小或进行修正。限于篇幅，此小节仅介绍德拜-谢乐衍射几何系统误差的来源和消除方法。

　　由于实验设备及实验条件和试样性质的不同，衍射线偏离其真正位置的程度也不相同。产生系统误差的主要原因有几何因素和物理因素。

　　a　试样的偏心引起的误差

　　德拜-谢乐衍射几何的照相法底片圆柱或衍射仪的测角仪中心轴与样品的转动轴不合轴而引起衍射线偏离正确的位置，称为偏心误差，如图 5-75 所示。O 为底片圆柱体（或测角仪）的中心轴，S 为样品转动轴，S 偏离底片圆（或测角仪）中心轴 O 的距离 OS 为 p，与 X 射线入射方向的夹角为 σ。

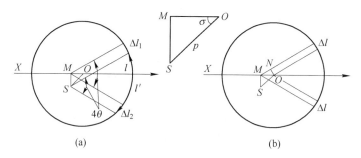

图 5-75　平行入射线的偏心误差

（a）垂直于入射线分量为 SM；（b）平行于入射线分量为 OM

　　（1）入射 X 射线为平行光时的偏心误差。由图 5-75 知，S 偏离底片圆（或测角仪）中心轴 O 的距离 OS，可分解为垂直于入射 X 射线的位移 SM（$\Delta y = p\sin\sigma$）和平行于入射 X 射线的位移 OM（$\Delta x = p\cos\sigma$）两个分量。

　　对于垂直于 X 射线方向的偏心分量 SM（$\Delta y = p\sin\sigma$），由于同一指数面的一对衍射线在入射线两边偏离的大小相等，$\Delta l_1 = \Delta l_2$，见图 5-75（a），相应的衍射线间的距离相等，衍射角 θ 不变，因此垂直于入射 X 射线的偏向分量可通过测定一对衍射线的位置加以消除。

　　对于平行于 X 射线方向的偏心分量 OM（$\Delta x = p\cos\sigma$），由图 5-75（b）知，衍射线位置的偏离为 $2(\Delta l)$，当 Δl 比照相机（或测角仪）半径小很多时，$\Delta l = ON = OM\sin2\theta = p\cos\sigma\sin2\theta$。平行分量所产生的衍射角偏差 $\Delta\theta$，用弧度表示

$$\Delta\theta = \frac{\Delta l}{2R} = \frac{p\cos\sigma\sin2\theta}{2R}$$

$$\Delta\theta = \frac{p}{R}\cos\sigma\sin\theta\cos\theta \tag{5-91}$$

　　对于立方晶型点阵常数产生的误差

$$\frac{\Delta a}{a} = -\cot\theta \cdot \Delta\theta = -\frac{p}{R}\cos\sigma\cos^2\theta \tag{5-92}$$

　　平行偏心分量所产生的衍射角偏差 $\Delta\theta$ 可正可负，取决于 σ 的角度。如果试样转轴在 X 射线光源与照相机（或测角仪）中心轴之间，其校正系数为负值，反之为正值。

　　（2）入射线为发散 X 射线的偏向误差。对于德拜-谢乐照相机（或衍射仪），大多数情况下是用发散 X 射线光源，其发散度由入射光栏的发散度确定。在发散 X 射线情况下，由试样偏心引起的误差为

$$\Delta(2\theta) = 2\theta_t - 2\theta_o \tag{5-93}$$

式中，θ_t为衍射角真值；θ_o为观测值。

图 5-76 为德拜-谢乐相机发散光源的偏心误差示意图，由图可以看出，德拜-谢乐相机偏心误差为

$$\Delta(2\theta) = 2\theta_t - 2\theta_o = OO'/R + aa'/R(弧度表示) \tag{5-94}$$

$$\Delta(2\theta) = 2\theta_t - 2\theta_o = \frac{180(OO' + aa')}{\pi R}(角度表示) \tag{5-95}$$

$$\Delta(4\varphi) = (aa' + ff')/R(弧度表示) \tag{5-96}$$

$$\Delta(4\varphi) = 180(aa' + ff')/\pi R(角度表示) \tag{5-97}$$

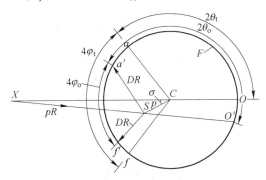

图 5-76 发散入射线偏心误差示意图

$2\theta_t$，$4\varphi_t$—真实值；$2\theta_o$，$4\varphi_o$—观测值；S—样品中心；C—圆柱底片中心；F—圆柱底片；

X—发散 X 射线源；pR—入射线；DR—衍射线；R—照相机半径；O'—入射线零点，

$2\theta_o = 0$；O—真实零点，$2\theta_t = 0$

有研究比较了发散 X 射线源和平行 X 射线源由同一偏心量所产生的衍射角偏差值，结果表明，当偏心量 p 的数值不大于 0.01mm，同时衍射角的测量精确度不超过 $0.01°$ 时，用平行入射光束的式（5-92）来校正偏心误差，对普通照相机或衍射仪都可得到满意的结果。当衍射角的精确度要求不高于 $0.001°$，偏心量 $p <$
0.01mm，$\sigma = 0°$ 或 90°时，用发散 X 射线源和平行 X 射线源所计算的衍射角偏差值之间的差值是可以忽略不计的；但当偏心量 $p = 0.01\text{mm}$，$\sigma = 45°$时，计算两种源的衍射角偏差值的差值就会超过 $0.001°$。

b 试样的吸收产生误差

试样对 X 射线的吸收使衍射线的几何中心偏离布拉格角位置，向高角度移动，试样吸收愈大，则偏离愈大。吸收所引起的衍射线偏离随衍射角的加大而减小。

图 5-77 为由于试样吸收而产生衍射线偏离的示意图。图中虚线部分为平行 X 射线，实线为发散 X 射线，X 为 X 射线源，A 是样品点，B 是没有吸收的衍射线，r 为样品半径。

（1）入射线为平行 X 射线时的吸收误差。当 X 射

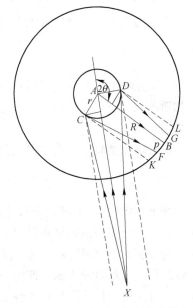

图 5-77 试样吸收引起衍射线的偏离

线是平行光时，衍射线为 KL，其几何中心偏离理想位置 B 为 Δr。由于 $\angle CAD = 2\theta$，由图 5-77 可以看出 $BK = r$，$BL = r\sin(2\theta - 90) = -r\cos 2\theta$，因此

$$\Delta r = (KB - BL)/2 = \frac{r + r\cos 2\theta}{2} = \frac{r}{2}(1 + \cos 2\theta)$$

所以

$$\Delta r = r\cos^2\theta \tag{5-98}$$

$$\Delta\theta = \frac{\Delta r}{2R} = \frac{r}{2R}\cos^2\theta \tag{5-99}$$

对于立方晶系

$$\frac{\Delta a}{a} = \frac{\Delta r}{2R}\left(1 + \frac{R}{AX}\right)\cos^2\theta\cot\theta \tag{5-100}$$

（2）入射线为发散 X 射线时的吸收误差。当入射线为由焦点发散的 X 射线时，其衍射边界发生移动，分别从 K 移动到 F，从 L 移动到 G。

对于发散入射 X 射线，衍射线几何中心偏离理想位置

$$\Delta r = (BF + BG)/2 = \frac{r}{2}(1 + \cos 2\theta)\left(1 + \frac{R}{AX}\right) = r\cos^2\theta\left(1 + \frac{R}{AX}\right) \tag{5-101}$$

$$\Delta\theta = \frac{\Delta r}{2R} = \frac{r}{2R}\cos^2\theta\left(1 + \frac{R}{AX}\right) \tag{5-102}$$

对于立方晶系

$$\frac{\Delta a}{a} = -\frac{r}{2R}\left(1 + \frac{R}{AX}\right)\cos^2\theta\cot\theta \tag{5-103}$$

对于高吸收系数的试样，衍射强度最大值处与衍射线几何中心位置并不重叠，而是向高角度方向偏离。

c X 射线垂直方向的发散产生误差

X 射线的发散度会引起照射到样品不同部位的 X 射线强度不均匀地减弱和衍射线形状的改变。设 X 射线垂直方向发散所引起衍射线强度中心位置的偏离 $\Delta\theta$ 为

$$\Delta\theta = -\frac{1 + x}{96}\left(\frac{h}{R}\right)^2\cot 2\theta \tag{5-104}$$

式中，h 为试样受 X 射线照射垂直方向的长度，它决定 X 射线在垂直方向的发散度；R 为照相机或测角仪的半径；x 为取决于 X 射线在垂直方向均匀度的分数，若 X 射线在垂直方向均匀，则 $x = 1$。

X 射线在垂直方向发散引起晶体点阵常数的误差，对立方晶系为

$$\frac{\Delta a}{a} = -\cot\theta \cdot \Delta\theta = \frac{1 + x}{192}\left(\frac{h}{R}\right)^2(\cot^2\theta - 1) \tag{5-105}$$

在 $\theta = 90°$ 时，$\cot^2\theta - 1 = -1$，因此在高角度（$\theta > 45°$）垂直方向发散对点阵常数值的影响，是随着衍射角的增加点阵常数减小。当 $\theta = 45°$ 时，这一误差为 0；当 $\theta < 45°$ 时，这一误差为正值；当 $\theta > 45°$ 时，这一误差为负值。注意：X 射线在垂直方向发散引起晶体点阵常数的误差是难以校正的，即使采用外推到 $\theta = 90°$ 也不能消除的误差。最好的方法是在照相机设计和衍射仪所用梭拉狭缝上减小垂直方向的发散度，如采用小孔光栏或 h/R 较小的相机设计。有学者认为，光栏在垂直方向不太长的情况下，垂直方向的发散所引起的偏差

远比吸收和偏心误差小，实际上可以忽略不计。

　　d　X射线的折射引起的偏差

　　X射线通过不同折射系数的介质都要产生折射，引起衍射线偏离布拉格方程计算的位置，使衍射角 θ_{obs} 略大于按布拉格方程计算的值 θ_{calc}。对于精确点阵常数测量，如果精确度要求为五万分之一到十万分之一，或更高时，需要进行X射线折射的校正。设X射线通过试样的折射率为 n，考虑折射率影响的布拉格方程变为

$$n\lambda = 2d\left(1 - \frac{\delta}{\sin^2\theta}\right)\sin\theta \tag{5-106}$$

$$\delta = \frac{N_0 e^2 \lambda^2 \rho \sum Z}{2\pi mc^2 \sum A} \tag{5-107}$$

式中，N_0 为阿伏伽德罗常数；ρ 为试样密度；Z 为试样中各种原子的原子序数；A 为相对原子质量；e，m 分别为电子的元电荷和电子质量；λ 为X射线的波长；c 为光速。

　　由于折射率所产生的误差无法用外推法加以消除，只能用计算方法加以修正，对于立方晶系，其修正系数为 $1+\delta$。因此，修正的点阵常数 a_{cor} 为

$$a_{cor} = (1+\delta)a_{obs} \tag{5-108}$$

　　e　X射线底片的伸缩和照相机半径加工不够精准引起的偏差

　　X射线底片在显影、定影、阴干过程中，由于温度、湿度、时间等条件的不同，可以引起底片不同程度的收缩或膨胀；照相机直径在加工过程中不够精确，也会改变相机的有效半径，导致所求的衍射角不够准确。这两类误差性质相同，在同一张衍射照片上相互叠加，在此一并分析讨论。

　　（1）正装法。图5-78（a）表示正装X射线底片伸缩和相机半径不精准对衍射角的影响。若照相机的有效半径为 R，由于X射线底片的伸缩和相机半径的误差，使实验测得某一对衍射线的距离为 $l+\Delta l$，其所对应的相机有效半径为 $R+\Delta R$，由此产生衍射角误差为 $\Delta\theta$。由于 $R \gg \Delta R$，所以

$$\Delta\theta = \theta_{obs} - \theta_{true} = \frac{l+\Delta l}{4R} - \frac{l}{4R} = \frac{\Delta l}{4R} \quad (\text{rad})$$

　　由于

$$l + \Delta l = 4\theta(R + \Delta R) = 4\theta R + 4\theta\Delta R$$

$$l = 4\theta R, \quad \Delta l = 4\theta \cdot \Delta R$$

所以

$$\Delta\theta = \theta\frac{\Delta R}{R} \tag{5-109}$$

　　对于立方晶系，由衍射角误差对点阵常数影响为 $\Delta\theta = -\cot\theta \cdot \Delta\theta$，因此X射线底片的伸缩以及相机半径不精准对点阵常数的影响为

$$\frac{\Delta a}{a} = -\theta\cot\theta\frac{\Delta R}{R} \tag{5-110}$$

　　（2）反装法。对反装法，背散射照片刀边在低角度位置，如图5-78（b）所示，由于X射线底片的伸缩和相机半径的误差引起衍射角的改变为

$$\Delta\theta = \left(\frac{\pi}{2} - \theta\right)\frac{\Delta R}{R}$$

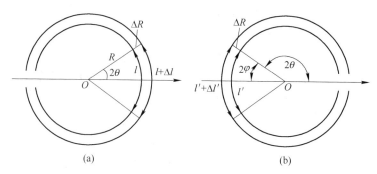

图 5-78　照相机半径误差和射线胶片伸缩所产生衍射角的偏离

（a）正装法；（b）反装法

由此对立方晶系点阵常数的影响为

$$\frac{\Delta a}{a} = -\left(\frac{\pi}{2} - \theta\right)\frac{\Delta R}{R} \cdot \cot\theta \tag{5-111}$$

为消除 X 射线底片的伸缩和相机半径的不精准所产生的误差，对正装法的德拜-谢乐照相机通常用衍射线分布在一对刀边之间，两个刀边之间的距离所对应的布拉格角 $\theta_k = \frac{刀边距}{圆周长} \times \frac{\pi}{2}$，$\theta_k$ 为照相机的刀边常数。可以在校正每一台相机时，确定其特定的刀边常数。如果底片上两个刀边之间距离是 l_k，则相距为 l 的衍射线对的布拉格衍射角 θ 应为

$$\theta = l\left(\frac{\theta_k}{l_k}\right) \tag{5-112}$$

因此，若 X 射线底片的伸缩是均匀的，由此引起有效半径变化所带来的误差就可以消除。

对反装法德拜-谢乐照相机，可以利用一对或若干对高角度和低角度的衍射线，来确定每一张衍射照片所用相机的有效半径。

f　衍射仪记录系统滞后带来的误差

（1）记录的滞后性。当用记录仪自动记录衍射结果时，由于记录的滞后性而引起衍射线重心或峰值位置的偏离，偏离量与记录仪的时间常数 RC 和探测器的运动速度 η 有关，即 $\Delta\theta_c = \Delta\theta_m = 0.5RC\eta$。真正的衍射角可以通过测角仪正转和反转所得衍射角加和平均得到。采用阶梯扫描逐点测量的方法也可以消除系统的滞后性。

（2）齿轮传动的滞后性。由于测角仪齿轮传动系统所产生的滞后性，会引起衍射线重心或峰值位置的偏离。这一偏离引起的误差，可通过测角仪正转和反转所得衍射角加和平均得到真正衍射角的方法，加以消除；也可通过标准试样加以校正，并规定测量时测角仪的转动方向。

g　衍射背底的影响

衍射背底的不均匀性也会引起衍射线峰值位置向背底强度大的方向移动，如图 5-79 所示。对于大多数精密德

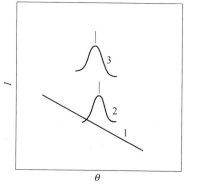

图 5-79　衍射背底不均匀性
对峰值位置的影响示意图
1—衍射背底；2—真实衍射线；
3—观察衍射线

拜-谢乐型照相机或衍射仪，衍射峰的移动约为 0.03mm，略大于通常测量的读数误差。

产生衍射背底不均匀性的原因为：

（1）连续波辐射。从 X 射线管出来的射线除了特征辐射外，还伴有大量的连续波辐射。连续波被晶体衍射，连续分布在整个衍射角范围，形成了衍射背底。由于连续波辐射中，不同波长的强度是不同的，且影响衍射强度的各种因素随衍射角而不同，因此引起衍射背底的不均匀。

（2）X 射线通过空气、样品载体（如玻璃丝、胶等）的散射。X 射线通过空气、玻璃丝、胶等无序状态物质时，部分能量变为相干和非相干的散射，空气等无序物质散射能量随波长的增加而加大。

（3）记录系统灵敏度。照相机或探测器对不同波长的辐射具有不同的灵敏度，也会造成衍射背底的不均匀。

在精确测量晶体的点阵常数时，必须考虑衍射背底不均匀性的影响。测量中采用晶体单色器和真空照相系统，严格实验条件和操作，以及对衍射线图形进行几何分析，以消除背底不均匀性对衍射线峰值位置的影响。

C 实验技术的完善

为精确测量晶体的点阵常数，除测试设备的改进和严格实验条件外，也应注意从下面几方面完善实验技术。

（1）为确保获得试样的敏锐衍射线，试样除进行消除应力处理、选择合适颗粒度和结晶度等外，必须注意保持恒温的测量环境，注意收集数据时的温度，以便获得精确的点阵常数，也方便同其他作者获得的结果进行比较。

（2）为减少试样吸收而引起衍射线峰值位置的偏离，尽可能地减小试样的直径，使之不超过 0.2mm。用低吸收的直径不超过 0.1mm 的非晶态丝作为试样的载体，并尽可能地利用吸收小的高角度衍射线计算点阵常数。

（3）选择适当的辐射波长，以获得尽可能多的高角度（$\theta > 80°$）、高质量的衍射线。因为点阵常数的相对测量误差是衍射角的函数，$\Delta d/d = -\cot\theta \cdot \Delta\theta$，对同样的角误差 $\Delta\theta$，$\Delta d/d$ 值将随着衍射角 θ 的增大而减小。即在衍射线位置测量准确度相同的情况下，衍射线的角度愈高，则面间距 d 的相对误差愈小。

（4）用精确的比长仪准确测量衍射线的位置，测量时放大倍数不宜太大，以 2 倍左右为宜。

（5）对光时，必须使入射的 X 射线与样品转动轴相互垂直。如果入射的 X 射线与样品转动轴呈现 $90° \pm \gamma$ 的情况，则 $\tan 2\theta_{cor} = \tan 2\theta_{obs} \cdot \cos\gamma$。由于 γ 角的大小难以确定，所以由 γ 角所引起的偏差难以校正。

D 准确确定衍射峰位的方法

首先必须按照仪器的技术条件进行测试，获得试样的衍射图谱。图谱中衍射线峰位的测量是提高衍射分析精度的关键。选择合适的方法确定衍射峰位，再用标准试样校正法、图解外推法或最小二乘法来校正或消除误差，才能获得晶体试样的精确点阵常数。

根据衍射线的形状，确定衍射峰位的方法主要有半高宽法、切线法和抛物线法。

a 半高宽法

常用的确定衍射峰位的方法是半高宽法。由于衍射线的形状不同，在具体做法上略有不同。

（1）双线分离。衍射线的形状如图 5-80 所示，两衍射线分离。这种情况下，自衍射峰底两旁的背底曲线作一切线 AB，然后垂直于切线标出峰高 h。在 $h/2$ 处作平行于 AB 的直线，交衍射谱线于 a、b 两点，ab 线段的中点 c 对应的横坐标就是要定的峰位 $2\theta_P$。

（2）双线部分分离。衍射线的形状如图 5-81 所示，两衍射线 K_{α_1} 和 K_{α_2} 部分分离。为了减少 K_{α_2} 的影响，可在 K_{α_1} 强度峰值的 1/8 或 1/16 处作平行于背底曲线切线 AB 的直线，交衍射峰于 a、b 两点，ab 线段中点的横坐标 $2\theta_P$，即为峰位。

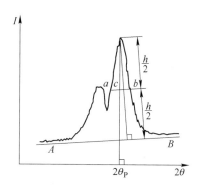

图 5-80　双线分离的定峰法

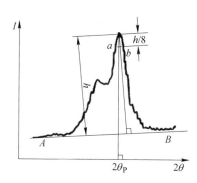

图 5-81　双线部分分离的定峰法

（3）双线重叠。衍射线的形状如图 5-82 所示，K_{α_1} 和 K_{α_2} 两条衍射线重叠。这种情况下，分峰的步骤与上述两种情况基本相同。此时将重叠的 K_α 双线看成一个整体，用重叠谱线半高宽中点的横坐标作峰位 $2\theta_P$。

b　切线法

当衍射峰峰形锋锐而陡峭时，用切线法求峰位。方法是延长靠峰顶部两边的直线部分，使其相交，交点所对应的横坐标就是峰位 $2\theta_P$，参见图 5-83。

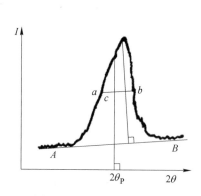

图 5-82　双线重叠的定峰法

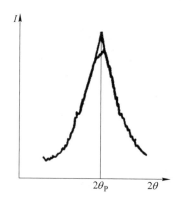

图 5-83　定峰的切线法

c　抛物线法

在衍射线的峰顶部极不锋锐呈现圆弧状的情况下，可将衍射线的峰顶部分近似看成是抛物线，把抛物线的对称轴的横坐标作峰位 $2\theta_P$，见图 5-84。具体做法是，在峰顶附近（尽量在强度最高处）选择一点 A（$2\theta_2$，I_2），在其左右等角距离 $\Delta 2\theta$ 处各选一点 B（$2\theta_1$，I_1）和 C（$2\theta_3$，I_3），它们的强度以不低于 A 点的 85% 为宜，再用 A、B、C 三点坐标计算峰位：

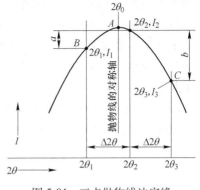

$$2\theta_P = 2\theta_1 + \frac{\Delta 2\theta}{2}\left(\frac{3a+b}{a+b}\right) \qquad (5\text{-}113)$$

式中，$\Delta 2\theta$ 可取 $0.2°$、$0.5°$、$1°$、$1.5°$；$a = I_2 - I_1$；$b = I_2 - I_3$。

图 5-84　三点抛物线法定峰

E　校正或消除系统误差的方法

a　内标法（标准校正法）

有时误差的来源以及函数形式很难确定，可以用实验的方法消除误差，这里介绍内标法（标准校正法）。用一些已知点阵常数、稳定的标准物质与待测物质以适当比例均匀混合（或者在待测块状样的表面上撒上一层标准物质），做成样品，拍摄 X 射线粉末衍射照片或用衍射仪收集衍射谱图。照片或谱图上将出现两套衍射花样，一套属于标准物质的衍射线，另一套属于待测物质的衍射线。因两种物质在相同条件下测量，待测物质与标准物质产生的误差是一样的，因此可以用标准物质的 $\Delta \sin^2\theta$（或 Δd、$\Delta \theta$ 等）与衍射角 θ 的某种函数关系图，来校正待测物质的 $\sin^2\theta$（或 d、θ 等）。这一作图方法的优点是可将某些偶然因素引起的异常偏离的衍射线加以摒弃。另外，还可以得到标准物质在该测试条件下的偏差，由此求得测试样品的偏向、吸收等偏差，用来校正待测物质衍射线位置。这种求偏差的方法便于用计算机程序进行校正。

内标法比较适用于校正未知晶体结构的衍射线位置，也适用于校正对称性较低的已知晶体结构试样的衍射线位置。

内标法对标准样品的要求是：（1）知道准确的点阵常数；（2）衍射线分布均匀，且与待测试样的衍射线不重叠；（3）容易获得纯物质，且易磨成细粉（约 $1\mu m$），使之能与同一粒度待测物质均匀混合，同时不起化学反应。

常用的内标物质有 Al、Si、SiO_2，以及作为高温衍射载体的 Ni 片和 Pt 网。它们在 25℃ 的点阵常数分别为 $a_{Si} = 0.543054nm$（SRM640b）；$a_{Al} = 0.404945nm$；六角晶系的 SiO_2 $a = 0.491260nm$，$c = 0.540429nm$；$a_{Ni} = 0.35240nm$；$a_{Pt} = 0.39241nm$。近年也有用 LaB_6 作为标准物质的，因它属于简单立方结构，衍射线分布均匀，峰形理想。LaB_6（SRM660）在 25℃ 的点阵常数为 $a_{LaB_6} = 0.415695nm$。

注意：（1）点阵常数值与温度有关，上述点阵常数数据是 25℃ 的，衍射测试时的温度不是 25℃，则所用标准物质的点阵常数必须进行线膨胀系数校正；（2）内标法所测得点阵常数的精确度不可能超过标准物质点阵常数的精确度。

b　图解外推法

在前面几小节中讨论了各种不同因素产生的系统误差与衍射角的函数关系，因此在实验数据的基础上，根据实验误差的主要来源，确定使用误差函数作图外推，即用图解外推法，达到消除系统误差的目的，以获得精确的点阵常数。下面仅以德拜-谢乐衍射几何常用的 3 个外推法为例，帮助读者了解如何使用图解外推法及各方法的适用条件。

（1）衍射角 θ 外推法。该方法用 d（或 a）直接对 θ 作图，外推到 $\theta=90°$，依此来消除系统误差。该方法的缺点是 d（或 a）与 θ 不是直线关系，如图 5-85 所示，只能根据图中 a 随 θ 变化关系的光滑曲线外推到 90°。因此在对点阵常数测量要求较高的情况下不宜采用此方法。

（2）$\cos^2\theta$ 外推法。此法在其他因素对实验结果影响甚微的情况下，只考虑试样偏心误差和吸收误差对点阵常数的影响。对于立方晶系

$$\frac{\Delta a}{a} = \left(D + \frac{E}{\theta} \right) \cos^2\theta$$

式中，$D = -\dfrac{\rho\cos\sigma}{R}$，为偏心流移常数；$E = -\dfrac{r}{2R}\left(1 + \dfrac{R}{AX}\right)$，为吸收流移常数。

在给定实验条件下，D 和 E 均为常数，因此可将 a 与 $\cos^2\theta(\theta)$ 关系作图，将曲线外推到 90°，如图 5-86 所示。由图看出，当 $\theta > 60°$ 时，a 与 $\cos^2\theta$ 存在很好的直线关系。虽然 $\dfrac{\Delta a}{a}$ 与 $\cos^2\theta$ 并不是直线关系，但适用于以偏心误差为主、试样吸收较小的情况。当 $\theta > 60°$ 时，试样吸收会更小，$\dfrac{\Delta a}{a}$ 与 $\cos^2\theta$ 基本呈直线关系。

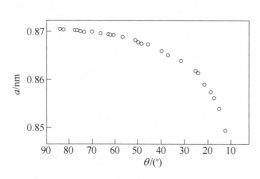

图 5-85   立方 γ 黄铜结构 Cu_9Al_4 点阵常数 a
对衍射角 θ 的外推

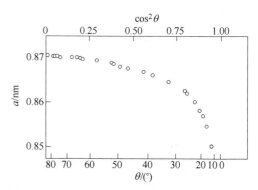

图 5-86   立方 γ 黄铜结构 Cu_9Al_4 点阵常数 a
对 $\cos^2\theta$ 的外推

此方法要求必须在 $\theta > 60°$ 处有足够多的、分布均匀的锋锐衍射线，才能获得好的结果。

（3）$\left(\dfrac{1}{\sin\theta} + \dfrac{1}{\theta}\right)\cos^2\theta$ 函数外推法。随着现代技术的不断发展，德拜-谢乐照相机的精密加工基本上没有偏心误差，其他误差来源也可通过严格实验技术加以消除或减小。对德拜-谢乐照相法的主要误差来源于试样的吸收，其他误差可忽略不计，X 射线源的强度分布呈指数函数 $\exp(-k^2x^2)$ 形式，则

$$\frac{\Delta a}{a} = \frac{E}{2}\left(\frac{\cos^2\theta}{\sin\theta} + \frac{\cos^2\theta}{\theta} \right)$$

对于立方晶系，$\dfrac{\Delta a}{a}$ 与 $\left(\dfrac{\cos^2\theta}{\sin\theta} + \dfrac{\cos^2\theta}{\theta}\right)$ 函数呈线性关系，且这个线性关系一直保持到

很低的衍射角范围内。在实际应用中，几乎所有衍射线都可被采用。

图5-87是不同吸收系数（不同颗粒度）立方 γ 黄铜结构 Cu_9Al_4 试样点阵常数 a 对 $\dfrac{\cos^2\theta}{2}\left(\dfrac{1}{\sin\theta}+\dfrac{1}{\theta}\right)$ 函数外推的结果。图中实验点连成的直线（a）为吸收系数小（颗粒度小）试样的结果，而吸收系数大（颗粒度大）试样的实验点连成直线（b）。由图可以看出，直线（a）和直线（b）两线的斜率不同，但它们外推到 $\theta=90°$ 的点阵常数基本相同，分别为 0.87042nm 和 0.87040nm。对于不同吸收的试样，点阵常数测量的精确度可达五万分之一。此外推法对点阵常数的精确测量是比较有用的。

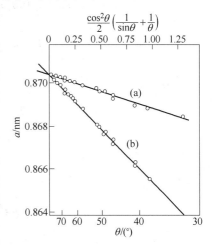

图5-87　立方 γ 黄铜结构 Cu_9Al_4 点阵常数 a 对 $\dfrac{\cos^2\theta}{2}\left(\dfrac{1}{\sin\theta}+\dfrac{1}{\theta}\right)$ 的外推

外推函数会因实验方法和条件不同或求 $\Delta\theta$ 误差规律的不同而不同。当试样吸收系数很小（接近于 0）且以偏心误差为主时，$\Delta a/a$ 与 $\cos^2\theta$ 成比例，用 $\cos^2\theta$ 作为外推函数；当用德拜-谢乐照相法，偏心误差很小（接近于 0）且只考虑吸收误差时，用 $\dfrac{\cos^2\theta}{2}\left(\dfrac{1}{\sin\theta}+\dfrac{1}{\theta}\right)$ 函数外推法。1980 年我国学者提出了同时考虑偏心误差和吸收误差的外推函数法，称为流移常数图解外推法。限于篇幅，请参考本章参考文献［9］，此处不再赘述。

利用衍射仪测定点阵常数时，涉及 θ 的函数会含有 $\cos 2\theta$、$\cot 2\theta$、$\cos 2\theta/\sin\theta$，必须针对具体实验分析主要误差项，选择外推函数，但 $\cos 2\theta$ 项可直接用来作为外推函数。

对立方晶系以外的晶系，因面间距 d 与两个或三个点阵常数有关，但 $\Delta a/a$（$\Delta b/b$，$\Delta c/c$）与 $\Delta d/d$ 非正比关系，点阵常数 a、b 和 c 可分别由（$h00$）、（$0k0$）、（$00l$）衍射线求得后，再外推。

c　最小二乘法

在 X 射线粉末衍射工作中，衍射线的数目远多于待测常数（包括晶体的点阵常数、衍射角的偏差 $\Delta\theta$ 表达式中所含有的常数），因此可以用最小二乘法求解晶体的点阵常数。用照相法精确测量点阵常数，若偶然误差较小，所有实验点会分布在一条直线上时，较容易用外推法获得准确的结果；若遇到偶然误差比较大的情况，用最小二乘法比较好，因为它可以消除偶然误差。但大多情况下，两种方法所得点阵常数的精确度相近。

在采用图解外推方法时，会遇到实验点不直接分布在直线上，需求平均直线的截距的问题。若采用最小二乘法来处理实验数据，可以克服图解外推法的缺点，消除实验偶然误差带来的困扰，求出实验点的平均直线截距的精确值。

以纵坐标 a 表示点阵常数，横坐标 $f(\theta)$ 表示外推函数值，实验点用 $[a_i, f(\theta_i)]$ 表示，设与实验点有关直线方程为 $a=a_0+bf(\theta)$，则 a_0 为直线在纵坐标的截距，b 为斜率。当 $f(\theta)=f(\theta_1)$ 时，相应的 a_1 为 $a_0+bf(\theta_1)$；而实验测量值与真实值之间的误差 e_1 为

$$e_1 = [a_0 + bf(\theta_1)] - a_1$$

对所有 n 个实验点误差的平方和为

$$\sum_{i=1}^{n} e_i^2 = \left[a_0 + b\,f(\theta_1) - a_1 \right]^2 + \left[a_0 + b\,f(\theta_2) - a_2 \right]^2 + \cdots +$$

$$\left[a_0 + b\,f(\theta_i) - a_i \right]^2 + \cdots = \sum_{i=1}^{n} \left[a_0 + bf(\theta_i) - a_i \right]^2$$

根据最小二乘法原理，误差平方和最小的直线为最佳直线。求 $\sum_{i=1}^{n} e^2$ 最小值的条件是

$$\frac{\partial \sum\limits_{i=1}^{n} e_i^2}{\partial a_0} = 0, \qquad\qquad \frac{\partial \sum\limits_{i=1}^{n} e_i^2}{\partial b} = 0$$

即

$$\sum_{i=1}^{n} a_i = n a_0 + b \sum_{i=1}^{n} f(\theta_i) \tag{1}$$

$$\sum_{i=1}^{n} a_i f(\theta_i) = a_0 \sum_{i=1}^{n} f(\theta_i) + b \sum_{i=1}^{n} f^2(\theta_i) \tag{2}$$

解联立方程组式（1）和式（2）求出系数 a_0 和 b。$f(\theta) = 0$ 时的 a 值，即为经最小二乘法处理的直线消除了偶然误差的精确点阵常数值。

上述简单函数的例子，表述了用最小二乘法消除误差的思路。实际应用中，最小二乘法比较适合应用于要求解的常数比较多的低对称性晶系，或 $\Delta\theta$ 表达式复杂，难以用图解法外推获得准确结果的情况。同时因最小二乘法便于编制计算程序，用计算机计算，方便处理复杂的 $\Delta\theta$ 函数问题，在精确测定晶体点阵常数方面得到了广泛应用。

E　点阵常数测定在研究无机固溶体材料中的应用实例

无机固溶体材料——赛隆（SiAlON）是由 Si_3N_4-AlN-Al_2O_3-SiO_2 化合物组成，如图 5-88 所示。将图 5-88 中的四个主要化合物的截面经互易盐系处理后得到图 5-89 的等当量图。由图 5-89 可以看出，该体系中除有力学性能优良、化学性能稳定的 β′-赛隆和 O′-赛

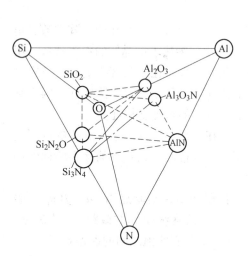

图 5-88　Si-Al-O-N 四元系相关关系图

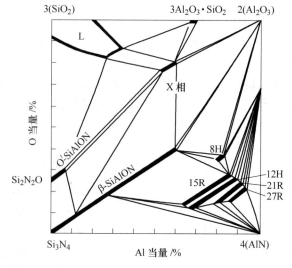

图 5-89　在 1973K 的 Si_3N_4-AlN-SiO_2-Al_2O_3 系等当量图

隆之外，还有高硬度的 SiAlON 多型体和半透明的 AlON 等。SiAlON 和 AlON 都是 Al、Si 的氧化物和氮化物的固溶体。

　　a　阿隆 AlON 陶瓷材料点阵常数的测定与相图可靠性分析

　　氮氧化铝尖晶石（AlON）是 AlN 和 Al_2O_3 的固溶体，是 AlN-Al_2O_3 二元系中主要化合物，因具有优良的光学、力学和化学性能备受材料工作者关注。AlN-Al_2O_3 二元系的相图的研究虽很多，但分歧也较大。本研究组实验研究表明，AlON 只有在温度高于 1873K 才能稳定存在；并经过热力学分析，认为威廉姆斯（Willems）的相图（见图 5-90）较为可信。

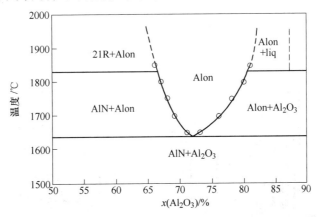

图 5-90　AlN-Al_2O_3 系 AlON 稳定区域图

　　由于随着 N 含量的增加，阳离子空位下降，以及尖晶石型 AlON 的固溶度范围随着温度的变化而变化，其点阵常数也随之发生变化，如图 5-91 所示。威廉姆斯测定的 AlON 点阵常数随温度变化与其相图中的固溶区吻合，如 2123K（1850℃）时 AlON 的点阵常数由 0.7932nm 变到 0.7953nm，与相图中固溶体的组成 $x(AlN)$ 在 19%～34%（即 $x(Al_2O_3)$ 在 81%～66%）一致。

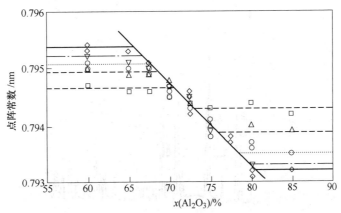

图 5-91　不同温度下尖晶石型 AlON 点阵常数与组成的关系

□—1650℃；△—1700℃；○—1750℃；▽—1800℃；◇—1850℃

　　b　O′-Sialon 点阵常数的测定及其固溶区的分析

　　O′-Sialon 的分子式为 $Si_{2-x}Al_xO_{1+x}N_{2-x}$，它具有良好的抗氧化性能。本研究组在 1750℃

热压合成了不同组成（分别为 $x=0.1$，$x=0.2$，$x=0.3$ 等）的 O′-Sialon 陶瓷试样，进行 X 射线衍射测定。测试结果如图 5-92 所示，并计算了该温度下不同组成的 O′-Sialon 的点阵常数，结果见图 5-93。

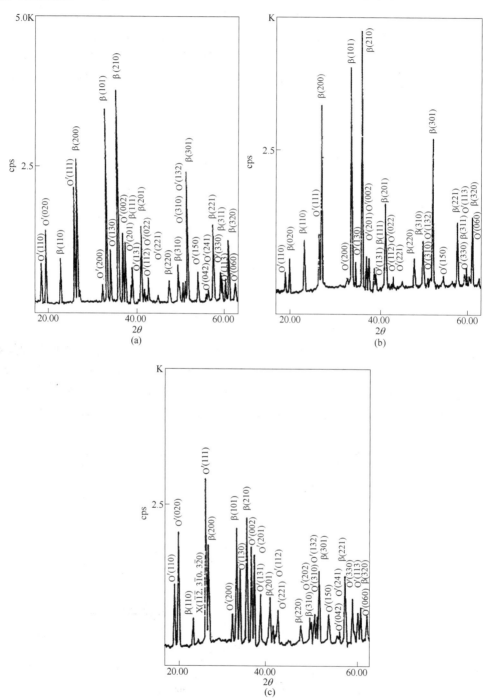

图 5-92   O′-Sialon 试样的 X 射线衍射结果

（a）$x=0.1$；（b）$x=0.2$；（c）$x=0.3$

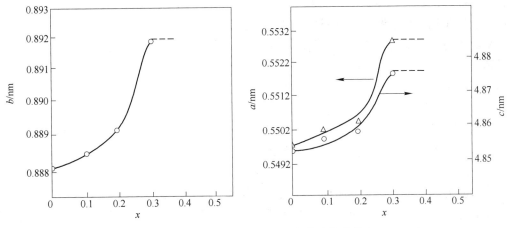

图 5-93　不同组成 O′-Sialon 相的点阵常数

由图 5-93 可以看出，当 $x>0.3$ 时，即进入 O′-Sialon 和 X 相的两相区。于是得到 O′-Sialon 在 1750℃时的固溶区范围为 $x \approx 0 \sim 0.3$。

5.3.5.5　材料宏观应力的测定

通常把没有外力或外力矩作用而在物体内部存在并保持平衡的应力叫做内应力。内应力一般分为三类：第一类是指在宏观尺寸范围内保持平衡的应力；第二类是平衡于晶粒尺寸范围内的应力；第三类是平衡于单晶胞内的应力。

在一般英文文献中，常把第一类应力称为"宏观应力"（macrostrees），而对第二类和第三类应力采用"微观应力"（microstrees）概念。在我国科技文献中，习惯于把第一类应力称为"残余应力"，把第二类应力称为微观应力，而对第三类应力尚未有统一的名称，有的称"晶格畸变应力"，有的称"超微观应力"。

（1）残余应力（宏观应力）是在整个工件范围或工件相当大的范围内存在的内应力，称之为第一类应力。它是当外力、温度、相变等各种外界因素不存在时，由于不均匀的塑性变形和不均匀的相变的影响，在物体内部依然存在并保持平衡的应力。残余应力对材料的疲劳、抗应力腐蚀能力、尺寸稳定性和使用寿命等有直接的影响。这种应力可使晶粒的面间距发生变化，从而使 θ 角发生变化，衍射线产生位移。根据衍射线的位移，可求出晶面间距的变化，再应用应力与应变的关系，可求出残余应力（宏观应力）。

（2）微观应力是平衡在一个或几个晶粒尺寸范围内的应力，属于第二类应力。它归结为各个晶粒或晶粒区域之间的形变不协调，使晶格歪扭、弯曲，并使不同区域、不同晶粒内的同一 $\{hkl\}$ 晶面族的面间距有不同的值，即各晶粒同一 $\{hkl\}$ 晶面族的间距分布在 $d_1 \sim d_2$ 范围内，相应的衍射线分布在 $\theta_1 \sim \theta_2$ 范围内，使衍射谱线展宽。根据衍射谱线形状的变化，可测定微观应力。

（3）点阵畸变应力是存在于一个晶粒内上百个到几千个原子范围内的应力，属于第三类应力。它是局部存在的内应力围绕各个晶粒的第二类应力值的波动。对晶体材料而言，它与晶格畸变和位错组态相联系，这类应力使衍射线强度下降。

残余应力是材料发生了不均匀的弹性（或弹塑性）形变的结果，是材料的弹性各向异性和塑性各向异性的反映。对多晶体材料，虽然在宏观上表现出"为各向同性"，但在微区，由于晶界的存在和晶粒的不同取向，弹塑性变形总是不均匀的。材料相变的不同时性和外界温度不均匀性也都会造成材料不均匀形变。

X 射线衍射技术可以测量晶体材料在选定方向的宏观弹性应变，因此可以利用它来测定晶体材料的宏观应力状态，这是因为材料的宏观应力（包括外加载应力和残余应力）状态与宏观应变状态之间存在——对应关系。

X 射线衍射法直接测量的是晶体材料的应变，应变乘以适当的弹性常数才能得到应力。用 X 射线衍射法测量应力的基础是依据 X 射线衍射线的位移、峰宽化和衍射峰积分强度降低这三种现象引起相应数值的变化，分别计算可获得第一类、第二类和第三类应力。

残余应力的测定方法有电阻应变片法、机械引伸仪法、超声波法和 X 射线衍射法。用 X 射线衍射法的优点是：可测定第二类和第三类应力，为非破坏性测试方法，测定的是纯弹性应变，能很小范围内的应变和试样表层大约 $10\mu m$ 深度的二维应力，还可用剥层的方法测定应力沿表层纵深方向的分布，是测试脆性和不透明材料的残余应力最常用的方法。

A   试样表面应力与应变的关系式

X 射线衍射法测定晶体材料残余应力是先测出应变，然后根据弹性应力–应变关系计算应力。

为求得试样表面应力与应变的关系式，设有一正交坐标系 $OX'Y'Z'$，OX' 和 OY' 在试样表面上，OZ' 为试样表面的法线，应变测量方向 $O\sigma_{\psi\varphi}$ 与 OZ' 成 ψ 角，$O\sigma_{\psi\varphi}$ 在 $OX'Y'$ 平面上的投影与 OX' 成 φ 角，参见图 5-94。分别用 σ_1、σ_2、σ_3 和相应的应变 ε_1、ε_2、ε_3 来表示 O 处的材料在 $X'Y'Z'$ 坐标系里的应力分量和弹性应变的分量，用 α_1、α_2、α_3 表示 $O\sigma_{\psi\varphi}$ 方向相对于 OX'、OY' 和 OZ' 方向的余弦。

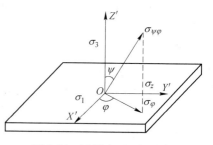

图 5-94   试样表面坐标系与
应变测量方向的关系图

由图 5-94 知，$O\sigma_{\psi\varphi}$ 方向与 OX'、OY' 和 OZ' 方向的余弦分别为

$$\begin{cases} \alpha_1 = \cos\varphi\sin\psi \\ \alpha_2 = \sin\varphi\sin\psi \\ \alpha_3 = \cos\psi = \sqrt{1 - \sin^2\psi} \end{cases} \tag{5-114}$$

在主应力已知时，空间某一确定方向的正应力为

$$\sigma_{\psi\varphi} = \alpha_1^2\sigma_1 + \alpha_2^2\sigma_2 + \alpha_3^2\sigma_3 \tag{5-115}$$

式中，α_1、α_2、α_3 为 $\sigma_{\psi\varphi}$ 对应方向的余弦。

同理，相应方向的正应变为

$$\varepsilon_{\psi\varphi} = \alpha_1^2\varepsilon_1 + \alpha_2^2\varepsilon_2 + \alpha_3^2\varepsilon_3 \tag{5-116}$$

对于一般材料表面，可认为 X 射线有效穿透的表面处于平面应力状态，该层是与试样表面平行的平面，是一个应力主平面。根据弹性力学，对于各向同性或伪各向同性材料，主应力和主应变关系为

$$\begin{cases} \varepsilon_1 = \dfrac{1}{E}\big[\sigma_1 - \nu(\sigma_2 + \sigma_3)\big] \\[2mm] \varepsilon_2 = \dfrac{1}{E}\big[\sigma_2 - \nu(\sigma_1 + \sigma_3)\big] \\[2mm] \varepsilon_3 = \dfrac{1}{E}\big[\sigma_3 - \nu(\sigma_1 + \sigma_2)\big] \end{cases} \tag{5-117}$$

式中，E 和 ν 分别为材料的杨氏模量和泊松比。

B　X 射线衍射测定应力的原理

对无织构的多晶体材料，在单位体积内有大量的取向任意的晶粒，从空间任意方向都能观察到任一选定的（hkl）晶面。在无应力时，各晶粒同一 $\{hkl\}$ 晶面族的晶面面间距都为 d_0，如图 5-95 所示。

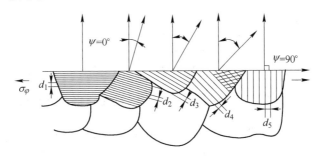

图 5-95　ψ 与同一 $\{hkl\}$ 晶面族的面间距关系

若平行于试样表面的张应力作用于该多晶体，则与表面平行的（hkl）晶面（即 $\psi = 0°$）的面间距会缩小，而与应力方向垂直的同一 $\{hkl\}$ 晶面族的（hkl）晶面（即 $\psi = 90°$）的面间距被拉大。在上述两种取向间的同一 $\{hkl\}$ 晶面族的面间距，会因 ψ 的不同而不同。即随晶粒取向不同，ψ 从 0° 变到 90°，面间距改变量 Δd 会从某一负值变到某一正值。应力越大，面间距改变量 Δd 越大。当试样存在残余应力时，晶面间距将发生变化，发生布拉格衍射时，衍射峰随之移动，而移动距离与应力大小相关，依据这种变化关系，就能求出残余应力。

采用图 5-94 中表示的与待测试样表面法线有关的坐标系与测量应变方向之间的关系，推导 X 射线测量残余应力的公式。设图中 O 处的试样在无应力状态下 $\{hkl\}$ 晶面族的面间距为 d_0，在有应力存在状态下，与试样表面的法线成 ψ 角且以 $O\sigma_{\psi\varphi}$ 为法线的 $\{hkl\}$ 晶面族的面间距为 $d_{\psi\varphi}$，则应力在 $O\sigma_{\psi\varphi}$ 方向上产生的弹性应变 $\varepsilon_{\psi\varphi}$ 可用面间距变化表示，即

$$\varepsilon_{\psi\varphi} = \frac{\Delta d}{d_0} = \frac{d_{\psi\varphi} - d_0}{d_0} \tag{5-118}$$

当用 Cr、Co、Cu 靶为射线源，对金属材料进行 X 射线衍射测定时，X 射线穿透深度仅 $10\mu m$ 左右，测定的是表面应力即平面应力。因试样表面为自由表面，垂直于该表面的主应力 $\sigma_3 = 0$，而其余两个主应力 σ_1 和 σ_2 则与试样表面平行。将 $\sigma_{\psi\varphi}$ 方向的余弦式（5-114）代入式（5-115），则得

$$\sigma_{\psi\varphi} = (\sin\psi\cos\varphi)^2\sigma_1 + (\sin\psi\sin\varphi)^2\sigma_2 + (1 - \sin^2\psi)\sigma_3 \tag{5-119}$$

因 $\sigma_3 = 0$，由式（5-117）得

$$\varepsilon_3 = -\frac{\nu}{E}(\sigma_1 + \sigma_2) \tag{5-120}$$

当 $\psi = 90°$ 时，$\sigma_{\psi\varphi}$ 变成 σ_φ，由式（5-119）得

$$\sigma_\varphi = \sigma_1\cos^2\varphi + \sigma_2\sin^2\varphi \tag{5-121}$$

由式（5-114）和式（5-116）知

$$\varepsilon_{\psi\varphi} = (\sin\psi\cos\varphi)^2\varepsilon_1 + (\sin\psi\sin\varphi)^2\varepsilon_2 + (1 - \sin^2\psi)\varepsilon_3 \tag{5-122}$$

在 $\sigma_3 = 0$ 条件下，把式（5-117）代入式（5-122），经整理得

$$\varepsilon_{\psi\varphi} = \frac{1+\nu}{E}(\sigma_1\cos^2\varphi + \sigma_2\sin^2\varphi)\sin^2\psi - \frac{\nu}{E}(\sigma_1 + \sigma_2) \tag{5-123}$$

在残余应力的 X 射线衍射分析中，常使用符号 S_1 和 $S_2/2$ 来表示 X 射线弹性常数，它们的意义是

$$\begin{cases} S_1 = \dfrac{\nu}{E} \\[2mm] S_2/2 = \dfrac{1+\nu}{E} \end{cases} \tag{5-124}$$

由式（5-118）所给关系式及 S_1 和 $S_2/2$ 代表的意义，将式（5-123）改写成

$$\frac{d_{\psi\varphi} - d_0}{d_0} = \frac{1}{2}S_2(\sigma_1\cos^2\varphi + \sigma_2\sin^2\varphi)\sin^2\psi - S_1(\sigma_1 + \sigma_2) \tag{5-125}$$

由式（5-121）关系，则上式可写为

$$\frac{d_{\psi\varphi} - d_0}{d_0} = \frac{1}{2}S_2\sigma_\varphi\sin^2\psi - S_1(\sigma_1 + \sigma_2)$$

将上式等号两边各项对 $\sin2\psi$ 求导，并经整理得

$$\sigma_\varphi = \frac{2}{S_2d_0}\cdot\frac{\partial d_{\psi\varphi}}{\partial\sin^2\psi} = \frac{2}{S_2d_0}m^* \tag{5-126}$$

$$m^* = \frac{\partial d_{\psi\varphi}}{\partial\sin^2\psi}$$

式中，m^* 是 $d_{\psi\varphi}$ 相对于 $\sin^2\psi$ 回归直线的斜率。

式（5-126）为通常使用的 X 射线残余应力测定公式，式中 $S_2/2$ 和 d_0 是与材料相关的常数，可从有关资料或自己标定获得。$d_{\psi\varphi}$ 与 $\sin^2\psi$ 之间的线性关系，可通过测量试样表面 φ 方向，且与试样表面垂直平面内的两个或以上具有 ψ 角的、以 $O\sigma_{\psi\varphi}$ 为法线的（hkl）晶面的衍射角 $\theta_{\psi\varphi}$，然后借助布拉格方程 $2d_{\psi\varphi}\sin\theta_{\psi\varphi} = \lambda$，计算出各晶面间距 $d_{\psi\varphi}$。最后，求 $d_{\psi\varphi}$ 对 $\sin^2\psi$ 的回归直线斜率 m^*，就可计算得到试样表面 φ 方向的残余应力 σ_φ。

若将布拉格方程微分处理后与 X 射线弹性常数代入式（5-126），整理后可得

$$\sigma_\varphi \approx \frac{E}{2(1+\nu)}\frac{\pi}{180}\cot\theta_0\frac{\partial 2\theta_{\psi\varphi}}{\partial\sin^2\psi} = K_1M \tag{5-127}$$

其中

$$K_1 = -\frac{E}{2(1+\nu)}\frac{\pi}{180}\cot\theta_0$$

$$M = \frac{\partial 2\theta_{\psi\varphi}}{\partial \sin^2\psi} \quad (\theta_{\psi\varphi} \text{ 用度表示})$$

式中，θ_0 为待测材料在没有残余应力作用条件下（hkl）晶面的布拉格角；$\theta_{\psi\varphi}$ 为有应力时在试样表面法线与晶面法线之间为 ψ 角时（hkl）晶面的布拉格角；K_1 为应力常数；M 为 $2\theta_{\psi\varphi}$ 与 $\sin^2\psi$ 的关系直线的斜率。

式（5-127）中的应力常数 K_1 与被测材料、选用晶面、所用辐射线等有关，表 5-16 列出部分材料的 K_1 值。

表 5-16 部分材料的 K_1 和 K_2 值

被测材料	晶体结构	X 射线	衍射晶面	$2\theta/(°)$	K_1 /kg·(mm²·(°))⁻¹	K_2 /kg·(mm²·(°))⁻¹
铁素体和马氏体钢	bcc 体心立方	CrK_α	(211)	156.4	−32.44	49.27
		CoK_α	(310)	161.35	−23.51	37.10
奥氏体钢	fcc 面心立方	CrK_β	(311)	149.6	−36.26	52.99
铝及铝合金	fcc 面心立方	CrK_α	(222)	156.7	−9.40	14.31
		CoK_α	(420)	162.1	−7.18	11.41
		CoK_α	(331)	148.7	−12.78	18.60
		CuK_α	(333)	164.0	−6.41	10.36
铜	fcc 面心立方	CrK_β	(311)	146.5	−25.00	36.08
		CoK_α	(400)	163.5	−12.04	19.38
		CuK_α	(420)	144.7	−26.42	37.91

我国和日本等一些国家的学者常用式（5-127）代替式（5-126）来计算应力测量结果。

如果试样表面在 X 射线有效穿透深度范围内处于平面应力状态，要确定其全部应力分量，可采用下面的方法：

（1）若可判断两个主应力方向，则可对这两个方向进行测量，分别确定两个主应力值；

（2）若无法判断两个主应力方向，则可选择三个方向测量，根据测量结果计算两个主应力的值和方向。选择这三个方向的原则是，三个方向中有两个方向相互垂直，而第三个方向在它们的角平分线上。

应该指出：（1）对于磨损或磨削表面，特别是复合材料在基体与增强相间物理性质相差较大时，X 射线有效穿透表层可能存在三维残余应力，这种情况不能简单应用上述方法；（2）在 X 射线应力测量中，参加衍射的只是材料中的某一物相的特定 $\{hkl\}$ 晶面族，X 射线弹力常数 $S_2/2$ 和 X 射线应力常数 K_1 计算式中的杨氏模量 E 和泊松比 ν，应是反映该晶面族的应力-应变关系的物理参量，与机械法测量块状多晶材料的 E 和 ν 数值会相差较大。

C　X 射线应力仪法

用波长为 λ 的 X 射线，先后数次以不同的入射角 ψ_0 照射试样，测出相应的 2θ（即前

小节所述的 $2\theta_{\psi\varphi}$）角，求出 2θ 对 $\sin^2\psi$ 的斜率，便可算出应力 σ_φ。

应力测定的方法有照相法、衍射仪法和应力仪法。以入射光束的入射角特征又可划分为：$2\theta\text{-}\sin^2\psi$ 法、$0°\text{-}45°$ 法、固定 ψ 法和倾斜法等。

a　X 射线应力仪

（1）X 射线应力仪结构。常用的 X 射线应力仪结构如图 5-96 所示，其核心部分为测角仪。

通过调节 ψ_0 使 X 射线管转动，以改变入射线的方向。从 X 射线管 1 发出 X 射线，经入射光阑 2 照射到在样品台 3 上的试样 4 上，衍射线经接收光阑 5 进入记数管 6。记数管在测角仪圆上的扫描速度可以选择，扫描范围 110°~170°。除连续扫描，也可步进阶梯扫描，其步距为 0.1°、0.2°、0.5° 和 1°。整台仪器用计算机控制，并可以自动打印出峰位、积分宽、半高宽、斜率、应力等数据。

（2）X 射线应力仪的衍射几何。ψ_0 为试样表面法线与入射线的夹角，而 ψ 为试样表面法线与晶面法线之间的夹角，它们与 η 的关系如图 5-97 所示。

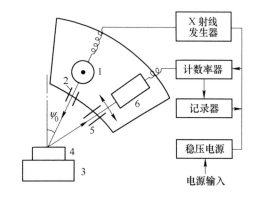

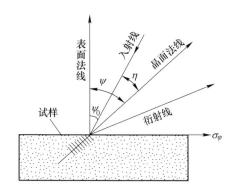

图 5-96　X 射线应力仪方框图　　　　　　图 5-97　X 射线应力仪衍射几何

由图可看出

$$\psi = \psi_0 + \eta, \qquad \eta = 90° - \theta$$

b　$2\theta\text{-}\sin^2\psi$ 法

根据 σ_φ 与斜率 M 成正比，测出斜率即可由式（5-127）求出应力。测量中以不同 ψ_0 入射（常选 ψ_0 角为 0°、15°、30°、45°），测出相应的与 ψ_0 共面的 2θ，用测定的 2θ 与相应的 $\sin^2\psi$ 作图，用最小二乘法处理数据得到直线斜率 M 后，乘以已知常数 K_1，便可求出指定方向的 σ_φ。这里 ψ_0 角所在平面与试样表面的交线，就是所测应力的方向。

c　$0°\text{-}45°$ 法

图 5-98 为 $0°\text{-}45°$ 法的衍射几何图。

$0°\text{-}45°$ 法是把 $2\theta\text{-}\sin^2\psi$ 法进行简化处理的方法，ψ_0 只取 0° 和 45°。因此有

$$\begin{aligned}
\sigma_\varphi &= K_1 \frac{2\theta_{45} - 2\theta_0}{\sin^2(45° + \eta) - \sin^2(0° + \eta)} \\
&= -\frac{K_1}{\sin^2(45° + \eta) - \sin^2\eta}(2\theta_0 - 2\theta_{45}) \\
&= K_2 \Delta 2\theta
\end{aligned}$$

$$\tag{5-128}$$

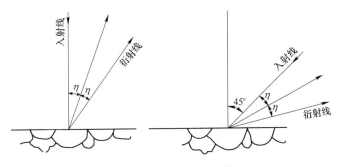

图 5-98　0°-45°法的衍射几何

其中

$$K_2 = -\frac{K_1}{\sin^2(45° + \eta) - \sin^2\eta},\ \text{为正值;}\ \Delta 2\theta = 2\theta_0 - 2\theta_{45}$$

d　固定 ψ 法

固定 ψ 法是将 ψ 固定为某两个或四个角度后，测定每个 ψ 对应的 2θ 角，因此称之为固定 ψ 法。固定 ψ 法也是对 2θ-$\sin^2\psi$ 法进行简化处理的方法，令 $\psi = 0°$ 时，$\psi_0 = -\eta$；令 $\psi = 45°$ 时，$\psi_0 = 45° - \eta$，则由式（5-127）和式（5-128）可得

$$\sigma_\varphi = -\frac{K_1}{\sin^2 45° - \sin^2 0°}\Delta 2\theta = -2K_1 \cdot \Delta 2\theta = K_2' \cdot \Delta 2\theta \tag{5-129}$$

式中，$K_2' = -2K_1$。

图 5-99 为固定 ψ 法的衍射几何的示意图。固定 ψ 法适用于 θ 角不太小的情况。因为当 θ 角小时，$\eta = 90° - \theta$ 大，用固定 ψ_0 法 $\psi_0 = 45°$ 入射，则衍射线穿入试样内部而无法测量，结果如图 5-100 所示。

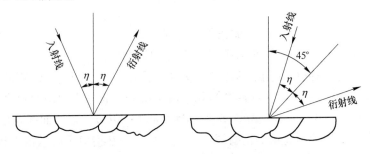

图 5-99　固定 ψ 法的衍射几何

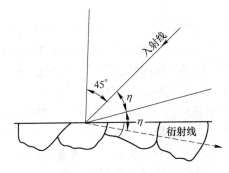

图 5-100　衍射线穿入试样内部

D　X射线衍射仪法

测定小试样的残余应力可用X射线衍射仪法。

a　X射线衍射仪测量残余应力的原理

当衍射仪处在正常工作状态时，试样表面法线 n 和衍射面法线 N 平行。由图5-101（a）知，此时 $\psi=0°$。为了测出不同 ψ 值时同一 $\{hkl\}$ 晶面族的 2θ 值，在X射线管和计数器的位置不变的情况下，让试样表面法线转动 ψ 角，如图5-101（b）所示，此时位于测角仪上的计数管已不在聚焦圆上。只有将计数管沿衍射线位移距离 D，才能探测到聚焦的衍射线。因此有

$$R' = R - D = R \frac{\cos[\psi + (90° - \theta)]}{\cos[\psi - (90° - \theta)]} \tag{5-130}$$

式中，R' 为计数管移动后离试样表面的距离。

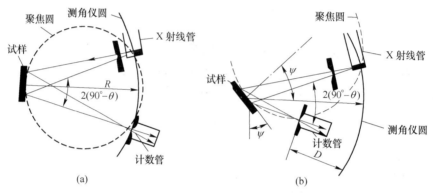

图5-101　$\psi=0°$ 和 $\psi \neq 0°$ 时衍射仪的聚焦条件

（a）$\psi=0°$；（b）$\psi \neq 0°$

b　X射线衍射仪测定应力时实验条件的选择

衍射仪测定应力时实验条件的选择有下面几点应该注意。

（1）选用尽可能高的衍射角。应力测定只要求测出一个晶面的面间距的变化量，因此在衍射仪上系统通过测定两个（或四个）衍射峰的准确位置来得出衍射角之差值。从微分布拉格方程得知，$\Delta d/d = -\cot\theta \cdot \Delta\theta$，或者 $\Delta\theta = -\tan\theta \cdot \Delta d/d$。若晶面间距的变化量一定，要使 $\Delta\theta$ 值增大，必须选用高角的衍射线条进行测量。即在衍射角测量误差相同的条件下，选择高的衍射角，可降低测量误差。但在高角衍射线的相对强度较低的情况下，选用较低角的衍射线测量较为有利。

（2）放宽实验参数范围。残余应力测量只需要测量衍射峰的位置之差，在选取参数时其范围可以适当放宽。有宏观残余应力的材料，一般都伴随有微观应力及晶粒细化等效应，导致衍射峰的漫散变宽，妨碍峰位的精确测量。为获得强度较高且平滑的衍射峰，采用较大的实验参数。除X射线管采用较高的管压、管流外，狭缝、时间常数等参数选择均可适当放宽。狭缝的增大会使角分辨率降低，但高角漫散峰对此并不敏感。时间常数增大，可提高扫描速度，虽然影响衍射峰的准确位置，但对峰位之差的影响却很小。

（3）吸收因子和角因子的校正。在衍射线条非常宽的情况下，需用吸收因子和角因子对衍射峰形进行修正。在衍射仪中，当入射线和反射线与平板试样的表面法线呈对称分布

时，平板试样的吸收因子与 θ 角无关。然而，当入射光束倾斜入射时，入射线与反射线在试样中所经历的路程不同，吸收因子不仅与 θ 有关，还与 ψ 角有关，会造成峰形不对称。吸收因子修正为

$$R(\theta) = 1 - \tan\psi \cdot \cot\theta \qquad (5\text{-}131)$$

在一定的倾斜 ψ 下，$R(\theta)$ 是一个单值增加函数，其增加值较角因子小。只有在衍射线的半高宽在 $6°$ 以上且应力比较大时，才有必要修正。

角因子 $\varphi(\theta) = \dfrac{1 + \cos^2 2\theta}{\sin^2\theta\cos\theta}$ 在布拉格角 θ 接近 $90°$ 时明显增大，因此对衍射峰不对称性的影响加剧。当衍射线的半高宽在 $3.5° \sim 4.0°$ 以上时，就有必要进行角因子修正。校正强度等于实测强度除以该点处的 $\varphi(\theta)R(\theta)$。

（4）定峰位方法。在残余应力测量中，因为应力测定中选用的是高角度衍射线，往往衍射峰漫散且不对称，所以很难用常规的定峰位方法定峰。这里最常用的定峰位方法是半高宽法和三点抛物线法。对漫散的衍射峰多用半高宽法定峰，对较锋锐的衍射峰多用三点抛物线法定峰。

（5）试样表面的清理。特征 X 射线穿透金属等表面的有效深度，一般在十几微米左右，所以试样表面状态对测量结果有重要影响。在测量前，首先应去掉表面的污染物、锈斑、氧化层、涂层等，有时还要用化学或电化学抛光以去除残留的机械加工表面层的附加应力。但如果测量的是表面处理后引起的表面残余应力，则不能破坏原有的表面。对粗糙的表面层，因凸出部分影响应力的准确测量，故对表面粗糙的试样，应用砂纸磨平，电解抛光去除加工附加应力层后再测定。

E　纳米复合陶瓷 $Al_2O_3\text{-}TiC\text{-}ZrO_2$ 中残余应力的测量与计算实例

纳米复合陶瓷 $Al_2O_3\text{-}TiC\text{-}ZrO_2$ 材料由于相间应力作用出现了位错和微裂纹，如图 5-102 所示。

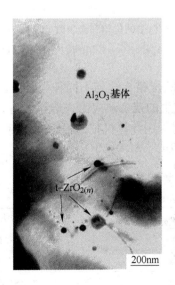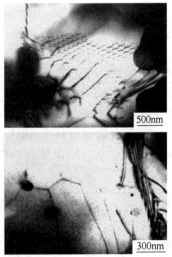

(a)

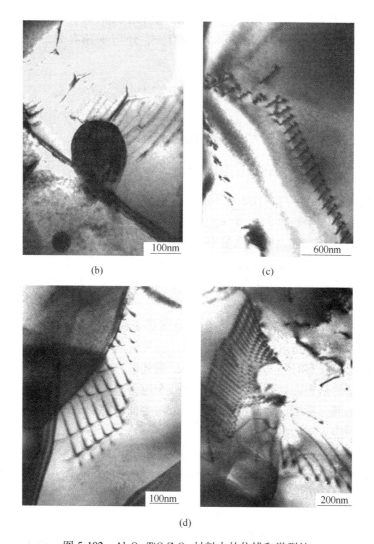

图 5-102 Al_2O_3-TiC-ZrO_2 材料中的位错和微裂纹

(a) 纳米 ZrO_2 与基体位错；(b) 纳米 ZrO_2 引发的微裂纹；(c) 位错割阶；(d) 晶界位错塞积群

Al_2O_3-TiC-ZrO_2 纳米复合陶瓷中存在大量的位错，这与不同种类晶粒间的热性能失配有关。为考察不同种类颗粒间因热性能失配产生的残余热应力，选择了适宜的实验条件制备试样，并对试样进行 X 射线衍射分析，同时采用计算机精修程序处理衍射分析数据，计算 Al_2O_3-TiC-ZrO_2 纳米复合陶瓷材料中 Al_2O_3-TiC、Al_2O_3-ZrO_2 和 TiC-ZrO_2 三种颗粒间由于热性能失配导致的残余热应力，结果见表 5-17。

表 5-17   残余应力测量与计算的结果

作用颗粒	轴向张应力 σ_{mr} /MPa	径向压应力 $\sigma_{m\theta}$ /MPa
Al_2O_3-TiC	48.4	−24.2
Al_2O_3-ZrO_2	500.4	−250.2
TiC-ZrO_2	498.3	−249.1

上述 X 射线衍射测量残余应力的结果与依据 Al_2O_3、ZrO_2 和 TiC 的物理参数计算的结果吻合较好。

5.3.5.6 晶粒尺寸和微观应力的测定

位错、层错、微观应力、晶粒细化和晶粒内浓度变化均会引起衍射谱线产生宽化。由衍射谱分析获得描述线形的参量——半高宽、积分宽等，便可通过分析衍射线形的变化，测定材料中的有关位错、层错、微观应力、晶粒大小等物理量。依据衍射线宽度来测定试样的平均晶粒尺寸及微观应力应变是 X 射线粉末衍射的重要应用。

A X 射线衍射线的宽化

粉末多晶衍射仪的衍射谱是由一组具有一定宽度的衍射峰组成，每个衍射峰下面都包含了一定的面积。衍射峰的形状可用一个钟罩形函数来拟合。钟罩形函数有多种表示方法，如高斯函数 e^{-ax^2}、柯西函数 $(1+ax^2)^{-1}$、柯西平方函数 $(1+ax^2)^{-2}$ 及其它们组合的函数（如高斯函数与柯西函数组合的 Voigt 函数）等。

多晶材料衍射线宽度由两部分组成：一是几何宽度（称几何宽化，或者仪器宽化），它与光源、光阑、仪器等实验条件有关。二是物理宽度，它与试样的晶粒大小和微观应力应变、层错微结构有关。由于晶粒细化及微观应力而使谱线增宽，故称物理宽化。实验测得试样的衍射峰形或线宽是众多因素卷积的结果，只有从实测谱线中分离出与晶粒大小及应力应变有关的谱线宽度，才能依据公式计算出晶粒大小和应力应变。这一分解的过程就是反卷积的过程。经众多科学工作者多年研究，提出了许多反卷积的数据处理方法，如图解法、近似函数法、傅里叶分析法、方差法及全谱拟合法等。

若一个试样在某个衍射角下的实测衍射峰线形函数为 $h(x)$，仪器因素引起的衍射峰线形函数为 $g(x)$，物理因素引起衍射峰线形函数为 $f(x)$，三者之间存在着"卷积"关系，即

$$h(x) = \int g(\tau) f(x - \tau) \mathrm{d}\tau$$

B 物理宽化

X 射线衍射线的物理宽度是由晶粒细化及微观应力应变引起。

a 晶粒细化引起的宽化

（1）晶粒尺寸与衍射线宽化关系。单色入射线束照射到试样的晶粒很细，且无微观应力存在晶体内，这使衍射峰形比常规的要宽，谱线具有一定的宽度。此时产生的衍射线宽化现象完全是由晶体的晶粒比常规样品小引起的。谢乐（Scherrer）在分析了晶粒尺寸与衍射线宽化的关系后，得到

$$\beta_S = \frac{K\lambda}{D\cos\theta} \quad 或 \quad D = \frac{K\lambda}{\beta_S\cos\theta} \tag{5-132}$$

式中，β_S 为衍射峰的半高宽，rad；D 为晶粒尺寸，nm，即晶粒在反射晶面法线方向上的尺度；K 为常数，近似为 1（0.89～0.94）；λ 为所用 X 射线的波长；θ 为某个晶面的布拉格角。

晶粒大小在纳米尺度范围内（一般不大于 100nm），可通过 X 射线衍射线宽度测定晶粒尺寸（平均）。

（2）利用谢乐公式计算晶粒尺寸实例。用化学镀制备了纳米镍包覆粘胶复合纤维，在

氮气气氛下热解脱芯后获得纳米镍颗粒空心纤维。经 XRD 分析和 SEM 形貌观察，结果见图 5-103。根据谢乐（Scherrer）公式计算，此时构成空心镍纤维的镍晶粒的平均粒径为 40nm。

图 5-103　纳米镍颗粒空心纤维形貌及 X 射线衍射分析

（a）纳米镍颗粒空心纤维形貌；（b）X 射线衍射分析

b　微观应力引起的宽化

由于外力作用（塑性变形或相变等），晶体某些显微区域内会存在不均匀的微观应力，导致不同区域的微应变（晶格畸变），即同一（hkl）晶面在试样不同区域具有不同的晶面间距 d 值，或被拉长，或被压缩，晶面间距在 $d_0 \pm \Delta d$ 范围内变化。如果试样为较大晶粒（大于 100nm）构成，则由微晶细化引起的衍射线宽化可以忽略。此时衍射线宽化完全是由微观应力引起。因此，由微观应力引起试样中同一指数晶面衍射线的角位置有所偏离，成为由各个小衍射峰合成一个在 $2\theta_0 \pm \Delta 2\theta$ 范围内有强度、展宽的衍射峰，也就是实验测得某个晶面的衍射峰为一系列略有差别的衍射角的峰形叠加。由于晶面间距的相对变化量 $\varepsilon = \Delta d / d$ 服从统计规律，没有方向性，故衍射峰的位置基本不变。

当完全由微观应变引起谱线的宽化时，以 β_D 代表微观应力引起的衍射线的半高宽，以 2θ 为标度的计算公式为

$$\varepsilon = \frac{\beta_D}{4\tan\theta} \tag{5-133}$$

式中，ε 表示微观应变 $\Delta d / d$，它是应变量与面间距的比值，表明垂直于衍射方向上的晶面间距 d 的相对变化量，用百分数表示；θ 是面间距为 d 时晶面衍射峰的布拉格角。

如果通过实验同时测量多个衍射面的谱线，同样可以计算出不同方向上的应变量大小。

c　试样中同时存在晶粒细化和微观应变

若试样中同时存在晶粒细化和微观应变两种因素，则试样某一晶面的衍射线宽度 β 值由两部分组成，即微晶尺寸引起的谱线宽 β_S 和微观应变引起的谱线宽 β_D，且它们之间也存在卷积关系。即

$$\beta^n = \beta_S^n + \beta_D^n \tag{5-134}$$

式中，n 为反卷积参数，定义 n 值为 1~2。

将式（5-132）和式（5-133）代入上式，经整理得

$$\left(\frac{\beta\cos\theta}{\lambda}\right)^n = \left(\frac{1}{D}\right)^n + \left(4\varepsilon\frac{\sin\theta}{\lambda}\right)^n \tag{5-135}$$

由于需要知道 β_S 和 β_D 两个未知量，才能求出 D 和 ε，因此需要测量两条或两条以上的谱线。研究者根据不同情况，给出了一些具体求法。限于篇幅这里仅介绍三种方法。

（1）高斯分布法。在晶粒形状为球形、各个方向的微晶尺寸相同、各个方向的微观应变均匀的条件下，假定由微晶尺寸细化和微观应变引起衍射线宽化的函数都遵循高斯函数 e^{-ax^2} 关系（即衍射峰形更接近高斯函数），式（5-135）中 $n=2$，则可得

$$\left(\frac{\beta\cos\theta}{\lambda}\right)^2 = \frac{1}{D^2} + 16\varepsilon^2\left(\frac{\sin\theta}{\lambda}\right)^2 \tag{5-136}$$

测量两个以上衍射峰的半高宽 β，以平方数作图，得到直线的斜率为 $16\varepsilon^2$，截距为 $1/D^2$。因此，求出直线斜率和截距，就可计算出 D 和 ε。

（2）柯西分布法。此法因由霍尔（Hall）提出，所以也称为霍尔法。该法是在晶粒形状为球形、各个方向的微晶尺寸相同、各个方向的微观应变是均匀的条件下，假定由微晶尺寸细化和微观应变引起衍射线宽化的函数都遵循柯西函数 $(1+ax^2)^{-1}$ 关系，则式（5-135）中 $n=1$。此时测量两个以上衍射峰的半高宽 β，数据点之间存在线性关系，即

$$\frac{\beta\cos\theta}{\lambda} = \frac{1}{D} + 4\varepsilon\frac{\sin\theta}{\lambda} \tag{5-137}$$

以 $\sin\theta/\lambda$ 为横坐标，$\beta\cos\theta/\lambda$ 为纵坐标作图，用最小二乘法作直线拟合，求出直线斜率为 4ε，直线在纵坐标的截距即为 $1/D$。

（3）雷萨克法。若微晶尺寸细化引起衍射线宽化的函数和微观应变引起衍射线宽化的函数不同，此时不能采用上述的两种方法获得 D 和 ε，应采用两种不同的函数分别描述晶粒尺寸效应和微观应变引起的衍射线宽化。

设 $M(x)$ 和 $N(x)$ 分别为描述微晶尺寸细化效应的函数和微观应变引起衍射线宽化的函数

$$M(x) = (1 + a_1x^2)^{-1}$$

$$N(x) = (1 + a_2x^2)^{-2}$$

此时，谱线总宽化 β 可表示为

$$\beta = \frac{(m+2n)^2}{m+4n} \tag{5-138}$$

式中，m、n 分别为微晶尺寸和微观应变引起的峰形展宽，它们可由试样的两条衍射线的总宽化 β_1、β_2 求出。

求解 m、n 必须使用在同一测试条件下，对同一试样测量高角和低角两条衍射线，例如，（111）和（222）。为减少分析误差，在兼顾谱线衍射强度可测条件下，两条谱线之间的衍射角距离越大越好。测量两条衍射线的总宽化 β_1、β_2 后，由式（5-138）可得下面的方程组

$$\beta_1 = \frac{(m_1+2n_1)^2}{m_1+4n_1}$$

$$\beta_2 = \frac{(m_2 + 2n_2)^2}{m_2 + 4n_2}$$

式中，β_1、β_2 分别为实测两条衍射线的宽度；m_1、m_2 分别为晶粒尺寸引起的两条衍射线宽化的部分；n_1、n_2 分别为微观应变引起的衍射线宽化的部分。

由式（5-132）和式（5-133）可知

$$\frac{m_1}{m_2} = \frac{\cos\theta_1}{\cos\theta_2}$$

$$\frac{n_1}{n_2} = \frac{\tan\theta_1}{\tan\theta_2}$$

利用这组关系，可使方程组的变量减少两个。解方程组可得到 m_1、m_2 和 n_1、n_2 的唯一解。

由式（5-132）和式（5-133）可以看出，微晶细化在低衍射角引起衍射线宽化大于在高角度的，而微观应变与之相反，在高衍射角引起的衍射线宽化更明显些。因此只需求出 m_1 和 n_2，并将得到的数值代入式（5-132）和式（5-133），即

$$D = \frac{K\lambda}{m_1\cos\theta}$$

$$\varepsilon = \frac{n_2}{4\tan\theta}$$

就可求出试样的微晶尺寸和微观应变。只要试样晶粒是球形，各个方向的晶粒尺寸相同，并假定各个方向的微观应变是均匀的，此时选取测定谱线中任意两条衍射线就可求得试样的微晶尺寸和微观应变。

分析衍射线形、线宽，除了可测定微晶晶粒大小、微观应力应变外，也可用来分析试样的一些微结构参数，如堆垛层错、反相畴、显微双晶层错等。

此外，由试样的 X 射线衍射数据获得微晶尺寸和微观应变，还有近似函数法、傅氏分析法、方差分析法、Rietveld 全谱拟合法等。在通用的 X 射线衍射数据处理软件中，就有拟合衍射线形的各种函数和近似函数法处理 X 射线衍射数据的程序供选用。注意：衍射线的总宽度中包括了仪器宽度，计算物理宽度时，要扣除仪器宽度。

B   仪器引起的宽化

a   仪器宽度

由于 X 射线源有一定的几何尺寸、入射线发散及平板试样聚焦不良，以及采用接收狭缝大小和衍射仪精度等仪器因素，而产生的衍射线宽度称为仪器宽度，可用没有物理宽度的标准试样的谱线宽度来确定。所谓标准样品，是一种结构稳定、无晶粒细化、无宏观和微观应力、无畸变的完全退火态样品。一般采用 NITS-LaB$_6$、Silicon-640 作为标准样品。仪器宽度和物理宽度两者共同构成待测试样的衍射线形宽度，简称综合宽度（综合宽化）。因此，从综合宽度中扣除仪器宽度即得到物理宽度。文献中，在实测衍射峰形拟合函数 $h(x)$ 中，仪器因素引起的衍射峰线形函数用 $g(x)$ 表示。

b   测量仪器半高宽度的方法

获得仪器在不同衍射角下的半高宽（仪器宽度），是进行样品测量前要做的工作。下面简单介绍制作仪器半高宽曲线的方法。

首先在步长为 $0.2°$，计数时间为 1s 条件下，测量标准样品的衍射谱线。然后，寻峰、检索物相、做全谱拟合。在整个扫描范围内，逐个峰拟合全部强峰，获得各衍射峰的半高宽。依此绘制半高宽曲线（FWHM-2θ 曲线），应舍弃离开曲线较远的数据点，从曲线可以看到不同衍射角的仪器宽度。

注意：改变了仪器的狭缝大小，或仪器做过大的改动，则必须重新测量制作仪器半高宽曲线；在测量计算试样的微晶尺寸与微观应变时，要在与仪器半高宽曲线测量完全相同的实验条件（绝对不能改变狭缝大小）下，测量试样两个以上的衍射峰。

C　X射线衍射线形的近似函数分析方法

a　近似函数分析方法的基本思路

对一个具有一定结构不完整性的晶体试样进行测量，获得含有物理因素和几何因素共存的衍射线形 $h(x)$，并用标准样品得到几何线形 $g(x)$，而物理线形 $f(x)$ 与几何线形 $g(x)$ 的加宽叠加合成的 $h(x)$，用数学卷积表示

$$h(x) = f(x) * g(x) = \int g(\tau) f(x - \tau) \mathrm{d}\tau \tag{5-139}$$

以式（5-139）为基础，可用各种近似函数法、傅氏分析法、方差法等不同方法把 $f(x)$ 解出来。其中的近似函数法是把 $h(x)$、$g(x)$ 和 $f(x)$ 用某种具体的带有待定常数的函数代替，通过 $h(x)$ 和 $g(x)$ 与已经获得实验谱线拟合来确定待定常数的具体数值大小，将它们代入式（5-139），由此来近似地解出 $f(x)$ 值。

由于 $g(x)$ 和 $f(x)$ 的近似函数类型的选择都有三种可能，它们之间的组合就可能出现 9 种情况，表 5-18 列出前 5 种组合及利用 $B = \dfrac{\beta b}{\displaystyle\int_{-\infty}^{+\infty} g(x) f(x) \mathrm{d}x}$ 得到 β、B_0 和 b_0 之间的关系式。表中，B_0 表示实测衍射峰剥离 K_{α_1} 后的积分宽度（单位为 rad）；β 表示由物理宽化作用（微晶尺寸和微观应变）引起的衍射线加宽的积分宽度（单位为 rad）；b_0 表示标准样品剥离 K_{α_1} 后衍射线形的积分宽度（单位为 rad，即仪器宽度、无晶粒细化和微观应力应变时试样衍射峰的宽度）。

表 5-18　5 种 $g(x)$、$f(x)$ 函数组合对应的 β、B_0 和 b_0 的关系[①]

序号	$f(x)$	$g(x)$	β、B_0 和 b_0 之间的关系
1	$e^{-a_1 \cdot x^2}$	$e^{-a_2 \cdot x^2}$	$\dfrac{\beta}{B_0} = \sqrt{1 - \left(\dfrac{b_0}{B_0}\right)^2}$，$\beta^2 = B_0^2 - b_0^2$
2	$\dfrac{1}{1 + \beta x^2}$	$\dfrac{1}{1 + \beta x^2}$	$\dfrac{\beta}{B_0} = 1 - \dfrac{b_0}{B_0}$，$\beta = B_0 - b_0$
3	$\dfrac{1}{(1 + \gamma x^2)^2}$	$\dfrac{1}{1 + \beta x^2}$	$\dfrac{\beta}{B_0} = \dfrac{1}{2}\left(1 - \dfrac{b_0}{B_0} + \sqrt{1 - \dfrac{b_0}{B_0}}\right)$
4	$\dfrac{1}{1 + \beta x^2}$	$\dfrac{1}{(1 + \gamma x^2)^2}$	$\dfrac{\beta}{B_0} = \dfrac{1}{2}\left(1 - 4\dfrac{b_0}{B_0} + \sqrt{8\dfrac{b_0}{B_0} + 1}\right)$
5	$\dfrac{1}{(1 + \gamma_1 x^2)^2}$	$\dfrac{1}{(1 + \gamma_2 x^2)^2}$	$B_0 = \dfrac{(b_0 + \beta)^3}{(b_0 - \beta)^2 + b_0 \beta}$

①此表来自国家标准 GB/T 23413—2009。

b 几种近似函数法简介

（1）高斯近似函数积分宽度法。若 $h(x)$、$g(x)$ 均为高斯函数，则 $f(x)$ 也一定是高斯函数。令它们各自的积分宽度分别为 B_g、b_g 和 β_g，则三者存在下面关系

$$B_g^2 = b_g^2 + \beta_g^2 \tag{5-140}$$

通过实验测量试样和标准样品，分别获得它们的衍射线形 $h(x)$、$g(x)$，经 K_{α_1} 和 K_{α_2} 双线分离后，计算出它们的积分宽度 B_g 和 b_g，以及半高宽 $2W(B_g)$ 和 $2W(b_g)$，然后由式 (5-140) 求出物理宽度 β_g。实验证明，当试样晶粒较大时，不存在晶粒细化宽化，仅有晶块内位错混乱分布时才造成应变宽化，这种情况可近似地用高斯函数描述衍射线形。

（2）柯西近似函数积分宽度法。若 $h(x)$、$g(x)$ 均为柯西函数，则 $f(x)$ 也一定是柯西函数。令它们各自的积分宽度分别为 B_c、b_c 和 β_c，则

$$B_c = b_c + \beta_c \tag{5-141}$$

通过实验测量试样和标准样品分别获得它们的衍射线形 $h(x)$、$g(x)$，经 K_{α_1} 和 K_{α_2} 双线分离后，计算出它们的积分宽度 B_c 和 b_c，以及半高宽 $2W(B_c)$ 和 $2W(b_c)$，由式 (5-141) 计算出物理宽度 β_c。当仅由晶粒细化所产生的以 2θ 为标度的积分宽度为 β_c 时，由谢乐公式计算晶粒大小 D_c

$$D_c = K\lambda / \beta_c \cos\theta \tag{5-142}$$

式中，λ 为入射 X 射线波长；K 是由晶体形状和晶面指数决定的常数，立方晶体的 (111) 晶面 $K = 1.55$，对球形晶体任何晶面 $K = 1.07$。实验证明，此法通常适用于仅发生晶粒细化所引起的衍射线宽化的情况。

（3）Voigt 近似函数积分宽度法。当晶粒细化引起衍射线宽化和微观应变引起衍射线宽化同时存在时，高斯近似函数法和柯西近似函数法都不适用，可用 Voigt 近似函数法。理论和实验结果两方面都表明，应变宽度通常可近似用高斯线形函数描述，而晶粒细化效应更接近柯西线形函数。

设某一柯西函数 $I_c(x)$ 及一高斯函数 $I_g(x)$，两者卷积后的函数就是一个 Voigt 函数 $I_v(x)$

$$I_v(x) = I_c(x) * I_g(x) = \int_{-\infty}^{+\infty} I_c(y) I_g(x - y) \mathrm{d}y$$

当它们的积分宽度分别为 β_c、β_g、β_v 时，则有如下满意的近似公式

$$\beta_c / \beta_v = 1 - (\beta_g / \beta_v)^2 \tag{5-143}$$

此法适用于 $0.63662 < 2W(\beta_v)/\beta_v < 0.93949$ 的大部分情况。这里 $2W(\beta_v)$ 和 β_v 是 $I_v(x)$（实测衍射线）的半高宽和积分宽度。

D X 射线衍射线全谱拟合法

在 X 射线衍射线 Rietveld 全谱拟合中，包括了与衍射线形和线宽有关的函数和参数，其中必然包含了与晶粒大小、微观应力应变计算微结构有关的信息。可用来求微观晶粒尺寸和微观应力应变等参数。应该说，全谱拟合的过程是一个假设和改变各种参数而计算出的衍射谱，能与测量的衍射谱有较好符合的过程。这个过程正好与反卷积的过程相反，是一个各种因素的合成过程。

能与 X 射线衍射线形符合较好的函数是 Voigt 函数（VF），或 Pseude-Voigt 函数

（PV）、Pearson Ⅶ 函数（$P7$），常用于衍射峰的拟合，计算峰宽。实际上，这三个函数都是由高斯函数（GF）与洛伦兹函数（LF）按一定方式组合而成的，如 PV 函数就是 GF 与 LF 按一定比例线性加和得到的。研究发现，GF 与 LF 两部分的线宽有着不同的表达式，其中各项与影响线宽的各种因素有着不同的关系，虽不同研究者在不同情况下使用了不同的函数形式模拟峰宽的高斯部分和洛伦兹部分，但经过较全面分析后，可以看出晶粒大小仅与 LF 有关，而微观应力应变是和 GF、LF 两部分都有关。

E 几点情况说明

（1）不管采用哪种方法对试样进行晶粒尺寸和微观应变计算，都需要对实验获得的衍射线进行处理，扣除背底、确定有效衍射范围、分离重叠峰、精确定位峰位和进行 K_{α_1} 和 K_{α_2} 双线分离。

（2）文献中还有其他多种处理物理线宽的方法，应注意各种方法的适用条件。

（3）近似函数法中柯西函数法、高斯函数法仅采用一个衍射面，即可得到此晶面由微晶尺寸效应（柯西法）和微观应变（高斯）引起的线形宽化。处理简单，但只能在微观应变和微晶尺寸效应中只存在一种效应时使用。

（4）Vogit 函数法采用一个晶面，可同时考虑微观应变和微晶尺寸效应，方法也比较简单。但此法对背底的截断误差敏感，因此在实际运用时，背底扣除的处理应特别仔细，注意相应的误差分析。研究表明 Vogit 函数法是傅氏（Warren-Averbach Fourier）分析法的一种简化。Vogit 函数法因比傅氏分析法的计算大为简化，计算量远小于傅氏的，因此被广泛采用。

（5）傅氏分析法在逻辑构思和数学推理方面严谨。所有近似函数法都是假设以某种函数代替衍射线形曲线，而傅氏分析法是直接将实验获得的衍射线形曲线展开成傅里叶级数，由傅里叶变换求出相应的傅里叶系数，从而得到由微晶尺寸和微观应变引起的衍射线形宽化。近似函数法只能得到纯线形 $f(x)$ 函数中的积分线宽，而不是纯线形 $f(x)$ 函数；而傅氏分析法则可直接求得纯线形 $f(x)$ 函数。傅氏分析法存在需要两个以上的同族晶面（即要求多个衍射峰）且计算量大等不足之处，应用受到一定限制。

（6）由谢乐法求得的晶粒尺寸是"重均"结果，方差法求得的晶粒尺寸是"数均"结果，前者的结果较后者的大。

5.3.6 X射线衍射分析的应用实例

5.3.6.1 X射线衍射分析在 MgAlON-BN 复合陶瓷材料中的应用

镁阿隆 MgAlON 具有半透光性能的固溶体，在高温下 MgAlON 的固溶范围大，热力学稳定性能好，但随温度的下降其稳定区逐渐缩小。MgAlON 与 BN 复合可作为高温结构陶瓷材料，在冶金和高技术领域具有广泛的应用前景。MgAlON-BN 复合陶瓷材料在不同温度范围内伴有不同的化学反应，使其组成和各相的含量发生变化，因此用标准内标 K 值法对不同 BN 含量的 MgAlON-BN 复合材料进行了 X 射线定量相分析。

A 相组成变化的实验测定

a K 值测定与修正

采用 K 值法并选择 h-BN 作为标准物质，Si 为内标物（参考物），配制质量比为 1：1

的复合试样，确定 K_i^S 的数值。在定量分析条件下，获得配制 1：1 的复合试样的 XRD 图谱，如图 5-104 所示。

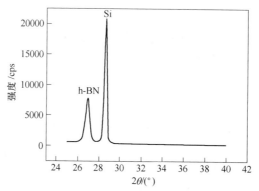

图 5-104   质量比为 1：1 的 h-BN 和 Si 粉复合试样的 XRD 图谱

由图 5-104 可以看出，标准物与内标物的最强衍射峰足够大，且互不影响，从而可以根据它们计算得到

$$K_i^S = \left(\frac{I_i}{I_S} \right)_{1:1} = 1.7127$$

为消除由于测试系统等原因造成的系统误差，需对 K_i^S 进行校正。为此配制了 4 个已知 h-BN 含量的样品，进行 XRD 定量分析，并计算 K_i^S 值，结果见图 5-105（a）。由图可以看出，计算值与实际配制试样 BN 含量值之间存在明显的系统误差。为消除系统误差，对 K_i^S 进行校正，校正后的 $K_i^S = 1.7877$，并用其进行计算，结果见图 5-105（b）。由图可以看出，用修正后的 K_i^S 值进行计算 BN 含量的结果与实际配制试样的含量相吻合。

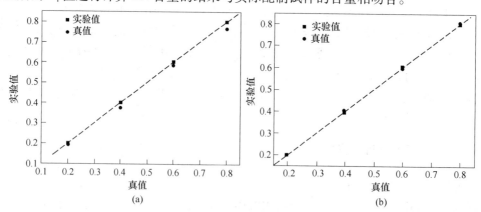

图 5-105   配制试样中 h-BN 含量值与校正前后的计算值比较
（a）校正前；（b）校正后

b   不同 h-BN 含量的 MgAlON 复合材料的定量分析

在 4 个不同 h-BN 含量的 MgAlON 复合材料试样中，分别掺入占试样总质量 25% 的 Si 粉，并对它们进行 XRD 分析，图 5-106 为其中的一个试样衍射图谱。由于分析的复合材料中 h-BN 的含量已知，Si 为内标物，校正后的 K_i^S 值已知，用 K 值法就可求出 MgAlON 的含量，计算结果列于表 5-19。

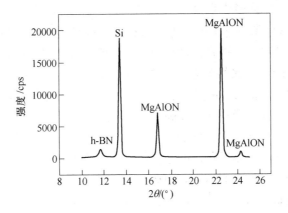

图 5-106   质量比 Si：(MgAlON+BN)＝1：3 的 XRD 图谱

表 5-19   不同 BN 含量的 MgAlON-BN 复合材料计算结果

w(MgAlON)/%	w(BN)/%	晶面	2θ/(°)	d/nm	积分面积
50	50	Si（111）	28.632	0.31152	310147
		h-BN（002）	26.920	0.33093	181085
93.37	6.63	Si（111）	28.429	0.31370	159261
		h-BN（002）	26.699	0.33363	19789
90.06	9.94	Si（111）	28.534	0.31257	138204
		h-BN（002）	26.787	0.33254	23327
86.22	13.78	Si（111）	28.645	0.31139	152269
		h-BN（002）	26.901	0.33116	33265
78.49	21.51	Si（111）	28.430	0.31369	174910
		h-BN（002）	26.706	0.33353	52766

MgAlON-BN 复合材料中 BN 定量分析结果及其变化规律，如图 5-107 和图 5-108 所示。由图可以看出，XRD 定量分析的结果与实际相组成吻合。

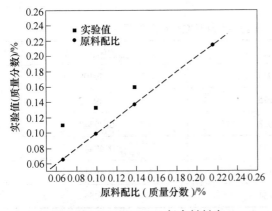

图 5-107   MgAlON-BN 复合材料中
BN 定量分析与计算值

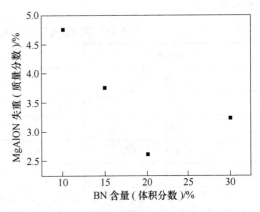

图 5-108   MgAlON-BN 复合材料中
BN 含量变化规律

B　MgAlON 陶瓷材料膨胀系数的实验测定

镁阿隆（MgAlON）陶瓷材料可作为窗口材料及高性能耐火材料，因此要求材料不仅在高温运行环境下保持稳定，而且构件材料间的热膨胀性能要匹配，以延长整个材料的使用寿命。此外，材料的热膨胀性能还与材料的抗热震能力、受热后的应力分布及大小有关。因此，对 MgAlON 陶瓷材料的热膨胀性能研究有重要实际意义。

采用热压合成单相镁阿隆粉末，在高温 X 射线衍射仪上首先进行定性分析，然后在流速为 $10cm^3/min$ 高纯氮的气氛中，分别于 298K、373K、473K、573K、673K 和 773K 各温度下，保温 15min 使其达到热平衡，再进行各温度下的 XRD 扫描测量。2θ 扫描范围 $10° \sim 90°$，扫描速度 $8°/min$，采样的步宽为 $0.02°$。各温度下测量结果一并示于图 5-109。

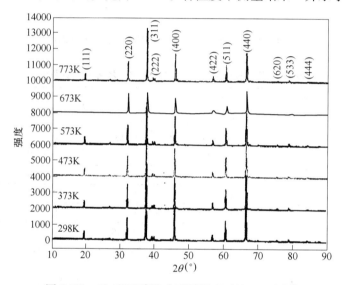

图 5-109　MgAlON 陶瓷在不同温度下的 XRD 图谱

对获得的 XRD 数据，先用粉末软件（PowderX）进行处理，剥离 K_{α_2} 衍射峰，确定各衍射峰位置，再用计算机程序（Teror90）对衍射峰进行指标化，计算晶胞参数，计算结果见表 5-20。

表 5-20　不同温度下 MgAlON 陶瓷的点阵常数与晶胞体积

温度/K	点阵常数/nm	晶胞体积/nm³
298	0.78944	0.49199
373	0.78975	0.49257
473	0.79023	0.49347
573	0.79073	0.49441
673	0.79114	0.49518
773	0.79134	0.49555

对表 5-20 的实验数据进行线性回归，得到点阵常数和晶胞体积随温度变化的规律（见图 5-110）及其数学表达式。

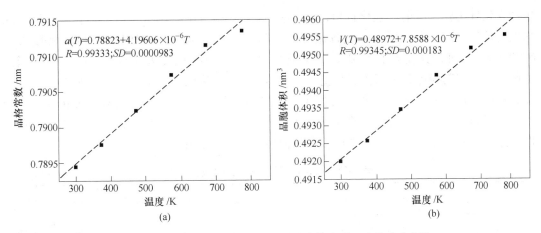

图 5-110　MgAlON 陶瓷晶格常数和晶胞体积随温度的变化规律

（a）晶格点阵常数随温度的变化；（b）晶胞体积随温度的变化

点阵常数和晶胞体积随温度变化的数学表达式为

$$a(T) = 0.78823 + 4.19606 \times 10^{-6} T, \quad \text{nm}$$
$$V(T) = 0.48972 + 7.8588 \times 10^{-6} T, \quad \text{nm}^3$$

根据线膨胀系数和体膨胀系数的定义（$\alpha_a(T) = \dfrac{\mathrm{d}a}{a\mathrm{d}T}$；$\alpha_V(T) = \dfrac{\mathrm{d}V}{V\mathrm{d}T}$）和实验数据可以求出膨胀系数随温度的变化规律，结果见表 5-21。

表 5-21　MgAlON 陶瓷的膨胀系数随温度的变化规律

温度/K	线膨胀系数 $\alpha_a \times 10^6/\mathrm{K}^{-1}$	体膨胀系数 $\alpha_V \times 10^6/\mathrm{K}^{-1}$
298	5.3152	15.9735
373	5.3131	15.9567
473	5.3099	15.9256
573	5.3066	15.8953
673	5.3038	15.8706
773	5.3025	15.8587

由表 5-21 可以看出，MgAlON 陶瓷的线膨胀系数和体膨胀系数均随温度的升高而减少，且属线性变化规律，没有出现突变，即在所测试的温度范围内 MgAlON 陶瓷的膨胀系数随温度的变化规律表明，材料在所测试温度范围内没有发生相变。

5.3.6.2　X射线衍射分析在强化日用瓷中的应用

随着科学技术的发展和人们生活水平的提高，越来越多的日用陶瓷在机械和自动洗涤机以及高温消毒设备等工作环境下使用。这就要求日用陶瓷具有高的机械强度、高的釉面硬度和高的热稳定性。

1972 年日本诺里蒂克陶瓷公司生产出第一批强化日用瓷，到 1989 年已有 50 多家公司生产强化日用瓷。所谓"强化日用瓷"，是在陶瓷三组分的基础上，添加强化相，以增加强度、延长使用寿命。要求强化日用瓷的抗折强度提高到130~150MPa，釉面硬度大于6500MPa，抗冲击强度大于3.0J/m²，热稳定性好，由-40℃快速升温至300℃一次不裂。目前强化日用陶瓷可分为高铝强化瓷（含40%~45%质量比刚玉相，其中外加20%以上）、高石英强化瓷（添加α-方石英，含量40%~42%质量比α-方石英）、磷灰石强化瓷、硅酸锆强化瓷和强化骨灰瓷（添加氧化锆）等。以刚玉强化日用瓷和α-方石英强化日用瓷为例，进行分析烧成工艺条件的选择。这两种陶瓷胎的化学成分见表5-22。

表5-22　强化日用瓷胎的化学组成 $w(i)$　　　　　　　　　（%）

陶瓷胎	SiO_2	Al_2O_3	Fe_2O_3	CaO	MgO	K_2O	Na_2O	TiO_2
刚玉强化瓷	55.17	40.62	0.48	0.16	0.42	2.69	1.02	0.25
α-方石英强化瓷	75.81	20.81	0.34	0.45	1.18	0.94	0.24	0.22

A　刚玉强化日用瓷

利用伪三元系计算瓷胎的化学组成，可以看出它们的成分代表点均落在 $K_2O \cdot Al_2O_3 \cdot 6SiO_2$-$SiO_2$-$Al_2O_3$ 的三角形内，见图5-111。

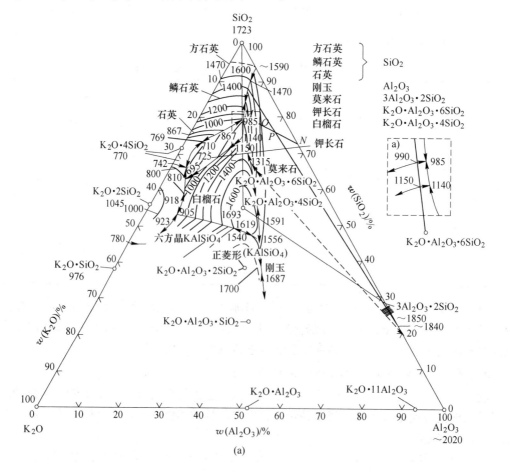

(a)

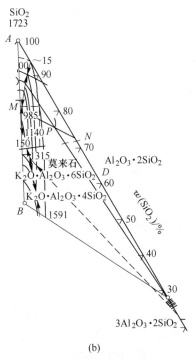

(b)

图 5-111　K_2O-Al_2O_3-SiO_2 三元相图

（a）全图；（b）局部

由刚玉强化日用瓷的成分代表点可以看出，在结晶过程中只能析出莫来石和石英（见图 5-111），而刚玉相的存在只能是外加刚玉经过反应后的残留相。

为确定刚玉强化日用瓷的烧成工艺条件，利用 XRD 粉末衍射技术对刚玉强化日用瓷中刚玉的相对含量随保温时间的变化进行分析，并计算刚玉强化日用瓷中刚玉的相对含量。

已知多相粉末衍射中 α 相的衍射强度可表示为

$$I_\alpha = BK_\alpha \frac{\varphi_\alpha}{2\mu}$$

式中，K_α 表示针对物相 α 的 K；μ 为混合物对 X 射线的线吸收系数；φ_α 为 α 相在粉末中的体积分数；B 为只与仪器有关的常数。

因为

$$\varphi_\alpha = \frac{w_\alpha \rho}{\rho_\alpha}$$

式中，ρ 为单位体积混合物的质量（混合物的密度）；ρ_α 为单位体积中 α 相的质量（α 相的密度）；w_α 为 α 相在混合物中的含量（质量分数）。

所以

$$I_\alpha = BK_\alpha \frac{w_\alpha \rho}{2\rho_\alpha \mu}$$

因此，如果混合物中含 α 和 β 两个相，其含量比应满足下式

$$\frac{W_\alpha}{W_\beta} = K_\beta^\alpha \frac{\rho_\beta}{\rho_\alpha} \frac{I_\alpha}{I_\beta}$$

在本测试实验中 $K_\beta^\alpha \dfrac{\rho_\beta}{\rho_\alpha}$ 具有常数意义，其值不变。因此根据刚玉强化日用瓷中刚玉相和莫来石相的最强特征谱线强度之比，可以计算出它们的含量比。

实验结果发现，随着保温时间的延长，刚玉相的含量下降，其经验表达式为

$$\ln(1.38 - m) = -0.408t - 0.336$$

式中，$m = \dfrac{I_{A_3S_2}}{I_{\alpha\text{-}Al_2O_3}}$，为莫来石与刚玉衍射强度之比。保温 1h，$m = 0.91$；保温 2h，$m = 1.04$，保温 6h，$m = 1.30$。

由此可见，外加刚玉的量以及在烧成温度下的保温时间是决定刚玉强化日用瓷性能的关键因素。

B   α-方石英强化日用瓷

为研究确定 α-方石英强化日用瓷制备工艺条件，先从分析 K_2O-Al_2O_3-SiO_2 三元相图入手，α-方石英强化日用瓷的成分代表点 P 落在莫来石的初晶区，固相代表点 N 落在莫来石和石英的边上，随着温度的下降必将析出这两个固相，固相组成向石英方向移动；而液相代表点落在 M 点，即在 985℃ 就会出现长石玻璃相，黏度较大，冷却时向低共熔点移动，最终液相凝固为玻璃。根据杠杆原理，可以计算出固相的量为 63.2%，液相为 36.8%，参见图 5-111。

高石英强化日用瓷中 α-方石英的含量是控制其烧制工艺条件的重要依据，为此利用 XRD 内标法对 α-方石英强化日用瓷中的各相组成的含量进行定量分析。

a   XRD 定量分析步骤

（1）确定相组成。首先将 α-方石英强化瓷胎经过 X 射线定性分析，确定其相组成。

（2）制作定标曲线。把各结晶相的纯物质按一定量混合，将混合后的粉末与参比相（内标物质 $KMnO_4$）都研磨至 46μm；然后，将配制的结晶相混合粉体与 $KMnO_4$ 按 1∶4、2∶3、3∶2、3∶1 的质量比例混合，分别在 X 射线衍射仪上进行扫描测试，得到它们的 X 射线衍射图谱。将配制的结晶相混合粉体各相与 $KMnO_4$ 的某一强晶面特征谱线的强度比作为纵坐标，由配制时各结晶相的含量作为横坐标，绘制出各结晶相的定标曲线。由定标曲线得到各结晶相对参比相（内标物）的 A 值。

（3）拍摄试样与内标物混合的 XRD 图谱及定量分析。粉碎后的 α-方石英强化瓷胎与参比相 $KMnO_4$ 按 3∶1 质量比混合，选择与绘制定标曲线时相同的测试条件摄谱，并用相同的晶面特征谱线测量衍射强度，这样利用它们的强度比和定标曲线就可以定出相应结晶相的含量。

b   α-方石英强化日用瓷 XRD 图谱

α-方石英强化日用瓷优化后的工艺条件为：烧成温度 1320℃，保温 2h，试样配方中 α-方石英量为总量的 35% 左右，其 XRD 谱见图 5-112。图谱指标化后显示，主晶相为莫来石，次晶相为 α-方石英和石英。

c   α-方石英强化瓷中各相含量的定量分析与计算

对多相粉末试样的衍射定量分析采用内标法时，测量实验过程中向待测物中加入参比

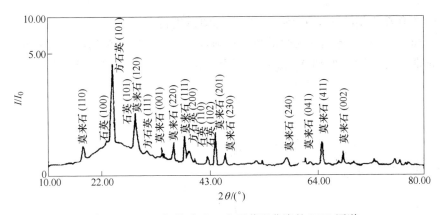

图 5-112　1320℃烧成后 α-方石英强化瓷的 XRD 图谱

相（内标物），其含量一定，设为 w_S，因此可归入常数 A 中，即有

$$\frac{I_\alpha}{I_S} = Aw_\alpha$$

因此，采用内标法对 α-方石英强化瓷中的几个物相分别进行定量分析。内标法中，要求用作参比相（内标物质）的物质的主要衍射峰不应与待测物质的主要衍射峰重合。依此，本实验选择了 KMnO₄ 作为参比相（内标物质），含有参比相的 α-方石英强化瓷衍射图谱如图 5-113（a）所示。

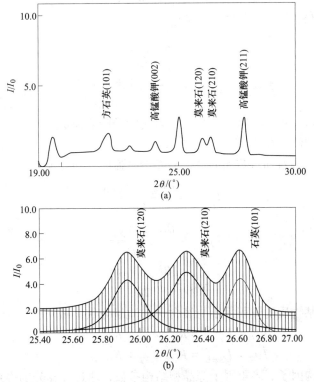

图 5-113　定量分析的 XRD 谱

（a）含有参比相的衍射图谱；（b）分离衍射峰（分峰）处理

对获得含有参比相的 α-方石英强化瓷衍射图谱进行分离衍射峰（分峰）处理（如图 5-113（b）所示），得到各结晶相强的特征衍射峰强度，然后计算它们的质量分数。

由定标曲线可以计算得到 $A_{方石英} = 10.378$，由 α-方石英与参比相的衍射强度比可以得到

$$w_{\alpha-方石英} = \frac{\dfrac{I_\alpha}{I_S}}{A_{方石英}} = 23.22\%$$

同理，可以计算得到

$$w_{莫来石} = \frac{\dfrac{I_{莫来石}}{I_S}}{A_{莫来石}} = 33.83\%$$

$$w_{石英} = 5.30\%$$

对于玻璃相则为 $1 - w_{\alpha-方石英} - w_{莫来石} - w_{石英}$，所以 $w_{玻璃相} = 37.65\%$。

由此可见，相图分析的结果（结晶相为 63.2%，玻璃相为 36.8%）与 XRD 定量计算的结果（结晶相为 62.35%，玻璃相为 37.65%）是一致的。实验研究结果还表明，随着保温时间的延长，结晶相减少，而玻璃相增加；保温 6h，结晶相减至 30.14%，而玻璃相增至 69.86%。

对 α-方石英强化瓷胎中其他各结晶相的含量，也可以在 X 射线衍射仪测定的基础上得到 α-方石英的含量，然后对其余的结晶相通过计算获得。具体方法如下所述。

已知多相混合粉末试样中 j 相的衍射强度为

$$I_j = BK_j \frac{1}{2\mu} V_j$$

式中，K_j 表示针对物相 j 的 K，$K = V_0^2 |F_{hkl}|^2 P_{hkl} \dfrac{1 + \cos^2 2\theta}{\sin^2 \theta \cos \theta} e^{-2M}$，即与物相 j 的结构因子、多重因子等晶体结构有关；μ 为混合物对 X 射线的线吸收系数；$V_j = \nu_j / V$，ν_j 为物相 j 被照射体积；B 只与测量仪器有关。

于是方石英、莫来石和石英相的最强晶面衍射强度分别表示为：

$$I_{方石英} = \frac{BK_{方石英} V_{方石英}}{2\mu} \tag{1}$$

$$I_{莫来石} = \frac{BK_{莫来石} V_{莫来石}}{2\mu} \tag{2}$$

$$I_{石英} = \frac{BK_{石英} V_{石英}}{2\mu} \tag{3}$$

依据待测相中某物质的体积大小与其含量（质量分数）成正比，于是有

$$I_{石英} : I_{方石英} = K_{石英} w_{石英} : K_{方石英} w_{方石英} \tag{4}$$

$$I_{石英} : I_{莫来石} = K_{石英} w_{石英} : K_{莫来石} w_{莫来石} \tag{5}$$

根据物质的结构因子、多重因子等晶型结构参数，通过计算分别得到

$$K_{石英} = 0.095, \quad K_{方石英} = 0.058, \quad K_{莫来石} = 0.084$$

由各结晶相的最强衍射强度和由实验测得的方石英的含量，便可以由式（4）计算出

石英结晶相的含量，其计算结果为

$$w_{\text{石英}} = 5.3\%$$

同理，可以计算莫来石的含量

$$w_{\text{莫来石}} = 31.23\% \text{（实验值为 33.83\%）}$$

计算的结果与实验测定的数值很接近，在实验误差范围之内。由此可以得到实验测定 α-方石英强化瓷胎中结晶相的总含量及玻璃相与计算值间的比较。

实验测定 α-方石英强化瓷胎中结晶相的总含量为

$$w_{\text{总晶相}} = w_{\text{方石英}} + w_{\text{莫来石}} + w_{\text{石英}} = 62.35\% \text{（计算值为 59.75\%）}$$

玻璃相的含量为

$$w_{\text{玻璃相}} = 1 - w_{\text{总晶相}} = 37.65\% \text{（计算值为 40.25\%）}$$

综合上述分析结果可以看出：利用物理化学相平衡原理的分析和 XRD 的相分析结果，能够满足指导研制确定 α-方石英强化瓷工艺的要求。

5.4 扫描电子显微镜及电子探针显微分析在冶金与材料物理化学中的应用

随着科学技术和国民经济的快速发展，对材料的性能要求越来越高。在开发满足高新技术所需求的新型材料过程中，研究者需要观察、分析和正确解释在一个微米或亚微米尺度所发生的现象。扫描电子显微镜和电子探针是两种常用的强有力的分析手段。用它们可以观察和测量在微米、亚微米范围内的非均相的金属、无机非金属和有机材料的表面特征。这两种仪器分析的共同点是用一束精细聚焦的电子束照射需要观测的区域或需要分析的微体积。当电子束照射到样品表面时，会产生各种信号，其中包括二次电子、背散射电子、俄歇（Auger）电子、特征 X 射线和不同能量的光子、电子，利用这些来自样品中特定的发射体积的信号，可以研究试样的表面形貌、成分、晶体结构等特征。

在扫描电子显微镜（scanning electron microscope，SEM，简称扫描电镜）中，利用最多的信号是二次电子和背散射电子。因为当电子束在样品表面扫描时，这些信号随表面形貌不同而发生变化。二次电子发射局限于电子束轰击区域附近的范围，因而可获得相当高分辨率的图像，呈现三维形态的图像起因于扫描电镜的大景深和二次电子反差的阴影起伏。在许多情况下，其他信号也被应用于成分、结构分析等。

在通常称为电子探针（electron probe）的电子探针显微分析仪（electron probe micro-analysis，EPMA）中，利用的信号是由电子轰击样品时产生的特征 X 射线。从特征 X 射线的分析能够得到样品中直径小到几微米区域内的定性和定量化学成分的信息。电子探针（electron probe）利用特征 X 射线可得到样品空间分辨率约为 $1\mu\text{m}$ 的成分信息，样品分析是非破坏性的，是对金属、无机和有机材料进行显微分析的最有效的仪器之一。

在扫描电镜和电子探针的发展历史上，它们是作为不同的仪器发展起来的。但这两种仪器结构很相似，主要区别是所用的信号不同、工作方法不同。

5.4.1 扫描电子显微镜分析及其应用

扫描电子显微镜是一种用途非常广泛的新型电子光学仪器，可以用来观测和分析固体样品的显微结构特征和微区化学组成。

早在 1938 年圣·阿登纳（Von Ardenne）已详细描述了扫描透射电子显微镜的理论和构造，到 1942 年楚沃尔钦（Zworykin）、亥勒尔（Hillier）和苏伊的尔（Suyder）发表了扫描电子显微镜的理论基础，并设计出第一台用于厚样品观测的扫描电子显微镜。1940 年英国剑桥大学首次试制成功扫描电子显微镜，但没有进入实用阶段，直到 1965 年英国剑桥科学仪器有限公司才把扫描电镜商业化。20 世纪 80 年代后，扫描电镜的制造技术和成像性能提高很快，日立公司的 S-5000 型高分辨型扫描电镜使用冷场发射电子枪，分辨率已达 0.6nm，放大率达 80 万倍。随着扫描电子显微镜技术的发展和应用领域的扩展，理论日臻完善，逐步形成了扫描电子显微术（scanning electron microscopy）。电子探针显微分析发展为电子探针显微技术（electron probe analysis technology）。目前扫描电镜和电子探针的理论和实验技术，已成为物理、化学、生物、医学等各学科，以及冶金和材料、化学化工、石油、地质、资源与环境等各领域中不可缺少的研究手段。

我国从 20 世纪 70 年代开始生产扫描电子显微镜，生产的钨灯丝扫描电镜分辨率可达 3.5nm，放大倍数达 25 万倍。

5.4.1.1　扫描电子显微镜的特点

扫描电子显微镜是以电子束为照明源，将聚焦很细的电子束以光栅状扫描方式照射到试样上，激发试样中的原子产生各种与试样性质有关的信息，然后加以收集、处理，从而获得微观形貌放大像和成分信息。

扫描电子显微镜的优势在于：

（1）高的分辨率。扫描电镜二次电子像分辨本领可达几个纳米，随着超高真空技术的发展和场发射电子枪的应用，现代先进的扫描电镜的分辨率能达到 0.6nm 左右。

（2）放大倍数高，且连续可调。扫描电镜放大倍数可达 20~100 万倍。

（3）景深大。景深大，成像富有立体感，可直接观察各种试样凹凸不平表面的细微结构。

（4）多功能化。可配上波长色散 X 射线谱仪（WDS，波谱仪）或能量色散 X 射线谱仪（EDS，能谱仪），在进行显微组织形貌观察的同时，还可对试样进行微区成分分析。若配上不同类型的样品台和检测器可以直接观察处于不同环境（高温、冷却、拉伸、环境气氛等）中的样品显微结构形貌的动态变化过程，实现样品的原位观察与分析。

（5）试样制备简单。块状或粉末、导电或不导电的样品不经处理或略加处理，便可直接放到扫描电镜中进行观察，得到的图像接近于样品的真实状态。

5.4.2　电子束与固体物质作用及产生的信号

在固体材料研究中，扫描电镜的多种用途是基于电子束与固体试样的各种相互作用。这些相互作用基本分为两类：一类是弹性作用，这种作用只改变电子束在试样中的路径，不会引起明显的能量改变；第二类是非弹性作用，这种作用可使能量转移到固体，从而产生二次电子、俄歇电子、特征 X 射线和连续 X 射线以及可见光区、紫外区的电磁辐射，也可产生电子-空穴对、晶格振动声子、电子振荡等离子体。这些相互作用都可产生有关试样性质的信息，如形貌、组成、晶体结构等。为了从扫描电镜测量的信号和记录的图像获得有关试样特性的信息，需了解电子与试样相互作用和产生的信息。

5.4.2.1　电子散射

这里所说的电子散射是指因电子束与试样原子和电子之间的相互作用，而引起的电子行径路径和能量发生变化的现象。电子散射按照电子的动能是否发生变化，分为弹性散射和非弹性散射，电子束与固体试样发生相互作用时，弹性散射和非弹性散射同时发生。

弹性散射使电子束电子偏离原来运动的方向，并使电子在固体中行进。

非弹性散射使电子束电子的能量逐渐减少，直至被固体试样完全吸收，从而限制了电子束在固体中的行进范围，并将能量沉积在电子束与固体相互作用区域内，同时产生可用于测量的各种二次辐射。电子能量沉积的区域称为相互作用区。

了解相互作用区大小、形状，以及与试样、电子束参数的关系，有助于正确解释扫描电镜显微图像和显微分析结果。

5.4.2.2　相互作用区形状、大小与各种信号的深度

A　相互作用区形状和大小

高能电子束入射到样品上会受到试样原子的散射作用，使电子束在向前运动的同时向周围扩展，且随着电子束进入试样的深度不断增加，入射电子的分布范围不断增大，同时动能不断减少，直至变为零，最终形成了一个相互作用区。入射电子的扩展程度（相互作用区的大小）与入射电子束的能量和试样的原子序数有关。入射电子束的能量越大，试样原子序数越小，则相互作用区的体积越大。有研究表明，轻元素试样形成"梨"形相互作用区，重元素试样形成"半球"形相互作用区，相互作用区范围远大于电子束束斑直径，因此用此区信号成像，其分辨率超过电子束束斑的直径；改变电子束的能量只能引起相互作用区体积的大小变化，而不会显著的改变其形状。因此提高入射电子束的能量对提高分辨率是不利的。

B　相互作用区产生各种信号的深度

在相互作用区之外，入射电子的动能很小，无法产生各种信号。相互作用区之内，大部分区域都可以产生各种信号，可以产生信号的区域称为有效作用区。电子作用产生信号的最深处称为电子有效作用深度。由于相互作用区内产生的各种信号的能量大小不同，试样对不同信号的吸收和散射也不同，所以有效作用区内产生的信号并不一定能逸出试样表面，成为可采集到的信号。相互作用区产生各种信号的深度如图 5-114 所示，俄歇电子在 $0.5 \sim 2nm$ 深度范围产生，二次电子在 $5 \sim 20nm$ 产生；背散射电子在 $H_B = 0.1 \sim 1 \mu m$ 产生，特征 X 射线在 $0.5 \sim 5 \mu m$ 产生。

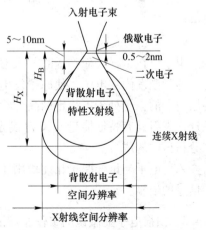

图 5-114　相互作用区中各种信息
产生的深度范围

5.4.2.3　相互作用产生扫描电子显微镜常用的信号

扫描电子显微镜常用的三种信号为二次电子、背散射电子和 X 射线，它们是由电子束与固体试样作用产生的，产生示意图如图 5-115 所示。

A　二次电子

二次电子是指在电子束轰击下那些从试样中射出的能量小于 50eV 的电子。它的产生是由于高能的电子束与试样中原子结合弱的导带电子相互作用的结果。它的重要特性是取样深度较浅（0.5~2nm），这是由于二次电子在固体中运动时因非弹性散射造成能量损失，且能量衰减很快，而它必须克服表面势垒（功函数）才能逃逸出来被检测到。在深处产

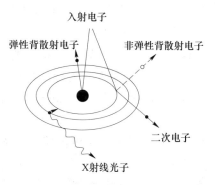

图 5-115　扫描电镜中二次电子、背散射电子和 X 射线产生示意图

生的二次电子逃逸出试样表面的概率 p，按指数规律下降，$p = \exp(-H/\lambda)$，H 为试样表面下产生二次电子的深度；λ 为二次电子的平均自由程。虽然电子束在整个相互作用区内都能产生二次电子，但只有在距表面平均逃逸距离之内的才能被检测到。

当电子束在试样表面扫描时，入射电子产生的单位面积二次电子数远比背散射电子产生的大得多，因此由电子束电子产生的二次电子反映试样表面特征，并把信息传输到图像中，而由远程背散射电子产生的二次电子则为背景噪音。

B　背散射电子

背散射电子是指被固体试样原子反射回来的一部分入射电子。包括了与试样中原子核作用而形成的弹性背散射电子和与试样中原子核外电子作用而形成的非弹性背散射电子，其中弹性背散射电子所占份额远比非弹性背散射电子的多。试样中背散射电子的产额随原子序数的增加而增加（即对试样成分的变化敏感）。利用背散射电子作为图像信号不仅能表征试样形貌，也能显示原子序数衬度。由于背散射电子是在较大的作用体积内，由入射电子与固体试样作用而产生，因此背散射电子像分辨率、图像的立体感不如二次电子像的。

C　X 射线

电子束在试样表面扫描时，入射电子与试样原子中内层电子发生非弹性散射作用，一部分能量激发内层电子，使原子发生电离，这个过程除产生二次电子外，同时还出现失掉内层电子的原子处于不稳定的高能状态现象，它们将按一定的选择定则向能量较低量子态跃迁，发射具有特征能量的 X 射线光子。由于特征 X 射线反映出试样的组成，因此被用来分析试样的成分。

入射电子与试样原子相互作用还产生了俄歇电子、阴极荧光、透射电子等携带试样原子信息的信号。

5.4.3　扫描电子显微镜的工作原理及运行

5.4.3.1　扫描电子显微镜的工作原理

扫描电子显微镜的工作原理是采用聚焦电子在试样表面"光栅扫描，逐点成像"。光

栅扫描是指电子束受扫描系统的控制，在试样表面作逐行扫描，同时控制电子束的扫描线圈电流与显示器相应偏转线圈的电流同步，使试样上的扫描区域与显示器上的图形相对应，即图形上的每一个像点均与扫描区域的每一物点一一对应。逐点成像是指电子束照射之处，每一物点均会产生相应的信号（如二次电子、背散射电子等），产生的信号被接受放大后，用来调制像点的亮度（信号强，亮度大）。由于照射电子束对样品的扫描与显像管中信号电子束的扫描保持严格同步，所以显像管荧光屏上的图像就是试样被扫描区域表面特征的放大像。

扫描电镜成像的信号可以是二次电子、背散射电子或吸收电子，其中二次电子为主要的成像信号。扫描电镜的工作原理如图 5-116 所示。

5.4.3.2 扫描电子显微镜的运行

扫描电子显微镜工作时，由电子枪中灯丝发射电子，提供一个稳定和连续的电子源（作为光源），在高压作用下，由热阴极发射出的电子经由阴极、栅极、阳极之间的电场聚焦、加速，在栅极与阳极之间形成一个具有很高能量的电子束斑。电子束斑经聚光镜（磁透镜）汇聚成极细的电子束，并聚焦在样品表面，高能量细聚焦的电子束在扫描线圈作用下，在样品表面进行栅网式扫描，使电子束与样品相互作用，激发出各种物理信号（二次电子、背散射电子、吸收电子、X 射线、俄歇电子、阴极荧光、透射电子等）。这些物理信号的强度与样品的形貌、成分、结构等有关，采用不同的探测

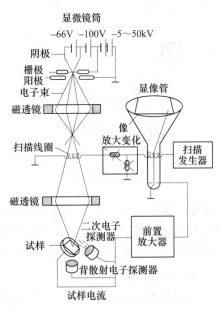

图 5-116 扫描电镜的工作原理

器分别对信号进行检测、放大、成像，用于各种微观分析，扫描电镜用于成像的信号是二次电子和背散射电子，用于成分分析的是 X 射线。

电子束与试样相互作用产生二次电子发射，经探测器收集转换为电信号，再放大输出到显像管，从而得到试样的二次电子形貌像。

背散射电子像是由样品反射出来的初次电子形成的，背散射电子与背散射电子发射系数、试样表面倾角，以及试样的原子序数有关。因此，背散射电子信号既包含了试样表面形貌的信息，也包含了原子序数的信息。背散射电子像的衬度既有形貌衬度，也有原子序数的衬度，可以用背散射电子像来研究表面形貌和成分。

5.4.4 扫描电子显微镜的结构

扫描电镜主要由电子光学系统、扫描系统、信号检测和放大系统、图像显示与记录系统、真空系统和电源系统组成。扫描电镜结构示意图如图 5-117 所示。

5.4.4.1 电子光学系统

扫描电镜的电子光学系统由电子枪、电磁透镜、光阑和样品室等部件组成，参见图 5-118。扫描电镜的电子光学系统的作用是获得扫描电子束，扫描电子束是使样品产生各种

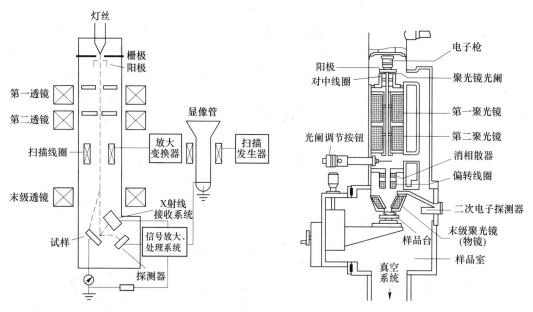

图 5-117　扫描电镜结构示意图　　　　图 5-118　扫描电镜的电子光学系统示意图

信号的激发源。为了获得较高的信号强度和图像分辨率，扫描电子束应具有较高的强度和尽可能小的束斑直径。电子束的强度取决于电子枪的发射能力，而束斑尺寸除了受电子枪的影响之外，还取决于电磁透镜的汇聚能力。

A　电子枪

电子枪提供一个连续不断的稳定的电子源，以形成电子束。而电子束的亮度和束斑直径直接关系到在样品上所获得的信号强度、图像的质量和分辨率。电子束的亮度越高，束斑直径越小，图像的质量和分辨率越高。目前扫描电镜用的电子枪有钨灯丝热阴极电子枪、六硼化镧（LaB$_6$）热阴极电子枪和场发射电子枪（field emission gun，FEG），它们的性能、要求和价格比较列于表 5-23。

表 5-23　三种电子枪的比较

电子枪	钨灯丝	六硼化镧	场　发　射		
			W 冷阴极	W 热阴极	ZrO/W 热阴极
功函数/eV	4.5	2.4			
亮度/A·cm^{-2}·sr^{-1}	约 5×10^5	约 5×10^6	约 5×10^8	约 5×10^8	约 5×10^8
光源尺寸/nm	50000	10000	10~100	10~100	100~1000
使用时的温度/K	2800	1800	300	1600	1800
电流/μA	约 100	约 20	20~100	20~100	约 100
能量分散度/eV	2.3	1.5	0.3~0.5	0.6~0.8	0.6~0.8
要求真空度/Pa	10^{-3}	10^{-5}	10^{-8}	10^{-7}	10^{-7}
价格	便宜	贵	很贵	昂贵	昂贵
操作	简单	简单	复杂	简单	简单

钨灯丝电子枪、六硼化镧（LaB_6）电子枪的电子源都是利用高温使阴极材料中的一部分自由电子克服功函数势垒后离开阴极。而场发射电子枪产生电子的方法是场发射，即当阴极相对阳极为负电位时，呈杆状阴极尖端的电场非常强（$>10^7 A/cm^2$），使电子逸出功函数势垒变窄、高度下降，自由电子能够直接依靠"隧道"穿过势垒，离开阴极，不需要任何热能来提高电子能量使之越过势垒。场发射方法可以获得 $10^3 \sim 10^6 A/cm^2$ 的阴极电流密度，因此在相同的工作电压下，即使场发射体在室温下也能提供相比热电子源高几百倍的有效亮度。

场发射扫描电镜在低电压下仍能保持高分辨率的特性，低电压下的工作可提高电子枪的使用寿命。场发射电子枪有冷场和热场两种：冷场发射电子源尺寸小，尖端输出的总电流有限，因此冷场场发射电子枪在要求电子束斑直径和束流变化范围较大的应用中受到限制，它无法满足波谱仪所需要的较大束流，因此在冷场发射扫描电镜上只能配备能谱仪；而热场场发射电子枪的阴极尖端在 800℃ 左右开始发射电子，它能提供较大的束流，它可以配备波谱仪、能谱仪、背散射电子衍射（EBSD）等，但热场的分辨率不如冷场的高。

B　电磁透镜

扫描电镜电子光学系统中有三级电磁透镜，相当于三个聚光镜将电子枪发射出来的电子经三极汇聚后作用在试样上。电磁透镜的主要功能是，依靠透镜的电磁场与运动电子的相互作用，把电子枪中交叉斑处形成的电子源逐级汇聚成极细尺寸束斑的电子束作用在试样上。前两个聚光镜是强透镜，可把电子束斑缩小；第三个透镜是弱透镜，有较长的焦距，称为物镜。长焦距的目的是使样品室和透镜之间留有一定的空间，便于装入各种信号探测器。由物镜下极靴到试样表面的距离称为工作距离。在大多数仪器中工作距离约为 $5 \sim 25 cm$。这样长的距离可使低能二次电子和磁性样品位于透镜磁场之外，也可防止从试样射出的 X 射线被物镜极靴所吸收。

电子源的直径是由电子枪决定的，而扫描试样表面的电子束的直径则取决于三个聚光镜。若电子源直径为 d_0，三级聚光镜的缩小率分别为 M_1、M_2、M_3，则最终的电子束斑的直径 $d=d_0 \cdot M_1 \cdot M_2 \cdot M_3$。扫描电镜中照射到试样上的电子束直径越小，成像单元的尺寸越小，相应的分辨率就越高，因此三级聚光镜决定了扫描电镜的分辨率，即电子束斑的直径决定了扫描电镜的分辨率。普通钨灯丝发射电子枪电子源直径为 $20 \sim 50 \mu m$，经三级聚光镜后电子束斑直径缩小为 $\sim 6 nm$；六硼化镧阴极和场发射电子枪，电子束斑直径可缩小为 $5 \sim 3 nm$。

C　光阑

电磁透镜上装有光阑，一、二级电磁透镜是固定光阑，作用是挡掉一大部分无用的电子，防止其对电子光学系统的污染。第三级电磁透镜上的光阑称为物镜光阑（末级光阑），其作用除了挡掉部分无用电子外，还能把入射电子束限制在相当小的张角（孔径角）之内（约为 $10^{-3} rad$），以减小球差的影响。扫描电镜中的物镜光阑为可动光阑，有四个不同直径的光阑孔（即 $\phi 100 \mu m$、$\phi 200 \mu m$、$\phi 300 \mu m$、$\phi 400 \mu m$），根据实验需要进行选择，以提高束流强度或增大景深，改善图像的质量。

D　样品室

样品室可放置 $\phi 20 mm \times 10 mm$ 的块状样品，还有可放置尺寸在 $\phi 125 mm$ 以上的大样品台，很适合于观察表面粗糙的大尺寸样品。目前样品台已实现多功能化，可在不同的样品台上对样品进行高温、低温、拉伸等试验，用于研究材料的组织及性能的变化。样品室内还安装有各种信号检测器，诸如 X 射线波谱仪、能谱仪、电子背散射衍射等探测器。注意，检测器的放置会直接影响信号的收集效率和分析的精度，应根据研究需要选择不同型号仪器及配置探测器类型。

5.4.4.2 扫描系统

扫描系统由扫描信号发生器、扫描放大控制器、扫描线圈等组成，其作用是提供入射电子束在样品表面以及显像管电子束在荧光屏上同步扫描的信号，改变入射电子束在样品表面扫描的幅度，可获得所需放大倍数的扫描像。扫描信号发生器产生锯齿状的电流，送入扫描线圈上，扫描线圈产生横向磁场，使电子束在样品上作光栅扫描，电流信号同时进入镜筒和显示系统阴极射线管的扫描线圈中，两者扫描严格同步，在显示系统阴极射线管上显示的图像就是样品被扫描区域的放大像。扫描电镜中常用双偏转系统，见图 5-119。

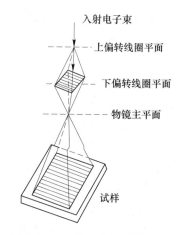

图 5-119　双偏转扫描系统示意图

A　光栅扫描

双偏转扫描系统即在物镜的上方装有上、下两对偏转线圈，每对扫描线圈包括一个上偏转线圈和一个下偏转线圈。上偏转线圈装在物镜的物平面位置上，其中上下各有一对线圈产生 X 方向扫描（行扫），另外各有一对线圈产生 Y 方向扫描（帧扫）。当上、下两对偏转线圈同时起作用时，电子束在样品表面作光栅扫描，既有 X 方向又有 Y 方向的扫描，且电子束在 X 方向和 Y 方向扫描的总位移量相等，所以扫描光栅是正方形的。

B　图像的放大

扫描电镜图像的放大倍数变化是由扫描放大控制器来实现的。

a　放大倍数与取样面积关系

若显示系统中，显示图像的阴极射线管宽度为 b，样品上被扫描区域宽度为 B，则线性放大倍数 $M = b/B$，b 是定值，因此改变样品上被扫描区域的宽度 B 就可改变放大倍数。值得注意的是，样品上取样面积的大小与放大倍数存在一定关系，如对 $B = 10\text{cm}$ 的显示图像存在表 5-24 所示的关系（阴极射线管 $b = 10\text{cm}$），因此当需确定样品的重要形貌特征时，应注意整个取样面积只表示样品上的很少一部分，所以仅在高放大倍率观察、拍摄图像照片，不能满足大范围形貌要求。另外，记录在扫描电镜图像下方的放大标尺也是根据这个原理制作的。

表 5-24　取样面积与放大倍数关系

放大率	样品上取样面积
10×	$(1\text{cm})^2$
100×	$(1\text{mm})^2$
1000×	$(100\mu\text{m})^2$
10000×	$(10\mu\text{m})^2$
100000×	$(1\mu\text{m})^2$

b　放大倍数与扫描线圈的激励有关

样品上被扫描区域的宽度 B 取决于电子束扫描时的偏转角，偏转角的大小又取决于扫描线圈上的电流大小。因显示系统阴极射线管宽度一定，故加在显示系统阴极射线管扫描线圈上的电流保持定值。因此扫描电镜的放大倍数实际上取决于显像管扫描线圈电流与镜筒中扫描线圈电流强度之比。扫描线圈电流值较小，且改变灵活，可方便地调节放大倍数。注意，样品上被扫描区域的宽度不仅取决于电子束的偏转角度，还与样品离物镜光阑的位置和工作距离有关，所以仅对表面较平的样品仪器标定的放大倍数才是准确的。

5.4.4.3　信号检测和放大系统

信号检测和放大系统的作用是，将入射电子束作用在样品表面上产生各种物理信号收集，经转换、放大作为显像系统的调制信号或其他分析的信号。对于不同的物理信号，要采用不同类型的信号检测系统。扫描电镜常用的信号检测器有电子检测器和 X 射线检测器。

二次电子、背散射电子和透射电子信号的电子检测器采用闪烁计数器。闪烁计数器也称 E. T（Everhant-Thornkg）探测器，它是扫描电镜最主要的信号检测器，它由闪烁环（体）、光导管和光电倍增管组成，如图 5-120 所示。

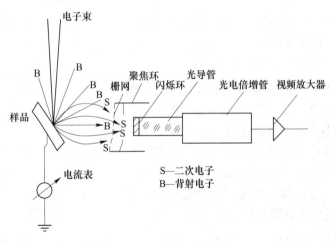

图 5-120　闪烁计数器

闪烁环（体）加载高压，闪烁环（体）前的聚焦环上装有栅网（也称法拉第网杯）。二次电子和背散射电子可用同一个检测器检测，这是因为二次电子能量低于 50eV，而背散射电子能量很高，接近入射电子能量，由此通过改变栅网上加载的电压可分别检测二次电子或背散射电子。当检测二次电子时，栅网上加载+250V 正偏压，吸引二次电子通过栅网，受高压加速打在闪烁体上。当用来检测背散射电子时，栅网上加载−50V 负偏压，阻止二次电子通过，而背散射电子能穿过栅网，撞击在闪烁体上。闪烁体加工成半球形，表面喷涂几十纳米厚的铝膜，作为反光层，既可阻挡杂散光的干扰，又可作为吸引和加速进入网栅的电子的 12kV 正高压电极。电子轰击闪烁体产生光信号，该信号沿光导管传送到光电倍增管，使信号转变为电信号并进行放大，再经视频放大器放大，调制显像管的亮度，获得图像。闪烁体计数器用来检测透射电子时（获得电子能量损失谱 EELS），放在试样的下方。检测 X 射线的 X 射线检测器采用分光晶体（获得波谱）或 Si(Li) 探头（获得能谱）。

5.4.4.4　图像显示与记录系统

图像显示与记录系统是把信号检测和放大系统输出的调制信号转换为能显示在阴极射线管荧光屏上的图像或数字图像信号，供观察或记录。数字图像信号以图形格式的数据文件存储在硬盘中，可随时编辑或输出。

5.4.4.5　真空系统和电源系统

A　真空系统

真空系统的作用是提供保障电子光学系统正常工作、防止样品污染所需的高真空。系统由真空机组及离子泵等组成，提供 $10^{-2} \sim 10^{-3}$ Pa 或更高的真空度。

B　电源系统

电源系统由稳压、稳流及相应的安全保护电路组成，提供扫描电镜运行所需的稳定电源。

5.4.5　扫描电子显微镜的主要性能和指标

在形貌观察和分析的手段中，扫描电镜具有分辨率高、放大倍数高和景深大等优点，这些也是扫描电镜的重要指标。

5.4.5.1　分辨率

分辨率是指扫描电镜显微图像上可以分开的两点之间距离的最小值。对于微区成分分析的分辨率是指能分析的最小区域。对图像分辨率的测量有两种方法：一是测量样品图像的一亮区中心到相邻的另一亮区中心的距离的最小值；二是测量样品图像暗区的相隔最小宽度，即测量相邻两个亮区中间最窄处距离的最小值，参见图 5-121。

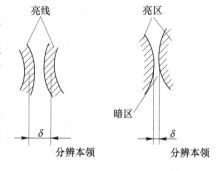

图 5-121　扫描电镜图像分辨率的
测量方法

影响分辨率的因素有：

（1）入射电子束束斑直径。入射电子束束斑直径是扫描电镜分辨率的极限，但分辨率不等于电子束束斑直径，因为入射电子束与样品相互作用会使入射电子束在样品内的有效激发范围远超过入射电子束的直径。电子束束斑直径越小，扫描电镜的分辨本领越高。若配备热阴极电子枪的扫描电镜的电子束最小束斑直径为 6nm，相应的仪器最高分辨率也在 6nm 左右。六硼化镧电子枪的分辨率可达 3nm。冷场场发射电子枪的分辨率为 1nm 左右，最好的可达 0.5nm。

（2）入射电子束在样品中的扩展效应。如 5.4.2 节中图 5-114 所示，高能电子束入射到试样上会受到试样原子的散射作用，使电子束在向前运动的同时，向周围扩展，形成相互作用区。扩展程度取决于入射电子束的能量和样品的原子序数；入射束能量越大，样品原子序数越小，则电子束作用体积越大，轻元素样品形成"梨"形区，重元素样品形成"半球"形区，其范围远大于电子束束斑直径，若用此信号成像，其分辨率超过电子束束斑的直径。改变电子束的能量只能引起相互作用区体积的大小变化，而不会显著地改变相互作用区的形状，因此提高入射电子束的能量对提高分辨率是不利的。这种扩展效应对二次电子分辨率影响不大，因为二次电子主要来自样品表面，即入射电子束还未侧向扩展的表层区域。

（3）成像方式及调制信号。成像操作方式不同，所得图像的分辨率也不一样。在高能入射电子作用下，试样表面激发产生各种物理信号，诸如二次电子、背散射电子、吸收电子、X射线、俄歇电子等，用来调制荧光屏亮度的信号不同，因此分辨率会不同。扫描电镜各物理信号在理想情况下的成像分辨率如表5-25所示。

表 5-25 扫描电镜各种物理信号成像的分辨率（加速电压 15~25kV）

信号	二次电子	背散射电子	吸收电子	X射线	俄歇电子
分辨率/nm	3~10	50~200	100~1000	100~1000	3~10

由表中的数据可以看出，二次电子和俄歇电子分辨率高，特征X射线调制成像的分辨率最低。

当以二次电子为调制信号时，由于二次电子能量比较低（小于50eV），在固体样品中自由程只有1~10nm左右，只有在表层5~10nm的深度范围内的二次电子才能逸出样品表面。在如此浅的表层里，入射电子与样品原子只发生有限次数的散射，因此基本上未向侧向扩展。二次电子像分辨率与电子束束斑直径相当，具有较高的分辨率。俄歇电子的能量也较低，只有在表层0.5~2nm的深度范围内的俄歇电子才能逸出样品表面，且入射电子束基本无扩展，因此俄歇电子成像的分辨率也较高。

当以背散射电子为调制信号时，入射电子束进入样品深层部位时，向横向扩展的范围变大，因激发出来的背散射电子能量很高，故可以从试样的较深区域逃逸出表面。因相互作用区域侧向扩展范围远大于入射电子束斑直径，在试样上方检测到的背散射电子来自比二次电子大得多的区域，因此背散射电子成像的分辨率要比二次电子成像的分辨率低很多，一般为50~200nm。

入射电子束还可以在样品更深的部位激发出特征X射线来，从图5-114可以看出，特征X射线的扩展区域更大，因此其分辨率比背散射电子还要低。

此外，分辨率还受信噪比、杂散磁场、机械振动等因素影响。噪声干扰造成图像模糊；磁场的存在改变了二次电子运动轨迹，降低图像质量；机械振动引起电子束斑漂移。这些因素的影响都降低了图像分辨率。

5.4.5.2 放大倍数

由5.4.4.2节知扫描电镜图像的放大倍数变化是由扫描放大控制器来实现的。扫描电镜的放大倍数的表达式为

$$M = \frac{b}{B} \tag{5-144}$$

式中，b 为显像管电子束在荧光屏上的扫描幅度；B 为入射电子束在样品上的扫描幅度。

由于扫描电镜的荧光屏尺寸是固定不变的，即 b 是恒定的，因此放大倍数的变化是通过调整入射电子束在样品表面的扫描幅度来实现的。例如，荧光屏宽度 $b = 100mm$，当 $B = 2.5mm$ 时，放大倍数为40倍；如果减少扫描线圈的电流，电子束在样品上的扫描幅度减

小为 0.025mm，放大倍数则达 4000 倍。放大倍数的改变能通过调整扫描线圈的电流来实现，故放大倍数连续可调。目前普通扫描电镜的放大倍数为 20 倍~25（50）万倍左右，有的可低至 5 倍。场发射扫描电镜具有更高的放大倍数和超高分辨率，一般可达 80 万倍。

5.4.5.3　景深

景深是指透镜焦点前后的一个距离范围，在该范围内所有物点所成的图像都能分辨清楚成为清晰的图像。扫描电子显微镜的景深比透射电子显微镜的大 10 倍，比光学显微镜的大几百倍。由于图像的景深大，所得扫描电子图像富有立体感。当一束电子束照射到试样时，在焦点处电子束的束斑最小，离开焦点越远，电子束的发散程度越大，束斑变得越来越大，分辨率随之下降。当束斑大到超出景深范围（超过图像分辨率要求），图像不再清晰。因电子束的发散度很小，景深取决于临界分辨率 d_0 和电子束入射半角 α。人眼的分辨本领大约是 0.2mm，图像经放大后，要使人感觉物象清晰，必须使电子显微镜的分辨率高于临界分辨率 d_0。临界分辨率 d_0 与放大倍数 M 有关，也与扫描电镜的景深 F 有关，参见图 5-122。

$$d_0 = \frac{0.2}{M} \, (\text{mm}) \tag{5-145}$$

$$F = \frac{d_0}{\tan\alpha} = \frac{0.2}{M\tan\alpha} \tag{5-146}$$

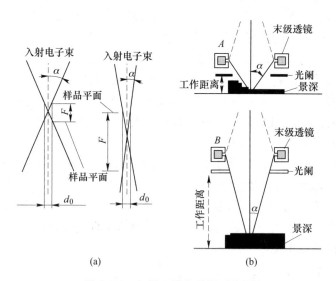

图 5-122　扫描电镜的景深示意图
（a）电子束入射半角影响；（b）工作距离影响

由式（5-146）可知，扫描电镜景深随放大倍数的降低和电子束入射半角 α 的减小而增大。如图 5-122（b）所示，α 取决于第三级聚光镜光阑的直径和工作距离。若电子束的入射半角 α 越小，在维持临界分辨率 d_0 不变的条件下，F 变大。扫描电镜的物镜是弱透镜，焦距较长，α 角很小，约为 10^{-3}rad，所以景深很大，成像富有很强的立体感。扫描电镜的景深、分辨率和放大率关系，见表 5-26。

表 5-26 扫描电子显微镜的景深、分辨率和放大率

放大率 M	分辨率/μm	景深/μm
20	5	5000
100	1	1000
1000	0.1	100
5000	0.02	20
10000	0.01	10

由表 5-26 可看出,扫描电镜的放大倍数为 5000 倍时,景深仍可达 $20\mu m$,很适于对断口样品的观察。

扫描电子显微镜可以观测块状试样的表面形貌、断口分析,最高放大倍数可达 30 万倍,最高分辨率可达 2nm,可用电子学的方法调控图像的质量;与 X 射线能量色散射谱仪结合,可以进行微区成分分析;如果与光学显微镜和单色仪相结合,可以观测阴极荧光图像,并进行阴极荧光光谱分析。

5.4.6 样品的制备

5.4.6.1 对试样的要求

扫描电子显微镜对所有的固态样品,诸如块状的、粉末的、金属的、非金属的、有机的、无机的都可以观察,但为保证图像的质量,对试样的表面性质有以下要求:

(1)导电性好,防止表面累积电荷(荷电),产生放电现象,影响入射电子束斑的形状,使出射的低能量二次电子运动轨迹发生偏转,影响图像的质量;

(2)表面稳定,在高能电子辐照下不分解、不变形;

(3)能有高的二次电子和背散射电子系数,以保证图像的良好信噪比。

因此,对玻璃、有机纤维、高分子、陶瓷和半导体等非导电性及电导性差的物质,以及要求在更高倍数观测的导电物质,需要在试样表面蒸镀导电性能好的碳或金、银、铜、铝等导电薄膜层。试样表面蒸镀导电薄膜层后,不仅可以防止荷电现象,还可以减轻由电子束引起的试样表面损伤,增加二次电子的产率,提高图像的清晰度。导电镀层的厚度约为 $10\sim30nm$,镀层太厚就可能会盖住样品表面的细微结构,得不到样品表面的真实信息;而镀层太薄,对表面粗糙的样品,不容易获得连续均匀的镀层,容易形成岛状结构,掩盖了样品的真实表面。

导电性好的样品以及薄膜样品可以直接观察,但要注意:试样几何尺寸要合适,导电性要好,表面要保持清洁,如被污染则容易产生荷电现象。扫描电镜的样品室也比较大,试样尺寸的可变化范围大,一般可放置 $\phi20mm\times10mm$ 的块状样品,对于断口实物等大部件,还可放置在尺寸大于 $\phi125mm$ 的大样品台上。

对于需要进行元素组成分析的样品,可在表面蒸发轻元素(碳或金属铝)薄膜作为导电层,防止样品的热损伤,对于粉体样品可以直接固定在导电胶带上观测;对于具有低真空或低电压功能的扫描电镜和场发射扫描电镜,不导电的样品可以在低真空或低电压下直接观察,无需进行喷镀处理。

另外,为防止测试时发生荷电现象,还要求试样与样品台之间要导电。因此,测试装

样时采用导电胶（碳或银导电胶）将试样固定在样品台上，以保证它们之间导电良好。

5.4.6.2　表面镀膜的方法

表面镀膜最常用的方法有真空蒸发和离子溅射两种。

A　真空蒸发

真空蒸发是在 $10^{-5} \sim 10^{-7}\text{Pa}$ 左右的真空中，蒸发低熔点的金属如 Au-Pd 合金，获得金属金薄膜。当要求高放大倍数时，金属膜的厚度应控制在 10nm 以下。实验表明，先蒸镀一层很薄的碳，然后再蒸镀一薄层金属，可以获得较好的效果。对形状比较复杂的样品，喷镀时可通过倾斜、旋转获得完整均匀的导电层。

B　离子溅射

离子溅射表面镀膜形成的金属膜具有粒子尺寸小、岛状结构小的特点。离子溅射镀膜装置如图 5-123 所示。

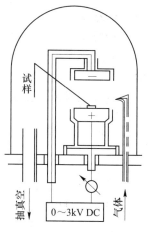

离子溅射镀膜用的是氩气，也可以用空气，气压约为 6.666Pa。在低气压系统中，气体分子在相隔一定距离的阳极和阴极之间的强电场作用下电离成正离子和电子，正离子飞向阴极，电子飞向阳极，两电极之间形成辉光放电，具有一定动量的正离子撞击阴极，使阴极表面的原子被轰击出来，这种过程称为溅射。阴极表面作为镀膜的靶材，需镀膜的试样放在作为阳极的样品台上，被溅射出来的靶材原子沉积在试样表面上，形成一定厚度的镀膜层。

图 5-123　离子溅射镀膜
装置示意图

离子溅射镀膜的优点：装置结构简单，溅射时间短，消耗靶材（贵金属）少；离子溅射镀膜质量好，能形成颗粒细、致密、均匀、附着力强的薄膜。但离子溅射镀膜的热量辐射较大，容易使试样受到热损伤，因此，对表面易受热辐射损伤的试样，要注意适当减小辉光放电的电流，以减小热辐射。

5.4.7　扫描电子显微镜图像及其衬度

5.4.7.1　扫描电镜图像的衬度

扫描电镜图像的衬度主要是利用试样表面微区特征（如形貌、原子序数或化学成分、晶体结构、位向角等）的差异而形成。由于试样表面层在电子束作用下，产生不同强度的物理信号，使阴极射线管荧光屏上不同的区域呈现出不同的亮度，从而获得具有一定衬度的图像。扫描电子显微镜图像的衬度分为形貌衬度、成分衬度和电势衬度。

A　形貌衬度

形貌衬度是由试样表面形貌的差别而形成的衬度。形貌衬度的形成是由于某些信号（如二次电子、背散射电子等）的强度是试样表面倾角的函数，而试样表面微区形貌的差别就是各微区表面相对于入射电子束的倾角不同。因此，电子束在试样上扫描时，任何两点的形貌差别，表现为信号强度的差别，从而在图像中形成显示形貌的衬度。利用对试样表面形貌变化敏感的物理信号作为显像管的调制信号，可以得到形貌衬度图像。

B　成分衬度

成分衬度（又称原子序数衬度或 Z 衬度）是由试样表面物质的化学成分或原子序数的差异而形成的衬度。利用试样表面化学成分或原子序数变化敏感的物理信号作为显像管的调制信号，可以得到成分衬度图像。背散射电子像和吸收电子像的衬度都包含有原子序数衬度，特征 X 射线像的衬度是原子序数衬度。二次电子本身对原子序数不敏感，但因部分二次电子是由背散射电子穿过样品表层小于 10nm 时激发产生的，二次电子探测器在接收二次电子的同时也接收到一小部分低能的背散射电子。当入射电子的能量小于 5keV 时，电子在试样中的射程降到 100nm，此时背散射电子的影响减小，所得的二次电子能反映出样品表层的成分变化。二次电子的成分衬度很弱，一般不用它来研究试样的成分分布。背散射电子的产额对原子序数的变化极为敏感，随原子序数的增加而增大，对原子序数大于 40 的元

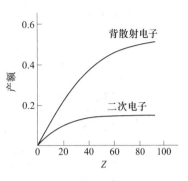

图 5-124　背散射电子和二次电子产额随原子序数的变化
（加速电压为 30kV）

素，尤为明显（如图 5-124 所示），因此背散射电子像有很好的成分衬度。样品表面上原子序数（或平均原子序数）较高的区域，背散射电子信号较强，在图像上相应的部位较亮；反之，则较暗。

C　电势衬度

由样品表面电势的差别而形成的衬度称为电势衬度。利用试样表面电势状态敏感的信号，如二次电子，作为显像管的调制信号，可得到电势衬度像。二次电子能量低，易受电场、磁场的作用，在一定的条件下，对于某些特定的试样可以得到二次电子的电势衬度和电磁衬度，这种衬度可用来研究材料和器件的工艺结构，材料中的磁畴、磁场等。

5.4.7.2　二次电子像

利用二次电子所成的图像称为二次电子像。一般的二次电子像大多是指二次电子形貌衬度像。二次电子的信息主要来自试样表面层 5~10nm 深度范围，二次电子的强度对微区表面的几何形状很敏感，因此二次电子信号主要用于观测分析试样的表面形貌。

A　二次电子成像原理

二次电子只能从样品表层 5~10nm 深度范围内被入射电子束激发出来，大于 10nm 时，虽然入射电子也能使核外电子脱离原子而变成自由电子，但因其能量较低和平均自由程较短，因此被样品所吸收。

样品表面倾斜角 θ（入射线与试样表面法线间夹角）与二次电子产额密切相关，样品表面倾斜角越大，二次电子产额越大，参见图 5-125。当入射电子束与样品表面法线平行，即 $\theta = 0°$ 时，二次电子的产额最小。当样品表面倾斜角 $\theta = 45°$，则电子束穿入样品激发二次电子的有效深度增大了 $\sqrt{2}$ 倍，入射电子使距表面 5~10nm 的作用体积内逸出表面的二次电子数量增多；而当入射电子束进入了较深的部位，激发出的自由电子被样品吸收。例如，在观测图 5-126 所示的 A、B、C 三个平面区域组成的试样时，B 面的倾斜角最小，二次电子产额最少，亮度最低，C 面倾斜角最大，亮度最大。

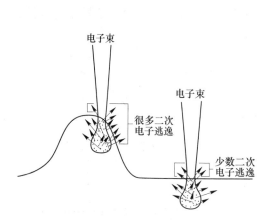

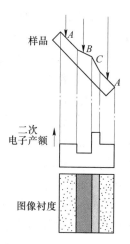

图 5-125　试样表面形貌对二次电子产额的影响   图 5-126　二次电子形貌衬度示意图

二次电子形貌衬度像形成的原理可用于表面形貌复杂的实际样品的观测，如图 5-127 水热还原制备的镍颗粒形貌。由图可以看出 a 区颗粒为近球形的形态、b 区颗粒为小球形堆积，而 c 区颗粒为片状的形态。

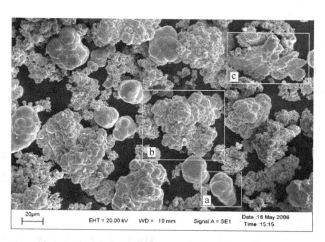

图 5-127　水热还原制备的镍颗粒形貌

B　二次电子形貌衬度像的应用实例

a　汽车尾气传感器材料表面形貌观察

在研究 CeO_2 包覆纳米 TiO_2 汽车尾气传感器材料时，用溶胶-凝胶法温度控制在 400℃、溶胶液 pH 值为 6.0，制备出了纳米 CeO_2 粉末（20nm），并与商用氧化铈粉体（平均粒径 2.5μm）的二次电子形貌像进行对比，见图 5-128（a）和（b）。利用制备的纳米 CeO_2 粉末，用乙二醇作为干燥收缩剂，在不同基底上（Si、Al_2O_3）用旋涂法制备出完整、连续的纳米 CeO_2 薄膜，图 5-128（c）和（d）分别为未添加和添加分散剂的纳米 CeO_2 薄膜二次电子形貌像。从图中可以看出，添加分散剂后的薄膜完整无裂纹。

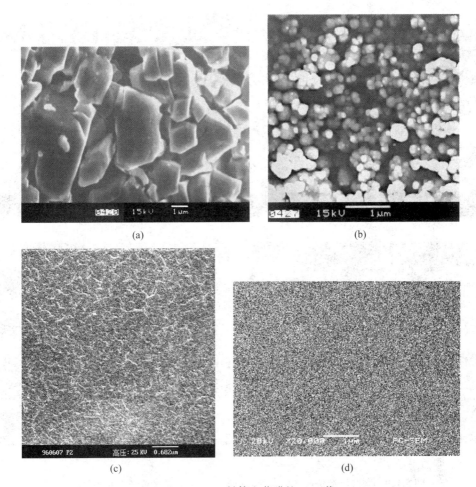

图 5-128 CeO_2 粉体和薄膜的 SEM 像

（a）商用氧化铈粉体；（b）自制氧化铈粉体；（c）未添加分散剂的 CeO_2 薄膜；（d）添加分散剂的 CeO_2 薄膜

b 人工光子晶体欧泊的观测

化学法是制作光子晶体可行的方法之一，目前用化学法可以制备出胶体光子晶体、欧泊（opal）、乳胶球光子晶体、反欧泊等可见光波段的三维光子晶体。

采用扫描电镜二次电子成像技术观测，在单分散 SiO_2 微球上沉积人工光子晶体欧泊的形貌。图 5-129（a）为采用斯道本（Stöber）法控制乙醇、水、氨、温度、时间等参数制备出的单分散 SiO_2 微球形貌。图 5-129（b）为选用乙醇作沉降介质，用自然沉降法在 SiO_2 微球上组装出的欧泊光子晶体形貌。SEM 观测还发现，在人工欧泊中存在点和线缺陷、堆垛层错，以及台阶样位错等缺陷，参见图 5-129（c）和（d）。

c 纤维形貌观测

图 5-130 为联氨化学镀制备的金属镍包覆粘胶纤维的形貌及其在不同温度还原气氛中脱掉粘胶纤维芯的镍包覆层形貌像。图 5-130（a）为镍包覆粘胶纤维的形貌，图 5-130（b）是在 773K 下脱芯后的镍包覆层形貌像，图 5-130（c）是在 1073K 下脱芯后的镍包覆层形貌像。

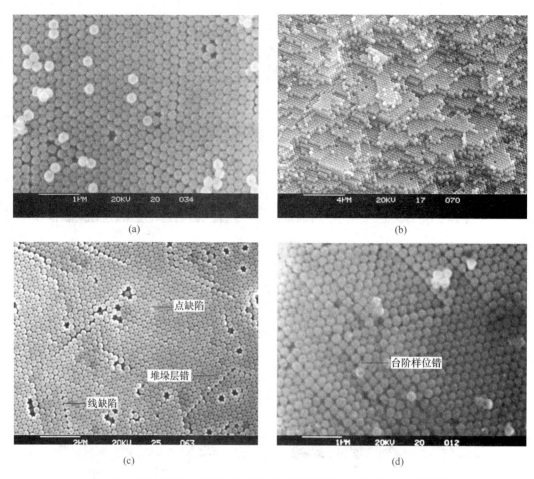

(a)　　　　　　　　　　　　　　　　　(b)

(c)　　　　　　　　　　　　　　　　　(d)

图 5-129　溶胶沉淀法制备的二氧化硅球及用其组装的光子晶体 SEM 形貌
（a）单分散 SiO_2 微球；（b）SiO_2 微球组装的人工欧泊；（c），（d）人工欧泊中的缺陷

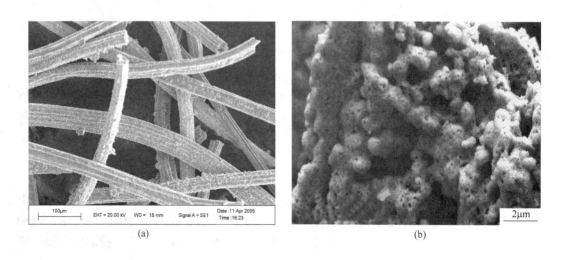

(a)　　　　　　　　　　　　　　　　　(b)

(c)

图 5-130　镍包覆粘胶纤维及其在不同温度下脱粘胶纤维后的镍包覆层形貌像
（a）镍包覆粘胶纤维的形貌；（b）773K 下脱粘胶纤维芯后的镍包覆层形貌像；
（c）1073K 下脱粘胶纤维芯后的镍包覆层形貌像

d　氧化膜形貌观察

对高温陶瓷复合材料 MgAlON、AlON、O′-SiAlON-ZrO₂ 和 BN-ZCM 氧化后的形貌进行观察，图 5-131（a）是 1373K 时 AlON 的氧化断面，白色部分为氧化产物层，灰黑色部分为基体。图 5-131（b）是 1773K 时的 AlON 氧化断面，左边为氧化产物层，右边为基体。从图 5-131 还可以看出，AlON 在 1373K 下的氧化产物层非常致密，而在 1773K 氧化产物层存在裂纹和孔隙。由图 5-131（c）~（g）可知，在较低温度下 MgAlON、AlON 和 O′-SiAlON-ZrO₂ 是比较致密的，因而具有较好抗氧化性。但是在较高温度下，其氧化层都发现裂纹、孔隙等，因而抗氧化能力明显下降。O′-SiAlON-ZrO₂ 在温度高于 1673K 时氧化膜中出现液相，1773K 时在氧化表面可观察到气泡。从图 5-131（g）可以看出，锆刚玉莫来石-氮化硼复合材料（BN-ZCM）的氧化，由于生成的 B_2O_3 900℃ 开始生成液相，在更高的温度下开始挥发，产生气泡，显然其抗氧化能力相对较差。

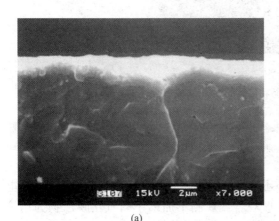

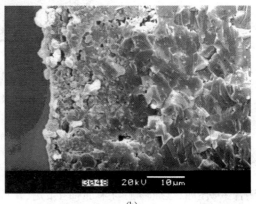

(a)　　　　　　　　　　　　　　　　(b)

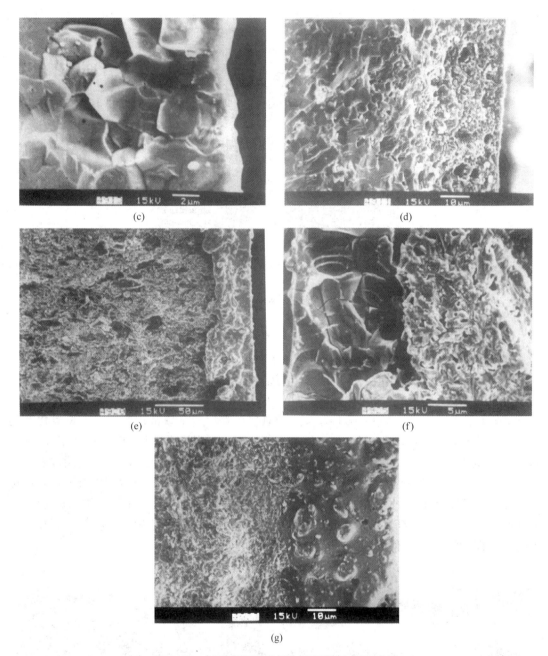

图 5-131   四种高温陶瓷氧化后的断面 SEM 形貌

(a) AlON 1373K 氧化后的断面；(b) AlON 1773K 氧化后的断面；(c) MgAlON 1373K 氧化后的断面；
(d) MgAlON 1673K 氧化后的断面；(e) O′-SiAlO-ZrO₂ 1473K 氧化后的断面；
(f) O′-SiAlO-ZrO₂ 1673K 氧化后的断面；(g) BN-ZCM 1473K 氧化后的断面

  从 SEM 二次电子像除了可观察形貌外，还可观测氧化膜的厚度及形态。图 5-132 为电热合金铁铬铝丝加稀土与未加稀土的氧化膜形貌。经观测不加稀土的氧化膜产物为铬铁矿，有铁氧化的过渡层，且氧化膜平直，与基体结合性能差；添加稀土后氧化膜的产物主相为氧化铝，还有稀土铝酸盐，且沿晶界出现稀土元素的内氧化，起到钉扎作用，氧化膜与基体黏附性好，起到保护作用。

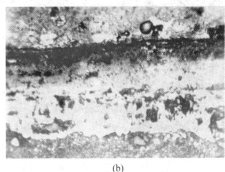

(a)　　　　　　　　　　　　　　　　(b)

图 5-132　电热合金铁铬铝丝的氧化膜 SEM 形貌

（a）添加稀土；（b）未添加稀土

e　断口形貌观察

材料的断裂可分为脆性断裂、韧性断裂和混合断裂。扫描电镜景深大，有大尺寸样品台，直接观测材料的断口形貌具有极大优势。人们从大量断口形貌观测中归纳了不同断裂性质的形貌特征，因此通过 SEM 观察材料断口的二次电子形貌，可以判断材料的断裂性质，有助材料性质的研究。

沿晶（界）断裂、解理断裂和穿晶断裂都属于脆性断裂。从 SEM 形貌上看有羽状花纹、朽木花纹、扇形花纹、河流状花纹、解理台阶等特征。沿晶（界）断裂是材料沿晶粒界面开裂的脆性断裂方式，宏观上无明显的塑性变形特征。高温回火、应力腐蚀、海水腐蚀、蠕变、焊接热裂纹等都常引起晶界弱化，易引发沿晶界的断裂，断口多呈现类似冰糖块状的晶粒多面体形态，并常伴有沿晶界的二次裂纹。对于金属材料，偶尔在晶粒界面上可看到一些小的浅韧窝，这是因表观断裂过程中微观上有少量的塑性变形。图 5-133（a）为复相陶瓷刀具材料 Al_2O_3-TiC-$ZrO_{2(nm)}$ 沿晶界断裂的形貌像和图 5-133（b）为柱状氧化铝陶瓷的穿晶断裂。

(a)

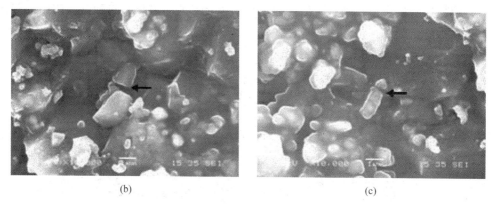

图 5-133　陶瓷材料的沿晶界和穿晶断裂形貌

（a）复相陶瓷刀具材料 Al_2O_3-TiC-$ZrO_{2(nm)}$ 沿晶界断裂；（b），（c）柱状氧化铝陶瓷穿晶断裂

　　韧性断裂在断口上形成许多微孔状的坑，称为韧窝。韧窝撕裂形成拉长或呈抛物线的韧窝。韧性断裂的形貌特征是可以观察到韧窝、抛物线韧窝或微孔聚缩等。

　　16Mn 钢可作船板用钢，在炼钢过程后期经稀土处理后，提高了其力学性能和抗海水腐蚀的能力。图 5-134 为加稀土和不加稀土的 16Mn 钢经海水腐蚀后的断口形貌。图中显示，不加稀土以沿晶（界）断裂为主；而添加稀土后以韧性断裂为主，可以看出韧窝中有夹杂物。16Mn 钢添加稀土经海水腐蚀后，在断口韧窝中的夹杂物是诱发断裂的主要原因。

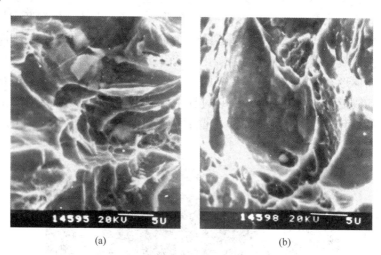

图 5-134　添加稀土和不加稀土的 16Mn 钢经海水腐蚀后的断口形貌

（a）未加稀土；（b）添加稀土后

　　另外，在研究改善导电铝丝性能过程中发现，导电铝添加稀土后，去除了晶界杂质，提高了其导电性能和在特殊条件下应用的力学性能。图 5-135 为添加稀土和不加稀土的导电铝丝经超低温处理后的断口形貌。不加稀土导电铝丝为沿晶（界）断裂，添加稀土后为韧性断裂，因为在断口观察到了图 5-135（b）所示的抛物线韧窝，韧窝是韧性断裂的断口形貌特征。

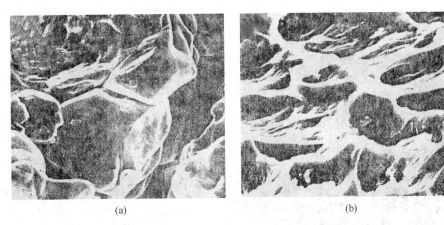

(a)　　　　　　　　　　　　　　(b)

图 5-135　导电铝丝中添加稀土和未加稀土的断口形貌
（a）未加稀土；（b）添加稀土后

解理断裂是材料在正应力作用下沿着某特定的结晶平面发生的穿晶断裂方式，也属脆性断裂。图 5-136 为经 1650℃ 热加工纯的金属钛解理断口的 SEM 像。由图看出，断口呈现沟壑和解理台阶形貌。解理断裂的解理往往是沿着相互平行的晶面族以不连续方式开裂，裂纹扩展，发生二次解理形成解理台阶，台阶的相互汇合形成沟壑形貌。解理裂纹常开始于晶界处，解理断口上还可能表现为解理舌、扇形扩展、羽毛花样等特征。

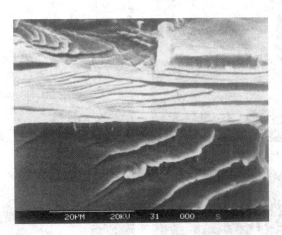

图 5-136　经 1650℃ 热加工纯的金属钛解理断口的解理台阶 SEM 形貌

f　纳米材料形貌观察

不同方法制备出的纳米材料的形貌相差甚大，在需要控制材料形态的研究中，经常需要 SEM 观察它们的形貌。例如，在相同基片上用不同方法制备可作为湿敏材料的 $La_xBa_{1-x}TiO$（$x=0.1$）薄膜。采用溶胶-凝胶法和水热合成法两种方法制备出材料的形貌差异极大，如图 5-137 所示。溶胶-凝胶法合成的 $La_xBa_{1-x}TiO_3$ 薄膜颗粒均匀，而 800℃ 高温水热合成的 $La_xBa_{1-x}TiO_3$ 薄膜呈现出择优取向生长的花瓣状形貌。图 5-138 为采用热蒸发方法制备的 ZnO 纳米线。图 5-139 是 1050℃ 还原制备的可作为燃料电池新型载体材料的纳米 Ti_4O_7。

图 5-137　$La_xBa_{1-x}TiO_3$ 薄膜材料的 SEM 像

（a）800℃高温水热合成的；（b）溶胶-凝胶法合成的

图 5-138　不同放大倍数下的 ZnO 纳米线的 SEM 像

（a）40×；（b）1800×；（c）10000×；（d）100000×

图 5-139　1050℃还原制备的纳米 Ti_4O_7 SEM 像

g　材料的动态观察

在扫描电镜配置的加载样品台上，可以研究试样缓慢加载和卸载时，微区疲劳裂纹的开裂和闭合，以及裂纹的扩展行为。图 5-140 为超细晶铝合金疲劳裂纹扩展的扫描电镜原位观察像。图 5-140（a）中显示试样在外加 2200N 最大循环载荷时的微疲劳裂纹情况。由图可以看出，微疲劳裂纹在缺口的左右两侧同时产生，主疲劳裂纹的长度大约为 95μm，

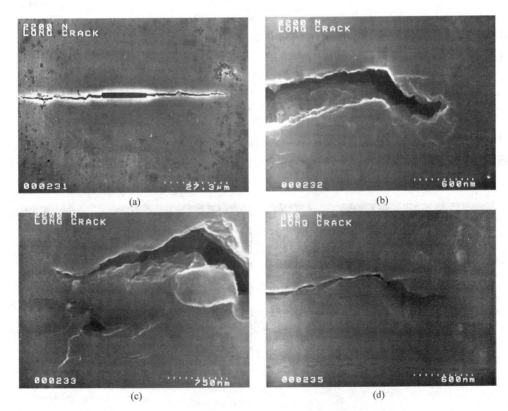

(a)　　　　　　　　　　　　(b)

(c)　　　　　　　　　　　　(d)

图 5-140　超细晶铝合金疲劳裂纹扩展的 SEM 原位观察像

（a）加载 2200N；（b）右侧的裂纹尖端；（c）左侧的裂纹尖端；（d）卸载

在这主裂纹的右侧尖端只发生了非常小的疲劳开裂，且主疲劳开裂的路径相对较直，这可能由材料的超细晶粒结构所致。图 5-140（b）和图 5-140（c）显示了靠近疲劳裂纹尖端开裂轮廓，以及其周围的破坏情况。右侧的裂纹尖端呈现相对较钝，而左侧的裂纹尖端相对锋利。在两侧的疲劳裂纹尖端处存在着比较严重的破坏。图 5-140（d）显示了在外加载荷从最大值卸载到零时右侧裂纹尖端轮廓。可以看出，在卸载过程中疲劳裂纹发生了闭合。

5.4.7.3　背散射电子像

A　背散射电子成像原理

a　背散射电子像的衬度

背散射电子可形成多种衬度的像，诸如形貌衬度、成分衬度、磁衬度、电子背散射衍射衬度、通道花样等。

（1）形貌衬度。背散射电子的产额随着样品表面倾斜角 θ 的增大而增加，即使表面倾斜角一定，高度有突变，背散射电子发射的数量也有变化。样品表面各个微区相对于检测器的位置不同，收集到的背散射电子数目不同，见图 5-141。

背散射电子能量高，离开样品后沿直线轨迹运动，检测器只能检测到直接射向检测器的背散射电子，而背向检测器的部位所产生的背散射电子就无法到达检测器而形成了阴影，背散射电子图像的衬度很大，失去很多细节。另外，背散射电子是在一个较大的作用体积内被

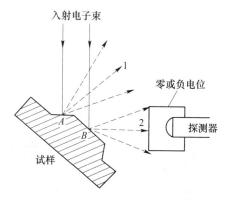

图 5-141　背散射电子探测与
阴影效应形成原理

入射电子激发出来的，也造成分辨率降低。因此，背散射电子形貌像在分辨率、图像的立体感以及反映形貌的真实程度上都远不如二次电子像。图 5-142 为同一试样的二次电子形貌像和背散射电子形貌像比较。

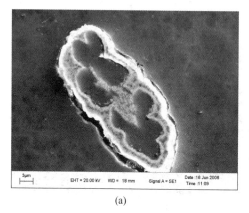

(a)

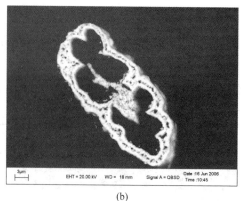

(b)

图 5-142　空心镍纤维的二次电子形貌像和背散射电子形貌像比较
（a）二次电子像；（b）背散射电子像

　　背散射电子的强度与样品中的晶面取向及入射电子的入射方向有关。利用这种特性可以观察单晶及大晶体颗粒试样的生长台阶和生长条纹。生长台阶和生长条纹的高度差一般都很小，但背散射电子像的衬度已很明显。图 5-143（a）为单晶 β-Al_2O_3 生长台阶的背散射电子像。如果用二次电子像观察这类易产生污染的材料，不但台阶衬度小，而且图像还出现许多黑色污染斑（见图 5-143（b））。

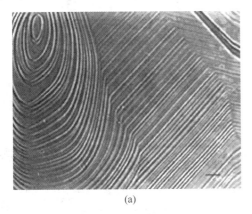
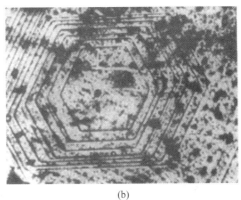

(a)　　　　　　　　　　　　　　　(b)

图 5-143　β-Al_2O_3 生长台阶背散射电子像与二次电子像对比

(a) 背散射电子像；(b) 二次电子像

　　（2）成分衬度。背散射电子的产额对原子序数（Z）的变化特别敏感，产额随着原子序数的增大而增加，尤其是 $Z<40$ 时，故背散射电子像有很高的成分衬度。进行分析时，样品上原子序数高的区域收集到的背散射电子数量较多，荧光屏上的图像相应位置较亮，反之则较暗。试样中重元素区域对应在图像上是亮区，而轻元素区域则是暗区。图 5-144 为 Al-Cu 合金的背散射电子像，从图中可以看出，亮的区域对应的是原子序数较高的 Cu，而暗的区域对应的是原子序数较低的 Al。

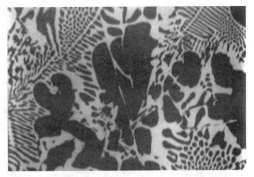

图 5-144　Al-Cu 合金的背散射电子像

　　b　背散射电子图像的获得

　　背散射电子像成分衬度和形貌衬度往往同时存在，因此为避免形貌衬度对成分衬度的干扰，试样需要抛光。对既要观察形貌又要进行成分分析的试样，可采用配备了双探头的检测器来收集样品同一部位的背散射电子。

　　双探头检测器由两块独立的 A、B 检测器组成，位于样品的正上方（如图 5-145（a）所示）。A 和 B 检测器所接收到的背散射电子信号强度一样，但极性互补。两个检测器收集到的信号分别输入到放大器。对既要观察形貌又要进行成分分析的试样，将左右两个探测器各自得到的信号进行电路上的加减处理，便能得到单一信息（如图 5-145（b）所示）。因为对于原子序数信息来说，进入 A、B 两个检测器的信号强度一样、极性相同；而对于形貌信息，两个检测器得到的信号绝对值相同、极性相反。因此，若信号相加，即（A+B），使与原子序数有关的信号放大，消除形貌的影响，得到了成分像。若信号相减，即（A−B），则消除了原子序数的影响，使与形貌有关的信号放大，得到了试样表面的形貌像。配有双探头检测器的系统可显示抛光样品和粗糙表面样品的形貌衬度和成分衬度。

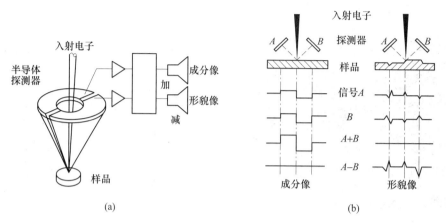

图 5-145   背散射电子探头的配置及其工作原理
（a）背散射电子探头配置示意图；（b）工作原理图

图 5-146（a）和图 5-146（b）分别为 $MgO+SrTiO_3$ 复相陶瓷在同一微区的二次电子像和背散射电子像，从图中可以看出，二次电子像的形貌很难分辨出 MgO 和 $SrTiO_3$ 相的亮度差别，而背散射电子像中可以明显地分辨出 MgO 相（灰色）和 $SrTiO_3$ 相（白色）。

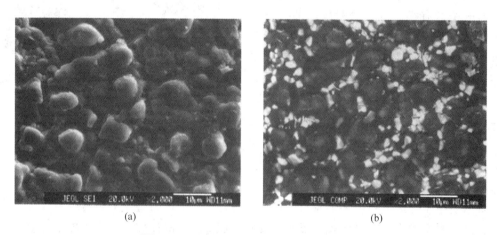

图 5-146 $MgO+SrTiO_3$ 复相陶瓷的形貌像
（a）二次电子像；（b）背散射电子像

B   背散射电子像衬度的应用实例

a   陶瓷材料中不同相的辨别

实际应用中，背散射电子像用得最多的是它的成分衬度像。通过与二次电子的形貌像配合，根据背散射电子的成分衬度，可考察试样中元素的分布情况，定性分析判断样品中的物相。图 5-147 为添加 Al_2O_3 和 MgO 的 ZrO_2 氧离子导体的背散射电子像。背散射电子成分衬度像显示了不同相的组成，黑色相是镁铝尖晶石，它比基体 ZrO_2 相的平均原子序数低。

b 作为陶瓷连接或表面改性的玻璃陶瓷观测

采用 MgO-Al_2O_3-SiO_2(MAS) 玻璃作为中间层，对 SiC-$MoSi_2$ 表面改性的 C/C 复合材料与 Li_2CO_3-Al_2O_3-SiO_2(LAS) 玻璃陶瓷进行热压连接。图 5-148 为连接试样 C/C(SiC-$MoSi_2$)/MAS/LAS 界面区域的背散射电子像。从图中可以看出，在 LAS 玻璃陶瓷与 SiC-$MoSi_2$ 涂层之间存在着中间层，厚度较为均匀，约为 $30\mu m$，与 LAS 玻璃陶瓷和 SiC-$MoSi_2$ 涂层结合紧密，没有明显的气孔和裂纹存在。

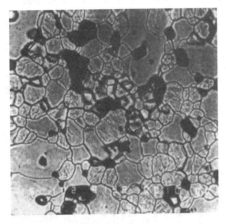

图 5-147 掺杂 Al、Mg 的 ZrO_2 背散射
电子成分衬度像（1000×）

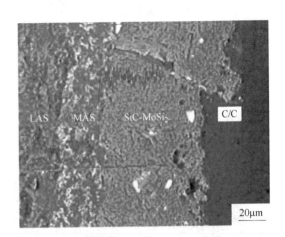

图 5-148 C/C(SiC_2-$MoSi_2$)/MAS/LAS
界面区域的背散射电子像

c 隔热材料包覆层的观测

镍包覆二氧化硅可用于隔热涂层材料，它的背散射电子像如图 5-149 中的左上角图所示。由图可以看出二氧化硅圆球周围包覆一层完整的镍金属壳层，这与图中所示的能谱分析一致。

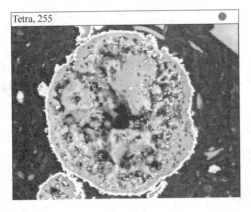

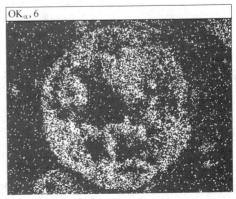

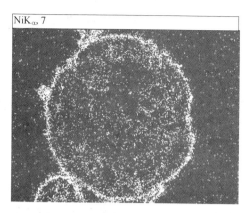
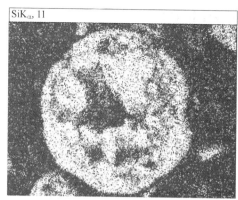

图 5-149　镍包覆二氧化硅球的背散射电子像与元素分布

d　镍复合纤维剖面的观测

用金属镍包覆粘胶复合纤维可以制备出具有良好的吸波性能的空心镍纤维，这种材料在军工和高科技中有良好的应用前景。图 5-150 为用化学镀方法制备的镍-粘胶复合纤维剖面的背散射电子像。图中 A 为金属镍壳层，B 为粘胶纤维，C 为环氧树脂。

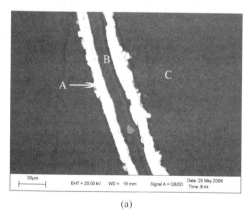
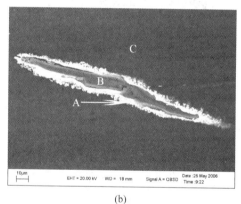

(a)　　　　　　　　　　　　　　　　　(b)

图 5-150　镍复合纤维剖面的背散射电子像

e　封严材料镍包覆氮化硼的观测

镍包覆氮化硼可用于航天科技中封严涂层材料。用化学镀方法制备的镍包覆氮化硼颗粒的背散射电子像如图 5-151 所示。图中，颗粒周边衬度较白处为金属镍，中间区域衬度较深的为六方氮化硼颗粒。

5.4.8　电子探针显微分析的原理及应用

电子探针 X 射线显微分析简称电子探针显微分析或电子探针分析（electron probe microanalysis，EPMA），是在电子光学和 X 射线光谱学原理的基础上发展起来的一种显微分析和化学成分分析相结合的微区分析。

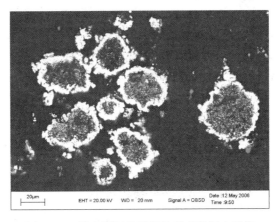

图 5-151 镍包覆氮化硼颗粒的背散射电子像

电子探针分析特点是，利用特征 X 射线获得样品空间分辨率约为 1μm 的成分信息，并能够获得 X 射线扫描图像，图像显示了观察区域内的元素分布，样品分析是非破坏性的。

高能电子束入射到样品表面激发出的特征 X 射线具有特征波长和特征能量，其波长的大小、能量的高低遵循莫塞莱（Mosely）定律

$$\nu^{\frac{1}{2}} = R(Z - \sigma) \tag{5-147}$$

$$\lambda = \frac{c}{\nu} \tag{5-148}$$

$$E = h\nu \tag{5-149}$$

式中，ν 为 X 射线的频率；Z 为原子序数；R、σ 为常数，且 $\sigma \approx 1$；c 为 X 射线的速度；h 为普朗克常数；λ 为特征 X 射线的波长；E 为特征 X 射线的能量。

在扫描电镜和电子探针中进行的化学成分分析，是测量有一聚焦电子束与样品作用所产生的 X 射线信号的能量（或波长）和强度分布。根据莫塞莱定律，特征 X 射线的波长和能量取决于元素的原子序数，只要知道样品中激发出的特征 X 射线的波长或能量就可确定样品中的待测元素，元素含量越多，激发出的特征 X 射线强度就越大，因此测量其强度可确定相应元素的含量。

5.4.8.1 电子探针的结构

电子探针仪器装置的结构示意图如图 5-152 所示。电子探针仪器装置中镜筒部分的结构与扫描电镜的极相似（或相同），只是检

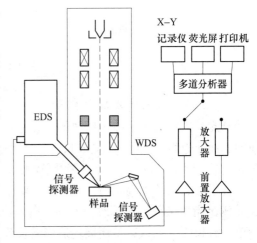

图 5-152 电子探针仪器装置的结构示意图

测器使用的是 X 射线信号检测谱仪，专门用来检测 X 射线的特征波长或特征能量，从而能对微区的化学成分进行分析。配有检测特征 X 射线特征波长的谱仪称为波（长色散）

谱仪（wanvelength dispersive spectrometer，WDS）。配有检测特征 X 射线能量的谱仪称为能（量色散）谱仪（energy dispersive spectrometer，EDS）。目前除专门的电子探针仪器外，探测 X 射线的谱仪系统常作为附件安装在扫描电子显微镜或分析透射电子显微镜上，以满足微区形貌观察、晶体结构及化学组成的原位分析的需要。

5.4.8.2 波谱仪的结构、工作原理及优缺点

A 波谱仪的工作原理

波谱仪（WDS）的工作原理是根据不同元素的特征 X 射线具有不同波长的特点，通过晶体衍射分光的方法，实现对电子束激发的不同波长特征 X 射线分散、展谱、鉴别和测量，从而将试样中的元素谱线检测出来进行成分分析。

B 波谱仪的结构

X 射线波谱仪由谱仪与记录和数据处理系统组成，如图 5-153 所示。谱仪的 X 射线分光和探测系统是由分光晶体、X 射线探测器和相应的机械传动装置组成。

波谱仪使用的 X 射线探测器有气体正比计数管和闪烁计数管等。波谱仪的 X 射线检测系统的作用是接收从分光晶体衍射所得的特征 X 射线信号，放大并转换成电信号进行计数，通过计算机处理，进行定性分析。信号以谱图形式输出，可进行定量计算。

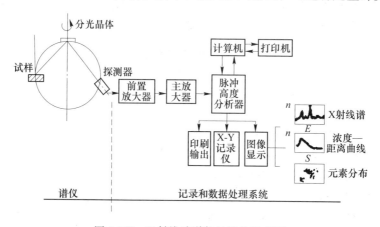

图 5-153 X 射线波谱仪的结构示意图

C 波谱仪波长分散的基本原理

分光晶体用来实现对 X 射线的分光。根据布拉格衍射定律，若已知一晶体平行于其表面的晶面间距为 d，对于不同波长 λ 的 X 射线，只有在满足布拉格衍射的入射条件（入射角 θ）下，即 $2d\sin\theta=n\lambda$，才能发生衍射。

若不考虑 $n>1$ 的高级衍射的干扰，对于任意一个给定的入射角 θ，只有一个确定的波长 λ 满足衍射条件。连续改变 θ 角，就可以在与入射方向成 2θ 角的相应方向上接收到各种单一波长的 X 射线，从而展现适当波长范围内的全部 X 射线谱。

在波谱仪中，X 射线信号是由试样表面下一个很小的体积范围内激发出来的，相当于一个点光源，由此发射的 X 射线是发散的。若将一块平整的晶体放在样品上方的某一位置，用其进行分光，能够到达晶体表面的 X 射线只是很少的一部分，而且入射到晶体表面不同部位的 X 射线的入射方向各不相同，发出衍射的 X 射线的波长也各不相同。采用分

光晶体能将各种不同波长的特征 X 射线分散开，但收集的单一波长的 X 射线的效率非常低。为了提高效率，采用弯晶分光系统（将分光晶体作一定的弹性弯曲），使射线源、弯曲晶体表面和检测器位于同一圆周（称之为聚焦圆或罗兰圆）上，使分光晶体表面处处均满足衍射条件，整个晶体只收集一种波长的 X 射线，达到衍射束聚焦的目的，提高单一波长 X 射线的收集效率。谱仪中使用的弯晶分光系统聚焦方式有约翰（Johann）型不完全聚焦法和约翰逊（Johansson）型聚焦法。

a　约翰型不完全聚焦法

约翰型不完全聚焦法是近似的聚焦方式，称不完全聚焦法。它把分光晶体弯成曲率半径为 $2R$，即为聚焦圆（罗兰圆）半径的 2 倍，晶体不研磨，衍射的晶面平行于晶体表面，这种弯曲的晶体称约翰型弯晶，参见图 5-154（a）。由图看出，聚焦圆上从 S 点发出的一束发散的特征 X 射线，经过弯晶的衍射，聚焦到聚焦圆上 D 点 X 射线探测器。弯晶的表面只有中心部分位于聚焦圆上，而弯晶两端与圆周不重合，会引起聚焦线变宽，出现一定的散焦。这种聚焦法不在晶体中心的各点上，自然不能严格满足聚焦条件，如果检测器上接收狭缝足够宽，尚可满足检测的要求，所以仍在采用。

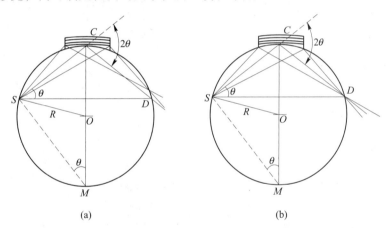

图 5-154　弯晶分光系统的聚焦方式
（a）约翰型不完全聚焦；（b）约翰逊型完全聚焦

b　约翰逊型完全聚焦法

约翰逊型完全聚焦法中，X 射线发射源 S、分光晶体 C 和 X 射线探测器 D 同时位于一个半径为 R 的聚焦圆（罗兰圆）上，分光晶体被弯曲成其衍射面的曲率半径等于 $2R$，表面研磨成曲率半径与罗兰圆的半径 R 一致，参见图 5-154（b）。衍射晶面的曲率中心位于聚焦圆的圆周上（图 5-154 中 M 点），使晶体表面相对于由 S 发射的发散 X 射线入射角处处相等，若入射的特征 X 射线满足布拉格定律，则发生衍射，且衍射线聚焦于聚焦圆上的 D 点 X 射线探测器处。这种聚焦方法称为完全聚焦法。

在电子探针仪器中，X 射线发射源 S 不动，改变晶体和探测器的位置，达到分析检测的目的。根据晶体及探测器运动方式，谱仪可分为：回转式波谱仪和直进式波谱仪等。

（1）回转式波谱仪。图 5-155（a）为回转式波谱仪工作原理示意图。图中聚焦圆（罗兰圆）的中心 O 固定，分光晶体和探测器在圆周上以 1：2 的角速度运动以满足布拉格定律。这种谱仪结构简单，但由于分光晶体转动而使 X 射线出射方向变化很大，对表面凹凸不平的试样，因出射的 X 射线在试样内行进的路径不同，试样对其吸收也不一样，会造成分析上的误差。

（2）直进式波谱仪。直进式波谱仪又称全聚焦直进式波谱仪，其工作原理如图 5-155（b）所示。图中显示，分光晶体从 X 射线源 S 向外沿着直线运动，保证 X 射线出射角固定，晶体通过自转改变 θ 角。探测器的运动保证其与 X 射线源 S 和分光晶体 C 始终在同一聚焦圆（罗兰圆）的圆周上。聚焦圆的中心 O 在以 S 为中心、R 为半径的圆周上运动。这种谱仪虽结构复杂，但 X 射线照射晶体的方向固定，使 X 射线穿出试样表面过程中所走的路径相同，试样对射线的吸收相同，避免了定量分析因吸收效应带来的误差。

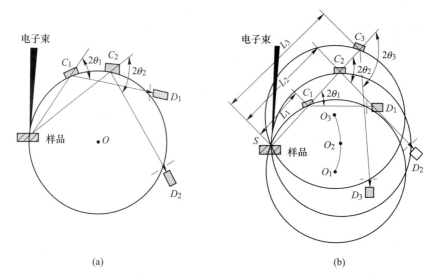

(a)   (b)

图 5-155   波谱仪工作原理示意图
（a）回转式；（b）直进式

由图 5-155（b）可知

$$L_i = SC_i = C_iD_i = 2R\sin\theta_i \qquad (i = 1, 2, 3, \cdots) \tag{5-150}$$

式中，L_i 为 X 射线源 S 到分光晶体 C 的距离；θ_i 为衍射角。

式（5-150）的一般形式可写为

$$L = 2R\sin\theta \tag{5-151}$$

由布拉格方程 $2d\sin\theta = \lambda$，有

$$\lambda = \frac{d}{R}L \tag{5-152}$$

已知分光晶体的面间距 d 和罗兰圆（聚焦圆）的半径 R，把 d/R 定义为 K，则有

$$\lambda = KL \tag{5-153}$$

特征 X 射线的波长 λ 与分光晶体和 X 射线源之间的距离 L 成正比，改变 L 即可探测到不同元素激发出的不同波长的特征 X 射线。

对确定的分光晶体，其衍射晶面间距 d 就是定值。在直进式波谱仪中，$L = 2R\sin\theta$。由于结构上的限制，L 一般在 10~30cm 范围内变化，θ 的变化范围也是有限的，因此一个分

光晶体能够分散展开探测的波长范围也是有限的，只能测定某一原子序数范围的元素的特征 X 射线。为了使分析时能尽可能覆盖分析的所有元素，需要使用多种分光晶体。在电子探针仪器上常装有 2~6 道谱仪，每道谱仪装有几块可互换的分光晶体，每个晶体适用于不同的波长范围，有时几道谱仪一起工作，可以同时测定几个元素。表 5-27 列出了波谱仪常用的分光晶体基本参数及其检测范围。

表 5-27 波谱仪常用的分光晶体基本参数及其可检测范围

晶体	化学式及缩写	反射晶面	晶面间距 d/nm	可检测波长范围/nm	可检测元素范围
氟化锂	LiF	(200)	0.2013	0.089~0.35	K 系：20~37 L 系：51~92
季戊四醇	$C_5H_{12}O_4$（PET）	(022)	0.4375	0.2~0.77	K 系：14~26 L 系：37~65 M 系：72~92
邻苯二甲酸氢铷	$C_8H_5O_4Rb$（RAP）	$(10\bar{1}0)$	1.306	0.58~2.3	K 系：9~15 L 系：24~40 M 系：57~79
邻苯二甲酸氢钾	$C_8H_5O_4K$（KAP）	$(10\bar{1}0)$	1.332	0.69~2.3	K 系：9~14 L 系：24~37 M 系：47~74
邻苯二甲酸氢铊	$C_8H_5O_4Tl$（TAP）	$(10\bar{1}0)$	1.298	0.58~2.3	K 系：9~15 L 系：24~40 M 系：57~78
硬脂酸铅	$(C_{18}H_{35}O_2)_2Pb$（STE）	—	5	2.2~8.8	K 系：5~8 L 系：20~23
肉豆蔻酸铅	$(C_{14}H_{27}O_2)_2Pb$（MYR）	—	4	1.76~7	K 系：5~9 L 系：20~25
二十四烷酸铅	$(C_{24}H_{47}O_2)_2Pb$（LIG）	—	6.5	2.9~11.4	K 系：4~7 L 系：20~21

D 波谱仪的优缺点

（1）优点。分辨率高，为 5~10eV，能将波长十分接近的谱线清晰地分开；峰背比高，使波谱仪所能检测的元素最低浓度是能谱仪的十分之一，大约可检测 100ppm。

（2）缺点。采集效率低，分析速度慢，检测效率低。因 X 射线经晶体衍射后，强度损失很大，检测效率低，时间长，所以波谱仪难以在低束流和低激发强度下使用。

5.4.8.3 能谱仪的工作原理、结构及优缺点

A 能谱仪的工作原理和结构

a 能谱仪的工作原理

能谱仪（EDS）是根据不同元素的特征 X 射线具有不同的能量这一特点，利用锂漂移硅 Si(Li) 固体探测器来对检测的 X 射线进行分散、展谱、检测，实现对试样的微区成分分析。图 5-156 是能谱仪的工作原理图。

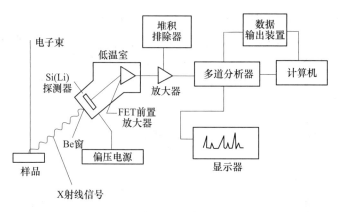

图 5-156   X 射线能谱仪工作原理图

b   能谱仪的结构

能谱仪主要由 X 射线探测器、前置放大器、脉冲信号处理单元、模数转换器、多道分析器、计算机及显示记录系统组成。

能谱仪使用的 X 射线探测器是锂漂移硅 Si(Li) 固体探测器，该半导体探头决定了能谱仪的分辨率。要保证探头的高性能，Si(Li) 半导体探头必须具有高电阻、低噪声等本征半导体的特性。Si(Li) 探测器的结构如图 5-157 所示。Si(Li) 探测器的核心部分是 Si(Li) 晶片，它实际上是一个 p-i-n 型二极管。晶片由 p 型 Si 的 Si 死层、锂漂移硅本征 Si 的活性区（I 区）和 n 型 Si 导体构成，且两端面为 20nm 的金电极。锂漂移硅晶片装在一个冷指上，冷指与杜瓦瓶中的液氮相连，支持外壳真空密封、不透光，既可防止污染，又能保持低温，以减少噪声。探头可以在不破坏真空条件下，相对试样做机械运动，以达到改变探测器的收集立体角，获得需要的计数率。探头支持外壳前方有铍（或超薄铍）防护窗口。注意：探测器未经冷却不能施加偏压，冷却的探测器必须永远保持在低温的环境中，否则探测器会损坏，无法正常工作。

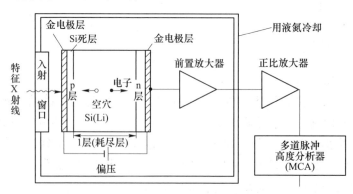

图 5-157   Si(Li) 探测器的结构

c   能谱仪的工作过程

来自试样的特征 X 射线信号穿过薄 Be（或超薄 Be）窗口进入在低温下反偏转的 p-i-n 型 Si(Li) 探测器，硅原子吸收一个 X 光子释放出一个光子，该光子放出自己绝大部分能量形成电子-空穴对，电子-空穴的数量与 X 光子的能量成正比。这些电子-空穴对被偏压收集，形成一个电荷脉冲。电荷脉冲经电荷灵敏前置放大器转变成电压脉冲，电压脉冲信号被输入到主放大器（正比放大器）、信号处理单元和模数转换器处理后，以时钟脉冲形式进入多道脉冲高度分析器（MCA）。多道脉冲分析器有许多存储单元，称通道组成的存储器。每进入一个时钟脉冲数，存储单元记一个光子数，通道地址和 X 光子能量成正比，而通道的计数为 X 光子数。多道脉冲分析器把与 X 光子能量成正比的时钟脉冲数按大小分别进入不同存储单元，并根据电压值大小把脉冲分类，得到电压分布图，可以将它显示在阴极射线管或画在 X-Y 记录仪上。最终得到以通道（能量）为横坐标、通道计数（强度）为纵坐标的 X 射线能量色散谱。

B　能谱仪的优缺点

a　能谱仪的优点

（1）分析速度快。能瞬时接收和检测所有不同能量的 X 射线光子，可在几分钟内分析和确定样品中含有的所有元素。用 Be 窗：$_{11}$Na～$_{92}$U 和超薄窗：$_4$Be～$_{92}$U。

（2）灵敏度高。X 射线收集立体角大，由于能谱仪中 Si(Li) 探头不采用聚焦方式，不受聚焦圆的限制，探头可以靠近样品放置，信号也无需经过晶体衍射，其强度无损失，所以灵敏度高。

（3）能谱仪可在低入射电子束流条件下工作，有利于提高空间分辨率。

（4）谱线重复性好。能谱仪没有运动部件，稳定性好，且无需聚焦，所以谱线峰值位置的重复性好，不存在失焦问题，适宜粗糙表面的分析。

b　能谱仪的缺点

（1）能量分辨率低。能量分辨率在 130eV 左右。

（2）存在谱线的重叠现象。分辨能量相近的特征 X 射线较差。如图 5-158 所示，对同一试样，能谱图中 Pb 和 S 的谱峰重叠，而在波谱图中 Pb 和 S 的谱峰能完全分开。

（3）峰背比低。能谱仪的探头直接对着样品，灵敏度高，因此由背散射电子或 X 射线所激发产生的荧光 X 射线也同时被探测到，使得 Si(Li) 探测器探测到的特征谱线在强度提高的同时，本底也相应提高。能谱仪能检测的元素的最低浓度约为 0.1%。

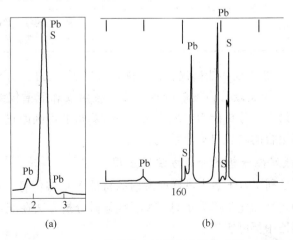

图 5-158　能谱仪和波谱仪分辨率比较

（a）能谱中 Pb 和 S 谱峰重叠；（b）波谱中完全分开的 Pb 和 S 谱峰

（4）能谱仪的工作条件要求严苛，Si(Li) 探测器必须在液氮温度下使用。用超纯锗探测器分辨率低。近年来研制出无液氮探测器，通过半导体致冷的硅锂探测器（SDD 探测器），工作温度在-30℃左右。较先进的 SDD 探测器能量的分辨率在 127~130eV 之间。

5.4.8.4　波谱仪和能谱仪的比较

波谱仪和能谱仪的比较如表 5-28 所示。

表 5-28　波谱仪和能谱仪的比较

特　　性	波　谱　仪	能　谱　仪
分析方式	用几块分光晶体顺序进行分析	用 Si(Li) 探测器进行多元素同时分析
分析元素范围	$_4Be \sim {}_{92}U$	Be 窗：$_{11}Na \sim {}_{92}U$ 超薄窗：$_4Be \sim {}_{92}U$
分辨率	与分光晶体有关，约 5eV，谱线分离性好	与能量有关，130eV 左右，谱线存在重叠现象
检测效率	收集立体角小，检测效率低（小于 30%），需要大电子束流，空间分辨率差，一般在 μm	收集立体角大，检测效率高（约 100%），可采用小电子束流，空间分辨率高，可达 nm
探测灵敏度	对块状样品，峰背比高，最小探测极限达 0.001%，适合作痕量元素、轻元素分析，对薄样品，由于检出效率低，灵敏度较低	对块状样品，由于峰背比低，最小探测限度约 0.01%，对薄样品，由于检测效率高，绝对灵敏度约 $10^{-18}g$，对中等浓度的元素可得到良好分析精度，但对痕量元素、轻元素及有峰重叠存在的元素，分析精度不高
最小有效探针尺寸	约 200nm	约 5nm
一般数据收集时间	10~20min	几分钟
谱失真情况	很少	主要有逃逸峰、脉冲堆积、电子束散射、谱峰重叠、窗口吸收效应

表 5-28 可以说明，波谱仪和能谱仪各自的优点补偿了对方的不足，它们是相互补充，不是相互排斥。在 X 射线显微分析发展的现阶段，波谱仪和能谱仪组合成最佳的谱仪系统，为使用者提供了最大的分析能力。随着实验室计算机的不断改进，一些制造商已经提供了波谱仪和能谱仪组合的高效自动化系统。

5.4.8.5　X 射线显微分析的分析方法及应用

X 射线显微分析是利用电子轰击试样而发射的特征 X 射线信息，获得试样中直径小到几微米区域的定性和定量的化学成分信息。X 射线显微分析方法在配置有 X 射线谱仪的扫描电镜和电子探针仪器中都可实现。

A　X 射线显微分析方法

X 射线显微分析方法主要有定点元素全分析（定性或定量）、X 射线线扫描分析、X

射线面扫描分析。

a 定点元素全分析（定性或定量）

定点元素全分析（简称定点分析，或微区成分分析）就是电子束固定照射试样中需要分析的区域，激发产生特征 X 射线，用谱仪探测特征 X 射线，显示 X 射线谱，根据谱线峰值、位置的波长或能量确定试样分析点区域中存在的元素及含量。

X 射线显微定性分析既直接又简单，最主要的依据是每个元素的特征 X 射线谱峰的能量（或波长），这些能量（或波长）已表格化，有的可以采用方便的能量标尺或图表，还有的采用 X 射线谱线汇编表（波谱用）。现在许多仪器配有的高级多道分析器中，有显示 X 射线谱峰能量的可见谱线标（KLM）。一般通过对试样的观察，确定需要分析的区域，把需分析的试样微区移到视野中心，然后使聚焦电子束固定照射到需要分析的地方，激发样品元素产生特征 X 射线。用谱仪探测特征 X 射线，显示 X 射线谱，根据谱线峰值、位置的波长或能量确定分析点区域中存在的元素。由于探测被电子束激发出的特征 X 射线采用的谱仪不同，具体分析时的操作会有所不同。

波谱仪定性分析的操作方法与能谱仪定性分析的操作方法明显不同，不如能谱仪那么简单、直接，更易受仪器环境影响。波谱仪进行定性分析时，要操作波谱仪在某个角度范围内扫描，测定满足布拉格定律的那些角度，从而鉴别试样中的各种元素。测定过程根据待测元素有时需要调换晶体。对直进式波谱仪，驱动谱仪的晶体和探测器连续地改变 L 值，记录 X 射线信号强度 I 随波长的变化曲线。检测谱线强度峰值位置的波长，可获得所测微区内含有元素的定性结果。

波谱仪有较好的分辨率和峰背比，能够检测出元素线系中更多条谱线，所以为了避免错误地鉴别次要谱峰，使用波谱仪较合适。

用能谱仪进行 X 射线显微定量分析时，记录下激发试样的特征 X 射线的强度（计数），然后将试样发射的特征谱线强度与已知成分的标准样品（或纯元素标样）的同名谱线强度进行比较，通过对原子序数效应、吸收因子效应、荧光效应校正处理（ZAF 技术），确定出该元素的含量。图 5-159 为定点元素全分析的能谱图和波谱图。图 5-160 为定点元素定量分析结果。金属和合金等材料的 X 射线显微定量分析采用 ZAF 技术，利用纯元素或合金标准样品，对矿物或岩石试样选用平均原子序数与试样相近的均匀化合物为标准样品。现在的 X 射线显微定量分析技术已结合到采用计算机处理的 X 射线显微分析系统中了。

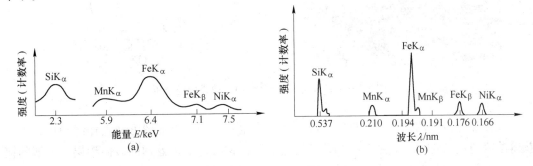

图 5-159 定点元素全分析定性谱图

（a）能谱图；（b）波谱图

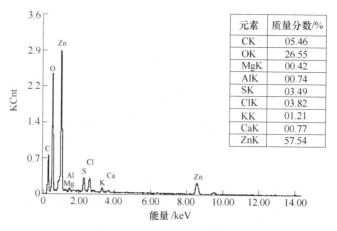

元素	质量分数/%
CK	05.46
OK	26.55
MgK	00.42
AlK	00.74
SK	03.49
ClK	03.82
KK	01.21
CaK	00.77
ZnK	57.54

图 5-160   定点元素全分析定量结果

b   X 射线线扫描分析

利用线扫描可以获得某种元素沿给定直线的分布情况。将谱仪固定在所要测量的某一元素的特征 X 射线发生衍射的 θ 角的位置上，使电子束沿着样品上某条给定直线进行扫描，便可得到该一元素沿该直线的 X 射线强度的分布曲线，从而显示该元素在这一直线上的浓度变化；只要改变谱仪的位置，便可得到另一元素沿该直线的浓度变化曲线。线分析时，也可使电子束不动，通过移动样品来进行。图 5-161 和图 5-162 分别展示了钴包覆立方氮化硼的钴元素和钢中硫氧化镧稀土夹杂物的氧元素线扫描结果，形貌像中的直线为扫描线，测定元素沿该直线的 X 射线强度的分布曲线。元素分布曲线可在另一图上，如图 5-161 所示，也可叠加在形貌像上，如图 5-162 所示。

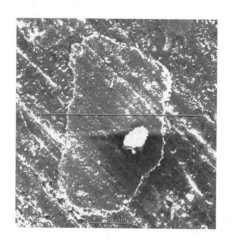

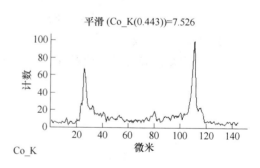

图 5-161   钴包覆立方氮化硼 Co 的线扫描分析

线扫描分析若用在组元迁移的研究，此时在垂直于迁移界面的方向上作线扫描，可以获得浓度与迁移距离的关系。线扫描还可用于分析材料化学热处理的表面渗层、电镀的镀层以及各种涂层的厚度、成分组成及梯度变化，测定材料中某元素在相界和晶界上的富集与贫化等。

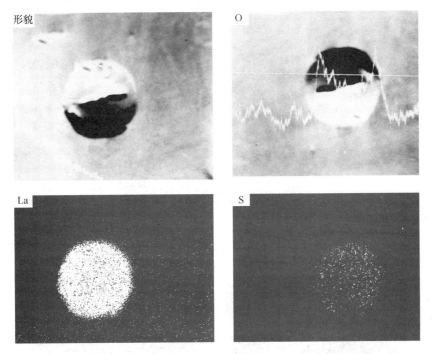

图 5-162 钢中硫氧化镧夹杂 O 元素的线扫描和 La、S 元素的面分布像

c X 射线面扫描分析

聚焦电子束在样品表面进行面扫描，把谱仪固定在所要测量的某一元素的特征 X 射线发生衍射的 θ 角的位置上，用 X 射线探测器的输出脉冲信号控制同步扫描的显像管扫描线强度，在荧光屏上可以得到由许多亮点组成的某元素的特征 X 射线的扫描像，即该元素的面分布图像。将谱仪调整到要测量的另一元素的特征 X 射线发生衍射的位置上，即可得到另一元素的面分布图像。利用面扫描可以较准确或定性地显示与基体成分不同的第二相或夹杂物的形状，能够定性地显示不同的化学成分的分布情况。图 5-163 为钢中氧化钙夹杂和添加稀土导电铝中的金属间化合物 $NdFe_x$ 的形貌像和元素面分布像。

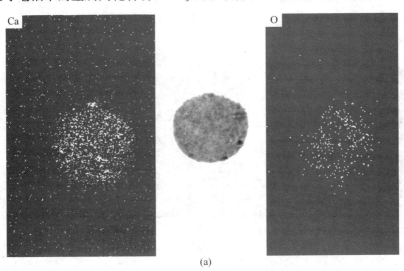

(a)

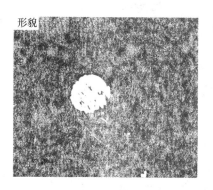

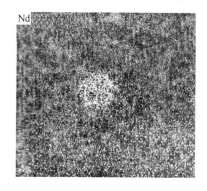
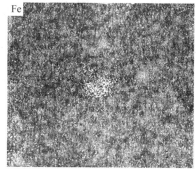

(b)

图 5-163 金属中夹杂物形貌像及相应元素的面分布像

（a）钢中 CaO 夹杂；（b）添加稀土导电铝中的金属间化合物 $NdFe_x$（1200×）

在导电铝中添加稀土元素是为了去除杂质，提高电导率。但当添加稀土元素过量时，多余的稀土或沿晶界分布，或在晶界上偏聚生成化合物，见图 5-164。

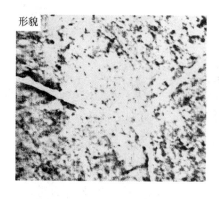
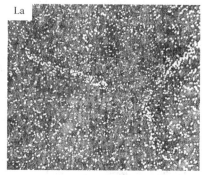

(a)

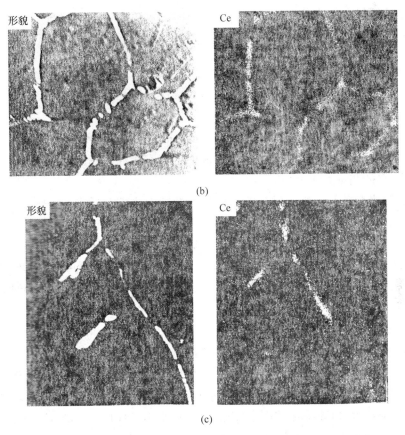

图 5-164 添加稀土导电铝的形貌和过多的稀土元素在晶界的分布

（a） $w(La) = 0.35\%(2000\times)$；（b） $w(Ce) = 0.50\%(360\times)$；（c） $w(Ce) = 0.24\%(600\times)$

B X射线显微分析的应用

X射线显微分析技术因其在微区、微粒和微量成分分析上具有分析元素范围广、灵敏度高、准确、快速和不损耗试样等特点，在材料科学与制备过程中得到广泛应用。从上述几小节的图例中可以看出，其主要的应用有：测定合金中微量析出相（ $0.1 \sim 10 \mu m$ ）的成分，了解合金的组织结构；测定合金中沉淀物的成分，分析合金元素的含量与出现沉淀相的关系，及其对材料力学性能的影响；测定材料中夹杂物和半导体材料中沉淀物的成分、尺寸、形状和分布，选择合理的生产工艺和合理的坩埚材料，减小有害夹杂物和沉淀物对材料性能的影响；测定晶界元素的偏析，选择合适的添加剂净化晶界，分析晶界和晶粒内部的结构差异；通过元素含量的线分析，研究元素的迁移现象，为金属材料的表面化学处理提供理论分析的依据；对迁移层中纯金属浓度的变化进行逐点分析，确定一定温度下相图中相界的位置，是绘制相图的重要方法之一；研究梯度功能材料元素的梯度分布情况和界面化学组成，为梯度功能材料设计提供依据，降低界面的热应力。对材料的表层进行逐层成分分析，可以研究表面的氧化和腐蚀现象等；X射线的成分分析技术用来分析薄膜成分的同时还能确定薄膜的厚度，对于极薄的金属膜（ $1 \sim 10nm$ ），可通过分析特征X射线的强度来确定膜厚。

5.4.9　电子背散射衍射技术

5.4.9.1　电子背散射衍射技术内涵

晶体材料的微观组织形貌、结构与取向分布、成分分布是表征和决定材料性能的关键，也是研究者全面认识材料本质和制备过程机理所需的基本信息。

A　电子背散射衍射

电子背散射衍射（electron backscatter diffraction，EBSD）技术是基于扫描电子显微镜（SEM）中电子束在倾斜样品表面激发并形成的衍射菊池带的分析，从而获得晶体结构、取向及相关信息的测试方法。

EBSD 又称为背散射菊池衍射，以一种独特的衍射方式获得晶体材料的晶体学数据。EBSD 探头作为 SEM 的一个附件，可以与 SEM 的其他功能，诸如原位成像、成分分析、分析大块样品、粗糙表面成像等结合起来，把显微组织和晶体学分析相结合，从而改变了原织构分析的方法，形成了全新的"显微织构"分析法。人们还可利用 EBSD 进行相分析、取向及取向差和检测塑性应变等，现已在材料、冶金、地质、矿物等研究领域得到应用。

B　电子背散射衍射技术发展历史

人们是借助对透射电子显微镜（TEM）下的菊池带（kikuchi bands）的认识和理论分析，认识了电子背散射衍射的菊池带，开启了对 EBSD 的菊池花样的分析工作。1967 年考替斯（Coates）首先报道了在 SEM 下观察到高角菊池带，1973 年文纳布乐斯（Venables）从比较不同衍射技术（Kossel 衍射、扫描通道花样衍射 SACP 和 EBSD）发现了 EBSD 的优势，开始开发电子背散射衍射花样（electron backscattering patterns，EBSP）技术，以对块状样品中亚微米级尺度显微组织逐点作结晶学分析。20 世纪 90 年代英国、美国、德国、挪威和丹麦先后研制生产出可以直接配置在扫描电镜上的电子背散射衍射装置，并在测定单个晶粒取向的基础上，开发了计算机标定系统和自动识别系统，逐步发展完善了电子背散射衍射技术（electron backscattering diffraction，EBSD）。进入 20 世纪 90 年代先后出现了自动计算取向、有效图像处理以及自动逐点扫描技术来确定菊池带位置和类型，包括目前普遍使用的 Hough 变换自动识别菊池带方法和全自动标定 EBSD 系统。90 年代后期出现把能谱分析和 EBSD 分析有效结合集成化技术，使相的鉴定更加有效和准确。由此，EBSD 分析软件设置了相鉴别程序（phase ID），极大促进了未知相的分析和鉴定，同时也加速了形貌、取向、成分定量数据的融合。取向成像图不仅包含了形貌、结构的定量信息，还揭示了晶界类型、应变大小分布、各晶粒形变难易程度及晶粒间形变协调情况等，甚至还可以算出磁性、电性等物理性能。2006 年出现了将聚焦离子束硬件和 3D-OIM（3D-orientation imaging microscopy）软件集成的成果，实现了三维取向成像分析，使 SEM 中的原位分析（原位加热、原位加力、聚焦离子束原位切割分析）更接近实际情况，缩短了分析的时间。

5.4.9.2　电子背散射衍射技术与其他相关技术比较

通常对材料的显微组织和结晶学的分析方法有侵蚀法、X 射线衍射（XRD）、扫描电镜（SEM）和透射电镜（TEM）及选区电子衍射（SAD）、中子衍射等。这些分析方法各有不同特点及应用场合。

A 浸蚀法

利用特定的浸蚀剂，使试样表面不同取向晶粒产生特殊形状的浸蚀坑或浸蚀图形，通过光学显微镜或扫描电镜观察，迅速了解试样表面晶粒整体分布情况，或者通过测定各浸蚀坑或浸蚀图形的特征角度，计算出相应的晶粒取向数据。这种方法的优点：一是观察测试设备要求不高，光学显微镜、扫描电镜都可，但需要恰当的浸蚀液；二是可很快得到大面积区域晶粒取向分布的整体特征。不足之处是受浸蚀剂的限制，不同材料需不同的浸蚀剂和浸蚀时间，没有好的通用性浸蚀剂和固定的浸蚀时间。另一缺点是分辨率太低，且一般不能获得定量取向数据，获得晶体结构数据更难。

B SEM 的测定方法

a 微束 Kossel 衍射技术

微束 Kossel 衍射方法在 20 世纪 60 年代已应用。在 SEM 中微束 Kossel 衍射（micro-Kossel diffraction）产生是基于入射电子束与试样作用产生特征 X 射线，激发点处的 X 射线向各方向传播，传播过程中满足 $\lambda = 2d\sin\theta$ 布拉格衍射定律时，射线则发生衍射。因 X 射线来自所有可能的方向，那些满足布拉格衍射条件的衍射线会形成 Kossel 衍射锥，且使 X 射线感光片感光，形成 Kossel 衍射图。该技术的分辨率约 $10\mu m$，在当时无法获得定量数据，也没有自动标定技术，只用于测内应力和点阵常数。

b 电子通道衍射花样技术

电子通道衍射花样（electron channeling pattern，ECP；selected area channeling pattern，SACP）是 20 世纪 60 年代英国牛津大学研发的 SEM 衍射技术。它是入射电子束通过单向式或圆周式摆动，使与电子束成 $5° \sim 10°$ 的晶面，满足布拉格衍射关系，产生背散射的赝菊池带。选区电子通道衍射花样 SACP 分辨率可达 $1 \sim 2\mu m$，并对晶体缺陷敏感，但每幅菊池图上的角度覆盖范围最大约 20°，只适合对再结晶晶粒或强回复亚晶的取向测定。

c 电子背散射衍射（EBSD）技术

采用 SEM 可以同时得到晶粒尺寸和形貌以及成分分布的数据，还可将试样倾转 70°，使电子束与试样作用产生高角（度）菊池图（电子背散射衍射花样）。每幅菊池图上的角度覆盖范围约 65°。分析时采用 EBSD 技术比采用微束 Kossel 衍射和 SACP 方便，且分辨率高，样品制备简单，对断口、薄膜样品可直接进行分析。

EBSD 的优点：能全自动采集微区取向信息，样品制备简单，数据采集速度快，分辨率高，为快速高效的定量研究材料的微观组织结构和织构奠定了基础。

C 透射电子显微镜（TEM）的测定方法

TEM 长期用于原位相鉴定、组织观察和位向测量的分析，擅长于结合形貌对微小析出相、位错结构的取向进行分析。但薄膜样品制备困难，分析区域小，每一个薄膜样品只能看到少数晶粒，所得信息很难反馈到大块样品上而造成统计性误差。

a 选区电子衍射（selectrd area diffraction，SAD）技术

在 TEM 的衍射模式下，对很薄样品的一个选定微区，在投影屏得到一组对应选区内样品晶体倒易点阵的某个点阵面的衍射花样图，通过对衍射花样的分析，可以确定选定微区内样品晶面的取向。通过测量微区的极图方法，可以确定观测微区的织构情况。

b   微束电子衍射（micro beam electron diffraction，MBED）技术

在 TEM 的衍射模式下，对较厚的样品，电子束与样品作用后，在投影屏得到一幅菊池图，通过对菊池花样的分析，可确定晶粒取向。

D   X 射线衍射和中子衍射方法

X 射线衍射和中子衍射方法中相对束斑较大，没有"点"衍射能力，只能获得诸多小晶体或晶粒的平均尺寸分布和平均原子面晶向分布的信息。

这些分析技术各有优缺点，表 5-29 为这些方法和技术的比较。

表 5-29   几种取向分析方法和技术的比较

方法	技术	空间分辨率/μm	精度/(°)	取向分析应用
化学方法	浸蚀	20~100	>10	大晶粒
SEM	Micro-Kossel	10	0.5	晶粒
	SACP	10	0.5	晶粒
	EBSD	<1	1	亚晶粒、微织构、相同组分的不同结构相
TEM	SAD	1	5	微小析出相、微区织构、位错亚结构、亚晶粒
	MBED	0.05	0.2	亚晶粒、微区织构、再结晶核、位错亚结构
XRD	汇聚束劳埃	100	2	大晶粒、宏观织构
	Micro-劳埃	10	2	晶粒、宏观织构

5.4.9.3   电子背散射衍射形成原理

A   EBSD 的形成原理

当入射电子束进入倾斜的样品后，会受到样品内原子的散射，其中有相当部分的电子因散射角大而逃出样品表面，成为背散射电子。背散射电子在离开样品的过程中，部分电子与样品某晶面族因满足布拉格衍射条件 $2d\sin\theta = \lambda$ 发生衍射，形成两个顶点为散射点、与该晶面族垂直的两个圆锥面，两个圆锥面与接收屏相交、割截形成一条亮带，即菊池带。每条菊池带的中心线相当于发生布拉格衍射的晶面，从样品上电子的散射点扩展后与接收屏的交截线，如图 5-165 所示。通常样品表面与水平面呈 70°左右倾斜，样品倾斜角越大，背散射电子越多，形成的 EBSP 花样越强，但过大的倾斜角又会导致电子束在样品表面定位不准。

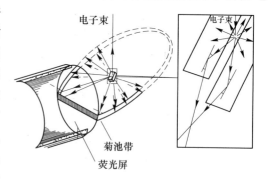

图 5-165   EBSD 的形成原理示意图

一幅电子背散射衍射图称之为电子背散射衍射花样（EBSP）。一张 EBSP 包含多条菊池带。EBSD 探头外表面的接收屏接收到的 EBSP 信息，经屏后的 CCD 数码相机数字化后，传送至计算机进行标定与计算。电子背散射衍射是表面分析手段，EBSP 来自于样品表面约几十纳米深度的一个薄层，虽更深处的电子也可能发生布拉格衍射，但在离开样品表面的过程中可能再次被原子散射而改变运动方向，成为 EBSP 的背底。

B EBSD 系统的硬件与数据处理可能的用途

a EBSD 系统的硬件

EBSD 系统的硬件为电子背散射衍射仪，它通常作为配件安装在扫描电镜或电子探针上，电子背散射衍射仪由 EBSD 探头、图像处理器和计算机系统组成。

b EBSD 数据处理可能的用途

在扫描电镜中获得 EBSD 数据后，需将 EBSD 数据处理，按一定的方式表达在各种图形中，如极图、反极图、取向成像图、取向差分布、晶粒分布等。EBSD 生产厂家（主要有 OXFORD INSTRUMENTS-HKL 公司和 EDAX-TSL 等公司）提供数据处理软件。数据处理大都离线进行，可避免占用扫描电镜测试时间。

EBSD 数据处理可用于取向、织构的分析，用于取向关系数据（取向差及转轴）的统计分布，用于与材料组织相关的取向差、微结构及晶界特性分析（即取向成像分析）等。

5.4.9.4 电子背散射衍射的应用

电子背散射衍射花样含有晶体结构（晶体对称性）、晶体取向、晶体完整性和晶体常数信息。获得这些信号可对材料进行如下的分析。

A 晶粒取向、晶粒取向分布（微区织构）和取向关系分析

EBSD 测定的织构可以用极图、反极图、ODF 等形式表达。EBSD 能测微区织构和选区织构并与晶粒形貌和晶粒取向直接对应起来，比 X 射线衍射宏观测量方法精细得多；而且 EBSD 通过测定各晶粒的绝对取向后，进行统计来测定织构，是目前测定织构最准确的手段。

采用 EBSD 技术通过测量晶粒取向，获得不同晶粒或不同相间的取向差，测量各种取向晶粒在样品中所占比例，研究材料的晶界或相界、孪晶面等。诸如：薄膜材料晶粒生长方向测量，断裂过程中产生穿晶断裂的结晶学分析，单晶体的完整性分析等。

图 5-166（a）和（b）为实验测得的纯铁样品的取向图，图中用不同颜色来区分晶粒的不同取向，并添加了每颗晶粒的模拟晶胞。其中，深灰色代表 < 001 >取向，灰色为<101>取向，黑色为<111>取向，从获得的取向图中可知道每颗晶粒的晶体取向。

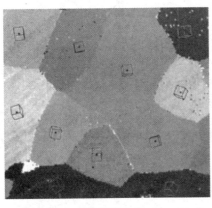 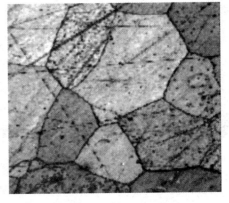

(a)　　　　　　　　　　　　　　　(b)

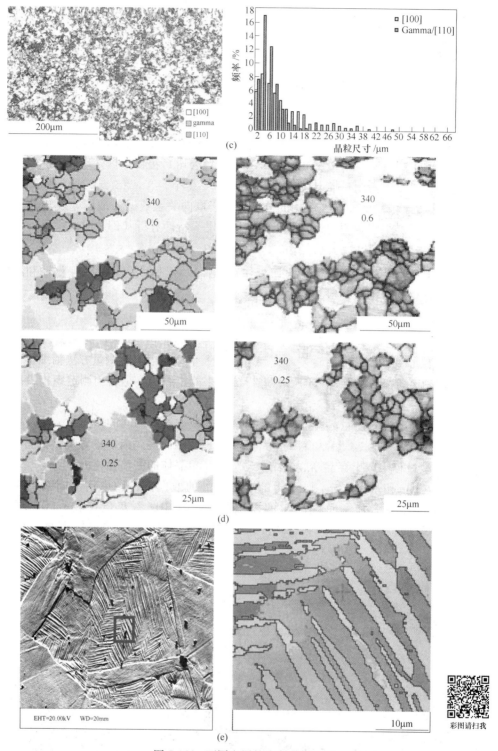

图 5-166　不同金属的取向成像分析

（a）纯铁的取向成像图（深灰色⁴/角度差 2°~5°；灰色⁴/角度差 5°~15°；黑色⁴/角度差 15°~180°）；

（b）纯铁的晶界演示图；（c）铜薄膜的取向成像图与晶粒尺寸分布，gamma 指［111］取向的晶粒；

（d）镁合金 340℃下不同应变后动态再结晶晶粒变化；（e）平面应变压缩 8%镁合金 AZ31 中形变孪晶区域的取向成像图

图 5-166（c）为铜薄膜的取向成像图与晶粒尺寸分布，图中浅灰色为［100］取向晶粒，黑灰色为［110］取向晶粒，灰色为［111］取向晶粒，大部分区域为［100］取向。从不同取向晶粒的尺寸分布可以看出，大尺寸［100］取向的晶粒比［111］及［110］取向的多，且尺寸更大。

图 5-166（d）给出了镁合金在 340℃下，分别在 0.60 和 0.25 应变量连续再结晶的特征，即新生晶粒与形变晶粒两类晶粒的取向变化。左图为微区取向成像图，右图为不同应变量动态再结晶区域图。从 0.60 应变后微区取向成像可以看出，等轴细小的再结晶新晶粒（用深色表示）的取向与形变基体晶粒（用浅色作背底表示）的取向非常接近，表明新晶粒是通过亚晶逐渐转动形成的。由 0.25 应变后的微区成像与 0.60 应变后微区成像比较可以看出，它们只是初始晶粒不同，再结晶新生晶粒与形变基体晶粒取向相近，表明新生晶粒形核主要在晶界，新生晶粒是通过亚晶逐渐转动形成的。

图 5-166（e）为平面应变压缩 8%镁合金 AZ31 中形变孪晶区域的取向成像图。由图可以看出孪晶只发生在某些取向晶粒内，是有选择性的。

B 晶界特性及晶粒尺寸测定

用显微镜成像方法很难显示出小角晶界、孪晶界等有关晶界的信息。一个晶粒相对于样品表面只有单一的结晶学取向，这就使 EBSD 成为理想的晶粒尺寸测量工具，最简单的方法是采用横穿试样的线扫描，同时观察衍射花样的变化。也可利用 EBSD 把取向成像图转换为晶界演示图，如图 5-166（b）就是图 5-166（a）转换后得到的晶界演示图。从晶界演示图中很容易地分辨出小角晶界和大角晶界。另外，如图 5-166（d）所示，从取向成像图分析形变再结晶，可得到新生相形核在晶界发生的结论。

C 物相鉴定及相比计算

用 EBSD 鉴定物相是先用能谱仪测定出待鉴定物相由哪些元素组成，然后测量、采集该物相的 EBSP 花样。用这些元素可能形成的所有物相对 EBSP 花样进行标定，只有完全与 EBSP 花样相符合的物相才是所鉴定的物相。EBSD 是根据晶面间的夹角来鉴定物相，一张 EBSP 上包含约 70°范围内的晶体取向信息，而 EBSD 在测定晶面间距时误差较大，因此必须先测定出待鉴定物相成分以缩小范围。用 EBSD 技术鉴定相结构对化学成分相近的矿物及某些元素的氧化物、碳化物、氮化物的区分很适用。如 M_3C 和 M_7C_3（M 为 Cr，Fe，Mn 等）碳化物中有六方对称性和斜方对称性两种，因此具有完全不同特征的 EBSD 花样。又如赤铁矿（Fe_2O_3）、磁铁矿（Fe_2O_4）和方铁石（FeO）的区分，以及体心立方和面心立方铁的区分，钢中的铁素体和奥氏体的区分等。在相鉴定和取向成像图绘制的基础上，可对多相材料中各相百分比含量进行计算。以氧化铜和氧化铝扩散对生成相鉴定实例来说明，参见图 5-167。氧化铜和氧化铝扩散对经高温扩散退火后，在扩散对的界面生成 $CuAl_2O_4$ 和 $CuAlO_2$ 两个新相，图 5-167（a）给出了反应区域菊池带的显微形貌图和菊池花样，可以看出扩散过程形成的中间化合物层。图 5-167（b）为各相标定的结果及其含量的百分率。图 5-167（c）为能谱仪给出的氧、铜、铝元素在各相中的分布，这与四种氧化物中元素的含量相对应，证实了确定的新相可靠性。

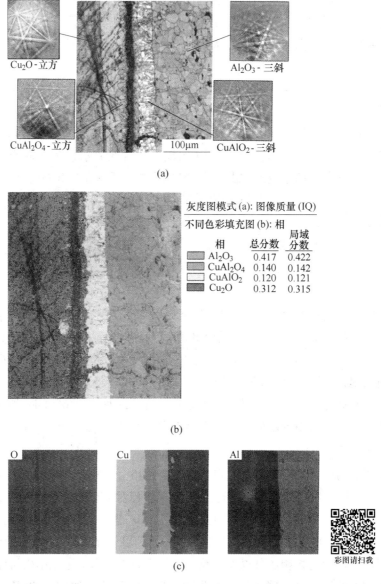

图 5-167 氧化铜和氧化铝扩散对经高温扩散退火后的相鉴定
（a）标有各区菊池带的显微形貌图；（b）各相标定及其含量的百分率；
（c）氧、铜、铝元素在各相中的分布

D 应变分析

大量实验观察结果表明，晶体材料的应变对 EBSD 质量有影响。随着晶体应变的增加，EBSD 的衬度下降，菊池带不清晰。材料微观区域的残余应力使局部的晶面变得歪扭或弯曲，从而使 EBSD 的菊池带变模糊。因此，可以从 EBSD 花样的质量直观地定性或半定量地分析晶体内存在的塑性应变，诸如超合金和铝合金中的应力变化，以及外力作用下所发生的塑性变形和断裂过程，半导体中离子注入损伤，溶质原子诱导应变等。下面以不均匀变形分析应用实例来说明。

Q235 低碳钢 700℃热压缩形变过程中不均匀变形分析。图 5-168（a）为 Q235 低碳钢 700℃热压缩形变（应变1.4）后纵断面的 SEM 形貌。图中黑色凸起部分，含晶体缺陷少，受侵蚀程度小，而浅色下凹组织，含晶体缺陷较多，受侵蚀较重。宏观织构测定表明，bcc 压缩形变导致 {100} 和 {111} 织构，这种组织差异是晶粒取向不同所造成的。

图 5-168（b）为 08 钢加热到 700℃应变 1.4 后纵断面取向成像图和 SEM 形貌，右图可以看出灰度差异较大，表明微观组织不均匀；左图取向成像图中黑色为 {111} 晶粒，浅色为 {100} 晶粒。

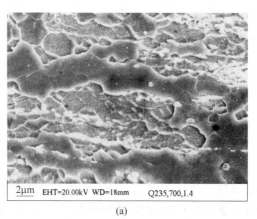

(a)

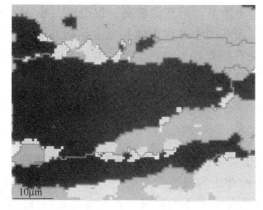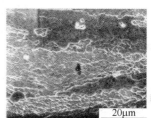

(b)

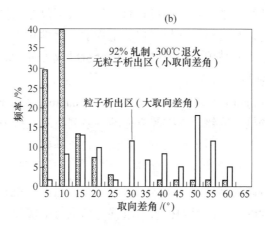

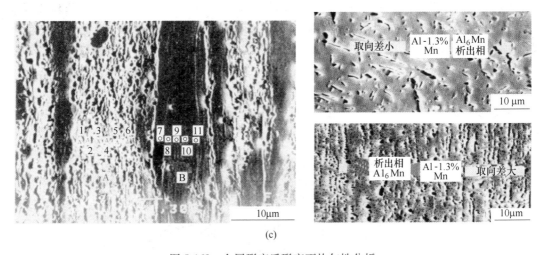

(c)

图 5-168   金属形变后形变不均匀性分析

（a）700℃，应变 1.4，Q235 低碳钢纵断面 SEM 形貌；（b）08 钢加热到 700℃应变 1.4 后
纵断面取向成像图和 SEM 形貌；（c）铝锰合金大形变后取向差分布对析出影响的分析

图 5-168（c）为过饱和固溶体铝锰合金 Al-1.3%Mn 轧制退火后取向差对析出影响的分析。右上图为左图中 A、B 两区域内取向差分布，左图中 A 区为面心立方结构晶粒，晶粒间取向差大，亚晶界上位错密度高，形变储能高，促进第二相 Al_6Mn 析出，即粒子提前析出，析出相形状不规则。而左图中 B 区为体心立方结构晶粒，晶粒间取向差小，析出速度较慢，粒子析出相对晚，随着退火时间延长才开始析出第二相 Al_6Mn，析出相形状比较规则。由此得出形变材料组织的不均匀，对退火中第二相的析出快慢和形状有影响。

5.4.10   扫描电子显微镜的发展

科学技术的发展和深入科学研究的需求推动了扫描电子显微镜向多功能化、数字化和操作简易化方向发展，在仪器性能不断改进和提高的基础上，应用范围也在不断地扩展。电子枪性能的不断改进使得扫描电镜的分辨率不断提高，各种多功能附件的出现和发展，使得扫描电镜的分析功能不断加强，通过新附件的引入可以在扫描电镜中对纳米材料进行原位观测和组装。目前，在材料科学与工程、生物学、化学化工、生物医学、物理学、地质与矿物、资源与环境等领域中，扫描电子显微分析已成为重要的分析、研究手段。

5.4.10.1   场发射扫描电镜

场发射扫描电镜（field emission scanning electron microscope，FESEM）的出现和发展，体现了扫描电镜在电子枪、物镜、真空等方面的一系列技术改进成果，这些技术的采用不仅提高了分辨率，也为电子显微分析的发展提供了物质基础。

A   电子枪的改进——场发射枪的应用

由于场发射枪具有高的亮度（$\sim 10^8/(cm^2 \cdot sr)$），当电子束直径达到 $\sim 1nm$ 时仍能保持很高的束流，使图像的信噪比得到很大的改善。场发射枪使扫描电镜的分辨率由传统的热发射枪的 6nm 提高到 1.5nm（传统物镜，30kV 下）。

B 物镜的改进

传统的物镜处于弱激励状态，球差和色差系数仍然很大，成为进一步提高分辨率的障碍。因此一些扫描电镜生产厂商把精力集中于新的物镜的设计，提出了浸没式（In-Lens）和半浸没式（Semi-in-Lens）等新的物镜工作模式，使物镜处于强激励状态，其焦距和像差、色差系数都接近透射电镜物镜的参数，把分辨率提高到 0.8~1nm（30kV 下）。但这种扫描电镜在观察时样品处于物镜的磁场中，对某些磁性样品不适用，且样品的倾斜受到限制。德国的科学家则采取了新型的电磁复合透镜来改进物镜，样品在物镜磁场之外，可使像差系数极大的降低，分辨率提高到 1nm。场发射电子枪的亮度高，可获得具有很高分辨率的二次电子像。目前，场发射扫描电镜的分辨率已达到 0.6nm（30kV 下），促进高分辨率扫描电子显微术和低能扫描电子显微术的发展。

C 真空度的提高

场发射电子枪需要在很高的真空度下使用，电子束的散射小，其分辨率有望进一步提高。近年来生产厂家采用多级真空系统，即机械泵、分子泵和离子泵相结合的真空系统，真空度可达 10^{-7} Pa。此外，还采用磁悬浮技术，大大降低了噪声和振动等，使灯丝的寿命有所增加。

研究微米、纳米材料的微结构时，需要在高的放大倍数下进行观测，而且随着低原子序数材料、不导电材料等样品种类的不断增多，需要扫描电镜提供优异的低加速电压性能，以获得高质量的图像，甚至对未喷涂导电膜的非导电样品也能获得高倍图像。出现的场发射扫描电镜（FESEM）能满足这些要求，部分商用的场发射扫描电镜的主要技术指标见表 5-30。

表 5-30 部分场发射扫描电镜的主要技术指标

技术指标	JEOL JSM7600F	FEI Magellan™400	Hitachi S-4800	Zeiss SUPRA™60
分辨率/nm	1.0（15kV）/1.5（1kV）	0.8（15kV）/0.9（1kV）	1.0（15kV）/1.4（1kV）	1.0（15kV）/1.7（1kV）
加速电压/kV	0.1~30	0.05~30	0.5~30	0.1~30
放大倍数	25~1000000	—	20~800000	12~900000

5.4.10.2 低真空扫描电镜

若用一般扫描电镜观察含水非导体的表面形貌，需要在观测前把样品进行干燥处理，而后在其表面喷镀导电层，以消除观测时样品表面上的电子堆积。虽然喷镀的导电层很薄，但还是改变了样品表面原始的化学组成和晶体结构，使这两种信息的反差减弱。另外，干燥还会引起脆性材料微观结构的变化，破坏了材料原有的正常反应，不能连续地研究样品的反应动力学。

低真空扫描电镜的出现，解决了不导电样品的分析问题。采用一级压差光阑技术实现二级真空，并可获得相当于真空机组能达到的真空度。在扫描电镜的这种工作模式下，发射电子束的电子枪室和电子束聚焦的镜筒必须保持在清洁的高真空环境中，而样品室则处于低真空状态。当聚焦的电子束进入低真空样品室后，与残余的空气分子碰撞使其电离，离化带有正电的气体分子在附加电场的作用下向样品表面运动，与样品表面荷电的电子中和，消除了非导体试样表面的荷电现象，实现了非导体样品自然状态的直接观察。低真空扫描电镜包括环境扫描电镜（ESEM），可在低真空和高真空下工作。场发射电子枪的环境扫描电镜可在高真空、低真空和环境气氛三个模式下工作，配有二次电子探测器，二次电子像的分辨率均能达到 3.5nm。

低真空扫描电镜的主要特点：

（1）非导电材料不需喷涂导电膜，可直接观察，不破坏原始形貌。

（2）样品可在 100%湿度下观察，进行含油、含水样品的观察，能够观察液体在样品表面的蒸发和凝结以及化学腐蚀行为；可检测潮湿、新鲜、活的样品，在农林、生物、医学、环保等领域具有应用前景。

（3）利用配套的高温、低温、拉伸、变形等附件，可进行样品热模拟及力学模拟的动态实验研究；可以利用微量注射器或微量控制器改变样品室内的气氛，观察样品在不同气氛下的变化；还可观察样品脆断、变形、熔化、溶解、结晶、腐蚀、水解等，通过连续观察研究材料反应过程动力学。

5.4.10.3　低电压扫描电镜

目前对一般材料样品，大多数扫描电镜采用 10~30kV 的加速电压工作，都能获得较好的图像分辨率和信噪比，进行微区成分分析也能提供可靠的定性、定量结果。然而，在对半导体材料和器件观测时，不允许在大尺寸芯片和集成电路元件上喷镀导电膜层，同样对镀膜玻璃表面不导电的极薄镀层观测时也不能喷镀导电层。绝缘体不导电和导热性差的材料，如图 5-169 中的粘胶纤维，若

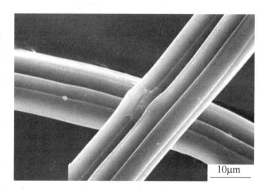

图 5-169　粘胶纤维的 SEM 形貌像

用 20kV 观察，不但荷电现象严重，还会很快被电子束烧坏，无法成像。而在低电压模式下，即使不喷镀导电层，对非导电材料也可以观察到其原始状态的细节。这为检验集成电路片芯、镀膜玻璃，研究非导电材料等提供了方便。

场发射电子枪的扫描电镜提供了在高压时的高分辨率和在低压时进行观察的可能性。浸没式和半浸没式场发射扫描电镜在 1kV 时的分辨率可达到 2.5~5nm，不需喷涂导电膜低压时就可以观察绝缘样品或半导体样品，而且在低压时会出现新的二次发射特性和新的衬度机制。目前尚未做到真正的低压（100V 以下），因为电子束在加速电压为 1~0.5kV 时，再继续减小物镜的像差很困难。目前采用加速电压为 1~0.5kV 范围的低电压扫描电镜（LVSEM）（或低能扫描电镜，LESEM）对固体材料表面的研究，已取得很好的成果。

低电压扫描电镜（低能扫描电镜）是指加速电压低于 5kV 的扫描电镜，其优点为：（1）减小试样表面的荷电现象；（2）试样表面受到的辐照损伤小，可以避免表面敏感试样的高能电子的辐照损伤；（3）有利于二次电子发射，改进图像质量；（4）减轻边缘效应，能显示原来图像中淹没在异常亮区域中的形貌细节；（5）入射电子与物质相互作用所产生的二次电子发射强度是随着工作电压的降低而增加，且对被分析试样表面的状态和温

度更敏感，可在新的研究领域中获得应用。

低电压扫描电镜扫描电子的束流是随着工作电压的降低而显著下降，因而信噪比不能满足显微分析的基本要求。目前，通过提高场发射电子枪的发射电流密度，使在很低的工作电压（1kV）条件下，仍有足够大的电子束流，这为低电压扫描电镜的进一步发展奠定了基础。

目前，低电压扫描电镜均采用了场发射电子枪和强励磁透镜，使低电压扫描电镜在 1kV 下的二次电子像的分辨率为 2~5nm。依观测对象，低电压扫描电镜常用的工作电压参见表 5-31。

表 5-31　低电压扫描电镜常用的工作电压

应用目的	建议工作电压/kV
1. 直接观察不导电样品	1.5~3
2. 观察细灯丝的表面结构	约 1
3. 观察碳纤维芯部的精细结构	
4. 观察轻元素样品的表面结构	
5. 观察重元素样品的表面结构	约 5
6. 在小于 0.1μm 选区内进行的 EDS 分析	
7. 表面薄膜分析	约 2

场发射电子枪的低电压扫描电镜在低于 5kV 的工作电压下，被分析样品产生的二次电子的产额显著增高，且其发射数量对表面的成分、表面的电子结构、表面晶体缺陷的浓度以及表面的温度等都很敏感。因此，利用低压场发射扫描电镜可进行材料表面微细节的观察与研究和二次电子像的观测与分析，以及对小于 0.1μm 的细节进行成分的点、线和面分析。

低压场发射扫描电镜的空间分辨能力强，可以替代透射电镜的部分工作。如果对低压下 EDS 的定量校准工作和定量软件进一步完善，元素的定量分析空间分辨率能提高一至两个数量级。由于低加速电压下的电子作用区域减小，背散射电子衍射区域同样减小，可以提高背散射电子衍射（EBSD）的分辨率，在 5kV 下可优于 0.1μm。

5.4.10.4　微纳米显微操纵仪

德国 Kleindiek Nanotechnik 公司生产的微操纵仪（MMS）以其高精度、超灵活、易操作、小体积的优点，改变了电子显微镜只用于样品观察的局限性，可直接在样品室内接触、操纵样品，从而对样品进行物性分析，若多个微操纵仪联合使用则可从事微纳米尺度样品的加工和组装工作。

另外，新型的环境扫描电镜（ESEM）可观察导体、半导体、绝缘材料、含水及生物材料等样品。而 ESEM-MMS 系统可操纵几百纳米至几微米、纳克级质量的样品，在诸多高技术领域中具有应用前景。

5.4.11　扫描电子显微镜和电子探针在冶金与材料物理化学研究中的应用实例分析

扫描电子显微镜是最常用的显微形貌分析仪器之一，它在冶金和材料物理化学研究中起着重要的作用。下面给出在两个研究领域的应用实例予以说明。

5.4.11.1   扫描电子显微镜应用实例——在古陶瓷研究中的应用

在古陶瓷研究中，利用扫描电镜观测的结果结合物理化学原理进行分析和讨论，探明了宋代汝瓷釉乳浊化的机理，为仿制宋代汝瓷釉提供了理论指导。

A   宋代汝瓷片纵断面的显微形貌观测

将出土的宋代汝瓷残片，沿瓷-釉横断面切割成 10mm×10mm×5mm 试样块，经磨、抛、清洗、吹干、真空喷金，分别在岩相显微镜和扫描电子显微镜上进行观测，结果如图 5-170 所示。岩相显微镜和扫描电镜观察结果都表明，釉层具有明显的乳浊化特征，同时发现宋代钧釉和耀州青瓷釉也都存在乳浊化现象。釉层是如何出现乳浊化的特征的，乳浊化机理是什么？是人们研究宋代名瓷遇到的问题。

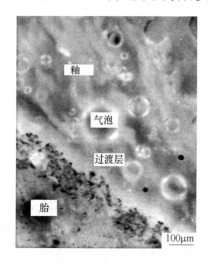
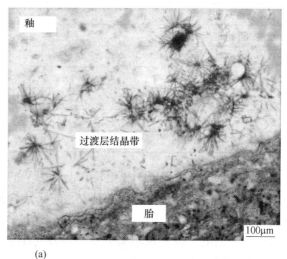

(a)

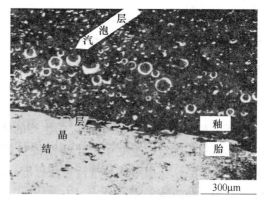

(b)

图 5-170   宋代汝瓷残片的瓷-釉断面形貌
(a) 岩相显微镜观测的形貌；(b) SEM 形貌像

现以宋代汝瓷天青釉为例进行分析。由图 5-170 中扫描电镜 SEM 形貌可以看出，宋代汝瓷残片胎-釉断面分为三层，即胎、釉和胎釉之间的过渡层。而过渡层中又可细分为气泡层和结晶层。结合能谱（EDS）分析和透射电子显微镜观测与选区电子衍射及 XRD 分析表明，结晶相为石英和钙长石，此外还有非晶相，图 5-171 展示部分选区电子衍射分析结果。

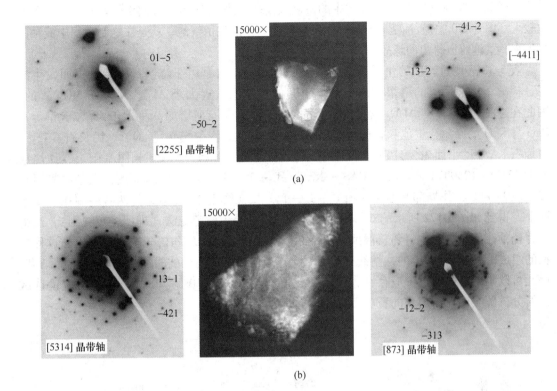

图 5-171 α-石英和 α-方石英的 TEM 形貌和选区衍射分析

(a) α-石英；(b) α-方石英

B 用物理化学相图中的双等温截面图对宋代汝釉的冷却过程进行分析

瓷釉断面观察到的过渡层是怎样形成的，如何起到乳浊化作用？为此需了解瓷、釉及过渡层的化学成分，便于对宋代汝釉的冷却过程进行分析。用等离子光谱分别对剥离的汝瓷胎和釉粉体进行分析，用 EDS 对过渡层进行分析。由化学分析得到的汝瓷胎和釉及过渡层的化学组成，一并列入表 5-32 中。

表 5-32 汝瓷胎和釉及过渡层的化学组成 （%）

名称	$x(SiO_2)$	$x(Al_2O_3)$	$x(Fe_2O_3)$	$x(CaO)$	$x(MgO)$	$x(K_2O)$	$x(Na_2O)$	$x(TiO_2)$	$x(MnO)$	$x(P_2O_5)$
釉	72.44	9.10	0.62	10.86	1.95	2.53	2.08	0.16	0.10	0.14
胎	74.70	19.32	0.93	1.85	0.83	1.32	0.10	1.15	0.03	0.03
过渡层	71.73	11.68	0.78	9.84	1.61	1.99	2.00	0.19	0.08	0.10

由表 5-32 釉的化学组成可以算出，该釉的成分代表点落在钙长石 $CAS_2(CaAl_2Si_2O_8)$ ——

白榴石 KAS_4 区域中的化合物（$KAlSi_2O_6$）—石英 SiO_2—硅灰石 $CS(CaO \cdot SiO_2)$ 组成的四面体中，且 $RO_2/R_2O_3=7.5$，$(RO \cdot R_2O)/RO_2=4.1$，属光泽釉的组成范围。计算汝釉的结构参数分别为：硅氧比 $R=2.5$，平均非桥氧数 $X=1.0$，平均桥氧数 $Y=3.0$，这表明汝釉的桥氧数 Y 值较高，即每一个硅-氧多面体中的桥氧数较多，釉中硅-氧连接网络较紧密，因此黏度也较大。图 5-170 中瓷-釉断面形貌显示釉层存在大量的残留气泡，就是在烧制过程中液釉的黏度大，气泡难以排出的缘故。

表 5-32 表明过渡层的化学组成介于胎与釉之间，这是由于烧制过程胎釉界面发生溶解、扩散、化学反应的结果。由于 Ca^{2+}、K^+ 的扩散系数远大于 Al^{3+}、Si^{4+}（或 SiO_4^{4+}）的，因此在过渡层中 CaO、Al_2O_3 含量降低，而 Al_2O_3 的含量有所增加，使 Al_2O_3 摩尔含量等于 CaO 与 K_2O 的摩尔含量值和，即过渡层的成分代表点应落在石英（SiO_2）—钙长石 CAS_2—白榴石 KAS_4 的平面内，且在该平面内变化。在 SiO_2—CAS_2—KAS_4 相图基础上，作烧成温度 1513K（1240℃）的 SiO_2—CAS_2—KAS_4—L_3—L_2—L_1—L_4 等温截面图，在釉的凝固点 1373K（1100℃）作局部等温截面图 L_5—L_6—L_7—L_8（图中阴影区），将两者绘制在同一张图上，得到如图 5-172 所示的双等温截面图。根据降温矢确定方法（即罗策布规则），汝瓷天青瓷釉在冷却过程中，随着温度下降不断析出钙长石、SiO_2 和富硅玻璃相，析晶过程中釉的组成沿钙长石-石英的共熔线变化，从 L_2 变到 L_6，直到釉的凝固温度 T_s，析晶结束。由此可以判定，过渡层中应存在大量未熔化的石英（约为 10%~20%），从透射电镜选区衍射分析证实确有未熔化的石英存在。

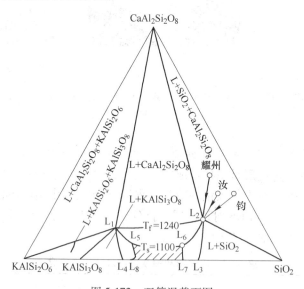

图 5-172　双等温截面图

根据上述双等温截面图分析和有关化学成分分析，证实了在胎与釉之间存在过渡层，过渡层中存在"结晶带"，这与扫描电镜观测的结果吻合。XRD 分析表明釉中存在钙长石，TEM 观测和选区衍射分析证实过渡层中存在石英和方石英。

为分析"气泡带"出现的机理，计算了液态釉的成分代表点 L_2 和 L_6 的结构参数变化，见表 5-33。

表 5-33　液态釉的成分代表点 L_2 和 L_6 的结构参数变化

成分代表点	R	X	Y
L_2	2.8	1.6	2.4
L_6	2.9	1.8	2.2

由表 5-33 可以看出，过渡层的桥氧数远小于釉层的桥氧数，故过渡层的黏度小于釉的黏度，因而气泡扩散进入过渡层，形成了"气泡带"，参见图 5-173。

釉的乳浊化的两个条件是，有尺寸相对较小的第二相，以及第二相的

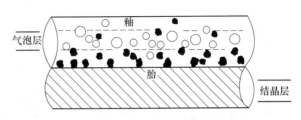

图 5-173　汝瓷乳浊化模型

折射率大于基质的折射率。由表 5-33 可以看出釉结构参数的变化，过渡层中的桥氧数远小于釉中的桥氧数，即过渡层的黏度小于釉层的黏度，故气泡向过渡层迁移。根据扫描电镜观测的结果表明，气泡尺寸为 $2\sim50\mu m$，结晶相钙长石的尺寸为 $0.1\sim2\mu m$，残余石英颗粒尺寸（大体与可见光的波长相当）与基质颗粒相比，其尺寸相对较小，且与基质的折射率差别较大；它们的折射率分别为：基质 $n_g=1.5$，$n_{bubble}=1.0$，$n_{SiO_2}=1.55$，$n_{CAS_2}=1.59$，钙长石的折射率大于釉的折射率。因此，第二相对光产生散射，散射达到一定程度后，使釉呈现乳浊化现象；又由于釉的表面层第二相含量较少，再加上釉的镜面反射分数较高，因而宋代汝瓷具有"乳光晶莹，釉质浑厚"的艺术效果。

5.4.11.2　扫描电子显微镜应用实例二——在金属材料夹杂物研究中的应用

A　稀土元素处理钢液钢中夹杂物的研究

为了提高钢材的质量，国内外分别研究了用钙或稀土元素处理钢液，认为它们不仅可以脱氧、脱硫，还可以去除砷、锡、铋、铅、镉等有害杂质，从而达到了净化钢液、净化晶界，改善杂质分布规律和夹杂物形态的目的，有效地提高了钢材的性能。

下面从热力学分析并通过扫描电镜的观测来验证，说明稀土元素是如何达到净化钢液和晶界目的的。

a　钢中夹杂物生成热力学计算

首先从热力学上分析稀土元素处理钢液时的脱氧、脱硫、去除杂质的产物。

（1）稀土夹杂物生成的吉布斯自由能计算。稀土元素加入钢液中会生成哪些稀土夹杂物？在同一标准态下，取 1mol 稀土为比较标准，计算各类稀土夹杂物的生成反应吉布斯自由能。反应通式可写为

$$[RE] + \frac{y}{x}[Imp] = \frac{1}{x}(RE_xImp_y)(s)$$

$$\Delta_r G^{\ominus} = A + BT$$

式中，[RE] 为溶解于钢液中的各种稀土金属元素；[Imp] 代表溶解于钢液中的各种杂质元素，诸如 [O]、[S]、[As]、[N]、[Sn]、[C] 等；圆括号表示在渣中。

利用化学反应等温式计算实际条件下的反应自由能

$$\Delta_r G = \Delta_r G^{\ominus} + RT\ln Q = \Delta_r G^{\ominus} + RT\ln \frac{a_{(\mathrm{RE}_x\mathrm{Imp}_y)}^{\frac{1}{x}}}{a_{[\mathrm{RE}]} a_{[\mathrm{Imp}]}^{\frac{y}{x}}}$$

式中，Q 为产物活度积与反应物活度积之比。

钢液中组元 i 活度的计算公式为

$$a_i = f_i w[i]_\%$$

相应的活度系数计算式为

$$\lg f_i = \sum_{j=1}^{n} e_i^j w[j]_\%$$

式中，e_i^j 为钢液中 j 元素对 i 组元的相互作用系数。

现以我国某含砷铁矿冶炼低碳钢为例，对加入稀土元素 Ce 后可能生成的夹杂物进行热力学计算和分析。已知钢液化学成分（质量比）为：0.20%C；0.017%Si；0.45%Mn；0.067%P；0.044%S；0.03%Al；0.22%Cu；0.014%O；0.21%As；0.002%N；0.1%Sn；0.090%Ce。计算在电渣重熔（1873K）时，能够生成哪些稀土夹杂物。

由活度相互作用系数（见表 5-34），计算钢液中各组元的活度（见表 5-35）。

表 5-34　1873K 时钢液中各组元的活度相互作用系数

	O	C	Si	Mn	P	S	N	Al	Ce	As	Sn
O	−0.20	−0.45	−0.131	−0.021	0.07	−0.133	0.057	−3.9	−0.57	0.07	0.011
S	−0.27	0.11	0.063	−0.026	0.029	−0.28	0.01	0.035	−1.91	0.0041	
N	0.05	0.13	0.047	−0.02	0.045	0.007	0.0	−0.028		0.018	0.007
C	−0.34	0.14	0.08	−0.012	0.051	0.046	0.11	0.043		0.043	0.041
Al	−6.6	0.091	0.0056			0.03	−0.058	0.045	−0.43		
Ce	−5.03				−8.36			−2.25	−0.003		
As		0.25			0.0037	0.077				0.296	
Sn	−0.11	0.37	0.057		0.036	−0.028	0.027				0.0016

表 5-35　1873K 时溶解于钢液中各组元的活度系数和活度值

	f_i								a_i						
	f_O	f_S	f_N	f_{Al}	f_{Ce}	f_C	f_{As}	f_{Sn}	a_O	a_S	a_N	a_{Al}	a_{Ce}	a_C	a_{As}	a_{Sn}
加铈前	0.62	0.998	1.059	0.848		1.095	1.296	1.188	0.868×10^{-2}	4.39×10^{-2}	0.212×10^{-2}	2.54×10^{-2}		0.219	0.272	0.119
加铈后	0.55	0.672	1.059	0.776	0.312	1.059	1.296	1.188	0.77×10^{-2}	2.96×10^{-2}	0.212×10^{-2}	2.33×10^{-2}	2.81×10^{-2}	0.219	0.272	0.119

（2）计算实际条件下夹杂物生成的吉布斯自由能。由已知反应的标准吉布斯自由能，根据化学反应等温式计算实际条件下夹杂物生成的吉布斯自由能，计算结果列于表 5-36。

表 5-36 炼钢温度下夹杂物生成的吉布斯自由能

反 应	$\Delta_r G^{\ominus}$ /kJ·(mol [Ce])$^{-1}$	$\Delta_r G$ /kJ·(mol [Ce])$^{-1}$	$\Delta_r G_{1873K}$ /kJ·mol^{-1}
$[Ce] + [N] = CeN(s)$	$-172.89 + 0.081T$	$-172.89 + 0.162T$	$+130.46$
$[Ce] + 2[C] = CeC_2(s)$	$-131.00 + 0.121T$	$-131.00 + 0.145T$	$+141.07$
$[Ce] + 1.5[C] = 0.5Ce_2C_3(s)$	$-112.00 + 0.103T$	$-112.00 + 0.124T$	$+120.29$
$[Ce] + 2[O] = CeO_2(s)$	$-852.72 + 0.250T$	$-852.72 + 0.361T$	-177.38
$[Ce] + 1.5[O] = 0.5Ce_2O_3(s)$	$-714.38 + 0.180T$	$-714.38 + 0.270T$	-208.45
$[Ce] + [O] + 0.5[S] = 0.5Ce_2O_2S(s)$	$-675.70 + 0.166T$	$-675.70 + 0.250T$	-206.92
$[Ce] + [Al] + 3[O] = CeAlO_3(s)$	$-1366.46 + 0.364T$	$-1366.46 + 0.547T$	-342.65
$[Ce] + [S] = CeS(s)$	$-422.10 + 0.120T$	$-422.10 + 0.179T$	-86.20
$[Ce] + 1.5[S](s) = 0.5Ce_2S_3(s)$	$-536.42 + 0.164T$	$-536.42 + 0.237T$	-91.68
$[Ce] + 4/3[S] = 1/3Ce_3S_4(s)$	$-497.67 + 0.146T$	$-497.67 + 0.215T$	-94.96
$[Ce] + [As] = CeAs(s)$	$-302.04 + 0.237T$	$-302.04 + 0.278T$	$+218.13$
$[Ce] + 0.5[S] + 0.5[As] = 0.5(CeAs \cdot CeS)(s)$	$-352.27 + 0.179T$	$-352.27 + 0.229T$	$+76.72$
$[Ce] + [O] + [F] = CeOF(s)$	$-904.30 + 0.226T$	$-904.30 + 0.297T$	-348.86
$[Ce] + 0.5[Sn] = 0.5Ce_2Sn(s)$	$-199.92 + 0.102T$	$-199.92 + 0.119T$	$+103.30$
$[Ce] + 3[Sn] = CeSn_3(s)$	$-190.20 + 0.280T$	$-190.20 + 0.316T$	$+401.60$

由上述计算结果可以看出，有四种稀土氧化物夹杂和三种稀土硫化物夹杂可以生成，而 CeN、稀土铈的碳化物、铈的砷化物以及铈的锡化物等均不能生成。进一步计算表明，只有当 $a_{As} > 0.3$ 时方可生成稀土砷化物；而本实验条件为 $a_{As} < 0.3$，故不能生成稀土砷化物。

（3）计算夹杂物间相互转换的热力学条件。可以生成四种稀土氧化物夹杂和三种稀土硫化物夹杂，但判断哪种优先生成，仅计算了实际条件下的生成吉布斯自由能还不够，还必须考虑各类稀土氧化物和稀土硫化物之间的相互转换，才能最终决定它们的生成热力学条件和顺序。为此，由稀土夹杂物生成的标准自由能计算不同稀土夹杂物的活度积（见表5-37），再依据稀土夹杂物转换反应式，计算转换反应自由能，确定它们相互转换的热力学条件，依此来判断它们的生成顺序。

表 5-37 1873K 时稀土夹杂物的活度积

反 应	活度积 Π_i
$[Ce] + 2[O] = CeO_2(s)$	$\Pi_{a1} = 0.188 \times 10^{-10}$
$[Ce] + 1.5[O] = 0.5Ce_2O_3(s)$	$\Pi_{a2} = 0.291 \times 10^{-10}$
$[Ce] + [O] + 0.5[S] = 0.5Ce_2O_2S(s)$	$\Pi_{a3} = 0.63 \times 10^{-10}$
$[Ce] + [S] = CeS(s)$	$\Pi_{a4} = 0.328 \times 10^{-5}$
$[Ce] + 4/3[S] = 1/3Ce_3S_4(s)$	$\Pi_{a5} = 0.578 \times 10^{-6}$
$[Ce] + 1.5[S] = 0.5Ce_2S_3(s)$	$\Pi_{a6} = 0.397 \times 10^{-6}$

1）计算稀土氧化物夹杂 CeO_2 与 Ce_2O_3 间相互转换的热力学条件。

$$Ce_2O_3(s) + [O] = 2CeO_2(s) \qquad \Delta_r G^\ominus = RT\ln\frac{\Pi_{a1}^2}{\Pi_{a2}^2}$$

由化学反应等温方程式计算实际条件下的标准吉布斯自由能

$$\Delta_r G = \Delta_r G^\ominus + RT\ln\frac{1}{a_0} = RT\ln\frac{\Pi_{a1}^2}{a_0\Pi_{a2}^2}$$

当 $\Delta_r G < 0$，即 $\dfrac{\Pi_{a1}^2}{a_0\Pi_{a2}^2} < 1$ 或 $a_0 > 0.417$，才能生成 $CeO_2(s)$ 夹杂物，而本实验条件下，$a_0 \ll 0.417$（参见表 5-35），故不可能生成 $CeO_2(s)$ 夹杂。

2）计算夹杂 Ce_2O_3 与 Ce_2O_2S 间相互转换的热力学条件。

$$Ce_2O_3(s) + [S] = Ce_2O_2S(s) + [O] \qquad \Delta_r G^\ominus = RT\ln\frac{\Pi_{a3}^2}{\Pi_{a2}^2}$$

于是

$$\Delta_r G = \Delta_r G^\ominus + RT\ln\frac{a_0}{a_S} = RT\ln\frac{a_0\Pi_{a3}^2}{a_S\Pi_{a2}^2}$$

当 $\Delta_r G < 0$，即 $\dfrac{a_0\Pi_{a3}^2}{a_S\Pi_{a2}^2} < 1$，本实验条件下 $\dfrac{a_0}{a_S} < 0.213$（或写为 $a_0 < 0.213a_S$，参见表 5-35），显然 $Ce_2O_3(s)$ 夹杂能转换为 $Ce_2O_2S(s)$ 夹杂物。

3）计算稀土硫化物夹杂 CeS 与 Ce_3S_4 间相互转换的热力学条件。

由反应　　　$Ce_3S_4(s) = 3CeS(s) + [S] \qquad \Delta_r G^\ominus = RT\ln\frac{\Pi_{a4}^3}{\Pi_{a5}^3}$

从而

$$\Delta_r G = RT\ln\frac{a_S\Pi_{a4}^3}{\Pi_{a5}^3}$$

当 $\Delta_r G < 0$，$a_S = 0.0055$，则生成 $CeS(s)$ 夹杂物；而本实验条件 $a_S \gg 0.0055$（参见表 5-35），故不能生成 $CeS(s)$ 夹杂物。

由反应　　　$3Ce_2S_3(s) = 2Ce_3S_4(s) + [S] \qquad \Delta_r G^\ominus = RT\ln\frac{\Pi_{a5}^6}{\Pi_{a6}^6}$

于是　　　　　　　　　　$\Delta_r G = RT\ln\frac{a_S\Pi_{a5}^6}{\Pi_{a6}^6}$

当 $\Delta_r G < 0$，即 $a_S < 0.105$ 时，生成 $Ce_3S_4(s)$ 夹杂物，由表 5-35 可以看出，$a_S = 0.0296$，满足生成 $Ce_3S_4(s)$ 夹杂物的热力学条件。

通过上述热力学分析，得知在本实验条件下钢中应该存在 $Ce_3S_4(s)$、$Ce_2O_2S(s)$、$CeAlO_3(s)$ 等稀土夹杂物。

b　钢中夹杂物的实验观测和分析

采用实验观测稀土处理低碳钢存在稀土夹杂物的方法，验证上述热力学分析结果。实验验证中，为防止硫化物等一些微量溶于水的夹杂物流失，采用非水电解质溶液电解法将夹杂物由钢样中萃取分离出来。试样为阳极，不锈钢片为阴极，阳极电流密度不大于 $100mA/cm^2$，电解液的 pH = 8，电解时控制电解液的温度为 $-5 \sim +5℃$，在电解分离过程中采用氩气保护，以防止稀土夹杂物的二次氧化，实验装置如图 5-174 所示。经电解分离出的夹杂物在 SEM 上进行观测并进行 EDS 分析，其结果如图 5-175 所示。SEM 的观测与分析证实了热力学计算结果，即稀土元素 Ce 处理钢液生成 $Ce_3S_4(s)$、$Ce_2O_2S(s)$、$CeAlO_3(s)$ 等稀土夹杂物。

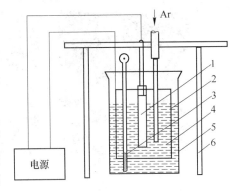

图 5-174　钢中夹杂物电解分离示意图
1—阳极；2—阴极；3—温度计；4—电解液；
5—电解槽；6—阳极支架

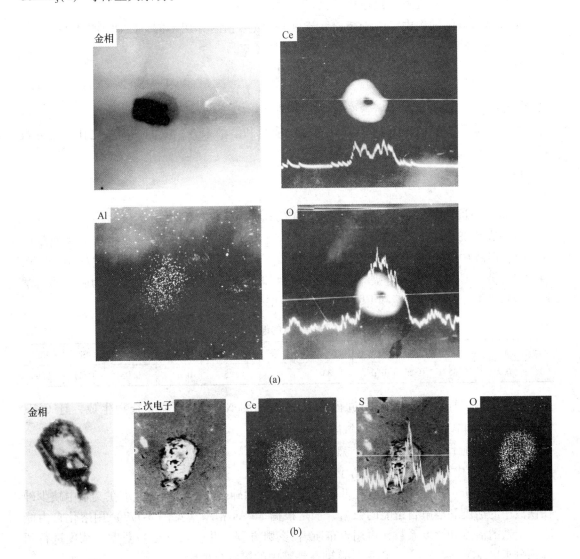

(a)

(b)

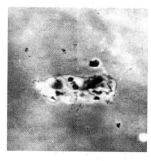

(c)

图 5-175　低碳含砷钢中稀土夹杂物的 SEM 形貌和 EDS 分析

(a) $CeAlO_3(s)(600\times)$；(b) $Ce_2O_2S(s)(600\times)$；(c) $Ce_3S_4(s)(600\times)$

B　凝固过程生成夹杂物的计算及 SEM 观测

液态金属凝固过程中，由于杂质元素在固-液两相的分配不同，因而形成化学偏析，产生新的夹杂物。一般杂质溶质偏析的热力学计算式为

$$C_1 = \frac{C_0}{1 - g(1 - K)}$$

式中，C_0 为凝固前金属液中所含杂质溶质的浓度；C_1 为同一温度下金属液所含杂质溶质的浓度；g 为凝固率，即某温度下析出固体的质量和溶液未开始凝固前质量之比，用分数表示；K 为偏析系数，又称为平衡分配系数，

$$K = \frac{C_s}{C_1}$$

C_s 为某温度下凝固析出的固溶体所含溶质的浓度。

利用表 5-38 所给元素偏析系数，计算 C_1^{Ce}、C_1^{Mn}、C_1^{S}、C_1^{N}、C_1^{C} 得知，当金属液凝固 90% 时，钢液中还可能生成 MnS、CeN、Ce_xC_y 等夹杂物。由计算知凝固过程中，$T \leqslant$ 1470℃时会有 CeN、Ce_xC_y 等夹杂物生成，$T \leqslant 1398$℃ 可以生成 MnS 夹杂。为验证热力学计算分析结果，用扫描电镜和 EDS 观测分析钢中夹杂物。

表 5-38　元素的偏析系数

元素	C(δ-Fe)	C(γ-Fe)	N	S	As	Mn(δ-Fe)	Mn(γ-Fe)	O(δ-Fe)	O(γ-Fe)	Si	Cu
K	0.2	0.35	0.25	0.045	0.33	0.9	0.75	0.02	0.03	0.84	0.9

如图 5-176 所示，钢在凝固过程中有 MnS 和 CeN、Ce_xC_y 等夹杂物生成，且 CeN、Ce_xC_y 是在固相氧化物夹杂的表面析出。

C　关于稀土砷化物夹杂物的热力学计算及 SEM 观测

a　稀土砷化物夹杂物的热力学计算

这里将分析和验证稀土元素在低碳含砷钢中去除砷杂质的作用。由于在文献中缺少砷在铁液中的活度和溶解自由能的数据，于是根据 Fe-As 相图（见图 5-177）用熔化自由能法求出铁的活度和活度系数，再用吉布斯-杜亥姆方程，并引入 α 函数对摩尔浓度进行图解积分求出 γ_{As}、γ_{As}^0、γ_{As}^{As}，而后计算砷在铁液中的溶解自由能。

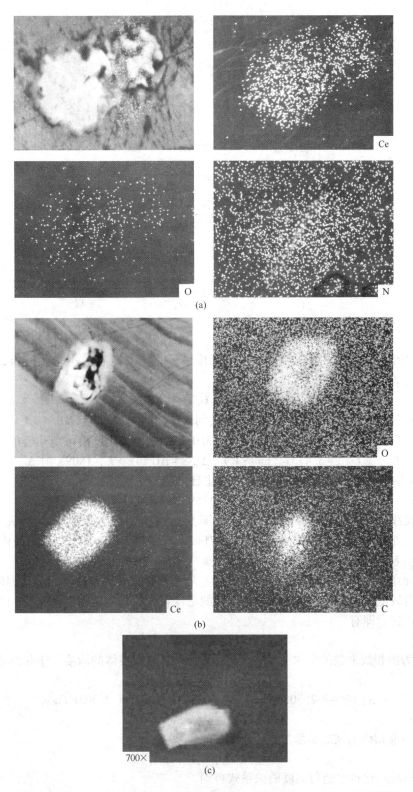

图 5-176 钢凝固过程析出 MnS 及在铝酸稀土夹杂物表面析出 CeN 和 Ce_xC_y 夹杂的 SEM 形貌及 EDS 分析

(a) CeN 夹杂物(500×)；(b) Ce_xC_y 夹杂物(400×)；(c) MnS 夹杂物（EDS 分析 $x(S) = 50.42\%$，$x(Mn) = 49.58\%$）

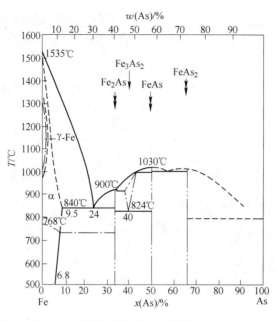

图 5-177　Fe-As 相图

（1）用熔化自由能法求出铁的活度和活度系数。选取纯液态 δ-Fe 为标准态，则纯固态铁的自由能为：

$$\Delta_{\mathrm{fus}}G^{\ominus} = G_{(s)} - G_{(l)}^{\ominus} = -RT\ln a'_{(s)}$$

式中，$\Delta_{\mathrm{fus}}G^{\ominus}$ 为熔化自由能；$a'_{(s)}$ 为纯固态铁的活度。

已知 δ-Fe 的熔点为 1809K，熔化焓为 13.08kJ/mol，熔化熵值可由热容的变化进行计算。$\Delta_{\mathrm{fus}}C_p = C_{p(l)} - C_{p(s)} = 3.473\mathrm{J/(mol \cdot K)}$，$\Delta_{\mathrm{fus}}S = \Delta C_p\ln T + I$，1809K 时 $\Delta_{\mathrm{fus}}S = 7.632$，$I = \Delta_{\mathrm{fus}}S - \Delta C_p\ln T = -18.42$。于是得到标准熔化自由能为

$$\Delta_{\mathrm{fus}}G^{\ominus} = 7524 + 21.893T - 3.743T\ln T$$

在液相线上，固态铁与溶液处于平衡，即 $G_{(s)} = G_{(l),m}$，这里 $G_{(l),m}$ 为溶液中溶剂铁的偏摩尔自由能。因 $G_{(l)}^{\ominus} + RT\ln a'_{(s)} = G_{(l)}^{\ominus} + RT\ln a_{(l)}$，所以，$a'_{(s)} = a_{(l)}$，即溶液内溶剂 Fe 的活度与固态 δ-Fe 的活度相等。

由于砷在铁中形成 α 固溶体，因此实际上液态铁是与 α 固溶体平衡。又因砷在铁中的固溶量相对较低，可近似地认为固溶体中铁的活度符合拉乌尔定律，即与固相线上铁的摩尔分数成正比，即有

$$a_{(s)} = a'_{(s)} \cdot x'_{\mathrm{Fe}}$$

式中，x'_{Fe} 为固相线上铁的摩尔浓度；$a'_{(s)}$ 为温度 T 时纯固溶体的活度。于是标准熔化自由能可写为：

$$\Delta_{\mathrm{fus}}G^{\ominus} = -2.303RT\lg a'_{(s)} = -2.303RT\lg a_{(s)} + 2.303RT\lg x'_{\mathrm{Fe}}$$

而

$$a_{(s)} = \gamma_{\mathrm{Fe}} \cdot x_{\mathrm{Fe}}$$

式中，x_{Fe} 为液相线上铁的摩尔浓度。于是

$$\lg\gamma_{\mathrm{Fe}} = \lg a_{(s)} - \lg x_{\mathrm{Fe}}$$

再由标准熔化自由能与活度的关系式得到

$$\lg\gamma_{\mathrm{Fe}} = \frac{\Delta_{\mathrm{fus}}G^{\ominus}}{RT} + \lg x'_{\mathrm{Fe}} - \lg x_{\mathrm{Fe}}$$

将已知的数据代入，得到

$$\lg a_{\text{Fe}} = 0.418\lg T - \frac{393}{T} - 1.14 + \lg x'_{\text{Fe}}$$

$$\lg \gamma_{\text{Fe}} = 0.418\lg T - \frac{393}{T} - 1.14 + \lg x'_{\text{Fe}} - \lg x_{\text{Fe}}$$

由此两个式子可以计算液相线温度下 Fe-As 二元系溶剂铁的活度和活度系数。

为计算其他温度下的 $\lg a_{\text{Fe}}$ 和 $\lg \gamma_{\text{Fe}}$，假定 Fe-As 溶液为正规溶液，则满足

$$RT\ln\gamma_{\text{Fe}} = bx_{\text{As}}^2$$

式中，$b = (\Delta_{\text{vap}}H_{\text{Fe}}^{0.5} - \Delta_{\text{vap}}H_{\text{As}}^{0.5})^2$ 是与温度无关的常数，因为 $\Delta_{\text{vap}}H_{\text{Fe}}$ 和 $\Delta_{\text{vap}}H_{\text{As}}$ 分别为铁和砷的汽化焓，不随温度改变。

当溶液成分一定时，$\ln\gamma_{\text{Fe}}$ 与 T 成反比，即已知液相线上铁的活度和活度系数，即可求出任何温度下铁的活度和活度系数。

（2）计算砷的活度系数。利用吉布斯-杜亥姆（Gibbs-Duhem）方程，可以由铁的活度系数计算出砷的活度和活度系数。引入 α 函数，$\alpha_{\text{Fe}} = \dfrac{\lg\gamma_{\text{Fe}}}{(1 - x_{\text{Fe}})^2}$，分部积分得到

$$\lg\gamma_{\text{As}} = -\alpha_{\text{Fe}}x_{\text{Fe}}x_{\text{As}} + \int_{x_{\text{Fe}}=0}^{x_{\text{Fe}}=1} \alpha_{\text{Fe}}\,dx_{\text{Fe}}$$

当 $x_{\text{Fe}} \to 1$，$x_{\text{As}} \to 0$ 时，则 $\gamma_{\text{As}} \to \gamma_{\text{As}}^0$，即有

$$\lg\gamma_{\text{As}}^0 = \int_0^1 \alpha_{\text{Fe}}\,dx_{\text{Fe}}$$

由文献查得，在 1573K，$x_{\text{Fe}} = 0.76$ 时，$\gamma_{\text{As}} = 0.12$。代入砷的活度系数计算公式，并换算到冶炼温度 1873K 时砷的活度系数，于是

$$\lg\gamma_{\text{As}} = -1.13 - \alpha_{\text{Fe}}x_{\text{Fe}}x_{\text{As}} + \int_{0.76}^{x_{\text{Fe}}} \alpha_{\text{Fe}}\,dx_{\text{Fe}}$$

作 $\alpha_{\text{Fe}} \sim x_{\text{Fe}}$ 图（见图 5-178），用图解积分求得 $\int_{0.76}^{x_{\text{Fe}}} \alpha_{\text{Fe}}\,dx_{\text{Fe}}$，再用上式计算 γ_{As}。

根据 $\ln\gamma_{\text{As}} \sim x_{\text{As}}$ 的关系图（见图 5-179），外推得到 $\gamma_{\text{As}}^0 = 0.0062$。

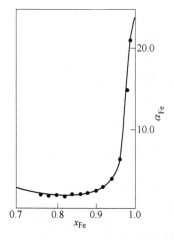

图 5-178　Fe-As 二元系 α_{Fe} 与 x_{Fe} 的关系

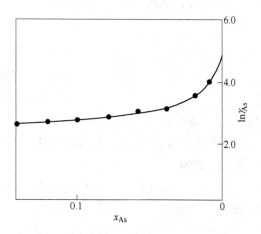

图 5-179　$\ln\gamma_{\text{As}}$ 与 x_{As} 的关系

（3）计算砷在铁液中的溶解吉布斯自由能与温度的关系式。已知 $\gamma^0_{As} = 0.0062$，便可计算砷在铁液中的溶解自由能。

$$0.5As_2(g) = [As] \qquad \Delta_{sol}G^{\ominus}_{As} = RT\ln\frac{\gamma^0_{As}A_{r,Fe}}{100A_{r,As}}$$

式中，$A_{r,Fe}$、$A_{r,As}$ 分别为铁和砷的相对原子质量。

在冶炼温度为 1873K 时，$\Delta_{sol}G^{\ominus}_{As} = -155.4kJ/mol[As]$。

对正规溶液，其熵变为

$$\Delta_{sol}S^{\ominus} = -19.142\lg\frac{55.85}{100 \times 74.92} = 0.0407kJ/(mol \cdot K)$$

焓变为

$$\Delta_{sol}H^{\ominus} = 19.142T\lg\gamma^0_{As} = -79.15kJ/mol$$

于是得到砷的溶解自由能与温度的关系式

$$\Delta_{sol}G^{\ominus}_{As} = -79.15 - 0.0407T, \quad kJ/mol$$

（4）求砷的自相互作用系数。由图 5-179 可以计算砷的自相互作用系数 $e^j_i = \left(\frac{\partial\ln f_i}{\partial[\%j]}\right)_{[\%j]}$，在 $x_{As} \to 0$ 处曲线的斜率求出 ε^{As}_{As}，再由 ε^{As}_{As} 与 e^{As}_{As} 的关系式，进而计算得到 $e^{As}_{As} = 0.296$。

b   计算生成砷化物夹杂的热力学条件

利用上述得到的热力学数据可以计算生成砷化物夹杂的热力学条件。由于文献中缺乏 CeAs 的标准生成吉布斯自由能数据，于是用晶体离子熵公式计算熵变，用绝对熵法计算其标准生成吉布斯自由能。

根据卡普金斯基（А. Ф. Капустинский）提出的公式

$$S^i_c = \frac{3}{2}R\ln A_{r,i} - 1.5\frac{Z^2_i}{r_i}$$

式中，R 为气体常数；$A_{r,i}$ 为元素 i 的相对原子质量（$A_{r,Ce} = 140.12, A_{r,As} = 74.92$）；$Z_i$ 为 i 离子的价态数（$Z_{Ce^{3+}} = 3, Z_{As^{3-}} = 3$）；$r_i$ 为 i 离子半径（$r_{As^{3-}} = 0.222nm, r_{Ce^{3+}} = 0.118nm$）。

依 CeAs 的晶体结构计算结果为

$$S^{\ominus}_{298,Ce^{3+}} = 0.0138kJ/(mol \cdot K)$$
$$S^{\ominus}_{298,As^{3-}} = 0.0284kJ/(mol \cdot K)$$
$$S^{\ominus}_{298,As} = 0.0352kJ/(mol \cdot K)$$
$$S^{\ominus}_{298,Ce} = 0.064kJ/(mol \cdot K)$$

所以 $\Delta_f S^{\ominus}_{298,CeAs} = S^{\ominus}_{298,Ce^{3+}} + S^{\ominus}_{298,As^{3-}} - S^{\ominus}_{298,Ce} - S^{\ominus}_{298,As} = -0.057kJ/(mol \cdot K)$

由文献查得 $\Delta_f H^{\ominus}_{298,CeAs} = -288.3kJ/mol$，于是反应 $As_{(s)} + Ce_{(s)} = CeAs_{(s)}$ 的标准生成吉布斯自由能为

$$\Delta_f G^{\ominus}_{CeAs} = \Delta_f H^{\ominus}_{CeAs} - \Delta_f S^{\ominus}_{CeAs} = -288.3 + 0.057T, \quad kJ/mol$$

已知

$$As_{(s)} = 0.5As_{2(g)}, \quad \Delta G^{\ominus} = 100.42 - 0.0845T, \quad kJ/mol$$
$$Ce_{(s)} = Ce_{(l)}, \quad \Delta G^{\ominus} = 9.21 - 0.0086T, \quad kJ/mol$$

于是　　$0.5As_{2(g)} + Ce_{(l)} \Longrightarrow As_{(s)} + Ce_{(s)}$，$\Delta G^{\ominus} = -109.63 + 0.0931T$，kJ/mol

根据已知的数据可以计算反应 $0.5As_{2(g)} + Ce_{(l)} = CeAs_{(s)}$ 的标准吉布斯自由能

$$\Delta_f G^{\ominus} = -397.93 + 0.15T，\text{kJ/mol}$$

因为溶解反应 $0.5As_{2(g)} = [As]$ 的溶解自由能为 $\Delta_{sol}G^{\ominus} = -79.15 - 0.041T$，kJ/mol；反应 $Ce_{(l)} = [Ce]$ 的溶解自由能为 $\Delta_{sol}G^{\ominus} = -16.74 - 0.0464T$，kJ/mol。

所以

$$[As] + [Ce] \Longrightarrow CeAs_{(s)}$$

$$\Delta_f G^{\ominus} = -302.04 + 0.237T，\text{kJ/mol}$$

由此可以算出在冶炼温度 1873K 下，$\Delta G^{\ominus} = 142.2$kJ/mol，表明此温度下不可能生成 CeAs 夹杂物。但计算表明，当 $T \leqslant 1273$K 时，$\Delta G^{\ominus} \leqslant 0$，因此在凝固过程中有可能有 CeAs 生成并析出。

如果硫化稀土和砷化稀土生成固溶体，且满足理想溶液，则 $\Delta_{mix}H = 0$。取 $x_{CeAs} = 0.5$，$x_{CeS} = 0.5$，于是反应

$$CeS_{(s)} + CeAs_{(s)} = (CeAs \cdot CeS)_{ss}$$

$$\Delta_{mix}G^{\ominus} = 0.5RT\ln(x_{CeS} \cdot x_{CeAs}) = -5.76T，\text{J/mol}$$

查得　　　　$0.5S_{2(g)} \Longrightarrow [S]$，$\Delta_{sol}G^{\ominus} = -135.0 + 0.0234T$，kJ/mol

$$[Ce] + [S] \Longrightarrow CeS_{(s)}，\Delta G^{\ominus} = -402.5 + 0.127T，\text{kJ/mol}$$

反应　　$2[Ce] + [S] + [As] \Longrightarrow (CeAs \cdot CeS)_{ss}$，$\Delta G^{\ominus} = -704.54 + 0.359T$，kJ/mol

热力学计算表明：在冶炼温度 1873K 下，$\Delta G^{\ominus} = -32.88$kJ/mol，可以生成该复合夹杂物。

c　实验验证

在光学显微镜定性观测的基础上，进行了 SEM 观测和 EDS 分析。结果发现了不规则块状的稀土砷化物与硫化物复合夹杂物的存在，如图 5-180 所示，验证了热力学分析的结果。

D　氟氧化稀土夹杂物的热力学计算及 SEM 观测

a　近似的热力学计算

1941 年合成出了 LaOF，但至今文献中缺少其热力学数据，因此，只能用近似的方法进行计算。可以分别采用自键焓法、哈波-伯恩（Haber-Born）热化学循环与卡普金斯基晶格能计算法、哈波-伯恩热化学循环与菲尔曼（фереман）点阵能计算法等三种近似的方法计算化合物的标准生成焓。计算结果在三级误差范围内吻合较好。这里仅以哈波-伯恩热化学循环与卡普金斯基晶格能计算法为例进行详细计算，LaOF 的生成焓的热化学循环见图 5-181。

在哈波-伯恩热化学循环中，使金属镧变为镧蒸气，需要获得升华焓 $\Delta L_{sub}^{\ominus} = 430.95$kJ/mol；使镧蒸气变为镧离子 La^{3+} 需要打掉 3 个电子的电离能，因此总电离能为 $\sum I = I_1 + I_2 + I_3 = 3480.25$kJ/mol；使双原子气体 F_2、O_2 分别变为单原子气体 F、O 需要解离能，$0.5D_F = 79.08$kJ/mol，$0.5D_O = 249.37$kJ/mol；使单原子气体 F、O 变为气态离子需要放出电子亲和能，$e_{F^-} = -379.91$kJ/mol，$\sum e_{O^{2-}} = -525.93$kJ/mol；使气态离子 La^{3+}、F^-

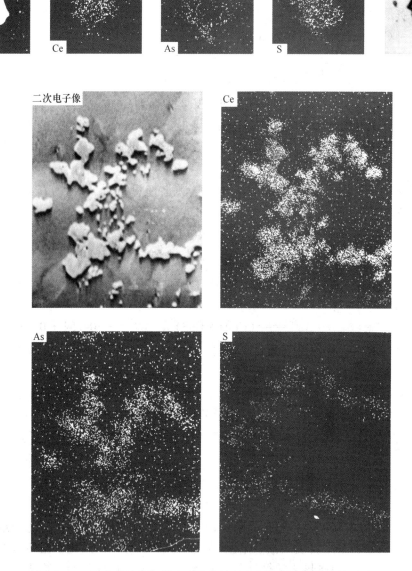

图 5-180　稀土砷化物与稀土硫化物的复合夹杂物 SEM 观测与分析

和 O^{2-} 从无穷远聚拢到一个晶格中，形成 LaOF 离子晶体需要放出晶格能为

$$U = 1201.64 \times \frac{Z_a Z_c \sum n}{r_a + r_c}\left(1 - \frac{0.345}{r_a + r_c}\right) = 6610.72\text{kJ/mol}$$

式中，1201.64 为马德隆常数；r_a、r_c 分别为阳离子和阴离子半径（$r_{La^{3+}} = 0.115\text{nm}$，$r_{OF^{3-}} = 0.167\text{nm}$）；$Z_a$、$Z_c$ 分别为阳离子和阴离子的电价；$\sum n$ 为离子数总和。

依据 LaOF 的哈波-伯恩热化学循环求得氟氧化镧的标准生成焓

$$\Delta_f H^{\ominus}_{298,\text{LaOF}} = L_{La} + 0.5D_O + 0.5D_F + \sum I_{La^{3+}} + \sum e_{O^{2-}} + e_{F^-} + U_{\text{LaOF}} = -3276.91\text{kJ/mol}$$

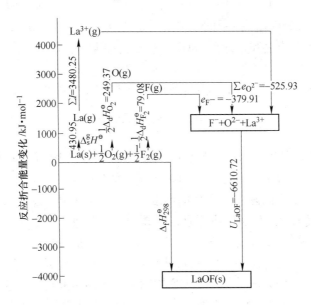

图 5-181 哈波-伯恩热化学循环法计算离子晶体 LaOF 的标准生成焓

根据卡普斯金斯基等人给出的单一气体离子的标准熵公式计算离子熵

$$S_i^{\ominus} = 1.5R\ln A_{r,i} - 1.5\frac{Z_i^2}{r_i}$$

式中，R 为摩尔气体常数；r_i 为 i 离子半径（$r_{La^{3+}} = 0.122\text{nm}$）；$Z_i$ 为 i 离子的电价数；$A_{r,i}$ 为 i 元素的相对原子质量（$A_{r,La} = 138.9$）。

于是得到 La^{3+} 离子熵 $S_{298,La^{3+}}^{\ominus} = 15.06\text{J/(mol · K)}$。

同理计算得 $S_{298,O^{2-}}^{\ominus} = 20.50\text{J/(mol · K)}$；$S_{298,F^-}^{\ominus} = 24.27\text{J/(mol · K)}$；由文献查得 $S_{298,La}^{\ominus} = 56.90\text{J/(mol · K)}$；$0.5S_{298,O_2}^{\ominus} = 102.51\text{J/(mol · K)}$；$0.5S_{298,F_2}^{\ominus} = 101.67\text{J/(mol · K)}$。

对反应

$$La_{(s)} + 0.5O_{2(g)} + 0.5F_{2(g)} =\!=\!= LaOF_{(s)}$$

$\Delta_f S_{298,LaOF}^{\ominus} = S_{298,La^{3+}}^{\ominus} + S_{298,O^{2-}}^{\ominus} + S_{298,F^-}^{\ominus} - S_{298,La}^{\ominus} - 0.5S_{298,O_2}^{\ominus} - 0.5S_{298,F_2}^{\ominus} = -0.201\text{J/(mol · K)}$

因此，计算氟氧化镧的标准生成吉布斯自由能为

$$\Delta_f G_{298,LaOF}^{\ominus} = \Delta_f H_{298,LaOF}^{\ominus} - T\Delta_f S_{298,LaOF}^{\ominus} = -3276.91 + 0.201T, \text{ kJ/mol}$$

已知在温度 2000K 电渣重熔铁铬铝合金时，合金中 [La] = 0.030%，[O] = 0.002%，渣中含氟化钙，计算 LaOF 的生成吉布斯自由能。

LaOF 生成反应为

$$[La] + 1.5[O] + 0.5CaF_{2(l)} =\!=\!= LaOF_{(s)} + 0.5\,CaO_{(s)}$$

已知

$$La_{(s)} + 0.5O_{2(g)} + 0.5F_{2(g)} =\!=\!= LaOF_{(s)} \quad \Delta_f G^{\ominus} = -3276.91 + 0.201T, \text{ kJ/mol}$$

$$[La] =\!=\!= La_{(s)} \quad \Delta_{sol} G^{\ominus} = 20.50 + 0.067T, \text{ kJ/mol}$$

$$1.5[O] =\!=\!= \frac{3}{4}O_{2(g)} \quad \Delta_{sol} G^{\ominus} = 175.73 + 0.004T, \text{ kJ/mol}$$

$$0.5\,CaF_{2(1)} = 0.5F_{2(g)} + 0.5\,Ca_{(g)} \quad \Delta_f G^{\ominus} = 73.43 - 0.138T, \ kJ/mol$$

$$0.5\,Ca_{(g)} + 0.25O_{2(g)} = 0.5CaO_{(s)} \quad \Delta_f G^{\ominus} = -389.45 + 0.092T, \ kJ/mol$$

于是由上述 5 个反应之和，计算 LaOF 的生成吉布斯自由能

$$\Delta_f G^{\ominus}_{LaOF} = -3396.7 + 0.226T, \ kJ/mol$$

根据化学反应等温方程计算实际条件下的反应吉布斯自由能

$$\Delta_r G = \Delta_r G^{\ominus} + RT\ln \frac{a_{LaOF}a_{CaO}^{0.5}}{a_{[La]}a_{[O]}^{1.5}a_{CaF_2}^{0.5}}$$

以纯物质 i 作标准态，故 $a_{LaOF} = a_{CaO} = a_{CaF_2} = 1$。还需要计算 La 和 O 的活度值

$$a_{[La]} = f_{La}[La]; \ \lg f_{La} = e_{La}^{La}[La] + e_{La}^{O}[O] = -0.01; \ f_{La} = 0.98$$

所以 $a_{[La]} = 2.9 \times 10^{-2}$；同理，计算 O 的活度 $a_{[O]} = 6.8 \times 10^{-6}$。

将相关的数据代入上述化学反应等温方程式，于是得到

$$\Delta_r G_{LaOF} = -3396.7 + 0.404T, \ kJ/mol$$

在冶炼温度下，$\Delta_r G_{2000,LaOF} = -2558.7$，$kJ/mol$，故可以生成 LaOF 夹杂物。

应当指出，曾用三种方法计算了 LaOF 的标准生成焓，并计算了实际条件下 LaOF 夹杂物生成的吉布斯自由能值，结果均为负值，热力学计算表明该夹杂物可以生成。

b　实验验证

采用 SEM、XRD 和离子探针的观测和分析电渣重熔铁铬铝合金也都发现了 LaOF 夹杂物，与热力学计算吻合，SEM 的结果如图 5-182 所示。

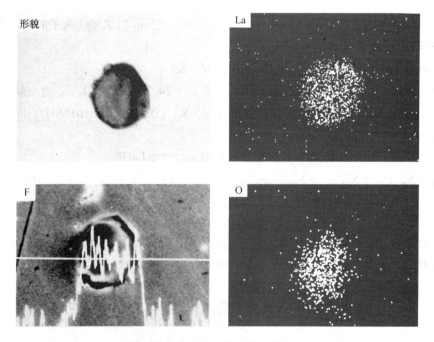

图 5-182　电渣重熔铁铬铝合金中氟氧化镧夹杂物 SEM 形貌（850×）

通过上述分析可以看出，对钢和电渣重熔铁铬铝合金中可能出现的夹杂物热力学计算的结果与扫描电镜观测的结果吻合很好。

5.5 透射电子显微镜分析及其在材料物理化学研究中的应用[❶]

透射电子显微镜（transmission electron microscope，TEM，简称透射电镜）是以电子束作为光源，用电磁透镜聚焦成像，电子穿透样品，获得带有样品特征的透射电子信息的电子光学仪器。目前透射电子显微镜已在材料研究的各个领域得到了广泛的应用，它已成为揭示材料微观结构与其性能相互联系的重要的常用手段。

最初为提高常规显微镜的分辨率，利用电子的波动性（电子波的波长很短），以高能电子束作为照明光源，用电磁透镜聚焦，于是出现了电子显微镜。1931~1936年克诺尔（Knoll）和鲁斯卡（Ruska）设计、研制出第一台透射电子显微镜，尽管其分辨率还不够高，但开辟了用电子观察物质的微观结构的新途径。此后80多年来在有关电子显微镜的理论（电子显微学、薄晶衍衬理论）、实验技术和仪器设备等各个方面都得到了长足的发展，并形成透射电子显微学（术）（transmission electron microscopy）及高分辨电子显微学（high resolution electron microscopy）、分析电子显微学（analytical electron microscopy）。在20世纪70年代，人们实现了在透射电镜中直接观测到固体中原子尺度的微观结构。高分辨电子显微镜（HREM或HRTEM）和高分辨透射扫描电子显微镜（STEM）以及多种附件（如X射线能谱分析仪EDS、电子能量损失谱仪EELS、环形暗场探测器）的出现，使电子显微镜的功能趋于多样化，成为现代实验室研究、开发新材料，改进材料性能以及评价材料可靠性时，获得微观形貌、晶体结构、缺陷和微区化学组成的综合仪器设备。

5.5.1 透射电子显微镜及其特点

5.5.1.1 透射电子显微镜

透射电子显微镜是以波长很短的电子束作为照明源，用电磁透镜聚焦成像的一种具有高分辨本领、高放大倍数的电子光学仪器，可进行物相结构分析（利用电子和晶体物质作用发生衍射的特点，获得物相的衍射花样）和组织分析（利用电子波遵循阿贝成像原理，通过干涉成像的特点，获得各种衬度图像）。透射电镜根据工作电压（即电子束加速电压）分为常规透射电镜、高压电镜和超高压电镜。一般常规透射电镜工作电压为100~200kV，大于200kV的称为高压电镜，而工作电压大于500kV的称为超高压电镜，我国有一台工作电压为1000kV的超高压电镜。目前超高压电镜最高工作电压为3000kV。图5-183分别为常规和超高压透射电镜的外观图。

5.5.1.2 透射电子显微镜的特点

A 实现微区物相分析

电子束可以汇聚到纳米量级，实现样品的选区电子衍射或微衍射，从而获得目标区域的组织形貌和结构，把微区的物相结构分析与其形貌特征相对应，如图5-184所示。

B 高的图像分辨率

电子可以在高压电场下加速，因此可以获得很短波长的电子束，使电子显微镜的分辨

---

❶ 本节中所用的半导体单晶Si和GaAS的TEM显微形貌和分析均由孙贵如老师提供。

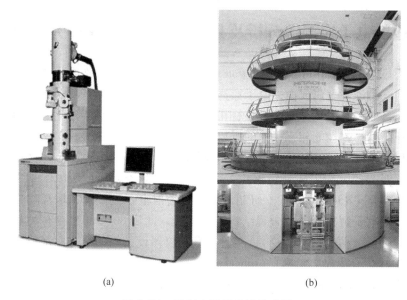

(a)   (b)

图 5-183   透射电子显微镜外观图

（a）普通透射电子显微镜；（b）超高压透射电子显微镜

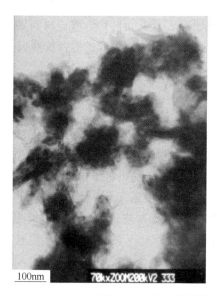
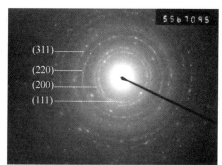

图 5-184   纳米镍颗粒的 TEM 形貌及其衍射花样

率大大提高。分辨率与光源波长的关系为

$$\lambda = \frac{h}{p} = \frac{h}{mv} = \frac{h}{\sqrt{2meV}} \tag{5-154}$$

式中，λ 为电子束的波长；h 为普朗克常数；p 为电子动量；m 为运动电子质量；v 为电子运动速度；e 为电子元电荷；V 为电子加速电压。

在透射电镜的高加速电压下，需要对电子的能量和静止质量 m_0 进行相对论修正，即

$$eV = mc^2 - m_0c^2$$

$$m = \frac{m_0}{\sqrt{1 - \dfrac{v^2}{c^2}}}$$

$$\lambda = \frac{h}{\sqrt{2m_0 eV\left(1 + \dfrac{eV}{2m_0 c^2}\right)}} \approx \frac{12.25}{\sqrt{V(1 + 10^{-6}V)}} \quad (0.1\,nm) \qquad (5\text{-}155)$$

式中，$\left(1 + \dfrac{eV}{2m_0 c^2}\right)$ 为相对论修正因数。在加速电压为 50kV、100kV 和 200kV 时，这个修正值分别为约 2%、5% 和 10%。表 5-39 列出在不同加速电压下电子束的波长。

表 5-39 不同加速电压下电子束的波长

加速电压/kV	电子束波长/nm
20	0.00859
40	0.00601
50	0.00536
60	0.00487
80	0.00418
100	0.00370
200	0.00251
300	0.00197
400	0.00164
500	0.00142
1000	0.00087
2000	0.00050
3000	0.00036

电子波长是光波长的万分之一，如表 5-39 所示，随加速电压的提高可获得很短的电子波。一般透射电镜的加速电压为 200~300kV，图像分辨率可达到 1nm 左右，高分辨透射电镜可直接观测到晶格条纹像以及原子结构像。图 5-185 为 $W_{18}O_{49}$ 纳米线的高分辨电子显微像（晶格条纹像）。

C 获得物质的综合信息

若透射扫描电子显微镜配备有 EDS 能谱仪、WDS 波谱仪、EELS 电子能量损失谱仪，不仅可进行微区形貌观测和结构分析，还可实现对同一微区的成分和价键的分析，获得物质微观结构的综合信息。表 5-40 列出了透射电镜分析的一些特点。

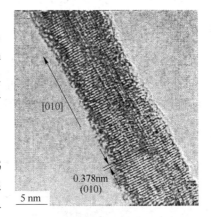

图 5-185 $W_{18}O_{49}$ 纳米线的高分辨电子显微像（晶格条纹像）

表 5-40　透射电子显微镜分析的特点

仪器	透射电子显微镜
波长/nm	0.0251（200kV）
分辨率/nm	1~0.1（点分辨率）
聚焦	可聚焦
优点	微区、微观的显微分析
	组织分析；物相分析（电子衍射）；成分分析（能谱、波谱、电子能量损失谱）
局限性	仪器价格昂贵，不够直观，操作复杂，样品制备较复杂

D　透射电子显微镜分析的一些局限性

a　样品的制备是破坏性的

透射电子显微镜的样品要求直径不超过 3mm，且厚度很薄，需要在微米以下，电子束才能穿过。因此必须对大块样品进行切割及减薄，这是破坏性的制备样品。另外，在减薄过程中，若操作不当可能使样品性质发生变化，导致最终观察出现假象。

b　会有电子束轰击辐照损伤

因使用高能（电子能量约 $10^5 \sim 10^6$ eV 量级）电子束照射样品，且束流密度很高，实验过程中有大量的电子照射在样品上，部分电子和样品的原子发生碰撞，将能量传递给原子。样品吸收能量后会出现升温、原子电离、原子移动等，还可能引起相变、缺陷移动、原子迁移等不利的影响。因此在观测试样时，应避免长时间固定在一处。但在特定条件下，可有意识利用电子束轰击辐照损伤，来模拟研究用于核反应堆材料的辐照损伤。

c　需高真空条件

透射电镜必须在高真空条件下工作。透射电镜的内部环境与材料实际工作条件有差距，因此评价材料的实际性能时，特别是在电镜中加热、低温、拉伸动态研究材料，高真空环境会对有些材料的性质和结构演化有一定影响，应予以考虑。但对大多数材料的微观结构的动态变化机制的认识，有实际参考价值。

d　采样率低

样品薄、观察范围很小，微小的区域不能全面地反映整体材料的情况。透射电镜只适用微区、微观结构与组成的分析，是纳米材料研究的重要手段。

5.5.2　透射电子显微镜的成像原理

5.5.2.1　透射电子显微镜中像的形成

透射电子显微镜中像的形成可以理解为一个透射光学显微镜的成像，如图 5-186 所示，用光学透镜表示透射电镜成像过程。

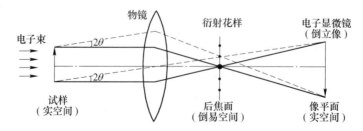

图 5-186　用光学透镜表示透射电子显微镜成像的光路图

5.5.2.2　透射电子显微镜的工作原理

阿贝光学显微镜衍射成像原理也适用于透射电子显微镜。根据阿贝成像原理，一平行入射波光束照射到具有周期结构的物体，受到有周期性特征物体的散射作用，在物镜的后焦面上形成各级衍射谱，各次级衍射波通过干涉重新在像平面上形成反映物体特征的像（放大了物体像）。入射线的波长决定了结构分析的能力，只有晶面间距大于 $\lambda/2$ 的晶面才能产生衍射，即只有入射波长小于 2 倍的晶面间距才能产生衍射。一般的晶体晶面间距与原子直径为同一个数量级（十分之几纳米）。

透射电镜的电子束是平行入射的光束，分析的薄晶体是有周期性特征物体，电子束的波长很短，能满足晶体衍射的要求。因此说透射电镜的工作原理是：具有一定波长的平行电子束照射到晶体试样时，在满足布拉格条件的特定角度产生衍射波，这些衍射波在电子显微镜的物镜后焦面汇聚，形成与晶体结构有关的规则排列的点状花样，这就是在荧光屏上观察到的电子衍射花样（或者叫电子衍射图形），物镜后焦面的衍射波在继续向前运动时，衍射波合成（干涉），在像平面形成放大的电子显微像。

由于在物镜（电磁透镜）的后焦面上可以获得晶体的电子衍射花样，故透射电镜可作物相结构分析；而在后焦面上的衍射波向前运动，衍射波合成在物镜的像面上形成反映样品特征的一次放大的形貌像（电子显微像），因而透射电镜又可进行显微形貌分析。在实际透射电子显微镜中，物镜像平面形成的一次放大像是要经过中间镜和投影镜两次放大，然后投射到荧光屏上（称物体的三次放大像）。调节中间镜的励磁电流，使中间镜的物平面从一次像平面移向物镜的后焦面，便是由像变换到衍射花样的过程。反之，通过调节中间镜的励磁电流，使中间镜的物平面从物镜的后焦面移向一次像平面，便是由衍射花样变换到像的过程。在透射电镜进行观察和分析时，离不开像和衍射花样相互变换的操作。

5.5.2.3　电子显微像

A　像的衬度

在透射电子显微镜中观测到的像都是因两相邻部位电子束强度差形成的衬度像。透射电镜中按照成像机制不同，可将像的衬度分为质厚衬度、衍射衬度、相位衬度和原子序数衬度（Z 衬度）。赫什（Hirsch P）等人在他们著的《薄晶体电子显微学》一书中，对各种衬度像成像的理论和条件有详尽论述，因篇幅所限这里不再予以论述。

（1）质厚衬度。由于试样各处组成的原子种类（质量）和厚度的差异造成透射束强度不同而产生的衬度。

（2）衍射衬度。由于试样各部位满足布拉格反射条件程度不同以及结构振幅不同而形成衍射强度的差异所产生的衬度。

（3）相位衬度。由于试样内各点（原子）对入射电子作用不同，导致电子在离开试样下表面时，相位不一，在一定的操作条件（欠焦量）下，使相位差转换成强度差而形成的衬度。简言之，由透射束和衍射束间的相位差产生的衬度叫相位衬度。

（4）原子序数衬度（Z 衬度）。原子序数衬度是由原子序数不同产生的衬度，衬度与原子序数的平方成正比。

B　成像方法

在透射电子显微镜中观测像时，会因成像方法的不同，有明场像、暗场像、高分辨电子显微像等，如图 5-187 所示。明场像、暗场像是由入射波振幅的改变引起，也称振幅衬度像，而高分辨电子显微像是相位衬度像，是由透射波和衍射波相位差形成的像。高角环形暗场像是原子序数衬度像（Z 衬度像）。复型拍摄的电子显微像是质厚衬度像。

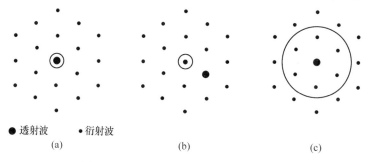

●透射波   •衍射波
(a)   (b)   (c)

图 5-187   成像方法与物镜光阑插入模式
（a）明场方法；（b）暗场方法；（c）高分辨电子显微方法（轴向照明）

a   明场法

由透射波形成的像称之为明场像（bright-field image）。观察明场像的方法是明场法，即用物镜光阑选择透射波成像，在荧光屏观察到的像就是明场像，如图 5-188（a）所示。

b   暗场法

由衍射波形成的像称之为暗场像（dark-field image）。观察暗场像的方法是暗场法，即用物镜光阑选择一个衍射波成像，在荧光屏观察到的像就是暗场像。用暗场法的优点是：

（1）暗场像的衬度往往比明场像的更好，用暗场技术来研究明场像上衬度不佳的形貌更有优越性，如鉴定一个在基体中的微小沉淀物和类似的结构特征；

（2）有助于显示只由一个操作反射造成的衬度，这种信息在一些场合很有用，如确定位错的柏格斯矢量等；

（3）从暗场像可获得附加的衬度信息。由于吸收造成暗场像的衬度与其明场像的衬度不互补，直接对比明场像和暗场像，可获得一些有价值的信息，如辨别层错与薄膜的顶面或底面的交线，测量共格沉淀物周围的应力场等。

中心暗场像是用物镜光阑选择一个衍射波并移至中心（原透射波）位置形成的暗场像，如图 5-188（b）所示。在不是特别强调中心暗场像时，一般都称暗场像。

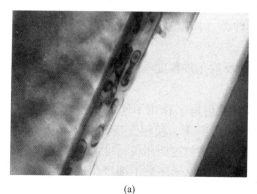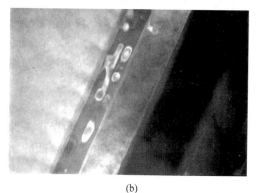

(a)   (b)

图 5-188   氧离子注入单晶硅退火后断面 TEM 像
（a）明场像；（b）暗场像

c 高分辨电子显微法

由两个以上的波合成（干涉）形成的像称之为高分辨电子显微像（hight-resolution electron microscope image），也称高分辨显微像。得到高分辨显微像的方法是高分辨电子显微法，即在物镜的后焦面插入大的物镜光阑，使透射波和衍射波因相位差（称为相位衬度）形成像（如图 5-185 所示）。

d 弱束成像法

弱束成像法是用系统的弱激励 g 反射的衍射条件来成像的方法，如图 5-189 所示的衍射条件那样，使 $3g$ 反射激励，用这个弱激励反射来观察像，这个成像的条件记为 $g/3g$ 或 $g\text{-}3g$。在这个衍射条件下，完整晶体区域的 g 反射没有被强激励，只有位错周围晶格畸变的一部分晶面激励起 g 反射，因此观察到只有这个部分的衬度与完整晶体的不同。

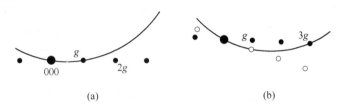

图 5-189 不同的衍射条件

（a）观察暗场像时的双束条件；（b）弱束成像法中的 $g/3g$ 衍射条件

通常，观察晶体中缺陷的衍射条件是采用双束，即采用透射束和一个强激励衍射束成像。图 5-190 为不同方法拍摄的掺 Cu 单晶硅中位错线上铜沉淀的 TEM 像。由图可以看出，采用弱束成像法拍摄的图像分辨率更高一点，显示出了位错线诱发的 Cu 沉淀微颗粒。

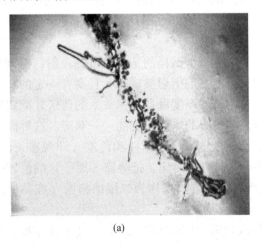
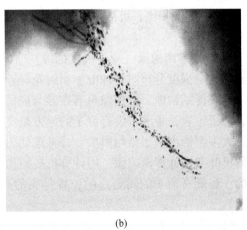

(a) (b)

图 5-190 不同方法拍摄掺 Cu 单晶硅中位错线上铜沉淀的 TEM 像（15000×）

（a）双束；（b）弱束 $g/3g$

e 高角环形暗场法

采用环形暗场探测器收集来自位于环形圈内高角度的衍射斑点信号，形成高角环形暗场像（hing anger annular dark field image），提供原子衬度信息，衬度与原子序数平方成正比，因此高角环形暗场像是原子序数衬度像（Z 衬度像）。环形暗场探测器附件可装在透射电镜或扫描透射电镜上。

　　在阅读有关高分辨电子显微术的文献资料时，会遇到由于衍射条件和试样厚度的不同，而把具有不同结构信息的高分辨电子显微像称为晶格条纹像、一维结构像、二维晶格像（单胞尺度的像）、二维结构像（原子尺度的像）和特殊的像的情况。下面简单介绍它们成像和拍摄条件，帮助阅读理解。

　　（1）晶格条纹像。用物镜光阑选择后焦面上两个波成像，两波干涉得到一维方向上强度呈周期变化的条纹图像，称为晶格条纹像。

　　晶格条纹像可以在各种试样厚度和聚焦条件下观察到，拍摄容易。当微晶具有大于分辨率的面间距的晶面，这些晶面产生的衍射波与透射波的干涉就能产生晶格条纹。晶格条纹像在揭示非晶体中微晶的存在非常有效。

　　（2）一维结构像。使电子束平行于试样的某个晶面族入射，得到一列相对透射点左右强度对称的衍射点列，用这列衍射花样成像，在最佳聚焦条件下拍摄得到的含有试样晶体结构信息的高分辨电子显微像，称为一维结构像。这种像对研究多层结构等复杂的层状堆积材料是有效的。

　　（3）二维晶格像（单胞尺度的像）。使电子束平行于试样的某个晶带轴入射，得到相对于透射点强度分布对称的电子衍射花样，用这样的能够反映晶体单胞的衍射波和透射波相干生成二维像，称为二维晶格像。这种像虽然包含单胞尺度的信息，但并不包含原子尺度的信息（即没有单胞内原子排列的信息），所以称晶格像。由于透射波和衍射波的振幅会随试样的厚度变化，图像会随厚度变化出现黑白衬度反转，但在较厚的晶体区域，同样的像还大致周期性地出现。很难从二维晶格像来确定明亮的点就是对应原子的位置。由于二维晶格像只利用了有限的衍射波，因此即使有点偏离聚焦（过焦或欠焦）也能观察到像（与正聚焦的像相比，可能黑白衬度有反转）。二维晶格像（正焦像）可以用于晶界、晶格缺陷的研究。

　　（4）二维结构像（原子尺度的像）。使电子束平行于试样的某个晶带轴入射，得到相对于透射点强度分布对称的电子衍射花样，用尽可能多的衍射波成像，且要有一定的离焦量才能获得结构像。结构像只有在参与成像的波与试样厚度保持比例关系的薄区才能观察到，原子位置是暗的，没有原子的地方是亮的，与投影的原子排列能一一对应。这种高分辨像大多都给出基于结构模型，并考虑动力学衍射效应、物镜像差和色差（即观察条件）的傅里叶变换计算模拟像，用计算机模拟像和原子排列像对应，把势高（原子）的位置是暗的、势低（原子的间隙）的位置是亮的高分辨（显微）像称为二维结构像（或晶体结构像）。

　　（5）特殊的像。在后焦面的衍射花样上插入光阑，只选择特定的衍射波成像，观测到对应于特定结构信息衬度的像，称为特殊的像，如有序结构像。

　　应该指出，除满足晶体结构像的条件外，其他相位衬度像统称高分辨（显微）像或晶格（条纹）像（对周期性结构）。

5.5.3　透射电子显微镜的结构

　　透射电子显微镜由电子光学系统、真空系统、电源与控制系统及附加配件系统四大部分组成，单聚光镜镜筒的结构如图 5-191 所示。

5.5.3.1 电子光学系统

电子光学系统由照明系统、成像系统和观察与记录系统组成。电子光学系统称镜筒，工作原理和光路结构与一般光学显微镜相似。所不同的是在透射电子显微镜中用高能电子束代替可见光源，以电磁透镜代替光学透镜。

A 照明系统

照明系统提供亮度高、相干性好、束流稳定的照明电子束。它由发射并使电子加速的电子枪（是发射电子的照明光源），汇聚电子束的聚光镜（把电子枪发射出来的电子汇聚而成的交叉点进一步汇聚后照射到样品上）和电子束平移、倾斜调节装置组成。光源对成像的质量起重要作用，光源发射的电子越多，图像越亮；电子速度越快，电子对样品穿透力越强。电子束的平行度、束斑直径和电子运动的稳定性都对成像质量产生重要影响。

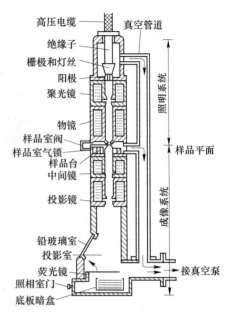

图 5-191　单聚光镜的透射电镜
镜筒结构图

a 电子枪

电子枪是透射电子显微镜的电子源，与扫描电镜一样，常用的是热阴极电子枪，由钨丝阴极、栅极和阳极组成。钨灯丝（图 5-192（a））的电子束相干性差，照明亮度弱。六

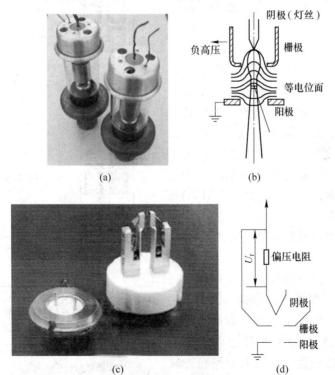

图 5-192　钨灯丝和六硼化镧电子枪及其工作原理
（a）钨灯丝外形；（b）电子枪结构；（c）LaB_6 灯丝外形；（d）自偏压回路

硼化镧（LaB$_6$）灯丝，见图 5-192（c），阴极发射率较高，有效发射截面可以做得较小。若用 30%六硼化钡和 70%六硼化镧混合制成阴极，亮度高、寿命长、性能更好。

电子枪的工作原理，见图 5-192（b）。热阴极电子枪靠电流加热灯丝，使灯丝发射热电子，并经过阳极和灯丝之间的强电场加速得到高能电子束。由于栅极的电势比阴极低，所以自阴极端点引出的等位面在空间呈弯曲状。在阴极和阳极之间的某一地点，电子束汇聚成一个交叉点，称电子源。负的高压直接加在栅极上，而阴极和负高压之间加上一个偏压电阻（自偏压回路，见图 5-192（d）），使栅极和阴极之间有一个数百伏的电势差。因为栅极比阴极电势值更负，所以可以用栅极来控制阴极的发射电子有效区域。当阴极流向阳极的电子数量加大时，在偏压电阻两端的电势值增加，使栅极电势比阴极进一步变负，由此可减小灯丝有效发射区域的面积，束流随之减小。束流减小时，偏压电阻两端的电势随之下降，因而栅极和阴极之间的电势相近。栅极排斥阴极发射电子的能力减小，束流又上升。因此，自偏压回路可以起到限制和稳定束流的作用。

新一代的场发射电子枪（field emission gun，简称 FEG），是利用靠近曲率半径很小的阴极尖端附近的强电场，使阴极尖端发射电子，称场致发射，简称为场发射。在 10^{-7} Pa 以上的高真空时，发射电流密度可以提高 3～4 个数量级，并可获得出射直径为 100nm 的电子束。直径小于 100nm 的电子束，经聚光镜缩小聚焦，在样品表面可以得到 3～5nm 的电子束斑。在 5.4 节扫描电镜中，提到的新型扫描电镜也采用这种场发射电子枪，并对它的工作原理及与其他各种电子枪的性能进行了比较，这里不再重述。

b 聚光镜

聚光镜用来汇聚由电子枪射出的电子束，照明样品，调节照明强度、孔径角和束斑大小。样品上的照明区域越小，放大的倍数就越高。由电子枪直接发射出的电子束的束斑尺寸较大，发散度大，相干性也较差。为了更有效地利用电子，由电子枪发射出来的电子束需进一步汇聚，获得亮度高、近似平行、相干性好的照明束。

目前透射电镜一般都采用双聚光镜系统，以缩小其后焦面的光斑。图 5-193 为双聚光镜透射电镜的镜筒和光路图。图中第一（一级）聚光镜为短焦距强激磁透镜，以缩小后焦面上的光斑，可把电子枪交叉点的像缩小为 1～5μm。第二聚光镜为长焦距弱激磁透镜，为缩小照明孔径角，得到近似平行光轴的电子束，提高分辨率，可调节照明强度、孔径角和束斑大小，在样品表面上可获得 2～

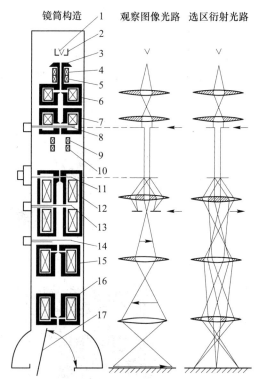

图 5-193 双聚光镜透射电镜的镜筒和光路图
1—灯丝；2—栅帽；3—阳极；4—枪倾斜；5—枪平移；
6—第一聚光镜；7—第二聚光镜；8—聚光镜光阑；
9—电子束倾斜；10—电子束平移；11—试样台；
12—物镜；13—物镜光阑；14—选区光阑；
15—中间镜；16—投影镜；17—荧光屏

10μm 的照明电子束斑。第二聚光镜既提高电子束的相干性，又拉大聚光镜到样品的距离，以便有足够的空间安放二次电子探头、能谱仪探头等探测装置。

在第二聚光镜下安装的可以调节的光阑称之为聚光镜光阑，目的是限制照明孔径角。为控制照明束斑的形状，在第二聚光镜附近可安装消除像散器。

消除像散器有机械式和电磁式两种，安装在透镜的上、下极靴之间。机械式的是在磁透镜的磁场周围放置几块位置可以调节的导磁体，用它们来吸引一部分磁场，把固有的椭圆形磁场校正成接近旋转对称的磁场。电磁式的是通过电磁极间的吸引和排斥来校正椭圆形磁场。将两组四对电磁体排列在透镜磁场的外围，每对电磁体均采取同极性相对的安置方式。通过改变这两组电磁体的激磁强度和磁场方向，就可以把存在的椭圆形磁场校正成轴对称磁场，起到了消除像散的作用。

在聚光镜与物镜之间还有电子束平移、倾斜调节装置（电磁偏转器）。利用上、下两个偏转线圈的联动作用，可以使入射电子束平移和倾斜，目的是为满足明场和暗场成像的需要。照明电子束可以在 2°~3° 范围内倾斜，便于以某些特定的倾斜角度照射样品。

5.5.3.2　成像系统

成像系统由物镜、中间镜和投影镜组成。它们是用电磁场成像的电磁透镜，电磁透镜的焦距可以通过线圈中所通过的电流大小来改变，因此焦距可任意调节。用电磁透镜成像时，可以保持物距不变，改变焦距和像距来满足成像条件，也可以保持像距不变，改变焦距和物距来满足成像条件。

a　物镜

物镜是靠近试样的第一个透镜，也是成像的关键部分。物镜形成试样的第一次放大像，由一次像来决定电子显微镜的分辨率，因物镜的任何像差都在以后继续放大时加以保留。只有被物镜分辨出来的结构细节，再经过中间镜和投影镜放大，才能看清。物镜形成的第一幅衍射谱或电子像，成像系统中其他透镜只是对衍射谱或电子像进一步放大。在电子像进一步放大时物镜的任何像差都将保留，因此要求物镜像差尽可能小，具有高的放大倍数（100~200 倍）。物镜是一个强励磁短焦距的透镜（$f = 1~3\text{mm}$），高质量的物镜分辨率可达 0.1nm 左右。物镜的分辨率主要取决于电磁透镜的极靴的形状和加工精度，使物镜的激磁电流具有很高的稳定性，相对波动 $\Delta I/I \leqslant 10^{-6}$。极靴的内孔和上下极靴之间的距离越小，物镜的分辨率就越高。为了减小物镜的球差，往往在物镜的后焦面上安放一个物镜光阑（如图 5-193 所示）。其作用是挡掉大角度散射的非弹性电子，使色差和球差减少并提高衬度，可获得试样更多的信息。用物镜光阑可选择后焦面上的晶体试样透射束、衍射束成像（如图 5-187 所示），获得明场像、暗场像以及高分辨显微像。

在用透射电子显微镜进行图像分析时，物镜和试样之间的距离是固定不变的，因此改变物镜放大倍数成像时，主要是改变物镜的焦距和像距来满足成像条件。

在物镜的像平面上，装有选区光阑，其作用是只允许通过光阑孔的一次像所对应的试样区域提供衍射花样，以便于对该微区的试样进行晶体结构分析，即实现选区衍射。

b　中间镜

中间镜主要用于改变放大倍数及用于选择成像或衍射模式。当中间镜的物平面取在物镜的像平面上时，将图像进一步放大，此为电子显微镜中的成像操作；当中间镜散焦，物平面取在物镜后焦面时，则将衍射谱图放大，在荧光屏上得到一幅电子衍射花样，此为透射电子显微镜中的电子衍射操作。中间镜为弱激磁的长焦距变倍透镜，可在 $0\sim20$ 倍范围调节。电镜操作过程中主要是利用中间镜的可变倍率来控制电镜的总放大倍数。如果物镜的放大倍数 $M_0=200$，投影镜的放大倍数 $M_p=100$，中间镜的放大倍数 $M_i=10$，则总的放大倍数 $M=200\times10\times100=200000$ 倍。

c　投影镜

投影镜是把经中间镜放大的像（或电子衍射花样）进一步放大，并投影到荧光屏上，它和物镜一样，是一个短焦距的强磁透镜。投影镜的励磁电流是固定的，用于固定的放大倍数。投影镜的内孔径较小，电子束进入投影镜孔径角很小。小的孔径角的优点是景深大，焦深长。景深是指在保持清晰度的情况下，试样或物体的像平面沿透镜轴方向可以移动的距离范围。长的焦深可以放宽电镜荧光屏和底片平面位置的要求，仪器使用方便。因为中间镜的像平面可能会出现一定的位移，只要该位移距离处于投影镜的景深范围内，就不会影响荧光屏上的图像的清晰度。

高性能的透射电镜采用五级放大系统：物镜、第一中间镜、第二中间镜、第一投影镜、第二投影镜（附加投影镜，用以矫正磁旋转角），如图 5-194 所示。

5.5.3.3　观察与记录系统

观察与记录系统包括荧光屏及照相机组成。荧光屏上可直接观察经过透镜多次放大的试样图像，若需照相，只需将荧光屏竖起，电子束即可使照相底片曝光。底片在荧光屏位置下方，虽有一定距离，但由于透射电镜的焦深大，仍能得到清晰的图像。

近年来透射电镜中出现了一些新的记录方式，如（1）视频摄像机，安装在观察室下方记录图像，可以实现图像的动态观察；（2）成像板，是

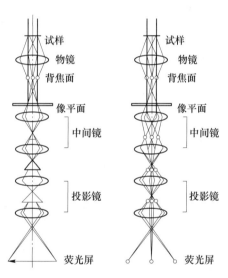

图 5-194　五级放大系统

一种在塑料片基上涂覆光激励隐像显现性荧光粉（掺 Eu^{2+} 的 $BaF(Br,I)$），作为高灵敏度记录材料代替了 X 射线底片应用于透射电子显微镜，可以获得更高灵敏度和很好的强度线性关系，当电子束很微弱时也可拍照，且可反复读写，像的质量也优于普通 X 射线胶片；（3）慢扫描 CCD(charge-coupled device) 相机是另一种图像记录方式，它可以将获得图像转换成数字图像在显示器上显示出来，从而获得可加工的信息用于显微图像的定量解析中。慢扫描 CCD 相机以数字数据方式采集图像通常需要几秒钟，采集的图像可以在监视器上确认，但不能进行运动图像的记录。

成像板的工作原理是，电子束照射到光激励隐像显现性荧光体时，就会形成电子-空位对，电子被荧光体的缺陷（阴离子的空位）捕集，而空位被 Eu^{2+} 捕集。之后，若将激光束照射到这种被电子束照射过的光激励隐像显现性荧光体上，被捕集的电子就被释放出，与空穴再结合发出光，发出的光被光电倍增光变成电信号，对电信号进行分析，就可对入射电子束强度进行定量的评价。图像的数据被读取之后，由于成像板在强可见光照射下，残余的电子-空穴对几乎完全消失，这样成像板就可以再次使用了。

5.5.3.4　真空系统

电子光学系统的工作过程要求在真空条件下进行，因为在充气条件下会发生：（1）栅极与阳极间的空气分子电离，导致高电势差的两极之间放电；（2）炽热灯丝迅速氧化，不能正常工作；（3）电子与空气分子碰撞，影响成像质量；（4）试样易于氧化，图像失真。一般钨灯丝电镜的真空由机械泵和扩散泵两级串联的真空机组来实现，其真空度为 10^{-3} Pa 左右，如果采用分子泵、离子泵，则真空度更高达 10^{-5} Pa。

5.5.3.5　电源与控制系统

电源与控制系统主要用于电子枪加速电子用的小电流高压电源，以及透镜激磁用的大电流低压电源。对电源系统的要求是，最大透镜电流和高压的波动引起分辨率的下降要小于物镜的极限分辨本领。目前新型电镜的电源与控制系统均采用计算机控制，自动控制电镜运行参数和调整对中等，使操作程序简化、方便。

5.5.3.6　透射电镜的其他部件及配件系统

A　样品台

样品台承载样品，使样品能作平移、倾斜、旋转，以选择所需的样品区域或位相或满足特定的布拉格衍射条件进行观察分析。透射电镜的样品台放置在物镜的上下极靴之间，由于此处空间很小，故透射电镜的样品也是很小（直径约为 3mm）的薄片。首先样品必须牢固地夹持在样品座中并保持良好的导热和电接触，减小因电子照射引起的热量或电荷堆积而产生样品的损伤或图像漂移。样品台能在两个相互垂直方向上使样品平移最大值为±1mm，以保证样品上大部分区域都能被观察到。在照相曝光期间样品图像漂移量应小于显微镜的分辨率。在电镜下分析薄晶体样品的组织结构时，应能进行三维立体的观察，为此必须使样品相对于电子束照射方向作一定的倾斜或旋转，以便从不同方位获得各种形貌和晶体学的信息。

样品台有顶插式和侧插式。（1）侧插式样品台，即样品杆从侧面进入物镜极靴。倾斜装置由两个部分组成：主体是一个圆柱分度盘，其水平轴线和镜筒的中心线垂直相交，水平轴就是样品台的倾转轴，样品倾转的度数可直接在分度盘上读出。其次是样品杆，它的前端可装载夹持铜网样品或直接装载直径为 3mm 的圆片状薄晶体样品。样品杆沿着圆柱分度盘的中间孔插入镜筒，使样品正好位于电子束的照射位置上。分度盘由带刻度的两段圆柱体组成，圆柱Ⅰ的一端和镜筒固定，另一端圆柱Ⅱ可以绕轴线旋转。圆柱Ⅱ绕倾转轴旋转时，样品杆也跟着转动。如果样品上的观察点正好和二轴线的焦点重合，则样品倾转时观察点不会移到视域外面去。为了使样品上所有点都有机会和交点重合，样品杆可以通过机械传动装置在圆柱刻度盘Ⅱ的中间孔作适当的水平移动和上下调整。有的样品杆本身还带有使样品倾斜或原位旋转的装置，即常说的侧插式双倾样品台和单倾旋转样品台。在晶体结构分析中，利用样品倾斜和旋转装置可以测定晶体的位向、相变时的惯习面以及析出相的方位等。（2）顶插式样品台。样品放置在杯状样品台中，借助爪形夹，通过极靴孔安放到镜筒里。因此在样品倾斜方面，顶插式不如侧插式方便、倾转角度小，这给晶体分析的操作带来一些不便。但在保持物镜磁场对称方面，顶插式优于侧插式，高分辨电子显微镜常采用顶插式样品台。

新式的透射电镜常配备有多种样品台附件，如双倾样品台、拉伸样品台、加热样品台、冷却样品台等，可根据不同研究目的选择使用。

双倾样品台是常用的样品台，它可以使样品绕正交的 x，y 两个轴方向倾转，从而实现对薄样品进行三维立体的观察和拍摄，确定晶体结构的电子衍射花样，以及获得进行晶体缺陷分析需要的特定入射方向。样品台的最大倾角为 $\pm(30° \sim 60°)$，各仪器厂家产品是不同的。拉伸样品台是在观察样品的同时对样品施加应力，进行拉伸试验，实现原位对样品拉伸过程的动态观察，研究材料的微观形变。加热样品台用于原位观察样品在加热过程中组织结构的变化。冷却样品台用于原位观察样品在冷却过程中组织结构的变化。碳样品台是便于样品进行能谱分析的样品台。

B　光阑

在透射电镜中有许多固定光阑和可动光阑，它们主要用来遮挡发散的电子，保证电子束的相干性和照射区域。可动光阑有聚光镜光阑、物镜光阑和选区光阑。

可动光阑均采用无磁性的金属（铂、钼等）制造。由于光阑孔小，很容易受到污染，高性能的透射电镜中常用抗污染光阑（称自洁光阑），其结构常做成一个光阑片，有四个光阑孔，每个光阑孔的周围开有四个对称弧缝隙，使光阑在电子束照射时产生的热量不易传导散出。由于光阑常处于高温状态，污染物就不易在光阑孔边缘沉积。四个光阑孔一组的光阑片安装在一个光阑杆的支架上，使用时，通过光阑杆上的分档机构按需要依次插入，使光阑孔中心位于电子束的轴线上（光阑中心和主焦点重合）。

a　聚光镜光阑

聚光镜光阑的作用是限制照明孔径角。在双聚光镜系统中，聚光镜光阑安装在第二聚光镜的下方，又称第二聚光镜光阑。聚光镜光阑的光阑孔直径在 $20 \sim 400\mu m$，作微束分析时，应采用小孔径光阑。

b　物镜光阑

物镜光阑又称衬度光阑（孔径为 $20 \sim 120\mu m$），安装在物镜的后焦面上。当电子束通过薄膜样品时会产生散射和衍射，散射角或衍射角较大的电子被光阑挡住，不能继续前进成像，因此在像平面上形成具有一定衬度的图像。光阑孔越小，遮挡住的电子越多，图像的衬度就越大。加入物镜光阑使物镜的孔径角减小，能减少像差，获得质量较高的显微图像。物镜光阑的另一个作用是在后焦面上套取衍射花样的一个斑点（副焦点）成像，得到暗场像。利用明、暗场显微照片的对照分析，有利于进行物相鉴定和缺陷分析。

c　选区光阑

选区光阑又称视场光阑或场限光阑，放置在物镜的像平面位置，使电子束只能通过光阑孔限定的微区，实现对样品上选择的某个微区进行衍射分析的目的，即选区衍射。

5.5.4　透射电子显微镜的像差

提高加速电压，缩短电子的波长，可显著提高电子显微镜的分辨本领。理论分辨率应为波长的一半，如 $100kV$ 加速电压时电子波长为 $0.0037nm$，依此计算电子显微镜的最小分辨率应是 $0.002nm$。但实验证明，此电子显微镜达不到这么高的分辨率。这是因电子显微镜与光学显微镜一样，都存在像差。电子显微镜的主要像差有几何像差和色差。几何像差又称单色光引起的像差，是因电子在磁场运动轨迹不完全满足理论假设近轴的条件所造成，它包括球差和像散。色差是指波长不同的多色光的电子光学折射率不同引起的像差，多因电子束的波长或能量发生一定程度的改变引起的。本节只介绍球差、像散和色差产生的原因以及减少像差的途径。

5.5.4.1   电磁透镜的球差

电磁透镜的球差是因电磁透镜的近轴区磁场和远轴区磁场对电子束的折射能力不同而产生的。近轴区对电子束的折射能力较弱，远轴区对电子束的折射能力较强，因此对一个理想的点源物体，经过电磁透镜折射后，近轴电子和远轴电子分别汇聚于轴向有一定距离的像平面Ⅱ（称高斯平面）和像平面Ⅰ上，如图5-195所示。由图可知，像平面Ⅱ无论在什么位置，对成像的电子束而言，均无法得到清晰的点像，而是一个弥散圆斑。但在某一位置，可获得最小的弥散圆斑，称其为球差最小弥散圆，其半径为

$$r_{SM} = \frac{1}{4}MC_s\alpha^3 \qquad (5\text{-}156)$$

如果还原到物平面上，则其半径为

$$r_S = \frac{1}{4}C_s\alpha^3 \qquad (5\text{-}157)$$

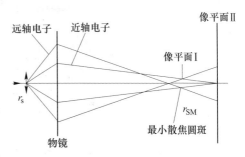

图 5-195   电磁透镜的球差

式中，M 为透镜的放大倍数；C_s 为取决于电磁透镜设计的球差系数，通常电磁透镜的球差系数 C_s 相当于它的焦距，大小约为 $1 \sim 3\text{mm}$；α 为透镜孔径半角，rad。

式（5-157）表明弥散圆半径正比于透镜孔径半角的 3 次方，减小透镜孔径半角 α（用小孔径光阑遮挡远轴的射线），可使球差迅速下降，提高透镜的分辨率。但由显微镜的极限分辨距离 $d = \dfrac{0.61\lambda}{n\sin\alpha}$（$n$ 为透镜与物体间介质折射率）知，减小透镜孔径半角 α，衍射的分辨本领将下降，并且光阑孔径也不能无限减小。因 α 小到一定程度，由电子波动性本质决定的衍射效应对成像质量的影响，便不可忽略了。透镜孔径半角 α 对球差和衍射差的影响恰好相反，因此可以认为在 $d_{衍} = d_{球}$（即 $\dfrac{0.61\lambda}{\alpha} = C_s\alpha^3$）的孔径角为合理的孔径角 $\alpha_{合理}$。不同方法求得 $\alpha_{合理}$ 在 $10^{-2} \sim 10^{-3}$（rad）之间，而 d_{min} 约在 $0.2 \sim 0.3\text{nm}$ 之间。

由于球差的存在，使透镜对边缘区域的聚焦能力比中心部位的大，反映在像平面上，使像的放大倍数随着距光轴的距离的加大而增大（或缩小）。像平面上的图像虽清晰，但由于距离光轴的径向距离大小的不同，不同部位的图像产生不同程度的位移，即图像发生了畸变（称径向畸变）。此外，因球差的影响，离光轴远的电子束在经过磁透镜时，不仅折射强、焦距短，而且磁旋转角也大，因此会使物像虽清晰但有像尺寸的失真（称旋转畸变）。

球差是像差影响电磁透镜分辨率的主要因素，球差系数与焦距（磁透镜的设计及励磁强度）有关，因此电镜设计和生产者一直在不断努力减小 C_s。

5.5.4.2   电磁透镜的像散

在镜筒系统中，因物镜的孔径很小，由斜射照明参与成像造成的像散可以忽略，主要是由近轴电子束形成的像散，因此又称轴上像散。它是几何像散中对获得高分辨像的影响最严重的像散，是由电磁透镜磁场不是理想的旋转对称磁场而引起的像差。造成透镜磁场

不是理想的旋转对称产生椭圆度的原因，有来自极靴材料不可避免的不均匀性、极靴孔等的机械加工精度及装配误差和透镜的污染，特别是光阑和极靴孔附近的污染等。不对称椭圆磁场会使电子束在不同方向上的聚焦能力出现差异，造成成像物点 P 通过透镜后不能在像平面聚焦在一点（如图 5-196 所示）。在前后聚焦点之间有一个最佳聚焦位置，此时像平面上得到一个最小散焦斑，半径为 R_A。将 R_A 折算到物平面上得到一个半径为 Δr_A 的弥散圆斑，用 Δr_A 表示像散的大小，其计算公式为

$$\Delta r_A = \Delta f_A \alpha \qquad (5\text{-}158)$$

式中，Δf_A 为像散系数，是电磁透镜出现椭圆度时造成的焦距差；α 为透镜孔径半角。

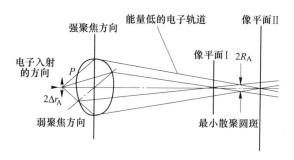

图 5-196　电磁透镜的像散

　　像散是可以消除的像差。通过消像散器引入一个强度和方位可调的矫正磁场来进行补偿，矫正像散。消像散器的强度和方位是连续可调的，可在电镜操作过程中按需来矫正像散。清洁物镜光阑和定期维护物镜极靴洁净是消除像散的保证措施。检验像散最灵敏的方法是费涅尔衍射条纹法，整个过程在正常成像条件下进行。

5.5.4.3　电磁透镜的色差

　　电子光学中的色差是由于成像电子的波长或能量不同引起的一种像差。色差实际上是电子的速度效应。速度不同的电子（不同波长或能量）通过透镜后，因折射率不同具有不同的焦距。色差与电子是否近轴无关，即使使用近轴电子成像，由于电子的速度不同，它们的焦距也不同。因此，一个物点散射的具有不同波长的电子，进入电磁透镜磁场后将沿着各自的轨迹运动，结果不能聚焦在一个像点上，而分别交在一定的轴向距离范围内，在像平面上也有一个半径为 R_C 的最小弥散圆斑（如图 5-197 所示）。将 R_C 弥散圆斑折算到物

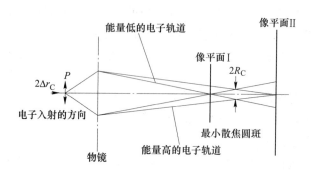

图 5-197　透镜的色差

平面上，得到半径为 Δr_C 的圆斑。色差定量表示 Δr_C 为

$$\Delta r_C = C_C \cdot \alpha \left| \frac{\Delta U}{U} - \frac{\Delta I}{I} \right| \tag{5-159}$$

式中，C_C 为透镜的色差系数，随激磁电流增大而减小；α 为透镜孔径半角；$\Delta U/U$ 和 $\Delta I/I$ 分别为电镜的加速电压和透镜电流的稳定度。

引起成像电子束波长或能量变化的原因有：（1）电子加速电压不稳定，引起照明电子束能量的波动，导致电子速度变化，产生"杂色光"；（2）透镜本身线圈存在激励电流的微小变化，导致聚焦能力的变化；（3）单一能量的电子束照射试样时，电子与物质相互作用，入射电子除受到弹性散射外，有一部分电子受到一次或多次非弹性散射，致使电子的能量受到损失。

提高加速电压和透镜电流的稳定度以及适当调配透镜的极性，可以把色差消除到电镜分辨本领允许范围内。使用较薄的试样有助于减小色差，提高图像的清晰度。有研究表明，透镜在强励磁情况下使用，像的色差较小。有的电镜还使用电子速度过滤器，"过滤"速度不同的电子，从而大大减少色差，提高分辨率，此外还能显著改善图像的反差。

5.5.5 透射电镜样品的制备

由于电子束的散射能力强，但穿透样品的能力比较弱，为了能接受到足够多的透射电子，用于透射电镜分析的样品必须足够薄，才能进行正常的观测。透射电镜分析的结果，在相当程度上依赖于样品制备的质量，因此制备合格的样品是透射电镜分析的首要条件。除粉末、纳米材料和生长薄膜样品外，块状样品都要制成表面平整的薄膜（厚度在 50~500nm 之间），因此对块体材料需经过一系列物理、化学方法的逐步减薄，才能制备出电子束能够透过的薄膜（电子束透明的薄膜）。可供观察的薄膜样品的厚度依赖于材料的原子序数，原子序数越大，厚度越要薄些，原子序数小的样品，厚度可厚些。此外，观察所用工作电压（电子束加速电压）越高，可穿透样品的厚度就越大些，用于超高压电镜观察的样品厚度就可比常规透射电镜观察的样品厚些。

5.5.5.1 由块体材料制备薄膜样品

制备薄膜试样的基本原则是在制样的整个过程中，试样的组织结构和化学成分不应发生任何变化，保持材料的原有组织形态和结构特征以及化学组成状况，保持上下面大致平行，表面洁净。注意，目前绝大多数透射电镜的样品台为 3mm，但仍有少数透射电镜的样品台为 2.3mm，制备样品和购买固定样品的铜网及微栅时，应注意要与使用的电镜样品台尺寸匹配。

从块体材料制备薄膜的步骤可分为切割、研磨和最终减薄。切割是在冷却条件下利用各种切割的方法，如超薄砂轮片、金属丝锯或电火花线切割（称线切割）等切取厚为 0.5mm 左右的薄片。从块体材料切割下的薄片试样，再利用机械研磨，经多道（由粗到细）双面研磨，去除加工损伤层后逐渐减薄到 100~150μm，最后用化学抛光或电解抛光等方法，将薄片试样减薄制成可供观察的样品；或根据试样材质情况减薄至 100~150μm，再在离子减薄仪或双喷电解减薄仪中继续对薄片试样进行最后减薄，直至试样有小穿孔为止。通常利用超薄切片机切制较软材料的薄片，如薄膜材料、软金属、合成纤维、塑料等。

对半导体 Si、Ge、GaAs 等单晶片材料，机械研磨后用化学抛光至有浅色透光区出现小穿孔为止。化学抛光应注意边缘浸蚀效应，可采用可溶性胶或石蜡保护边缘，样品制成后再用溶剂或加热的方式去除边缘保护层，最后采用其他溶剂和无水乙醇漂洗，用双联铜网小心捞起、固定。

对较大尺寸的纤维和粉末材料需先进行包埋处理，即先将纤维或粉末粒子与环氧树脂充分混合，然后把混合物倒入直径 3mm 铜管中，待环氧树脂完全固化，再将装有环氧树脂混合物的铜管切割成厚 0.5mm 左右的薄片，然后研磨成厚度小于 0.2mm 的薄片，并进行离子减薄至"电子透明"。

对于脆性材料，在最终离子减薄之前，需将研磨减薄的试样粘在两个内孔径为 1.5~2mm 的铜环之间，确保试样离子减薄或观察时不受损伤。

最终减薄方法有离子减薄及双喷电解减薄。离子减薄需在离子减薄仪中进行。双喷电解减薄需在双喷电解减薄仪中进行。离子减薄仪可用于各种金属、陶瓷、半导体和复合材料等薄膜的减薄，纤维和粉末也可以用离子减薄仪进行最终减薄；而双喷电解减薄仪只适用于导电试样的最终减薄，如金属及其合金试样。

A   离子减薄仪

离子减薄是用高能离子轰击薄片试样，使试样中原子或分子溅射出试样表面，将试样逐渐减薄直到试样中心穿孔，周边形成足够大的可供透射电镜观测的薄区。这个减薄过程比较慢，但产生非常清洁的表面，对不能用其他方法获得观测薄区的试样（如矿物、陶瓷、硬质合金、含有细小分散的第二相以及横断面试样等），作为最后减薄很有效。进行离子减薄的设备为离子减薄仪，它的工作示意图如图 5-198 所示。

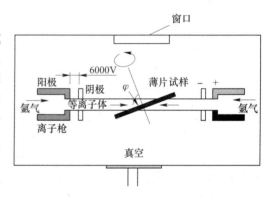

图 5-198   离子减薄仪工作示意图

离子减薄仪由试样室、真空系统、电器系统和离子枪等组成。离子减薄仪工作时，在真空下氩气在离子枪中离子化，在几千伏加速电压作用下离子流通过阴极孔聚焦，高速离子束以与试样表面成一定的入射角轰击旋转着的试样，逐层剥离，最终获得可供观测的薄膜。一般氩离子减薄仪的工作电压为 5kV，工作电流 0.1mA，束流 50~100μA，试样与样品台一起以约 30r/min 的速度转动。减薄速率金属约 1μm/h，陶瓷约 0.4μm/h。为提高减薄效率，开始减薄时，可将试样调向 φ 角稍大（约 20°）的位置，一段时间后逐渐减小 φ 角，减薄后期 φ 角为 7°~8°，可获得均匀、大面积薄区。离子束轰击试样会导致试样温度升高，可达 200℃甚至更高，对温度敏感的试样在减薄过程中需要进行冷却（如用液氮冷却）。离子减薄仪配有专门的冷阱，必要时冷却样品台。

B   双喷电解减薄仪

电解减薄是通过电解方式使导电的试样原子从表面均匀地剥落下来，最后得到厚度小于 200nm、表面光亮的薄膜。双喷电解减薄仪是利用从试样两侧喷射过来的电解液，实现电解抛光的装置。图 5-199 为双喷电解减薄仪的结构示意图。

双喷电解减薄仪的特点是，试样架将研磨减薄后的 $\phi3mm$ 圆片试样夹盖住，只留下中心部位圆面积减薄，试样架连接铂丝阳极，阴极焊接在两侧喷管中。喷射电解液减薄可以减少气泡的不均匀扰动，以得到平整光亮的表面。用光源和光导纤维控制，以第一个穿孔作为减薄的终点。喷射电解减薄过程中，从喷嘴喷出的液柱和阴极相连，试样作为阳极被腐蚀抛光。电解液是通过耐酸泵循环泵到喷嘴。减薄终点是由在两个喷嘴轴线上装有的一对光导纤维，一根与光源相接，另一根与光敏元件相连，实现自动控制。如果试样经抛光减薄一段时间，中心出现小孔，此时小孔透过的光照射到光敏元件上，输出的电信号就把抛光腐蚀线路的电源切断，自动停止喷射电解减薄工作。注意，取出减薄好的试样一定要经丙酮、无水乙醇等清洗剂清洗干

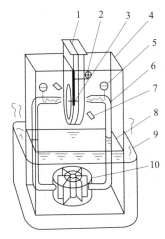

图 5-199　双喷电解减薄仪结构示意图
1—试样架；2—阳极；3—试样；4—壳体；
5—阴极；6—喷管；7—光控；8—电解液；
9—冷却装置；10—耐酸泵

净，干燥后保存在干燥器中，防止氧化和沾污。双喷电解减薄需注意：根据减薄材料性质，选择适宜的电解液类型、外加电压、电解液温度、电解液的喷射速度等，并通过试验确定最佳配方和工作条件。一些金属及合金常用的电解抛光液的成分和温度列于表5-41中，可供参考。

表 5-41　一些金属和合金常用电解抛光液的成分和温度

材料	电解液成分，$\varphi(i)$	备　　注 双喷 电压 V/V，电流 $A/mA \cdot cm^{-2}$
铝及其 合金	$HClO_4$ 1% ~ 20% + C_2H_5OH	双喷减薄，$-10 \sim -30°C$，V 约为 20，A 约为 20
	$HClO_4$ 8% + $(C_4H_9O)CH_2CH_2OH$ 11% + C_2H_5OH 79% + H_2O 2%	电解抛光，15°C
	CH_3COOH 40% + H_3PO_4 30% + HNO_3 20%	双喷减薄，-10°C
铜及其 合金	HNO_3 33% + CH_3OH 67%	双喷减薄或电解抛光，10°C
	H_3PO_4 25% + C_2H_5OH 25% + H_2O 50%	
钢	$HClO_4$ 2% ~ 10% + C_2H_5OH	双喷减薄，-20°C（室温）
	CH_3COOH 96% + H_2O 4% + CrO_3 200g/L	电解抛光，65°C搅拌1h
铁和 不锈钢	$HClO_4$ 6% + H_2O 14% + C_2H_5OH 80%	双喷减薄，室温
钛和 钛合金	$HClO_4$ 6% + $(C_4H_9O)CH_2CH_2OH$ 35% + C_2H_5OH 59%	双喷减薄，0°C

针对不同的材料，选择不同的方法进行试样最终减薄。双喷电解减薄和离子减薄各有适用对象、优点及不足：离子减薄适用于金属、陶瓷、半导体和多相合金，效率相对较低，操作复杂，成本高，但薄区较大；电解双喷减薄仅适用于金属、合金等导电材料，效率相对较高，操作简单，成本低，但薄区较小。

5.5.5.2　超细粉末及纤维试样

a　支持膜

对于超细粉体试样，其粒径小于铜网孔径，不能直接放在铜网上，需要用带支持膜的

铜网来承载。支持膜材料应没有结构，且对电子束的吸收不大，不会影响对试样结构的观察；有一定的力学强度和刚度，能承受电子束的照射而不畸变或破裂。常用的支持膜有塑料膜，碳膜或塑料-碳膜。塑料支持膜用1%~3%火棉胶（硝化纤维素）醋酸戊酯溶液制成。塑料支持膜上喷涂一层极薄碳膜就成了塑料-碳膜。若将塑料-碳膜在溶剂中将塑料支持膜溶去，可得到碳支持膜。碳支持膜导电、导热，力学性能好，可制作成很薄的膜（2nm）。另外，还可以从仪器商店购买微栅，作超细粉体试样的载体，制备观测样品。

b　超声分散法制样

为使超细粉体颗粒、纤维在支持膜上分散均匀，将少量超细粉体颗粒、纤维放入无水乙醇或适宜的溶液中，再在超声波振荡器中超声分散，使颗粒分散，形成悬浮液。然后用滴管取超声后的上部悬浮液，滴在支持膜上，待干燥后，再喷涂上一薄层碳膜，既可帮助导电，又可固定细小颗粒。这样制备出的样品可直接用于观测。

5.5.5.3　复型法制样

复型法制样是用复型材料复制材料表面形貌进行显微形貌观察的间接试样制样方法。此方法适用于材料腐蚀或磨损后呈现的组织浮雕，以及材料断裂后的断口或磨损后的表面特征等这些不适宜直接用透射电子来显像和检测的样品。用对电子束透明的薄膜，把材料表面或断口的形貌复制下来的过程，称为复型。复型制样方法简便、易行，在应用透射电镜分析材料的初期，使用相当广泛。近年来复型仅用于断口表面或表面组织形貌及第二相粒子和生物体的显微观察和分析。

使用的复型材料性质的要求如下：

（1）复型材料应是非晶体，防止定向衍射的干扰；

（2）材料的复印成型性好；

（3）有一定的刚度、柔韧性，化学稳定性好，便于制备和使用；

（4）有一定的导电、导热性，能耐电子轰击，减少热漂移。

目前使用三类复型材料中，碳膜要比塑膜（火棉胶膜）及氧化膜好。

复型法分为一级复型（也叫正复型）和二级复型（也叫负复型）两种，它们都是间接反映试样表面形貌或第二相粒子形状大小等情况。用得较普遍的是塑料一级复型、碳一级复型（分辨率、强度、导电、导热性好）、塑料-碳二级复型（图像质量较好）和萃取复型。

A　真空镀膜

复型样品或复型膜都需蒸镀一层碳或重金属，蒸镀是在真空镀膜台（上部玻璃钟罩内为真空蒸发室，下部为真空系统）中进行的。蒸发室内有两对电极，一对电极与碳棒相连接（如图5-200所示），用来蒸发碳；另一对电极与装有重金属的螺旋形钨丝相连接，用来蒸发重金属作金属投影用，使碳蒸发与金属投影在同一真空条件下进行。当其中一对电极加上电压，碳或金属将加热

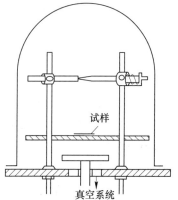

图5-200　真空镀膜台

蒸发，在被蒸镀物上形成一层碳膜或重金属膜。

B 塑料一级复型的制备方法

在制备好的金相样品或断口样品上滴几滴体积浓度为 1% 的火棉胶醋酸戊酯溶液或醋酸纤维素丙酮溶液，待溶剂挥发后，表面留下一层 100nm 左右的塑料薄膜，将塑料薄膜从样品表面揭下来，剪成对角线小于 3mm 的小方块，放在直径为 3mm 的铜网上，进行透射电镜观察。

塑料一级复型为负复型（如图 5-201 所示），制备方法简单，细节分析是清晰的，但本身不导电、分辨率低，在电子束照射下易开裂。

C 碳一级复型的制备

将所要观察的试样表面按金相方法进行研磨、抛光和腐蚀，若要观察的是试样断口表面，则将试样放在超声波装置中用丙酮进行清洗。将腐蚀后或清洗后的试样放在真空镀膜台中，以垂直于样品表面的方向

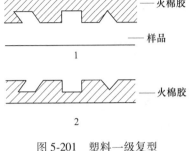

图 5-201 塑料一级复型

蒸镀一层几十纳米厚的碳膜。用小刀或针尖将试样表面的碳膜划成铜网大小的小块，采用电解腐蚀、化学腐蚀或明胶分离等方法使碳膜和试样基体分离。将分离的碳膜在丙酮或无水乙醇中清洗，然后用铜网捞出烘干后，即可用于透射电镜观察。

碳一级复型（如图 5-202 所示）碳膜厚度均匀，碳粒子直径小，分辨率高，但破坏样品。

D 塑料-碳二级复型制备方法

塑料-碳二级复型（如图 5-203 所示）不破坏样品的原始表面，可重复操作，具有良好稳定性和导电、导热性能的碳膜，多用于无机非金属材料形貌与断口观察。

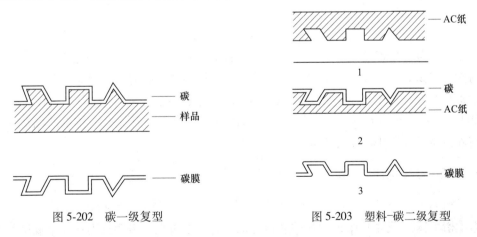

图 5-202 碳一级复型　　　　　图 5-203 塑料-碳二级复型

塑料-碳二级复型的制备方法和过程：（1）在进行复型制备前，需要先制作塑料膜，将 6% 醋酸纤维素丙酮溶液均匀倒在干净、平整的玻璃板上，待其干燥后揭下即可得到塑料膜纸（称 AC 纸）。（2）在试样表面滴上 1 滴丙酮，然后贴上一片与样品大小相当的 AC 纸，待贴上的 AC 纸完全干透后，轻轻揭下，将印有试样形貌的一面朝上，另一面粘在透明胶带上并固定在玻璃片上，放入真空镀膜台中喷碳。此时试样表面形貌印在 AC 纸上。

（3）将喷上碳膜的 AC 纸剪去没有组织的部分，再剪成与铜网大小的小块，放入丙酮中溶去 AC 纸，剩下不溶的碳膜。（4）碳膜放入蒸馏水或丙酮及无水乙醇中精心清洗 2~3 次，再用铜网捞起碳膜，用滤纸将水或丙酮及无水乙醇吸干后，即可放入透射电镜中观察。

　　E　萃取复型

　　塑料、碳复型不能提供材料内部的组织结构等信息，而萃取复型可以将样品表面的第二相粒子黏附下来（如图 5-204 所示），可分析材料中第二相粒子的形状、大小、分布等特征。萃取复型因为是直接观察实物，衬度好，其分辨本领有很大提高。

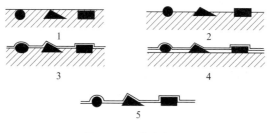

图 5-204　萃取复型

　　萃取复型制备方法是：首先按照一般金相法对样品进行磨光、抛光；用相应的腐蚀剂侵蚀金相样品的表面，显露出第二相粒子，并清洗腐蚀表面以除去腐蚀产物；在真空镀膜台中蒸镀一层较厚的碳膜，包裹第二相粒子；用小刀或针尖将蒸镀的碳膜划成对角线小于 3mm 的小块，并放入分离液中进行电解或化学抛光（第二次腐蚀），使碳膜连同凸出样品表面的第二相粒子与基体分离（第二相粒子萃取在碳膜上）；然后从腐蚀剂中捞出分离后的萃取碳膜，经蒸馏水、无水乙醇仔细清洗后，用铜网捞出萃取碳膜，作为透射电镜样品进行观察。

　　F　重金属投影

　　在透射电镜下，单一材料制成的复型的图像衬度为厚度衬度。对试样表面进行深腐蚀，可以增加复型的厚度差，提高厚度衬度。而制作复型的材料都由轻元素组成，对电子的散射能力较低，因此除了萃取复型外，采用单一材料制备成的表面复型样品，它们的图像衬度不是很好。为了增加衬度，将复型样品在可倾斜 15°~45° 的方向上喷镀一层重金属，如 Pt、Au、Ta、Cr、Ge、W 或 WO_3，制作重金属投影。有关投影技术的细节在有关电镜实验技术的专著中均有详细阐述，这里从略。

5.5.6　电子衍射的物相分析

　　电子衍射的长处是通过选区衍射实现对特定微小区域进行物相分析。

　　电子衍射图（花样）中最明显的几何特征是，衍射斑点一般都排列在一个规则的二维网格的格点处，反映出物相结构的重要信息。晶带和相应的倒易点阵平面是分析和标定电子衍射图（花样）来鉴定物相的基础。从电子衍射图（花样）中获得有关物相晶体学参数是鉴定材料中微小物相所需要掌握的基本技能。由透射电镜拍摄到的电子衍射图（花样）具有以下特点：

　　（1）晶体的结构信息和组织图像可以一一对应；

（2）适于微区或微小相的晶体结构分析，分析范围直径可小于 50nm，甚至 10nm；

（3）拍摄电子衍射花样的曝光时间只需十几秒到 30 秒，操作方便；

（4）电子衍射花样本身是晶体倒易点阵的二维截面图像，简明直观，易于理解；

（5）易于测定晶体间的位向关系和晶体的精确取向、孪晶或惯态面等特定的晶面指数及位错和层错的特征参数；

（6）因电子衍射的强度受原子序数的制约小，易于观察轻原子的排列规律，能方便测定轻原子的有序超点阵结构；

（7）电子衍射斑点的形状能反映晶体形状、应变场、缺陷的特征。

电子衍射图的标定方法经历了三个发展阶段：开始用计算尺和计算器进行计算；后来出现了查标准图和计算表的方法；计算机普及的今天，人们已广泛采用计算机标定衍射图的方法。了解电子衍射图的标定方法和步骤有助于理解各种计算机计算程序设计的思路和使用方法。

5.5.6.1 透射电镜中衍射图（花样）的形成

由于晶体内部结构是有规则的周期性排列，电子在晶体内的弹性散射波相互干涉，导致在某些特定方向上互相加强而产生衍射束，在其余方向则互相抵消。这可和 X 射线的衍射相类比。从爱瓦尔德作图法可知，指数为 hkl 的倒易点在反射球面上时，其对应的晶面发生衍射。对电子衍射而言，因入射束波长短，反射球半径 $1/\lambda$ 很大，可把球面上很小一块区域近似看成平面。另外，由于电子的穿透能力小，试样在沿入射方向必须很薄（一般在 $10\sim200nm$），所以倒易点在沿试样表面法线方向伸长成杆状（倒易杆），大大增加了与反射球相交的机会，所有参与衍射晶面的衍射斑点构成了一张电子衍射图（花样）。所以说电子衍射花样实际上是晶体的倒易点阵与反射球面相截部分在荧光屏上的投影。因此，单晶体电子衍射斑点图可以看成是一个（或几个）倒易点阵平面在荧光屏上的投影，每一个斑点都与倒易面上的结点对应。所以电子衍射图的几何特征与一个二维倒易点阵平面相同。斑点十分规则地排列是单晶试样中晶面分布规律性的反映。

5.5.6.2 几类材料的衍射图（花样）

A 单晶体的衍射图（花样）

单晶材料的衍射斑点形成二维规则排列的花样，随着与电子束入射方向平行的晶体取向不同，其与反射球相交得到的二维倒易点阵也不同，所以观察到的衍射花样也不同，如图 5-205 所示。电子衍射图的对称性可以用一个二维倒易点阵平面的对称性加以解释。

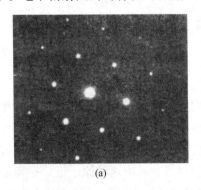
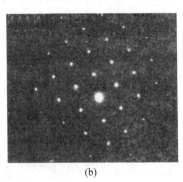

(a)　　　　　　　　(b)

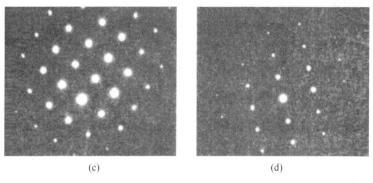

图 5-205 不同入射方向的立方 ZrO_2 的电子衍射花图

(a)［111］；（b）［011］；（c）［001］；（d）［112］

B 多晶材料的衍射花样

当试样含有大量取向完全混乱的微小晶体时，晶粒的晶体学取向在三维空间是随机分布的，由此任意晶面族 $\{hkl\}$ 对应的倒易阵点在倒易空间中的分布概率相等，形成以倒易原点为中心，$\{hkl\}$ 晶面间距的倒数为半径的倒易球面。因此无论电子束沿着任何方向入射，$\{hkl\}$ 倒易球面与反射球相交产生的衍射束为圆形环线。所以多晶的衍射花样是一系列同心的圆环，如图 5-206（a）所示，环的半径与相应的晶面间距的倒数呈正比。当晶粒尺寸较大，原来连续、锋锐的衍射环变为不连续的环，如图 5-206（b）所示，如果存在择优取向，衍射环也会成不连续的弧段。

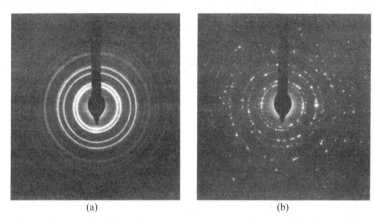

图 5-206 典型多晶薄膜衍射花样

（a）晶粒极细的衍射花样；（b）晶粒较大的衍射花样

C 非晶态物质的衍射花样

非晶态物质的结构特点是短程有序、长程无序，即每个原子的近邻原子排列仍有一定的规律，较好地保留着相应晶体结构中存在的近邻配位情况。在非晶态材料中，这些短程有序原子团在空间的分布是随机的，结构不具有周期性，因此无法构成点阵和单胞。短程有序的原子只有近邻配位关系，反映到倒易空间只有对应这种原子近邻距离的一个或两个倒易球，反射球面与它们相交得到的是一个或两个同心圆环。由于单个短程有序的原子团的尺度很小，包含的原子数目非常少，倒易球面也远比多晶材料的厚，所以非晶态材料的电子衍射图只含有一个或两个弥散的衍射环，如图 5-207 所示。

5.5.6.3　电子衍射的标定

A　仪器常数

从图 5-208 可以推导出电子衍射斑点与晶面间距的关系式。图中 L 为电镜相机的有效半径，R 是底片上测量的某个斑点 G 与中心斑点 O 的距离，则有

$$\tan 2\theta = R/L$$

图 5-207　典型非晶衍射花样

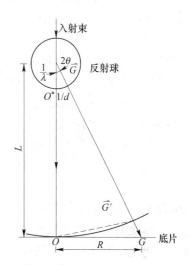

图 5-208　电子衍射斑点的形成示意图

根据布拉格公式 $\lambda = 2d\sin\theta$，考虑到电子衍射的 θ 角通常很小，只有 1°~2°，所以可得到 $\tan 2\theta \approx 2\sin\theta$ 近似式。于是

$$R/L = \lambda/d$$

即
$$Rd = L\lambda \tag{5-160}$$

式（5-160）是布拉格公式在电子衍射情况下的简化形式，也适用于多晶电子衍射，在计算电子衍射花样时经常要用到。在加速电压和透镜电流恒定的实验条件下，$L\lambda$ 是一个常数，称为仪器常数，或衍射常数，单位为 mm·nm。只要从实验得到 L、λ 和 R 的数据，就能求出面间距 d。因此可以根据拍摄的衍射花样，求出面间距和晶面夹角进行结构分析和物相鉴定。

实验中，利用已知多晶物质（如金、铝）的多晶衍射环标定仪器常数 $L\lambda$。例如，在电子束透明的塑料薄膜喷涂一薄层（约 20nm）金膜，在 100kV 加速电压下拍摄金衍射环，从最里向外测得金环的直径 D 为

$$D_1 = 2R_1 = 19.36\text{mm} \quad R_1 = 9.68\text{mm}$$

$$D_2 = 2R_2 = 22.55\text{mm} \quad R_2 = 11.275\text{mm}$$

$$D_3 = 2R_3 = 31.35\text{mm} \quad R_3 = 15.675\text{mm}$$

已知金是面心立方结构，它的点阵常数 $a = 0.407\text{nm}$，所以衍射环由里向外所对应的晶面指数分别为 (111)(200)(220)，相应的面间距 d 值为

$$d_{111} = 0.235\text{nm} \quad d_{200} = 0.204\text{nm} \quad d_{220} = 0.144\text{nm}$$

由此逐一计算出各衍射环的仪器常数

$$L\lambda = R_1 d_{111} = 9.68 \times 0.235 = 2.275(\text{mm} \cdot \text{nm})$$

$$L\lambda = R_2 d_{200} = 11.275 \times 0.204 = 2.300(\text{mm} \cdot \text{nm})$$

$$L\lambda = R_3 d_{220} = 15.675 \times 0.144 = 2.257(\text{mm} \cdot \text{nm})$$

取上面三个数值的平均值（一般保留小数点后两位），得到 $L\lambda = 2.28\text{mm} \cdot \text{nm}$。

B   多晶电子衍射环的指数标定

物质的多晶电子衍射图是由一组同心的衍射环组成，标定多晶电子衍射环指数的应用有三方面：（1）测定和校准透射电镜的仪器常数 $L\lambda$；（2）可以鉴定微小多晶物相；（3）可以确定物质的结构类型。

a   测定和校准透射电镜的仪器常数 $L\lambda$

测量底片上衍射环的直径 D，得到半径 R 数值，利用已知多晶物质的结构和点阵常数数据，以及电子衍射布拉格公式，计算仪器常数 $L\lambda$。具体过程如前节所述。

b   鉴定多晶衍射的物相

多晶电子衍射和 X 射线的德拜衍射在衍射几何上十分相似，因此多晶电子衍射环标定后，可以仿照 X 射线粉末试样，用三条最强衍射面面间距，来查找具体参与衍射物相的物质和结构。

应该提到的是，电子衍射与 X 射线衍射不同，它属于小角衍射，角因子对相对强度的影响较小，因此衍射环中三条最强环中的强度次序未必与 X 射线衍射的一致，甚至最强线本身也会有变化。另外，电子衍射的多次衍射作用较强，会使在 X 射线衍射消光的线也会有一定强度，再加上角因子影响的不同，使整个电子衍射强度的变化趋于和缓。

鉴定多晶衍射物相的具体做法是，测量衍射环的直径 D，计算半径 R 数值，利用已知仪器常数和电子衍射布拉格公式 $Rd = L\lambda$，计算衍射面面间距 d，将数据列表，并与 JCPDF 上数据比较，两者在允许误差内吻合的比较好，即可鉴定出多晶衍射物相的物质和结构。

c   确定物质的晶体结构类型

已知在给定测试条件下，各类结构衍射环半径的平方值或衍射的晶面指数平方和数值之间组成特有的数列，可根据这类数列的特点来判断晶体结构类型。

根据各晶系各类结构类消光条件和结构因子计算结果，立方晶系中，简单立方、体心立方、面心立方点阵及金刚石结构可能出现衍射的晶面指数分别为

简单立方 100，110，111，200，210，112，220，221，…

体心立方 110，200，112，220，310，222，321，…

面心立方 111，200，220，311，322，400，…

金刚石结构 111，220，311，400，331，422，…

由立方结构的面间距公式，可以计算得到衍射环半径 R 值为

$$R = L\lambda / d = L\lambda \sqrt{h^2 + k^2 + l^2}$$

即

$$R^2 = (L\lambda)^2 (h^2 + k^2 + l^2)$$

根据前述各结构衍射指数序列，它们的各自系列衍射指数的平方和有特殊规律，即衍射环半径 R 的平方比值之间 $R_1^2 : R_2^2 : R_3^2 : \cdots$ 组成如下特有的数列，

简单立方 $1 : 2 : 3 : 4 : 5 : 6 : 8 : 9 : 10 : 11 : \cdots$，没有 7，15，23；

体心立方 $2:4:6:8:10:12:14:16:\cdots$，晶面指数 $h+k+l=$偶数；

面心立方 $3:4:8:11:12:16:19:20:24:\cdots$，晶面指数 h, k, l 为全奇数或全偶数；

金刚石 $3:8:11:16:19:24:27:\cdots$。

从上述数列可以看出，它们前后项的差值也有规律性，即

简单立方，1，1，1，1，1，2，1，1，1，1，$\cdots$；

体心立方，1，1，1，1，1，1，1，1，1，1，$\cdots$；

面心立方，1，4，3，1，4，3，1，$\cdots$；

金刚石，5，3，5，3，5，3，5，$\cdots$。

另外，由立方晶系物质的面间距与指数的关系 $\dfrac{1}{d^2}=\dfrac{h^2+k^2+l^2}{a^2}$，仪器常数 $L\lambda$ 和测量衍射环直径 D_{hkl} 得

$$D_{hkl}=\frac{2L\lambda}{a}\sqrt{h^2+k^2+l^2}$$

在给定实验测试条件下 $\dfrac{2L\lambda}{a}$ 为常数，所以衍射环直径比 $D_1:D_2:D_3:\cdots=\dfrac{1}{d_1}:\dfrac{1}{d_2}:\dfrac{1}{d_3}:\cdots=\sqrt{h_1^2+k_1^2+l_1^2}:\sqrt{h_2^2+k_2^2+l_2^2}:\sqrt{h_3^2+k_3^2+l_3^2}:\cdots$。

因此，从底片上测得的一系列衍射环的直径 D，它们的比值如能满足上述特定规律，就可直接确定晶体结构，计算点阵常数 a，并标定指数。

四方晶系和六方晶系也有它们的电子衍射的主要特征，因篇幅有限，这里从略。

C 单晶电子衍射花样的指数标定

现有的若干电子衍射花样指数标定方法实际都来源于 X 射线衍射花样的指数标定方法，它们的原理相同，与 X 射线衍射作类比有助于理解和综合运用各种已知数据，迅速、准确地标定斑点指数。由于一张单晶电子衍射花样相当于一个倒易平面，每个衍射斑点与中心斑点的距离 R 符合电子衍射布拉格公式 $L\lambda=Rd$，依此可以确定每个倒易矢量对应的晶面间距和晶面指数，根据两个不同方向的倒易矢量应遵循晶带定律 $hu+kv+lw=0$，可以确定平行于电子束入射方向的晶带轴指数，即倒易点阵平面指数 uvw。

a 已知晶体结构，确定晶面指数

已知晶体结构确定晶面指数时，首先选择一个由斑点组成的平行四边形单元，选择的原则如下：

（1）最短边原则。由最短的两个邻边矢径组成平行四边形（如图 5-209 所示），且二者命名顺序由最短边开始，即

$$r_1 \leqslant r_2 \leqslant r_3$$

（2）锐角原则。最短两矢径间的夹角 $\theta\leqslant 90°$。因锐角 θ 所对的平行四边形对角线是短的对角线，它的矢量为 r_3。一般习惯将透射斑点作为矢径的原点。

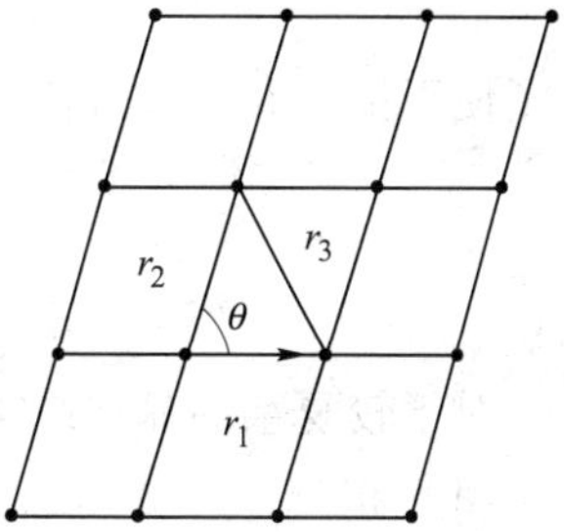

图 5-209 平行四边形
单元的选择

选择的实际结果是选定了由 r_1、r_2、r_3 围成的三角形。用这个特征的三角形表征衍射斑点排列的几何特征。通常描述三角形相似性的两种习惯方

法：（1）平行四边形法，也称三边法。即用三个斑点矢量长度比值 r_2/r_1 和 r_3/r_1 来说明。（2）边比夹角法，也称两边夹一角法。即用两个斑点最短矢量的长度的比值 r_2/r_1 和它们的夹角来说明。计算机自动计算标定表和计算标定程序大多也以这两种方法为基础。

b　一般标定步骤

下面以两边夹一角法来说明一般标定步骤。

（1）测量透射斑点到衍射斑点的最小矢径和次矢径的长度 r_1、r_2 和它们的夹角 θ。

（2）根据矢径长度比值 r_2/r_1 和夹角 θ 查表（有关电子衍射结构分析书的附录都有），按简单立方 pc、体心立方 bcc、面心立方 fcc、密排六方 hcp 结构晶型逐个查找，核实这四种晶型中每个存在的可能性。在核实晶体结构类型时，也可以与标准电子衍射谱图进行对照。在电子衍射书籍中，可以看到不同晶体结构常用低指数面的标准电子衍射谱图。

（3）经查对与某个晶型相符后，再根据表中给出的 d_1/a 的比值和由矢径的长度 r_1 计算的 d_1 值计算出晶格常数 a，$a = d_1/(d_1/a)$。再根据 a 值，在这类结构中逐个核实与查找物质。

（4）查对与某个物质相符后，标定衍射谱中最小矢径和次矢径衍射斑点的指数 $h_1k_1l_1$、$h_2k_2l_2$ 和晶带轴 $[uvw]$。确定 $h_1k_1l_1$、$h_2k_2l_2$ 后用矢量相加的方法可标出其余斑点的指数，$(h_1k_1l_1)+(h_2k_2l_2)=(h_3k_3l_3)$，即

$$h_3 = h_1 + h_2$$
$$k_3 = k_1 + k_2$$
$$l_3 = l_1 + l_2$$

因一个零层倒易面上的所有斑点属于同一晶带，它们还应满足晶带定律。通过解任意两个不在同一方向上斑点 $h_1k_1l_1$ 和 $h_2k_2l_2$ 组成的方程组，

$$h_1u + k_1v + l_1w = 0$$
$$h_2u + k_2v + l_2w = 0$$

可以求出对应晶带轴方向的指数 $[uvw]$，它是与入射电子束平行但方向相反的点阵方向，即

$$u = k_1l_2 - k_2l_1$$
$$v = l_1h_2 - l_2h_1$$
$$w = h_1k_2 - h_2k_1$$

为了便于记忆和计算方便，通常可写为下面的形式，

$$\begin{matrix} h_1 \\ h_2 \end{matrix} \underbrace{\begin{vmatrix} k_1 & l_1 \\ k_2 & l_2 \end{vmatrix}}_{u} \underbrace{\begin{matrix} h_1 & k_1 \\ h_2 & k_2 \end{matrix}}_{v} \underbrace{\begin{vmatrix} l_1 \\ l_2 \end{vmatrix}}_{w}$$

对于较复杂的晶体结构类型衍射谱图，通常采用的标定步骤如下。

（1）根据多方面信息和数据，可先预测可能的物质范围。一般从下面几方面的信息来判断：1）材料成分；2）制备工艺流程；3）文献资料；4）物相形貌；5）微区成分；6）同类物质的分析；7）谱图的特征；8）性能特征；9）积累的经验。其中，根据电子衍射谱图的对称性可以迅速判断可能的晶系，电子衍射谱图的对称性与可能的晶系的关系如表5-42 所示，这可在不断实践中逐渐体会。

表 5-42　单晶电子衍射谱图中的对称特征

序号	二维倒易点阵单胞	电子衍射谱的特征	可能归属的晶系
1	正方		立方、四方
2	六角		六角、三角、立方
3	有心矩形		单斜、正交、四方、六角、菱形、立方
4	矩形		单斜、正交、四方、六角、菱形、立方
5	平行四边形		三斜、单斜、正交、四方、六角、菱形、立方

（2）测量衍射单元平行四边形的两个边长 r_1、r_2 和对角线长 r_3 或 r_4，参见图 5-210，并由 $d_i = L\lambda/r_i$ 计算出它们对应的面间距。用三个斑点矢量长度比值 r_2/r_1 和 r_3/r_1 方法来查找物质，这样做比用两边夹一角方法的计算过程简单些，避免了量角、计算夹角带来的复杂计算和测量误差。

（3）根据面间距 d_i 查找设定物质近于相等的面间距，在比较两者面间距公差 $\Delta d_i/d_i \leqslant 0.3$ 的情况下，找出相符合的面间距，并得到它们三个相应的晶面指数 $h_ik_il_i$。

（4）按矢量加和法及晶带定律检验指数间的关系。

D　标定电子衍射的计算机程序设计原则和思路

现在电子计算机已广泛应用于电子衍射谱的标定，它不仅提高了标定工作的效率速度，还从根本上改变了衍射谱标定的工作模式。

现在计算机应用于电子衍射谱的标定的趋势：

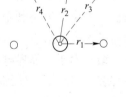

图 5-210　测量 r_1、r_2 和对角线长 r_3 或 r_4

（1）人机直接对话以及计算机和电子显微镜的联机使用，不再是利用计算机打表获得间接数据。现在已出现演示和测量衍射谱的商品装置。

（2）设计多种专用的组合程序包，在计算机内事先内存晶体学数据。

（3）鉴定晶体结构的程序方便和快捷。

（4）注意运用程序设计的技巧，提高解算速率。如对简单立方、面心立方、体心立方、密排六方结构物质的衍射谱，采用先核实晶体类别，后按晶格常数 a 检出物质的方法进行；对复杂结构物质的衍射谱，采用直接存入面间距的值，并采用矢量合成的方法简化运算过程。

5.5.7 透射电子显微镜的发展

近年来，透射电镜的发展主要体现在：（1）透射电镜功能的扩展；（2）分辨率的不断提高和新型部件的出现；（3）把计算机技术和微电子技术应用于电镜控制系统、观察与记录系统等。

5.5.7.1 功能的扩展

透射电子显微电镜的发展经历了由样品形貌的观察，到选区电子衍射原位分析样品晶体结构，实现微观形貌和晶体结构的原位分析阶段。为实现材料的结构与组成的原位分析，人们利用电子束与固体样品相互作用产生的多种物理信号研发出了多种分析附件，如能谱仪（EDS）、电子能量损失谱仪（EELS），以及在聚光镜下面添加扫描线圈实现电子束的扫描或摆动，于是出现了分析型透射电镜（扫描透射电镜，STEM），可获得样品厚度、成分、价态、电子密度、能带和近邻原子分布等信息。

具有多功能附件的透射电镜可在不更换样品的情况下，对材料的特定微区的形貌、晶体结构、成分和价态进行全面分析，综合研究或评价材料的性质与微观结构及组成的关系。

另外，随着高分辨扫描透射电镜的问世，发展起来了一些新的实验技术，如线性长度为 1nm 的微晶衍射技术或微-微衍射技术，可以用来研究单个位错、层错、畴界面的结构，而会聚束衍射技术能够提供晶体三维结构信息。而且仪器的发展使一些实验技术得到应用和发展，如会聚束衍射技术，改变了一般透射电镜用近乎平行的电子束入射试样的电子衍射。会聚束衍射是利用倒立的锥形光束射向试样，并使光锥的顶角处于试样平面，这时衍射斑扩大成衍射盘，盘的内部具有特殊的衬度花样，可应用于测定晶体薄膜厚度、点阵常数、结构因子、临界电压、晶体势函数等。实现会聚束可以是在扫描透射电镜第二聚光镜下部装一组线圈，使细电子束绕试样上一个微小的区域回摆，回摆电子束的包络相当于是一个射向试样的锥形光，通过调整线圈电流来控制回摆幅度（即会聚角），会聚束衍射的信号用电镜下部的探测器接受。

根据研究目的的不同，透射电镜的样品台设计出高温样品台、低温样品台和拉伸样品台不同的样品台附件，可实现原位观察加热、冷却和拉伸状态下样品的动态微观组织结构、成分变化。

5.5.7.2 分辨率的提高和新性能部件的出现

材料的组织结构、特别是微观结构，决定了材料的性能。直接观察和研究材料的微结构对新材料的研制和开发，以及材料性能的改进和可靠性的评价十分重要。透射电子显微镜是实现微区物相分析的最有力工具，可以同时获得目标区域的组织形貌和选定区域的电子衍射信息，将微区的物相结构（衍射）分析与其形貌特征严格对应起来。随着高科技的发展，高新技术用先进材料的研究迫切需要直接观察材料的微结构，因为界面、位错、间隙原子和微小沉淀物或偏析物等结构及缺陷状况，对材料及器件的物理、力学和电学性质影响很大，因此获取物质的原子排列结构、化学成分和局域价态（电子态）的信息是高分辨电子显微学的发展目标。

如前所述，透射电镜的分辨率与入射电子束波长（加速电压）有关，提升电子枪的加速电压可以提高分辨率，目前透射电镜电子枪的加速电压已从最初的 80kV 发展到常用的 200kV，其点分辨率可达 0.2nm 以上，而且还出现了加速电压在 1000kV 以至 3000kV 以上的超高压电镜，而 1000kV 高压电镜的点分辨率已达到 0.1nm。

另外，为了获得高亮度且相干性好的照明源，电子枪发展到场发射电子枪，具有纳米电子束斑、亮度高、束流大、出射电子能量分散小和相干性好，可显著提高电镜的分辨率，特别适合于纳米尺度综合分析，如纳米尺度成分分析，精确测定原子位置、结构因子和电荷密度等。

随材料科学的发展，透射电子显微镜也不断出现一些新型部件，以满足材料科学研究需要。如近年来出现的新一代透射电子显微镜，就配有单色的电子光源，有可使电子束斑小于 0.2nm 的聚光镜系统、物镜球差校正器、无像差投影系统、能量过滤成像系统等新型部件。在图像记录方面，出现了成像板、慢扫描 CCD 相机等新的图像记录系统，因此可以直接用高精度数字数据的方式来获得高分辨显微像，并采用残差指数方法使用这些数据进行定量解析。

5.5.7.3　计算机技术和微电子技术的应用

计算机技术和微电子技术的应用，一方面是使透射电子显微镜的控制简单化，自动化程度提高，使电镜的操作更加简便容易、系统更加稳定可靠。如系统对中与合轴、消像散、图像记录等操作都可自动进行；另一方面是实现图像的数字化记录和处理。一般透射电子显微镜中采用照相底板记录电子显微像，虽具有探测效率较好和视场大，但非线性度大、动态范围小，不能联机处理和暗室操作。现采用新的图像记录系统-慢扫描 CCD 相机，通过钇铝石榴石闪烁器将入射电子射线转变成光信号，经纤维光导板送到电荷耦合器件 CCD，把显微图像的信息转换成数字信号，信号强度增大后，可把显微图像直接显示在监视器屏幕或存储在硬盘或光盘中，其灵敏度、线性度、动态范围、探测效率和灰度等均优于照相底板，且相机与样品台转动结合，可将不同方位的图像用计算机合成得到三维立体图像。

随着计算机技术的发展，计算机技术在透射电子显微镜数据处理方面的应用也越来越广泛，从最初的计算机打表，到电子衍射谱、菊池线的计算机标定，到目前利用计算机技术用残差指数方法，使用从成像板和慢扫描 CCD 相机获得的显微图像的数字化数据进行定量解析。

5.5.8　透射电子显微镜分析在材料研究中的一些应用

用透射电子显微镜（TEM）观测物质微区的表面形貌、晶体结构和成分分析，在金属材料、无机非金属材料、高分子材料等领域的研究中得到了广泛的应用，并已成为高新技术用先进材料研究和开发的重要手段。在环境科学研究领域，随着研究深化的需要，透射电镜也成为重要的研究手段。

5.5.8.1　气溶胶单颗粒观测

随着科学技术的发展和人民生活水平的提高，人们对大气环境的关注度越来越高，空气中微小固体污染物已成为观测、研究的对象。在研究空气中微小颗粒污染物过程中，采用透射电镜（TEM）对放置在微栅上的大气中气溶胶颗粒和超细颗粒进行观测，获得了单个颗粒物的形貌。图 5-211 是观察到的大气中细颗粒物的 TEM 照片，其中图 5-211（a）为较小放大倍数下大气中细颗粒物的形貌，可以看到细颗粒物呈不同聚集状态的烟尘集合体，圆形的飞灰和不规则的矿物颗粒，图5-211（b）和（d）为链状烟尘集合体，图 5-211（c）为簇状烟尘集合体。从图 5-211（b）～（d）中可以清晰地看到烟尘集合体及其中的单个烟尘颗粒，单个烟尘颗粒的直径在 20～50nm 之间。

667nm	250nm	200nm	100nm
(a)	(b)	(c)	(d)

图 5-211　大气中气溶胶颗粒物的 TEM 照片

5.5.8.2　Ti-ZrO$_2$ 复合材料的显微形貌和结构分析

为进一步研究制备 Ti-ZrO$_2$ 热障型梯度功能材料，将不同体积配比的 Ti 与 ZrO$_2$ 粉体压制成块并经常压高温烧结制成 Ti-ZrO$_2$ 复合材料，用透射电子显微镜和高分辨电子显微镜观察分析 Ti-ZrO$_2$ 复合材料的显微结构和界面结合状态。将 1650℃ 常压烧结的 Ti-ZrO$_2$ 复合材料样品经切割、研磨和离子减薄制成透射电镜试样，然后在透射电镜上观察材料的显微形貌并进行结构分析。图 5-212 为复合材料中 t-ZrO$_2$（四方氧化锆）晶粒的显微形貌及对应的电子衍射花样。从图中可以看出，t-ZrO$_2$ 的晶粒尺寸约为 0.3～0.6μm，晶界为多边形，其平均晶粒尺寸小于约束条件下氧化锆四方相 t 向单斜相 m 转变的临界晶粒尺寸。由于常压烧结条件下存在 t-ZrO$_2$ 晶粒的长大现象，从而导致晶粒尺寸的波动及材料组成的变化，使部分的四方相 t-ZrO$_2$ 发生向单斜相 m-ZrO$_2$ 转变的相变过程，图 5-213 为复合材料中单斜 m-ZrO$_2$ 的晶粒形貌及 $[1\bar{3}\bar{2}]$ 晶带轴的电子衍射花样。这里单斜 ZrO$_2$ 的产生机制为自促发形核的形变孪生，这是松弛 t-ZrO$_2$→m-ZrO$_2$ 相变应变能的有效方式之一。

图 5-214 是 Ti 晶粒边缘处单斜 m-ZrO$_2$ 晶粒的形貌及其电子衍射花样，这里单斜 m-ZrO$_2$ 呈现出典型的片条状孪晶结构。从图中可见，单斜 m-ZrO$_2$ 是从垂直于 ZrO$_2$/Ti 界面处向四方 t-ZrO$_2$ 晶粒内部开始生长，形成片条孪晶。这里单斜 m-ZrO$_2$ 的产生机制为异相

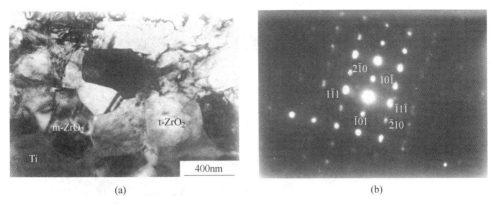

(a)　　　　　　　　　　　　　　　(b)

图 5-212　常压烧结的 Ti-ZrO₂ 复合材料中 t-ZrO₂ 晶粒的 TEM 照片

（a）t-ZrO₂ 晶粒显微形貌；（b）t-ZrO₂ $[\bar{1}\,2\,\bar{1}]$ 晶带轴的电子衍射花样

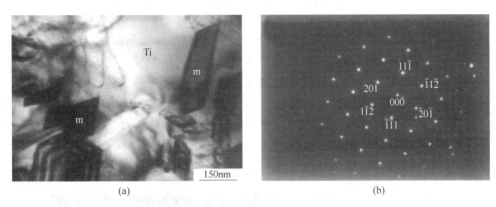

(a)　　　　　　　　　　　　　　　(b)

图 5-213　常压烧结的 Ti-ZrO₂ 复合材料中 m-ZrO₂ 晶粒形貌及其电子衍射花样

（a）m-ZrO₂ 晶粒显微形貌；（b）m-ZrO₂ $[\bar{1}\,3\,\bar{2}]$ 晶带轴的电子衍射花样

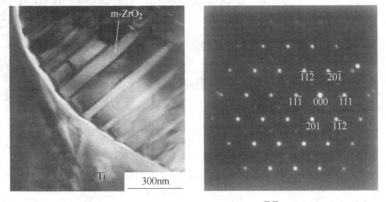

图 5-214　ZrO₂/Ti 界面处的 m-ZrO₂ 孪晶生长形貌及 $[\bar{1}\,3\,\bar{2}]$ 晶带轴的电子衍射花样

界面成核的形变孪生，孪晶结构的形成是松弛 t-ZrO₂→m-ZrO₂ 相变应变能的有效方式之一。图 5-215 是典型的 m-ZrO₂ 孪晶形貌及其 [111] 晶带轴的电子衍射花样。由此可见，片条状单斜 ZrO₂ 相形核于 t-ZrO₂/Ti 的相界面，t-ZrO₂/Ti 相界面的存在诱导 t-ZrO₂ 向 m-

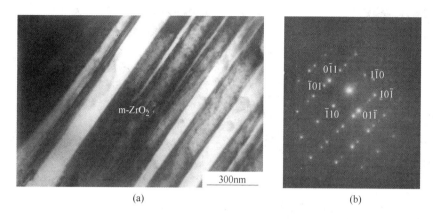

(a)   (b)

图 5-215   m-ZrO$_2$ 孪晶形貌及其电子衍射花样

（a）孪晶形貌；（b）［1 1 1］晶带轴的电子衍射花样

ZrO$_2$ 的相变过程。因为在 t-ZrO$_2$/Ti 的相界面处，m-ZrO$_2$ 的异相界面成核所需的活化能较低，同时界面处发生 t-ZrO$_2$→m-ZrO$_2$ 相变时体积膨胀引起的相变应力，会因 Ti 的塑性变形而得到松弛，从而有利 t→m 相变，使之能够充分进行。对不同 Ti 与 ZrO$_2$ 配比的复合材料样品的观察发现，随着复合材料组成中 Ti 含量的增加，t-ZrO$_2$/Ti 相间界面积增大，t-ZrO$_2$→m-ZrO$_2$ 的相变量增多，因此 ZrO$_2$ 中单斜相与四方相的相对比值也随之有所增大。图 5-216 是 m-ZrO$_2$/Ti 的界面结构形貌及界面处箭头所示区域的 α-Ti 相的 ［2 4 3］晶带轴的电子衍射花样。界面区观察和分析结果表明，Ti 和 ZrO$_2$ 界面具有良好的化学相容性。

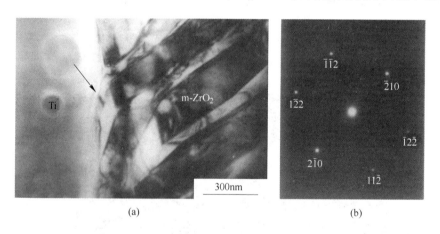

(a)   (b)

图 5-216   Ti/m-ZrO$_2$ 的界面形貌及界面处箭头所示区域的选区电子衍射

（a）Ti/m-ZrO$_2$ 界面形貌；（b）α-Ti ［2 4 3］晶带轴的电子衍射

TEM 观察结果表明，复合材料中 Ti 的晶粒尺寸较大，视野中很难发现完整的晶粒边界，这是因烧结过程中发生了 Ti 的再结晶和晶粒长大。图 5-217 是双束成像条件下拍摄的 α-Ti 的晶粒形貌及两晶粒之间的小角晶界。由于 Ti 在烧结后的冷却过程中会产生塑性的收缩变形，从而易产生图中所示的小角晶界。为进一步观察 Ti-ZrO$_2$ 界面结合状态，采用高分辨电子显微技术，观察研究复合材料界面的精细结构。

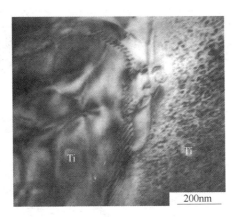

图 5-217　Ti/ZrO$_2$ 复合材料中 α-Ti 的晶粒形貌和晶粒之间的小角晶界结合状态

图 5-218 是 Ti-ZrO$_2$ 复合材料中 m-ZrO$_2$/t-ZrO$_2$ 相界面的高分辨电镜照片，入射电子束平行于 $[100]_m /\!/ [\bar{1}\bar{1}\bar{1}]_t$。从高分辨像可知，m-ZrO$_2$/t-ZrO$_2$ 的相界面上 m-ZrO$_2$ 的晶面 (001)$_m$ 和 t-ZrO$_2$ 的晶面 (100)$_t$ 之间的过渡是连续的，m-ZrO$_2$/t-ZrO$_2$ 的相界面保持着良好的共格关系，未发现有错配位错存在。这表明 t-ZrO$_2$→m-ZrO$_2$ 相变以切应变为主，马氏体相和母相之间的点阵错配完全由晶格的弹性应变协调。两相之间的位向关系为 (001)$_m /\!/$ (100)$_t$，$[100]_m /\!/ [\bar{1}\bar{1}\bar{1}]_t$。

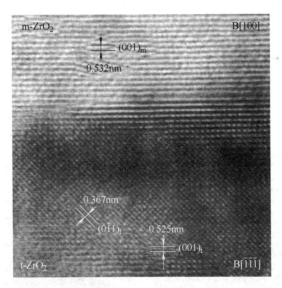

图 5-218　m-ZrO$_2$/t-ZrO$_2$ 相界面的高分辨晶格条纹像

（入射电子束平行于 $[100]_m /\!/ [\bar{1}\bar{1}\bar{1}]_t$）

图 5-219 是 Ti-ZrO$_2$ 复合材料中 m-ZrO$_2$ 相的高分辨电镜照片，从中可以清晰地看到位错台阶的存在，位错线的方向平行于晶向 [100]，由于其相交位错线和晶面滑移方向平行，因此该位错为螺旋位错。这是单斜氧化锆在生长过程中受到了某种剪切应力的作用而产生的晶面滑移现象。

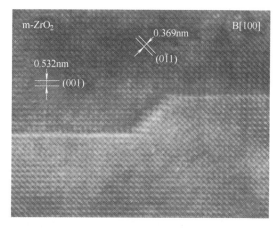

图 5-219 m-ZrO₂ 相中位错的高分辨晶格条纹像

图 5-220 为 Ti-ZrO₂ 复合材料中 Ti/m-ZrO₂ 相界面的高分辨电镜照片，入射电子束平行于 $[\overline{1}2\overline{1}0]_{Ti}$ ∥ $[00\overline{1}]_{m\text{-}ZrO_2}$。照片中箭头表示 Ti/m-ZrO₂ 相界面，相界面为直接结合，相界面平直光滑，无界面中间相，这与大量的 TEM 观察结果一致。从图中可见，界面两侧 m-ZrO₂ 的晶面 $(010)_{m\text{-}ZrO_2}$ 和 Ti 的晶面 $(0001)_{Ti}$ 之间的过渡是连续的，m-ZrO₂/Ti 的相界面也保持着良好的共格关系。m-ZrO₂/Ti 的相界面大多数为原子直接结合（共格），但偶见 m-ZrO₂/Ti 界面之间存在中间过渡层。图 5-221 为 Ti-ZrO₂ 复合材料中 Ti/m-ZrO₂ 相界面之间存在非晶过渡层的高分辨电镜照片，入射电子束平行于 $[\overline{1}2\overline{1}3]_{Ti}$ ∥ $[111]_{m\text{-}ZrO_2}$。从图中可见，非晶过渡层的厚度约为 10 ~ 14nm，同时在该区域的局部可观察到有序区，且其条纹相与 m-ZrO₂ 的 $(0\overline{1}1)_m$ 晶面一致，非晶过渡层主要由 ZrO₂ 和原料中的杂质相在高温烧结过程中产生。

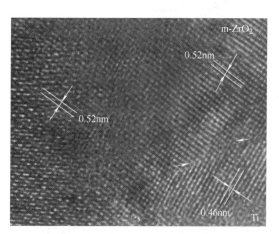

图 5-220　Ti-ZrO₂ 复合材料中 Ti/m-ZrO₂ 相界面的高分辨显微像

（入射电子束平行于 $[\overline{1}2\overline{1}0]_{Ti}$ ∥ $[00\overline{1}]_{m\text{-}ZrO_2}$）

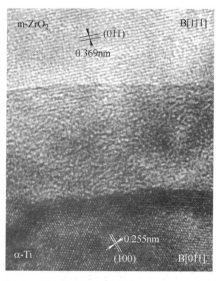

图 5-221　Ti-ZrO₂ 复合材料中 Ti/m-ZrO₂ 相界面之间存在非晶过渡层的高分辨显微像

（入射电子束平行于 $[\overline{1}2\overline{1}3]_{Ti}$ ∥ $[111]_{m\text{-}ZrO_2}$）

5.5.8.3 纳米粉体及其材料的观测与分析

A 掺镧改性的钛酸钡纳米材料

掺镧改性的钛酸钡纳米材料是新型的湿敏材料，纳米粉体的粒径及形貌直接影响材料的性能。利用分析型透射电子显微镜对溶胶-凝胶法制备的粉体进行观察和分析，结果如图 5-222 所示。由图可以看出，多晶粉体为近似球形，颗粒尺寸范围在 20~40nm。对粉体衍射环的标定结构列于表 5-43 中，结果表明掺镧钛酸钡为四方钙钛矿结构。

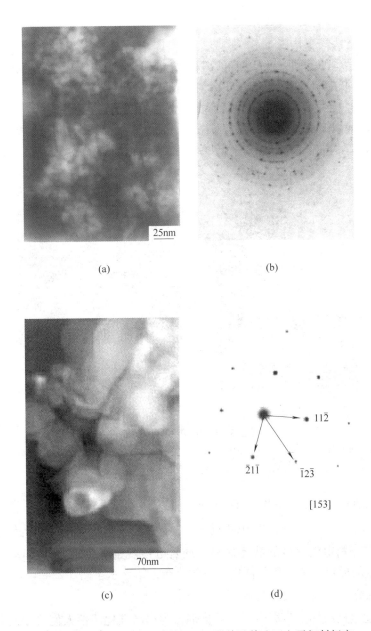

(a)   (b)

(c)   (d)

图 5-222　$La_xBa_{1-x}TiO_3$ 试样的 TEM 形貌及其选区电子衍射标定

（a）TEM 形貌；（b）多晶衍射环；（c）纳米颗粒形貌；（d）选区电子衍射标定

表 5-43　多晶环标定结果

序　　号	d（实验）	d（JCPDS）	晶面指标 hkl
1	2.843	2.838	100
2	2.335	2.314	111
3	1.990	1.997	200
4	1.646	1.642	112
5	1.441	1.419	202

B　功能陶瓷钛酸钡陶瓷的观测

根据掺杂和结构的不同，钛酸钡可以制备介电陶瓷、压电陶瓷，以及湿敏陶瓷等。图 5-223 为钛酸钡（$BaTiO_3$）颗粒的 TEM 图像。从图 5-223（a）中可以看出，大多数颗粒是圆形单晶颗粒，粒径约 80～120nm，而有的颗粒是由几个晶粒组成的，如箭头所示。图 5-223（b）是钛酸钡颗粒边缘的高分辨显微像，钛酸钡的晶格边缘是清晰可见的，在颗粒边缘附近是 5nm 厚的非晶态区域，用箭头表示晶粒的边缘。

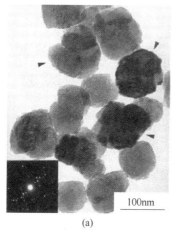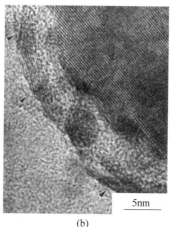

（a）　　　　　　　　　　　　　（b）

图 5-223　钛酸钡颗粒的 TEM 像
（a）明场像，小图为选区电子衍射花样，箭头所示为包含至少三个微晶的三个颗粒；
（b）钛酸钡晶体边缘的高分辨像，用箭头标出的是边缘上的纳米晶

5.5.8.4　纳米钛-氧化合物 Ti_4O_7 纤维和颗粒及负载铂的观测

Ti_4O_7 是亚化学计量比 Magnéli 相钛氧化合物，具有良好的导电性和抗氧化性能，可作为锂离子电池和燃料电池电极的载体材料。透射电镜观察了由前驱体 TiO_2 纤维用不同工艺制备的 Ti_4O_7 的形貌，及其负载催化剂铂的分布，结果示于图 5-224。

5.5.8.5　纳米催化剂缺陷的观测

在燃料电池电极载体上负载金属铂催化剂，为提高催化活性人们希望制备出含有大量缺陷的纳米级催化剂。图 5-225 为制备出的纳米枝状铂催化剂的高分辨显微像，由图可以看出，催化剂伴有位错缺陷且表面存在大量的原子台阶，它们都是催化的活性点。

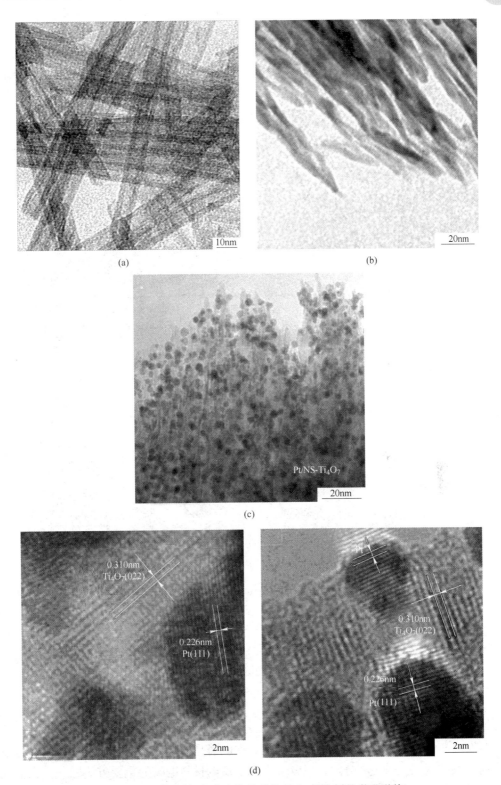

图 5-224 纳米钛-氧化合物及其负载 Pt 催化剂的微观形貌

（a）前驱体 TiO$_2$ 纤维；（b）制备的 Ti$_4$O$_7$ TEM 显微形貌；（c）Ti$_4$O$_7$ 负载催化剂铂的分布；

（d）Pt/NS-Ti$_4$O$_7$ 催化剂电化学老化前后的高分辨像（左图为老化前，右图为老化后）

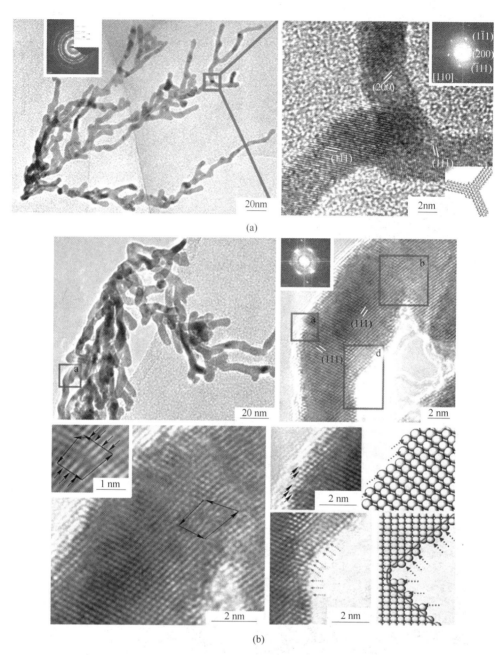

图 5-225　纳米枝状铂催化剂及其位错和原子台阶的高分辨显微像

（a）纳米枝状铂催化剂的显微形貌；（b）纳米枝状铂催化剂的位错和原子台阶观测

5.5.8.6　铁电材料电畴的观察

具有电畴结构是铁电体材料的重要特征。铁电畴是铁电体重偶极子有序排列、自发极化方向一致的区域。采用高分辨透射电镜是观察铁电材料电畴的重要方法之一。人们在研究 PZT（Pb（$Zr_x Ti_{1-x}$）O_3）压电陶瓷时发现，当四方和菱方准同型相界面附近 $x=52$ 时，材料具有特强压电效应。图 5-226 为透射电镜拍摄的压电陶瓷 PZT $x=52$ 薄膜中尺寸为 5～

10nm 的各种畴结构。虽然 PZT 材料有特强的压电效应，但从环境污染方面考虑，人们正在研究部分或全部取代 Pb 的新型压电陶瓷材料。

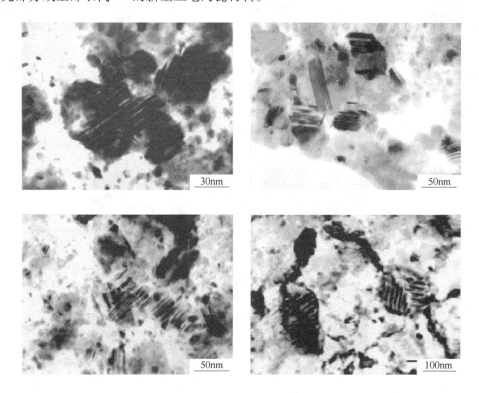

图 5-226　具有各种畴结构的 PZT（52/48）薄膜的 TEM 像

5.5.8.7　半导体单晶材料微缺陷的观测

电子显微镜是观测晶体材料中各种缺陷的最有力手段。半导体单晶材料中存在的任何缺陷都会影响器件（集成电路）的性能、使用寿命及器件的成品率。因此，材料和器件制备工作者常用电子显微镜观察和研究微缺陷的生成、演化条件和规律，以及器件制备工艺。

半导体单晶材料的制样方法是，将待观测的半导体单晶片解离成小块，将抛光面贴附在抛光蓝宝石片上，石蜡保护样品周边，采用化学腐蚀方法获得用可供电镜观测的薄膜样品。

A　砷化镓晶体材料中微缺陷的观测和分析

图 5-227 是用加速电压为 1000kV 的超高压电镜观测和分析不同掺杂元素水平法生长砷化镓（HB-GaAs）单晶材料中微缺陷的结果。其中图 5-227（a）为掺 Cr HB-GaAs 单晶中有关 Cr 和 As 的沉淀，图中左侧小图为 Cr_2As 微沉淀的［113］晶带轴衍射花样和（1$\overline{1}$0）暗场像，图中右侧为 As 微沉淀的［123］晶带轴衍射花样和（11$\overline{2}$）暗场像。图 5-227（b）为掺 Si HB-GaAs 单晶中 As 的微沉淀，图中小图为其［231］晶带轴衍射花样。图 5-227（c）为高掺 Si HB-GaAs 单晶中存在的微缺陷。

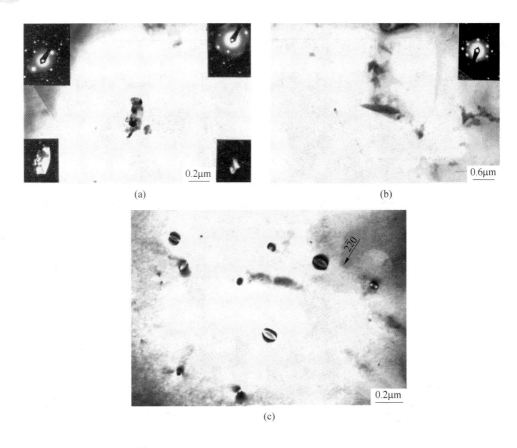

图 5-227 不同掺杂 HB-GaAs 单晶中的微缺陷

B 单晶硅晶体缺陷的观测

当在单晶硅表面用氧化法制备屏蔽层时，也会出现一些面缺陷，如图 5-228（a）显示的在表面氧化薄层下的层错。直拉单晶硅（CZ-Si）晶片经高温热处理也会出现如图 5-228（b）所示的位错线，以及图 5-228（c）所示的 C-O 微沉淀（图中谱图为 A 处的 EELS 谱图）。

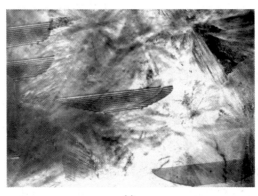

(a)

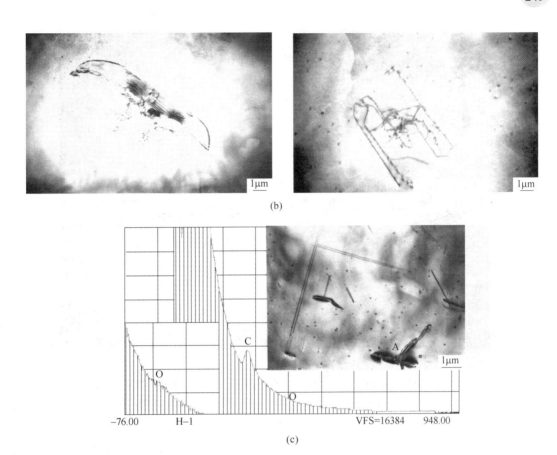

(b)

(c)

图 5-228 CZ-Si 单晶片干氧氧化和热处理后出现的微缺陷

（a）单晶硅表面氧化层下的氧化层错（10000×）；（b）CZ-Si 高温热处理后出现的位错线；

（c）CZ-Si 高温热处理后出现的 C-O 微沉淀及 A 处 EELS 谱图

C 单晶硅和砷化镓晶体断面的观测

电子显微镜观测半导体单晶断面是研究制造器件和集成电路工艺中工作层制备条件的有力手段。对待观测晶片样品采用解理、粘连（面对面，背对背粘连方式）、研磨减薄及离子减薄方法制成供电子显微镜观测的断面样品。

图 5-229 是在单晶硅衬底上沉积 12 层 Al-SiO$_2$ 薄膜（单层金属铝为 10nm）断面的 TEM 像。图 5-230 是研究不同退火条件对 2MeV Si$^+$ 离子注入 GaAs 晶体损伤的恢复和注入工作层激活程度时，对其断面观测的一组 TEM 像。图 5-231 是研究 120 ~ 130KeV Si$^+$ 离子注入（100）半绝缘 GaAs，用 SiO$_2$ 包封退火，不同注入计量、不同退火温度和时间对注入层晶体

图 5-229 Si 衬底沉积 12 层 Al(10nm)-SiO$_2$
薄膜断面 TEM 像

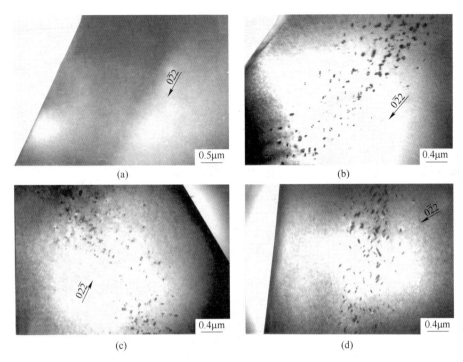

图 5-230 不同退火条件下 2MeV Si⁺离子注入 GaAs 的断面 TEM 像

（a）未退火；（b）955℃/5s；（c）420℃/24s+985℃/1s；（d）400℃/24s

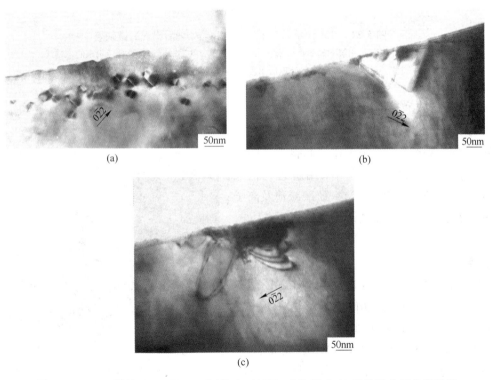

图 5-231 SiO₂ 包封 120~130KeV Si⁺注入（100）半绝缘 GaAs 炉热退火后的微缺陷

损伤恢复及缺陷产生情况时的断面 TEM 像。进一步分析表明，注入计量为 $1.6 \times 10^{14}/cm^2$，790℃炉退火 25min，注入层中有尺寸为 20nm 左右中间有无衬度线的黑瓣状微缺陷（如图 5-231（a）所示），它们是间隙型硅的微沉淀；注入层表面有倒四面体凹缺陷，四面体内有 β-Ga_2O_3 沉淀片（如图 5-231（b）所示），直接证实了退火过程中包封材料 SiO_2 与 GaAs 有化学反应；高温退火样品中观察到从表面向下伸展的"蝶"状位错团（如图 5-231（c）所示），它是由包封材料热应力引起。

集成电路用的单晶硅表面要制备一层金属薄膜，离子注入是重要方法之一，单晶硅注入稀土离子 Y 退火后主要生成 YSi，还有 YSi_2 和 Y_5Si_3，图 5-232 为薄膜断面的形貌和选区衍射。

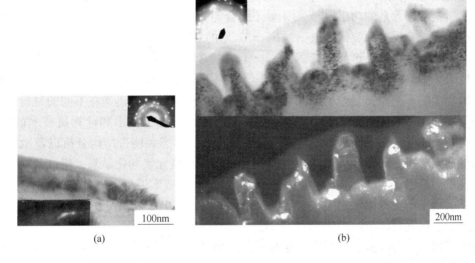

（a）　　　　　　　　　　　　　　　（b）

图 5-232　单晶硅注入稀土离子退火后的薄膜断面 TEM 形貌

（a）$25\mu A/cm^2$ Y 注入单晶硅；（b）$75\mu A/cm^2$ Y 注入单晶硅

5.6　X射线光电子能谱分析及其应用

电子能谱学（electron energy spectroscopy）是 19 世纪末开始逐渐发展起来的一门综合性学科。电子能谱法是利用具有一定能量的粒子（光子，电子，离子）轰击特定的样品，研究从样品中释放出来的电子或离子的能量分布和空间分布，从而了解样品的基本特征的方法。入射粒子与样品中的原子发生相互作用，经历各种能量转递的物理效应，最后释放出的电子和粒子具有样品中原子的特征信息，通过解析可以获得样品中原子的含量、化学价态等。根据激发（粒子）以及出射粒子的性质，电子能谱可以分为紫外光电子能谱（ultraviolet photoelectron spectroscopy，UPS）、X射线光电子能谱（X-ray photoelectron spectroscopy，XPS）、俄歇电子能谱（auger electron spectroscopy，AES）、离子散射谱（ion scattering spectroscopy，ISS）、电子能量损失谱（electron energy loss spectroscopy，EELS）等。

X射线光电子能谱 XPS 和俄歇电子能谱 AES 在材料科学研究中应用较多，本节和下节将分别重点介绍它们的分析和应用，而离子散射谱 ISS 和电子能量损失谱 EELS 的原理和应用范围将在 5.6.4 小节中予以简单介绍。

5.6.1　X 射线光电子能谱（XPS）的理论基础

5.6.1.1　X 射线光电子能谱的发展历史

光电子能谱建立在爱因斯坦光电效应的基础上。光与物质相互作用产生电子的现象称为光电效应，早在 19 世纪末赫兹发现了光电效应，直至 1905 年爱因斯坦建立有关光电效应的理论公式 $h\nu = I_K + E_K$，才解释了碱金属经光线辐照产生光电流的光电效应现象。1958 年瑞典乌普萨拉大学塞格邦（Seigbahn）教授领导的研究小组创建了世界上第一台电子能谱仪，首次观测到光谱峰，发现可用它来研究元素的种类及其化学状态。

X 射线光电子能谱法（X-ray photoelectron spectroscopy，XPS）最早在原子物理实验室用来系统测量各种元素的内层电子束缚能（结合能）。直到 20 世纪 60 年代，塞格邦小组在研究中，意外地观察到硫代硫酸钠（$Na_2S_2O_3$）的 XPS 谱图上出现两个完全分离的 S 2p 峰，且两峰的强度相等。这与硫酸钠（Na_2SO_4）的 XPS 谱图中只有一个 S 2p 峰不同，表明硫代硫酸钠中的两个硫原子（+6 价，−2 价）周围的化学环境不同，从而造成了两者内层电子结合能的不同。正是这个发现引起人们对 XPS 的重视，并迅速在不同的材料研究领域得到应用。20 世纪 70 年代之后，随超高真空技术、微电子技术和计算机技术的发展，X 射线光电子能谱仪已发展成为具有表面元素分析、化学态和能带结构分析以及微区化学态成像等功能的重要表面分析仪器。由于 XPS 可用来分析元素的化学态，所以又称为化学分析光电子谱法（electron specroscopy for chemical analysis，ESCA），这个称谓强调在 X 射线光电子能谱中既有光电子峰也包含了俄歇峰。X 射线光电子能谱分析的优点是可无标样半定量测定表面元素。

XPS 可以对表面元素做定性和定量分析，利用其化学位移进行元素价态分析，利用离子束的溅射可以获得元素沿深度的化学成分分布，利用其高空间分别率还可以进行微区选点分析、线分布扫描分析，以及元素的面分布分析。目前，最先进的 XPS 其空间分辨率可达到 $10\mu m$。

5.6.1.2　X 射线光电子能谱法（XPS）基本原理

A　X 射线光电子能谱法的工作原理

X 射线光电子能谱法是以单色软 X 射线为光源照射试样，使具有一定能量的入射光子与试样的原子相互作用，光致原子电离产生光电子，这些光电子从产生之处输送到表面，克服逸出功而发射出来形成谱图中的特征峰，用能量分析器分析电子的动能（结合能），得到 X 射线光电子能谱。根据测得的光电子动能（结合能）可以确定试样表面存在的元素及该元素所处的化学状态。根据具有某种能量的光电子数量，可知这种元素在试样表面的含量。

图 5-233 为 X 射线光电子激发过程示意图。图中显示，当一束 X 射线光子辐照到样品表面时，光子被样

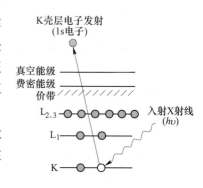

图 5-233　X 射线光电子
激发过程示意图

品中某一元素的原子轨道上的电子所吸收，使得该电子脱离原子核的束缚，以一定的动能从原子内部发射出来，变成自由的光电子，而原子本身则变成一个激发态的离子。

B　光电子能量

用 X 射线照射固体时，由于光电效应原子的某一能级的电子被击出物体之外，称光电子。如果入射 X 射线光子的能量为 $h\nu$，在某一能级上电子的结合能（束缚能）为 E_B，射出固体的自由电子的动能为 E_K，则它们之间的关系为：

$$h\nu = E_B + E_K + W_S \tag{5-161}$$

式中，W_S 为逸出功函数，表示电子逸出表面所做的功。

W_S 也称能谱仪功函数，因在实际谱仪中常采用电子学方法来补偿，因此有

$$E_B = h\nu - E_K \tag{5-162}$$

当入射 X 射线能量 $h\nu$ 一定时，测得电子的动能 E_K，便可求出电子的结合能 E_B。由于只有表面处的光电子才能从固体中逸出，因而测得的电子结合能反映了表面化学成分。这是光电子能谱仪测试的基本原理。

C　逸出深度与表面灵敏度

由于出射电子在样品内的非弹性散射平均自由程 λ_m 很短，不论是光电子还是俄歇电子，只有那些来自表面附近逃逸深度以内的，没有经过散射而损失能量的电子，才能对确定的 E_B 峰有贡献。对 XPS 有用的光电子能量在 $100 \sim 1200 \mathrm{eV}$ 范围，对应的 λ_m 在 $0.5 \sim 2.0 \mathrm{nm}$。实际光电子逃逸深度 λ 与电子在固体内的运动方向有关，即 $\lambda = \lambda_m \cos\theta$（$\theta$ 为电子出射方向与样品表面法线的夹角）。因此垂直表面（$\theta = 0°$）射出的电子来自最大逃逸深度，而近乎平行于表面（$\theta \approx 90°$）射出的电子来自距样品最外表面的几个原子层。因此 XPS 和 AES 都是对表面灵敏的分析技术，可采用改变探测角的方法来提高探测灵敏度。

5.6.1.3　XPS 谱图

A　XPS 谱线标识

X 射线光电子谱线的特点与原子结构有关，可用激发跃迁的能级来标识（以电子激发前所处的原子轨道能级来命名）。在这种标识方法中，借助量子数来描述所观察到的光电子，跃迁用符号 nl_j 来标识。此标识符中 n 为主量子数，取正整数 1，2，3，4 等，而角量子数 l 通常用字母，参见表 5-44。

表 5-44　描述角量子数的标识符

l	0	1	2	3
标识符	s	p	d	f

在 XPS 谱中，由于电子自旋角动量与电子轨道角动量相互耦合作用，使轨道角动量量子数大于 0 的轨道（自旋未配对的电子处于简并的轨道（p，d，f，…））产生的峰通常劈裂成两个峰。每个电子都有一个与其自旋角动量相关的轨道量子数 s，s 为 $\frac{1}{2}$ 或 $-\frac{1}{2}$。自旋角动量与轨道角动量以不同方式耦合产生不同的新态，并用电子的总角动量 j 来描述，即 nl_j 中的 j，$j = |l+s|$，所以一个 p 轨道上的电子 j 为 $\frac{1}{2}$ 对应于 $(l-s)$，而 j 为 $\frac{3}{2}$ 对应于 $(l+s)$。

与此类似，一个 d 轨道上的电子 j 为 $\frac{3}{2}$ 或 $\frac{5}{2}$。轨道耦合形成双重态组分的相对强度依赖于它们的相对态密度分布（简并情况下），可用 $(2j+1)$ 表示。所以对于一个在 d 轨道上的电子 $\frac{3}{2}$ 或 $\frac{5}{2}$ 态的相对强度为 2 或 3，例如 Te 的 3d 轨道，$3d_{5/2}$ 与 $3d_{3/2}$ 次峰的强度比为 $(2\times5/2+1):(2\times3/2+1)=3:2$。双重态组分间的劈裂间距（简称裂距）依赖于自旋-轨道耦合的强度，对于给定的 n 和 l，劈裂间距随 n 和 l 的增加而减少，因此 p 轨道的劈裂间距大于 d 轨道的。总之，只要未成对电子的角量子数大于 0，则必然会产生自旋-轨道间的耦合作用，发生能级分裂，在光电子谱上产生双峰结构，其双峰劈裂间距直接取决于自旋-轨道耦合的强度。一般自旋-轨道耦合的强度是 s 大于 p 大于 d 轨道，劈裂间距 s 大于 p 大于 d 轨道。

    B   XPS 谱图

    在 XPS 分析中，由于采用的 X 射线激发源的能量较高，不仅可以激发出原子外层轨道中的电子，还可以激发出内层轨道的电子，其出射光电子的能量仅与入射光子的能量及原子轨道结合能有关。因此对于特定的单色激发源和特定的原子轨道，其光电子的能量是特征的。当固定激发源能量时，其光电子的能量仅与元素的种类和所电离激发的原子轨道有关。因此，可以根据光电子的结合能定性分析物质的元素种类。图 5-234 为用 AlK_α X 射线获得的锡（Sn）XPS 全谱。

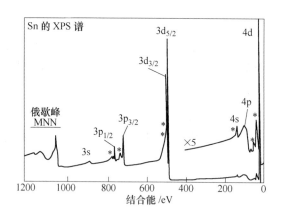

图 5-234   用 Al K_α X 射线获得的锡（Sn）XPS 全谱

（图中用 * 标出的特征峰为激发等离子体产生的能量损失峰）

    提请注意，XPS 谱图的横坐标有两种表示方式，一种是代表电子结合能 E_B，另一种是代表光量子动能 E_K。通常用电子结合能 E_B，也有用光量子动能 E_K 的情况，在阅读有关 XPS 参考文献时应注意。作者给出 XPS 谱图的横坐标结合能 E_B 的零点位置，可在右也可在左，依使用仪器数据处理系统而定。图中纵坐标代表光电子强度。

    由图 5-234 可以看出，在本底上一系列的谱峰，这些峰的结合能是锡元素的特征，代表了原子轨道能级。通常定性分析时，参考元素的光电子结合能数据来鉴别 X 射线光电子能谱峰。值得注意的是：谱图中 s 为单峰，而 p、d、f 则产生双峰。

C   化学位移

化学位移主要取决于元素在样品中所处的化学环境，同种原子处于不同的化学环境而引起电子结合能的变化，表现在 XPS 谱线上为相对于其纯元素峰发生的位移，称为化学位移。所谓某原子所处的化学环境不同，大体上有两方面含义：一是指与它结合的元素种类和数量不同；二是指原子具有不同的价态。因此化学位移也可解释为，当元素获得额外电子时，化学价态为负，其结合能降低。反之，当该元素失去电子时，化学价态为正，XPS测得的结合能增加。对共价键化合物中的元素，由于与其结合的相邻原子的电负性不同，同样也可产生化学位移。利用化学位移可以分析元素在该物质中的化学价态和存在形式。

通常取自由原子（纯元素）的结合能作为比较的基点，因此化学位移可以通过分子中原子的结合能与自由原子（纯元素）的结合能差值进行计算。

$$\Delta E = E_{(M)} - E_{(A)}$$

式中，ΔE 为化学位移；$E_{(M)}$ 和 $E_{(A)}$ 分别为原子在分子中和自由原子（纯元素）中的结合能。

然而，对于过渡族金属，因其谱峰很宽的缘故，无法用化学位移来鉴别元素的化学态，需采用其他的特征（如多重劈裂）来鉴别。

结合能和化学位移除实验测定外，理论上还可以利用量子化学进行计算，但难度很大。一般采用近似模型（静电势模型或弛豫势能模型）进行理论计算，因篇幅有限这里从略。

a   化学位移的影响因素

化学位移主要取决于元素在样品中所处的化学环境，因而引起化学位移的因素有：不同氧化态，形成化合物，不同近邻数或原子占据不同的点阵位置，不同晶体结构等。首先化学位移和原子所处的电荷形式有关，图 5-235 显示 W 及其四种氧化物的 W 4f 峰的位置。由图可以看出，同一元素随其氧化态势的增高，内（芯）层电子的结合能增加，化学位移增加。当原子所在环境中失去电荷，具有正电荷呈现出氧化态，其结合能低于自由原子的结合能，化学位移为正值；反之，得到电荷，化学位移为负值。对于具有相同形式电荷的原子，由于与其结合的相邻原子的电负性不同，同样也可以产生化学位移。通常可用净电荷来评价，一般与电负性强的元素相邻的原子，其电荷密度为正，其化学位移也为正值。

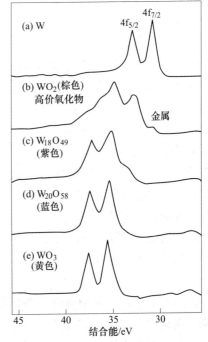

图 5-235   钨及其四种氧化物的 W 4f XPS 谱

b   表面化学位移和原子簇芯层位移

由于表面效应，表面上原子的价电子组态、晶体结构均可能与体相有差异，同样可以导致结合能的位移。这种结合能的位移称表面化学位移。表面化学位移与表面的悬空键有关。表面结合能位移对电荷的再分布以及化学吸附非常敏感。原子簇介于自由原子和体相材料之间，其行为状态也与自由原子和体相材料不同，从而导致出现原子簇芯层位移。

　　D　多重劈裂

　　周期表中过渡族和稀土金属元素存在价电子壳层内有一个或多个自旋未配对的电子，当另一壳层发生光电离时，因它们具有未填满的 d 层和 f 层，谱峰会出现的多重劈裂（mulitiple splitting）现象，如 Mn、Cr 的 3s 能级，Co、Ni 的 $2p_{3/2}$ 能级和稀土元素的 4s 能级中能观测到多重劈裂现象。在自旋未配对的电子具有同样的主量子数 n 时，这种多重分裂往往最为明显。多重劈裂还会引起谱峰峰形的非对称化，并使周期表上第一排过渡金属的化合物的 $2p_{1/2}$ 和 $2p_{3/2}$ 之间的距离改变。且这一排过渡金属的 3s 双线的距离依赖于其所处化学环境。因此，多重劈裂有时可用来鉴别化合物。

　　E　震激（shake up）伴峰和震离（shake off）效应

　　在光电子从样品向外逃逸的过程中，会与价电子发生相互作用并将其激发到更高的能级上，这个跃迁使发射出去的光电子损失一个量子化的能量，并在比主峰壳层能级位置低（结合能高）几个电子伏特的一侧出现一些伴峰，这些伴峰称为震激伴峰。具有 d 电子能带金属的 2p 谱（如 Cu 2p 谱）和芳香族有机化合物中的 C 1s 电子引起的 π 分子轨道的成键态到反成键态的跃迁（$\pi \rightarrow \pi^{*}$），会出现震激伴峰。因此，有时可用震激伴峰来判断元素的化学状态，研究分子结构。

　　此外，当发生相互作用而将价电子激发电离时，诱发震离效应，由此产生的伴峰距离主峰较远，落在非弹性散射拖尾区，峰较宽（电离态为连续能级），因此，构成本底信号的一部分。

　　F　等离子激元的能量损失峰

　　若光电子在出射途中与固体表面的电子相互作用，激发固体内的价电子集体振荡（等离子激元）而损失能量，称为体内的等离子激元能量损失。因此 XPS 谱中沿着动能减少（结合能增加）方向会出现一系列等间隔谱峰（等离子激元峰），每两峰相隔一个 $E_{p} = \hbar\omega_{b}$ 能量（ω_{b} 为振荡角频率，是与材料性质有关的特征频率，$\hbar = h/2\pi$），且强度逐渐减弱，一般金属 $E_{p} = 10\text{eV}$。此外，还有表面等离子激元，它是一种更局限于表面区的震荡，其角频率为 ω_{s}，对应的能量损失为 $\hbar\omega_{s}$，表面等离子激元与体等离子激元的关系为

$$\omega_{s} = \omega_{b}/\sqrt{2}$$

　　谱图基本上可以观测到第一个体等离子激元峰，在某些情况下，可以看到多个等离子激元峰。能否观测到表面等离子激元峰，取决于样品表面条件（清洁）和对应的光电子峰的能量。图 5-236 为不同表面条件的 Al 2s XPS 图。图中的（a）显示在清洁 Al 表面可见体等离子激元峰和表面等离子激元峰；而 Al 表面氧化后，

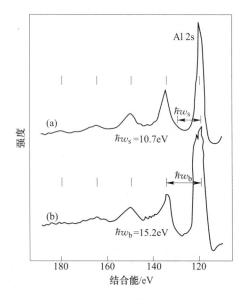

图 5-236　不同表面条件 Al 的 2s XPS 谱
（a）Al 的清洁表面；（b）Al 表面氧化后

表面等离子激元峰消失，如图5-236（b）所示。

　　G　XPS谱中的俄歇电子峰的化学位移

　　由于XPS谱仪使用的 Mg K_α 和 Al K_α X射线源也会激发许多内层电子的俄歇谱线（如图5-234所示），而且俄歇谱线的化学位移比光电子谱的更明显，且俄歇谱线的位移方向与光电子谱线的方向一致，如表5-45所示，所以在某些元素的XPS谱图上光电子谱线没有显出可观察的位移时，把光电子化学位移和俄歇化学位移两者结合起来分析就比较方便。俄歇化学位移与光电子化学位移的差别是由两者终态的弛豫能之差所引起，俄歇跃迁的终态有两个电子空穴，而光电子跃迁的终态只有一个电子空穴。

表5-45　俄歇谱线与光电子谱线化学位移比较

化学状态变化	光电子位移/eV	俄歇位移/eV
$Cu \rightarrow Cu_2O$	0.1	2.3
$Zn \rightarrow ZnO$	0.8	4.6
$Mg \rightarrow MgO$	0.4	6.4

　　H　XPS谱中没有分析价值的谱线

　　a　X射线源所产生的伴线（卫星峰）

　　X射线源不是单色时，往往同时发射一系列强谱线，并还有少量高能量的光子，这种低强度的谱线会在XPS谱每条主峰旁边产生一些弱伴线（称之为X射线卫星峰，X-ray satellites），其强度和间距显示阳极材料的特征。表5-46给出 Mg 靶和 Al 靶的 X 射线伴线能量和强度。

表5-46　Mg 靶和 Al 靶的 X 射线伴线能量和强度

元素	项目	$\alpha_{1,2}$	α_3	α_4	α_5	α_6	β
Mg	强度	100	8.0	4.1	0.55	0.45	0.5
		67　33					
	位移/eV	0	8.4	10.2	17.5	20.0	48.5
Al	强度	100	6.4	3.2	0.4	0.3	0.55
		67　33					
	位移/eV	0	9.8	11.8	20.1	23.4	69.7

　　b　鬼线

　　通常把由外来物质的 X 辐射所引起的XPS谱上的小峰称为鬼线。一般的鬼线是在使用双阳极 X 射线源的情况下的"交叉污染"，即由 Al 靶中的 Mg 杂质所产生，或者 Mg 靶中的 Al 杂质所产生。另外，还有可能来自阳极底座铜或箔窗材料产生的 X 辐射。表5-47给出可能出现的鬼线相对于主峰的位移。

表5-47　X 射线源鬼线的位移　　　　　　　　　　　　　（eV）

污　染　辐　射	Mg 阳极	Al 阳极
$O(K_\alpha)$	728.7	961.7
$Cu(L_\alpha)$	323.9	556.9
$Mg(K_\alpha)$	—	233.0
$Al(K_\alpha)$	−233.0	—

5.6.2 X 射线光电子能谱仪与实验技术

5.6.2.1 X 射线光电子能谱仪

X 射线光电子能谱仪的主要部件有：真空系统、X 射线源、样品台、电子能量分析器、检测系统（电子探测器和倍增管），以及将电流转换成可读的能谱的数据处理系统和电子显示系统等。除数据处理和电子显示系统外，所有部件均放置在高真空环境下运行，如图 5-237 所示。

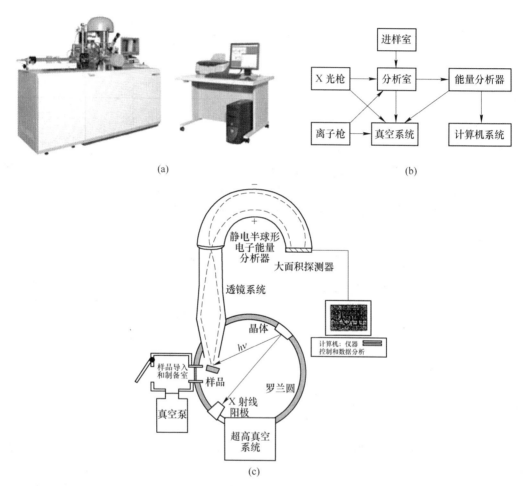

(a)　　　　　　　　　　　　　　　　　　(b)

(c)

图 5-237　X 射线光电子能谱仪

（a）外观；（b）结构框图；（c）谱仪剖面结构图

多数仪器除主要部件外，还配有 Ar 离子枪，用于溅射清洗样品表面，或进行剥离做深度剖析。有的仪器样品架可配备冷/热台，便于研究吸附、解吸和催化等使用；或配有低能电子枪，利用低能电子中和绝缘材料表面积累的正电荷，消除荷电现象。有的仪器还附加样品制备室进行样品表面清洁、脱气等处理。此外，配有高能电子枪的 XPS 设备可利用同样的能量分析器和电子学系统，从事俄歇电子能谱（AES）分析。

A 真空系统

谱仪是在真空系统平台上工作,设计工作真空为超高真空(UHV,$10^{-5} \sim 10^{-8}$ Pa)。真空系统包括前置机械泵或液氮吸附泵,二级真空用油扩泵或涡轮分子泵。现代能谱仪中采用配有钛升华泵的离子泵,获得超高真空。应注意,仪器的真空系统需经常用 $100 \sim 160$℃ 烘烤,以去除真空室内壁上的吸附。

B 样品台

样品台的类型随仪器的设计而改变,现大多能谱仪使用一个带转盘、形如树桩形的样品托,或使用一个放在平台上能放置多个样品的托盘。为便于分析,样品固定在一个可沿 x、y、z 方向移动并相对于 z 轴倾斜或旋转的高精度机械装置上。对多个类似样品,采用自动装置和计算机控制样品托转盘或样品托盘平台,自动送样分析一批样品。

C X射线源

X射线是用高能电子轰击阳极靶材激发出来的,阳极的靶材决定了产生 X 射线的能量。XPS谱仪对 X 射线源的要求:能产生足够高的能量激发周期表中所有元素的强光电子(很轻元素除外),强度要能产生足够的光电子通量,同时,所产生的 X 射线谱线要尽可能的窄。因此 XPS 需要单色的,具有一定能量的 X 射线源。X 射线源由灯丝(不面对阳极靶,避免阳极的污染)、Mg/Al 双阳极靶和单色器或滤窗(加铝窗或 Be 窗,以阻隔电子进入分析室,也阻隔 X 射线辐射损伤样品)等组成。如果能从同步加速器辐射设备引出针对特定的内电子层的单色 X 射线辐照样品,将能获得理想的光电子截面图。

使用单色器的目的:

(1)为减少 X 射线的线宽。X 射线的线宽越窄,得到的 XPS 峰宽越窄,越有利获得化学态信息。

(2)去除 X 射线谱中的干扰部分,即去除 X 射线的伴峰和韧致辐射产生的连续背景。

(3)为了获得最高的灵敏度,双阳极 X 射线源通常尽可能地靠近样品位置,使用单色器可使样品离开射线源的热辐射,避免热辐射导致的样品损伤。

(4)用单色器可将 X 射线聚焦成小束斑,从而实现高灵敏度的小面积 XPS 测量。

(5)使用聚焦单色器可使只有被分析的区域受到 X 射线的照射,其他一起进入仪器等待分析的样品,不会受到 X 射线的辐照损伤;也可实现对稳定性较差的样品进行多点分析。

D 能量分析系统

光电子能量分析器是电子能谱的核心部件,要求能精确测定能量。现代 XPS 谱仪多采用静电半球形能量分析器(如图 5-237(c)所示),分析器外部用金属进行磁场屏蔽。在分析器前放置一组传输透镜或者在一个透镜后的平行栅极,使进来的光电子减速,以便进入分析器的电子动能可固定在用户预先选定的值(即通道能量)上,通常称电子通过分析器的能量为通能(通道能量)。用减速电压扫描,提高分析器的灵敏度。当对电子动能扫描时,保持在整个能量范围通道能量不变,这使分析器对所有的峰有相同的绝对分辨率。因此 XPS 一般采用此种固定分析器能量(CAE)工作模式,有时也称固定分析器传输率(FAT)工作模式。此模式下分辨率 ΔE 和传输率是恒定的,更突显谱中低动能端(高结合能端)的 XPS 谱峰。通常 CAE 模式适合 XPS 谱的定量分析。

在通常 XPS 测试实验中，用固定分析器能量 CAE 模式收集 XPS 谱，若需全谱或宽扫描，选择 100eV 通能，对需单个壳层能级的高分辨谱，选择 20eV 通能，窄扫描用于确定试样元素的化学状态和定量分析。

当能量比较高时，能量分析器分辨能力下降，故采用减速装置。对于紫外光电子谱 UPS 实验，因光电子能量低，不需要预先减速处理。

半球形能量分析器的另一种工作模式是固定退压比（CRR），也称固定减速比（FRR）。在 CRR 工作模式中，电子原始动能按用户指定比率（减速比）减速，然后电子通过分析器。在此模式下，通能与动能成正比，即通能 = 动能/减速比，分辨率 ΔE 随动能的增加（结合能的减少）而变化，但 $\Delta E/E$ 比值在整个能量范围内为常数，能有效地抑制在谱的低能端相对较高的电子发射率。CRR 工作模通常应用于收集俄歇电子能谱。

E   检测系统、电子控制系统及数据采集和处理系统

分析器出口的电流很低，只能用脉冲计数，光电子信号微弱，用通道光电子倍增管（采用高阻抗，二次电子发射材料）或通道板增益，并经脉冲放大器放大这些电荷脉冲，产生一个用计数率表能测到的方波，用甄别器消除倍增器或前置放大器的噪声，最后显示和记录到达探测器的电子数。所以，电子检测系统包括前置放大、放大器、甄别器及速率计系统、显示器和记录仪。

目前谱仪大都采用计算机进行数据处理，显示图谱或存储，计算机接口插接在甄别器和定速率器之间。

一些谱仪是在能量分析器出口处沿径向方向放置一系列探测器，每个探测器收集不同能量的电子。仪器的灵敏度随探测器的数目增加而增加。也有的仪器安装了二维探测器（通道板）探测二维数据。安装大量多通道的优点是无需扫描分析器，可收录到高质量的谱图。使用通道板来检测的信号有：

（1）以 x-y 阵列平行采集光电子图像；

（2）以 x- 能量阵列平行采集 XPS 线扫描；

（3）以能量-角度阵列平行采集角度分辨率 XPS 谱。

5.6.2.2   X 射线光电子能谱仪的发展

现代材料研究中经常需要分析样品表面的微小结构特征或缺陷。X 射线光电子能谱仪近年的发展是能够进行小面积 XPS（smoll area XPS，SAXPS）分析，对样品的损伤小，适合微区分析和选点分析、线扫描分析，具有较高的空间分辨率（1mm～10μm），可以测定绝缘体材料。

实现小面积 XPS 分析，必须尽可能地剔除分析小面积周边的信号，现有两种方法：一种是透镜限定小面积 XPS 法，另一种是源限定小面积 XPS 法。

A   透镜限定小面积 XPS 法

透镜限定小面积 XPS 法是用 X 射线大范围照射分析面积，但用传输透镜限定收集光电子区域。大多仪器中采用在能量分析器前的透镜电子光学成像点处放置小光阑，使从样品中限定面积中发射的电子才能通过光阑到达分析器，并采用在离透镜成像位置较远的某一点安装另一套固定光阑或活动光阑，来限定接受角。采用此技术的仪器最小分析区域约 15μm。

此法的缺点是采集数据时间更长，分析多个样品或单个样品上的多个点时，需考虑样品表面因长时间受到 X 射线辐照可能发生的变化。

B　源限定小面积 XPS 法

源限定小面积 XPS 法是通过将单色化的 X 射线束在样品上聚焦成一个小束斑，限制激发区域。此法通过 X 射线在石英晶体的衍射得到单色 X 射线，并使射线在样品上的聚焦斑约等于 X 射线阳极靶上电子束斑。采用此技术的仪器分析区域最小可至 $10\mu m$。

由于分析面积用 X 射线激发源限定，传输透镜的像差不会影响分析面积，传输透镜可以以最大的传输率方式工作。因此在同类仪器中，源限定工作模式下的灵敏度比透镜限定模式下的高很多。源限定工作模式可减少样品在分析时的损伤，避免分析面积周围的辐照损伤。

源限定小面积 XPS 在最小面积分析时，X 射线源的工作功率只有几瓦，远小于一般大面积分析 X 射线源的几百瓦工作功率。

C　XPS 成像和面分布

开发和应用小面积 XPS 是为了进行显微分析，得到表面的图像和表面分布像，用图像或分布展示样品表面元素的分布和化学态分布。仪器生产厂商应用两种不同的方法获得 XPS 分布图：一种是串行采集法；另一种是平行采集法。

a　串行采集法

图像的串行采集是以小面积 XPS 的二维分析矩阵为基础，逐点进行图像采集，可以获得元素的化学态分布。串行采集数据通常比平行采集数据慢，但在每个像素上可以收集一个能量范围内的数据。

图像的串行采集是通过扫描单色化 X 射线束或扫描透镜或扫描样品台，在图像视野内扫描分析面积，依次采集图像的每个像素点。采用扫描单色化 X 射线束方法，虽可获得高灵敏度并减少样品在分析的损伤，但视场范围非常有限，如需得到大面积分布像，就必须将这种方法与样品台扫描方式结合起来使用。图 5-238 为串行采集法 XPS 成像原理图。

b　平行采集法

平行采集光电子图是同时采集分析面积数据，整个视场同时成像。谱仪有关部件无需施加扫描电压，但在谱仪上需外加透镜并加装二维探测器。平行采集法每次只能采集一个能量的数据。

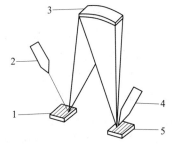

图 5-238　X 射线束扫描
XPS 成像原理图
1—阳极；2—电子枪；
3—椭球面单色器；
4—分析器；5—样品

5.6.2.3　X 射线光电子能谱仪中离子溅射的使用

多数 X 射线光电子能谱仪中有离子枪部件，用于离子溅射，其目的有两个：一是用于表面清洁；二是用于深度剖析。

在分析之前，需先对样品表面进行清洁处理，去气或清洗，或用离子枪（Ar 离子，氧离子，铯离子等）进行表面刻蚀，即用固定溅射和扫描溅射，进行表面清洁处理。

深度剖析的离子枪，一般采用 0.5~5keV 的 Ar 离子源，扫描离子束的束斑直径一般在 1~10mm 范围，溅射速率范围为 0.1~50nm/min。为了提高深度分辨率，采用间断溅射的方式。为减少离子束的坑边效应，应增加离子束的直径。为降低离子束的择优溅射效应及基底效应，应提高溅射速率和减少每次溅射的时间。应注意，离子束的溅射还原作用可以改变元素的存在状态，许多过渡族金属氧化物被还原成较低价态的氧化物。离子束的溅射速率不仅与离子束的能量和束流密度有关，还与溅射材料的性质有关。离子束能量低，溅射速率慢，其他效应大；离子束能量过高，注入效应大，样品损伤大，一般选择 3~10keV 进行溅射。深度剖析所给出的深度值是相对于某种标准物质的相对溅射速率的，目的是为将刻蚀时间标尺转化为深度标尺的校准。

5.6.2.4   实验技术与分析方法

实验技术与分析方法包括样品制备和预处理，离子束溅射技术，XPS 定性分析，XPS 定量分析，XPS 价态分析，XPS 深度剖析和 XPS 指纹峰的分析等。

A   样品制备

大多 X 射线光电子能谱仪只对固体样品表面进行分析，得到表面化学信息。注意：XPS 用于气体、液体分析，得到的是分子整体信息和化学信息，而非表面化学信息，因此不在本节中涉及。由于样品在超高真空中的传递和分析，要求样品在超高真空环境下稳定，样品的尺寸需符合要求，也需要经过预处理。预处理包括粉体样品的处理，含挥发物样品的处理，表面受污染样品及带有微弱磁性的样品的处理，以及样品的尺寸要求等。因为在实验过程中样品通过传递杆，穿过超高真空隔离阀，送进样品分析室，所以样品的尺寸必须符合规范。对于块体样品和薄膜样品，其长宽小于 10mm，高度小于 5mm。在制备过程中应考虑避免处理过程可能对表面成分和状态产生的影响。

a   粉末样品的制备

一种是用双面胶带纸直接把粉体固定在样品台上，或将粉末压入铟箔内，或用金属网支撑粉末等；另一种是把粉体样品压成薄片，然后再固定在样品台上。前者可能会因胶带上挥发性物质污染表面，应注意尽可能地用少量的胶带；后者压片样品用量太大，分析系统达到超高真空的时间太长。

b   含挥发物的样品

在样品进入真空系统前必须清除掉挥发性物质，可采用对样品加热或用溶剂清洗等方法清除。注意在处理样品时，应该保证样品中的成分不发生化学变化。

c   表面受污染的样品

对于表面受油等有机物污染的样品，在进入真空系统前必须用环己烷、丙酮等油溶性溶剂清洗掉样品表面的油污，最后再用无水乙醇清洗掉有机溶剂，自然干燥以防样品的氧化。对表面有无机污染物的样品，可以采用表面打磨以及离子束溅射的方法来清洁样品表面。

d   有磁性的样品

禁止带有磁性的样品进入分析室。因为光电子带有负电荷，在微弱的磁场作用下，也可以发生偏转。当样品具有磁性时，由样品表面出射的光电子就会在磁场的作用下偏离接收角，不能到达分析器，因此得不到正确的 XPS 谱；而且样品的磁性很强时，还有可能使分析器头及样品架磁化。对于弱磁性的样品，可通过退磁处理后进行分析。

e　绝缘样品的制备

绝缘样品的表面光电子发射引起的正静电荷，导致峰位向高结合能方向移动。通常掺入金或银或外加碳等少量导电的内标元素，计算出带电元素所引起电子束的位移，或利用样品中已知结合能峰的位移来校正。必要时也可用高通量低能电子枪冲注样品表面的方法，来补偿电荷消除荷电。

B　离子束溅射剥离技术

在X射线光电子能谱分析中，可以利用离子枪发射的离子束对样品表面进行溅射剥离清洁表面，而离子束的重要应用是样品表面组分的深度分析。利用离子束可定量地剥离一定厚度的表面层，然后再用XPS分析表面成分，可以获得元素成分沿深度方向的分布图。深度分析的离子枪，一般采用$0.5\sim5keV$的Ar离子源。扫描离子束的束斑直径一般在$1\sim10mm$范围，溅射速率范围为$0.1\sim50nm/min$。

为了提高深度分辨率，应采用间断溅射的方式。为了减少离子束的坑边效应，应增加离子束的直径。为了降低离子束的择优溅射效应及基底效应，应提高溅射速率和降低每次溅射的时间。应该提醒的是，在XPS分析中，离子束溅射的还原作用可以改变元素的存在状态，许多变价金属氧化物，诸如Ti、Mo、Ta等可能被还原成低价态的氧化物。在研究溅射过的样品表面元素的化学价态时，应注意这种溅射还原效应的影响。离子束的溅射速率不仅与离子束的能量和束流密度有关，还与溅射材料的性质有关。

C　样品荷电问题

a　荷电的产生

对于绝缘体样品或导电性能不好的样品，经X射线辐照后，其表面会产生一定的电荷积累，主要是正电荷。样品表面荷电相当于给从表面出射的自由光电子增加了一定的额外电场，使得测得的结合能比正常值偏高，谱线位移约$2\sim5eV$。

b　荷电的消除

当用非单色化的X射线源激发光电子时，在样品表面附近有足够的低能电子，可有效地中和样品上的正电荷。

当用单色化的X射线源激发光电子时，在样品表面附近不会有大量的低能电子中和样品上的正电荷，需要有效的电荷补偿，用低能电子枪给样品补偿低能电子（需注意，尽可能地减少损伤样品）。利用低能电子（中和）枪，辐照（冲注）大量的低能电子到样品表面，中和正电荷，但应注意控制合适电子流密度，避免产生过中和现象。

表面蒸镀（或掺入）导电物质如金、碳等，还应考虑蒸镀厚度对结合能的测定的影响，以及蒸镀物质与样品的相互作用的影响。应提到的是，样品荷电用某一种方法很难彻底消除，在数据处理时应将峰位移到正确位置（用校准）。

c　荷电的校准

采用内标法进行荷电的校准，内标法有金内标法和碳内标法。最常用的方法是用真空系统中最常见的有机污染碳的C 1s的结合能284.6eV，进行校准。此外，还可以利用检测材料中已知状态元素的结合能进行校准。

D　X射线光电子能谱定性分析

a　X射线光电子能谱定性分析的依据

XPS产生的光电子的结合能仅与元素种类以及所激发的原子轨道有关。特定元素的特定轨道产生的光电子能量是固定的，依据其结合能就可以标定元素。从理论上讲，XPS 可以分析除 H、He 以外的所有元素，并且是一次全分析，范围非常广。

　　b　X 射线光电子能谱定性分析方法

对所研究样品进行表面分析，首先要识别样品中所含元素，为了提高定性分析的灵敏度，一般应加大通能，提高信噪比，为此利用 XPS 谱仪的全谱（或宽谱）扫描程序，采集全谱或宽扫描谱。国际真空科学技术及应用联合会（International Union for Vaccum Science，Technique and Application，IUVSTA）推荐 XPS 全谱采集的范围如表 5-48 所示。

表 5-48　IUVSTA 推荐采集 XPS 全谱的条件

	Mg K_α	Al K_α
能量范围/eV	0~1150	0~1250
能量步长/eV	0.4	0.4

　　XPS 谱图的横坐标为结合能（或动能），纵坐标为光电子的计数率（强度）。获得全谱后可以借助用 Al K_α X 射线获得的结合能数据表（可从数据手册查到）识别各个谱峰。分析谱图时，首先要校准荷电问题，然后识别其他干扰特征峰，剔除没有分析价值的一些峰。

　　（1）校准荷电问题。首先必须考虑的是是否消除了荷电位移。对于不导电样品，由于荷电效应，经常会使结合能发生变化，导致定性分析得出不正确的结果。对于金属和半导体样品几乎不会荷电，因此不用校准。但对于绝缘样品，则必须进行校准。荷电问题较大时，会造成结合能位置有较大的偏移，导致判断错误。即便使用计算机自动标峰，也会出现误判。

　　（2）识别其他干扰特征峰。必须注意卫星峰、俄歇峰等伴峰对元素鉴定的影响。一般来说，只要该元素存在，其所有的强峰都应存在，否则应考虑可能是其他元素的干扰峰。一般激发出来的光电子依据激发轨道的名称进行标记如 C 1s，Cu 2p 等。由于 X 射线激发源的光子能量较高，可以同时激发出多个原子轨道的光电子，因此在 XPS 谱图上会出现多组谱峰。可利用这些峰排除能量相近峰的干扰，有利于元素的定性标定。相近原子序数的元素激发出的光电子的结合能有较大的差异，因此相邻元素间的干扰作用很小。光电子激发是个复杂的过程，在 XPS 谱图上不仅存在各原子轨道的光电子峰，同时还存在部分轨道的自旋分裂峰，K_α1、2 产生的卫星峰，以及 X 射线激发的俄歇峰等，在定性分析时应予以特别注意。

　　如今虽定性标识工作多由计算机进行，但也经常会发生标识错误情况，导致定性分析得到不正确的结果，因此必须对计算机标识的结果进行核查。

　　E　X 射线光电子能谱定量分析

　　X 射线光电子能谱定量分析有两种方法，或根据基本的物理原理计算，或采用经验性的方法。经验的方法通常只能提供半定量的结果，是用参考材料作标样，或用灵敏度因子。求灵敏度因子多数情况下用最强线，因此必须考虑影响强度的因素。

　　a　XPS 谱线强度的数学描述

　　设 X 射线束的强度为 I_0，特征能量为 $h\nu$，入射到材质均匀、表面平整光滑的样品上，假设 X 射线的反射和折射可以忽略，照射时使样品的 i 元素原子的 x 能级电离，发射出动能为 $(E_K)_{i,x}$ 的光电子，且能有效地逃逸出样品表面，测到的光电子流 $I_{i,x}$ 与分析体积内的原子浓度 N_i 成正比，也与仪器参数和样品基本材质成正比。因此，光电子流 $I_{i,x}$ 的表达式写为

$$I_{i,x} = I_0 N_i A \sigma_{i,x} f(a) \lambda_{i,x} T \tag{5-163}$$

式中，A 为能探测到发射光电子的面积；$\sigma_{i,x}$ 为 i 元素的 x 能级光电离截面，与入射 X 射线的能量有关；$f(a)$ 为光电子的非对称性因子，是描述光电子对角度（光电子入射方向与出射方向间的夹角）的依赖性；$\lambda_{i,x}$ 为光电子非弹性散射的平均自由程；T 为分析器的探测效率（或称传输函数），与谱仪的接受立体角、电子减速所引起的强度损失以及探测器的效率有关。

由式（5-163）可以看出影响谱线强度的因素有仪器因素、电离过程、样品的影响，以及光电子非弹性散射平均自由程等。获得这些影响因素的准确数据有的存在一定困难，包括通过理论计算。人们通常采用灵敏度因子方法。

b　灵敏度因子法

灵敏度因子法是常用的定量分析方法，属半经验的相对定量方法，它可以去除仪器的因素，使用广泛。

对 i 元素的特定光电子发射，定义原子的灵敏度因子 S_i 为

$$S_i = I_0 A \sigma_i f(a) \lambda_i T \tag{5-164}$$

若比较存在同一材料中的两个元素，元素 1 和元素 2 的 XPS 谱线强度，因测到的光电子流 I_i 与分析体积内的原子浓度 C_i 成正比，则可得

$$C_1 : C_2 = \frac{I_1}{S_1} : \frac{I_2}{S_2} \tag{5-165}$$

由此可知，只要用某种原子的一个特定的光电子发射跃迁作为参照（例如，以参照原子 F 的 1s 线为 1），就可通过实验求得适用于一定谱仪的一组灵敏度因子。对附有电子减速器的半球形分析器，已有用氟（F）和钾（K）的化合物的灵敏度因子数据，可从有关的手册查到；也可专门测定所使用仪器条件下的灵敏度因子。大多情况下，求得灵敏度因子都用最强线。

为使用方便，将式（5-165）改写成更常用的形式，即 i 元素在样品中的原子百分浓度 c_i，则

$$c_i(\%) = \frac{C_i}{\sum\limits_j C_j} \times 100\% = \frac{\dfrac{I_i}{S_i}}{\sum\limits_j \dfrac{I_j}{S_j}} \times 100\% \tag{5-166}$$

式中，$\sum\limits_j$ 表示对样品中能观察到 XPS 谱线的所有元素求和，进行归一化处理。

应用式（5-166）进行定量计算时，强度 I 是指相应谱线下的面积，通过积分求得（将与谱峰两侧的本底谱相切的直线定为基线），再将查到的相应灵敏度因子代入。若出现

震激线，其面积也要包括在测量面积内。此外，定量分析必须注意避免谱线间的干扰（如与俄歇峰或其他 XPS 峰重叠）。应该提到的是，这种方法对均匀的、没有严重污染样品的分析能够提供半定量的结果。

F　化学价态分析

表面元素化学价态分析是 XPS 的最重要的一种分析功能，也是 XPS 谱图解析最难的部分。在进行元素化学价态分析前，首先必须对结合能进行正确的校准。因为结合能随化学环境的变化较小，当荷电校准误差较大时，很容易标错元素的化学价态。此外，对有一些化合物不同作者和不同仪器状态下给出标准数据差异很大，在这种情况下这些标准数据仅能作为参考，需要自己制备标准样，才能获得正确的结果。有一些化合物的元素不存在标准数据，要判断其价态，必须用自制的标样进行对比。还有一些元素的化学位移很小，用 XPS 的结合能不能有效地进行化学价态分析，在这种情况下，可以从线形及震激伴峰的结构进行分析，获得化学价态的分子结构信息。

G　X 射线光电子能谱价带谱分析

XPS 价带谱携带了固体价带结构的信息，由于 XPS 价带谱与固体材料的能带结构有关，可以提供固体材料的电子结构信息。价带谱的范围从费米能级扩展到结合能 30eV 位置。在这个范围的 XPS 谱非常微弱，难以识别，但使用高强度单色源和高传输率的分析器，可以克服这个难点。价带谱可用作指纹识别区域。通过检测价带谱来区别具有非常相似或相同壳层能级谱的样品。因此，在 XPS 价带谱的研究中，一般采用比较 XPS 价带谱的结构方法，如对石墨、C_{60}、碳纳米管的分析，见图 5-239。

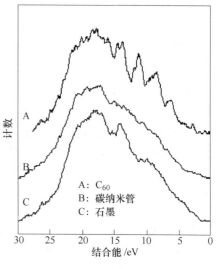

图 5-239　石墨、碳纳米管和 C_{60}
分子的价带谱

从图 5-239 可以看出，在石墨、碳纳米管和 C_{60} 分子的价带谱上都有三个基本峰，是由共轭 π 键产生的。在 C_{60} 分子中，由于 π 键的共轭度较小，其三个分裂峰的强度较强。而在碳纳米管和石墨中由于共轭度较大，特征结构不明显。由图还可以看出，在 C_{60} 分子的价带谱上还存在其他三个分裂峰，是由 C_{60} 分子中的 σ 键形成的。由此可见，从价带谱上还可以获得材料的电子结构信息。

H　组分深度剖析

XPS 可以提供组分随深度变化的信息。X 射线光电子能谱有三种深度剖析的方法：一是非破坏性深度剖析法，即角分辨电子能谱法；二是惰性气体离子刻蚀深度剖析法；三是异位制样法。

a　角分辨电子能谱法

角分辨电子能谱（angle resolved XPS，ARXPS）准确地说是变角电子能谱（angle depaint electron spectroscopy），但人们习惯上用"角分辨电子能谱"这一术语。它是测量材料近表面组分梯度的方法之一。角分辨电子能谱法是简单地倾斜样品的组分深度剖析法，其优点是不破坏样品，但仅限于薄层分析。

如前面所述，电子能谱分析深度依赖于电子发射角 θ。当电子发射角 θ 相对接近样品表面法线方向 $\theta = 0°$ 时，分析深度就会接近极限值 3λ。3λ 常被认为是 XPS 的分析深度，而确切的值应是 $3\lambda\cos\theta$。不同发射角的相对取样深度就会不同，测试时通过逐渐倾斜样品，可测得一系列发射角的能谱，从而获得近表面层各元素的信息，进行近表面组分分布分析。ARXPS 只适用于小于 10nm 的剖析层。

ARXPS 的新进展是出现了能更严格地处理弹性散射现象的 ARXPS 算法，并编写成算法程序，ARCtick ARXPS 软件可用于多种样品。另一重要进展是利用传输透镜和半球形分析器的聚焦特性，与位置敏感探测器（位敏探测器）结合来平行探测 ARXPS 剖析结果。这种平行角度采集数据的方法可以在不需要样品机械倾转情况下，同时获得大于 60° 范围的角度分辨数据。这种方法的优点是：（1）ARXPS 能应用于大样品（没有倾转大样品的困难）；（2）也可进行小面积 ARXPS，因用平行角度采集数据，分析区域和位置完全与发射角无关；（3）对绝缘样品使用平行角度采集数据的方法，补偿电荷条件对所有角度都是相同的，获得随着角度变化的谱图反映出了样品真正的化学变化。

另外一种非破坏性方式获得深度信息的方法是检测相同原子不同能级的电子。目前安装在大多能谱仪的常规 Al/Mg 双阳极，能提供适度深度剖析所需一系列不同的 X 射线能量，去激发相同电子能级上的光电子，获得深度信息。

b 惰性气体离子刻蚀深度剖析法

为获得比 10nm 更深的信息，必须在仪器内采用氩或氙惰性气体离子束轰击剥离样品表面，记录光电子能谱随深度的变化，获得较多的信息。离子溅射深度剖析所分析的深度随样品和所用分析系统而变化，但在几个微米范围内。

离子溅射深度剖析法是应用最广的组分深度剖析方法，已应用于研究金属、氧化物、陶瓷和半导体材料中。这种方法必须溅射较大的表面积，且在离子溅射过程中可能会改变物质的化学态，应予以注意。

c 异位制样法

为分析比离子刻蚀更深的地方，必须采用异位制样方法，通过机械加工剥离部分材料并检测新形成的外表面。常用的方法有斜面磨角和球形磨坑。

（1）斜面磨角。斜面磨角是将样品以很小的角度（小于 3°）研磨剥离表面的物质，得到坡度很小的平整斜面样品，然后引入谱仪中，通过步进的方式进行点分析，得到随深度变化的浓度分布。

（2）球形磨坑。用已知直径的硬质钢球旋转机械研磨样品，产生碗状的浅坑。分析时沿着坑表面进行定点分析。磨坑方法适用于金属及氧化物，不适用于软材料和有一定脆性的材料。现已有商业球形磨坑设备出售。

5.6.3 X射线光电子能谱在材料科学中的一些应用

X 射线光电子能谱在材料科学中的一些应用范围列于表 5-49 中。

表 5-49　X 射线光电子能谱的一些应用范围

应用领域	可 提 供 的 信 息
金属材料	合金、复合材料表面与界面的成分分析，晶界偏析和脆断分析，合金电子结构的确定
薄膜与涂层	包覆、涂（镀）膜层的厚度及成分分析，膜/基界面结合的化学变化，多层膜间元素的互扩散
金属腐蚀	腐蚀或氧化产物的化学态，腐蚀、氧化过程中表面或体内化学态及组分的变化及反应机制
催化剂	催化活性物质的氧化态，中间产物的鉴定，反应时催化剂与载体的化学变化
化学吸附	吸附剂发生吸附时的化学态变化
半导体材料	表面钝化层、金属栅表征，界面表征，本体氧化物的定性，超薄介质膜的厚度的确定
超导材料	价态、化学计量比、电子结构的确定
聚合物	分辨结构式中组分，有机涂层和黏合剂的组分分析及元素和碳功能团的深度分布，表面清洁度的鉴定

5.6.4　X 射线光电子能谱的应用实例

5.6.4.1　X 射线电子能谱应用实例一 ——汽车尾气传感材料表面结构和价态分析

已有研究表明，通过引入另一种阳离子，可改善纯氧化物材料的表面活性。过渡金属镧系氧化物及掺镧系氧化物的碱土金属氧化物等均属具有催化活性体系。对具有萤石结构的稀土氧化物 CeO_2 掺入三价阳离子，可提高材料的反应活性，用于高温燃料电池和氧传感器材料。反应活性的提高与材料表面的化学缺陷有关，因此用 XPS 研究了掺镧 CeO_2 材料的电导性能、氧敏性能，以及化学缺陷的作用机理。由于催化反应主要在材料的表面进行，于是利用 XPS 技术分析二氧化铈材料表面元素的化学价态。

根据图 5-240 的实验流程，首先合成出了掺 La_2O_3 的 CeO_2 传感材料。

在 VG. ESCALAB5 型 X 射线光电子能谱仪中，采用 Mg K_α 为光源，光电子能量 $h\nu = 1253.6eV$，能量分析器的扫描模式为 CAE，通道能量为 50eV 的测试条件，进行氩离子深度剖析掺镧 CeO_2 陶瓷片，获得随氩离子溅射时间的 Ce 3d 和 La 3d 谱线。用相应特征峰的面积比近似估算 La/Ce 原子比，得到 La/Ce 比值随 Ar^+ 溅射时间的变化曲线，如图 5-241 所示。

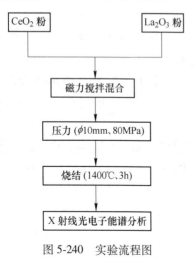

图 5-240　实验流程图

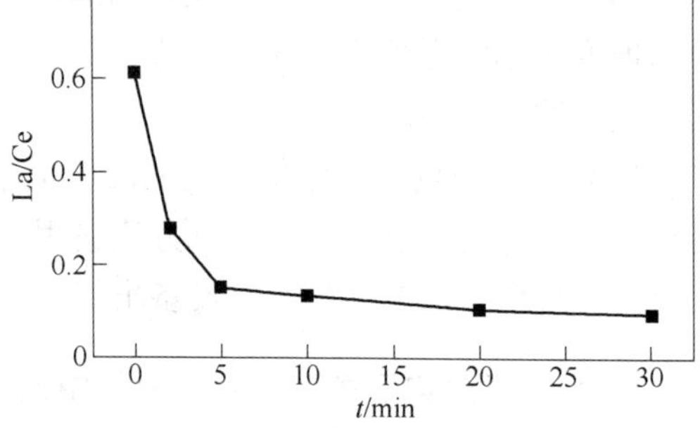

图 5-241　La/Ce 比与 Ar^+ 溅射时间关系图

由图 5-241 可以看出，随着溅射时间的延长，材料 La/Ce 比趋于一定值，表明 La^{3+} 在材料表面有偏析现象。掺杂原子与基质原子尺寸失配而引起的应变能、晶界电势及其相关的空间电荷等是影响掺杂原子在晶界上偏析的重要因素。

已知麦克林（Mclean）对此进行了严格的理论推导，得到公式

$$\frac{x^{s}}{x_{o}^{s} - x^{s}} = \frac{x^{c}}{1 - x^{c}} \exp\left(\frac{\Delta G}{kT}\right) \tag{5-167}$$

对于稀溶液，则可得到

$$\frac{x^{s}}{x_{o}^{s}} = x^{c} \exp\left(\frac{\Delta G}{kT}\right) \tag{5-168}$$

式中，x^{s} 为表面摩尔百分浓度；x^{c} 为体摩尔百分浓度；x_{o}^{s} 为饱和摩尔百分浓度；ΔG 为偏析自由能。

将相应的 La/Ce 比代入公式（5-168），可近似计算出偏析自由能约为 30kJ/mol。

用 XPS 研究掺镧对二氧化铈陶瓷片的氧化还原性能的影响，结果如图 5-242 所示。此图显示了掺镧二氧化铈和纯二氧化铈材料在室温下的 Ce 3d 谱线。图中 u 和 v 分别表示 3d$_{3/2}$ 和 3d$_{5/2}$。对 v 而言，v、v″ 和 v‴ 代表 CeO$_2$，其中 v 和 v″ 是（5s 6d）^{0}4f^{2}O2p^4 和（5s 6d）^{0}4f^{1}O2p^5 组态的混合，而 v‴ 则是纯终态（5d 6s）^{0}4f^{0}O2p^6；另一方面，v$_0$ 和 v′ 代表 Ce$_2$O$_3$，其中 v$_0$ 和 v′ 是（5d 6s）^{0}4f^{2}O2p^4 和（5d 6s）^{0}4f^{1}O2p^5 组态的混合。同理可说明 u 的结构。

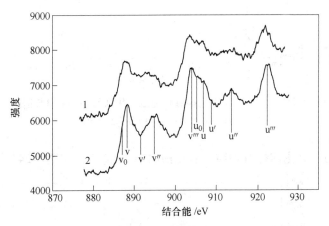

图 5-242　掺镧和未掺镧二氧化铈的 Ce 3d XPS 谱图
1—CeO$_2$+w(La$_2$O$_3$) = 20.0%；2—CeO$_2$

由图 5-242 可以看出，当在二氧化铈材料中掺入氧化镧后，v 和 v″ 峰下降，v′ 和 u$_0$ 升高，表明有部分的 Ce^{4+} 还原为 Ce^{3+}。根据缺陷理论，二氧化铈可产生 Ce^{3+} 和氧离子空位，可以写为

$$2Ce_{Ce}^{\times} + O_{O}^{\times} \longrightarrow \frac{1}{2}O_2(g) + 2Ce_{Ce}' + V_{O}^{\cdot\cdot} \tag{1}$$

式中，Ce$_{Ce}^{\times}$ 和 O$_{O}^{\times}$ 分别代表晶格铈原子和晶格氧原子；Ce$_{Ce}'$ 代表 Ce^{3+} 在 Ce^{4+} 亚晶格上；V$_{O}^{\cdot\cdot}$ 表示氧离子空位。

当加入氧化镧时，可发生反应

$$\frac{1}{2}O_2(g) + La_2O_3 \xrightarrow{CeO_2} 2La'_{Ce} + V_O^{\cdot\cdot} + 4O_O^{\times} \tag{2}$$

式中，La'_{Ce} 代表 La^{3+} 在 Ce^{4+} 亚晶格上。

联立式（1）和式（2），得

$$La_2O_3 + 2Ce_{Ce}^{\times} \longrightarrow 2La'_{Ce} + 2Ce'_{Ce} + 2V_O^{\cdot\cdot} + 3O_O^{\times} \tag{3}$$

由式（3）可以看出，当掺入氧化镧时，反应向右移动，从而产生 Ce^{3+} 和氧离子空位。

图 5-243 为两种材料在氩离子轰击后的 X 射线光电子能谱图。经氩离子轰击后，两种材料均有不同程度的还原，而且纯二氧化铈较掺镧二氧化铈的还原程度更大些。这是因为三价镧在二氧化铈基体中起受主离子的作用。由式（2）可以看出，当三价镧进入二氧化铈晶格时，便伴有氧离子空位的生成，而正是这些氧离子空位中和氩离子溅射过程中产生的电子，抑制了四价铈向三价铈的转化。

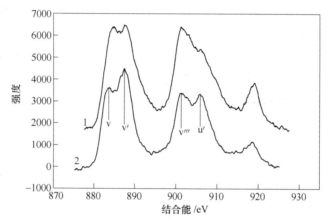

图 5-243 氩离子轰击后掺镧和纯二氧化铈的 Ce 3d XPS 谱图
1—$CeO_2+w(La_2O_3) = 10.0\%$；2—$CeO_2$

不同掺镧量的二氧化铈材料和纯二氧化铈的 O 1s 谱线，如图 5-244 所示。由图可以看

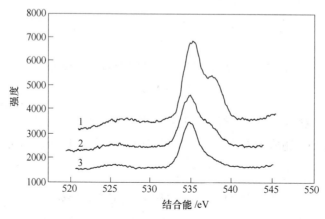

图 5-244 掺镧和纯二氧化铈的 O 1s XPS 谱图
1—$CeO_2+w(La_2O_3) = 10\%$；2—$CeO_2+w(La_2O_3) = 5\%$；3—CeO_2

出，随掺镧量的增大，氧峰高能端的肩旁峰逐渐升高；高能端的肩旁峰或是羟基和羰基的混合特征，或是羟基和一些含羟基氧化物的特征。根据式（3），当掺镧量增大时，产生的氧离子空位增多，这些带正电的氧离子空位可以吸附带负电的羟基、羰基等离子团。实验表明，随着掺镧量的增加，C 1s 峰升高，证实了高能端的肩旁峰是羰基的特征。当氧离子空位增多时，其吸附量也增大，故试样在经 500℃ 热处理后高能端的峰就基本消失了。

综上所述，对二氧化铈材料不同掺镧量和不同处理条件下的 X 射线光电子能谱分析及其他性能测试得到：（1）La^{3+} 在材料表面有偏析现象，偏析自由能约为 30kJ/mol；（2）La^{3+} 的掺入使得 CeO_2 材料中部分 Ce^{4+} 转化为 Ce^{3+}；（3）在氩离子轰击过程中，镧的掺入可抑制 Ce^{4+} 向 Ce^{3+} 的转化；（4）镧的掺入增强了 CeO_2 材料对羰基的吸附能力；（5）La^{3+} 的掺入诱导缺陷的缔合作用，降低了 CeO_2 材料的电阻；（6）La^{3+} 的掺入改善了 CeO_2 材料的氧敏性能。

5.6.4.2 X 射线光电子能谱应用实例二——XPS 对镧掺杂改性的钛酸钡（LBT）多晶粉体表面性能、元素的价态以及原子浓度分析

镧掺杂改性的钛酸钡（$La_xBa_{1-x}TiO_3$，LBT）多晶粉体材料可以用来制备气、湿、温敏陶瓷功能元件。利用 XPS 对镧掺杂改性的钛酸钡表面性能进行分析，确定试样表面离子的价态，表征元素所处的化学环境，结果如图 5-245 所示。图 5-245（a）为 LBT 试样的全扫

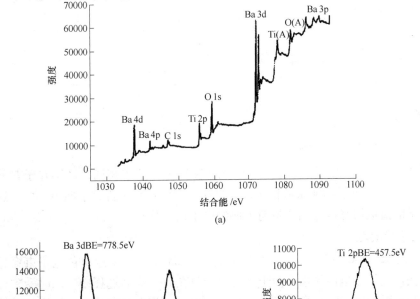

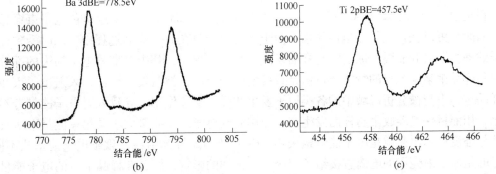

图 5-245　镧掺杂改性钛酸钡（$La_xBa_{1-x}TiO_3$）的 XPS 谱图

（a）$La_xBa_{1-x}TiO_3$ 试样的 XPS 谱图；（b）$La_xBa_{1-x}TiO_3$ 试样的 Ba 3d 电子能谱图；

（c）$La_xBa_{1-x}TiO_3$ 试样的 Ti 2p 电子能谱图

谱图。由图可以看出，样品主要由 Ba、Ti、O、La 元素组成，在谱中出现的 C 1s 峰是因为试样中吸收了少量二氧化碳。图 5-245（b）和（c）分别为 LBT 试样的精细谱图 Ba 3d 和 Ti 2p 的电子能谱图。

从精细谱图 5-245（c）可以看出：试样中 Ti 的谱图和标准 Ti 的谱图相吻合，2p 结合能分别为 457.7eV（$2p_{1/2}$）和 486.5eV（$2p_{3/2}$），钛和钡的价态分别为 Ti^{4+} 和 Ba^{2+}。随着 La^{3+} 的掺杂进入晶格，钛的结合能略有下降，化学位移也稍有下降，表明存在 Ti^{4+} 转变为 Ti^{3+}。这是由于 La^{3+} 取代 Ba^{2+} 为保持电中性 Ti^{4+} 转变 Ti^{3+}。根据原子静电模型，原子内层电子主要受到原子核的库仑引力，同时受到外层电子的排斥作用（屏蔽作用），在内层电子处于平衡的状态时，平衡力等于库仑力与排斥力之和。当外层电子密度降低，即原子的氧化态增加时，屏蔽作用降低，排斥力减小，库仑力增大，化学位移增加。此时只有降低库仑力，才能维持电子在内层的平衡轨道上运动。库仑力下降，化学位移也随之下降。所以氧化态越高，化学位移越大。实验中观测到 Ti^{4+} 化学位移降低，是因 La^{3+} 取代 Ba^{2+}，为保持电中性 Ti^{4+} 转变 Ti^{3+}，氧化态降低。

根据对典型 LBT 试样的 XPS 精细谱图的峰面积估算元素的原子百分比，结果和原始配料百分比基本一致，证实合成工艺合理，计算结果如表 5-50 所示。

表 5-50　代表试样的原子百分比

峰	中心位置	峰面积	半高宽	原子百分比/%
La $3d_{5/2}$	841.45	7089.15	0.070	1.088
Ba $3d_{5/2}$	785.75	342237.56	2.78	55.92
Ti $2p_{3/2}$	465.05	58194.05	1.77	42.99

5.6.5　其他电子能谱简介

5.6.5.1　紫外光电子能谱 UPS

紫外光电子能谱 UPS 的原理和 X 射线光电子能谱 XPS 的基本相同，区别在于紫外入射光子的能量要比 X 射线光子的能量低很多，并且研究的侧重点是价电子能级。由于这个特点，紫外光电子能谱被用来进行固体材料表面的电子结构分析。

5.6.5.2　电子能量损失谱 EELS

在透射电子显微镜 TEM 或扫描透射电子显微镜 STEM 中，一束近单色电子束穿透超薄样品时，可以获得电子能量损失谱。由于入射电子束在通过样品过程中，同时受到样品原子的弹性散射和非弹性散射，与样品发生非弹性散射时，其中一部分电子损失的部分能量值是样品中某个元素的特征能量值，直接使内壳层电子被激发。因此，入射电子束在通过样品过程中与被分析区域中的各类原子发生非弹性交互作用，导致入射电子能量有不同变化，用能量探测器收集与样品发生交互作用后的电子，按能量大小及每一能量下所具有的信号强度展示出来就是电子能量损失谱 EELS。EELS 与 X 射线、俄歇电子能谱法不同，测量的是原子内壳层的电离直接给予穿透电子施加的影响，放置在样品下方的电子能量分析器，分析、记录初始电子束的能量损失，得到能量损失谱。记录的谱图有能量损失值的特征边缘，其数值等于壳层的结合能。

电子能量损失谱 EELS 的横坐标 E 表示损失能量的能量值，纵坐标是电子信号的强度

$I(E)$，即计数。谱图可划分为零损失峰区（形状为对称的高斯分布）、低能损失区域、高能损失范围几个部分。图 5-246 为一个典型的电子能量损失谱图。

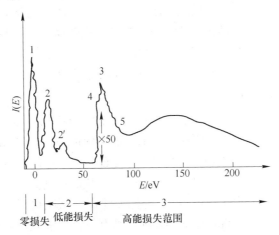

图 5-246　薄晶体 Si 典型的电子能量损失谱图

1—零损失峰，2，2′—等离子峰；3—Si $L_{2,3}$ 电离损失峰；4—预电离精细结构；5—广延精细结构

（在 Si $L_{2,3}$ 特征峰附近开始之后的纵坐标的强度被增益 50 倍）

零损失峰区的形状应为对称的高斯分布，峰的半高宽可表明 ELLS 谱仪能达到的分辨率值。

低能损失区域在几到 50eV 范围，也是等离子峰位置。

高能损失范围包含了电离损失峰、预电离精细结构和广延精细结构，能量损失超过了 50eV，是由原子内壳层电子被激发到费米能量以上的各个未占据状态所引起的。在这范围谱图的主要特征是平滑下落的"本底"和叠加在本底上的内壳层电子电离的电离损失峰，如图 5-247 所示 B_2O_3 的 EELS 谱图。

本底不能提供任何微观分析的信息。电离损失峰是元素的唯一特征，含有分析信息。电离峰的始端能量值等于内壳层电子电离所需的

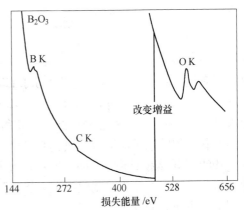

图 5-247　B_2O_3 的 EELS 谱图

最低的能量。利用电离损失峰作元素分析与 X 射线能谱分析（EDS）类似，除了两者的原激发过程和弛豫过程机理不同造成测量效率不同外，两者测量技术对轻重元素的探测效率也不同，EELS 适宜做轻元素分析和识别轻元素的精细结构（如碳化物、氮化物沉淀），EDS 适宜做重元素分析。

分析时根据谱中电离损失峰 K、$L_{2,3}$、$M_{2,3}$、$M_{4,5}$ 和 $N_{4,5}$ 来辨别元素，如探测元素从原子序数 4（Be）至 14（Si），利用电离损失峰 K 系；从原子序数 14（Si）至 38（Sr），利用电离损失峰 L 系；从原子序数 37（Rb）至 76（Os），利用电离损失峰 M 系。

预电离精细结构在电离损失峰阈值附近。预电离精细结构取决于样品的能带结构，与

样品的化学及晶体学状态有关。如无定型碳、石墨碳、金刚石及碳化硅中的碳，虽都是碳，但它们的电子能级的精细结构不同，因此 EELS 谱图中它们的预电离精细结构也不同。电离损失峰阈值附近的谱形变化，反映了原子中未被占据的束缚状态的电子密度，因此对预电离精细结构的分析可以提供元素的结构，及其在化合物中所处的状态。

广延精细结构（英文缩写 EXELES）是指在电离损失峰之后几百电子伏特范围内存在的微弱的震荡。EXELES 的原理和 X 射线吸收谱精细结构（EXAFS）的原理基本相同。

5.6.5.3　离子散射谱 ISS

离子散射谱 ISS 的原理是利用惰性离子束（通常用 $^3He^+$、$^4He^+$、$^{20}Ne^+$）与固体外层表面原子间的碰撞遵循动量守恒定律，这样入射离子能量的损失由被撞击的原子决定。将一束低能离子束（0.2~3keV）聚焦照射在固体样品表面，在一些固定的角度用能量分析器测量从表面散射的离子数与散射离子的能量间的关系，从而得到离子散射谱 ISS。ISS 通常以能量为 E 的离子数目与入射离子束能量 E_0 的比值绘出，从图可以直接转换成原子序数与相对含量的关系。如果采用逐渐剥离试样表面连续观测谱的变化，可以得到从试样外层到 5nm 深或更深区域的元素含量变化的信息。

人们用到的卢瑟福背散射谱（Rutherford backscattering spectrum，RBS）是入射离子能量高达 1~5MeV 的高能离子散射谱，可测定 1~2μm 深度的成分。若高能离子束平行样品晶轴方向时，可定量测量晶格缺陷和杂质在晶格中的位置，并能给出沿深度的分布。人们也用它进行薄膜试样的结构、结晶度、杂质和缺陷的分析。

5.7　俄歇电子能谱分析及其应用

1925 年法国奥格尔（Pierre Auger）在威尔松（Wilson）云室中发现了俄歇电子，并进行了理论解释。1953 年兰德尔（J. J. Lander）首次使用了电子束激发的俄歇电子能谱（auger electron spectroscopy，AES），并探讨了俄歇效应应用于表面分析的可能性。1967 年哈瑞斯（Harris）采用微分锁相技术，获得了高信噪比的俄歇电子能谱，此后才开始出现了商业化的俄歇电子能谱仪，进而使 AES 发展成为一种研究固体表面成分的重要测试方法。1969 年帕尔穆贝格（Palmberg）等人采用了筒镜能量分析器，使俄歇电子能谱的信噪比又得到了很大的改善。现代俄歇电子能谱仪已广泛采用同轴电子枪的筒镜能量分析器，并用电子束作为激发源。

俄歇电子能谱法可以用于除氢、氦以外的所有元素的定性分析，要求试样是导体或半导体材料。俄歇电子能谱能提供表面几个原子层的成分及分布信息，是最常用的表面分析手段，诸如对表面与界面分析，纳米材料薄膜，金属、半导体、电子材料、陶瓷材料薄膜材料，薄膜催化材料等分析，检测深度在 0.5~2nm；检测极限约为 10^{-3} 原子单层；采用电子束作为激发源，具有很高的空间分辨率，最小可达到 10nm；可进行微区分析、深度和图像分析，具有三维分析的特点。俄歇电子能谱方法已在材料、微电子、机械等领域尤其在纳米薄膜材料领域得到了广泛应用。

俄歇谱仪可用于表面元素的定性鉴定、表面元素的半定量分析、表面成分的微区分析、元素的深度分布分析、元素的二维分布分析、元素的化学价态分析。

俄歇电子能谱仪发展的趋势是：提高空间分辨率，使之小于 10nm；更好的深度分辨能力，发展样品旋转技术，以利于提高深度分辨能力；提高谱仪的图像功能，获得元素图像分布和化学态图像分布信息；实现高速分析和自动分析等。

5.7.1　俄歇电子能谱（AES）分析的基本原理

5.7.1.1　俄歇电子的产生与标识

A　俄歇电子的产生

俄歇电子的产生涉及原子轨道上三个电子的跃迁过程。当原子在 X 射线、载能电子、离子或中性粒子的照射下获得足够能量，原子内层轨道（K、L、M、…层）上的电子发生电离，被激发出来，在原子的内层轨道上留下空位，形成了激发态正离子。这种激发态正离子是不稳定的，必须通过退激发再回到稳定态。在这激发态离子的退激发过程中，外层轨道的电子可以向该空位跃迁并释放出能量，而该释放出的能量又可以激发同一轨道层或更外层轨道的电子使之逃离样品表面，这种无辐射过程出射的电子就是俄歇电子。简言之，俄歇电子跃迁是指跃迁电子的轨道与填充电子以及空位所处的轨道的不同能级之间产生的非辐射跃迁过程。俄歇电子跃迁产生的电子称之为俄歇电子。

B　俄歇电子的标识

俄歇电子通常用参与俄歇跃迁过程的三个能级（初态（激发）空位能级、填充电子能级和跃迁电子能级）来标识。其中，激发空位所在的轨道能级标识在首位，中间为填充电子的轨道能级，最后是激发出俄歇电子的轨道能级。例如，标识 KL_1L_3，K 为初态空位所在的能级，L_1L_3 为 L_1 上的电子填充 K 初态空位，同时 L_3 上的电子作为俄歇电子发射出去。它也称为 KL_1L_3 跃迁，表明俄歇电子的产生和跃迁过程。KL_1L_3 俄歇电子产生的过程如图 5-248 所示。俄歇跃迁有：KLL、LMM、MNN 等系列，每个系列都有多种跃迁。如 KLL 系列就包括了 6 种俄歇跃迁，即 KL_1L_1、KL_1L_2、KL_1L_3、KL_2L_2、KL_2L_3、KL_3L_3。有时为了方便起见，下标有省略的情况。

虽然俄歇电子的激发方式有多种，但常规俄歇电子能谱仪主要采用 130keV 的一次电子（束）激发。因为电子便于产生高束流（50nA～5μA），且易于聚焦和偏转。

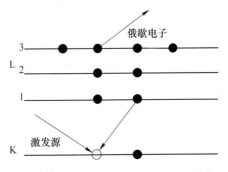

图 5-248　KL_1L_3 俄歇电子产生过程的示意图

5.7.1.2　俄歇电子的动能

原子所产生的俄歇电子具有特征能量。人们是依据俄歇电子能量从俄歇电子能谱中来识别样品表面存在的元素。

从俄歇电子跃迁过程可知，俄歇电子的动能只与元素激发过程中涉及的原子轨道的能量有关，而与激发源的种类和能量无关。因此俄歇电子能谱是画在以动能为标尺上的谱线。原则上俄歇电子的能量可以从跃迁前后涉及的原子轨道能级的结合能来计算。

这里介绍一个俄歇电子动能的半经验计算方法。对原子序数为 Z 的原子发射 αβγ 俄歇电子具有的能量 $E_{\alpha\beta\gamma}^Z$ 为

$$E_{\alpha\beta\gamma}^{Z} = E_{\alpha}^{Z} - E_{\beta}^{Z} - E_{\gamma}^{Z} - \frac{1}{2}(E_{\gamma}^{Z+1} - E_{\gamma}^{Z} + E_{\beta}^{Z+1} - E_{\beta}^{Z}) \tag{5-169}$$

式中，E_{α}^{Z}、E_{β}^{Z} 和 E_{γ}^{Z} 分别为原子序数为 Z 元素的原子外层 α、β 和 γ 轨道能级的结合能，eV；E_{β}^{Z+1} 和 E_{γ}^{Z+1} 分别为原子序数为 $Z+1$ 元素的原子外层 β 和 γ 轨道能级的结合能，eV。

此式的前三项是 α、β、γ 轨道的结合能差，为俄歇电子动能的主要部分；带括弧项为对结合能差的小修正。它表示 β 轨道有空穴时 γ 轨道电子结合能的增加和 γ 轨道有空穴时 β 轨道电子结合能的增加。下面以计算 Ni 原子的 KL_1L_2 俄歇电子的动能为例来说明。

根据式（5-169），Ni 原子的 KL_1L_2 俄歇电子的动能应为

$$E_{KL_1L_2}^{Ni} = E_{K}^{Ni} - E_{L_1}^{Ni} - E_{L_2}^{Ni} - \frac{1}{2}(E_{L_2}^{Cu} - E_{L_2}^{Ni} + E_{L_1}^{Cu} - E_{L_1}^{Ni})$$

已知以 keV 为单位的 $E_{K}^{Ni} = 8.333$，$E_{L_1}^{Ni} = 1.008$，$E_{L_2}^{Ni} = 0.872$，$E_{L_1}^{Cu} = 1.096$，$E_{L_2}^{Cu} = 0.951$，代入上式算得俄歇电子动能的主要部分为 6.453keV，修正值为 0.084keV。所以 Ni 原子的 KL_1L_2 俄歇电子的动能 $E_{KL_1L_2}^{Ni} = 6.453 - 0.084 = 6.369$（keV）。此计算值与实验测量值 6.384keV 基本吻合。

在实际工作中，各种元素的俄歇电子能量和标准谱都可以从相关的手册上直接查到，不需要进行理论计算。

5.7.1.3   俄歇化学位移

虽然俄歇电子的动能主要由元素的种类和跃迁轨道所决定，但由于表面区域元素原子所处的化学环境不同，会改变俄歇电子跃迁的能量，引起俄歇谱线峰的位移，并称之为元素的俄歇化学位移。一般相对于该元素的零价态的化学位移可达几个电子伏特。由于俄歇电子涉及三个原子轨道能级，随着化学环境变化，俄歇电子动能位移也涉及原子的三个能级能量的变化。实验结果表明，俄歇化学位移在许多情况下比 XPS 的化学位移要大得多。俄歇化学位移较大，适合于在表面科学和材料科学研究中表征元素的化学环境作用。随着俄歇电子能谱技术和理论的发展，俄歇化学效应可用来对样品表面进行元素的化学成像分析。

应该提到的是，XPS 和 AES 都有明显的化学位移现象，但两者产生的过程不同。XPS 是单电子过程，谱线较窄；而 AES 是两个电子过程，谱线较宽。

5.7.1.4   俄歇电子的强度

俄歇电子的强度是俄歇电子能谱进行元素定量分析的基础。但由于俄歇电子在固体中激发过程的复杂性，目前还难以用俄歇电子能谱来进行绝对的定量分析。俄歇电子的强度除与元素的存在量有关外，还与原子的电离截面，俄歇跃迁概率以及逃逸深度等因素有关。

A   电离截面

所谓电离截面，是指当原子与外来粒子（光子，电子或离子）发生作用时，发生电子跃迁产生空位的概率。电离截面可根据半经验方法进行计算，即

$$Q_W = \frac{6.51 \times 10^{-14} a_W b_W}{E_W^2}\left(\frac{1}{U}\ln\frac{4U}{1.65 + 2.35e^{1-U}}\right)$$

式中，Q_W 为原子的电离截面，cm^2；E_W 为 W 能级电子的电离能（结合能），eV；U 为激发

源能量 E_P 与能级电离能 E_W 之比，$U = E_P/E_W$，eV；a_W 和 b_W 为常数。

电离截面（Q_W）是激发能与电离能比（U）的函数，见图 5-249。

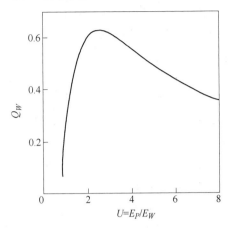

图 5-249　电离截面激发能与
电离能之比的关系

从图中可见，当 U 为 2.7 时，电离截面可以达到最大值。说明只有当激发源的能量为电离能的 2.7 倍时，才能获得最大的电离截面和俄歇电子强度。

在常规分析时，电子束的加速电压一般采用 3kV，几乎可激发所有元素的特征俄歇电子。在实际分析中，为了减少电子束对样品的损伤或降低样品的荷电效应，或采取更低的激发能。有些元素的特征俄歇电子的能量较高，可采用较高的 5keV 激发源能量。在进行微区分析时，为了保证具有足够的空间分辨率，常用 10keV 以上的激发能量。此外还必须注意元素的灵敏度因子是随激发源的能量而变，有关数据手册中提供的元素灵敏度因子多在 3.0keV、5.0keV 和 10.0keV。

总之，在选择激发源能量时，必须考虑电离截面、电子损伤、能量分辨率以及空间分辨率等因素。

B　俄歇跃迁概率

因激发态原子的去激发过程存在两种方式：一种是电子填充空位产生二次电子的俄歇跃迁过程；另一种则是电子填充空位辐射特征 X 射线的过程（定义为荧光过程）。因此，去激发过程中俄歇跃迁概率（P_A）与荧光产生概率（P_X）之和为 1，即 $P_A + P_X = 1$。可根据布尔奥普（E. H. S. Burhop）给出的半经验式进行计算，即

$$\left(\frac{P_X}{1 - P_X} \right)^n = A + BZ + CZ^3$$

式中，Z 为原子序数；n、A、B、C 均为常数。

计算得到 P_A 及 P_X 与原子序数 Z 的关系，如图 5-250 所示。

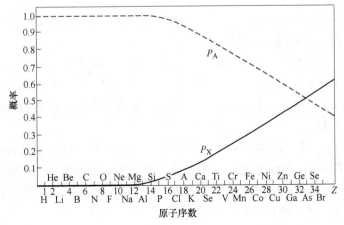

图 5-250　俄歇跃迁概率 P_A 及荧光概率 P_X 与原子序数的关系

由图 5-250 可见，当元素的原子序数小于 19 时（即轻元素），俄歇跃迁概率（P_A）在 90% 以上。此后随元素的原子序数的增加，俄歇跃迁概率逐渐减少，而荧光概率 P_X 在逐渐增加，直到原子序数增加到 33 时，荧光概率才与俄歇概率相等。总之，俄歇电子跃迁概率在低原子序数元素中占主导，而对高原子序数，X 射线发射为优先过程。

根据俄歇电子能量分布图和俄歇概率分布图，原则上对于原子序数 Z 小于 15 的元素，应采用 K 系列的俄歇峰；而原子序数 Z 在 16~41 间的元素，L 系列的荧光概率为零，应采用 L 系列的俄歇峰；而当原子序数 Z 更高时，考虑到荧光概率为零，应采用 M 系列的俄歇峰。

C　俄歇电子平均自由程与平均逃逸深度

a　逃逸深度定义

俄歇电子的强度与俄歇电子的平均自由程有关。电子在固体中运动时，因为在激发过程产生的俄歇电子在向表面输运过程中，俄歇电子的能量还可通过非弹性散射而损失能量，如激发等离子激元、使其他芯电子激发或引起能带间跃迁等。俄歇电子能量如果受到损失，便丢失了所携带的元素特征信息，最后成为谱图本底。只有在浅表面产生的俄歇电子可以不损失能量而逸出表面，被收集在俄歇电子信号的计数内，才能进行检测。这正是俄歇电子能谱应用于表面分析的原因。因此，引入电子逃逸深度概念，它的定义是具有确定能量 E_C 的电子能够不损失能量通过的最大距离。激发的俄歇电子在从激发地到表面的出射途中，会发生非弹性碰撞而损失 δE 能量，能量低于 E_C 的电子就形成本底信号，在谱图中主要俄歇峰的低能一侧拖出一个长的尾部。

b　平均自由程

若有 N 个俄歇电子，在固体中经过 dz 距离，损失了 dN 个。显然 dN 与 N、dz 成正比，于是有

$$dN = -\frac{1}{\lambda}Ndz$$

式中，λ 为常数，称非弹性散射"平均自由程"；这里负号则表示减少。

积分上式后，代入初始条件 $z = 0$，$N = N_0$，得到

$$N = N_0 e^{\frac{-z}{\lambda}}$$

此式表明俄歇电子在固体中传输按指数衰减的规律，即逃逸出的俄歇电子的强度与样品的取样深度存在指数衰减的关系。

如果 z 代表垂直于固体表面并指向固体外部的方向，则 λ 即为平均逸出深度，电子的逃逸深度就是电子非弹性散射的平均自由程。当 z 达到 3λ 时，能逃逸到表面的电子数仅占 5%，可以粗略地认为全部被衰减掉了。平均自由程并不是一个常数，它与俄歇电子的能量有关，见图 5-251。

从图 5-251 可见，在 75~100eV 处，λ 存在一个最小值。对于表面分析而言，最有用的俄歇电子能量在 100~2000eV 之间，该能量范围是用于俄歇电子能谱分析的范围，对应的逃逸深度为 2~10 单原子层，此时可近似认为 λ 与 $E^{1/2}$ 成正比。平均自由程 λ 不仅与俄歇电子的能量有关，还与测试的材料有关。

赛赫（M. P. Seah）等人综合了大量实验数据，总结出了不同类型材料的 λ 与 E 的经

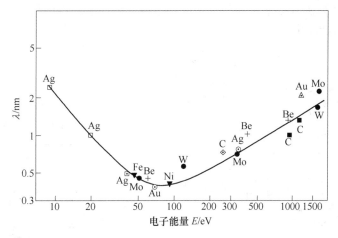

图 5-251　平均自由程 λ 与俄歇电子能量 E 的关系

验公式，即

对于纯元素　　　　　　　　$\lambda = 538E^{-2} + 0.41(aE)^{1/2}$

对于无机化合物　　　　　　$\lambda = 2170E^{-2} + 0.72(aE)^{1/2}$

对于有机化合物　　　　　　$\lambda = 49E^{-2} + 0.11E^{1/2}$

这里 E 为以费米能级为零点的俄歇电子能量，eV；a 为单原子层厚度，nm。

D　俄歇电子能谱

俄歇电子能谱（俄歇谱）有两种显示模式，即直接谱和微分谱。其中一种是电子计数 $N(E)$ 按能量的分布模式，$N(E)\text{-}E$ 称为直接谱或称积分谱，可直接获得，保留原来的信息量，但本底太高，难以直接处理。另一种是微分谱模式，它是 1968 年哈瑞斯（Harris）提出的采用锁定放大器提取俄歇信号的方法，即采用电子电路对电子能量分布曲线 $N(E)$ 微分，测量 $\mathrm{d}N(E)/\mathrm{d}E\text{-}E$ 来识别俄歇峰，$\mathrm{d}N(E)/\mathrm{d}E\text{-}E$ 称为微分谱。微分谱具有很高的信噪比，容易识别，可通过微分电路或计算机数字微分获得，但会失去部分有用信息，而且解释复杂。

图 5-252 给出 1keV 电子束入射激发纯银的 AES 直接谱和微分谱，以便直接对比。

俄歇电子能谱虽然存在能量分辨率较低的缺点，但却具有可进行微区分析的优点。元素的俄歇化学位移较大，更适合用于表征元素化学环境作用的研究。因此，俄歇电子能谱的化学位移在表面科学和材料科学的研究中具有广阔的应用前景。

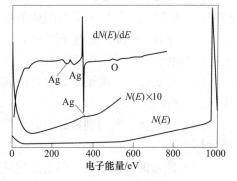

图 5-252　纯银的 AES 谱图

（用 1keV 电子束入射激发）

5.7.2　俄歇电子能谱仪与实验技术

5.7.2.1　俄歇电子能谱仪的结构

俄歇电子能谱仪（简称俄歇谱仪）主要由获得超高真空的真空系统、一次电子束源的电子枪、分析二次电子能量的电子能量分析器、二次电子探测器、样品台及表面溅射剥离的离子枪，以及计算机数据采集和处理系统等组成。谱仪的基本结构和筒镜能量分析器的结构一并示于图 5-253 中。

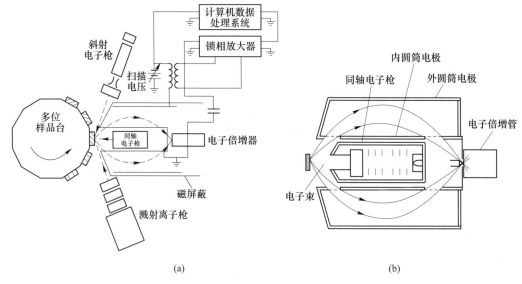

图 5-253 俄歇电子能谱仪的结构示意图

（a）谱仪基本结构示意图；（b）筒镜能量分析器的结构

这里主要介绍俄歇电子能谱仪的电子束源和能量分析器部件，其他部件与 XPS 谱仪有共同之处，不再赘述。

A 电子枪

俄歇电子能谱仪所用的信号电子的激发源是电子束。选用电子束的原因是：（1）热电子源是容易获得高亮度、高稳定性的小型激发源；（2）电子束带电荷，可以采用磁透镜系统聚焦、偏转；（3）电子束与固体的相互作用大，原子的电离效率高。

电子枪的关键部件是电子源和用于电子束聚焦、偏转和扫描的透镜系统。用于俄歇电子能谱的电子源必须具有下面的特点：

（1）稳定性高。电子源的发射电流在长时间工作内必须有高的稳定性，特别是用于深度剖析分析时。

（2）亮度高。照射到样品上的最终束斑越小，则要求该小束斑发射区内发射的电子流强度越高。

（3）能量的单色性好。因电磁透镜和静电透镜的聚焦长度依赖于电子的能量，只有动能在很小范围的电子才能处于最佳聚焦条件下。单色性不好，能量分散范围宽，样品被照射的斑点就增大。束斑直径越小，对能量的单色性要求越高。

（4）寿命长。电子发射体更换时需要破坏真空，而且仪器在重新使用前需要烘烤，几十小时内仪器不能使用，长寿命发射体可减少更换。

总之，要求电子束具有一定的能量、适中的电子束流（过大对样品会造成损伤）、最小的束斑直径。

电子枪又可分为固定式电子枪和用于俄歇电子能谱微区分析的扫描式电子枪两种。

常用的三种电子束源有 V 形钨丝，单晶六硼化镧（LaB$_6$）以及场发射电子枪。

V 形钨丝热电子发射体具有简单、价格便宜、耐用等特点，但亮度小，难于达到束斑小于 200nm 的俄歇电子能谱分析的要求。

单晶六硼化镧（LaB$_6$）是广泛使用的高亮度电子源材料。单晶六硼化镧的功函数（2.6eV）比钨的（4.5eV）低很多，即使在较低温度下也有高的电子发射密度，具有单色性好以及高温耐氧化等特性，但需要在更高的真空下工作。

新一代的俄歇电子能谱仪大多用场发射电子枪（发射体材料常用钨单晶），其优点是空间分辨率高，束流密度大，亮度高，可提供更小的束斑。缺点是价格贵，维护复杂，对真空要求高。

近年来，肖特基场发射体（热场发射体）因亮度高、稳定性好深受人们欢迎。它是由表面镀有氧化锆（ZrO$_2$）的一根单晶钨丝构成的发射体，也就是热电子发射体与场发射体的结合，在强电场中加热，高温和电场同时致使电子发射。镀氧化锆的目的是：（1）进一步降低发射体的功函数，增加发射电流；（2）自清洗表面；（3）自愈合表面。另外，因发射表面小（直径约 20nm），在很小的放大倍数下，就可得到高分辨扫描俄歇显微镜所需的小束斑。

B 能量分析器

能量分析器是俄歇谱仪的核心部件。俄歇信号强度约为初级电子强度的万分之一，所以必须选择信噪比高的能量分析系统，才能消除噪声的影响。现代俄歇能谱仪一般采用高信噪比的筒镜（型）能量分析器（cylindrical mirror analyner，CMA），而不再采用分辨率不高、检测灵敏度低的四栅球型能量分析器和高通分析器。

筒镜（型）能量分析器结构（见图 5-253（b））主体是两个同心圆筒，在外筒上施加一个负的偏转电压，同轴电子枪放在镜筒分析器的内腔中，电子从出口进入检测器。其优点是点传输率很高，具有很好的信噪比特性。

筒镜（型）能量分析器的工作原理是，与分析器同轴的电子枪，提供一次电子束照射到样品上；由样品表面散射或发射的一部分电子进入筒镜入口孔，并通过内外筒之间的空间；内筒接地，外筒上施加负偏压，可将具有特定能量的电子通过检测器光阑导向筒镜的轴心方向，并从出口孔出来，被电子倍增器收集起来。筒镜的通道能量和所探测的电子动能与施加在外筒的偏压成正比。

谱仪的能量分辨率由能量分析器决定。通常能量分析器的分辨率为 $\dfrac{\Delta E}{E}<0.5\%$，$E$ 一般为 1000~2000eV，所以 ΔE 约为 5~10eV。俄歇能谱仪的空间分辨率与电子束的最小束斑直径有关，场发射俄歇电子枪的束斑直径可小于 6nm。

典型的 AES 谱有两种形式：一种包含了俄歇跃迁的直接信息的电子能量分布函数 $N(E)$，一种通过电子学或数字转换的微商技术，得到 d$N(E)$/dE 函数，这种形式可使本底充分降低。能量大于 50eV 的背散射本底电流一般小于入射电流的 30%。此电流造成的噪声电平和分析器的 ΔE 与俄歇峰宽之比，决定了信噪比和元素的探测极限。

检测极限（灵敏度）是俄歇谱仪的主要性能指标之一。俄歇谱仪的检测极限一般由能量分析器决定，受限于信噪比。由于俄歇能谱的本底很高，一般认为典型的检测极限约为 0.1%（原子的摩尔分数）。实际上，俄歇能谱仪的检测极限受多种因素影响，差别也较大。

5.7.2.2　俄歇电子能谱仪的实验技术

俄歇电子能谱仪可用于表面元素的定性分析、表面元素的半定量分析、表面元素的化学价态分析、元素深度或二维分布分析，以及微区分析等。

A　样品制备技术

由于涉及样品在真空中的传递和放置，分析的样品一般都需要经过一定的预处理。主要包括：（1）样品尺寸的大小符合规范（对于块状样品和薄膜样品，其长宽最好小于10mm，高度小于5mm），有利于真空系统的快速进样，样品的面积应尽可能地小，以便在样品台上多固定几个试样；（2）挥发性样品、表面污染及带有微弱磁性的样品等的处理，但必须考虑处理过程对表面成分和化学状态可能产生的影响。AES和XPS都能获得固体样品表面化学信息，虽然两者对分析要求不同，但对固体样品的要求大体相同，只是对俄歇能谱样品要求更严格些。

a　粉末样品制备

对粉末样品的制备，方法一是用导电胶带直接把粉体固定在样品台上，但胶带的成分和荷电效应可能会干扰和影响样品的分析；方法二是把粉体样品压成薄片（样品用量太大，抽真空时间长），而后再固定在样品台上。一般可以把样品或小颗粒粉体样品直接压到金属铟或锡的基材表面，解决固定样品和荷电的问题。

b　含有挥发性物质的样品

对含有挥发性物质的样品，在样品进入真空系统前，采用加热或用溶剂清洗等方法，清除掉挥发性物质。对有油性物质的样品，一般依次用正己烷、丙酮和乙醇超声清洗，经红外烘干，才可以进入真空系统。

c　表面有污染的样品

对表面有污染的样品，先用油溶性溶剂如环己烷、丙酮等清洗掉样品表面的油污，再用乙醇清洗掉有机溶剂，为了保证样品表面不被氧化，自然干燥。有的样品，可进行表面打磨等处理后，再进入真空系统。

d　有微弱磁性的样品

绝对禁止带有强磁性的样品进入分析室。因为俄歇电子带有负电荷，在微弱的磁场作用下，也会发生偏转。当样品具有磁性时，由样品表面出射的俄歇电子就会在磁场的作用下偏离接收角，不能到达分析器，得不到正确的AES谱。当样品的磁性很强时，还存在导致分析器头及样品架磁化。对于具有弱磁性的样品，一般通过退磁的方法去掉样品的磁性后，才可进入分析系统。

B　离子束溅射技术

在俄歇电子能谱分析中，为了清洁被轻度污染的固体表面或进行离子束剥离深度分析，常利用离子束对样品表面进行溅射剥离，控制定量地剥离一定厚度的表面层，然后再用俄歇电子谱分析表面成分，便可获得元素成分沿深度方向的分布图。

深度分析用的离子枪，一般使用 $0.5 \sim 5keV$ 的 Ar 离子源，离子束的束斑直径在 $1 \sim 10mm$ 范围内，溅射速率变化在 $0.1 \sim 50nm/min$（离子束的溅射速率与离子束的能量、束流密度，以及溅射材料的性质有关），还可进行扫描溅射。为提高深度分析的分辨率，应采用间断式溅射。为减少离子束的坑边效应，应增加离子束与电子束的直径比。为降低离子束的择优溅射效应及基底效应，应提高溅射速率和降低每次溅射间隔的时间。有的俄歇能谱仪使用镓离子源或铯离子源的液态离子枪，具有束流密度大、溅射速率高和离子束直径小等优点。

C 样品荷电

对于导电性能不好的样品，如半导体材料、绝缘体薄膜，在电子束的作用下，其表面会产生一定的负电荷积累，称荷电效应。样品表面荷电相当于给表面自由的俄歇电子增加了一定的额外电压，使得测得的俄歇动能比正常的要高。有些导电性不好的样品荷电严重，以至不能获得俄歇电子能谱。但由于高能电子的穿透能力以及样品表面二次电子的发射作用，对于一般在 100nm 厚度以下的绝缘体薄膜，只要基体材料能导电，其荷电效应几乎可以自身消除。对普通的薄膜样品，一般不必考虑其荷电效应。绝缘体样品，可以通过在分析点周围镀金的方法来克服荷电问题。此外，还可用带小窗口的 Al、Sn、Cu 等金属箔包覆样品等方法来解决荷电问题。

D 俄歇电子能谱采样深度

俄歇电子能谱采样深度与出射的俄歇电子的能量及材料的性质有关。定义俄歇电子能谱的采样深度为俄歇电子平均自由程的 3 倍。根据俄歇电子的平均自由程的数据可以估计出各种材料的采样深度，对于金属为 $0.5 \sim 2nm$，无机物和有机物为 $1 \sim 3nm$。总体上讲，俄歇电子能谱采样的深度浅，更具有表面灵敏性。

E 电子束激发俄歇电子能谱与 X 射线激发俄歇电子能谱的比较

电子束和 X 射线都能激发固体表面元素的俄歇电子，获得俄歇电子能谱用于固体材料表面元素化学分析。但两者激发过程不同，俄歇电子能谱各有优点。

（1）电子束激发的俄歇电子能谱（EAES）的优点在于：1）电子束的强度比 X 射线源大几个数量级；2）电子束可以进行聚焦，具有很高的空间分辨率；3）电子束可以扫描，具有很强的图像分析功能；4）电子束束斑直径小，具有很强的深度分析能力。

（2）X 射线激发的俄歇电子能谱（XAES）的优点是：1）由于 X 射线引发的二次电子较弱，俄歇峰的信噪比很高；2）X 射线引发的俄歇电子具有较高的能量分辨率；3）X 射线束对样品的表面损伤小。

5.7.2.3 俄歇电子能谱的定性分析

俄歇电子能谱可用于进行定性分析、定量分析、深度分析、微区分析和价态分析等。俄歇电子能谱（AES）技术是适用于除个别元素（H、He）外进行全分析的一种有效定性的分析方法。

A 俄歇电子能谱定性分析范围

俄歇电子的能量仅与原子本身的轨道能级有关，而与激发源和入射电子的能量无关。如前 5.7.1 节中所述，特定的元素及特定的俄歇跃迁过程，产生的俄歇电子能量具有特征性，因此，可以根据俄歇电子的动能来定性分析样品表面物质除氢、氦以外的所有元素种类。又由于每个元素会有多个俄歇峰，定性分析的准确度很高。由于激发源的能量远高于原子内层轨道的能量，入射电子束可以激发出原子芯能级上的多个内层轨道电子，再加上退激发过程中还涉及两个次外层轨道的电子跃迁过程，因此，谱图上可以看到多个俄歇跃迁过程同时发生而出现的多组俄歇峰。对原子序数较高的元素，俄歇峰的数目会更多，使俄歇电子能谱的定性分析变得非常复杂，要小心分辨。

B　定性分析的过程

通常进行元素的定性分析时，主要是利用与标准谱图对比的方法。多采用微分俄歇谱的负峰能量作为俄歇动能，进行定性标定。

俄歇电子能谱的定性分析是一种常规的分析方法，利用 AES 谱仪的宽扫描程序，收集从 20～1700eV 动能区域的俄歇谱。为了增加谱图的信噪比，通常采用微分谱来进行定性。大部分元素的俄歇峰位主要集中在 20～1200eV 的范围内，对某些元素还需利用高能端的俄歇峰来辅助进行定性分析。而为了提高高能端的俄歇峰的信号强度，可采取提高激发源电子能量的方法。

根据《俄歇电子能谱手册》，定性分析过程为：（1）首先关注最强的俄歇峰，利用"主要俄歇电子能量图"可把对应于该峰的元素筛选至只剩下 2～3 种；然后再将它们与这几种可能元素的标准谱进行对比分析，确定元素种类。考虑到元素化学状态不同所产生的化学位移，在正常的情况下测得的峰的能量与标准谱上的峰的能量相差约几个电子伏特为正常；（2）其次在确定主峰元素之后，即刻在俄歇电子能谱图上标注所有属于此元素的峰；（3）重复上述两步，标识谱图中更弱的峰；（4）最后若还有未标识的峰，它有可能是一次电子所产生的能量损失峰。可采用改变入射电子能量，观察该峰是否移动，若该峰位置移动就可以确认此峰不属俄歇峰。判断某元素的存在，要应用所有的次强峰进行佐证，但含量少的元素可能只出现主峰。

分析俄歇电子能谱图时，有时必须考虑样品的荷电位移问题。对于绝缘体薄膜样品，必须进行校准，常以 C KLL 峰的俄歇动能为 278.0eV 作为基准。在离子溅射的样品中，也可以用 Ar KLL 峰的俄歇动能 214.0eV 来校准。

图 5-254 显示电子枪加速电压为 3kV 的金刚石表面 Ti 薄膜的俄歇微分谱定性标定结果。

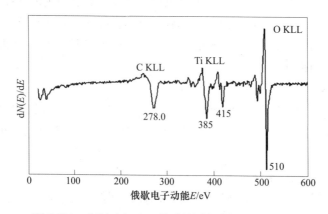

图 5-254　金刚石表面 Ti 薄膜俄歇微分谱的定性分析

谱图中的横坐标为俄歇电子动能 E，纵坐标为俄歇电子计数的一次微分 $\mathrm{d}N(E)/\mathrm{d}E$。图中标记出了俄歇跃迁过程所涉及的轨道名称，如 Ti KLL 俄歇跃迁的两个峰（385eV 和 415eV）。由于大部分元素都可以激发出多组光电子峰，因此非常有利于元素的定性标定。

虽然 N KLL 俄歇动能为 379eV，与 Ti KLL 俄歇峰位（385eV）很接近，但 N KLL 仅有一个峰，而 Ti KLL 有两个峰。依此，可以很容易地区分 N 和 Ti 元素。由于相近原子序数元素激发出的俄歇电子的动能有较大的差异，可见相邻元素间的干扰作用很小。

5.7.2.4 表面元素的半定量分析

A 半定量分析的原因

从样品表面出射的俄歇电子的强度与样品中该原子的浓度存在线性关系，因此可利用这一特征对元素进行半定量分析。因为俄歇电子的强度不仅与原子的多少有关，还与其他一些因素有关。如元素存在的化学形态、仪器所处状态、分析器的工作参数影响收集的电子计数、试样表面光洁度涉及俄歇电子的逃逸深度等。因此 AES 定量分析仅能提供元素的相对含量（即半定量）信息。另外，元素的灵敏度因子不仅与元素种类有关，还与元素在样品中的存在状态及仪器的状态等有关，即使是相对含量也存在很大的误差。虽然 AES 的绝对检测灵敏度很高，可以达到 10^{-3} 原子单层，是一种表面灵敏的分析方法，但表面采样深度为 1.0~3.0nm，提供的仅是表面层的元素含量，与体相成分有很大的差别。

最后应注意：AES 的采样深度与材料性质和激发电子的能量有关，也与样品表面与分析器探头的角度有关。

B 半定量分析方法

俄歇电子能谱的定量或半定量分析方法很多，主要包括纯元素标样法，相对灵敏度因子法以及相近成分的多元素标样法。最实用的方法是相对灵敏度因子法，它不需要标准样品，计算结果对表面粗糙度不敏感。

相对灵敏度因子法是基于测量相对的俄歇峰强度，计算得到元素的浓度。灵敏度因子是由各种纯元素的俄歇峰强度求出的一系列相对值。因采用这种与基体无关的灵敏度因子，忽略了化学效应、背散射系数和逃逸深度等的影响，故是半定量分析，其准确度约为 ±30%。相对灵敏度因子法的计算式为

$$c_i = \frac{\dfrac{I_i}{S_i}}{\sum\limits_{i=1}^{i=n} \dfrac{I_i}{S_i}} \tag{5-170}$$

式中，c_i 为第 i 种元素的摩尔分数；I_i 为第 i 种元素的 AES 信号强度；S_i 为第 i 种元素的相对灵敏度因子，可以从相关手册上查得。

由上式计算得到的半定量数据是用摩尔百分比浓度表示的，若需使用质量百分比浓度表示时，则可通过下式换算

$$c_i^{\text{wt}} = \frac{c_i \times A_i}{\sum\limits_{i=1}^{i=n} c_i \times A_i} \tag{5-171}$$

式中，c_i^{wt} 为第 i 种元素的质量分数；c_i 为第 i 种元素的摩尔分数；A_i 为第 i 种元素的相对原子质量。

C 影响分析结果的其他因素

在半量分析中必须注意：AES 给出的相对含量也与谱仪的状况有关，因为不仅各元素

的灵敏度因子是不同的，AES 谱仪对不同能量的俄歇电子的传输效率也是不同的，并会随谱仪污染程度而改变。当谱仪的分析器受到严重污染时，低能端俄歇峰的强度会大幅度下降。AES 仅提供表面 1~3nm 厚的表面层信息，样品表面的 C、O 污染以及吸附物的存在也会严重影响其半量分析的结果。由于俄歇电子能谱的各元素的灵敏度因子与一次电子束的激发能量有关，因此，俄歇电子能谱的激发源的能量也会影响定量结果。

为提高定量分析的准确度，最好的方法是在分析样品的相同测试条件下，测量各个元素的标准样品来确定相对含量，这样定量的典型误差在 10% 左右。

5.7.2.5 表面元素的化学价态分析

A 化学价态分析的依据

如 5.7.1.3 节所述，元素在样品表面中所处的化学环境不同，可导致俄歇电子跃迁过程动能的改变，发生元素的俄歇化学位移。由于俄歇电子跃迁涉及三个原子轨道能级，其化学位移相对较大（比 XPS 的要大）。因此可以利用俄歇化学位移分析元素在该物质中的化学价态和存在形式。另外，化学态的变化还可能引起俄歇谱峰的形状改变。当俄歇跃迁过程涉及内层电子或一系列价电子时，由于能量损失机制的变化，还能观察到键合改变所引起谱线形状的改变。因此利用峰形变化和化学位移这两个因素可以鉴定表面原子的化学态。图 5-255（a）和（b）分别显示了不同化学态的镍 MVV 和 LMM 的俄歇峰。图 5-255（c）显示了碳 KVV 俄歇峰的几种化合态的峰形，其中 V 代表价态电子跃迁。

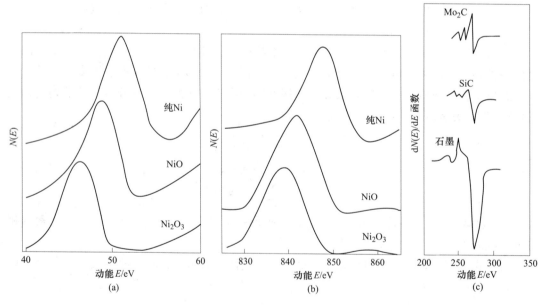

图 5-255　不同价态的镍氧化物和不同化学态碳化物的俄歇峰
（a）Ni MVV 俄歇峰；（b）Ni LMM 俄歇峰；（c）不同化学态的碳 KVV 俄歇峰

由图 5-255（a）可以看出：金属 Ni 的 MVV 俄歇电子动能为 61.7eV；NiO 中的 Ni MVV 俄歇动能为 57.5eV，俄歇化学位移为 −4.2eV；而 Ni_2O_3 中的 Ni MVV 的能量为 52.3eV，俄歇化学位移为 −9.4eV。由图 5-255（b）可以看出：金属 Ni 的 LMM 俄歇动能为 847.6eV；而 NiO 中的 Ni LMM 俄歇动能为 841.9eV，俄歇化学位移为 −5.7eV；对于

Ni_2O_3 的 Ni LMM 的能量为 839.1eV，俄歇化学位移为 $-8.5eV$。由此可知，从元素的化学位移可以获得它在样品表面的价态信息。另外，还可运用鲍林（Pauling）半经验方法获得 NiO 和 Ni_2O_3 中 Ni 原子的有效电荷。在纯金属中，Ni 原子上的有效电荷为零；而在 NiO 化合物中，Ni 原子上的有效电荷则为 $+1.03e$，Ni_2O_3 中 Ni 原子上的有效电荷为 $+1.54e$。在舍利（Shirley）等人理论计算俄歇化学位移的公式中，原子所具有的正电荷越高，俄歇化学位移越负，俄歇动能越低。因此，Ni_2O_3 中的 Ni MVV 和 Ni LMM 俄歇化学位移均比 NiO 的要高，俄歇动能则比 NiO 的低，金属 Ni 的俄歇动能最高。

B 相邻原子的电负性差对俄歇化学位移的影响

图 5-256 展示出相邻原子的电负性差对俄歇化学位移影响的两个例子。

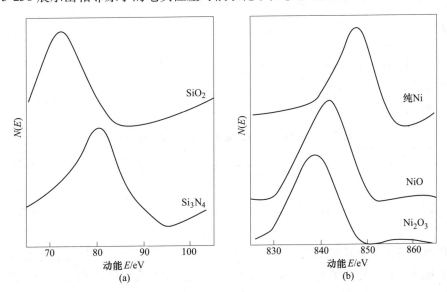

图 5-256 电负性差对 Si 谱的影响

（a）对 Si LVV 谱影响；（b）对 Si KLL 谱影响

由图 5-256（a）可以看出：Si_3N_4 的 Si LVV 俄歇动能为 80.1eV，俄歇化学位移为 $-8.7eV$。而 SiO_2 的 Si LVV 的俄歇动能为 72.5eV，俄歇化学位移为 $-16.3eV$。由图 5-256（b）可以看出：Si KLL 俄歇谱中也显示出这两种化合物中 Si 俄歇化学位移的差别。对 Si_3N_4，Si 的俄歇动能为 1610.0eV，俄歇化学位移为 $-5.6eV$。对 SiO_2，Si 的俄歇动能为 1605.0eV，俄歇化学位移 $-10.5eV$，而且 Si LVV 的俄歇化学位移比 Si KLL 的要大。这表明价轨道比内层轨道对化学环境更为敏感。另外，Si 不论是在 Si_3N_4 还是在 SiO_2 中，都是以正四价存在。但 Si_3N_4 的 Si—N 键的电负性差为 -1.2，俄歇化学位移为 $-8.7eV$。而在 SiO_2 中，Si—O 键的电负性差为 -1.7，俄歇化学位移则为 $-16.3eV$。通过计算可知，SiO_2 中 Si 的有效电荷为 $+2.06e$，而 Si_3N_4 中 Si 的有效电荷为 $+1.21e$。因此，化合物中相邻原子化合的电负性差越大，有效电荷大的元素的俄歇化学位移越大。

C 极化作用的影响

极化作用大小对氧化物中氧元素俄歇化学位移有直接影响。图 5-257 显示了 SiO_2、TiO_2 和 PbO_2 不同极化作用对 O KLL 谱的影响。

由图 5-257 可知：SiO_2 的 O KLL 俄歇动能为 502.1eV，而 TiO_2 的则为 508.4eV，其数值与 PbO_2 的 O KLL 俄歇动能（508.6eV）相近。虽然在这些氧化物中氧元素均以负二价离子 O^{2-} 存在，相应的键电负性差也相近，氧元素上的有效电荷也比较接近，但俄歇动能有的却相差较多。出现这种现象是由于原子的极化作用引起的，与离子的有效半径有关。正离子的离子半径越小，对负离子 O^{2-} 的极化作用越强，这种正离子的极化作用使氧负离子的电子云发生更大的变形，促使化学键由离子型向共价型过渡。此时正离子上的部分电荷不再全部转移到氧负离子的 2p 轨道上，从而导致氧原子上的有效电荷降低，O KLL 的俄歇动能比无极化作用时低。表 5-51 列出氧化物 SiO_2、TiO_2 和 PbO_2 的正离子半径 R^+ 与俄歇动能的比较。

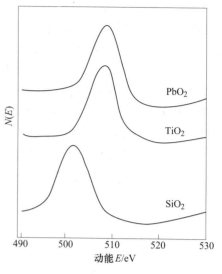

图 5-257 极化作用对 O KLL 谱的影响

表 5-51 几种氧化物正离子半径与俄歇动能的比较

R 氧化物	R^+/nm	R—O 键电负性差[①]	俄歇动能/eV
SiO_2	0.041	−1.7	502.1
TiO_2	0.068	−2.0	508.4
PbO_2	0.084	−1.6	508.6

① 据鲍林（Pauling）元素电负性计算。

极化作用与离子半径成反比，离子半径越小，极化作用越大，俄歇化学位移也越大，俄歇动能越低。在上述三个氧化物中，SiO_2 的极化作用最大，PbO_2 极化作用最弱。因此，SiO_2 中的 O KLL 俄歇动能最低，而 PbO_2 的 O KLL 俄歇动能最高。

图 5-258 给出纯 Si 基底上沉积 SiO_2 样品中 Si LVV 俄歇峰位（动能）随样品深度的变

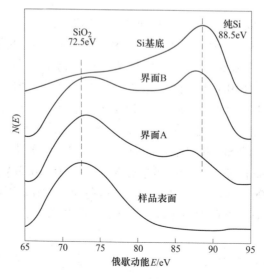

图 5-258 硅元素的俄歇动能与其所处的化学环境的关系

化情况。谱图反映出 Si LVV 俄歇电子的动能与 Si 原子所处的化学环境有关。由图知，在 SiO_2 物种中，Si LVV 俄歇电子的动能为 72.5eV；而在单质硅中，其 Si LVV 俄歇电子的动能则为 88.5eV。随着分析界面的深入，SiO_2 物种的量不断减少，单质硅的量则不断地增加。

5.7.2.6 俄歇深度剖析

俄歇深度剖析是俄歇电子能谱应用较多的分析功能。分析时多采用载能惰性气体 Ar^+ 离子束轰击样品表面使其溅射，然后再用电子束进行俄歇电子能谱分析。这种表面剥离的深度分析方法，可以获得元素沿深度的剖面图。它是一种破坏性分析方法，会引起表面晶格的损伤，择优溅射，以及表面原子混合等现象。但当剥离速度很快和剥离时间较短时，这些效应就不明显，可以不予以考虑。

由于俄歇电子能谱的采样深度较浅，因此俄歇电子能谱的深度分析具有很好的深度分辨率。为了获得较好的深度分析结果，防止样品表面产生各种效应，应选用交替溅射方式，并尽可能地降低每次溅射间隔的时间。为了避免离子束溅射的坑效应，离子束与电子束的直径比应大于 100 倍以上，此时离子束的溅射坑效应可以忽略。

俄歇深度剖析分析过程是：先用 Ar^+ 离子束（能量为 500eV 到 5keV）作为溅射源，把表面一定厚度的表面层溅射掉，然后再用 AES 分析剥离后的表面元素含量。分析时有两种独立控制的溅射方式：一种是溅射可连续进行，AES 分析则在一组选定的元素峰上循环收取信号；另一种是剥离和分析交替进行。两种方式都可以获得元素浓度沿样品深度方向分布的剖面图。由 AES 剖面图可得到近表面层中各深度的成分信息。图 5-259 为 Ni-Cu 合金和 Si 衬底上 PZT 薄膜的俄歇深度剖析分析结果。成分深度剖面图的横坐标是溅射时间，可以借助标准样品换算成深度，纵坐标是原子摩尔分数。

俄歇深度剖析的深度分辨率是使原本陡峭界面产生展宽的厚度。深度分辨率受物理或仪器的影响，许多影响溅射速率的因素也影响深度分辨率。通常认同的测量深度分辨率的方法是：在深度剖析一个陡峭浓度变化界面时，测量的总浓度在 16%～84% 变化时所对应的距离（深度范围）。

图 5-259（a）显示，在镍-铜合金样品表面，随着溅射时间的增加，Ni 的原子摩尔浓度逐渐增加并达到一个稳定值，约为 42%。在俄歇深度分析中，如果采用较短的溅射时间以及较高的溅射速率，"择优溅射"效应可以大大降低。从图 5-259（b）可以清晰地看到各元素在 PZT 薄膜中的分布情况，并且看到由于界面反应，在 PZT 薄膜与硅基底间形成了稳定的 SiO_2 界面层。

5.7.2.7 微区分析

微区分析是俄歇电子能谱仪的主要功能之一，是在微电子器件和纳米材料研究中最常采用的分析方法。俄歇电子能谱的微区分析分为选点分析、线扫描分析和面扫描分析。

A 选点分析

选点分析是一种微探针分析方法。选点分析的空间分别率可以达到束斑面积大小，利用俄歇电子能谱可以在很微小的区域内进行选点分析。选点分析可以通过计算机控制电子束的扫描，在样品表面的吸收电流像或二次电流像图上锁定需分析点的位置。对于在大范围内的选点分析，采取移动样品的方法，使需分析的区域和电子束重叠，选点范围取决于

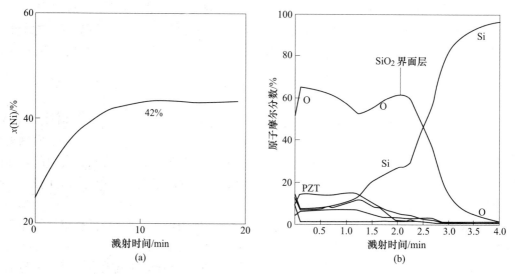

图 5-259　Ni-Cu 合金和 PZT/Si 薄膜的俄歇深度剖析分析

（a）Ni-Cu 合金；（b）PZT 薄膜

样品架的可移动程度。利用计算机软件选点，可以同时对多点进行表面定性分析，以及表面成分、化学价态和深度分析。图 5-260 为 Si_3N_4 的表面不同微区分析结果。从图 5-260（a）定性分析结果看，在正常样品区，表面主要有 Si、N 以及 C 和 O 元素存在；而在损伤点部位，表面的 C、O 含量相对较高，而 Si、N 元素的含量却比较低。结合 Si_3N_4 的表面微区选点剖析结果（图 5-260（b）和图 5-260（c）），表明在损伤区发生了 Si_3N_4 薄膜的分解，表面形成集碳。

Si_3N_4 的表面微区选点剖析结果表明，在正常区，Si_3N_4 薄膜的组成是非常均匀的，N/Si 原子比为 0.53；而在损伤区，虽然 Si_3N_4 薄膜的组成也是非常均匀的，但其 N/Si 原子比下降到 0.06，N 元素大量损失。这表明 Si_3N_4 薄膜在热处理过程中，在某些区域发生了氮化硅的脱氮分解反应。

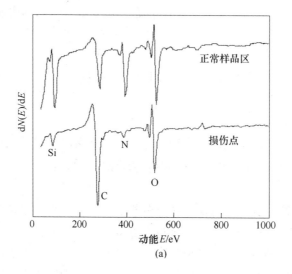

（a）

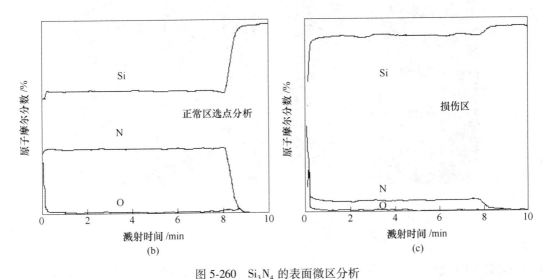

图 5-260　Si₃N₄ 的表面微区分析

（a）Si₃N₄ 薄膜表面不同部位的俄歇定性分析；（b）正常区选点剖析；（c）损伤区选点剖析

B　线扫描分析

当研究中不仅需要了解元素在不同位置的存在状况，还需要了解一些元素沿某一方向的分布情况时，可以采用线扫描分析方法。通常可在微观和宏观的范围内（1~6000μm）进行线扫描分析，用于表面扩散和界面等方面研究。图 5-261 为采用线扫描分析 Si(111)表面沉积的 Ag-Au 合金超薄膜在电迁移后 Au 和 Ag 元素的线分布结果。

由图 5-261 可以看出：虽然银和金元素分布基本相同，但可见 Au 向左端偏移，表明在电场作用下 Ag 和 Au 的扩散过程不一样，金已有较大的扩散。扩散有单向性，取决于电场的方向。

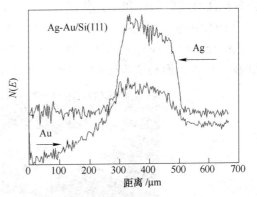

图 5-261　Si(111) 表面沉积的 Ag-Au 合金超薄膜在电迁移后的元素线分布

C　元素面分布分析

元素面分布分析又称俄歇电子能谱的元素分布图像分析，用一次电子束在样品表面一定选区进行扫描，分析器和探测器收集某组分的俄歇信号，显示器输出二次电子反射（SED）像（见图 5-262（a）），以及将某个组分在选区中的分布以图形的形式表现出来，获取元素的面分布像（见图 5-262（b））。该方法的优点是取样体积小，把空间高分辨率（20~200nm）与俄歇电子对表面和轻元素的灵敏度结合起来，可以获得原子序数小于 11 的元素的微区化学分析。如果元素的俄歇化学位移较大，在仪器能量分辨率范围，结合俄歇化学位移分析，还可获得该元素化学价态的面分布像。当把面扫描与俄歇化学价态分析相结合，可获得元素的化学价态分布图。

图 5-262（a）中背景较暗的部分是金属钛基合金基材，高亮度的部分则是 SiC 纤维，

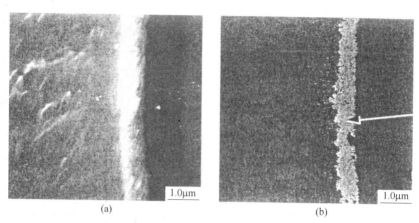

图 5-262   钛基合金与 SiC 纤维复合材料的 AES 分析

（a）样品表面的 SED 像；（b）样品表面 C 元素的面扫描分布图

而图 5-262（b）是 SiC 纤维中 C 元素面分布图，图中显示 C 在纤维与基材交界界面分布已不是平直的，这表明 SiC 纤维与基材存在相互作用。

图 5-263 为硅片集成电路刻蚀后晶体残留物的俄歇图像，其左右两侧铝金属连线之间出现星状的残留物。利用几种元素的俄歇峰，分别进行面分布成像。如图 5-263 中（a）为用 SiO_2 中的 Si 俄歇峰（72eV）面扫描的分布图；（b）为用元素 Si 俄歇峰（89eV）面扫描的分布图；（c）为用氧的俄歇峰（505eV）面扫描的分布图；（d）为用元素 Al 的俄歇峰（65eV）面扫描的分布图。由图可以判断星状的残留物为 SiO_2。

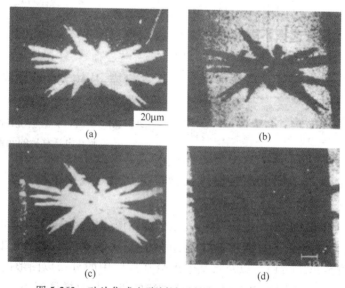

图 5-263   硅片集成电路刻蚀后晶态残留物的俄歇图像

（a）SiO_2 中 Si 的面分布图；（b）纯 Si 的面分布图；（c）O 的面分布图；（d）Al 的面分布图

5.7.2.8   俄歇电子能谱分析方法的局限性

尽管俄歇电子能谱分析方法具有一些突出的优点，特别是对材料表面分析灵敏，但也存在一些不足之处，需特别注意。

A　探测灵敏度低

由于取样的体积和原子数相对较少,限制了其探测灵敏度。对多数元素的探测灵敏度较低,一般原子摩尔分数在 0.1%~1.0%。因俄歇跃迁涉及一个原子的三个电子,故不能分析氢和氦。

B　电子束引起的不良反应

电子束与样品表面原子相互作用会促进表面原子的移动,进入或移出分析区域;会使导热不良样品局部温度升高,引发分解、聚合,以及氧化物的还原等反应,对分析造成一些假象。防止电子束引起不良反应,最好采用较小的一次电子束流(但要牺牲灵敏度)和能量入射,并使电子束在较大的范围内扫描。

C　绝缘体样品的电荷积累

对于绝缘体样品,由于表面电荷积累会引起俄歇峰位的位移,甚至得不到可信的数据,应用范围受到一定限制。为防止表面电荷积累的影响,可采取一些措施:一是采用掠角入射,产生较多的二次电子发射,以期减少电荷的积累;二是用导电金属网覆盖样品表面,以充当局部的电荷尾闾。

D　谱峰重叠

对于某些元素,特别是其含量较低时,它的主要俄歇峰会被主要成分的峰叠盖,只能用不重叠的小峰来进行分析,使分析灵敏度大大降低。例如,Ti 和 N、Fe 和 Mn、Na 和 Zn 的俄歇峰会常常发生相互重叠。遇到这种情况,可以采用 $N(E)$-E 获取谱,然后进行剥离,以解决谱峰重叠难于分析的问题。

E　高蒸汽压样品

一般要求样品的蒸汽压小于 10^{-4}Pa。因为高蒸气压样品进入真空室会迅速放气,使真空度下降,而且样品表明化学性质也会发生变化。对于这种样品应使用能使样品冷却到液氮温度的冷台,减少气体的释放。

F　溅射的影响

用离子溅射剥蚀样品过程中,溅射会出现使样品表面粗糙、原子混合、辐射诱导、扩散、偏聚,或者发生化学反应等现象,影响深度分辨率,以及造成成分深度剖面图出现一些假象、发生畸变。尤其溅射时间较长时,溅射对俄歇深度剖面图的影响更严重。当需要剖析较厚的膜层(大于 $1\mu m$)时,可先将样品制成与表面成小角度的剖面或在样品上挖坑,并使边缘呈现劈形,一次电子束沿剖面或坑边逐步移动,获得成分沿深度的变化。

5.7.3　俄歇电子能谱分析的应用

利用俄歇电子能谱分析可以获得固体表面的能带结构、态密度电子态,表面的物理化学性质变化,元素组成、含量、化学价态,组分的深度分布,微区分析等信息。俄歇电子能谱分析常用于表面吸附、脱附,以及表面化学反应、材料的腐蚀和薄膜材料生长的研究,材料组分的确定,纯度的检测等;在微电子学领域,常用于电子器件的失效分析等。总之,在材料和材料物理化学研究中,俄歇电子能谱分析主要用于:固体表面清洁度,表面吸附和反应,表面扩散,薄膜厚度,界面扩散和结构,表面偏析,摩擦润滑,失效分析,电子材料,核材料,催化剂材料等方面。

5.7.3.1　固体表面清洁程度的测定

为获得清洁的表面，需对其清洁度进行测定。对于金属样品可以通过加热氧化除去有机物污染，再通过真空热退火除去氧化物，从而得到清洁表面。最简单的方法则是用离子枪溅射样品表面来除去表面污染物。样品的表面清洁程度可以用俄歇电子能谱来进行实时监测。图 5-264 为 Cr 薄样品膜表面溅射清洁 1min 前后的 AES 谱图。

由图 5-264 可以看出，在样品的原始表面上，除有 Cr 元素存在外，还有 C、O 等污染杂质存在；经过离子溅射清洁 1min 后，其表面的 C 杂质的峰基本上消失。样品表面的 C 污染并不是在制备过程中形成的，而是在放置过程中吸附大气中某些气体所产生的。但在谱图中氧的特征俄歇峰，即使在溅射清洁很长时间后，仍有小峰存在，表明 Cr 薄膜层中有少量 O 存在。它是由在制备 Cr 薄膜过程中靶材的纯度低或真空度较低等原因所造成的。

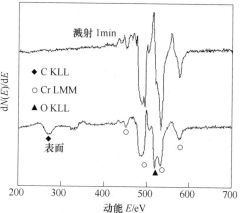

图 5-264　Cr 薄膜样品表面溅射
清洁 1min 前后 AES 谱图

5.7.3.2　表面吸附和化学反应的研究

由于俄歇电子能谱具有很高的表面灵敏度，可以检测到 10^{-3} 原子单层，因此可有效地研究固体表面的化学吸附和化学反应。AES 不仅可以分析吸附含量，还可以研究吸附状态以及化学反应过程。

现以多晶锌的表面吸附化学反应为例进行说明。当样品暴露环境氧含量达到 50L 时，Zn LVV 的线形就发生了明显的变化，见图 5-265。图中随暴露环境氧含量的增加，俄歇动能为 54.6eV 的峰增强，而俄歇动能为 57.6eV 的峰则降低，表明有少量的 ZnO 物种生成。随着氧含量的继续增加，Zn LVV 线形的变化更加明显，并在低能端出现了新的俄歇峰，表明有大量的 ZnO 表面反应产物生成。

暴露在不同氧含量下 Zn 表面吸附氧的 O KLL 谱图，如图 5-266 所示。由图可以看出，

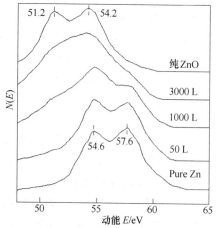

图 5-265　多晶 Zn 暴露环境氧含量变化与
Zn 俄歇动能

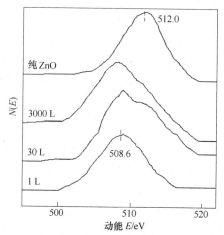

图 5-266　暴露在不同氧含量下
多晶 Zn 表面吸附的 AES 谱图

在经过 1L 氧含量的吸附后，在 O KLL 俄歇谱上开始出现动能为 508.2eV 的峰。该峰可以归属为 Zn 表面的化学吸附态氧，其从 Zn 原子获得的电荷要比 ZnO 中的氧少，因此它的俄歇动能低于 ZnO 中氧的。当氧含量增加到 30L 时，在 O KLL 谱上出现了高动能的伴峰。通过峰剥离处理，可以获得俄歇动能为 508.6eV 和 512.0eV 的两个峰，后者是由表面氧化反应形成的 ZnO 中的氧所产生。继续增加氧分压，即使增加到 3000L 氧含量后，在多晶锌表面仍有两种形态的氧存在。这表明：在低氧含量的情况下，只有部分活性强的 Zn 被氧化为 ZnO 物种，而活性较弱的 Zn 只能与氧形成吸附态，即使在高氧含量下仍有吸附态的氧存在。

5.7.3.3　薄膜厚度测定

俄歇电子能谱的深度分析，可以获得多层膜的厚度。在实验过程中大部分物质的溅射速率相差不大，通过基准物质的校准，可以获得薄膜层的厚度。对于厚度较厚的薄膜，可以通过横截面的线扫描或通过扫描电镜测量获得。图 5-267 为 TiO_2 催化剂的厚度分析 AES 谱图。图中 TiO_2 薄膜层的溅射时间约为 6min，由离子枪的溅射速率（30nm/min），可以获得 TiO_2 薄膜光催化剂的厚度约为 180nm。

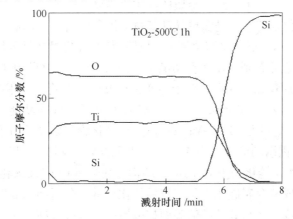

图 5-267　TiO_2 催化剂的厚度分析 AES 谱图

图 5-268 为沉积在硅衬底上的 Cr/Ni 多层膜的深度剖面图。多层膜的最外面的镍层厚

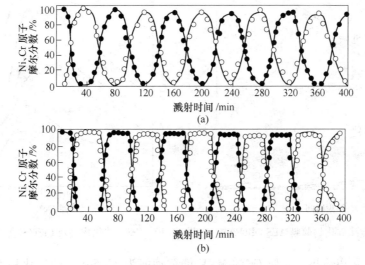

图 5-268　硅衬底上的 Cr/Ni 多层膜的深度剖面图

约为 25nm，其他层为 50nm，用 5keV 的 Ar 离子束溅射剥离。图 5-268（a）表示，由于溅射使表面粗糙，浓度振荡比较圆滑。而图 5-268（b）显示，在溅射的同时转动样品，减少了粗糙度的影响。图中，实心圆点表示 Ni 原子摩尔分数，空心圆点表示 Cr 原子摩尔分数。

5.7.3.4　扩散过程研究

A　薄膜的界面扩散反应

在薄膜材料的制备和使用过程中，不可避免会产生薄膜层间的界面扩散。人们有时希望薄膜之间能有较强的界面扩散反应，以增强薄膜间的物理和化学结合力或形成新的功能薄膜层。而在另外一些情况下，则希望降低薄膜层间的界面扩散反应，如多层薄膜超晶格材料等。通过俄歇电子能谱的深度剖析，可以获得各元素沿深度方向分布的信息，因此，可以研究薄膜的界面扩散动力学。同时，通过对界面上各元素的俄歇谱线形研究，可以获得界面产物的化学信息，鉴定界面反应产物。

在大规模集成电路工艺中，难熔金属的硅化物是微电子器件中广泛应用的引线材料和欧母结材料。通常硅化物的制备是在单晶硅基材上沉积难溶金属薄膜，再经热处理。深度分析图（图 5-269）显示，沉积难溶金属 Cr 薄膜的样品在经过热处理后，已有稳定的金属硅化物层形成。从图还可看到，由于热处理过程中真空度不够所致 Cr 表面层已被氧化，以及残余有机物所有 C 元素存在。对于界面扩散反应的产物，可用图 5-270 谱图中的俄歇线形来鉴定。图中显示，纯金属 Cr LMM 谱为单个峰，俄歇动能为 485.7eV；氧化物 Cr_2O_3 也为单峰，俄歇动能为 484.2eV；而对 $CrSi_3$ 硅化物层以及其与单晶硅的界面层的 Cr LMM 的线形为双峰，俄歇动能分别为 481.5 和 485.3eV。因此，可以认为退火后产生了金属硅化物 $CrSi_3$。因为 Cr 硅化物中 Cr 的电子结构与纯金属 Cr 以及氧化物 Cr_2O_3 中 Cr 的电子结构是不同的，形成的金属硅化物具有较强的化学键。分析结果表明：不仅在界面产物层中有金属硅化物组成，在与硅基底的界面扩散层中 Cr 也是以硅化物的形式存在。

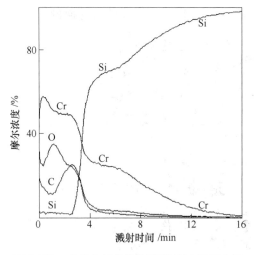

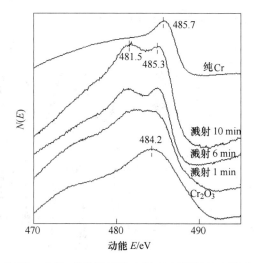

图 5-269　难熔金属硅化物薄膜 AES 深度分析　　图 5-270　$CrSi_3$ 硅化物层及 CrSi/Si 界面层的 AES 分析

由图 5-271 可以看出，金属 Cr 的 MVV 俄歇动能为 32.5eV，而氧化物 Cr_2O_3 的 MVV

俄歇动能为 28.5eV。在金属硅化物层及界面层中，Cr MVV 的俄歇动能为 33.3eV，该俄歇动能比纯金属 Cr 的俄歇动能还高。根据俄歇电子动能值比较，可以认为在金属硅化物的形成过程中，Cr 不仅没有失去电荷，并从 Si 原子得到了部分电荷，这可用 Cr 和 Si 的电负性以及电子排布结构来解释。Cr 和 Si 原子的电负性分别为 1.74 和 1.80，表明这两种元素的得失电子的能力相近。Cr 和 Si 原子的外层电子结构分别为 $3d^5 4s^1$ 和 $3s^1 3p^3$，当 Cr 原子与 Si 原子反应形成金属硅化物时，硅原子的 3p 电子可以迁移到 Cr 原子的 4s 轨道中，形成更稳定的电子结构。

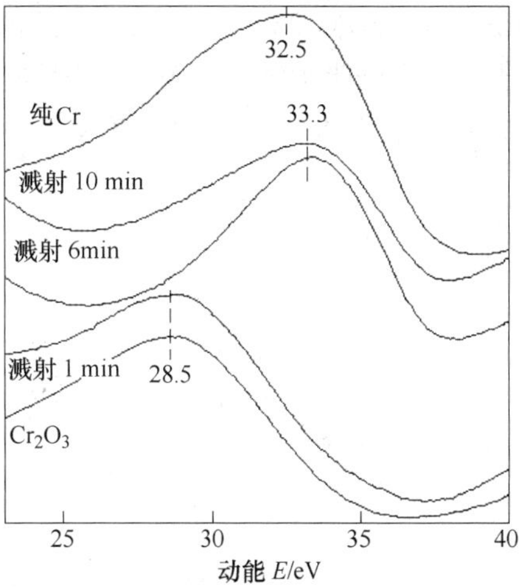

图 5-271 Cr-Si 界面扩散动力学

B 表面扩散

由于俄歇电子能谱具有很高的表面灵敏度和空间分辨率，非常适合于研究表面扩散。利用俄歇电子能谱的微区分析功能进行表面扩散点、线和面分布分析，不仅可以分析扩散过程，还可以研究表面扩散反应及其产物。图 5-272 为单晶硅基底上制备的线形 Ag-Au 合金薄膜的俄歇扫描线分布图。由图可看出：Ag-Au 薄膜线的宽度约为 250μm，Ag、Au 分布均匀。

硅基底上制备的 Ag-Au 合金经外加电场作用后，发生电迁移。电迁移后的合金俄歇扫描线分布结果如图 5-273 所示。由图可看出，在电场作用下，Ag 和 Au 的迁移方向是相反的。Ag 沿电场方向迁移，而 Au 则逆电场方向迁移，迁移后它们的各自分布相对集中，但都偏离了原合金线的中心位置。

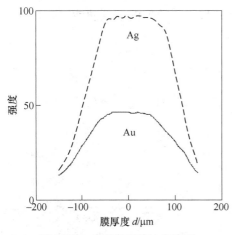

图 5-272 单晶硅基底上制备的
Ag-Au 合金的俄歇扫描线分布图

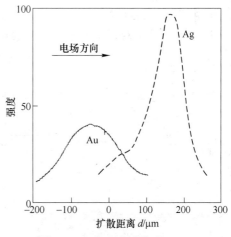

图 5-273 发生电迁移后 Ag-Au
合金的俄歇扫描线分布图

C 表面单层扩散分析

用俄歇扫描线分析研究 MoO_3 在 Al_2O_3 薄膜表面上的扩散。从 AES 线分析结果（图 5-274）中可以看到，MoO_3 的表面未加热时，扩散源 Mo 的信号有明显的边界，宽度约

200μm；而加热 12h 后，中间扩散源的信号减弱，信号边界向两侧展开，尽管 Mo 的信号很弱，但是仍能明显看到 Mo 的信号向两侧展开（MoO₃ 扩散）的范围已经超过了 800μm。分析结果表明 MoO₃ 在 Al₂O₃ 薄膜表面上是单层扩散。

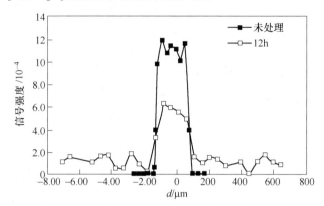

图 5-274　加热前后 MoO₃ 在 Al₂O₃ 薄膜表面的 AES 线分析

5.7.3.5　离子注入研究

表面离子注入是固体材料表面改性方法之一，可以提高金属材料抗氧化性能、抗磨损、抗腐蚀等性能。工业上应用的真空蒸发弧离子源，可用于注入 20 多种金属离子。离子注入层的厚度大约 35nm，而注入元素的浓度可达到 12%（原子比）。注入离子在固体材料内部的分布、注入量以及化学状态对材料的性能有直接的影响。用俄歇电子能谱的深度剖析，既可以研究离子注入元素沿深度方向的分布和含量，又可利用俄歇化学效应研究注入元素的化学状态。例如，采用 AES 分析 Sb 离子注入 Sn 薄膜，以及注入后薄膜的电阻率的大幅度降低的机制。图 5-275 为 Sb 离子的注入量和分布。而在注 Sb 的薄膜层中，Sn MNN 的俄歇动能为 422.8eV 和 430.2eV，介于金属锡和 SnO₂ 之间。显然在 Sb 离子注入层中，Sn 并不是以 SnO₂ 物种存在。另外，在注 Sb 层中，Sn MNN 的俄歇动能比无 Sb 层低，说明 Sn 的外层轨道获得了部分电子，参见图 5-276。

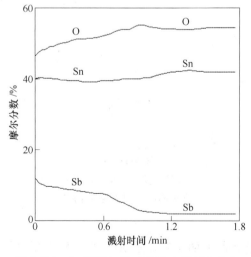

图 5-275　Sn 薄膜中 Sb 离子注入的量和分布

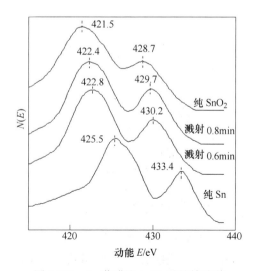

图 5-276　Sn 薄膜注入 Sb 后的俄歇谱

由图 5-277 可以看出，在注入层中 Sb MNN 的俄歇动能为 450.0eV 和 457.3eV，而纯 Sb_2O_3 的俄歇动能为 447.2eV 和 455.1eV，表明离子注入的 Sb 并不以三价态的 Sb_2O_3 存在，也不以金属态存在。由此可见，Sb 离子注入 Sn 薄膜电阻率的降低不是由于金属态的 Sb 所产生的，而是 Sb 中的部分 5p 轨道的价电子转移到 Sn 的 5s 轨道，改变了薄膜的价带结构，从而促使薄膜电阻率的降低，导电性能的大幅度提高。

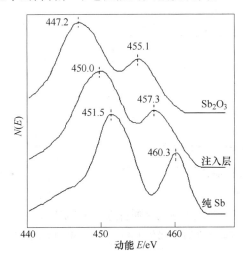

图 5-277　Sb 离子注入 Sn 薄膜注入层中 Sb 价态变化的比较

5.7.3.6 控制薄膜制备的质量

俄歇电子能谱是控制薄膜制备质量的分析手段之一，经常与分子束外延（MBE）装置配合进行原位检测薄膜生长质量，也可采用非原位检测方式分析制备的薄膜样品的质量。薄膜质量主要包括杂质含量和元素比例等。

已知 Si_3N_4 薄膜制备方法有低压化学气相沉积（LPCVD）、等离子体增强化学气相沉积（PECVD）以及离子溅射沉积（PRSD）。由于制备条件的不同，制备出的薄膜质量有很大差别。利用俄歇电子能谱的深度分析和线形分析可以判断 Si_3N_4 薄膜的质量。图 5-278 是上述三种方法制备的 Si_3N_4 薄膜、纯 Si 和纯 Si_3N_4 的 Si LVV 俄歇线形的比较图。由图可以看出，三种方法制备的 Si_3N_4 薄膜层中均有两种化学状态的 Si 存在（单质硅和 Si_3N_4），其中，以 LPCVD 法制备的 Si_3N_4 薄膜质量最好，单质硅的含量较低；而 PECVD 法制备 Si_3N_4 薄膜的质量最差，其单质硅的含量几乎与 Si_3N_4 物种的相近。

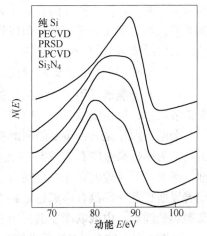

图 5-278　不同方法制备 Si_3N_4 薄膜的 Si LVV 俄歇线形的比较

进一步用溅射剖析法分析比较 PECVD 和 PRSD 制备的 Si_3N_4 薄膜质量，结果如图 5-279 所示。由图知，PECVD 法制备的 Si_3N_4 薄膜 N/Si 比较低，约为 0.53，结合图 5-279 Si LVV 的俄歇线形分析得知薄膜中存在大量的单质硅；用 PRSD 法制备的 Si_3N_4 薄膜的 N/Si 则较高，约为

0.90，结合图 5-279 线形分析得知薄膜主要由 Si_3N_4 组成。在两种薄膜中，氧的含量均很低，说明在薄膜的制备过程中，氧元素不是影响薄膜质量的主要因素，而提高薄膜的 N/Si 比是控制质量的关键因素。

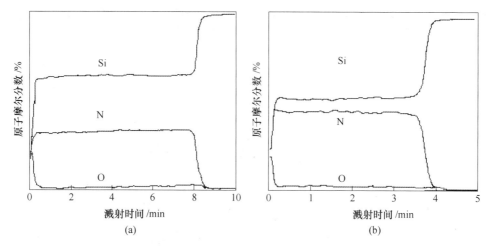

图 5-279   两种方法制备的 Si_3N_4 薄膜质量比较

(a) PECVD 制备的薄膜；(b) PRSD 制备的薄膜

5.7.3.7   失效分析

俄歇电子能谱是材料失效分析的有力工具。如金属材料的断裂一般多表现为有害元素在晶界的偏析，可以通过微区分析元素成分的偏析，也可通过深度分析元素的表面偏析问题。

人们用俄歇深度分析和表面定性分析探明了彩电阳极帽失效的原因。彩电阳极帽在热氧化处理后，正常产品的表面为灰色，而失效的产品表面为黄色。俄歇深度分析与表面定性分析表明，在正常产品的表面主要是 Cr_2O_3 致密薄膜层。而失效的阳极帽，表面主要是铁的氧化物，深度分析表明在阳极帽表面形成了结构疏松的 Fe_2O_3 表面层，严重失效的样品在表面形成黄色的 Fe_2O_3 粉体。

5.7.3.8   固体化学反应研究

俄歇电子能谱可用于薄膜的固体化学反应研究，通过深度剖析获得固体化学反应的元素扩散信息，运用俄歇化学效应研究元素的化学反应产物等。

金刚石颗粒是一种重要的耐磨材料，经常包覆在金属基底材料中用作切割工具和耐磨工具。为了提高金刚石颗粒与基底金属的结合强度，必须在金刚石表面进行预金属化处理。通常在预处理前，先在金刚石表面形成了很好的金属 Cr 层，Cr 层与金刚石的界面存在着界面扩散，并没有形成稳定的金属化合物相出现（见图 5-280（a））。在高真空中经高温热处理后，由俄歇深度剖析图看出发生了很大的变化（见图 5-280（b））。

从图 5-281 的 Cr LMM 俄歇线形分析，可以获得在界面层上的确发生了化学反应并形成了新的物种 CrC_x 的信息，但从该线形还是难以分辨 CrC 和 Cr_3C_4 物种。为确定产物，进行更深入的分析，参见图 5-282。由图可知界面反应形成 Cr_3C_4。

5.7.3.9   摩擦化学分析

可以用俄歇电子能谱来研究润滑添加剂的作用机理以及在基底材料中的扩散，定性分

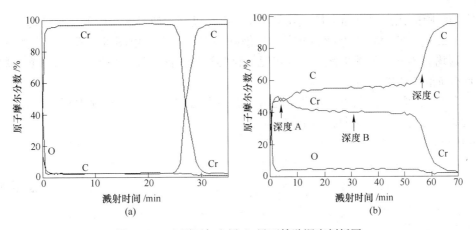

图 5-280　金刚石与金属 Cr 界面俄歇深度剖析图

（a）热处理前的界面；（b）高真空中经高温热处理

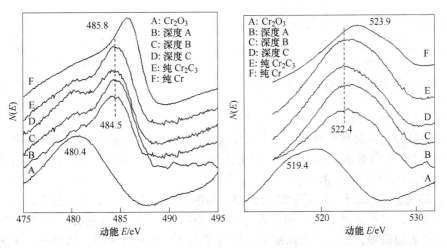

图 5-281　界面化学反应产物分析

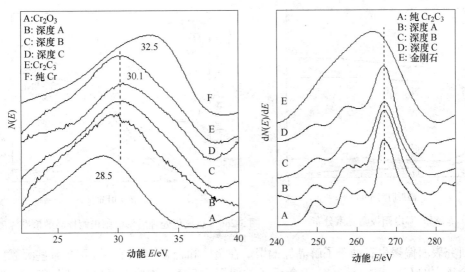

图 5-282　确定化学反应产物的分析

析研究润滑膜的元素组成和含量，以及利用俄歇深度剖析研究润滑膜的化学结构。

图 5-283 为 45 号钢件摩擦后润滑膜的俄歇深度剖析图。由图可以看出，摩擦后 S、O 和 C 元素均有不同程度的扩散。由此可见，该类添加剂的 S 能很好地与金属基底材料作用形成具有抗磨作用的润滑膜。

图 5-284 为润滑膜的俄歇定性分析图。由图上可看出，在润滑膜中存在大量的 S、C 和 O 元素，由此可推测润滑膜的结构。

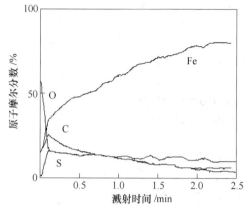

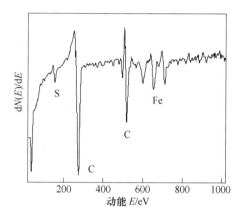

图 5-283　45 号钢件摩擦后润滑膜的俄歇深度剖析图　　　　图 5-284　润滑膜的俄歇定性分析图

5.7.3.10　材料的元素偏析

元素偏析经常是材料失效的重要原因，利用俄歇电子能谱可以研究材料中元素的偏析。从图 5-285 可以看出，彩电阳极帽表面除有氧化层外，在基底合金材料中主要是 Fe、Ni、Cr 合金，成分分布很均匀。

图 5-286 为经热氧化处理后彩电阳极帽样品的俄歇深度剖析结果。由图得知，热氧化处理后，合金材料不仅被氧化，而且发生了元素的偏聚现象。基底合金中含量很低的 Cr 元素发生了表面偏聚，在样品表面富集，形成了 Cr_2O_3 致密氧化层，从而改善了彩电阳极帽与玻璃的真空封接性能。

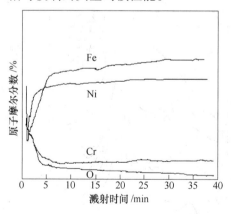

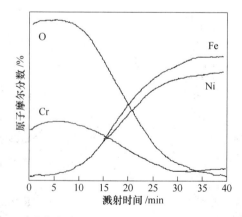

图 5-285　彩电阳极帽元素分布　　　　　图 5-286　热氧化处理后彩电阳极帽样品的俄歇深度剖析

研究表面偏聚也有助于了解晶界偏聚。在金属和合金中，当晶界富集某些元素时，诸如合金钢中的 Cd、Pb、Sn、S、P 等元素的偏析，有色金属导电铜中晶界上 Si、Fe 等杂质的偏聚，会引起材料晶间断裂，降低材料的性能。例如，采用区域熔炼和真空熔炼两种工艺制备的镍材，前者硫含量为 0.5×10^{-6} 原子，后者为 5×10^{-6} 原子，显然真空熔炼的镍材含硫较高。硫的偏聚影响镍材的晶间断裂，两种镍材经 600℃ 热处理后用，观察断口并进行俄歇电子能谱分析。结果发现，真空熔炼的试样为完全晶间断裂，谱图中硫峰高，对 11 个选区平均得到的晶间断口表面含硫量为 0.2 单原子层（见图 5-287（a））；而区域熔炼的镍材为混合断裂，韧性断口选区没有硫的俄歇峰，对 10 个选区平均得到的含硫量为 0.1 单原子层（见图 5-287（b））。

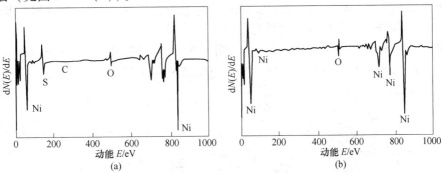

图 5-287　不同工艺制备的镍材经热处理后断口表面俄歇谱
（a）真空熔炼；（b）区域熔炼

5.7.3.11　核材料研究

俄歇深度剖析可用于研究核材料的腐蚀过程，核材料与保护层的扩散作用，以及离子轰击诱导材料的扩散过程等。图 5-288 为 U 循环轰击金属 Al 形成 Al-U 界面的 AES 深度剖析结果。

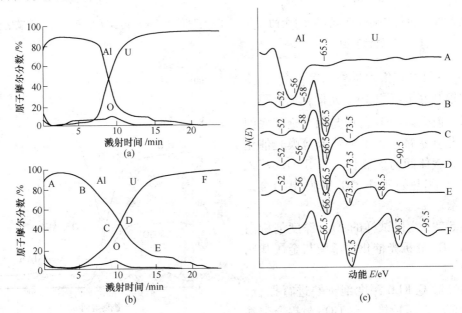

图 5-288　Al-U 薄膜界面深度剖析
（a）未循环轰击；（b）经循环轰击；（c）不同深处的线形分析

由图 5-288 可以看出，经过循环轰击后，在界面上形成了 UAl_3 合金层，表面不仅发生了界面扩散，同时也产生了化学反应。

5.7.3.12　薄膜催化剂研究

俄歇电子能谱在催化剂研究上主要用于金属催化剂、薄膜催化剂和负载纳米催化剂。

A　薄膜催化剂

$LaCoO_3$ 钙钛矿型催化剂是汽车尾气净化用的活性催化剂，但在使用过程中存在 SO_2 中毒问题。图 5-289 是负载在 γ-Al_2O_3 薄膜载体上的 $LaCoO_3$ 钙钛矿型薄膜催化剂，经 700℃ SO_2(2%) 强化中毒 1h 后的薄膜样品的俄歇深度剖析谱图。由图可以看出，S 元素已完全地扩散到整个 $LaCoO_3$ 活性层中，表明 SO_2 是很容易与 $LaCoO_3$ 反应的，破坏了 $LaCoO_3$ 钙钛矿相结构，从而导致催化剂的失活。

从薄膜催化剂表面的俄歇定性分析图（图 5-290）可以看出，在催化剂表面不仅有硫，还发现有 Co，表明 $LaCoO_3$ 钙钛矿已被破坏，催化剂中毒失活。

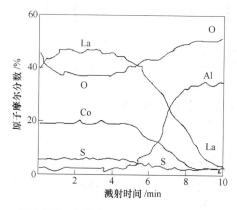

图 5-289　负载在 γ-Al_2O_3 薄膜载体上的
$LaCoO_3$ 钙钛矿型薄膜

图 5-290　$LaCoO_3$ 钙钛矿型薄膜面的俄歇定性分析

B　金属负载纳米薄膜光催化剂

在铝基底上沉积 TiO_2 光催化剂薄膜热处理后，前驱体 TiO_2 薄膜与铝合金基底间会发生相互扩散。为了解纳米薄膜光催化剂与金属载体间的扩散状况，用 AES 深入研究了 400℃ 热处理 1h TiO_2 薄膜/铝合金试样的扩散。

图 5-291 为以试样的 AES 深度剖析图来展示 AES 分析光催化剂薄膜与金属基底的扩散。

通过对 O KLL 深度剖析并进行拟合，可以发现存在两种氧。在 TiO_2 与铝合金基底的界面上，氧以 Al_2O_3 物种形式存在并形

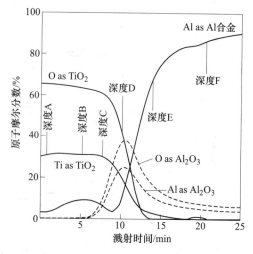

图 5-291　AES 分析光催化薄膜与金属基底间的扩散

成峰状分布，表明热处理后在界面上形成了铝的氧化物。它是由从空气中扩散进入界面层的氧和从基底扩散出来的铝发生反应生成的产物。Al_2O_3 界面层的形成阻碍了氧元素向基底的扩散，但不能阻碍铝从基底向 TiO_2 层的扩散。此外，致密的 TiO_2 层（约 300nm）对

元素的扩散有抑制作用。深度剖析表明，稳定的 Al_2O_3 层并未形成，Al 从基底向 TiO_2 层扩散的程度比 Ti 向基底的扩散严重，Al 是主要扩散源。

为了确定各元素在 TiO_2 膜中及在界面层的状态，对试样还进行了 AES 线形分析，图 5-292 为试样不同深度 Al 的 LVV 线分析图。图 5-293 为试样不同深度 O KLL 线分析图。

图 5-292 表明，在表面位置 Al 不能被检测到，在深度 A 可检测到 Al，Al LVV 的动能是 64.3eV，对应于合金态 Al 物种。随深度增加到 B 时，合金态 Al 逐渐增加，而 Al_2O_3 仍未观察到。在深度 C，在 51.4eV 和 64.3eV 出现了两个峰，对应于 Al_2O_3 和合金态 Al。在界面层位置（深度 D），51.4eV 的峰高达到最强，说明 Al_2O_3 在界面层中呈峰状分布。随着深度进一步增加，51.4eV 的峰减弱，而 64.3eV 的峰增强，在铝合金基底处（深度 F），51.4eV 的峰高已经很弱，而 64.3eV 的峰很强，说明在基底中大部分 Al 以合金态存在，只有很少一部分以 Al_2O_3 物种形式存在。

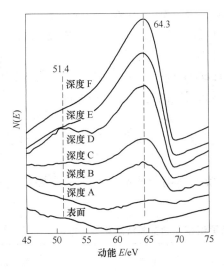

图 5-292　试样热处理后 TiO_2 薄膜/铝合金不同深度 Al LVV 线分析图

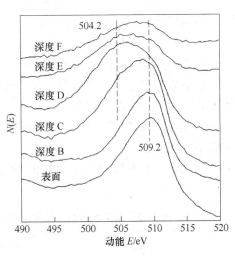

图 5-293　试样热处理后 TiO_2 薄膜/铝合金不同深度 O KLL 线分析图

图 5-293 中，动能为 509.3eV 的 O KLL 对应于 TiO_2 的氧。图中显示，随着深度的增加，O KLL 峰变宽，峰的位置向低能端方向移动；峰的宽化与移动是由 Al_2O_3 的形成引起的，因 Al_2O_3 的 O KLL 动能为 502.5eV。对应于 Al_2O_3 层仅在界面处生成。O KLL 的分析结果证实，在热处理过程中 TiO_2 薄膜/铝合金界面处发生了化学反应。

综上 AES 分析的应用所述，俄歇电子能谱可以用于 1~3nm 内表面层的成分，除氢和氦以外的各种元素分析，特别是轻元素，具有较高的灵敏度；还可以进行深度剖析、界面分析、断裂和晶界分析，以及不同相成分和元素的化学态分析等。

5.8　扫描隧道显微镜分析及其应用

扫描隧道显微镜（scanning tunneling microscope，STM），是 1981 年由国际商业机器公司（IBM）苏黎世实验室宾尼格（G. Binnig）和洛尔（H. Rohrer）两位博士共同发明，并于 1982 年与同事们合作成功研制出第一台扫描隧道显微镜 STM，同时获得了第一张单原子台阶像，1983 年获得了第一张表面重构像，为此 1986 年宾尼格和洛尔获得了诺贝尔物理学奖。STM 作为一种新型表面分析手段，具有 SEM、TEM 等其他测试手段所没有的特殊性能，现今已在物理、化学、材料科学、表面科学、生物科学等领域得到广泛应用。

STM 与其他表面分析测试手段相比具有如下特点：

（1）具有原子级高分辨率。在水平和垂直于样品表面方向的分辨率分别可达 0.1nm 和 0.01nm，即可分辨单个原子。

（2）可实时地得到实空间中表面三维图像。可用于动态观察原子级的真实空间中材料表面三维形貌与结构，在微米乃至纳米尺度测量材料断裂表面的粗糙度、晶粒大小、表面积和分形维数。可研究表面扩散、相变等物理化学动力学过程，无需任何透镜，不存在像差。

（3）可观察单个原子层的局部表面结构，直接观察表面缺陷、表面重构、表面吸附体的形态和位置及所引起的表面重构等。

（4）可在真空、大气、惰性气体、反应气体、水、油及液氮等各种环境下使用，工作温度可从零度以下至摄氏几百度，不破坏样品就可进行测量和观测，且探测过程中不损伤样品，可用于研究多相催化机理、超导机制、电化学反应过程等。

（5）配合扫描隧道谱（scanning tunneling spectroscopy，STS）还可以获得表面电子结构的信息，诸如表面电势、电子态分布、表面不同层次的态密度、表面电子阱、电荷密度波、表面势垒变化和能隙结构等。

（6）可用 STM 针尖对单个原子和分子进行操纵，对表面进行纳米级的微加工，获得纳米超微结构。

为方便比较，表 5-52 列出了常用的微观形貌和结构分析测试技术的主要特点和分辨本领。

表 5-52　常用的微观形貌和结构分析测试技术的主要特点和分辨本领

测试技术	分辨本领	工作环境	工作温度	对样品破坏程度	检测深度
STM	可直接观察原子 横向分辨率：0.1nm 纵向分辨率：0.01nm	实际环境，大气、溶液、真空均可	低温 室温 高温	无	1~2 原子层
TEM	横向点分辨率：0.3~0.5nm 横向晶格分辨率：0.1~0.2nm 纵向分辨率：无	高真空	低温 室温 高温	中	等于样品厚度 （<100μm）
SEM	采用二次电子成像 横向分辨率：1~3nm 纵向分辨率：低 5~10nm	高真空	低温 室温 高温	小	1μm
FIM	横向分辨率：0.2nm 纵向分辨率：低	超高真空	30~80K	有	原子厚度
AES	横向分辨率：6~10nm 纵向分辨率：0.5nm	超高真空	室温 低温	有	2~3 原子层

5.8.1　扫描隧道显微镜（STM）分析的基本原理

5.8.1.1　两个基本概念

扫描隧道显微镜工作基本原理涉及隧道效应和隧道电流两个基本概念。

A 隧道效应

量子力学认为金属中自由电子具有波动性，这种电子波向金属边界传播，当遇到表面势垒时，部分反射，部分透过。因此，即使金属的温度不很高，仍有部分电子穿透过金属表面势垒，在金属表面上形成电子云，这种效应称为隧道效应。

B 隧道电流

在两种金属靠得很近，并未接触时，它们的电子云互相渗透，当加上适当的电势时，会有电流由一种金属流向另一种金属，这种电流称为隧道电流。

5.8.1.2 基本原理

扫描隧道显微镜（STM）正是利用量子理论中的隧道效应，使用一种非常锐化的导电针尖作为一极，被研究的物体（样品）的表面作为另一极，当针尖与样品的距离（间隙）非常接近时（通常小于1nm），在针尖与作为另一极的样品表面之间施加偏置电压，在外加电场的作用下，样品或针尖中的电子可以"隧穿"过两个电极间隙到达对方，由此产生隧道电流，并随针尖与样品间隙的变化而变化，由此可获得STM图像。

形成的电流I是电子波函数卷积的结果，与针尖与样品之间的间隙s和平均功函数Φ有关。

$$I \propto V\exp(-A\Phi^{1/2}s) \tag{5-172}$$

式中，V为加在针尖与样品之间的偏置电压；Φ为平均功函数$\Phi=1/2(\Phi_1+\Phi_2)$，Φ_1和Φ_2分别为针尖和样品的功函数；A为常数，在真空条件下约为1。

上式表明，隧道电流同针尖与样品的间隙s呈指数函数关系。隧道电流强度对针尖与样品表面的距离（间隙）s非常敏感，当s增加0.1nm时，I将减少一个数量级。反之当s减少0.1nm时，I将增加一个数量级。如果针尖与样品的间隙变化10%（0.1nm），则隧道电流将变化1个数量级。这种指数关系赋予STM很高的灵敏度，所得样品表面图像具有高于0.1nm垂直精度和原子级横向分辨率。

5.8.1.3 扫描隧道显微镜的工作模式

根据扫描过程中针尖与样品间相对运动的不同，扫描隧道显微镜有两种工作模式，恒定电流模式和恒定高度模式，参见图5-294。STM的信号测量中有5个变量x，y，z，I和V。STM图像包含着这5维空间参数中选择的三维变量。恒定电流模式STM是I和V恒定，而x，y，z为三维变量，而恒定高度模式STM则是z和V恒定，x，y，I为三维变量。

A 恒定电流模式

图5-294（a）为恒定电流模式示意图。这种模式中，用电子学控制单元反馈的方法控制扫描时针尖与样品间距离恒定不变，保持隧道电流不变。工作时，在x，y压电陶瓷元件上施加扫描电压，使针尖在样品表面扫描。扫描过程中表面形

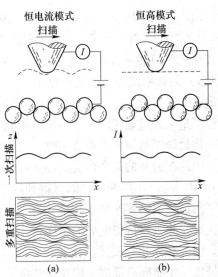

图5-294 STM的两种工作模式示意图
(a) 恒定电流模式；(b) 恒定高度模式

貌起伏引起电流的任何变化都会被反馈到控制 z 方向运动的压电陶瓷元件上，使针尖能跟踪表面的起伏，以保持电流恒定。记录针尖高度 z 作为位置 $(x，y)$ 的函数就得到样品表面态密度的分布或原子排列的图像。此模式适用于观察表面形貌起伏较大的样品，而且通过加在 z 方向陶瓷元件上的电压值推算表面起伏高度数值。恒定电流模式是 STM 最常用的工作模式。

　　B　恒定高度模式

　　图 5-294（b）为恒定高度模式示意图。一般的高速 STM 在此模式下工作。工作时，针尖在样品上方一个水平面上运行，隧道电流随样品表面形貌和电子态密度特性而变化，用隧道电流的大小来调制显像管的亮度，隧道电流构成数据组，进而转化成形貌像。此模式只适用于测量小范围、小起伏的表面。由于此时控制 z 方向压电陶瓷元件的反馈回路反应速度很慢，以致不能反映表面的细节，只能跟踪表面较大的起伏。因此，在扫描中针尖基本停留在同样的高度，通过记录隧道电流的变化得到表面态密度的分布。

　　综上所述，扫描隧道显微镜的两种模式各有利弊：恒定高度模式扫描速率较高，适用于相对平滑的表面；恒定电流模式精确度较高，可用于不规则的表面，但耗时较长。

　　5.8.1.4　扫描隧道谱（STS）简介

　　当 STM 的图像对应于表面原子形貌时，STM 实际上是测量表面的态密度。在样品表面原子种类不同，或样品表面吸附有原子或分子时，由于不同种类的原子或分子团等具有不同的电子态密度和功函数，此时给出等电子态密度轮廓的 STM 不再对应于样品表面原子的起伏，而是表面原子起伏与不同原子和各自态密度组合后的综合。这种情况下需采用扫描隧道谱（STS）方法，此方法能够区分不同原子的表面起伏和不同的电子态密度和功函数。此法利用表面功函数、偏置电压与隧道电流之间的关系，可以得到关于表面电子占据态和未占据态的信息以及关于样品表面化学特性（组成、成键状态、能隙、表面吸附等）的有关信息。

　　由式（5-172）知，隧穿过程中施加的偏置电压 V 正比于过程涉及的局域态密度 LDOS（其定义为在空间一给定点和给定针尖能量上，单位体积和单位能量内的电子态数目），同时隧穿概率与能量有关，隧穿时电子从费米能级 E_{F_1} 处的占据态隧穿到 $E_{F_2}+V$ 的未占据态（空态）的概率最大。因此若电子从样品隧穿到针尖（样品为负偏压），则扫描隧道谱反映出占有态；反之，则反映出未占据态。由于局域态密度与 (dI/dV)、(I/V) 有关，在实验测量中通过锁相放大器对偏压 V 进行调节，对电流信号解调直接得到 (dI/dV)，再经归一化处理便可得到表面态密度。表面的电子性质和化学性质表现在 I-V 和 dI/dV-V 曲线中。因此在表面的某个位置的特征峰电压处，保持平均电流不变，使针尖在 x-y 平面扫描，测 dI/dV 随 x、y 的变化，即可得到具有特征峰的扫描隧道谱。

　　扫描隧道谱 STS 的工作模式有下面几种，需根据样品的组分、导电性和测试要求等情况选择，并决定待测电导的偏压，才能得到反映表面态信息的谱图。

　　（1）恒定电流模式。比较在不同偏压得到的恒定电流的形貌像，两幅图像的数据应同时采集，才能准确定位。或在保持电流恒定的条件下测量电导 (dI/dV)，作为偏压 V 的函数，得到 dI/dV-V 曲线。这种模式强调的是电子态的空间分布。

　　（2）恒定阻抗模式。在改变偏压的同时保持隧道阻抗的恒定，利用锁相放大器测量电导 dI/dV。恒定隧道阻抗意味着除了零偏压，针尖与样品间距几乎是恒定的。这种模式在金属表面能得到很好的结果，但对半导体材料表面因有禁带存在而不适用。

（3）恒定间距模式。此模式克服了恒定电流模式测量只能在正或负偏压下进行的不足（因偏压经过零点或有禁带样品时将引起针尖与样品的接触）。采用保持使针尖暂时停在样品表面的恒定位置的回路，然后改变偏压测量电流，之后由反馈回路再调整针尖位置。最后把得到的一系列 $I(V)$ 值用数值法求出（dI/dV），（I/V）便可获得谱的空间分布。也可在样品表面的每个点测量多个偏压的电流，然后画出不同偏压下的电流图像（current imaging tunneling specyroscopy，CITS）。电流图像着重强调在所选择的某些特殊偏压处表面态的贡献。

（4）可变间距模式。有两种方式实现这种模式：一是在不同的间距测量 $I(V)$，然后利用 I 与针尖和样品间距 s 的指数关系（式 5-172）将它们联系起来；二是在测量（I/V）的同时，向压电陶瓷元件加扫描电压，使针尖在表面进行扫描。

采用恒定间距模式工作，当偏压较大时，电流可能会变得很大，以至于超出模数转换器或电流放大器的工作范围，此时可采用可变间距模式。

（5）恒定平均电流模式。在针尖上加高频调制偏压，得到电流信号经过低通滤波后，送回反馈回路来控制针尖的高度，而未经滤波的信号送到计算机得到（I/V）。

5.8.2　扫描隧道显微镜的结构与实验技术

5.8.2.1　扫描隧道显微镜的结构与工作原理

A　扫描隧道显微镜的结构

在大气和常温下工作的 STM 通常由探测单元、电子控制系统和计算机控制系统（计算机工作站）三大部分构成，结构框图如图 5-295 所示。对在高真空、低温和电化学等特殊条件下工作的 STM，因篇幅所限，这里不作介绍。

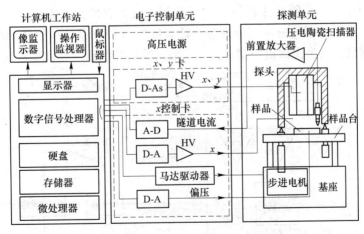

图 5-295　大气和常温下工作 STM 的结构框图

a　探测单元

探测单元包括探头、减震装置和前置放大器。

（1）探头。探头由针尖、样品台、三维扫描控制器和粗调装置构成。针尖主要有钨针尖和铂铱针尖两种，安装在组成三维扫描控制器的压电陶瓷元件上。样品台用于放置待测样品，由金属调节板组成。三维扫描控制器有三角架型、单管型和十字架配合型等，主要是由压电陶瓷材料制成的压电陶瓷元件构成，它与粗调装置配合控制针尖在样品表面高精度地扫描。粗调装置有螺杆与簧片结合调节、压电陶瓷步进电机和高精度的差分调节螺杆三种，可把样品移动到与针尖适当的距离和位置，或把样品从针尖处移开。常用的 STM 仪器中针尖升降、平移运动均采用压电陶瓷元件控制，利用压电陶瓷特殊的电压、位移敏感性能，通过对压电陶瓷元件施加一定电压使陶瓷材料产生形变，并驱使针尖运动。只要控制电压连续变化，针尖就可在垂直方向或水平方向上作连续的升降或水平运动。

（2）减震装置。由于 STM 工作时针尖与样品间距一般小于 1nm，而图像的典型起伏幅度为 0.01nm，所以外来振动的干扰必须降低到 0.001nm。主要外来振动源有建筑物振动（10~100Hz），通风管道、变压器和马达（6~65Hz），人的走动（1~6Hz）和声音，以及偶然因素引发的冲击。因此 STM 减震系统的设计主要考虑 1~100Hz 之间的振动。减震装置一般采用合成橡胶缓冲垫（平板弹性体堆垛系统）、悬挂弹簧和磁性涡流阻尼三种方式综合减震，以防止各种微小振动对仪器稳定性的影响，即使振动引起的隧道距离变化也小于 0.001nm。

（3）前置放大器。前置放大电路安放在探头基座内，以高输入阻抗、低噪声、低温源的运算放大器为核心，采用正端输入一级放大，采集隧道电流的信号并转换为电压信号，放大后输出到计算机控制系统。

b　电子控制系统

电子控制系统中的各组成单元都可通过计算机的数模转换通道控制，并可由计算机选定一些参数。电子控制系统包括电源，前置放大，反馈电路，x、y、z 驱动电路，信号增益单元和多路显示单元等。

c　计算机控制系统

计算机控制系统（计算机工作站）组成包括硬件和软件，主要的任务是实现仪器控制、数据采集、存储和图像显示与处理等。计算机控制 STM 系统的框图如图 5-296 所示。两个 z 压电控制器，一个由微机控制，另一个由反馈信号控制。扫描通过计算机控制的数

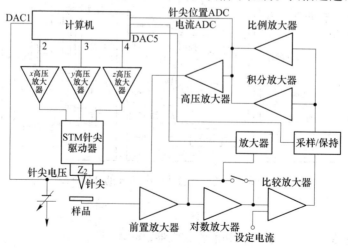

图 5-296　计算机控制 STM 系统的框图

字模拟转换器（DAC5）实现，它与高压放大器 x（DAC2）和 y（DAC3）压电驱动器相联接，而 z（DAC4）压电驱动器只给出 z 的粗略位置，而针尖的偏压由计算机通过 DAC1 给出。隧道电流则经前置电流放大器放大，并转换成电压信号。为使整个电子仪器的响应相对于隧道间隙 s 是线性的，在电流放大器的输出处连接一个对数放大器。在针尖扫描过程，计算机从电流 ADC 获得隧穿电流随针尖位置变化的数据。于是，可以获得样品表面特定位置的 STM 图或扫描隧道谱。

B　扫描隧道显微镜的工作原理

扫描隧道显微镜的工作原理如图 5-297 所示。STM 在经常使用的恒定电流工作模式下，针尖装在压电陶瓷元件构成的三维扫描架上，通过改变加在压电陶瓷元件上的电压来控制针尖的位置，在针尖和样品之间加上偏压产生隧道电流，再把隧道电流送回电子控制单元，实现控制加在 z 压电陶瓷元件上的电压，以保证在针尖扫描时样品与针尖间的距离恒定不变。工作时在 x-y 压电陶瓷元件上施加扫描电压，使针尖在样品表面上扫描。扫描过程中表面形貌起伏的电流变化都会被反馈到控制 z 方向运动的压电陶瓷元件上，使针尖能跟踪表面起伏，保持电流恒定。记录针尖高度作为位置的函数即 $z(x,y)$，就可以得到样品的表面态密度分布或原子排列的图像。

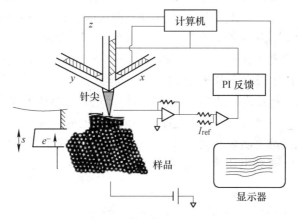

图 5-297　STM 的工作原理框图

5.8.2.2　扫描隧道显微镜分析实验技术

扫描隧道显微镜分析实验技术包括样品制备、针尖制备，仪器操作与保护及参数的选择等。

A　针尖与样品位置的调节

调节针尖与样品位置的目的是使针尖与样品的相对位置接近发生电子隧穿的距离。距离粗调方式有爬行方式、机械调节方式以及螺杆与弹簧结合方式，样品粗调可把针尖与表面的距离调整到 10nm 量级。

针尖与样品位置的精确调节用 xyz 位移器，可实现微小距离移动的精确控制。微小距离的移动及控制压电陶瓷元件位移灵敏度在 0.5nm/V 量级。通常 STM 针尖半径 R 为 0.3~1.0nm，针尖与表面距离为 0.2~0.5nm。

B　针尖材料与制备

STM 具有原子级超高空间分辨能力，这与其针尖的几何形状密切相关，如针尖的曲率半径是影响横向分辨率的关键因素，针尖的尺寸、形状及化学均一性（使针尖势垒单一）不仅影响到 STM 图像的分辨率，而且还影响电子态的测量。因为在成像过程中起作用的只是针尖最尖端的原子或原子簇。因此，各种偶然因素的存在增加了针尖的不确定性。所以，至今重复获得具有原子级分辨率的针尖问题尚未完全解决。

常用的针尖材料主要是化学性能稳定的贵金属 Pt-Ir 和 W 针尖，个别有用 Au 针尖的。针尖制备方法有机械加工法和电化学腐蚀法，此外还有离子轰击研磨法。制备好的针尖需要经过处理才能使用，有原位针尖处理（在高压电场作用下使针尖表面原子重构）和非原位针尖处理（如高温退火处理，去除 W 针尖表面的 WO_3）。通常针尖使用前需进行去除表面氧化膜处理。若在真空系统中使用，则在超高真空条件下进行蒸发；若在空气中使用，则采用退火或离子研磨技术中的溅射等方法进行表面处理。

C   样品制备

为获得真实的、高质量的 STM 图像，必须制备出清洁度极高，具有原子级光洁度的样品。STM 相对于电子显微镜（SEM 和 TEM）及光学显微镜对样品制备和测试环境的要求，算是不太高。但在样品制备过程中要特别注意防止污染和表面氧化。

制得的样品表面的清洁程度通常用 AES 技术进行监测，或用 STM 本身 *I-V* 测量，观察零偏压附近曲线的连续性。因表面清洁与否对 *I-V* 曲线的形状有很大影响。清洁的"金属-真空-金属"隧穿结在零偏压附近显示连续的 *I-V* 曲线（因在费米能级附近不存在能隙）。然而，如果样品或针尖被表面氧化物或吸附物所污染，典型的 *I-V* 曲线在 −*V* 到 +*V* 的零点附近显示零电导区，曲线中因有零电导直线区而不再连续。

STM 是一种表面分析技术，适用于各种导电样品的表面结构的研究。对有机分子、生物分子以及颗粒物体，需要设法将其固定在平整的导电衬底表面上。一般来说，体导电率约 $10^{-9}S/m$ 以上的样品都可满足常规 STM 测试的要求。近年出现的低电流 STM 技术设定电流低至皮安（pA）、隧穿电阻高达太欧（$T\Omega$, $10^{12}\,\Omega$），可用于导电性非常差的样品测量。

a   金属样品

对金属样品要求有极高的清洁度和光洁度，并且没有氧化层。直接用块体金属很难得到原子分辨的 STM 图像，需要经过精密机加工、研磨、抛光、氩离子轰击和高温退火处理。也可用云母或高有序热解石墨作衬底，在其表面蒸镀拟观测的金属膜。金属样品的化学浸蚀具有消除表面污染层和去除应力应变影响层的作用。若及时对样品表面进行适当的化学浸蚀，可获得适于 STM 观测的最佳表面组织形态。清洁金属表面的 STM 研究应在超高真空环境下进行。

b   半金属

对半金属，如层状过渡族金属的二硫化合物 MoS_2、WTe_2、$TaSe_2$、$NbTe_2$ 等等，用刀片小心剥离或用胶布贴在表面轻轻揭开，剥去表面层露出新鲜表面即可。新鲜表面一般可保持清洁状态数分钟到以天计。大多数可在大气条件下进行稳定的原子级分辨成像数小时。

由于这种材料能够提供原子级别平整的平面，且在大气中非常稳定，因此常被当作衬底使用，用于吸附层、吸附原子或原子簇的超高分辨 STM 研究。

c   半导体

半导体表面的 STM 研究通常在超高真空条件下进行。对于半导体样品的制备与金属表面制备方法类似，通常采用离子溅射方法清除表面吸附物，再经退火获得特定结构的晶格表面即可观测；也可以采用沿晶体解理面解理晶体获得干净的半导体表面用于观测等方法。

超高真空 STM 样品制备一般包括解理、热处理、离子轰击、高温去氧化膜等步骤。

d　陶瓷等绝缘体

对陶瓷等导电性不好的绝缘体样品，通常需将样品制成薄膜，覆盖在导电性较好的衬底上；或在样品表面均匀沉积一层导电膜（如金膜）。

e　生物样品

对于生物样品（需注意样品分散、固定和具有导电措施），可采用石墨作为样品衬底，而后把样品稀释的溶液滴加在衬底表面（最好形成单分子层），干燥后自然吸附，或用冻结干燥、负染色法、冷冻碎裂法等技术制备试样。

5.8.3　扫描隧道显微镜分析在材料科学研究中的一些应用

STM 是研究表面很有利的手段之一，已在许多领域得到了广泛的应用。本节仅介绍部分与材料科学研究有关的一些应用。更多应用方面的信息可参阅有关书籍。

5.8.3.1　扫描隧道显微镜分析在材料表面分析的应用实例

A　实例一　氧吸附诱导金属铜表面发生重构

化学吸附可以诱导金属表面发生重构。人们用 STM 研究清洁金属表面结构，通过比较气体覆盖度不同的金属表面的 STM 图，研究化学吸附诱导金属表面发生重构的成核和生长等微观机制。例如，通过考察不同氧覆盖度的铜表面 STM 图，研究了氧的化学吸附诱导金属铜表面重构成核和生长的微观机制，得到的结论是（2×1）重构是先在平整的平台上形核，而后各向异性生长 Cu—O—Cu 链；C(6×2) 重构优先在台阶边缘上形核，而后各向异性生长的。图 5-298（a）为观察到清洁 Cu（110）表面（1×1）结构。在 100℃ 把 Cu(110) 表面暴露在低氧气氛下（0.1～1L 氧气中），发现沿 [001] 方向形成孤立的 Cu—O—Cu 原子链，链的最小尺寸为 6nm×0.36nm。当把 Cu(110) 表面暴露在高氧气氛下（1～2L 氧气中），发现有 Cu—O—Cu 原子链连接成的小岛，如图 5-298（b）所示。这些岛在 [001] 方向的尺寸为 10～20nm，在 [$\overline{1}$10] 方向为 1.5～2nm，这表明这些小岛优先在 [001] 方向生成。把 Cu（110）表面暴露在更高氧分压气氛中（10L 氧气）时，金属铜表面基本上都覆盖了（2×1）的重构相，如图

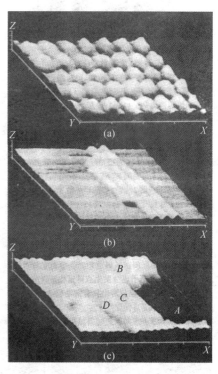

图 5-298　暴露在不同氧气氛下铜（110）表面的 STM 图
（a）清洁 Cu(110) 表面；（b）表面形成 Cu—O—Cu 链；（c）（2×1）重构

5-298（c）所示。当把 Cu(110) 表面暴露在氧分压极低（10^{-5}L 氧气）气氛中时，发现此时金属铜表面既有（2×1）重构相，又有 C(6×2) 重构相，同时还观察到 Cu—O—Cu 链在表面上的移动，表明 Cu—O—Cu 链是附加在 Cu(110) 表面上的。

B   实例二   半导体单晶硅表面几何结构与电子结构

STM 实验发现，n-型和 p-型单晶硅经 900℃ 高温真空退火后，均得到极类似的 STM 图（图 5-299 所示）。这表明 Si(111) 表面上的 7×7 结构是本征结构，且与计算机模拟的 STM 图结果一致。从图中清楚地看出表面单胞有 12 个凸起的原子，即吸附原子。

在隧道电流固定不变的条件下，针尖与样品的距离随所加的隧道偏压变化，分别测量沿 Si(111) 的 7×7 单胞的对角线一分为二的两个亚晶胞的 dI/dV-V 曲线（dI/dV 谱），如图 5-300 所示，图中也表示出当隧道电流固定不变时，针尖-样品间距随所加偏压的变化。由图可知，在 1~3V 之间两个亚晶胞内的电子结构不同，两条曲线也有明显的差异。由图还可看出，随偏压的增加样品表面距针尖的高度也随之增加；在较高的电压区可以观察到一系列的规则峰，这是由针尖和样品的驻波态引起。图 5-301 为（7×7）单胞内不同位置上的 I/V 特征曲线。由图可以看出不同部位间的差异很大。如当偏置电压为 −0.8V 时，在其他原子处的电导大大增加，而在吸附原子处却没有，尽管两种原子仅相隔 0.33nm。因此，这种隧道谱的测量可将表面态与（7×7）表面结构的特殊性质联系起来。

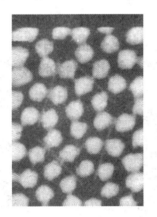

图 5-299   STM 得到的 Si(111)
表面的 7×7 结构形貌图

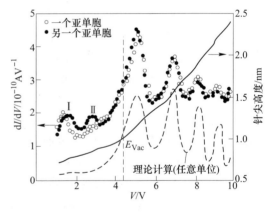

图 5-300   分别测量 Si(111) 的 7×7 单胞的
两半分的 dI/dV-V 曲线

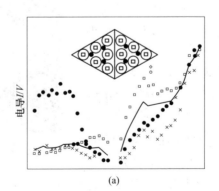

(a)

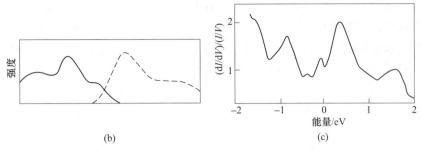

(b)   (c)

图 5-301 Si(111) 的 7×7 单胞内不同位置上的 I/V 特征曲线

(a) 隧道电导（I/V）；(b) 光电子谱（实线）与反光电子谱（虚线）观察到的

Si（111）的 7×7 表面态；(c) 观察区域内的平均隧道谱

□—吸附原子；●—其余原子；×—中心位置

C 实例三 金属间化合物 Ti_3Al 断口表面的分形特征

用 STM 可在纳米尺度上研究材料表面和断裂面的分形特征，有助深入了解材料的微观分析结构与其性能的关系。

金属间化合物 Ti_3Al 在高技术领域具有应用前景，因此，国内外研究较多，图 5-302 为 Ti_3Al 脆断断口的 STM 形貌。观察的 Ti_3Al 合金经 1000℃ 固溶 1.5h 后空冷，再经 800℃ 均匀化 2h 后空冷，然后制成单边缺口 I 型试样，直接在拉伸仪器中空气气氛拉断。随即将断口表面在丙酮中反复超声清洗，之后放置在干燥箱中防止氧化。采用恒流模式进行观察。STM 工作时，针尖偏压为 1V，隧道电流为 0.5nA，用机械剪切 PtIr 针尖和电化学腐蚀的 W 针尖。由图可以看出断口由大小不同的解离台阶构成。从纳米尺度上可以观察到小的初始解理台阶（5~10nm），

图 5-302 Ti_3Al 断口的 STM 形貌

并具有分形的特征，是一种分形结构。用改变像素点方法分别测出断口沿断裂方向和垂直断裂方向的分形的维数为 1.0920 和 1.0463。Ti_3Al 材料纳米尺度的分形维数与其微观结构有关。

5.8.3.2 表面化学反应研究

STM 对工作环境的要求相当宽松，可以在大气、真空、溶液、低温、高温等各种环境下工作。这种特点为研究各种表面化学反应提供了极大方便。例如，可在原位研究表面发生的各种化学反应；研究各种表面吸附和催化反应；直接在溶液中考察电化学沉积和电化学腐蚀过程等。

5.8.3.3 无机非金属材料研究

碳作为吸收剂已广泛应用于国民经济的许多部门。活性碳纤维具有许多优异性能，表面特性决定了其吸收性能，而表面的微孔的影响最大。用 STM 在 10~200mV 偏压和隧道电流 0.5~2nA 条件下，研究活性碳纤维制备工艺与表面结构的关系。研究结果表明，碳

纤维前躯体（各向同性的沥青基碳纤维）具有颗粒表面，易于活性碳纤维的形成；活化后的碳纤维表面有许多极粗糙的孔洞，并存在间隙孔洞。进一步在原子分辨条件下观测活化前后表面结构和微孔洞的变化，得到在较低温度（<900℃）碳化时，碳纤维前躯体表面有较规则的晶化织构存在，但晶化织构不完整的结果。

用 STM 还可以研究金属碳化物（TiC，SiC）和金属氮化物 TiN，Si_3N_4 等无机非金属材料的表面结构及特征，以及复合材料（Al_2O_3-TiC）相界面的结构和电子结构。

5.8.3.4　纳米材料

近年随着纳米材料的发展，借助 STM 的空间分辨能力，主要研究这类材料的表面结构、纳米特征及电子结构，以此解释这类材料的特异性质。用 STM 可以测量单个纳米颗粒、纳米线、纳米管的电学、力学以及化学特性，有力地促进了新一代纳米电子学器件和分子电子学研究工作。目前以 STM 为基础的扫描探针显微技术，在电子工业的在线检测和质量控制方面也获得了越来越广泛的应用。

5.8.3.5　对 STM 图像解释应注意的问题

如本节开始提到的 STM 图像并不直接反映表面原子核的位置，因为实验中对表面相同位置施加相同的正或负偏置电压，显示出的 STM 图像完全不同。例如，对 Si(001)-2×1 表面施加负偏压时，样品中占据态的电子流向针尖，因此，成像的是 Si═Si 二聚原子的最高占据轨道（π 键），STM 图像反映的是样品 π 轨道的空间分布形状。当对样品施加正偏压时，电子从针尖流向不满的未占据态轨道，因此，成像的是每个硅原子的最低未占据轨道（$π^*$ 键）的空间分布形状。这说明 STM 图像反映的是样品表面波函数的起伏。在不同偏压下，探测到的是不同的表面波函数，要么反映费米能级以上的表面电子结构，要么反映费米能级以下的表面电子结构，而不是原子核的具体位置。

最后应该提到的是，STM 虽是研究材料表面很有利的手段之一，仅使用 STM 作为成像和能谱探针可以直接获取一些有关表面的信息，但对图像的解释会存在一定困难，特别是对金属-半导体体系的解释更为复杂，要特别注意。近年来，人们在尝试用不同的结构模型模拟 STM 图像已取得了一定进展，这对深入认识一些材料表面、界面和纳米材料特性的微观机制有极大帮助。

5.9　原子力显微镜分析及其应用

早期隧道显微镜只能观测导电样品，不能观测绝缘体和有较厚氧化层的试样，于是1986 年斯坦福大学研制出第一台原子力显微镜（atom force microscope，AFM），1987 年就获得了绝缘体热解氮化硼的原子分辨图像。原子力显微镜在表面科学研究中起着重要的作用，它可用于测量表面原子间的力，还可以在大气、真空、溶液以及反应气氛等条件下，进行材料表面形貌和结构的观测与分析，可以测量材料的局域弹性、塑性、硬度及表面摩擦等，以及用于操纵分子、原子，进行纳米尺度结构的加工。原子力显微镜与其他可以获得表面形貌、结构或化学信息的分析技术的特点，参见表 5-53。

表 5-53　不同表面分析技术的特点

分析技术	探测源粒子	检测粒子	信息深度/nm	检测限	横向分辨率/μm	不能检测的元素	获得信息	样品损伤程度
XPS	光子	电子	$1\sim3$	1%摩尔分数	$10\sim10^{3}$	H，He	成分、价态	弱
AES	电子	电子	$0.5\sim2.5$	0.1%摩尔分数	10^{-2}	H，He	成分、价态	中
STM	电场	电子	10^{-2}	~单原子层	$\geqslant10^{-4}$		形貌、电子态	无
AFM	原子	原子	10^{-1}	~几个原子层	$\geqslant10^{-3}$		形貌、电子态	无

5.9.1　原子力显微镜（AFM）的工作原理与结构

5.9.1.1　原子力显微镜的工作原理

原子力显微镜（AFM）是利用一个对力敏感的探针探测针尖与样品的相互作用力来实现表面成像的表面分析仪器。其工作原理如图 5-303 所示。分析时，将一个对微小力敏感的、有弹性的 $100\sim200\mu m$ 长的微悬臂一端固定，另一端为直径小于 100nm 的针尖与试样表面轻轻接触。此时针尖尖端与样品表面原子间产生极微小的作用力 $F(10^{-8}\sim10^{-6}N)$，微悬臂会发生微小的遵循胡克（Hooke）定律的弹性形变 Δz，

$$F = k \cdot \Delta z \tag{5-173}$$

式中，k 为微悬臂的力常数。

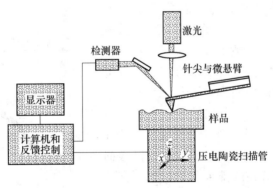

图 5-303　原子显微镜的工作原理图

因此，测得微悬臂的变形量即可求出针尖与样品间的作用力。针尖与样品之间的作用力大小强烈地依赖它们之间的距离。仪器检测时的扫描模式有两类，分别是恒力模式和恒高模式。

A　恒力模式

恒力模式是在扫描过程中，利用反馈回路保持针尖与样品之间的作用力恒定，即保持微悬臂的形变量不变，针尖随样品表面的起伏上下移动，根据针尖的运动轨迹可获取样品表面形貌的信息。恒力模式是仪器工作时最为广泛使用的扫描方式。

B　恒高模式

恒高模式是在 x，y 扫描过程中，不使用反馈回路，保持针尖与样品表面之间的距离恒定，检测器直接测量微悬臂 z 方向的形变量来成像。由于这种工作模式不使用反馈回

路，可以采用高的扫描速度，通常多用于观察原子、分子像。这种模式对表面起伏大的样品不适用。

5.9.1.2　原子力显微镜的主要结构

图5-304为一种多功能分析仪的AFM头及其主要组件。图中1为激光器，发出的激光经过 x 和 y 方向的调整之后，经反射镜2的反射聚焦在微悬臂3的背面，微悬臂再将入射光反射到倾斜反射镜4上，经反射后投射到位置灵敏光电二极管检测器5上。通过调节倾斜反射镜的角度和光电二极管检测器，使激光束投射到检测器的中心位置上。

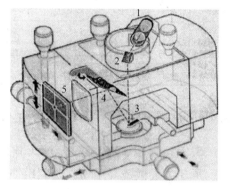

图5-304　AFM头及其主要配件
1—激光器；2—反射镜；3—微悬臂；
4—倾斜反射镜；5—光电检测器

微悬臂和针尖属力传感器，对其要求为：低的力弹性常数，高的力学共振频率，高的横向刚性，短的悬臂长度，带有镜子或电极和尽可能尖的尖端。

5.9.1.3　造成原子显微镜微悬臂变形的力

A　范德华力

针尖与样品表面间存在的范德华（van der Waals）力与针尖-样品间距离的关系可用图5-305来描述。图中标出了两个区域，非接触区域和接触区域。在非接触区域，针尖和样品间原子距离保持在几纳米到几十纳米，此时相互间存在来自长程范德华力相互作用的吸引力占主导。当微悬臂与样品间距离达到小于1nm（约一个化学键长）时，原子间吸引力与排斥力相等相互作用力变为零。若针尖-样品间的距离进一步变小，在针尖与样品表面接触时，范德华力相互作用的排斥力占主导，针尖-样品间是排斥力。在排斥区域，范德华力曲线斜率是非常陡的。此时微悬臂向样品表面推动针尖，就

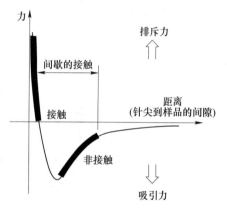

图5-305　原子间作用力与
原子间间距的关系曲线

会引起悬臂的变形（移动），而使针尖原子不能更加靠近样品表面原子。

B　毛细力

通常环境下，在样品表面会存在薄薄一层水膜。由于在针尖与样品表面接近时，水膜会延伸并包裹住针尖，产生毛细力。它具有很强的吸引力（约 10^{-8} N），使针尖接触到样品表面。毛细力大小取决于针尖与样品表面间的距离。当针尖一旦接触样品，针尖与样品表面间的距离很难再减小，若样品表面的水膜是均匀的，此时的毛细力就是恒定的。

5.9.2　原子力显微镜的操作模式

原子力显微镜AFM有多种成像操作模式，常用的有五种：接触模式、非接触模式、轻敲模式、插行扫描模式、力调制模式。此外，操作模式中还有力曲线模式（接触式力曲

线、轻敲式力曲线和力体积成像)。研究中可根据样品表面不同的结构特征和材料的特性以及不同的研究需要,选择合适的操作模式。

5.9.2.1 接触模式

接触模式是 AFM 的常规操作模式,也称斥力模式。针尖与样品始终有轻微的物理接触,以恒高或恒力的模式进行扫描,此时样品与针尖(悬臂间)是排斥力和毛细力构成的接触力。当扫描器驱动针尖在样品表面(或样品在针尖下方)移动时,接触力会使悬臂弯曲,产生适应形貌的变形,检测这些形变,便可获得表面形貌像或图像文件。在恒高模式,扫描器的高度是固定的,悬臂的偏转变化直接转换为形貌数据;而在恒力模式,悬臂偏转输入到反馈电路,控制扫描器上下运动,以维持针尖和样品原子的相互作用力恒定。在此过程中,扫描器的运动被转换成图像或图像文件。图 5-306 为不同厚度透明导电涂层 ITO 的表面形貌像。此外,接触式的 AFM 可以穿过液体层产生样品的表面形貌。

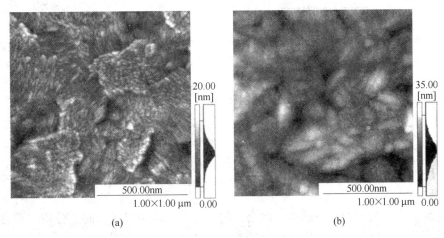

(a)   (b)

图 5-306 不同厚度透明导电涂层 ITO 的表面形貌

(a) 120nm;(b) 450nm

恒力模式的扫描速度受限于反馈回路的响应时间,但针尖施加在样品上的力能得到很好的控制,因此,成为大多数应用中优先选用的工作模式。恒高工作模式下,因在所施加的力作用下,悬臂偏转和变化都比较小,常被用于获得原子级平整样品的原子分布像。在需要高扫描速度对样品表面实时观察,采用恒高工作模式。

如果在扫描过程中微悬臂的方向和快速扫描的方向垂直,则针尖除了可以探测到其与样品之间垂直方向的原子力外,还可借助针尖与样品之间的摩擦力使得微悬臂横向扭转,用来研究样品表面微区的摩擦性质。目前横向力的测量已经被广泛用于研究摩擦性质不同的多组分材料表面,如图像化表面的化学识别。

通常情况下,接触模式都可以获得稳定的、分辨率高的图像。但这种模式不适合用于研究生物大分子、低弹性模量的样品,以及容易变形和移动的样品。

另外,若将 Si_3N_4 针尖表面镀上导电层或利用高掺杂单晶硅等导电材料制成原子力显微镜的针尖,AFM 就成为导电原子力显微镜。利用导电 AFM 可以研究纳米材料的导电性质。

5.9.2.2 非接触模式

在非接触模式中,应用一种振动悬臂技术,针尖在样品表面的上方振动,始终不与样品接触（或略有接触）。针尖与试样间距离为几个纳米至数十个纳米范围内，相互间存在吸引力，属范德瓦尔曲线的非接触区间。针尖与试样间的力很小，只有 10^{-12}N，这对研究软体或弹性试样，以及半导体试样很有利，且不会由于针尖的接触带入污染。

工作时刚硬的悬臂在系统的驱动下以接近于共振点的频率振动，振幅为几纳米到几十纳米。共振频率随悬臂所受的力的梯度变化。这样悬臂共振频率的变化反映力梯度的变化，也反映针尖-样品表面间隙或样品表面形貌的变化。因此检测共振频率或振幅的变化，就可以获得样品表面形貌信息。此工作模式具有与接触模式一样的垂直分辨率（优于0.1nm）。

当样品表面被液体浸没（或存在若干层凝结水）时，非接触式的 AFM 只能对液体层的表面成像，而接触式的 AFM 会穿过液体层，获得被液体淹没的样品表面图像。图 5-307 为含水滴样品表面的接触和非接触 AFM 图像的比较。

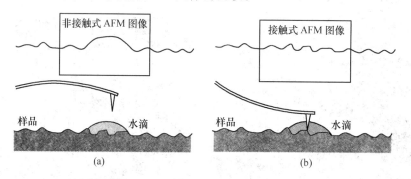

图 5-307　含水滴样品表面的接触和非接触 AFM 图像

非接触模式虽然增加了灵敏度，但当针尖与样品之间距离较大时，分辨率要比接触式和轻敲模式低。这种模式的操作相对较难，在生物试样中应用很少。

5.9.2.3　轻敲模式

在轻敲模式中，微悬臂在其共振频率附近做受迫振动，振荡的针尖轻轻地敲击样品表面，间断地与样品接触。由于接触时间非常短暂，针尖与样品表面的作用力很小，通常为1pN~1nN，几乎不存在剪切力引起的分辨率降低和对样品的损伤，具有和接触模式一样的分辨率。

在大气和溶液环境下都可以实现轻敲模式 AFM。在大气（或溶液）环境中，当针尖与样品不接触时，微悬臂以最大振幅自由振荡；当针尖与样品接触时，由于空气（或液体）的阻尼作用使得微悬臂的振幅减小，反馈系统控制微悬臂的振幅恒定，针尖就随着样品表面的起伏上下移动，从而获得样品表面形貌信息。轻敲模式的 AFM 可以对活性生物样品进行检测，对溶液反应进行实时跟踪。

轻敲模式除了实现小作用力的成像外，还可用于实现相位成像技术（phase imaging）。通过测量扫描过程中微悬臂的振荡相位和压电陶瓷驱动信号的振荡相位之间的差值，来研究样品的力学性质和样品表面的不同性质。相位成像技术可以用来研究样品的表面摩擦、材料的黏弹性和粘附性质，也可对材料表面的不同组分进行化学识别，适用于柔软、粘附性强或基底结合不牢固的样品。

轻敲模式一般采用调制振幅恒定的方法进行恒力模式的扫描，也有采用频率调制技术测量扫描过程中频率的变化。这种频率调制 AEM 的力测量方式加强了噪音的处理能力，大大提高了灵敏度，从而可以获得原子级分辨率的图像。

5.9.2.4　插行扫描（interleave）模式

在标准模式下，针尖先在反馈控制下沿快扫描轴正扫描和回扫描，同时在垂直方向上（慢扫描轴方向）缓慢移动，完成形貌像的扫描（图 5-308（a）所示）。在常规插行扫描模式下，针尖先在反馈控制下进行一次正扫描和回扫描，然后关掉反馈系统插入一次正扫描和回扫描，慢扫描轴的扫描速率为标准模式下的一半（图 5-308（b）所示）。在提升插行扫描模式下（图 5-308（c）），需要在每一条扫描线上进行两次扫描。先针尖进行标准的一次正扫描和回扫描，记录表面形貌的起伏后，针尖提升一定的高度，按上一次记录的形貌信息以非接触状态进行再一次扫描，仪器记录下磁场或电场引起的微悬臂的形变、振幅的改变等，测量磁力或静电力。提升插行扫描模式主要应用在磁力显微镜、静电力显微镜等方面。

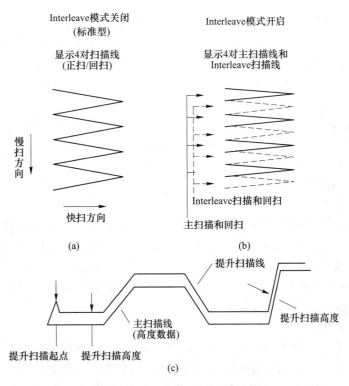

图 5-308　插行扫描模式的示意图

（a）标准模式；（b）常规插行扫描模式；（c）提升插行扫描模式

5.9.2.5　力调制模式

力调制模式（force modulation）是通过振荡微悬臂的针尖轻轻地扎入样品表面，以接触式方式扫描样品，通过调制针尖在样品上的作用力恒定，微悬臂的偏转就可反映针尖的扎入量。因为针尖在样品上的作用力一定时，对刚性样品针尖的扎入量小，就会引起微悬臂较大的形变；对柔性样品则相反。因此，利用力调制技术可以对样品的局域硬度或弹性进行表征，特别适用于坚硬基底的复合材料或柔性材料的成像，以及区别不同弹性系数的区域。

5.9.2.6　影响成像和分辨率的因素

对于一台已有的原子力显微镜，提高分辨率要从针尖、样品的处理、环境的控制等方面着手。

首先，选择尖端曲率半径小的针尖，以减小针尖与样品之间的接触面积，从而提高分辨率。其次，提高环境的洁净度，减少灰尘等对针尖和样品表面的污染。此外，选择在控制气氛中测量，减少在空气中进行 AFM 成像时，由于毛细作用造成黏滞力使针尖-样品间接触面积增大，分辨率降低。控制气氛可以是在真空环境、在溶液中（采用慢扫描），或者在干燥惰性气氛中。

5.9.2.7　力曲线模式

针尖与样品表面间的相互作用与距离的关系曲线称为力曲线（也称力谱），它是 AFM 观测的重要特性曲线。根据不同的操作模式，力曲线一般可分为接触式力曲线、轻敲式力曲线和力分布成像（force volume imaging）三类。

A　接触式力曲线

接触式力曲线测量过程中，压电陶瓷扫描管移动到当前 x，y 扫描区域的中心位置，停止 x，y 方向上的扫描，仅在 z 方向上施加一个周期性三角波电压信号，使样品周期性地与针尖逼近、接触，然后离开。在此过程中，AFM 仪器的光学系统实时地记录微悬臂的形变量，并对压电陶瓷扫描管的位移量作图，即得到力曲线。力曲线中微悬臂的形变量与其力常数的乘积即为针尖与样品间的作用力。

力曲线一般可分为非接触区、接触区和黏滞区。由接触区的斜率可以对样品表面微区硬度、弹性模量、杨氏模量等进行精确测定。在黏滞区，根据表面黏滞力的大小可以解析出样品的某些表面性质。非接触区因样品远离针尖，为一水平直线。由非接触区的黏滞情况可以估计测定力曲线所在介质的黏度等参数。

B　轻敲式力曲线

轻敲式力曲线与接触式力曲线测量过程相似，只是记录的是微悬臂振荡的振幅、相位或形变量，并对压电陶瓷扫描管位移量作图。在轻敲模式中，以微悬臂振荡的相位-频率图的形式表征针尖与样品间的作用力，可以获得更为精细的样品-针尖之间作用力的信息（如远程吸引力和排斥力），而且针尖与样品接触区域的相位-频率图也可以更为准确地表征样品的硬度、黏弹性等力学性能。

C　力分布成像

力分布成像是在一定的扫描范围内，对每一个 x，y 位置都进行一次力曲线测量，通过将针尖与样品表面的作用力对 x 轴和 y 轴作图，可以得到力分布图。

力分布图可以建立在各种操作模式基础上，所以力成像的类型和选择的操作模式有关。如在普通的接触模式下，可以得到从远程力到近程排斥力在 x，y 平面上的分布，甚至可观察到静电力；而在提升插行模式下，力分布成像可以观察到长程的磁力。提请注意：在力曲线测量过程中，必须慎重地考虑摩擦力、测定速度等的影响，才能获得正确反映针尖与样品表面之间相互作用的力曲线。

5.9.3　原子力显微镜分析技术

5.9.3.1　微悬臂形变的检测方法

原子力显微镜 AFM 是通过检测微悬臂形变大小来获得样品表面的图像信息，所以微悬臂形变的检测对 AFM 分析至关重要。微悬臂形变的测量方法有隧道电流检测法、电容检测法、压敏电阻检测法以及光学检测法。光学检测法包括干涉法和光束偏转法（又称光束反射法）。由于光束偏转法比较简单，技术上容易实现，所以目前在 AFM 仪器中应用最为普遍。

由式（5-163）知，针尖与样品表面之间的作用力为微悬臂的力常数与形变量的乘积。所以无论哪种微悬臂形变的检测方法都不应影响微悬臂的力常数，而且对形变量的检测要求有纳米量级的灵敏度，测量对悬臂产生的作用力极小，可忽略。下面简单介绍微悬臂形变的测量方法的原理及特点。

A　隧道电流检测法

如上一章中隧道显微镜工作原理所述，隧道电流与两电极之间距离有很强的依赖关系。两极间距离每改变 0.1nm，隧道电流的改变近一个数量级，因此，利用隧道电流可以灵敏地检测微悬臂的形变量。检测中，将微悬臂作为一个电极，而悬臂上方的针尖作为另一个电极，微悬臂的微小形变就会引起隧道间隙的变化，从而引起隧道电流的剧烈变化。通过反馈回路控制试样与针尖做相反的运动，如果保持隧道电流恒定，即保持隧道间隙的恒定，即可获得试样表面形貌的高分辨像。这种检测法的灵敏度高，z 方向的分辨率可以达到 0.01nm，但信噪比较低。由于在大气中针尖或悬臂的污染使隧道电流不能准确控制，这种检测方法只适合在高真空环境下工作的 AFM 系统。此外，还应注意微悬臂的热振动和热飘移会影响隧道电流的变化，产生噪声。

B　电容检测法

根据平行板电容器的电容和两平行极板之间距离成反比，因此，将微悬臂作为电容的一块极板，在其上方设置一块与之平行的极板，两者构成一个平行板电容。由于微悬臂的变形会造成极板间距的改变，从而导致电容值发生变化。利用反馈回路控制微悬臂上方的极板运动，保持扫描时电容值恒定，即可获得试样的表面形貌信息。这种检测方法的灵敏度较低，z 方向的分辨率只能达到 0.03nm。

C　光学检测法

这里扼要介绍光学干涉法和光束偏转法的工作原理。

a　光学干涉法

差动式光学干涉法是由马尔丁（Martin）于 1987 年提出的。在 x，y 扫描过程中，因针尖和试样的相互作用力使得微悬臂偏转，探测光束的光程发生变化，从而使探测光束和参考光束的干涉光的相位发生移动。相位移动的大小与微悬臂的变形量直接相关，由此可以确定针尖与试样的相互作用力。扫描过程中通过反馈回路控制干涉光的相位移恒定，可获得表面形貌信息。由于这种检测方法的光束直径较大，所以对微悬臂针尖上的微小污染和表面粗糙度都不敏感，所以信噪比较高，在所有检测方法中这种方法的检测精确度最高，z 方向的分辨率高达到 0.001nm。

b　光束偏转法

光束偏转法是由麦依尔（Meyer）等人于 1988 年开发出的。其原理是把激光器发出的激光聚焦在微悬臂的背面，经反射进入位置灵敏的光电二极管检测器（photodiode position sensitive detecter，PSD），如图 5-309 所示，微悬臂的变形可通过反射光束的偏移量表征。

通过反馈回路控制反射光束偏移量恒定，便可获得样品表面形貌像。这种方法的精确度很高，当激光的波长为 670nm 时，分辨率可达 0.003nm。若采用具有衍射光栅结构的微悬臂，从光栅结构的微悬臂上反射的光束会产生多级衍射条纹，从而可以达到与光学干涉法接近的精确度，但检测比光学干涉法更简单，而且多级衍射条纹的存在可以减低振动噪声，提高信噪比。

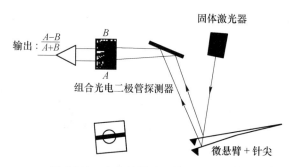

图 5-309　光束偏转法工作原理示意图

5.9.3.2　原子力显微镜的优缺点

原子力显微镜 AFM 的优点是：高分辨率；实时动态过程检测；样品可以是晶体，亦可是非晶结构；无需特殊制样技术；对样品几乎无损伤。AFM 在三个维度上均可检测纳米粒子的尺寸，这点优于透射电子显微镜（TEM）。因为 TEM 只能在平面尺度测量纳米粒子、纳米结构，不能在纵深方向测量尺寸。

AFM 的局限性是：只能观测表面起伏<1nm 的试样，不能观测起伏大的试样表面；另外只能用于样品表面的观测，不能获得样品内部的信息。

5.9.4　原子力显微镜分析在材料研究中的应用实例

随着材料科学和技术的发展，近年来 AFM 检测技术除用于检测和研究材料表面特性外，对纳米材料的表征和研究越来越普遍。纳米颗粒、纳米薄膜、纳米管是目前研究最多的几类纳米材料。用 AFM 检测技术可以进行表面微区纳米尺度物性（导电性、磁性等）和力学性能（硬度、弹性模量、杨氏模量等）的测量和研究，有助人们进一步认识纳米材料和运用纳米材料的这些性质。受篇幅所限，下面仅简单介绍两个在材料研究中运用 AFM 分析的实例。其他应用可参阅有关书籍。

5.9.4.1　实例一　AFM 分析在研究纳米 CeO_2 气敏材料中的应用

纳米材料的比表面积大，表面活性高，可广泛用作各种敏感材料。用纳米材料制备的气敏元件可以改善响应速度，增强气敏选择性，还有效地降低元件的工作温度。稀土氧化物 CeO_2 是性能优异的储氧材料，广泛用作催化剂。在汽车尾气处理过程中，CeO_2 是三效催化剂中最重要的助剂之一。用纳米 CeO_2 作为催化剂监测汽车尾气，则可增加材料接触表面，提高催化活性。把 CeO_2 的粒径从 27nm 降到 12nm，可使转化 25%NO 的还原温度降低 80℃。薄膜平面型 CeO_2 氧敏器件非常适用于内燃机空燃比的闭环控制，增加颗粒间的接触面积，进一步提高材料的气敏响应性质，缩短响应时间。但人们发现 CeO_2 薄膜容易开裂，膜的连续性不好，影响使用性能。因此，经研究通过改进溶胶-凝胶法工艺条件，实现定量掺杂改性，添加分散剂和干燥收缩控制剂乙二醇，再经高速旋转的电机把 CeO_2 溶胶均匀涂覆在 Al_2O_3 陶瓷片上，并严格控制升温速率，从而改善膜的质量。新工艺制备的薄膜材料经原子力显微镜 AFM 观测表明，纳米 CeO_2 薄膜连续性好，表面无裂纹、完整、连续。观测结果如图 5-310 所示。

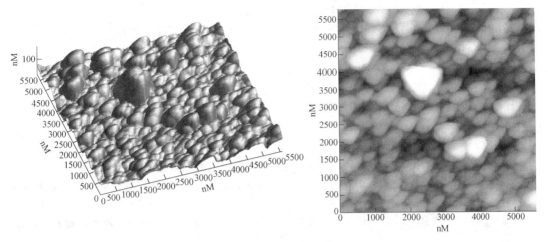

图 5-310　新工艺制备纳米 CeO_2 薄膜表面 AFM 形貌像

5.9.4.2　实例二　AFM 分析在材料氧化膜表面结构研究中的应用

Al_2O_3-TiC 刀具材料和 Al_2O_3-TiC-ZrO_2 纳米复合刀具材料主要用于刀具刃口部位，由于摩擦力的作用切屑接触面的温度可超过 1000℃，因而抗氧化性能是衡量刀具材料性能的重要指标之一。实验研究对比了添加纳米氧化锆和不添加纳米氧化锆 Al_2O_3-TiC 基刀具材料的抗氧化性能，并用原子力显微镜 AFM 观测氧化膜表面，并进行比较。

Al_2O_3-TiC 和 Al_2O_3-TiC-$ZrO_{2(nm)}$ 复合材料氧化膜表面的原子力显微镜 AFM 观测结果如图 5-311 所示。由图可以看出，Al_2O_3-TiC-$ZrO_{2(nm)}$ 复合材料的氧化膜表面的鼓泡数量和尺

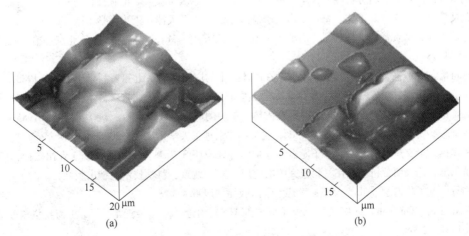

图 5-311　两种复合材料经高温氧化后氧化膜表面的 AFM 形貌像

(a) Al_2O_3-TiC；(b) Al_2O_3-TiC-$ZrO_{2(nm)}$

寸明显比 Al_2O_3-TiC 复合材料的少和小。这是因添加的纳米 ZrO_2 粒子增大了 Al_2O_3-TiC 材料氧的扩散阻力，从而提高了其抗氧化性能。

<h2 style="text-align:center">参 考 文 献</h2>

［1］马如璋，徐英庭．穆斯堡尔谱学［M］．北京：科学出版社，1998．

［2］马如璋，徐祖雄．材料物理现代研究方法［M］．北京：冶金工业出版社，1997．

［3］Nassau K. The physics and chemistry of color［M］. New York：Wiley，1983：140．

［4］叶宪曾，张新祥，等．仪器分析教程［M］．2 版．北京：北京大学出版社，2007：195～215．

［5］清华大学分析化学教研室．现代仪器分析［M］．北京：清华大学出版社，1983：276～339．

［6］杜希文．原续波．材料分析方法［M］．天津：天津大学出版社，2006．

［7］廖晓玲，周安若，蔡苇．材料现代测试技术［M］．北京：冶金工业出版社，2010．

［8］高向阳．新编仪器分析［M］．4 版．北京：科学出版社，2013：224～235．

［9］梁敬魁．粉末衍射法测定晶体结构（上、下册）［M］.2 版．北京：科学出版社，2011．

［10］黄继武，李周．多晶材料 X 射线衍射—实验原理、方法与应用［M］．北京：冶金工业出版社，2012．

［11］滕凤恩，王煜明，姜小龙．X 射线结构分析与材料性能表征［M］．北京：科学出版社，1997：122～235．

［12］钢铁研究总院．GB/T 23413—2009　纳米材料晶粒尺寸及微观应变的测定　X 射线衍射线宽化法［S］．北京：中国标准出版社，2009．

［13］莫志深，张宏放．晶态聚合物结构和 X 射线衍射［M］．北京：科学出版社，2003：125～163，227～250．

［14］李钒，夏定国，王习东．化学镀的物理化学基础与实验设计［M］．北京：冶金工业出版社，2010．

［15］杨平．电子背散射衍射技术及其应用［M］．北京：冶金工业出版社，2007．

［16］戈尔茨坦，等．扫描电子显微术与 X 射线显微分析［M］．张大同，译．北京：科学出版社，1988．

［17］杨南如．无机非金属材料测试方法（重排本）［M］．武汉：武汉理工大学出版社，2008．

［18］李钒，李文超．冶金与材料热力学［M］．2 版．北京：冶金工业出版社，2017：459～467．

［19］周玉，武高挥．材料分析测试技术［M］．哈尔滨：哈尔滨工业大学出版社，1998．

［20］刘文西，黄孝瑛，陈玉如．材料结构电子显微分析［M］．天津：天津大学出版社，1989．

［21］进藤大辅，平贺贤二．材料评价的高分辨电子显微方法［M］．刘安生，译．北京：冶金工业出版社，1998．

［22］郭可信，叶恒强，吴玉琨．电子衍射图在晶体学中的应用［M］．北京：科学出版社，1983．

［23］朱静，叶恒强，温树林，等．高空间分辨分析电子显微学［M］．北京：科学出版社，1987．

［24］郭可信，叶恒强．高分辨电子显微学在固体科学中的应用［M］．北京：科学出版社，1985．

［25］王富耻．材料现代分析测试方法［M］．北京：北京理工大学出版社，2006．

［26］王建祺，吴文辉，冯大明．电子能谱学（XPS/XAES/UPS）［M］．北京：国防工业出版社，1992．

［27］黄惠忠．论表面分析及其在材料研究中的应用［M］．北京：科学技术文献出版社，2002．

［28］周清．电子能谱学［M］．天津：南开大学出版社，1995．

［29］Watts J F，Wolstenholme J. 表面分析（XPS 和 AES）引论［M］．吴正龙，译．上海：华东理工大学出版社，2008．

［30］黄惠忠，等．纳米材料分析［M］．2 版．北京：化学工业出版社，2004．

［31］李文超，王俭，孙贵如，等．宋代钧、汝、耀州瓷中过渡层形成机理分析［J］．山东陶瓷，1992，（2）：17～20．

［32］ Zhuang Youqing, Wang Jian, Li Wenchao. Emulsification Mechanism of Sky Blue Glaze of Ru Ware ［C］ // Guo Jingkun. 1989 International Symposium on Ancient Ceramics （ISAC'89）, Shanghai China, Shanghai Scientific and Techndogical Literature Press，1989，202~205.

［33］ 杜光庭，孙贵如. 山东蓝宝石显微结构分析 ［J］. 中国宝石，1993，（3）：50~53.

［34］ 周卫，侯悦，杜光庭. 山东蓝宝石优化处理研究 ［J］. 清华大学学报（自然科学版），1996，36（11）：80~84.

［35］ 李文超，刘建华，等. 刚玉强化日用瓷的理论分析 ［J］. 中国陶瓷，1991，（2）：7~13.

［36］ 李文超，李钒，王俭，等. 汝瓷月白釉研究 ［J］. 景德镇陶瓷，1995，5（3）：1~4.

［37］ 范社岭，李文超，等. 高铝强化瓷工艺参数力性结构的关系 ［J］. 河北陶瓷，1992，（1）：23~26.

［38］ 陈文雄，徐军，张会珍. 扫描电镜的最新发展-低电压扫描电镜（LVSEM）和扫描低能电镜（SL-EEM）［J］. 电子显微学报，2001，20（4）：258~262.

［39］ Park N K, Han G B, Lee J D, et al. The growth of ZnO nano-wire by a thermal evaporation method with very small amount of oxygen ［J］. Current Applied Physics，2006，6S1：e176~e181.

［40］ Maclaren I, Ponton C B. A TEM and HREM study of particle formation during barium titanate synthesis in aqueous solution ［J］. Journal of the European Ceramic Society，2000，20：1267~1275.

［41］ 朱永法，张利，高羽中，等. $TiCl_4$ 溶胶-凝胶法制备 TiO_2 纳米粉体 ［J］. 物理化学学报，1999（2）：211.

［42］ Zhu Yongfa, Yan Jingfeng, Wu Nianzu, et al. Surface and Interface Analysis. 2001，32：218~223.

［43］ 秦建武，中国古陶瓷汝瓷的物理化学研究 ［D］. 北京：北京科技大学，1989.

［44］ 刘建华，模式识别在强化青花瓷研究中的应用 ［D］. 北京：北京科技大学，1990.

［45］ 王金淑，α-方石英强化瓷的研制及其相关理论研究 ［D］. 北京：北京科技大学，1992.

［46］ 张作泰. MgAlON-BN 复合材料的合成及热物理化学性能 ［D］. 北京：北京科技大学，2007.

［47］ 滕立东. Ti-ZrO_2 系热障型梯度功能材料的化学设计与显微结构研究 ［D］. 北京：北京科技大学，2002.

［48］ 刘静波. 碱金属修饰稀土掺杂 $MTiO_3$ 纳米材料及其湿敏特性研究 ［D］. 北京：北京科技大学，2001.

［49］ 董倩. 燃烧合成-热压，Al_2O_3-TiC-$ZrO_{2(nm)}$ 纳米复合陶瓷的研究 ［D］. 北京：北京科技大学，2001.

［50］ 张辉. 光子晶体的制备与表征 ［D］. 北京：北京科技大学，2003.

［51］ 张梅. 纳米包覆 CeO_2-TiO_2 汽车尾气传感器材料的研究 ［D］. 北京：北京科技大学，2000.

［52］ 张云. 稀土元素在导电铝和导电铜中作用的物理化学 ［D］. 北京：北京钢铁学院，1985.

［53］ 高立春. 自增韧氧化铝陶瓷的合成与性能研究 ［D］. 北京：北京科技大学，2003.

［54］ Wang Xidong. Synthesis of AlON and MgAlON Ceramics and thrir Chemical corrosion Resistance ［D］, Stockholm, Sweden：KTH, 2001.

［55］ Li Fan. Development of Techniques to Producce Nickel Coated Composite Materials as Well as Hollow Nickel Fibres and Kinetic Study of the Process Involved ［D］. Stockholm, Sweden：KTH, 2007.

6 计算机数据处理及参数优化

在冶金和材料制备研究领域中，随着冶金新工艺、新技术、新方法的出现，以及各种多元、复合多功能新材料的出现，试验所得到的大量数据，通常都是多因子、高噪声、非线性、非均匀分布的，传统处理数据的方法已不适应。如何从这些数据中去除"噪声"，提取出有用的信息，从而获得正确的规律至关重要。随着计算机的发展和应用，逐步形成了归纳法和演绎法两大类计算机辅助材料设计和制备方法。归纳法是以数据库、知识库和人工智能等为基础的计算机模式识别方法，总结归纳出旨在获取符合设计要求的材料的制备方法。其在冶金和材料制备方面主要应用于：利用计算机进行材料制备的工艺参数的优化、工艺参数与结构和性能关联的预报，以及逆映照获得优化的工艺参数等。而演绎法则是以计算机模拟和量子力学计算等为基础的方法。因此，面对大量繁琐、复杂的数据。科技工作者可以借助计算机技术，对这些数据进行分析处理，获得有用的信息和规律，从而指导材料的研制工作。

此外，随着计算机技术的迅速发展及其在材料制备科学中的应用，逐步形成了材料设计和制备智能系统，研究者开始利用计算机技术设计新材料，并对材料制备工艺参数进行优化。材料设计和制备智能系统包括以知识检索和逻辑推理等为基础的专家系统和模式识别、人工神经元网络、遗传算法等决策理论。计算机技术与材料制备研究结合的"材料设计和制备"已经应用于高新技术、航空航天、国防军工等诸多领域。本章简单介绍统计模式识别、人工神经元网络、遗传算法，以及分形等理论和运用方法，并在此基础上，以实例说明其在材料制备研究中的应用。随着人工智能（AI）技术的飞速发展，计算机数据处理技术也会不断完善，并在材料科学研究中的应用越来越广泛。

6.1 统计模式识别

"模式"的含义是把研究对象的个体看作是一个模式，它可以是一个模型、标志（图形），或一个方案（工艺流程或配方）等，对它进行分类、描述和理解。"模式类别"是指具有确定特性的模式。"模式识别"是对许多模式进行辨识，即在一定的度量或观察基础上，掌握这些模式相似和差异的规律，进而进行将某个模式划分到某种模式类别中去的识别操作。或者说，模式识别是一种借助于大量信息和经验进行推理的方法。

计算机模式识别方法又可分为统计模式识别（statistical pattern recognition）和句法模式识别（syntactic pattern recognition）两大类。

句法模式识别是以模式结构信息为对象的识别技术。在遥感图片处理、指纹分析、汉字识别等方面已有广泛应用。由于句法模式识别更便于处理图形和结构的信息，故在有机分子设计和工业优化工作图象处理中可以应用。

通俗地讲，统计模式识别是依据"物以类聚"的准则，将大量的实验点区分为"好"

和"坏"两类。统计模式识别是用统计数学方法处理表达模式的矢量或矩阵的识别，即将每个样本用特征参数（在优化中，经常将描述工况的参数如组成、温度、压力等条件的数值作为"特征参数"）表示为多维空间中的一个点，在数据样本组成的多维空间中，根据同类或相似的"样本"间的距离（或投影距离）应较近，而非同类的"样本"间的距离（或投影距离）应较远，就可以根据各样本点间的距离或距离的函数来判别、分类，进而利用分类结果和模式逆映照预报未知。这种统计模式识别是材料设计、工业优化和工业诊断的一种基本方法。统计模式识别的首要目标，是样本及其代表点在多维空间中的分类。科学技术中的分类方式有两种：一种是事先规定的标准和种类的数目，通过大批已知样本的信息处理，亦即"训练"或"学习"找出规律，再用计算机预报未知，称为"有人管理分类"；另一种是只有一大批样本，事先没有规定分类标准，也没有规定分成几类，要求通过信息处理找出合适的分类方法并实现样本分类，称为"无人管理分类"；在分子设计、材料设计、工业优化、工业诊断等领域，主要使用有人管理分类方法。

　　统计模式识别方法根据空间变换计算方式可分为：主成分分析法、线性投影法、K-近邻配位法、偏最小二乘法和菲舍尔（Fisher）函数法等。

　　统计模式识别的一般流程、程序和逆映照框图，如图6-1所示。

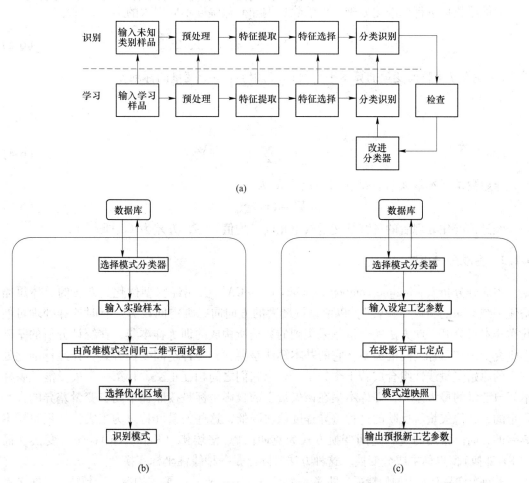

图6-1　统计模式识别流程、程序和模式逆映照框图

（a）统计模式识别流程框图；（b）统计模式识别程序框图；（c）模式逆映照框图

与传统的线性回归法相比，模式识别方法的结果往往更为可靠，因为线性回归法假定的数学模型为线性数据集，服从正态分布，与各影响因子间线性无关，而实际科研和生产实践中各影响因子间并非线性无关。

统计模式识别常用的计算方法将在下面小节中逐一简要地介绍。

6.1.1 原始样本的标准化处理

由于原始样本中各变量不同，测量时所用量纲也不同，这对数据的分布范围、平均值和方差有影响，会导致夸大某些变量对目标的作用，掩盖某些变量的贡献，使统计处理不能有效地进行。因此，为消除这些影响，必须对原始数据进行标准化处理。

设有 n 个样本、m 个变量组成的原始样本集 $\boldsymbol{X}$，并用自变量矩阵表示，即

$$\boldsymbol{X} = (x_{ij})_{n \times m} = \begin{bmatrix} x_{11} & x_{12} & \cdots & x_{1m} \\ x_{21} & x_{22} & \cdots & x_{2m} \\ \vdots & \vdots & \vdots & \vdots \\ x_{n1} & x_{n2} & \cdots & x_{nm} \end{bmatrix} \tag{6-1}$$

对原始数据进行标准化处理，以消除量纲和变化幅度不同引入的影响，即

$$x'_{ij} = \frac{x_{ij} - \bar{x}_j}{s_j} \quad i = 1, 2, \cdots, n; \ j = 1, 2, \cdots, m \tag{6-2}$$

式中，$\bar{x}_j$ 为第 j 个特征变量的算术平均值；s_j 为第 j 个特征变量的标准差。

$$\bar{x}_j = \frac{1}{n} \sum_{i=1}^{n} x_{ij} \tag{6-3}$$

$$s_j = \sqrt{\frac{1}{n-1} \sum_{i=1}^{n} (x_{ij} - \bar{x}_j)^2} \tag{6-4}$$

原始数据样本集 $\boldsymbol{X}$ 经标准化后的矩阵 $\boldsymbol{X}'$ 为

$$\boldsymbol{X}' = (x'_{ij})_{n \times m} \tag{6-5}$$

经过标准化处理后的各特征变量权重相同，均值为零，方差为 1，即 $s_j^2 = 1$。

6.1.2 主成分分析法

主成分分析（principle component analysis，PCA）法属经验型优化。方法的总体思路是使多维空间的图像"旋转"，以信息量最大的方向向二维空间投影。有时这样处理可使几类样本点分开。此方法完全依赖采集到的数据所构成的训练样本集，在统计分析的基础上研究变量和目标之间的关系。它的基本算法是要找到一种空间变换方式，让经标准化处理后的原始变量线性组合成若干个矢量，要求它们之间相互正交，且第一个矢量能反映样本间自变量的最大差异，即样本集在该矢量上的投影坐标是按照样本间自变量差异的大小确定的，其他矢量所反映的这种差异程度依次降低，这些矢量（称之为主成分）反映样本离差的方向。常用的这种空间变换方式为克胡内恩-洛埃佛（Karhunen-Loeve）变换（简称 KL 变换），也称主成分变换。这种方法实际上是一种线性坐标变换。

若每个样品有 n 个原始特征，即 $\boldsymbol{X} = (x_1, x_2, \cdots, x_n)^{\mathrm{T}}$，要求构造 n 个新特征，即 $\boldsymbol{Y} = (y_1, y_2, \cdots, y_n)^{\mathrm{T}}$，并使它们满足以下条件：

（1）每个新特征是各原始特征的线性组合，即

$$y_i = u_{i1}x_1 + u_{i2}x_2 + \cdots + u_{in}x_n \tag{6-6}$$

或

$$y_i = u_i \boldsymbol{X}, \; u_i = (u_{i1}, \; u_{i2}, \; \cdots, \; u_{in})^{\mathrm{T}} \tag{6-7}$$

式中，u_{ij} 都是常数。

（2）各个新特征之间是非线性相关的，即相关系数为零

$$r(y_i, \; y_j) = 0 \qquad i, j = 1, \; 2, \; \cdots, \; n ; \; i \neq j \tag{6-8}$$

（3）u_1 使 y_1 的方差达到最大，u_2 使 y_2 的方差达到次大，等等。

满足以上条件的新特征 y_1，y_2，$\cdots$，y_n 分别称为样品点的第 1，2，$\cdots$，n 个主成分。

克胡内恩-洛埃佛变换即可以满足上述要求。其基本计算原理如下所述。

设 $\boldsymbol{X}$ 是经标准化后含 m 个变量 n 个样本的样本集，$\boldsymbol{U}$ 是主成分矢量矩阵。第 k 个主成分矢量为

$$\boldsymbol{U}_k = (u_{1k}, \; u_{2k}, \; \cdots, \; u_{mk})^{\mathrm{T}} \qquad k = 1, \; 2, \; \cdots, \; m \tag{6-9}$$

$\boldsymbol{X}$ 在 $\boldsymbol{U}$ 的投影为样本的主成分矩阵

$$\boldsymbol{Y} = \boldsymbol{XU}$$

因要求主成分之间正交，因此有：

$$\boldsymbol{Y}^{\mathrm{T}}\boldsymbol{Y} = (\boldsymbol{XU})^{\mathrm{T}}\boldsymbol{XU} = \boldsymbol{X}^{\mathrm{T}}\boldsymbol{U}^{\mathrm{T}}\boldsymbol{XU} = \boldsymbol{U}^{\mathrm{T}}\boldsymbol{SU} = \boldsymbol{\Lambda} \tag{6-10}$$

式中，$\boldsymbol{S}$ 为样本在原始空间的协方差矩阵；$\boldsymbol{\Lambda}$ 为对角化矩阵。

$$\boldsymbol{S} = \boldsymbol{X}^{\mathrm{T}}\boldsymbol{X} \tag{6-11}$$

而

$$\boldsymbol{\Lambda} = \begin{bmatrix} \lambda_1 & 0 & \cdots & 0 \\ 0 & \lambda_2 & \cdots & 0 \\ \vdots & \vdots & \vdots & \vdots \\ 0 & 0 & \cdots & \lambda_m \end{bmatrix}$$

如果在解方程时要求正交归一条件，即

$$\boldsymbol{U}^{\mathrm{T}}\boldsymbol{U} = \boldsymbol{I} = \begin{bmatrix} 1 & 0 & \cdots & 0 \\ 0 & 1 & \cdots & 0 \\ \vdots & \vdots & \vdots & \vdots \\ 0 & 0 & \cdots & 1 \end{bmatrix}$$

于是有

$$\boldsymbol{SU} = \boldsymbol{U\Lambda} \tag{6-12}$$

当只考虑第 j 个本征值时，

$$\boldsymbol{SU}_j = \boldsymbol{\lambda}_j \boldsymbol{U}_j \tag{6-13}$$

从而可求得本征矢量 $\boldsymbol{U}_j$。再根据

$$\boldsymbol{Y} = \boldsymbol{XU} \tag{6-14}$$

就可得到经线性变换后的新特征 $\boldsymbol{Y}$。

主成分分析法的计算步骤，由如下 6 步组成：

（1）利用式（6-2）对数据进行标准化处理。

（2）选择并计算原始样品集的协方差矩阵 $\boldsymbol{S}$。

（3）计算出 S 的全部本征值 λ_1，λ_2，$\cdots$，λ_n 和对应的本征向量 u_1，u_2，$\cdots$，u_n，将求得的各个特征值按照从大到小的顺序排列，即

$$\lambda_1 \geqslant \lambda_2 \geqslant \cdots \geqslant \lambda_n$$

特征向量也按照对应特征值的顺序排序。根据克胡内恩-洛埃变换，就可求出 n 个新特征。

（4）计算前 m 个新特征或主成分的累计方差贡献率

$$(\lambda_1 + \lambda_2 + \cdots + \lambda_m) / (\lambda_1 + \lambda_2 + \cdots + \lambda_n)$$

当该值足够大时，所取的前 m 个新特征就可以代替 n 个原始特征，并能很好地保持整个模式分布结构不变。

（5）按式（6-14）计算训练样本的主成分。

（6）二维主成分映照。

由此可见，主成分分析法受样本的模式分布的影响，对原始样本集选用不同的协方差矩阵，将会对该方法的分类效果产生影响。

主成分分析中主成分的确定并未考虑到样本分类的信息，若选用的自变量与分类规律密切相关，则主成分分析的某些投影图也能将两类或多类样本点分布在不同区域，从而获得分类的判据。

6.1.3　几种常用的线性映照方法

常用的线性映照方法有相似分析法、偏最小二乘法、最优判别平面方法和线性投影法等，下面将它们的特点逐一扼要介绍。

6.1.3.1　相似分析法

相似分析法（similarographic computer analysis，SIMCA）的特点是按样本类别分别在多维空间中作数据处理，适用于训练样本数目和变量数目比例较小的训练样本集。

6.1.3.2　偏最小二乘法

偏最小二乘法（partial least squares，PLS）是 20 世纪 70 年代提出的一种新的主成分方法，其优点是：能排除原始变量的相关性；既能过滤自变量的噪音，也能过滤应变量的噪音；描述模型所需特征变量数目少，预报能力强且稳定。在大多数回归建模中用此方法代替一般的多元回归和主成分回归。

6.1.3.3　最优判别平面方法

最优判别平面方法（optimal discrimination plan，ODP）是在一维菲舍尔（Fisher）判别方法基础上发展形成的，即增加了一个与一维菲舍尔矢量正交而具有最大离差的第二矢量，训练样本向这两个正交轴投影，形成一个称之为最优判别平面的二维可视图。它是一个含多类型样本的模式识别方法。在使用过程中广义本征值越大，各类的聚集程度就越好。但应当指出，因该方法只有两个矢量（即只提供两个新特征变量），使用时会存在两方面的问题：一是对不含分类信息的训练样本不能使用此方法，且对类别信息中含有噪声的样本会出现误判；其次是如果原始变量数目较多，转换到新空间时信息量损失很大。

6.1.3.4　线性投影法

线性投影法（linear mapping arithmetic projection，LMAP）也称为白化变换-线性投影

法（whitening transform-linear projection）。它包括主成分分析法、偏最小二乘法和最优判别平面法等方法，仍属传统的模式识别的方法。主成分分析法不考虑样本类别而把全体样本作整体处理，较好地保留了样本分布的信息，但不增加样本类别的可分离性。线性投影法利用白化变换，使得坐标轴发生压缩或膨胀，从而使得样本分布形式发生变化。该方法在映射时利用了样本分类的信息，并设法增强了样本的可分离性。

将样本从高维空间向二维映照，使多因子问题转化成可视的两因子问题，凭借人机对话做分类研究，这种传统模式识别方法仍是一种有效的模式识别方法。但应指出，应用主成分分析法和偏最小二乘法在矢量做二维映照时存在两点不足之处：一是损失了 $m-2$ 个矢量信息；二是难以描述非线性过程。最优判别平面方法浓缩了样本分类特征，它虽也损失了部分信息，但与主成分分析法和偏最小二乘法相比损失的要少一些。

总结上述这些方法可以看出各自的优缺点，但它们都不能很好地描述非线性过程。

6.1.4 非线性映照法

线性映照法对多维空间图像投影时，常使本来在多维空间中分布在不同区的异类点，因形成叠影而相互混淆。为了改善这种现象，可采用非线性映照法（non-linear mapping，NLM）。非线性映照法的总体思路是将多维空间图像映照到二维空间，且要求映照中尽量维持各代表点间的距离结构。非线性映照法既是非线性，又尽量考虑各个成分的贡献，克服了线性映照的两个缺点。它的不足之处在于，没有映照轴的函数和迭代难于收敛。

由前一节所述可知，主成分分析法是把样本的原始特征空间通过比较简单的线性变换得到新的特征空间，且新的特征空间的维数是通过计算新特征的累计方差贡献率来决定的。而非线性映照法则是直接从映照前后样本点的拟合程度和样本类别的可分离性出发，构造一个目标函数

$$J = J_\mathrm{S} + \mu J_\mathrm{G} \tag{6-15}$$

式中，J 为映照到新的特征空间上样品点 Y_1，Y_2，$\cdots$，Y_N 的函数。

样品点拟合程度的表达式为

$$J_\mathrm{G} = \sum_{i=1}^{N-1} \sum_{j=i+1}^{N} w_{ij} (d_{ij}^* - d_{ij})^2 \tag{6-16}$$

式中，w_{ij} 为权重系数，通常可表示为

$$w_{ij} = (1/d_{ij})^\alpha / \sum_{i=1}^{N-1} \sum_{j=i+1}^{N} (1/d_{ij})^\alpha$$

d_{ij}^* 和 d_{ij} 分别为对应样品点在新、旧特征空间内的距离；α 为一参数。

当确定原始样品集以后，d_{ij} 也就确定了。所以，J_G 是 d_{ij}^* 的函数，也是各个新特征的函数。若该函数具有单调性和连续性，则通过调整各个新特征，可以使拟合度 J_G 达到极小，从而得到与原有特征空间的点的散布方式尽可能与新特征空间上点的坐标吻合。

样品类别的可分离性表示为

$$J_\mathrm{S} = \sum_{i=1}^{N-1} \sum_{j=i+1}^{N} \delta(\Omega_{ki}, \Omega_{kj}) w_{ij} d_{ij}^{*2} \tag{6-17}$$

式中，Ω_{ki} 和 Ω_{kj} 分别表示 X_i 和 X_j 所在的类别号。函数 δ 的定义为

$$\delta(\Omega_{k_i},\ \Omega_{k_j}) = \begin{cases} 0 & \Omega_{k_i} \neq \Omega_{k_j} \\ 1 & \Omega_{k_i} = \Omega_{k_j} \end{cases}$$

对于原来属于同一类的点（$\delta = 1$），d_{ij}^{*} 应该尽可能小；反之，对不属于同一类的点（$\delta = 0$），则不必考虑 d_{ij}^{*} 大小。一个好的降维映照应使 J_S 尽量小。

综合考虑上述两方面因素，采用一种最优化方法或其他一些更有效的算法，通过不断调整各个样品点的新坐标，使 J 值达到极小，才可以得到好的降维映照效果。

6.1.5　K-近邻聚类法

K-近邻聚类法（K-nearest neighbors，KNN）亦称 K 近邻法，是模式识别的一种标准算法。基本思路是先将已分好类别的训练样本点"记入"多维空间，然后将待分类的未知样本也"记入"多维空间。而后，考察未知样本点的 K 个近邻（K 为单数整数）按"少数服从多数"规则判定样本类型，即一个样本的类型和它的已知类型中占多数的最近邻样本的类型相同。K 的数目，通常根据数据结构凭经验而定。K 的数目取得越小，判断准则越严格。若近邻中某一类样本最多，即可将未知样本亦判为该类型。在多维空间中，度量各点间的距离可采用标准化空间距离或采用变换的降维空间欧几里得距离，而通常规定采用欧几里得距离。例如，样本点 i 和样本点 j 间的距离 d_{ij} 可表示为：

$$d_{ij} = \Big[\sum_{k=1}^{M} (x_{ik} - x_{jk})^2 \Big]^{1/2} \tag{6-18}$$

有时为便于计算，采用标准化空间距离

$$d_{ij} = \sum_{k=1}^{M} |x_{ik} - x_{jk}| \tag{6-19}$$

K-近邻聚类法的最大优点是对数据结构没有特定的要求，而其缺点是没有对训练点作信息压缩。因此，每判断一个新的未知点都要将它与所有已知点的距离全部算一遍，计算工作量大。对按类聚集不明显的情况，不能直接使用此方法来进行优化。

6.1.6　分类判别函数法

所谓分类判别函数法，就是从已知类别样本出发构造一个或一种判别算法，并以此对未知样本进行分类判别。

设一组函数

$$g_1(\boldsymbol{X}),\ g_2(\boldsymbol{X}),\ \cdots,\ g_R(\boldsymbol{X})$$

为分属于 R 类的样品集 $\boldsymbol{X} = (x_1,\ x_2,\ \cdots,\ x_n)^{\mathrm{T}}$ 单值函数。当 $\boldsymbol{X}$ 属于第 i 类时，有下列关系式

$$g_i(\boldsymbol{X}) > g_j(\boldsymbol{X}) \qquad i,\ j = 1,\ 2,\ \cdots,\ R\ \text{且}\ i \neq j \tag{6-20}$$

若 $g_i(\boldsymbol{X})$ 为线性函数，即

$$g_i(\boldsymbol{X}) = w_{i0} + \sum_{k=1}^{n} w_{ik}\boldsymbol{X}_k \tag{6-21}$$

则称 $g_i(\boldsymbol{X})$ 为线性判别函数。为了计算方便，令

$$\boldsymbol{w}_i = (w_{i0},\ w_{i1},\ \cdots,\ w_{in})$$

$$Y = (1, x_1, x_2, \cdots, x_n)$$

式中，w_i 称为第 i 类权重向量；Y 称作增广模式向量。

于是判别函数可表示为

$$g_i(X) = w_i Y \tag{6-22}$$

6.1.7 模式逆映照法

人们对二维图像具有很好的识别能力，模式映照法是从多维空间图像向二维平面投影或映照的方法，通过二维图像了解多维空间图像的结构。但是通过投影或映照，只能得到由原始变量线性或非线性组合的数值描述的图像，而无法从这些投影图或映照图中直接"读"出解决实际问题的方案。许多实际问题的解决，都需要基于对原始变量的调控。因此，只有使二维映照图的信息（或部分信息）"逆映照"，返回到由原始变量为坐标的多维空间，才能得出解决实际问题的策略。逆映照过程是映照的逆过程，即是从二维空间回到原来的高维空间的过程，是模式识别优化参数指导实践所需。模式逆映照方法大致分为线性逆映照 LIM（linear inversion mapping）和非线性逆映照 NLIM（non-linear inversion mapping）两种。逆映照的目的是在优化的基础上设计新样本，即在优化区中选优，或将优化区外推寻优。

二维空间的一个点只能提供两个确定数据，借助两个坐标线性矢量只可构成两个线性方程，各种逆映照方法都提供了边界条件，从而解决了由低维向高维返回的模式识别优化的问题。

6.1.8 应用实例

6.1.8.1 统计模式识别在金属基材料规模化制备研究中的应用实例

此小节以一些镍基材料制备的工业化工艺参数，小型试验、放大试验工艺参数的优化处理为例，说明统计模式识别在材料规模化制备过程中的具体应用。

A 纤维镍基板工业制备工艺参数的优化

a 利用统计模式识别主成分分析法对纤维镍基板工业制备工艺参数的优化

选取基板中纤维的含量、烧结温度和走带速度 3 个影响纤维镍基板强度的主要工艺参数，以基板强度的等级为分类判据，共有 34 组试样组成了原始样本集，具体见表6-1。

表6-1 纤维镍基板工业制备 34 个试样组成的原始样本集

样本号	纤维含量 f/%	烧结温度 T/℃	走带速度 v/m·min^{-1}	强度等级
1	0	900	0.80	2
2	0	920	0.60	3
3	0	950	0.40	4
4	20	880	1.00	1
5	20	880	0.85	1
6	20	920	0.75	2
7	20	950	0.60	3

续表 6-1

样本号	纤维含量 f/%	烧结温度 T/℃	走带速度 v/m·min^{-1}	强度等级
8	20	980	0.40	4
9	20	980	0.50	4
10	25	900	0.88	1
11	25	905	0.96	1
12	25	930	0.55	3
13	25	950	0.50	4
14	30	880	0.85	1
15	30	900	0.70	2
16	30	900	0.88	1
17	30	905	0.25	3
18	30	905	0.40	3
19	30	940	0.40	3
20	30	940	0.60	3
21	30	960	0.55	4
22	30	980	0.40	4
23	30	1000	0.40	4
24	30	1000	0.50	4
25	30	1050	0.50	4
26	30	1100	0.50	4
27	35	940	0.55	3
28	35	960	0.40	4
29	40	930	1.00	1
30	40	930	0.80	1
31	40	930	0.60	2
32	50	935	0.30	3
33	50	940	0.78	1
34	50	1000	0.40	4

    MH-Ni 电池的工作模式多为快速充电和大电流放电，因此，对镍电极的稳定性提出了较高的要求。基板强度是镍电极稳定性的关键，于是选定在样本点分类中基板强度参数不小于 3 的点为好点，小于 3 的点为坏点。利用主成分分析法的模式识别程序得到一个具有较好识别能力的模式分类器及其投影方式，经过处理后得到分辨率较高的投影平面，见图6-2。

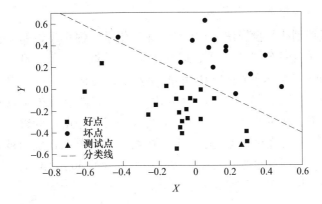

图 6-2 纤维镍基板工业制备工艺参数各样本在二维鉴别平面上的投影图

其投影方程式为

$$X = 0.0188f - 0.0006T + 0.4159v - 0.2009$$
$$Y = -0.0065f - 0.0028T + 0.8759v + 2.3249$$

目标区内模式样本的正确识别率 R 为：

$$R = \frac{N_1(目标区内正确识别的样本数)}{N(目标区内总样本数)} \times 100\% = \frac{34}{34} \times 100\% = 100\%$$

b 纤维镍基板工业制备工艺参数的条件模式逆映照

在统计模式识别主成分分析法中，往往是选择了累计方差贡献率较大的主分量作为投影分量，并不一定能得到好的分类效果。有时为了获得好的分类效果，还是要选用那些累计方差贡献率不很大的分量。从上面的分析可以认为，对于用这种方式得到的模式分类器，其逆映照必须是有条件的，故将这种模式逆映照方法叫做"条件逆映照"。

条件逆映照应有如下假设：样本模式的特征空间必须是连续的实空间；在鉴别分量或平面上投影重合的样本属于同一类别。

对于一些具体的用于描述样本的特征，如几何尺寸、化学成分、物理性质，或一些工艺参数，如温度、压力、时间等，在一定范围内都是连续变化的。这就使得由这些特征的变化产生的不同样本在一定的特征空间内是连续分布的。至于投影重合的样本，只要该鉴别分量或平面或其中的某些区域具有足够高的识别率，它们属于同一类的可能性就很大。

在得到的纤维镍基板工业制备工艺参数模式分类投影图（图 6-2）中的好点区域取一点，作为参数优化区中的测试点，通过模式逆映照，得到了这个样本的工艺参数，并根据这些参数制备纤维基板试样。结果如表 6-2 所示。

表 6-2 纤维镍基板工业制备的模式逆映照样本

样本	坐标值	纤维含量 $f/\%$	走带速度 $v/m \cdot min^{-1}$	烧结温度 $T/℃$	强度等级
测试	$x=-0.23$，$y=-0.57$	30	0.30	980	4

由表 6-2 可以看出，在目标区选定的测试点，采用逆映照程序设计的工艺参数制得的纤维基板试样，其强度为 4 级。实验证明了所建立的模式分类器及其逆映照，可以用于镍纤维基板制备工艺参数的选择及其性能的预报。

B　化学镀镍小型试验工艺参数的优化

采用统计模式识别线性投影法（LMAP）优化化学镀镍小型试验工艺参数时，在镀液中的主盐和还原剂浓度一定的条件下，以添加剂 A 的浓度、每 100mL 镀液中的氨水量、反应温度、每 100mL 镀液中的饱和 SDS 溶液加入量作为输入变量参数，以反应是否完全（即反应结束后尾液中镍离子浓度低于 400×10^{-6} g/L）和被镀覆颗粒表面是否被金属镍覆盖完全作为判定标准，将试验点分为两类：1 类点（工艺好点）为镀覆颗粒表面被金属镍覆盖完全，而且镀液反应完全；2 类点（工艺坏点）为镀覆颗粒表面被金属镍覆盖不完全或镀液反应不完全。用线性投影法将化学镀镍小型试验的 30 组样本点（参见表 6-3）进行模式分类，其分类结果如图 6-3 所示。

表 6-3　化学镀镍小型试验样本点的原始数据

序号	分类	添加剂 A/g·L^{-1}	100mL 溶液中加入氨水量/mL	温度 t/℃	100mL 溶液中加入 SDS$^{\#}$的量/mL	反应时间/min
01	2	30	24	75	0	60
02	1	10	30	77	0	30
03	1	10	31	72	0	23
04	1	10	28	72	0	28
05	2	30	50	75	0	60
06	2	0	10	72	0	10
07	2	0	8.5	70	0	11
08	1	3	15	71	0	19
09	1	7	10	70	0	30
10	1	5	10	70	0	20
11	1	7	10	69	0	42
12	1	6	10	70	1	21
13	1	7	10	72	1.2	25
14	1	5	10	73	1.2	16
15	1	5	10	70	0.5	19
16	1	5	10	75	0.5	20
17	1	6	9	74	0.5	20
18	1	8	9	74	0.5	20
19	1	12	9	74	0.5	23
20	2	50	10	74	0.5	63
21	1	7	10	71	0.5	24
22	1	5	10	74	0.5	21
23	1	12	9.5	75	0.5	39
24	1	8	8.5	77	0.5	27
25	1	5	10	71	0.7	29
26	1	7	10	72	0.7	30
27	1	7	10	70	0	38
28	2	5	0	72	0	68
29	2	6	3	73	0	66
30	2	7	5	71	0	65

注：分类 1 为好点；分类 2 为坏点；SDS$^{\#}$为 SDS 饱和溶液。

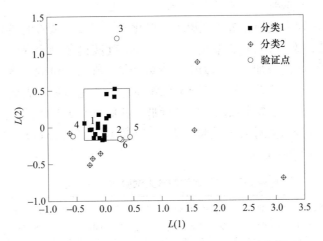

图 6-3　化学镀镍小型试验工艺参数模式识别分类图

根据计算结果，在有 $L(1)$ 和 $L(2)$ 组成的二维投影平面（见图 6-3），1 类点与 2 类点由方框完全分开，其模式识别率为 100%。各样本点空间投影方程为：

$$L(1) = 7.483 \times 10^{-2}[\text{添加剂 A 浓度}] + 2.352 \times 10^{-3}[\text{氨水加入量}] -$$
$$2.843 \times 10^{-2}[T] + 0.24[\text{SDS 加入量}] + 1.402 \tag{6-23}$$

$$L(2) = -1.494 \times 10^{-2}[\text{添加剂 A 浓度}] + 3.58 \times 10^{-2}[\text{氨水加入量}] -$$
$$7.23 \times 10^{-3}[T] + 0.2798[\text{SDS 加入量}] + 8.075 \times 10^{-2} \tag{6-24}$$

其中，1 类点（工艺好点）的目标优化区（方框内区域）为：

$$-0.3564 \leqslant L(1) \leqslant 0.4442 \tag{6-25}$$
$$-0.1717 \leqslant L(2) \leqslant 0.5209 \tag{6-26}$$

在图 6-3 所示分类中任意抽取 6 个点作为验证点，通过模式逆映照方式得到这些点的工艺条件并进行实验验证，其结果列于表 6-4。

表 6-4　在主盐和还原剂浓度一定条件下化学镀镍模式逆映照参数与验证结果

序号	逆映照条件				预报分类	实验现象	实际分类
	添加剂 A /g·L^{-1}	100mL 溶液中加入氨水 /mL	T/K	100mL 溶液中加入 SDS /mL			
1	5.0	10.0	348	0.5	1	反应完全，镀覆完整	1
2	12.0	9.0	347	0.5	1	反应完全，镀覆完整	1
3	10.0	30.0	345	0.0	2	反应不完全	2
4	0.0	8.5	343	0.0	2	镀覆不完整，游离镍	2
5	13.3	10.0	346	0.5	1	反应完全，镀覆完整	1
6	12.0	9.5	348	0.5	1	反应完全，镀覆完整	1

注：分类 1 代表好点，2 代表坏点。

综上所述，统计模式识别线性投影法，对化学镀镍小型试验工艺参数的模式分类优化是准确可信的，通过模式逆映照方法得到的工艺条件，实验验证与模式分类一致。

C 化学镀镍放大试验工艺参数的优化

采用统计模式识别主成分分析法（PCA）对化学镀镍放大试验的参数优化，以主盐的浓度、还原剂用量、添加剂 A 的浓度、每 100mL 镀液的氨水用量、反应温度以及每 100mL 镀液的饱和 SDS 溶液加入量作为输入参数变量。在放大试验中强化了分类标准，判据定为：1 类点（好点）必须是金属镍全都沉积在定位活化的颗粒表面，基本没有游离的金属镍颗粒，镀层致密，尾液中镍离子的浓度低于 400×10^{-6}g/L 的试验点；否则为 2 类点（坏点）。采用主成分分析法对放大试验结果 31 组样本（参见表 6-5）的样本空间进行模式分类，其分类图如图 6-4 所示。

表 6-5 化学镀镍的放大试验的原始数据

序号	分类	六水硫酸镍 /g·L^{-1}	添加剂 A /g·L	100mL 溶液中加入联氨/mL	100mL 溶液中加入氨水/mL	100mL 溶液中加入 SDS#/mL	温度 /℃	反应时间 /min
01	1	27	5	1.5	9	0.5	74	20
02	1	27	8	1.5	9	0.5	74	25
03	2	27	12	1.5	9.5	0.5	75	41
04	1	27	8	1.5	9	0.5	77	27
05	1	40.5	10	3.3	11	0.375	74	34
06	1	40.5	10	3.3	10	0.375	76	30
07	1	40.5	10	3.3	9	0.375	72	30
08	1	40.5	10	3.3	8.5	0	74	33
09	1	54	13.3	4.4	12.3	0.5	73	33
10	1	54	13.3	4.4	10.7	0.5	73	30
11	1	45	11.3	3.7	8.3	0.5	72	28
12	1	54	13.3	4.3	10	0.5	72	30
13	1	54	13.3	4.3	10	0.5	73	31
14	1	54.6	13.3	4.4	10	0.5	72	28
15	1	54.6	13.3	4.3	10	0.5	72.5	20
16	1	54.6	13.3	4.3	10	0.5	74	28
17	1	54.6	13.3	4.3	10	0.5	73	28
18	1	54.6	13.3	4.5	10	0	73	29
19	1	54.6	13.3	4.5	10	0	74	29
20	1	54.6	13.3	4.3	10	0	73	33
21	1	51.6	12.5	4.4	10	0	73	30
22	1	55	13	4.7	10	0	73.5	29
23	2	55	13	4.7	10	1	70	15
24	1	55	13	4.5	10	0	72	23
25	1	54.6	13.3	4.3	10	0	72.5	30
26	1	55	13	4	10	0	72	23
27	1	54.6	13.3	4	10.6	0	73	30
28	1	54.6	13.3	4	10.6	0	75	25
29	1	54.6	13.3	4	10.6	0	76	25
30	1	52.3	13	4.2	10	0	76	24
31	1	54.6	13.3	4	10	0	75	27

注：分类 1 为好点；分类 2 为坏点；SDS# 为 SDS 饱和溶液。

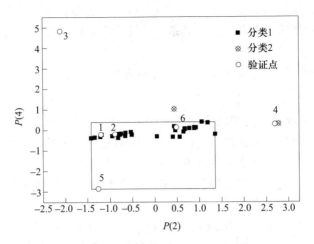

图 6-4 化学镀镍放大试验统计模式识别分类图

根据计算结果在由 $P(2)$ 和 $P(4)$ 组成的二维投影平面（见图 6-4）上，1 类点与 2 类点完全分开，其模式识别率为 100%。各样本点空间投影方程为：

$$P(2) = -5.291 \times 10^{-3} [六水硫酸镍浓度] - 9.826 \times 10^{-2} [添加剂 A 加入量] -$$
$$0.2080 [T] - 5.093 \times 10^{-2} [氨水加入量] + 2.858 [SDS 加入量] +$$
$$4.308 \times 10^{-2} [联氨加入量] + 16.35 \tag{6-27}$$

$$P(4) = -2.133 \times 10^{-2} [六水硫酸镍浓度] - 0.1974 [添加剂 A 加入量] -$$
$$6.814 \times 10^{-2} [T] - 0.1618 [氨水加入量] + 0.4329 [SDS 加入量] +$$
$$0.2505 [联氨加入量] + 6.038 \tag{6-28}$$

其中 1 类点（工艺好点）的目标优化区（方框内区域）为：

$$-1.4204 \leqslant P(2) \leqslant 1.3601 \tag{6-29}$$
$$-2.8622 \leqslant P(4) \leqslant 0.3835 \tag{6-30}$$

在图 6-4 所示分类中任意抽取 6 个点作为验证点，通过模式逆映照方式得到这些点的工艺条件并实验验证，其结果列于表 6-6。

表 6-6 化学镀镍放大试验模式逆映照参数与验证结果

| 序号 | 六水硫酸镍 /g·L^{-1} | 逆映照条件 | | | | | 预报分类 | 实验现象 | 实验分类 |
		100mL 溶液中加入联氨/mL^1	添加剂 A /g·L^{-1}	100mL 溶液中加入氨水/mL^1	T/K	100mL 溶液中加入 SDS /mL			
1	54.6	4.00	13.3	10.0	348	0.0	1	反应完全，镀覆完整	1
2	52.5	3.75	12.5	10.0	347	0.0	1	反应完全，镀覆完整	1
3	27.0	1.10	30.0	8.5	345	0.0	2	反应不完全	2
4	55.0	4.70	13.0	10.0	343	1.0	2	少量游离镍	2
5	27.0	1.50	10.0	31.0	345	0.0	1	反应完全，镀覆完整	1
6	27.0	2.00	8.0	8.5	350	0.5	1	反应完全，镀覆完整	1

注：分类 1 代表好点，2 代表坏点。

　　综上所述，统计模式识别分析化学镀镍放大试验工艺参数可以获得目标优化区，而用模式逆映照提供的参数进行工业试验，其结果与统计模式识别的分类吻合很好，表明统计模式识别在工业上应用是可行的。

6.1.8.2　统计模式识别在无机非金属材料实验室研究中的应用实例

A　统计模式识别在古白瓷研究中的应用

　　早在 1995 年就将统计模式识别应用于我国古白瓷的研究中。白瓷的出现，大大降低了胎和釉中氧化铁与氧化钛的含量，这标志着我国陶瓷工业的进步和发展。由于烧成工艺的差异，我国南北方的白瓷风格各具特色。北方白瓷以邢窑、巩县和定窑白瓷为代表，南方白瓷则以景德镇和德化白瓷最具特色。现以计算机统计模式识别来探讨历代白瓷生产的一些规律。

　　将白瓷胎和釉的化学成分、烧成温度等 11 个参数构成多维变量空间，见表 6-7。而后，用统计模式识别主成分分析法和非线性映照法，找到 5 类古白瓷的目标区域，见图 6-5。

表 6-7　白瓷釉的原始数据

序号	类别	$w/\%$										$t/℃$
		SiO_2	Al_2O_3	Fe_2O_3	TiO_2	CaO	MgO	K_2O	Na_2O	MnO	P_2O_5	
1	1	68.26	18.40	0.77	0.00	7.91	2.40	1.08	0.45	0.00	0.00	1370
2	1	68.31	18.12	0.88	0.11	6.97	2.17	2.03	0.79	0.12	0.00	1260
3	1	65.09	16.55	0.52	0.07	11.34	2.75	0.38	0.60	0.09	0.00	1340
4	1	60.00	18.53	0.55	0.15	15.55	1.96	1.14	0.37	0.06	0.00	1260
5	2	64.65	13.90	0.84	0.16	12.29	1.89	2.97	2.17	0.00	0.00	1290
6	2	67.66	15.87	0.87	0.43	10.85	1.53	2.43	0.78	0.00	0.00	1260
7	2	62.51	17.18	0.74	0.00	10.36	1.07	4.07	2.14	0.00	0.00	1290
8	2	62.87	17.85	0.78	0.32	12.18	2.03	1.74	1.03	0.00	0.04	1340
9	2	62.82	14.46	0.84	0.00	9.35	1.09	4.28	1.75	0.00	0.04	1290
10	2	69.99	17.04	0.47	0.33	3.30	4.14	2.86	2.79	0.12	0.00	1300
11	3	67.68	16.25	1.52	0.64	6.94	2.57	2.38	0.29	0.17	0.00	1300
12	3	73.79	17.27	0.52	0.11	2.89	2.15	1.56	1.25	0.04	0.00	1300
13	3	71.57	16.18	0.77	0.00	5.72	1.74	2.29	1.22	0.00	0.00	1300
14	3	74.57	17.53	0.54	2.74	2.74	2.33	2.03	0.62	0.02	0.27	1300
15	3	72.17	17.52	0.54	0.17	2.74	2.33	2.03	0.62	0.12	0.17	1150
16	3	68.90	20.00	1.06	0.00	3.77	2.09	2.40	0.36	0.00	0.00	1150
17	3	70.60	18.50	0.97	0.00	3.79	2.05	2.43	0.28	0.00	0.00	1150
18	3	71.18	19.66	0.61	0.46	4.45	1.62	1.63	0.27	0.00	0.00	1250
19	3	70.36	14.07	0.84	0.39	7.40	1.73	4.23	0.69	0.02	0.28	1300
20	4	68.77	15.47	0.73	0.04	10.92	1.15	2.60	0.24	0.23	0.00	1300
21	4	66.68	14.30	0.99	0.005	14.87	0.26	2.06	1.22	0.10	0.00	1170
22	4	67.26	17.08	0.93	0.12	10.05	1.90	2.27	0.31	0.15	0.00	1170

续表6-7

序号	类别	w/%										t/℃
		SiO₂	Al₂O₃	Fe₂O₃	TiO₂	CaO	MgO	K₂O	Na₂O	MnO	P₂O₅	
23	4	59.58	14.91	0.94	0.10	7.36	0.16	5.46	1.70	0.02	0.00	1230
24	4	59.15	14.30	0.83	0.00	8.44	0.44	3.74	3.34	0.06	0.00	1230
25	4	67.89	14.65	1.85	0.14	7.48	0.50	4.14	2.68	0.35	0.00	1230
26	4	69.60	15.45	1.00	0.00	7.50	0.00	4.93	1.85	0.03	0.00	1230
27	4	68.41	15.35	0.99	0.00	9.59	0.14	3.33	2.52	0.00	0.00	1230
28	4	65.78	16.55	1.16	0.00	7.54	0.07	4.77	2.56	0.04	0.00	1280
29	4	70.79	14.71	1.29	0.00	5.47	0.175	3.16	2.63	0.13	0.00	1300
30	4	67.92	15.66	1.22	0.00	7.11	1.05	4.11	2.14	0.00	0.00	1300
31	4	72.09	14.71	1.39	0.00	3.54	0.45	4.61	2.25	0.00	0.00	1300
32	5	68.70	19.39	0.42	0.12	4.79	0.31	4.61	0.16	0.00	0.08	1260
33	5	72.19	15.22	0.58	0.00	6.55	0.25	4.56	0.17	0.00	0.01	1260
34	5	68.99	15.39	0.74	0.02	10.31	0.34	3.29	0.12	0.00	0.09	1260
35	5	69.09	14.63	0.92	0.00	11.60	0.57	2.45	0.10	0.00	0.01	1270
36	5	69.09	14.63	0.92	0.00	11.60	0.57	2.45	0.10	0.00	0.10	1250
37	5	66.99	15.20	0.25	0.00	9.92	0.55	5.00	0.12	0.00	0.02	1260
38	5	66.19	15.64	0.94	0.18	11.04	0.65	4.59	0.13	0.00	0.08	1270
39	5	65.85	16.43	0.30	0.02	11.47	0.60	3.85	0.10	0.00	0.18	1280
40	5	65.81	17.11	0.39	0.07	10.70	0.73	4.01	0.11	0.00	0.20	1250
41	5	66.46	14.11	0.45	0.02	12.65	0.62	3.77	0.10	0.00	0.03	1260
42	5	69.66	15.64	0.62	0.00	6.90	0.43	5.42	0.17	0.00	0.08	1200
43	5	69.01	15.56	0.24	0.35	6.04	0.78	6.65	0.16	0.00	0.45	1270
44	5	69.46	15.38	0.53	0.00	6.69	0.58	0.004	0.49	0.00	0.09	1280
45	5	68.47	16.56	0.33	0.00	5.07	0.70	6.85	0.20	0.00	0.38	1281
46	5	68.55	16.40	0.80	0.00	5.00	1.44	5.98	1.15	0.00	0.94	1280

注：1为邢窑；2为巩县白瓷；3为定窑；4为景德镇白瓷；5为德化白瓷。

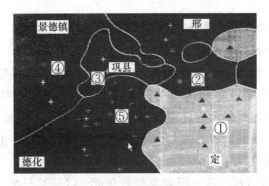

图6-5　古白瓷的非线性判别函数模式分类及其逆映照的实验点

对古白瓷釉（定、景德镇、邢、德化、巩县等窑）的模式识别分析（见图 6-5），在各类古白瓷的目标区域内各取一点，即图中的①、②、③、④和⑤点。通过模式逆映照，得到了这 5 个样本的工艺参数，见表 6-8。

表 6-8　5 类古白瓷釉的模式逆映照点与其相近样本点的比较

古白瓷窑的种类			$w/\%$										$t/℃$
			SiO_2	Al_2O_3	Fe_2O_3	TiO_2	CaO	MgO	K_2O	Na_2O	MnO	P_2O_5	
邢窑	选点	②	68.10	18.17	0.83	0.14	6.77	1.86	1.88	0.66	0.11	0.00	1261
	相近点	2	68.31	18.12	0.88	0.11	6.97	2.17	2.03	0.79	0.12	0.00	1260
巩县	选点	③	63.12	17.06	0.74	0.01	10.08	1.48	3.82	2.07	0.03	0.03	1293
	相近点	7	62.51	17.03	0.74	0.00	10.36	1.07	4.07	2.14	0.00	0.00	1290
定窑	选点	①	70.35	18.23	0.97	0.00	5.23	2.93	2.53	0.44	0.04	0.12	1160
	相近点	17	70.60	18.50	0.97	0.00	3.79	2.06	2.43	0.28	0.00	0.00	1150
景德镇	选点	④	69.00	14.68	0.93	0.00	9.84	0.36	4.54	2.90	0.04	0.00	1233
	相近点	24	69.15	14.30	0.83	0.00	8.44	0.44	3.74	3.34	0.06	0.00	1230
德化	选点	⑤	67.80	15.63	0.35	0.06	9.04	1.38	4.46	0.12	0.03	0.07	1269
	相近点	37	66.99	15.20	0.25	0.00	9.92	0.55	5.00	0.12	0.00	0.02	1260

用同样的方法对古白瓷的胎进行统计模式识别分析，获得胎的逆映照工艺参数。利用获得的胎和釉的工艺参数，在实验室进行了仿制。经实验测定釉色、白度，得到仿定窑白瓷片与宋代定窑白瓷片的分光反射率吻合；仿景德镇白瓷片与古代景德镇白瓷的分光反射率一致，其他仿制白瓷片的也均与对应的古白瓷片的相近，可见统计模式识别预报的参数可信、可用。

B　统计模式识别在制备钛酸钡基材料设计中的应用

$BaTiO_3$ 基材料具有铁电、压电、热电、介电等特性，且无毒、无嗅、无污染，通过异质离子如稀土元素镧的掺杂改性可以使之半导化，在电子器件及传感元件领域具有广泛的应用前景。用溶胶-凝胶等软化学法合成掺 La 的 $BaTiO_3$ 基材料，通过控制晶粒尺寸和形貌，以期改善其相关的物理性能。影响纳米 $La_xBa_{1-x}TiO_3$ 多晶尺寸的主要因素有稀土元素的掺杂量、成胶酸度、干燥温度和焙烧温度等。将 16 组不同工艺的数据组成样本集，选取对原始晶粒尺寸影响较大的稀土元素掺杂量（x）、干燥温度（t_1）、成胶酸度（pH）和焙烧温度（t_2）四个因素为参数变量，以晶粒尺寸 D 为判定分类目标值，如表 6-9 所示。

表 6-9　制备 $La_xBa_{1-x}TiO_3$ 纳米晶的工艺参数及纳米晶尺寸

序号	掺杂量 x/%	成胶酸度/pH	干燥温度 t_1/℃	焙烧温度 t_2/℃	原始晶粒尺寸 D/nm
1	0.30	3.8	70	600	12.6
2	0.30	3.8	70	800	13.6
3	0.10	3.7	50	600	15.2
4	0.10	4.0	50	800	17.0
5	0.10	3.0	25	850	19.6
6	0.10	3.7	50	1000	19.7
7	0.30	3.8	70	1000	19.8
8	0.00	3.5	90	710	21.0
9	0.10	3.8	70	600	21.2
10	0.10	3.8	70	1000	22.2
11	0.00	3.5	90	800	22.4
12	0.30	3.8	70	1400	28.1
13	0.10	3.8	70	1300	37.3
14	0.00	3.5	90	1100	42.0
15	0.00	3.5	90	1200	47.8
16	0.00	3.5	90	1400	55.5

以原始晶粒尺寸 D 作为分类判据，按 $D<15nm$、$15nm<D<25nm$、$D>25nm$ 分为三类。通过非线性映照，获得二维分类图（见图 6-6）。

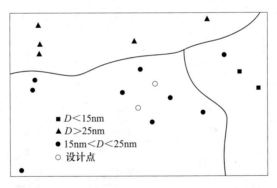

图 6-6　制备 $La_xBa_{1-x}TiO_3$ 纳米晶样本在二维平面的非线性映照图

在图 6-6 的目标优化区内任意选两个点，通过逆映照获得制备 $La_xBa_{1-x}TiO_3$ 纳米晶的工艺参数，并进行实验验证。实验结果如表 6-10 所示，证实了统计模式识别方法的可靠性，优化结果是可信、可用的。

表 6-10　制备 $La_xBa_{1-x}TiO_3$ 纳米晶逆映照预报的工艺参数及实验验证结果

掺杂量 x	成胶酸度 pH	干燥温度 t_1/℃	焙烧温度 t_2/℃	原始晶粒尺寸 D/nm
0.10	3.7	50	800	16.3
0.10	3.8	70	800	17.6

C 统计模式识别优化制备光子晶体用 SiO_2 微球的工艺参数

a 统计模式识别线性投影方法（LMAP）优化制备光子晶体用 SiO_2 微球的工艺参数

人工光子晶体对 SiO_2 微球的球径度均匀性要求很高。在用化学法制备 SiO_2 微球工艺中，影响二氧化硅微颗粒粒度均匀性的因素较多。通过分析，选取正硅酸乙酯浓度（[TEOS]）、氨浓度（[NH_3]）、水浓度（[H_2O]）、温度（T）、保温时间（t）五个主要工艺参数作为样本参数变量，将颗粒尺寸的相对标准偏差（σ）作为分类判据。选取 25 组不同工艺条件合成二氧化硅颗粒作为原始样本集，具体如表 6-11 所示。

表 6-11 光子晶体用 SiO_2 微球制备的实验样本点

序号	分类	$\sigma/\%$	[TEOS]/mol·L^{-1}	[NH_3]/mol·L^{-1}	[H_2O]/mol·L^{-1}	T/K	t/h
1	1	2.8	0.286	0.819	3	308	3
2	2	20.5	0.286	0.819	4	308	3
3	1	2.4	0.286	0.819	3.2	308	2
4	2	7.3	0.286	0.819	3.43	308	2
5	2	6.9	0.286	0.819	3.65	308	2
6	2	10.1	0.286	0.819	3.88	308	2
7	1	3.1	0.286	0.819	6	308	2
8	1	4.4	0.286	1.03	6	308	2
9	2	5.5	0.286	1.233	6	308	2
10	2	5.6	0.286	1.443	6	308	2
11	2	7.9	0.286	1.648	6	308	2
12	2	5.8	0.311	1.07	3.65	292	2
13	1	3.1	0.278	0.813	2.3	307	4
14	1	1.93	0.221	2.00	6.02	298	2.5
15	1	1.96	0.220	1.00	6.00	298	4.0
16	2	5.08	0.219	1.01	10.0	313	2.5
17	2	11.3	0.219	0.702	3.01	298	6.0
18	1	1.46	0.220	2.02	6.07	298	2.5
19	1	4.6	0.319	0.93	2.64	326	2
20	2	9.1	0.312	0.91	3.83	295	5.5
21	2	20.2	0.308	0.90	4.41	295.5	3
22	1	4.3	0.125	0.536	1.517	298	2.5
23	2	21.7	0.305	0.89	4.97	296.5	2.5
24	2	11.6	0.305	0.93	3.24	290	2
25	2	20.3	0.28	0.816	2.87	298	2

由正硅酸乙酯浓度 [TEOS]、氨浓度 [NH_3]、水浓度 [H_2O]、温度 T 和保温时间 t 组成一个五维样本空间同时约定分类判据是：颗粒尺寸相对标准偏差 σ 小于 5% 的为 1 类点，大于 5% 的为 2 类点。利用统计模式识别 LMAP 方法的计算机程序对所给样本集进行工艺参数优化，得到的分类图如图 6-7 所示。图中圆点为 1 类点，圆点集中分布区域为目标优化区（即工艺参数优化区），此区域的模式识别率为：$R = 90.9\%$；方块点为 2 类点，方块点集中分布区域为非工艺参数优化区。

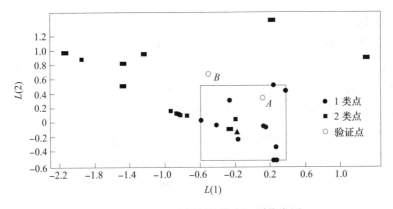

图 6-7 SiO$_2$ 微球制备的模式识别分类图

b SiO$_2$ 微球制备工艺参数的预报与实验验证

在图 6-7 中的目标优化区的内外,分别随机地取 A 点和 B 点进行模式逆映照,得到两组相应的工艺参数,并依照预报的这两组工艺参数进行实验验证,并对获得的二氧化硅微球进行 SEM 观测,统计测量微球尺寸,结果如表 6-12 所示。

表 6-12 SiO$_2$ 微球制备预报点的实验验证

序号	分类	[TEOS]/mol · L^{-1}	[NH$_3$]/mol · L^{-1}	[H$_2$O]/mol · L^{-1}	T/K	t/h	σ/%
A	1	0.249	1.137	4.799	302	3.45	1.7
B	2	0.265	1.102	4.52	296	3.34	6.8

验证实验结果表明,用目标优化区内 A 点预报的工艺参数制备出的单分散二氧化硅微球尺寸偏差小于 5%,达到了预期目标;而用优化区外 B 点预报的工艺参数制备出的单分散二氧化硅微球尺寸偏差大于 5%,低于预期目标。两个验证样本的微球显微形貌如图 6-8 所示。可以看出图 6-8(a)中二氧化硅微球的尺寸偏差小,颗粒均匀性好;图 6-8(b)中二氧化硅微球的尺寸偏差大,颗粒均匀性较差。将验证实验结果与统计模式识别分类结果比较,两者一致,表明统计模式识别的结果是可信的。

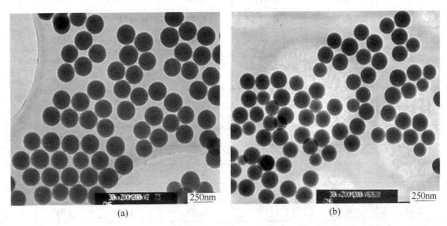

图 6-8 用验证点 A、B 工艺参数制备二氧化硅微球的 SEM 形貌

(a) A 点;(b) B 点

D   统计模式识别在用红柱石粉合成莫来石工艺参数研究中的应用

选取 7 个合成莫来石的主要工艺因素，Al_2O_3/SiO_2、$w(TiO_2)\%$、$w(CaO)\%$、$w(La_2O_3)\%$ 及总杂质含量、温度、时间作为工艺参数变量，以合成莫来石的常温抗弯强度 σ_f 作为分类判据，原始样本集情况见表 6-13。利用模式识别程序中主成分分析法得到了一个具有较好识别能力的模式分类器。表 6-14 列出了各样本的投影坐标。

表 6-13   33 个红柱石粉合成莫来石试样组成的原始样本集

样本号	Al_2O_3/SiO_2	$w(TiO_2)/\%$	$w(CaO)/\%$	$w(La_2O_3)/\%$	$w(\Sigma Imp)/\%$	温度/℃	t/h	σ_f/MPa
1	2.28	1.38	0.32	0.00	2.21	1600	4	109.80
2	2.28	1.38	0.32	0.00	2.21	1650	4	58.28
3	2.28	1.38	0.32	0.00	2.21	1700	4	179.60
4	2.68	0.12	0.18	0.00	1.50	1650	4	100.40
5	2.68	0.12	0.18	0.00	1.50	1700	4	152.32
6	2.68	0.12	0.18	0.00	1.50	1650	3	90.20
7	2.34	0.37	0.23	0.00	1.95	1600	4	12.08
8	2.34	0.37	0.23	0.00	1.95	1700	4	72.68
9	2.18	0.14	0.21	0.00	1.73	1600	4	126.28
10	2.18	0.14	0.21	0.00	1.73	1650	4	125.92
11	2.18	0.14	0.21	0.00	1.73	1700	4	125.96
12	2.68	1.09	0.18	0.00	1.49	1650	4	41.20
13	2.68	2.04	0.18	0.00	1.48	1650	4	186.56
14	2.68	2.97	0.18	0.00	1.46	1650	4	116.12
15	2.68	0.12	0.68	0.00	1.50	1650	4	140.40
16	2.68	0.12	0.92	0.00	1.49	1650	4	140.40
17	2.68	0.12	1.17	0.00	1.49	1650	4	108.92
18	2.68	0.12	0.18	0.25	1.50	1650	4	162.80
19	2.68	0.12	0.18	0.50	1.50	1650	4	47.84
20	2.68	2.02	0.91	0.00	1.46	1650	4	217.84
21	2.68	0.12	0.92	0.49	1.49	1650	4	110.84
22	2.68	2.03	0.91	0.49	1.48	1650	4	96.04
23	2.68	2.01	0.90	0.49	1.46	1650	4	208.76
24	2.18	0.14	0.21	0.00	1.73	1650	4	143.57
25	2.68	0.12	0.18	0.00	1.50	1700	3	123.57
26	2.68	1.09	0.18	0.00	1.49	1700	3	128.43
27	2.68	2.04	0.18	0.00	1.48	1700	3	141.76
28	2.68	2.97	0.18	0.00	1.46	1700	3	139.63
29	2.68	0.12	0.68	0.00	1.50	1700	3	137.42
30	2.68	0.12	0.92	0.00	1.49	1700	3	84.31
31	2.68	0.12	1.17	0.00	1.49	1700	3	107.69
32	2.68	0.12	0.18	0.15	1.50	1700	3	132.23
33	2.68	0.12	0.18	0.25	1.50	1700	3	136.69

表6-14 33个红柱石粉合成莫来石样本的投影坐标

$\sigma_f > 100\text{MPa}$ 的样本			$\sigma_f < 100\text{MPa}$ 的样本		
样本号	X	Y	样本号	X	Y
1	−0.0958	1.2499	2	0.1461	1.1637
3	0.3880	1.0774	6	−0.3547	−0.3224
4	−0.4224	0.0903	7	−0.2372	0.9783
5	−0.1805	0.0041	8	0.2467	0.8058
9	−0.0358	0.6653	12	−0.4493	0.2365
10	0.2061	0.5790	19	−0.5015	0.2608
11	0.4480	0.4927	22	−0.5529	0.5450
13	−0.4757	0.3795	30	0.3532	−0.4533
14	−0.5020	0.5100			
15	−0.1073	0.0664			
16	0.0435	0.0457			
17	0.2010	0.0337			
18	−0.4620	0.1756			
20	−0.0160	0.3228			
21	−0.0340	0.2128			
23	−0.0996	0.4888			
24	0.5158	0.0800			
25	−0.1127	−0.4087			
26	−0.1396	−0.2625			
27	−0.1660	−0.1195			
28	−0.1923	0.0110			
29	0.2024	−0.4325			
31	0.5107	−0.4652			
32	−0.1364	−0.3575			
33	−0.1523	−0.3234			

图6-9是所有33个原始样本通过这一模式分类器处理后在二维鉴别平面上的投影。图中抛物线内区域代表了室温抗弯强度大于100MPa的样本的投影区域。

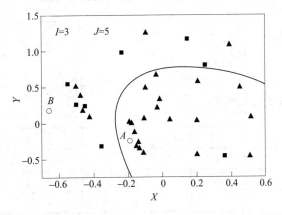

图6-9 红柱石粉合成莫来石各样本在二维鉴别平面上的投影图

目标优化区内模式样本的正确识别率 R 为：

$$R = \frac{N_1(\text{目标区内正确识别的样本数})}{N(\text{目标区内总样本数})} \times 100\% \qquad (6\text{-}31)$$

$$= \frac{19}{20} \times 100\%$$

$$= 95.0\%$$

在图 6-9 中的不同区域各任意取一点，即目标优化区内的 A 点和优化区外的 B 点。通过条件模式逆映照，得到了这两个样本的工艺参数，根据这些参数制备合成莫来石试样，并测试它们的常温抗弯强度 σ_f，结果列于表 6-15。

表 6-15　红柱石粉合成莫来石的条件模式逆映照样本

样本	坐标值	预设参数					逆映照参数		性能
		Al_2O_3/SiO_2	TiO_2	CaO	La_2O_3	ΣImp	温度/℃	t/h	σ_f/MPa
A	$x=-0.19$, $y=-0.24$	2.68	0.12	0.18	0.49	1.5	1700	3	143.25
B	$x=-0.66$, $y=0.18$	2.68	0.12	0.18	0.0	1.5	1600	4	84.44

由表 6-15 可以看出，在强度大于 100MPa 的目标优化区内选定的 A 点，用逆映照得到的工艺参数合成的莫来石试样，其常温抗弯强度为 143.25MPa。实验证明了所建立的模式分类器及其逆映照，可以用于莫来石合成工艺参数的选择及其性能的预报。

E　合成 TiO_2-CeO_2 复合汽车尾气传感材料的统计模式识别分析

影响 TiO_2-CeO_2 复合汽车尾气传感材料的电导性能的因素很多，为了从诸多的影响因素中寻找出恰当的工艺参数，首先选择了不同的烧结温度、烧结时间、烧结气氛以及不同的组分等 4 个因素 3 个水平进行正交实验设计，如表 6-16 所示，且对应的工艺参数列于表 6-17 中。为便于数学上的处理，对烧结气氛进行了量化处理。氧化气氛用"0"表示，中性气氛用"1"表示。因此，模式逆映照得到的"烧结气氛"参数小于 0.5 认为是氧化性气氛，大于 0.5 则认为是中性气氛。

表 6-16　用于正交设计的 L_3^4 正交表

实验次数	1	2	3	4
1	1	1	1	1
2	1	2	2	2
3	1	3	3	3
4	2	1	2	3
5	2	2	3	1
6	2	3	1	2
7	3	1	3	2
8	3	2	1	3
9	3	3	2	1

表 6-17　因素-水平表

水平	因　素			
	CeO_2 加入量 $w/\%$	烧结温度/℃	烧结气氛	烧结时间/h
1	10.0	1050	氧化	2
2	30.0	1150	中性	3
3	50.0	1250		4

为便于比较，定义氧敏品质 S_0

$$S_0 = \frac{\Delta R}{R_i} \times 100\% = \frac{R_f - R_i}{R_i} \times 100\% \tag{6-32}$$

式中，R_f 为末态氧分压下材料的总电阻；R_i 为始态氧分压下材料的总电阻。

由式（6-32）可以看出，当氧分压的改变量相同时，材料的氧敏品质 S_0 大小可以反映出材料的氧敏程度。统计模式识别的样本点及其氧敏品质列于表 6-18 中。以氧敏品质作为判据，以纯 TiO_2 的氧敏品质 $S_{0,TiO_2} = 213.4$ 作为比较的标准，氧敏品质高于 S_{0,TiO_2} 的样本点认为是好点，氧敏品质低于 S_{0,TiO_2} 的样本点则认为是坏点，统计模式识别的分类结果如图 6-10 所示。

表 6-18　合成 TiO_2-CeO_2 复合汽车尾气传感材料的样本点

序号	CeO_2 加入量 $w/\%$	烧结温度/℃	烧结气氛	烧结时间/h	$S_0/\%$
1	5.0	1250	氧化	4.0	42.36
2	5.0	1250	中性	2.0	23.85
3	5.0	1150	氧化	2.0	452.07
4	5.0	1150	中性	3.0	254.20
5	5.0	1050	氧化	3.0	107.01
6	5.0	1050	中性	4.0	200.60
7	10.0	1250	氧化	4.0	75.48
8	10.0	1250	中性	2.0	82.10
9	10.0	1150	氧化	2.0	269.50
10	10.0	1150	中性	3.0	249.69
11	10.0	1050	氧化	4.0	143.91
12	10.0	1050	中性	3.0	155.91
13	30.0	1250	氧化	4.0	176.94
14	30.0	1250	中性	2.0	82.73
15	30.0	1150	氧化	2.0	278.72
16	30.0	1150	中性	3.0	224.44
17	30.0	1050	氧化	3.0	253.69
18	30.0	1050	中性	4.0	115.94
19	50.0	1250	氧化	4.0	195.75
20	50.0	1250	中性	2.0	62.39
21	50.0	1150	氧化	2.0	299.95
22	50.0	1150	中性	3.0	291.65
23	50.0	1050	中性	3.0	107.33

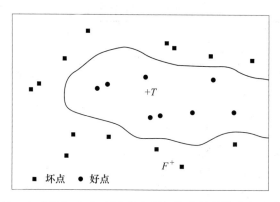

图 6-10　合成 TiO_2-CeO_2 复合汽车尾气传感材料模式识别分类图

　　为了验证模式识别分析的可靠性，分别在好点区（目标优化区）和坏点区任取一个样本点（图 6-10 中 T 和 F 点）进行实验验证。首先通过模式逆映照得到 T 和 F 样本点的工艺参数，然后采用相应的工艺条件进行合成材料实验，并对所获得的材料进行氧敏性能测试，其氧敏品质列于表 6-19。可以看出，在好点区的 T 样本点的氧敏品质为 272.6，高于纯 TiO_2 的氧敏品质 213.4，为好点；而在坏点区的 F 样本点的氧敏品质为 143.8，低于纯 TiO_2 的氧敏品质，为坏点。由此表明模式识别分析的结果是可信的。

表 6-19　合成 TiO_2-CeO_2 复合汽车尾气传感材料模式逆映照样本与实验验证结果

样本类型	加入 CeO_2 量 $w/\%$	烧结温度/K	烧结气氛	烧结时间/h	氧敏品质 $S_0/\%$
好点区 T 区	13.4	1409	0.04	2.0	272.6
坏点区 F	22.6	1306	0.62	3.6	143.8

　　为进一步探索 CeO_2 加入量、烧结温度在模式识别分类图中的变化规律，在模式识别分类图中找出 CeO_2 加入量和烧结温度的变化方向，如图 6-11 和图 6-12 所示。在每个变化方向上取 6 个样本点进行逆映照，得到相应的工艺参数分别列于表 6-20 和表 6-21 中。

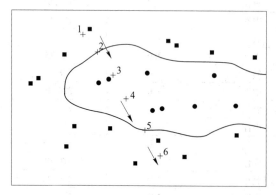

图 6-11　CeO_2 加入量的变化在统计模式识别分类图中的反映

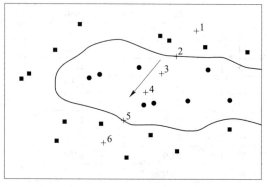

图 6-12　烧结温度的变化在统计模式识别分类图中的反映

表 6-20　在模式识别分类图中沿 CeO$_2$ 加入量的变化选取样本点的逆映照表

序号	加入 CeO$_2$ 量 w/%	烧结温度/℃	烧结气氛	烧结时间/h
1	4.1	1093	0.62	2.5
2	8.6	1092	0.59	2.4
3	13.6	1149	0.60	2.2
4	19.2	1099	0.24	2.1
5	26.8	1193	0.36	2.1
6	27.2	1162	0.03	0.9

表 6-21　在模式识别分类图中沿烧结温度的变化样本点的逆映照表

序号	加入 CeO$_2$ 量 w/%	烧结温度/℃	烧结气氛	烧结时间/h
1	28.6	1241	0.11	1.5
2	25.4	1215	0.28	2.0
3	20.1	1190	0.50	2.6
4	21.4	1162	0.28	3.0
5	8.1	1088	0.57	3.3
6	19.9	992	0.35	2.3

　　由图 6-11 和表 6-20 可以看出，随 CeO$_2$ 加入量的增加，材料的氧敏品质经历从坏点区经过好点区再到坏点区的变化，说明只有适当的 CeO$_2$ 加入量才对材料的氧敏性能有利，这与统计模式识别的目标优化值是一致的。由图 6-11 和表 6-20 可以估算出 w(CeO$_2$) 加入量在 20.0% 左右时材料的氧敏性能最好。

　　由图 6-12 和表 6-21 可以看出，随烧结温度的降低，材料的氧敏品质经历从坏点区到好点区再到坏点区的变化。显然只有恰当的烧结温度才对材料的氧敏性能有利，这与统计模式识别的目标优化值吻合。依据图 6-12 和表 6-21 可估算出烧结温度选择在 1453K（1180℃）左右较为适宜。

　　F　统计模式识别对 Al$_2$O$_3$-TiC-ZrO$_{2(nm)}$ 复合刀具材料工艺参数的优化处理

　　a　用统计模式识别中非线性映照法对 Al$_2$O$_3$-TiC-ZrO$_{2(nm)}$ 复合刀具材料工艺参数的优化

　　影响 Al$_2$O$_3$-TiC-ZrO$_{2(nm)}$ 复合刀具材料力学性能的因素较多，选取不同的热压烧结温度、压力和纳米 ZrO$_2$ 粒子添加量进行实验研究，各样本的实验结果如表 6-22 所示。以抗弯强度 σ_f 和断裂韧性 K_{IC} 作为双重判据，选取 σ_f = 550MPa 和 K_{IC} = 5.15MPa·m$^{1/2}$ 为比较标准：σ_f > 550MPa 和 K_{IC} > 5.15MPa·m$^{1/2}$ 为 1 类点；σ_f < 550MPa 或 K_{IC} < 5.15MPa·m$^{1/2}$ 为 2 类点；σ_f < 550MPa 和 K_{IC} < 5.15MPa·m$^{1/2}$ 为 3 类点。

表 6-22　Al$_2$O$_3$-TiC-ZrO$_{2(nm)}$ 复合刀具材料的实验样本点

序号	分类	σ_f/MPa	K_{IC}/MPa·m$^{1/2}$	热压工艺条件		$w(ZrO_2)$/%
				t/℃	p/MPa	
1	2	575	5.12	1600	25	0
2	1	589	5.33	1650	25	0
3	1	554	5.31	1700	25	0
4	2	526	5.19	1800	25	0
5	2	530	5.12	1700	22	0
6	2	576	4.90	1700	35	0
7	1	597	5.68	1650	25	0.05
8	1	706	6.33	1650	25	0.10
9	2	519	5.42	1650	25	0.15
10	3	501	4.99	1650	25	0.20
11	3	420	5.01	1550	22	0
12	1	610	5.33	1650	30	0
13	1	680	6.16	1700	30	0.10
14	3	451	4.58	1600	22	0
15	1	691	6.11	1700	25	0.10

在多维空间中各个样本都对应着这个空间上的一个点，用统计模式识别非线性映照方法进行分析，得到的统计模式识别分类图，如图 6-13 所示。■方块区为 1 类点区，即工艺参数目标优化区，●圆圈区为 2 类点区（工艺参数中性点区），▲三角区为 3 类点区（工艺参数坏点区）。

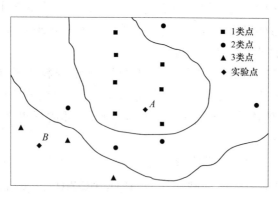

图 6-13　Al$_2$O$_3$-TiC-ZrO$_{2(nm)}$ 复合刀具材料的统计模式识别分类图

b　Al$_2$O$_3$-TiC-ZrO$_{2(nm)}$ 复合刀具材料工艺参数预报与实验验证

对工艺参数目标优化区（1 类点区）中的 A 点和工艺参数坏点区（3 类点区）中的 B 点，如图 6-13 所示，进行非线性逆映照预报它们的工艺参数，然后按相应工艺条件进行合成材料实验，并对所获得的陶瓷试样进行抗弯强度和断裂韧性性能测试，结果如表 6-23 所示。可以看出实测结果和预报结果相一致，这表明统计模式识别结果可信。因此，在研究材料制备过程中，可以利用模式识别非线性映照和逆映照方法对工艺参数进行优化、预报新的实验参数，以及进行一定的实验设计。

表6-23　图6-13中 A、B 两点模式逆映照与实验验证结果

序号	分类	热 压 条 件		$w(ZrO_2)/\%$	σ_f/MPa	$K_{IC}/MPa \cdot m^{1/2}$
		$t/℃$	p/MPa			
A	1	1600	25	0.10	640	5.85
B	3	1650	22	0	531	4.62

c　利用非线性逆映照分析工艺参数对 Al_2O_3-TiC-$ZrO_{2(nm)}$ 复合刀具材料性能的影响

为进一步探索热压烧结温度、压力和 ZrO_2 的添加量对材料性能的影响，分别在非线性映照模式识别图中找出热压烧结温度、热压烧结压力和 ZrO_2 的添加量的变化方向，在每个变化方向上取 6~5 个样本点进行逆映照，得到相应的工艺参数。

（1）热压烧结温度变化对材料性能的影响。热压烧结温度对材料性能的影响如图6-14和表6-24所示。同样可以看出，随热压温度的升高，材料的力学性能发生从坏点区经过好点区再到坏点区的变化，说明只有合适的热压烧结温度才对材料的力学性能有利。表中右边两栏为 ANN 预报的性能值，在二维模式识别分类图中，因为主要考虑温度对材料性能的影响，所以逆映照选取热压温度发生线性变化方向，不易保证其他两个因素的变化规律，以下情况类同。

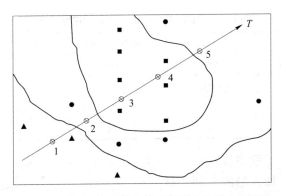

图6-14　热压温度变化在模式识别分类图中的反映

表6-24　图6-14中标号样本点的逆映照表

序号	$T/℃$	p/MPa	$w(ZrO_2)/\%$	σ_f/MPa	$K_{IC}/MPa \cdot m^{1/2}$
1	1561	38	0.16	799	6.19
2	1593	19	0.06	341	4.90
3	1623	16	0.16	480	4.82
4	1658	32	0.84	686	6.24
5	1708	29	0.07	599	6.21

由于该复合陶瓷体系中存在难以烧结的 TiC 组分，其熔点较高（3250℃），烧结困难。提高热压烧结温度，有助于 Al_2O_3-TiC 基复合陶瓷材料的烧结，但 Al_2O_3 与 TiC 在高温时

会发生 $Al_2O_3 + TiC = Al_2O(g) + TiO + CO(g)$ 放气反应，不利于致密化过程，影响了材料的力学性能。另外，高温时还伴随着晶粒长大，所以烧结温度有一最佳范围，依据图 6-13 和表 6-22 可估算出烧结温度应在 1650~1700℃ 范围内，实验结果与逆映照分析的结果相一致。

（2）热压烧结压力对材料性能的影响。热压烧结压力对材料性能的影响如图 6-15 和表 6-25 所示。可以看出，随着压力的升高，材料的力学性能发生了从中性点区到好点区的变化，表明压力的升高有利于材料的力学性能的提高。升高压力，陶瓷材料的致密度增加，使 $Al_2O_3\text{-}TiC\text{-}ZrO_{2(nm)}$ 复合刀具材料的性能有所改善。

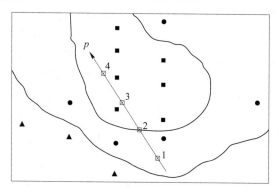

图 6-15   烧结压力变化在统计模式识别分类图中的反映

表 6-25   图 6-15 中标号样本点的逆映照表

序号	温度/℃	p/MPa	$w(ZrO_2)$/%	σ_f/MPa	K_{IC}/MPa·m$^{1/2}$
1	1643	19	0.001	346	5.05
2	1649	24	0.07	646	5.94
3	1660	33	0.11	785	6.32
4	1675	35	0.06	618	5.99

（3）纳米 ZrO_2 粒子添加量对材料性能的影响。纳米 ZrO_2 加入量的不同，材料力学性能的变化也有所不同，从图 6-16 和表 6-26 可以看出纳米 ZrO_2 粒子添加量对材料性能的影响。适量添加的纳米 ZrO_2 粒子可以弥散于 Al_2O_3 基体中，限制晶粒的长大，并可钉扎位错，阻止运动，起到亚晶界的作用，因而使材料的性能得以提高。但当加入量过大时，纳米粒子发生团聚，影响材料的烧结性能和微观结构的均匀性，不利于材料力学性能的提高，这与实验的结果一致。由图 6-16 和表 6-26 还

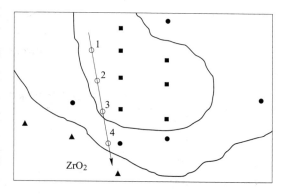

图 6-16 ZrO_2 加入量变化在统计模式
识别分类图中的反映

可以估算出纳米 $w(ZrO_2)$ 加入量在 10% 左右时，该复合材料的力学性能最好。由此可见，可以利用非线性逆映照分析不同工艺参数对材料性能的影响。

表 6-26 图 6-16 中标号样本点的逆映照表

序号	温度/℃	p/MPa	$w(ZrO_2)$/%	σ_f/MPa	K_{IC}/MPa·m$^{1/2}$
1	1628	18	0.02	337	5.11
2	1633	15	0.07	442	5.08
3	1639	12	0.10	449	4.87
4	1640	21	0.16	484	4.99

G　合成 AlON-VN 复合材料工艺的优化

表 6-27 为 20 个热压合成的 AlON-VN 复合材料的实验数据样本集。以合成温度、保温时间、原料组成 VN 及 V_2O_3 的含量为特征变量参数，以合成试样的抗弯强度为目标值判据，并定义抗弯强度大于 350MPa 为"好点"，抗弯强度小于 350MPa 为"坏点"，20 个实验数据样本经统计模式识别优化的结果如图 6-17 所示。图中椭圆形点为"好点"，正方形为"坏点"，三角形为选定的逆映照点。通过逆映照获得选定 4 个点对应的工艺参数，如表 6-28 所示。

表 6-27 热压合成 AlON-VN 复合材料的实验数据样本集

序号	温度/℃	保温时间/h	$w(VN)$/%	$w(V_2O_3)$/%	抗弯强度/MPa
1	1750	2	8	0	327.6
2	1750	2	16	0	371.2
3	1750	2	24	0	367.8
4	1750	3	0	8	336.4
5	1800	3	0	0	340.2
6	1800	3	8	0	360.8
7	1800	3	0	8	389.9
8	1850	3	0	0	342.8
9	1850	3	0	8	425.0
10	1850	3	4	0	394.4
11	1850	3	8	0	412.4
12	1850	3	12	0	379.9
13	1850	3	16	0	363.9
14	1850	3	32	0	302.3
15	1900	3	0	8	412.2
16	1900	3	8	0	382.2
17	1900	3	13	0	284.3
18	1900	3	18	0	293.3
19	1850	0	4	0	298.3
20	1850	0	12	0	276.5

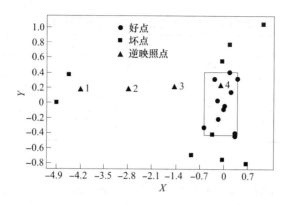

图6-17　热压合成 AlON-VN 复合材料的统计模式识别分类图

表6-28　图6-17中标号点的逆映照参数预报值

序号	温度/℃	保温时间/h	$w(VN)/\%$	$w(V_2O_3)/\%$	抗弯强度/MPa
1	1849	0.2	8.4	0.3	269
2	1845	1.0	9.3	0.7	278
3	1842	1.9	11.7	1.2	329
4	1837	2.7	12.9	1.7	386

上述规模化制备和实验室研究统计模式识别的分析实例表明，通过多次改变分类的阈值，统计模式识别能对目标值提供粗略的定量估计，但它无法实现精确的定量拟合。近年来，人工神经网络分析运用到材料制备领域，克服了这一缺陷，可以用来定量建模。人工神经网络无需人们给定函数的形式，就可从实验数据中自动总结出反映实验数据内在规律的数学模型，并可用该模型来预测未知。若将人工神经网络的输出与分类结果相联系，可用人工神经网络实现模式识别的功能，即称之为人工神经网络模式识别。在材料设计中只有材料的成分、工艺和性能的数据时，利用人工神经网络就能获得其内在规律。因此，人工神经网络已成为材料设计中的有效手段之一。

6.2　人工神经网络

人工神经网络（artificial neural network，ANN）是一类试图模拟人脑神经网络结构的新型数据和信息处理系统，具有自适应和自学习功能，对因素复杂的非线性现象特别适用。

人工神经网络系统是由多学科交叉发展起来的十分有用的计算机信息处理技术，是人工智能的重要组成部分。神经网络系统理论是人工智能的一个前沿研究领域。1943年，马克库卢奇（McCulloch）和比兹（Pitts）提出 M-P 神经元模型，成为神经网络发展的起点。1949年，荷布（Hebb）提出 Hebb 规则，对人工神经网络的结构和发展有很大的影响。1958年，鲁森布拉特（Rosenblatt）定义了一个"感知器"神经网络结构，这是首个真正的人工神经网络。1960年，威德鲁夫（Widrow）和霍夫（Hoff）提出威德鲁夫-霍夫（Widrow-Hoff）算法，进一步推动了神经网络的发展。1982年，霍普菲尔德（Hopfield）

提出一种用于联想记忆和优化计算的新神经网络模型——霍普菲尔德模型，提出"能量函数"的概念，使得网络得以具体实现，网络的稳定性有了明确的判据，从而大大推动了神经网络研究的发展。20 世纪 70 年代，安德松（Anderson）提出的 BSB 模型，科霍内恩（Kohonen）提出的自组织特征映射网络模型，格罗兹伯格（Grossberg）等提出的自适应共振理论等都为神经网络的进一步发展提供了理论依据。此外，目标 ANN 也是现代 AI 技术的重要组成单元。

6.2.1 人工神经元模型

通俗地讲，人工神经网络是按照生物神经的方法分析处理客观事物。科霍内恩曾给出了人工神经网络（ANN）的定义：神经网络是由一些简单和自适应的元件及其层次组织的大规模并行连接构造的网络，它按照生物神经系统的同样方式处理真实世界的客观事物。与以往的基于符号机制的计算理论不同，神经网络基于连接机制的大规模并行处理和分布式的信息存储，依靠大量神经元广泛互连，以及这种连接所引起的神经元的不同的兴奋状态和系统所表现的总体行为进行工作的。

人工神经网络的一个重要特征是，在网络中处理过程是以数值方式，而不是以符号方式进行。网络通过两个方式记忆信息，即：（1）通过网络的信息量大小；（2）相邻节点的连接强度。

人工神经网络的基础是神经元（神经节点 neurode）。神经元是生物神经元的简化和模拟，它是神经网络中的基本处理单元（processing element），进行绝大部分的计算。图 6-18 显示了一种简化的人工神经元结构。

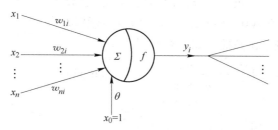

图 6-18　人工神经元结构模型

人工神经元的信息处理过程分为三个部分，首先完成输入信号与神经元连接强度的内积运算，然后再将其结果通过激活函数，经过阈值函数判决，如果输出大于阈值门限，则该神经元被激活，否则处于抑制状态。它是一个多输入、单输出的非线性元件，其输入输出关系可以描述为：

$$y_i = f(I_i) \tag{6-33}$$

$$I_i = \sum_{j=1}^{n} w_{ji}x_j - \theta_i \tag{6-34}$$

式中，$x_j(j = 1, 2, \cdots, n)$ 是从其他神经元传过来的输入信号；θ_i 为阈值；w_{ji} 表示从神经元 j 到神经元 i 的连接权值；$f(I_i)$ 称为传递函数或特性函数。

神经元的传递函数是指激活与阈值函数的复合函数，通常为三种形式：阈值型、分段线性型和 Sigmoid 函数型。其中，Sigmoid 函数型（S 型函数）可得到较好的人工神经网络行为。当采用 Sigmoid 函数时，可直接表达权重因子的抑制和激活作用，即 Sigmoid 函数小于零为抑制，Sigmoid 函数大于零为激活。由于 Sigmoid 函数是连续单调函数，可使训练更为有效。

常用的几种神经元非线性传递函数有：

（1）阈值型函数。该类函数的形式如式（6-35）或式（6-36），函数曲线如图 6-19 所示。

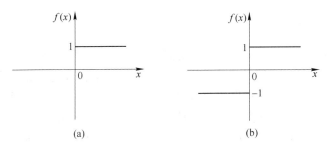

图 6-19　阈值型函数曲线

（a）阶跃函数；（b）sgn 函数

$$f(x) = \begin{cases} 1 & x \geq 0 \\ 0 & x < 0 \end{cases} \tag{6-35}$$

$$\text{sgn} = \begin{cases} 1 & x \geq 0 \\ -1 & x < 0 \end{cases} \tag{6-36}$$

（2）S 型函数。是指正切（式（6-37））或指数（式（6-38））等一类在（0，1）或（-1，1）内连续取值的单调的可微分函数，函数曲线如图 6-20 所示。

$$f(x) = \tanh(x) = \frac{e^x - e^{-x}}{e^x + e^{-x}} \tag{6-37}$$

或

$$f(x) = \frac{1}{1 + \exp(-\beta x)} \quad (\beta > 0) \tag{6-38}$$

单个神经元的功能是极其有限的，而由大量神经元互连构造而成的自适应非线性神经网络系统，则具有学习能力、记忆能力、强大的集团运算能力，以及各种信息处理能力。

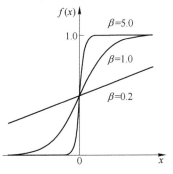

图 6-20　S 型函数曲线

6.2.2　人工神经网络模型

自 1943 年马克库鲁奇（McCulloch）和比兹（Pitts）从信息处理的观点研究神经细胞的行为，提出了最早的二值运算人工神经元阈值模型，1985 年鲁美尔哈特（Rumelhart）提出反向传播算法（BP），使霍普菲尔德（Hopfield）网络模型和多层前馈型神经网络成为用途广泛的神经网络模型。目前已有的人工神经网络模型已发展到数十种之多，大体可分为三大类：

（1）前馈网络（Feedforward NNs）。BP 网络模型，GMDH 网络模型，RBF 网络模型。

（2）反馈网络（Feedback NNs）。CG 网络模型，霍普菲尔德（Hopfield）网络模型，BAM 网络模型，RBP 网络模型，玻兹曼（Boltzmann）机网络模型。

（3）自组织网络（Self-organizing NNs）。ART 网络模型，自组织特征映射网络模型，CPN 网络模型。

6.2.2.1 人工神经网络的拓扑结构

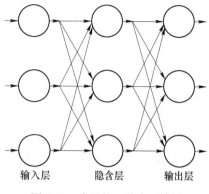

图 6-21　常见的一种人工神经
网络拓扑结构

人工神经网络模型由网络的拓扑结构、神经元特性和学习或训练规则这三个因素所决定。神经网络的拓扑结构是指网络的处理单元相互连接的方式，将这些处理单元组成层，相互连接起来，并对连接进行加权，从而形成神经网络的拓扑结构。如图 6-21 所示的一种常见的神经网络拓扑结构，这个网络含有三层：输入层、隐含层和输出层。每一节点的输出被送到下一层的所有节点。网络的每一层对人工神经网络的成功都是重要的，通过每一节点之间的相互连接关系来处理经输入层的所有节点输入的信息。最后，从输出层的节点给出最终结果。网络中每一层的作用为：

输入层——从外部接收信息并将此信息传入人工神经网络，进行处理。

隐含层——接收输入层信息，并对所有的信息进行处理，但整个处理步骤用户是看不见的。

输出层——接收人工神经网络处理后的信息，将结果送到外部接收器。

网络的处理单元相互连接的方式有层内连接、层间连接和递归连接。层内连接（intralayer connections）是一个节点的输出被送到同一层的其他节点；层间连接（interlayer connections）是某一层的一个节点的输出被送到另一层的节点；递归连接是（recurrent connections）一个节点的输出被送回该节点本身。在层间连接有两种方式：前馈连接和反馈连接。图 6-22 展示了人工神经网络中相互连接的几种方式。

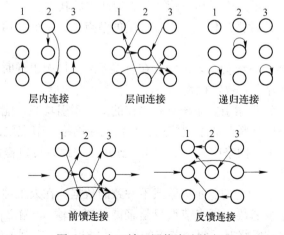

图 6-22　人工神经网络中连接方式

神经网络的拓扑结构可分为分层网络模型和相互联接型网络模型。

人工神经网络结构有以下几种类型：（1）不含反馈的前向阶层型网络，多层感知器与BP 算法相关联的网络；（2）从输出层到输入层有反馈的前向网络；（3）层内互联型的前向网络；（4）全互联型网络，如霍普菲尔德（Hopfield）网络和玻耳兹曼（Boltzmann）机属于该类型；（5）局部互联型网络。

人工神经网络的运行分为三个阶段：训练或学习阶段、回响阶段和预测阶段。

学习是根据尝试法调整权重因子的实际过程。神经网络的学习算法可分为两类：有监督的和无监督的。（1）有监督学习算法要求同时给出输入和正确的输出，网络根据当前输出与所要求的目标输出的差来进行网络调整，使网络做出正确的反映，如 BP 算法。（2）无监督学习算法只需给出一组输入，网络能够依赖内部控制和局部信息逐渐演变到对输入的某种模式做出特定的反映。如自组织特征映射网络。

常用的学习方法有：

（1）误差修正学习。是目前应用最普遍的人工神经网络学习方法，按照误差矢量的比例来调整权重，是一种有监学习。

（2）强化学习。是一种与误差修正学习很接近的有监学习方法，是有选择的监督，需要较少的信息。

（3）随机学习。应用统计学、概率论和/或随机过程调节连接权重，只接受可减少误差矢量的随机权重变化。

（4）Hebb 学习。根据两节点之间的关系调整权重。最简单的 Hebb 学习方式采用直接比例法。

在训练或学习阶段，反复向人工神经网络提供一系列输入-输出模式对，通过不断调整节点之间的相互连接权重，直至给定的输入所得到的输出模式（响应）与所期望的原因-结果相匹配为止。经过训练后的人工神经网络归纳了隐含在实验数据中材料的组分、工艺与性能等之间的定量关系，并用一个隐函数来表征。通过这些活动，使人工神经网络学会正确的输入-输出响应行为，从而对未知样本进行预报。

6.2.2.2　人工神经网络的性质

人工神经网络具有一系列优于其他计算方法的性质。其中：

（1）信息处理的灵活性强。信息分布在大量的节点中，从而使信息处理的灵活性强于符号处理。

（2）具有学习功能。系统会有效地学会在有误差或新情况出现时进行修正，直至误差或新情况的消失，从而显著提高准确度。

（3）能广泛地进行知识索引。系统具有内在的知识索引功能，能回响与一个名称、一个过程或一系列过程条件有联系的不同信息，且信息在网络中节点之间的连接或这些连接的权重方式保留在网络中。网络中有大量的相互连接，因此，可以检索和存储大量与变量间相互联系的相应信息。

（4）更适合处理带有噪音的、不完整或不一致的数据。在人工神经网络中送入节点和有节点发出的信号是连续函数；每当节点只是轻微地影响输入-输出模式，只有将所有节点组织成一个单独的完整网络时，每个节点的影响才能反映出宏观的输入-输出模式。

（5）能够模拟人类的学习过程。人工神经网络采用尝试方法进行学习和问题求解工作，通过反复调整节点之间的连接权重来训练网络，使之可以很好地预测原因-结果关系。

6.2.3　神经网络分类器

计算机人工神经网络作为分类器，可将实验数据进行分类；作为函数器，还可以定量地预报材料的性能或相组成，从而实现材料的人工智能设计。网络分类器与传统分类器的工作原理有些不同，图 6-23 将神经网络分类器与传统分类器的工作原理进行了比较。图 6-24 展示了几种用作神经网络分类器的分类树。

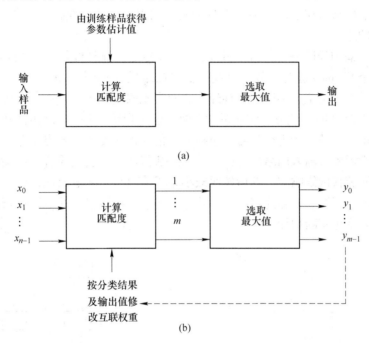

图 6-23　传统分类器与神经网络分类器工作原理比较

（a）传统分类器；（b）神经网络分类器

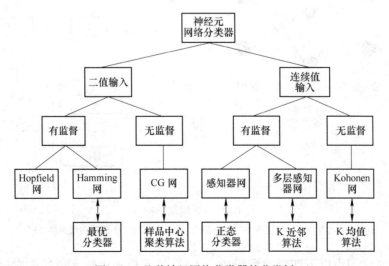

图 6-24　几种神经网络分类器的分类树

6.2.4 误差逆向传播神经网络

网络加上一个隐单元可以提高网络联想能力，然而对于加入隐单元的多层网络，当输出存在误差时如何确定是哪一个连接权的"过错"并调整它，误差逆向传播（error back propagation，EBP）或称逆传播（back propagation，BP）学习法可以帮助解决这一问题。误差逆向传播学习解决这问题是把网络出现的误差归结为各连接权的过错，通过把输出层单元的误差逐层向输入层逆向传播，以分摊给各层单元，从而获得各层单元的参考误差，以便调整相应的连接权。

误差逆向传播神经网络（简称 EBP 网络）或称逆传播神经网络（简称 BP 网路）通常有一个或多个 Sigmoid 隐含层和一个线性输出层组成（见图 6-25（a）），是一种具有三层神经元的阶层神经网络，不同阶层神经元之间实现权重连接，而每层内各个神经元之间不连接，见图 6-25（b）。这三层结构的 BP 网路能实现输入和输出间的任何非线性映射。网络按有人管理示教的方式进行学习，包括输入信号正向传播和输出误差反向传播两个过程。当将一对学习模式输入网络后，神经元的激活值从输入层经隐含层向输出层传播，在输出层各神经元获得网络响应。然后按照减小希望输出与实际输出误差的方向，从输出层经隐含层向输入层逐层修正各连接权。随着这种误差逆传播修正的不断进行，网络对输入模式响应的正确率也不断增加。

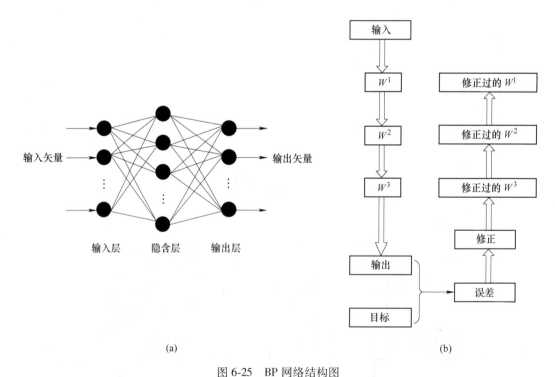

(a)   (b)

图 6-25   BP 网络结构图

（a）具有一个隐含层的 BP 网络结构；（b）三层神经元阶层神经网络结构

BP 网络的学习由以下四个过程组成：（1）输入模式由输入层经隐含层向输入层的"模式顺向传播"过程；（2）网络实际输出与希望输出的误差信号由输出层经隐含层向输

入层逐层修正连接权和阈值的"误差逆向传播"过程；（3）由"模式顺向传播"过程与"误差逆向传播"过程的反复交替进行的网络学习训练过程；（4）网络全局误差趋向极小的学习收敛过程。

误差反向传播学习将数据按一个方向传送并遍历网络，而从另一个方向改变权值。在第 l 层中第 j 个神经元的第 i 个权值的修正值定义为

$$\Delta w_{ji}^{l} = w_{ji}^{l(新)} - w_{ji}^{l(旧)} \tag{6-39}$$

在第 l 层的第 j 个神经元里，权重 w_{ji}^{l} 反映出第 i 个输入对第 j 个神经元的影响。根据 δ 学习规则，有下列关系式

$$\Delta w_{ji}^{l} = \eta \delta_{j}^{l} out_{i}^{l-1} \tag{6-40}$$

式中，out_{i}^{l-1} 标记为第 $l-1$ 层的输出，同时它也是第 l 层的输入。

剩下的问题是函数 δ_{j}^{l} 的估算。在 BP 算法中，是用梯度下降法来获得 δ_{j}^{l}。该方法的实质是，对一个误差 ε，必定在某参数并不知道的值处显示出一个最小的观测。通过观测这一曲线的斜率，就可以决定如何改变该参数使之靠近所寻找到的最小值。例如，将误差对神经元的权重作图，如图 6-26 所示。

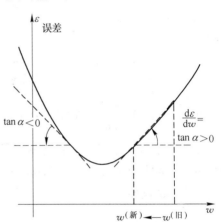

图 6-26 权重函数的误差 ε

根据梯度下降规则，使连接权的变化正比负梯度。在图 6-26 最小点的右边，微分 $\mathrm{d}\varepsilon/\mathrm{d}w$ 是正的，则新的参数值应该小于旧的参数值，反之亦然。也就是

$$\Delta w = w^{(新)} - w^{(旧)} = - k \frac{\mathrm{d}\varepsilon}{\mathrm{d}w}$$

对于在 l 层中的一个指定的权值 w_{ji}^{l}，相应的方程为

$$\Delta w_{ji}^{l} = - k \frac{\mathrm{d}\varepsilon}{\mathrm{d}w_{ji}^{l}}$$

该误差函数表示在输出层 l 中由特定的权值所引起的那部分误差。因为误差函数是关于参数 w_{ji}^{l} 的一个复合函数，所以有

$$\Delta w_{ji}^{l} = - k \frac{\partial \varepsilon}{\partial w_{ji}^{l}} = - k \left(\frac{\partial \varepsilon}{\partial out_{j}^{l}} \right) \left(\frac{\partial out_{j}^{l}}{\partial Net_{j}^{l}} \right) \left(\frac{\partial Net_{j}^{l}}{\partial w_{ji}^{l}} \right) \tag{6-41}$$

由于方程中所有的偏微分在 BP 算法中都很重要，因此分别对每一项加以讨论。

（1）偏微分 $\frac{\partial Net_{j}^{l}}{\partial w_{ji}^{l}}$。根据神经元 j 的净输入 Net_{j}^{l} 与其相应的权重的关系式

$$Net_{j}^{l} = \sum_{i=1}^{m} w_{ji}^{l} x_{i}^{l} \tag{6-42}$$

式中，x_{i}^{l} 为输入信号。

习惯上，所有的输入都可以写成来自上一层的输出。因此有

$$x_{i}^{l} = out_{i}^{l-1}$$

于是

$$\frac{\partial Net_j^l}{\partial w_{ji}^l} = \frac{\partial(w_{j1}^l out_1^{l-1} + \cdots + w_{ji}^l out_i^{l-1} + \cdots + w_{jm}^l out_m^{l-1})}{\partial w_{ji}^l} = out_i^{l-1} \tag{6-43}$$

将其代入式（6-42）中，并与式（6-41）比较得

$$\delta_j^l = -\left(\frac{\partial \varepsilon^l}{\partial out_j^l}\right)\left(\frac{\partial out_j^l}{\partial Net_j^l}\right) \tag{6-44}$$

该式在 BP 模型中是最重要的。

（2）偏微分 $\dfrac{\partial out_j^l}{\partial Net_j^l}$。通常，对 out_j^l 和 Net_j^l 的关系，人们更倾向于使用 S 型转换函数，即

$$out_j^l = \frac{1}{1 + \exp(-Net_j^l)}$$

因此，

$$\frac{\partial out_j^l}{\partial Net_j^l} = out_j^l(1 - out_j^l) \tag{6-45}$$

（3）偏微分 $\dfrac{\partial \varepsilon^l}{\partial out_j^l}$。根据误差函数 ε^l 和输出 out_j^l 之间的关系，可分两种情况进行讨论。

第一种情况：在最后一层（输出层）上的修正，也就是已知 ε^l。这种情况下，输出层的误差 ε^l 是期望输出向量（目标）$\boldsymbol{Y}(y_1, y_2, \cdots, y_m)$ 与实际输出 $\boldsymbol{Out}^l(out_1^l, out_2^l, \cdots, out_m^l)$ 之间的误差，可以表示为

$$\varepsilon^l = \sum_{j=1}^m (y_i - out_j^l)^2$$

所以，

$$\frac{\partial \varepsilon^l}{\partial out_j^l} = \frac{\partial(y_1 - out_1^l)^2}{\partial out_j^l} + \cdots + \frac{\partial(y_j - out_j^l)^2}{\partial out_j^l} + \cdots + \frac{\partial(y_m - out_m^l)^2}{\partial out_j^l} = -2(y_j - out_j^l) \tag{6-46}$$

为了标识更加明确，将指示神经元所在层的上标 l 换成 last，代入式中，就得到神经网络最后一层权重修正计算的表达式

$$\Delta w_{ji}^{last} = \eta(y_j - out_j^{last}) \, out_j^{last}(1 - out_j^{last}) \, out_j^{last-1} \tag{6-47}$$

式中，$\eta = 2k$。

第二种情况：在隐含层上修正，即不知道误差函数 ε^l 和输出 out_j^l 之间的明确关系。在隐含层 l 中，实际输出的误差 ε^l 不能直接计算，因为它们的输出"真实值"是未知的。所以必须做些假设。

假设由前馈传播过程在指定的 l 层产生的误差 ε^l 均匀分布在下一层（第 $l+1$ 层）的所有神经元上

$$\varepsilon^l = \sum_{k=1}^n \varepsilon_k^{l+1} \tag{6-48}$$

式中，n 表示在 $l+1$ 层上的神经元数目。亦即，l 层的误差可以通过累加它的下一层的误差而得到。

可以得到

$$\frac{\partial \varepsilon^l}{\partial out_j^l} = \sum_{k=1}^{n} \left(\frac{\partial \varepsilon_k^{l+1}}{\partial Net_k^{l+1}} \right) \left(\frac{\partial Net_k^{l+1}}{\partial out_j^l} \right) \qquad (6-49)$$

由于

$$Net_k^{l+1} = \sum_{j=1}^{m} w_{kj}^{l+1} x_j^{l+1} = \sum_{j=1}^{m} w_{kj}^{l+1} out_j^l$$

因此有

$$\frac{\partial Net_k^{l+1}}{\partial out_j^l} = w_{kj}^{l+1} \qquad (6-50)$$

而

$$\frac{\partial \varepsilon_k^{l+1}}{\partial Net_k^{l+1}} = \left(\frac{\partial \varepsilon_k^{l+1}}{\partial out_k^{l+1}} \right) \left(\frac{\partial out_k^{l+1}}{\partial Net_k^{l+1}} \right) \qquad (6-51)$$

结合式（6-44）可得到

$$\frac{\partial \varepsilon_k^{l+1}}{\partial Net_k^{l+1}} = \delta_k^{l+1} \qquad (6-52)$$

于是

$$\frac{\partial \varepsilon^l}{\partial out_j^l} = \sum_{k=1}^{n} \delta_k^{l+1} w_{kj}^{l+1} \qquad (6-53)$$

代入有关式，最后得到

$$\Delta w_{ji}^l = \eta \left(\sum_{k=1}^{n} \delta_k^{l+1} w_{kj}^{l+1} \right) out_j^l (1 - out_j^l) out_j^{l-1} \qquad (6-54)$$

权重值修正学习过程包括以下步骤：

（1）输入一个样本 $X(x_1, x_2, \cdots, x_m)$。

（2）将输入样本 $X(x_1, x_2, \cdots, x_m)$ 的组分 x_i 标记为 out_i^0，并且增加组分 1 为偏置节点，即输入向量变为 $Out^0(out_1^0, out_2^0, \cdots, out_m^0, 1)$。

（3）依次计算输出向量 Out^l 并将 Out^0 传播过网；为此，使用第 l 层的权重 w_{ji}^l 和来自前一层的输出 Out^{l-1}（作为向第 l 层的输入）

$$out_j^l = f \left(\sum_{i=1}^{m} w_{ji}^l out_i^{l-1} \right)$$

其中，f 是被选择的转换函数，如 S 型函数。

（4）采用输出层的输出向量 Out^{last} 和目标向量 $Y(y_1, y_2, \cdots, y_m)$，计算出输出中所有权重值的修正因子 δ_j^{last}

$$\delta_j^{\text{last}} = (y_j - out_j^{\text{last}}) out_j^{\text{last}} (1 - out_j^{\text{last}})$$

（5）修正最后一层中的所有权重值 w_j^{last}

$$\Delta w_{ji}^{\text{last}} = \eta \delta_j^{\text{last}} out_j^{\text{last}-1} + \mu \Delta w_{ji}^{\text{last(previous)}}$$

（6）从 $l = \text{last} - 1$ 到 $l = 1$ 依次一层一层计算隐含层的修正因子

$$\delta_j^l = \left(\sum_{k=1}^{n} \delta_k^{l+1} w_{kj}^{l+1} \right) out_j^l (1 - out_j^l)$$

（7）修正 l 层中的所有权重值

$$\Delta w_{ji}^l = \eta \delta_j^l out_j^{l-1} + \mu \Delta w_{ji}^{l(\text{previous})}$$

（8）以一个新的输入目标向量样本对（X，Y）重复以上步骤。

修正第 l 层的权重值表达式为

$$\Delta w_{ji}^l = \eta \delta_j^l out_j^{l-1} + \mu \Delta w_{ji}^{l(\text{previous})} \tag{6-55}$$

可以看出，第 l 层的权重值修正由两项构成：第一项趋向于"最速下降"收敛，第二项是一个防止解陷入局部极小的较长区间函数。η 为常数，称学习速率；μ 为常数，称动量因子。通过考虑前一循环所做的修正，μ 能够防止在修正方向上的突然变化。

除了神经网络结构之外，这些选择中最重要的是学习速率 η，它决定了训练所产生的权重值变化量，即改变的速度。当权重值改变量较大，网络学习速度也就较快，有时可能产生振荡，训练过程可能陷入局部极小；反之，当学习速率 η 较小时，学习速度较慢，网络误差下降速度也就较慢，但训练过程比较平稳。学习速率 η 通过视差法获得，初始值在 $0.3 \sim 0.6$ 之间。而动量常数 μ 决定了动量项的大小，一个大于 η 的 μ 值往往会遏制振荡性，但很可能会导致达到全局最小的一些途径。因此，在学习过程中，学习速率 η 和动量因子 μ 需要系统地改变。

人工神经网络的优势在于不需要给定函数的形式，就能从已有的数据中自动归纳规则，获得这些数据的内在规律的数学模型，具有很强的非线性映射能力，特别适合与因果关系复杂的非确定性推理、判断、识别和分类等问题。但在应用过程中存在两个主要问题：一是网络会出现"过拟合"，如果训练好的网络仅能对已知样本进行精确地逼近，但预报未知的能力很差，表明网络出现了"过拟合"。从本质上讲，如果一个神经网络的非线性能力超过样本数据所包含的信息量时，在网络训练过程中就有可能导致"过拟合"。由此可见，"过拟合"往往发生在训练样本相对较少，而网络结构又相对复杂的情况下。另一个问题是网络训练的收敛速度太慢，传统的 BP 网络用最速下降法训练网络，由于是线性搜索，常耗费大量的机时才能使神经网络收敛。

6.2.5　应用实例

近年来人工神经网络（ANN）在冶金和材料制备的生产中，以及实验室研究进行材料结构和性能设计、制备工艺参数和性能关系的分析中得到较为广泛的应用。

6.2.5.1　人工神经网络在金属基材料规模化制备研究中的应用

由于网络结构和算法的不同，人工神经网络有多种模型。现以目前使用最广泛的人工智能优化方法——反传人工神经网络算法（back-propagation artificial neural network，BP-ANN）对氨配合化学镀镍体系中已有的小型规模化制备试验的数据进行处理分析建模，以期得到预报的目标优化参数。以此为例说明人工神经网络在规模化制备试验中的应用。

A　BP-ANN 法用于已有的小型规模化制备试验结果的建模与预报

在主盐和还原剂浓度一定条件下，以添加剂 A 的浓度、每 100mL 镀液中的氨水量、反应温度、每 100mL 镀液中的饱和 SDS 溶液加入量为变量参数，以镀覆反应的时间作为考察对象，构造 4×3×1 的神经网络，即由上述四个变量作为 4 个输入节点（4 维）构成输入层，隐藏层为单层含 3 个神经元，1 个输出节点（1 维）——镀覆反应的时间作为网络的期望输出。而试验结果的好坏判别标准为：（1）反应完全（即反应结束尾液中镍离子浓度低于 400×10^{-6} g/L）为好点，反之为坏点；（2）被镀覆颗粒表面被金属镍覆盖完全为好点，不完全为坏点。利用已有的 30 组试验数据（见表 6-3）作为训练样本集，训练结果如图 6-27 所示。试验结果较好的点反应结束时间分布在 16~42min 之间，证明所选目标参数能够较好地描述上述的分类。相关系数 $r = 0.983$，说明 ANN 计算与试验结果线性相关性较好，因此，可以采用训练结果进行预报。

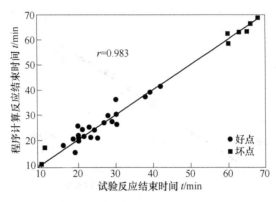

图 6-27 BP 对小型规模化制备试验数据训练结果

用训练好的神经网络对 6 组试验数据反应结束时间进行预报，其结果示于表 6-29。

表 6-29 在主盐和还原剂浓度一定条件下 4×3×1 网络结构预报与试验结果对比

序号	输入因素				预报时间 /min	试验时间 /min	预报误差 /%	分类
	添加剂 A /g·L⁻¹	100mL 溶液加入氨水量/mL	温度/K	100mL 溶液加入 SDS/mL				
1	5.0	10.0	348	0.5	20.04	20	0.2	1
2	12.0	9.0	347	0.5	26.16	23	13.7	1
3	10.0	30.0	345	0.0	77.00	68	17.6	2
4	0.0	8.5	343	0.0	9.02	11	18	2
5	13.3	10.0	346	0.5	21.15	20	5.8	1
6	12.0	9.5	348	0.5	37.08	41	9.6	1

注：分类栏中 1 代表好点，2 代表坏点。

由表 6-29 可以看出，预报的反应结束时间与实测反应时间相对平均误差 1 类点为 7.3%，2 类点为 17.8%。由此可见，神经网络的分类是可信的。

B BP-ANN 法对规模化制备放大试验结果的建模及预报

在采用 ANN 计算机优化技术的基础上，进行了放大试验，并进行多因素的考察分析。以主盐浓度、还原剂用量、添加剂 A 的浓度、每 100mL 镀液的氨水用量、反应温度及每 100mL 镀液的饱和 SDS 溶液加入量为变量参数，以镀覆反应的结束时间为考察对象，构造 6×4×1 的神经网络，即 6 个输入节点（6 维）构成输入层，隐藏层含 4 个神经元，1 个输出节点（1 维）。其判据为：好点必须是金属镍全部沉积在定位活化的颗粒表面，基本没有游离的金属镍颗粒，镀层致密，尾液中的镍离子浓度低于 $400×10^{-6}\,g/L$；否则为坏点。利用已有的 31 组放大试验数据（见表 6-5）作为训练样本集，训练结果如图 6-28 所示，试验结果较好的点反应结束时间分布在 $20\sim34min$ 之间。在放大试验中强化了分类标准，分类效果优于表 6-2。程序计算的目标参数与实验所测的反应时间线性相关性很好，相关系数 $r=0.995$。训练结果可靠，并进行了预报。用训练好的神经网络对另外 6 组试验数据反应结束时间进行预报，结果列于表 6-30。

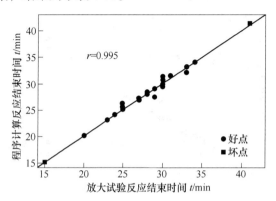

图 6-28　BP 对规模化制备放大试验数据训练结果

表 6-30　规模化制备放大试验的 6×4×1 网络结构预报与试验结果对比

| 序号 | 输入因素 | | | | | | 预报时间 /min | 试验时间 /min | 预报误差 /% | 分类 |
	六水硫酸镍 /g·L⁻¹	100mL 溶液加入联氨/mL	添加剂 A /g·L⁻¹	100mL 溶液加入氨水/mL	温度/K	100mL 溶液加入 SDS/mL				
1	54.6	4.00	13.3	10.0	348	0.0	27.3	28	2.3	1
2	52.5	3.75	12.5	10.0	347	0.0	24.3	23	5.6	1
3	27.0	1.10	30.0	8.5	345	0.0	48.5	50	3.0	2
4	55.0	4.70	13.0	10.0	343	1.0	15.0	15	0.0	2
5	27.0	1.50	10.0	31.0	345	0.0	23.2	23	1.1	1
6	27.0	2.00	8.0	8.5	350	0.5	27.6	27	2.4	1

注：分类栏中 1 代表好点，2 代表坏点。

由表 6-30 可以看出，预报的反应结束时间与实测时间的相对平均误差，1 类点为 2.85%，2 类点为 1.5%。由此可见，预报的结果可靠。目前已在放大试验中得到了应用，重现性很好，并得到了性能优良的金属镍镀覆的六方 BN 颗粒，用于封严涂层材料。

6.2.5.2　人工神经网络在无机非金属材料实验室研究中的应用

A　模式识别与人工神经网络结合对无压烧结合成 TiN-AlON 陶瓷材料工艺参数优化

以分析纯 TiO_2、AlN 和 Al_2O_3 为原料，添加少量 MgO 为烧结助剂，合成试样组成和抗弯强度 σ_f 如表 6-31 所示。

表 6-31 TiN-AlON 原料组成及抗弯强度

序号	T/K	$n(\text{AlN})/n(\text{AlN}+\text{Al}_2\text{O}_3)$	$x(\text{MgO})\%$	$x(\text{TiO}_2)\%$	σ_f/MPa
1	1923	0.20	0	3	249
2	1973	0.20	5	8	304
3	2023	0.20	10	20	115
4	1923	0.25	5	20	196
5	1973	0.25	10	3	216
6	2023	0.25	0	8	84
7	1923	0.30	10	8	143
8	1973	0.30	0	20	273
9	2023	0.30	5	3	195
10	1973	0.25	20	0	191
11	1973	0.25	20	8	173
12	2023	0.25	20	8	203
13	2023	0.25	0	3	138
14	1973	0.25	0	8	163
15	1973	0.25	0	13	296
16	2023	0.40	0	0	164
17	1973	0.30	0	0	146
18	2023	0.25	0	0	121
19	2023	0.15	0	0	257
20	1973	0.40	0	0	143
21	1973	0.25	0	0	105
22	1973	0.15	0	0	296

以烧结温度、AlN/（AlN+Al$_2$O$_3$）物质的量比、$x(\text{MgO})$ 及 $x(\text{TiO}_2)$ 为特征（变量）参数，试样抗弯强度为目标值，判据为：抗弯强度大于 200MPa 时定义为"好点"；抗弯强度小于 200MPa 时定义为"坏点"。用统计模式识别优化合成工艺参数，结果如图 6-29 所示。

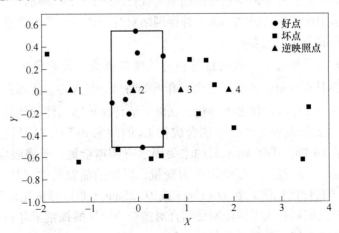

图 6-29 TiN-AlON 合成试验的模式识别结果

由图 6-29 可知，经统计模式识别处理后，"好区"与"坏区"明显分开。于是在目标优化区内任意选定样本点，通过模式逆映射获得选定点预报的合成工艺参数。如图 6-29 中，三角形为选定的逆映照点，其对应的工艺参数如表 6-32 所示。

表 6-32   **TiN-AlON 陶瓷材料模式识别逆映照的参数和其人工神经网络预报值**

序号	T/K	$n(AlN)/n(AlN+Al_2O_3)$	$x(MgO)/\%$	$x(TiO_2)/\%$	σ_f/MPa
1	1940	0.20	12.8	10.8	167
2	1978	0.22	4.7	7.2	294
3	1999	0.24	0.4	4.6	193
4	2021	0.26	0	2.4	134

为了进一步验证统计模式识别的结果及精确预报给定工艺参数的目标值。对合成试验样本进行了人工神经网络训练，建模预报。训练的结果如图 6-30 所示。

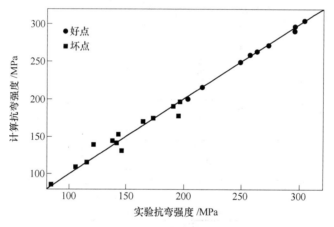

图 6-30   TiN-AlON 的人工神经网络训练结果

用已训练的人工神经网络预报新的工艺参数和预期目标值，结果如表 6-32 所示。由表可以看出，所训练人工神经网络预报的结果与统计模式识别完全吻合。

显然，综合运用统计模式识别和人工神经网络对合成体系工艺参数进行优化，可以比较准确地预报适宜的合成工艺参数。

B   统计模式识别和人工神经网络结合对钛酸钡合成工艺的优化

$BaTiO_3$ 基材料具有铁电、压电、热电、介电等特性，且无毒、无污染，通过异质离子如稀土元素镧的掺杂改性可以使之半导化，在电子器件及传感元件领域具有广泛的应用前景及工程价值。用溶胶-凝胶等软化学法合成掺 La 的纳米 $BaTiO_3$ 基材料。在确定成胶酸度范围之后，影响 $La_xBa_{1-x}TiO_3$ 纳米晶的主要因素有镧掺杂量、干燥温度、焙烧温度等。故选择以镧掺杂量、干燥温度、焙烧温度为变量，以原始晶粒尺寸（D）作为分类依据，按 $15 \leq D \leq 25nm$（目标优化区）和 $D < 15nm$ 或 $D > 25nm$（非目标优化区）样本分为优劣两类。利用统计模式识别和人工神经网络结合对掺杂改性钛酸钡纳米晶材料合成工艺进行优化，样本集列于表 6-33，处理结果见图 6-31。

表 6-33 制备 $La_xBa_{1-x}TiO_3$ 纳米晶的样本集

序号	类别	目标值 D/nm	掺杂配比 x	干燥温度 $t_1/℃$	焙烧温度 $t_2/℃$
1	2	12.6	0.3	70	600
2	2	13.6	0.3	70	800
3	2	14.0	0.0	25	800
4	2	14.8	0.3	70	800
5	1	15.2	0.1	50	600
6	1	16.3	0.1	50	800
7	1	17	0.1	50	800
8	1	17.6	0.1	70	800
9	1	19.6	0.1	25	850
10	1	19.7	0.1	50	1000
11	1	19.8	0.3	70	1000
12	1	21.0	0.0	90	700
13	1	22.2	0.1	70	700
14	1	22.4	0.0	90	800
15	2	28.1	0.3	70	1400
16	2	37.3	0.1	70	1300
17	2	42.0	0.0	90	1100
18	2	47.8	0.0	90	1200
19	2	55.5	0.0	90	1400
20	0	20.8	0.1	55	950
21	0	22.6	0.1	70	1050

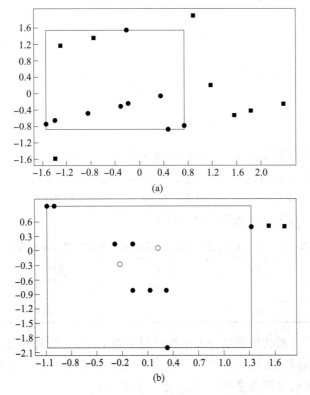

图 6-31 $La_xBa_{1-x}TiO_3$ 纳米晶工艺参数在二维平面的两次投影图

(a) 第一次投影图；(b) 第二次投影图

图 6-31 为两次投影的二维平面图，经第一次投影得到图 6-31（a），由图可以看出尚存在两组异类点，即向二维平面投影后，未能将多维空间的点完全分开。再经第二次投影，如图 6-31（b）所示，好点与坏点完全区分开来。

在目标优化区内选择两点，利用逆映照确定其工艺参数：掺杂量 x、干燥温度 t_1、焙烧温度 t_2，其结果如表 6-34 所示。

表 6-34　模式逆映照获得的 $La_xBa_{1-x}TiO_3$ 纳米晶工艺参数

掺杂量 x/%	干燥温度 t_1/℃	焙烧温度 t_2/℃
0.096	57.2	948.6
0.102	72.4	1048.2

利用表 6-34 $La_xBa_{1-x}TiO_3$ 纳米多晶粉体的合成工艺数据，训练人工神经网络，训练次数为 1 万次以上，训练误差为 0.1%，网络输出值与实际目标值间的相关系数 r 为 0.9（见图 6-32）。利用训练好的人工神经网络模型，对统计模式识别中逆映照给出的两点工艺参数进行目标值 D 的预报。

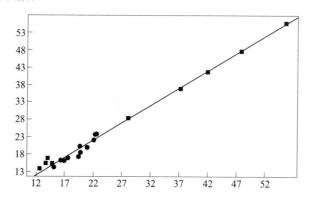

图 6-32　人工神经网络对 $La_xBa_{1-x}TiO_3$ 纳米晶合成工艺参数的训练结果

为验证预报结果，依据逆映照给出的两组工艺参数进行合成材料实验，并对获得的材料进行粒径测量。由实验结果（见表 6-35）可知：获得的原始晶粒尺寸 D 为 20.8nm 及 22.6nm，这与人工神经网络的预测值 19.4nm 及 24.1nm 吻合很好，均在 15~25nm 之间的设计范围内。这表明人工神经网络的预测结果可信。

表 6-35　$La_xBa_{1-x}TiO_3$ 纳米晶工艺参数神经网络预测结果和实验结果

掺杂量 x/%	干燥温度 t_1/℃	焙烧温度 t_2/℃	预测结果 D/nm	实验结果 D/nm
0.1	55	950	19.4	20.8
0.1	70	1050	24.1	22.6

综上所述，用统计模式识别结合人工神经网络对 $La_xBa_{1-x}TiO_3$ 纳米多晶材料的制备工艺参数进行优化和预报，实验制备的 $La_xBa_{1-x}TiO_3$ 纳米晶材料性能重现性好、工艺稳定。

C　制备长柱状氧化铝陶瓷的工艺参数优化与预报

长柱状氧化铝陶瓷具有优异的力学性能，且可用于制备自增韧的氧化铝陶瓷。通过热压烧结和控制温度、保温时间和压力等烧结参数，获得了长柱状氧化铝陶瓷。以烧结温度、保温时间、烧结压力为特征参数（变量参数），以陶瓷断裂韧性与抗弯强度为判据，取三点抗弯强度大于450MPa且断裂韧性大于$5.3MPa \cdot m^{1/2}$为"好"点，取三点抗弯强度小于450MPa或断裂韧性小于$5.3MPa \cdot m^{1/2}$为"坏"点，利用统计模式识别进行优化，结果如图6-33所示。获得的目标优化区为图中的方格区。

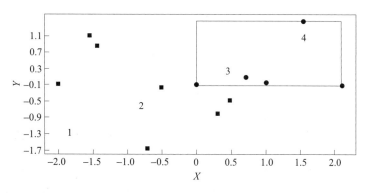

图6-33 长柱状三氧化二铝统计模式识别优化结果

在图6-33中，任选定4点（好区内两点，坏区内两点）进行模式逆映照获得相应的工艺参数，并用人工神经网络建模进行性能预报，结果见表6-36。

表6-36 制备长柱状氧化铝陶瓷模式识别逆映照点的参数及人工神经网络预报的结果

序号	分类	烧结温度/K	烧结压力/MPa	保温时间/h	ANN预报结果	
					抗弯强度	断裂韧性
1	坏	1651	2.64	1.94	289	3.68
2	坏	1746	13.76	1.94	402	4.82
3	好	1867	24.77	1.93	527	6.04
4	好	2011	35.88	1.92	637	7.31

为了进一步验证统计模式识别的结果及精确预报给定工艺参数的目标值，用已有的合成实验工艺参数训练人工神经网络。以烧结温度、保温时间、烧结压力为输入特征参数（变量参数），分别以断裂韧性和三点抗弯强度为输出目标值，训练30万次，误差0.8%。预报结果与实际测量值吻合较好，如图6-34所示。

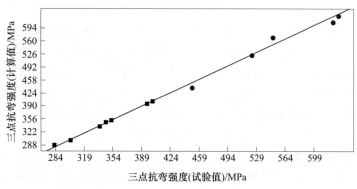

(a)

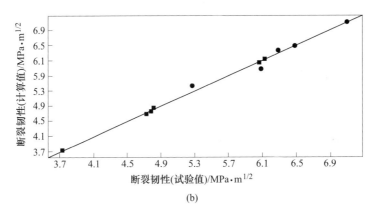

图 6-34 长柱状三氧化二铝力学性能的人工神经网络输出的训练结果

用已训练好的人工神经网络预报的部分烧结工艺参数，并控制工艺参数进行合成材料及性能测试的实验验证，结果如表 6-37 所示。从表中可以看出，预报材料性能值与实验结果值一致，从而验证了人工神经网络的训练结果是可靠的。

表 6-37　人工神经元网络预报的长柱状氧化铝陶瓷的断裂韧性与实验结果的比较

序号	温度/℃	压力/MPa	时间/h	预报值	实验值
A	1576	37.1	1.64	6.64	6.95
B	1563	27.0	2.16	6.64	6.27
C	1632	9.5	2.08	4.40	4.29

由上述结果可以看出，人工神经网络预报的制备长柱状氧化铝陶瓷工艺参数与模式识别逆映照的结果完全吻合。

综上所述，利用统计模式识别、人工神经网络，或统计模式识别结合人工神经网络可以用于材料的工业化生产和实验室研究中的多因素控制过程的工艺参数优化和预报，以及性能的预测。这些方法具有方便、快捷，预报结果可信等优点。然而希望进一步获得最佳工艺参数，还得在此基础上借助遗传算法来"寻优"。

6.3 遗 传 算 法

遗传算法（genetic algorithm，GA）是模拟生物进化的遗传过程依达尔文进化论的"优胜劣汰"原则达到优化目的一种自适应全局寻优算法。同时运用算法的这个特点可以寻找人工神经网络的连接权，求得模式识别的判据。因此，遗传算法也归属于人工智能算法，用于工艺过程的优化。遗传算法是由美国科学家豪尔南德（Holland）提出，经后人的发展，成为解决诸多领域复杂问题的有力工具，得到广泛的应用。

从本质上讲，遗传算法是一种非线性的优化方法，它采用简单的编码技术来表示各种复杂的问题，并通过对一组编码表示，进行优胜劣汰的自然选择和简单的遗传操作，来指导学习和确定搜索的方向。遗传算法是将问题空间的决策变量通过一定编码方法表示成一个符号串，构成遗传空间的一个个体，其中每一个变量的串也就是一个遗传基因；与此同时将目标函数值转换成适应度函数，用来评价个体的优劣，作为遗传操作的依据。由于采用群体（即一组解）的方法组织搜索，所以它可以同时搜索空间内的多个区域，特别适合大规模信息处理。

与一般优化方法相比，遗传算法的特点是：（1）不必知道优化目标和自变量的函数关系；不必求其导数，允许目标函数不连续。（2）从算法上讲，可避免传统优化算法陷入局部最小，能全局收敛。（3）计算要比模拟快、节省时间。在赋予遗传算法自组织、自适应、自学习等特性的同时，优胜劣汰的自然选择和简单的遗传操作使遗传算法具有不受搜索空间约束（条件可微、连续、单峰等）的限制，以及不需要其他辅助信息（如导数）的特点。这些新的特点使遗传算法不仅能获得较高的效率，而且具有简单、易操作和普适性强等优点。总之，遗传算法是一种基于生物自然选择与遗传机理的随机搜索算法，以适应性和随机信息交换为核心，是一种简洁、灵活、普通、高效的全局优化算法。它的基本处理流程如图 6-35 所示。

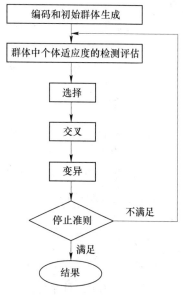

图 6-35　遗传算法的基本流程

由图 6-35 可见，遗传算法包括三个算子，即选择、交叉（杂交）和变异。它是一种群体型操作，该操作以群体中的所有个体为对象。遗传算法是从一组随机产生的初始解（称为"种群"）开始搜索过程。种群中的每个个体是问题的一个解，称为"染色体（chromosome）"。染色体是一串符号，比如一个二进制字符串。这些染色体在后续迭代中不断进化，称为遗传。在每一代中用"适应度（fitness）"来判别染色体的好坏。生成的下一代染色体称为后代。后代是由前一代染色体通过交叉（杂交，crossing）或者变异（mutation）运算形成的。在新一代形成中，根据适应度的大小选择部分后代，淘汰部分后代，从而保持种群大小是常数。适应度高的染色体被选中的概率较高。这样，经过若干代之后，算法收敛于最好的染色体，它很可能就是问题的最优解或次优解。因此，遗传算法中包含了以下 5 个基本要素：（1）参数编码；（2）初始群体的设定；（3）适应度函数的设计；（4）遗传操作设计；（5）控制参数设定（主要是指群体大小和使用遗传操作的概率等）。这 5 个要素构成了遗传算法的核心内容。

与传统搜索算法相比，遗传算法具有以下特点：（1）遗传算法运算的是解集的编码，而不是解集本身；（2）遗传算法的搜索始于解的一个种群，而不是单个解，这是它能以较大的概率找到整体最优解的原因之一；（3）遗传算法只使用效益信息（即目标函数），并在增加收益和减小开销之间进行权衡，而传统思索算法一般要使用导数等其他辅助信息；（4）遗传算法所具有的内含并行性使它能以较大的收益；（5）遗传算法使用概率的转移规则，而不是确定的状态转移规则。

作为一种新的优化技术，遗传算法在解优化问题时有以下优点：（1）遗传算法对所解的优化问题没有太多的数学要求。由于它的进化特性，可以处理任意形式的目标函数和约束，无论是线性的还是非线性的，离散的还是连续的，甚至混合的搜索空间。（2）进化算

378

子的各态历经性使得遗传算法能够非常有效地进行概率意义下的全局搜索；而传统优化方法则是通过近邻点的比较而移向较好点，达到收敛的局部搜索过程。这样，只有在问题具有凸性时才能找到全局最优解。（3）遗传算法对于各种特殊问题可以提供极大的灵活性来混合构造领域独立的启发式，从而保证算法的有效性。

总之，遗传算法是一个以适应度函数为依据，通过对群体个体施加遗传操作实现群体内个体结构重组的迭代处理过程。它模拟的是自然界生物优胜劣汰进化过程。

下面就遗传算法作为一种智能搜索算法，对其数学描述作简单的介绍。

6.3.1 模式定理

模式是基于三值字符集 $\{0, 1, *\}$ 所产生的模板，该模板能描述具有某些结构相似性的 0、1 字符串集的字符串。

模式的模式阶：模式 H 中确定位置的个数称为模式的模式阶，记为 $O(H)$。

模式的定义距：模式 H 中第一个确定位置和最后一个确定位置之间的距离称为模式的定义距，记为 $\delta(H)$。

假设在第 t 代群体 $A(t)$ 中，模式 H 所能匹配的样本数为 m，记作 $m(H, t)$。群体在选择过程中，个体 i 以概率 $P_i = f_i / \sum f_j$ 参与选择，其中 f_i 是个体 $A_i(t)$ 的适应度。假设一代中群体大小为 n，且个体两两互不相同，因此，模式 H 在第 $t+1$ 代中的样本数 $m(H, t+1)$ 为

$$m(H, t + 1) = m(H, t) \cdot n \cdot f(H) / \sum_{j=1}^{n} f_j \qquad (6\text{-}56)$$

式中，$f(H)$ 是模式 H 所有样本的平均适应度。

令群体平均适应度为 $\bar{f} = \sum_{j=1}^{n} f_j / n$，则有

$$m(H, t + 1) = m(H, t) \cdot f(H) / \bar{f} \qquad (6\text{-}57)$$

可见，模式数目的变化依赖于模式的平均适应度与群体的平均适应度之比。那些平均适应度高于群体平均适应度的模式，将在下一代中得以增加，而那些平均适应度低于群体平均适应度的模式，将在下一代中减少。

假设模式 H 的平均适应度一直高于群体的平均适应度 c 倍，则有

$$m(H, t + 1) = m(H, t) \cdot (\bar{f} + c\bar{f}) / \bar{f} = m(H, t) \cdot (1 + c) \qquad (6\text{-}58)$$

假设从 $t = 0$ 开始，c 为一定值，则

$$m(H, t + 1) = m(H, 0) \cdot (1 + c)^t \qquad (6\text{-}59)$$

由此可见，在选择算子的作用下，平均适应度高于群体平均适应度的模式，将呈几何级数增加。同时，平均适应度低于群体平均适应度的模式，将呈几何级数减少。

对于交叉（杂交）算子，模式 H 能否生存取决于交叉（杂交）的位置是否落在模式的定义距之内。对于一点杂交，H 的生存概率 $P_s = 1 - \delta(H) / (l - 1)$。而杂交本身也是以一定的概率 P_c 发生的，所以模式 H 的生存概率为

$$P_s = 1 - P_c \cdot \delta(H) / (l - 1) \qquad (6\text{-}60)$$

然而，并不是每次发生在模式定义距之内的交叉（杂交）都会破坏模式的生存。因此，所

能得到的模式生存概率是实际生存概率的下界，即

$$P_s \geq 1 - P_c \cdot \delta(H)/(l-1) \tag{6-61}$$

现在考虑模式 H 在选择和交叉（杂交）算子共同作用下的变化，可以得到：

$$m(H, t+1) \geq m(H, t) \cdot f(H)/\bar{f} \cdot (1 - P_c \cdot \delta(H)/(l-1)) \tag{6-62}$$

可以看出，在选择和交叉（杂交）算子的共同作用下，模式数目的变化取决于两个因素：（1）模式的平均适应度高于群体平均适应度；（2）模式是否具有较短的定义距。显然，那些平均适应度高于群体平均适应度，具有较短定义距的模式将呈几何级数群增长。

最后考虑变异操作。要使模式在变异中不被破坏，则必须是所有确定位置上的值保持不变。因此，在概率为 P_m 的变异操作作用下，模式不变的概率为 $(1 - P_m)^{O(H)}$，其中 $O(H)$ 是模式 H 的阶。当 $P_m \ll 1$ 时，模式 H 的生存概率可近似写为

$$P_s \approx 1 - O(H) \cdot P_m \tag{6-63}$$

综上所述，模式 H 在选择、交叉（杂交）和变异算子的共同作用下，在第 $t+1$ 代模式 H 的个体数为

$$m(H, t+1) \geq m(H, t) \cdot f(H)/\bar{f} \cdot [1 - P_c \cdot \delta(H)/(l-1) - O(H) \cdot P_m] \tag{6-64}$$

由上式可得到如下的模式定理：在遗传算子选择、交叉（杂交）和变异作用下，具有低阶、短定义距以及平均适应度高于群体平均适应度的模式在子代中将以几何级数增长。

具有低阶、短定义距以及高适应度的模式称为积木块。根据模式定理，戈尔德伯格（Goldberg）提出了积木块假设：积木块在遗传算子的作用下，相互结合，能生成高阶、长定义距、高的平均适应度模式，可最终生成全局最优解。

6.3.2 编码方案

将问题的解转换成编码表达的染色体是遗传算法的关键问题。遗传算法主要是通过遗传操作对群体中具有某种结构形式的个体施加结构重组处理，从而不断地搜索出群体中个体间的结构相似性，形成并优化积木块以逐渐逼近最优解。很显然，遗传算法不能直接处理问题空间的参数，必须把它们转换成遗传空间的由基因按一定结构组成的染色体或个体。这一转换操作称之为"编码"，是遗传算法与其他算法的重要区别之一。

评价编码策略常采用三个规范准则：（1）具有完备性。问题空间中的所有点（候选解）都能作为遗传算法搜索空间中的点（基因型）出现。（2）具有健全性。遗传算法搜索空间中的染色体能对应所有问题空间中的候选解。（3）具有非冗余性。染色体与候选解一一对应。

根据积木块假设，戈尔德伯格（Goldberg）提出了两条编码规则：一是有意义积木块编码规则——所定编码应当是易于生成与所求问题相关的短定义距和低阶的积木块；另一条是最小字符集编码规则——所定编码应采用最小字符集以使问题得到自然的表示或描述。

编码时，通常是用一个字符串代表一组变量（染色体），其中用若干连续的位（对偶因素）表示一个变量。根据编码方式的不同，遗传算法的编码策略可分为二进制编码、多参数映射编码、离散化编码、可变染色体长度编码、二维染色体编码和树结构编码等。归纳起来可分为三大类，即二进制编码方法、浮点数编码方法和符号编码方法，其中二进制编码是遗传算法中常用的编码。

随着遗传算法的发展，出现了所谓实数编码。实数编码已完全脱离原来编码的意义，是一种实数运算。在两实数之间进行杂交和变异也用实数编码随机变化。杂交和变异的范围通过物理意义加以限制。实数编码可免去二进制编码的繁琐，在变量组的变量很多时，用实数进行操作比较方便，也能达到同样的效果。若研究过程的变量多，也可以采用实数编码进行优化。

在二进制编码中，假设某变量数据范围为 $x \in [\eta, \xi]$，由变量的编码换算成数值的公式是

$$x = \eta + \frac{(\xi - \eta) \sum\limits_{i=1}^{l} g_i 2^{i-1}}{2^l - 1}$$

式中，g_i 为第 i 位的数据（0 或 1）；l 为变量的二进制的位数，它决定了所表达的数值精度；η，ξ 均为常数。

二进制编码串的长度由决策变量的定义域和优化所要求的搜索精度决定。例如对某变量 $x \in [4.6, 11.2]$，对其搜索精度为 0.0001，位数为 18，则编码后的编码串换算成数值 x

$$x = 4.6 + \frac{(11.2 - 4.6) \sum\limits_{i=1}^{18} g_i 2^{i-1}}{2^{18} - 1}$$

二进制编码就是将原问题空间中的解，映射到长度为 l 的位串空间 $B^l = \{0, 1\}^l$ 上，然后在位串空间上进行遗传操作，结果再通过解码过程还原成其表现型，以进行适应度的评估。当变量不止一个分量时，可以对各分量分别进行编码，然后合并成一个长串。解码时，根据其对应的子串，分别进行解码即可。

6.3.3　适应度函数

遗传算法在进化搜索中基本上不用外部信息，仅用适应度函数作为依据。因此，适应度函数评估是选择操作的依据，适应度函数的设计直接影响到遗传算法的性能。为了改善算法的性能，需要对适应度进行调节。这种对适应度的缩放调整称作适应度定标。常用的定标方式大致有以下几种：

（1）线性定标。设原适应度函数为 f，定标后的适应度函数为 f'，则线性定标可表示为

$$f' = af + b$$

式中，系数 a 和 b 可以有多种途径设定，但需满足两个条件：1）原适应度平均值要等于定标后的适应度平均值；2）定标后的适应度函数的最大值要等于原适应度函数平均值的指定倍数。

（2）σ 截断。它是使用线性定标前的一个预处理方法，目的在于更有效地保证定标后的适应度值不出现负值，可表示为

$$f' = f - (\bar{f} - c\sigma)$$

式中，c 为常数，要适当选择。

（3）幂函数定标。该定标方式定义为

$$f' = f^k$$

式中，幂指数 k 与求解问题有关。

（4）对数定标。该方法是为映射极小化问题的适应度函数而提出的，表示为

$$f' = b - \lg f$$

式中，b 为选择为大于任何 $\lg f$ 的值。

（5）窗口技术。它是将移动基线技术引入到适应度函数的选择中，以维持恒定的选择压力。表达式为

$$f' = f - f_w$$

式中，w 是窗口的大小，f_w 是最后 w 代中获得的最差的值。

（6）玻兹曼（Boltzmann）定标。玻兹曼选择是一种用于正比选择的标定方法，表达式为 $f' = e^{f/T}$，通过控制参数 T 达到控制选择压力。

6.3.4 遗传算子

遗传算子的设计是遗传算法中最富有特色和创作性的部分。基本的遗传算法只使用选择（良种）、交叉（杂交）和变异操作。编码策略的不同造成了相应遗传操作的多样性。

6.3.4.1 选择算子

选择算子是对群体中的个体进行优胜劣汰操作的算子，即用一定的方式保留一些个体，淘汰另一些个体。最常用的选择算法是比例选择法，其基本思想是：个体被选中保留的概率与该个体的适应度大小成正比。若群体大小为 M，个体 i 的适应度为 F_i，则个体 i 被选中的概率 PS_i 为

$$PS_i = \frac{F_i}{\sum_{i=1}^{M} F_i} \qquad (i = 1, 2, 3, \cdots, M)$$

6.3.4.2 交叉（杂交）算子

所谓交叉（杂交，crossing）是指把两个父代个体的部分结构，按某种方式相互交换其部分基因，加以替换重组，从而生成两个新个体的操作。交叉（杂交）算子在遗传算法中起着关键的作用，也是遗传算法区别于其他算法的重要特征。在设计杂交算子时，必须满足交叉（杂交）算子的评估准则，即交叉（杂交）算子需保证前一代中优秀个体的性状，能在后一代的新个体中尽可能得到遗传和继承。对二进制编码，交叉（杂交）算子有点式交叉（杂交）和均匀交叉（杂交）方式，且点式交叉（杂交）算子又分为一点式交叉（杂交）和多点式交叉（杂交）。

6.3.4.3 变异算子

变异算子的基本内容是对群体中的个体编码串的某些基因座上的基因值用一定方式进行改变，从而形成新的个体；尽管变异发生的概率较小，但它是产生新个体不可忽视的原因。总之，变异算子是用来调整个体编码串中的部分基因值，可以从局部角度出发使个体更加逼近最优解，从而提高遗传算法的局部搜索能力。就基于字符集 {0，1} 的二进制字符串而言，变异操作就是把某些基因座上的基因值取 1→0 或 0→1。

在遗传算法中，交叉（杂交）算子因其具有全局搜索能力而作为主要算子，变异算子因其只具有局部搜索能力而作为辅助算子。遗传算法通过交叉（杂交）和变异这一对相互配合又相互竞争的操作，而使其具备兼顾全局和局部的均衡搜索能力。所谓相互配合，是指当群体在进化中陷于搜索空间中某个超平面而仅靠交叉（杂交）不能摆脱时，通过变异操作可有助于这种摆脱。所谓相互竞争，是指当通过交叉（杂交）已形成所期望的积木块时，变异操作有可能破坏这些积木块。因此，如何有效地配合使用交叉（杂交）和变异操作，是遗传算法的重要内容。

6.3.4.4　遗传算法优化工艺参数的步骤

遗传算法对工艺参数优化的步骤是：

（1）确定目标适应度算法、参与竞争染色体数目、良种比例、交叉（杂交）方式、突变方式、良种复制数目和最大迭代次数。

（2）确定工艺参数限制条件，在有效范围内产生大量的随机数值，并随机地形成相当数量的工艺参数（模拟染色体），存于一个数组（染色体库）。

（3）随机从数组里取出规定套数的工艺参数（竞争数），并计算它们的工艺参数所对应的目标值，换算成适应度；如果它们的适应度相差很小，或已达到某个阈值，且连续多次重复，即转到最后一步；如果迭代次数超过最大迭代次数，转到最后一部；否则，就转到下一步。

（4）竞争，淘汰适应度差的工艺参数，留下若干好的。

（5）繁殖，好的工艺参数复制到数组，并进行交叉（杂交）和突变，形成新的工艺参数，顶替原来被淘汰的工艺参数，进到数组；再转到第三步计算到适应度相差甚小，才能进入下一步。

（6）迭代结束。

上述遗传算法各步中涉及的主要参数有：编码串长度、种群大小、交叉（杂交）和变异概率。编码串长度由优化问题所要求解精度和决策变量的定义域决定。种群大小表示种群中所含个体的数量，种群较小时可提高遗传算法的运算速度，但却降低了群体的多样性，可能找不出最优解；而种群较大时又会增加计算量，使遗传算法的运算效率降低，通常取种群数目为 $20 \sim 100$。交叉（杂交）概率控制着交叉（杂交）操作的频率，它是遗传算法中产生新个体的主要方法，通常应取较大值，然而过大可能破坏群体的优良模式，通常取 $0.4 \sim 0.99$。变异概率也是直接影响新个体产生的因素，变异概率小，产生新个体就少；而变异概率太大又会使遗传算法变成随机搜索，通常取变异概率为 $0.0001 \sim 0.1$。

6.3.4.5　遗传算法的优点

遗传算法与其他优化方法比较有许多优点，主要优点体现在：

（1）不是直接对决策变量进行操作，而是以决策变量的某种形式的编码为运算对象。这种对决策变量的处理方式对一些无数值概念或很难有数值概念，而只有代码概念的优化问题具有独特的优越性。

（2）不是从单个点，而是从多个点构成的群体进行搜索，所以搜索过程不易陷入局部最优值。

（3）在搜索最优解的过程中，只需要由目标函数值转换得到的适应度值信息，就可以确定进一步搜索的方向和范围，不需要导数等其他辅助信息，这使得遗传算法可以解决许多其他优化方法无法解决的问题。

遗传算法具有的独特优点使之在材料设计、制备等研究中得到广泛的应用。因为许多材料设计问题都归结为一个优化问题，如工艺参数优化、成分和结构的最优设计等。由于材料的结构、成分、工艺及性能间常存在复杂的非线性关系，而且这种存在形式又是多种多样，所以用传统的优化方法不易求得这类优化问题的解。而遗传算法在求解这类复杂问题时却有其独到之处。遗传算法用在材料设计时，可以解决一些实际问题。如对优选复合材料可解决这样两类问题：（1）按照一定的性能要求，从材料数据库中优选出一种最符合条件的材料；（2）在保证材料的其他性能的基础上，从数据库中选出合适的材料，使其某一性能达到最优值。

在本书6.4节网络化优化中将用到遗传算法，并有应用实例，故这里就不再一一列举。

6.3.5 遗传算法的性能评估

评估遗传算法的性能对于研究和应用遗传算法是十分重要的。目前遗传算法的评估指标大多采用适应度值。在遗传算法中，以个体的适应度大小来确定该个体被遗传下一代的概率。适应度高的个体遗传到下一代的概率就大，而适应度较低的个体遗传到下一代的概率相对就较小。如果优化问题是一个最大化问题，且目标函数为正值，就可以用目标函数作为度量适应度值的函数来计算这一概率。然而，在实际应用中优化问题往往不具备这些特性，因此，在使用遗传算法之前必须将目标函数按一定转换规则进行转换，使其成为具备上述特性的适应度函数。至于具体转换方法，以及求目标函数的最大值和最小值等问题在有关专业书中有详细介绍，本书就不再赘述。

常用离线性能和在线性能来评估遗传算法。离线性能反映了算法的收敛性，而在线性能反映了算法的动态性能。

6.3.6 遗传算法与神经网络

遗传算法与神经网络有机地结合已形成材料设计的集成系统，其中对神经网络训练是集成神经网络与遗传算法两者的关键。用遗传算法优化神经网络，可以使得神经网络具有自进化、自适应能力，从而构造出进化的神经网络。遗传算法优化神经网络主要包括以下三个方面：（1）连接权的进化；（2）网络结构的进化；（3）学习规则的进化。现在以BP网络为例来说明遗传算法优化神经网络的思想与方法。

6.3.6.1 神经网络连接权的进化

用遗传算法优化神经网络连接权的过程如下：

（1）随机产生一组分布，采用某种编码方案对该组中的每一个权值（或阈值）进行编码，进而构造出一个个编码串（每个编码串代表网络的一种权值分布），在网络结构和学习规则已定的前提下，该编码串就对应一个权值和阈值取特定值的神经网络。

（2）对所产生的神经网络计算它的误差函数，从而确定其适应度函数值。误差越大则适应度越小；反之，误差越小则适应度函数就越大。

（3）选择若干个适应度函数值最大的个体，直接遗传给下一代。

（4）利用杂交和变异等遗传操作算子对当前一代群体进行处理，产生下一代群体。

（5）重复上述步骤，使初始确定的一组权值分布得到不断的进化，直到满足训练目标为止。

6.3.6.2　神经网络结构的进化

用遗传算法来进化神经网络结构的步骤是：

（1）随机产生 N 个结构，对每个结构编码，每个编码个体对应一个网络结构。

（2）用许多不同的初始权值分布对个体集中的结构进行训练。

（3）根据训练的结果或其他策略确定每个个体的适应度。

（4）选择若干适应度值最大的个体，直接遗传给下一代。

（5）对当前群体进行杂交（交叉）和变异等遗传操作，以产生下一代群体。

（6）重复（2）~（5），直到当前一代群体中的某个个体（对应着一个网络结构）能满足要求为止。

6.3.6.3　神经网络学习规则的进化

用遗传算法来进化学习规则的过程可描述为：

（1）随机产生 N 个个体，每个个体表示一个学习规则。

（2）构造一个训练集，其中的每个元素代表一个结构和连接权是随机设定的或预先确定的神经网络，然后对训练集中的元素分别用每一个学习规则进行训练。

（3）计算每个学习规则的适应度。

（4）根据适应度进行选择。

（5）对每个被编码的学习规则（个体）进行遗传操作，产生下一代个体。

（6）重复（2）~（5），直到达到目的为止。

6.3.7　设计遗传算法的基本步骤

设计遗传算法的基本步骤是：

（1）确定编码方案，编码不仅决定了个体基因排列形式，而且也影响到在交叉（杂交）算子和变异算子的运算方法。

（2）确定适应度函数。

（3）确定选择策略，即优胜劣汰的选择机制，使适应度大的解有较高的存活概率。

（4）选取控制参数为 0.25~1.00，变异率应在 0.1 左右。

（5）设计遗传算子，即选择、交叉（杂交）、变异，以及其他高级操作。最常用的是比例选择法，即个体被选中保留的概率与该个体的适应度大小成正比。

（6）确定算法的终止准则。常用的停止准则是，达到预先规定的最大演化代数，或算法在连续多少代解的适应度值没有明显改进时即终止。

（7）编程上机运行。

6.3.8　遗传算法的应用

遗传算法在材料设计中的应用可归结为优化问题，诸如工艺参数优化、成分和结构的最优设计等。在材料设计实验研究实践中，已经证明用遗传算法优化 $MgO\text{-}B_2O_3\text{-}SiO_2$ 渣系提取硼的工艺参数和锆英石与碳黑反应烧结制备 ZrO_2-SiC 复合材料过程中原位生成 SiC 量等，均取得了很好的效果。下面将简单介绍一些其他应用实例。

6.3.8.1 遗传算法在复合材料研究中的应用

遗传算法在复合材料研究中的应用可归纳为两类问题：一是按一定性能要求从材料数据库中优选出符合条件的复合；二是在保证复合材料其他性能的基础上，从材料数据库中选出某一性能最优的复合材料。遗传算法用在复合材料研究时，通常将基体材料与增强体材料的性质（弹性模量、热导率、热膨胀系数等）及经模型化处理后的增强体的形状、排列方式和体积分数看作决策变量，借助材料模型库中的相关模型构造相应的适应度函数，通过遗传操作，可以得到满足设计要求的复合材料。下面给出按要求优化设计复合材料的例子。

A 设计玻璃纤维增强环氧树脂材料

要求设计玻璃纤维增强环氧树脂材料的纵向和横向弹性模量分别为 $E_x = 30GPa$、$E_z = 51.7GPa$，纵向和横向热导率分别为 $k_x = 3W/(m \cdot K)$、$k_z = 8W/(m \cdot K)$，密度 ρ 为 1.94。经遗传算法优化设计得到：玻璃纤维的体积分数为 57% 时，复合材料的性能分别为：$E_x = 20GPa$、$E_z = 53.71GPa$，$k_x = 2.04W/(m \cdot K)$、$k_z = 3.95W/(m \cdot K)$，密度为 2.34，基本能达到设计要求。

B 设计 SiC 颗粒增强的铝基复合材料作为集成电路的衬底材料

要求作为集成电路衬底材料用的 SiC 颗粒增强铝基复合材料的纵向的弹性模量、热导率和热膨胀系数分别为：$E_x \geq 100GPa$、$k_z \geq 150W/(m \cdot K)$、$\alpha_x \leq 3 \times 10^{-6}/K$，希望密度最小。经过遗传算法优化设计得到：SiC 颗粒的相体积分数为 16% 时，集成电路的衬底材料的性能分别为：$E_x = 101.21GPa$、$k_x = 188.52W/(m \cdot K)$、$\alpha_x = 2.55 \times 10^{-6}/K$、密度为 2.72，完全满足设计要求。

6.3.8.2 遗传算法在梯度功能材料（FGM）设计中的应用

为减低材料界面的热应力，1985 年日本学者提出了梯度功能材料。梯度功能材料的残余热应力与组成配比和厚度等参数有关。为了能使制备出的梯度功能材料具有最佳的性能，通常在制备前进行合理的热应力缓和设计。目前广泛使用的方法是利用有限元分析法对具有不同组成参数的梯度功能材料的残余应力进行预测，找出残余热应力与组成参数的对应关系。由于梯度功能材料组成参数的不连续性，用有限元法获得的热应力与组成参数的对应关系也是不连续的。显然用传统的优化方法是无法求解热应力最小时的组成参数问题。而遗传算法在求解最优化问题时不要求函数的连续性，因此可以用来解决这一问题。

日本学者开发了一个有限元分析法结合遗传算法的材料设计系统，用于优化 Mo-$MoSi_2$ 系的梯度功能材料。将层数为 n 的梯度材料的组成参数（即组成配比 w_1，w_2，…，w_{n-1}，w_n 和厚度 d_1，$d_2 \cdots d_{n-1}$，d_n）编码为一个基因型串结构数据，如图 6-36 所示。在随机产生一个种群后，用有限元模型对各个体进行评估，按评估结果进行选择、交叉（杂交）和变异操作，直至找到该材料热应力最小时的组成参数。对于一个 4 层的 Mo-$MoSi_2$ 系的梯度功能材料，优化的结果为：$w_1 = 11\%$，$w_2 = 43\%$，$w_3 = 85\%$，$w_4 = 89\%$，$d_1 = 0.2mm$，$d_2 = 0.2mm$，$d_3 = 0.4mm$，$d_4 = 1.2mm$。

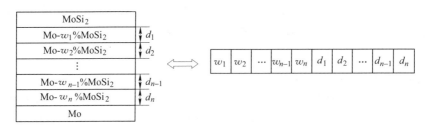

图 6-36　Mo-MoSi$_2$ 系 FGM 编码方法

6.3.8.3　遗传算法在合金设计中的应用

虽然可以利用合金宏观的热力学和动力学性质模拟微观结构，并用蒙特卡洛（Monte Carlo）法和分子动力学法（MD）进行合金一些性质的估算。然而对于一个多组分合金体系，计算量太大，完全通过蒙特卡洛法和分子动力学法来设计其合金相组成几乎是不可能的。于是艾凯达（Ikeda）等人提出了分子动力学模拟与遗传算法相结合进行合金设计的方法，并用于镍基超合金的设计中。为了能获得 γ 相和 γ′ 相的最佳相组成，将镍基合金两相中的组成表示成遗传算法种群中的个体，如图 6-37 所示。该个体由三部分组成：γ 相、γ′ 相中 Ni 亚晶格位和 Al 亚晶格位。其中每一部分又是由 Al、Ti、V、Cr、Co、Ni、Nb、Mo、Hf、Ta、W 和 Re 等元素在该相中或该亚晶格位上的实际原子数的二进制编码所组成。因为遗传和变异操作中的随机性，可能会导致各组分的原子质量分数总和不等于 100%，所以在这里采用各组分的实际原子数来表示合金的组成。

图 6-37　镍基合金编码方法

对于达到平衡状态的合金，其各组分在各相中的化学势应该相等。因此，可通过分子动力学方法求得各组分在各相中的化学势，并用其来构造适应度函数以反映对相平衡基本原理的满足程度。在此基础上进行遗传算法优化，可求得合金的平衡相组成。艾凯达等人将该方法用于 Ni-Al-Cr-Mo-Ta 系和 Ni-Al-Cr-Co-W-Ti-Ta 系的合金设计中，设计结果与实验结果吻合得很好。

6.3.8.4　人工神经网络与遗传算法相结合优化的应用

人工神经网络与遗传算法相结合的优化方法已在一些材料研究工作中得到了应用。如宋仁国等用人工神经网络建立了描述 7175 铝合金工艺与其性能间关系的模型，在此基础上结合遗传算法对该制备工艺进行了优化。而潘清跃等人用人工神经网络研究了 1Cr18Ni9Ti 不锈钢激光表面熔凝工艺参数与腐蚀性能间的关系，并用遗传算法获得最佳工艺参数，大幅提高材料的腐蚀性能。总之，将人工神经网络与遗传算法相结合的方法应用于材料的优化设计，取得了很好的效果。

现以人工神经网络与遗传算法结合对 CaPbTiO$_3$ 薄膜工艺参数的优化和寻优为例，进行较详细的介绍人工神经网络与遗传算法结合在材料研究中具体应用。

在利用人工神经网络-遗传算法对钙掺杂钛酸铅湿敏薄膜合成工艺参数进行优化和设

计时，选定四方晶系的晶轴比为目标值，因其值大小和薄膜元件的湿敏特性有密切关系。

在研究制备钙掺杂钛酸铅湿敏薄膜合成工艺实验中发现：升温速率增加，四方晶系的钛酸铅晶轴比呈下降趋势；焙烧温度升高，四方晶系的晶轴比增大，并有利于形成较大晶粒；而钙配比的增加，使得四方晶系的晶轴比下降。由此，确定升温速率、热处理温度和钙掺杂配比是影响四方晶系钛酸铅晶轴比的主要因素。因此，在运用人工神经网络优化工艺参数时，将这三个因素作为变量，构成三维样本集。

利用实验研究数据（样本集）训练人工神经网络，建立材料制备工艺参数优化预测模型，在此基础上运用遗传算法以期获得使材料的性能（网络输出）达到最大（或最小）的最优工艺参数。因遗传算法（GA）可以完成人工神经网络模型的寻优过程，只需要由网络响应值转换得到的适应度信息，而无需知道具体的函数形式。完成规定的遗传代数后，从最终种群中选适应度最大的个体解码，即获得最佳材料性能的最佳工艺参数。

现以四方晶系晶轴比作为目标值，三个影响因素——钙配比、升温速率和焙烧温度构成样本集（列于表6-38），利用网络化的人工神经网络结合遗传算法进行 $Ca_xBa_{1-x}TiO_3$ 湿敏薄膜工艺参数的优化与设计。

表6-38 $Ca_xPb_{1-x}TiO_3$ 纳米多晶湿敏薄膜样本集

序号	掺杂配比	升温速率[①]	焙烧温度/℃	四方晶系晶轴比
1	0	0	800	1.064
2	1	1	900	1.059
3	1	1	800	1.058
4	1	1	700	1.052
5	5	−1	900	1.059
6	5	0	900	1.058
7	5	1	900	1.057
8	5	1	800	1.055
9	5	1	700	1.051
10	10	−1	900	1.056
11	10	0	900	1.055
12	10	1	900	1.054
13	10	1	800	1.053
14	10	1	700	1.050
15	15	−1	900	1.053
16	15	0	900	1.052
17	15	1	900	1.051
18	15	1	800	1.05
19	15	1	700	1.048
20	20	−1	900	1.052
21	20	0	900	1.051
22	20	1	900	1.050

序号	掺杂配比	升温速率①	焙烧温度/℃	四方晶系晶轴比
23	20	1	800	1.049
24	20	1	700	1.046
25	25	1	900	1.049
26	25	1	800	1.047
27	25	1	700	1.043
28	30	−1	900	1.050
29	30	0	900	1.049
30	30	1	900	1.048
31	30	1	800	1.046
32	30	1	700	1.042
33	35	1	900	1.046
34	35	1	800	1.044
35	35	1	700	1.040
36	50	1	900	1.045
37	50	1	800	1.043
38	50	1	700	1.039

① 升温速率：1—快速升温，0—正常升温，−1—慢速升温。

采用 3×2×1 网络结构，利用表 6-38 样本集对网络进行训练，训练次数为 1 万次以上，训练误差为 0.0004，网络输出值与实际目标值间的相关系数为 0.99，训练后获得的结果如图 6-38 所示。

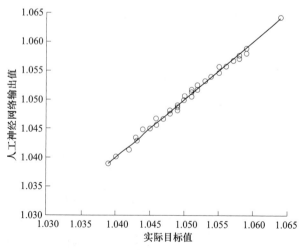

图 6-38　人工神经网络对 $Ca_xPb_{1-x}TiO_3$ 纳米多晶湿敏薄膜训练结果

在网络优化基础上利用遗传算法进行寻优，得到制备最小的四方晶轴比钙掺杂钛酸铅的工艺参数：钙掺杂配比 $x = 0.50$，快速升温，700℃焙烧温度。

利用人工神经网络-遗传算法可以分析预测，在优化工艺条件下合成钙掺杂钛酸铅湿敏薄膜时各单因素对晶轴比的影响规律。具体得到的结果为：

（1）在升温条件和焙烧温度固定的情况下，晶轴比与钙掺杂配比的关系如图 6-39 所示。从图中可以看出，随着钙掺杂配比的增加晶轴比快速减小，但当掺杂配比超过 $x = 0.35$ 之后，随着钙掺杂配比的增加，四方晶轴比的变化减小，曲线下降的趋势渐缓。因此在薄膜元件湿敏性能的研发过程中应采用 $x = 0.35$ 的钙掺杂配比，以保证四方钙钛矿结构的形成，避免正交晶系的钛酸盐的形成。

（2）在固定钙掺杂配比和焙烧温度情况下，升温速率和四方晶轴比的关系如图 6-40 所示。结果表明升温速率增加，四方晶轴比下降。这是由于单位时间内参与反应的组元获得的能量高，迁移速率快，和其他组元碰撞的概率高，形成四方钙钛矿的概率大。而钙的离子半径小于铅的离子半径，钙代位铅后使 c 轴收缩，造成四方晶轴比下降。

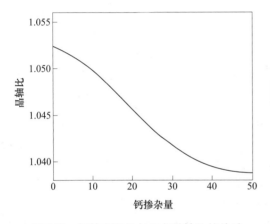

图 6-39　钙掺杂配比与四方晶轴比的关系
（升温条件和焙烧温度固定）

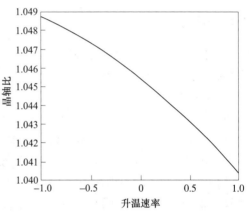

图 6-40　升温速率对四方晶轴比的影响
（固定钙掺杂配比和焙烧温度）

（3）在升温速率和钙掺杂配比固定情况下，四方晶轴比和焙烧温度的关系如图 6-41 所示。随着温度的升高，四方晶轴比增大。这是因温度升高晶体的轴向活动空间增大，而 a、b 轴（该晶系基矢 $a = b$）方向被氧原子占据，不易发生变化，因此相对 c 轴的变化幅度较大，故四方晶轴比（c/a）增加。

由此可见，利用人工神经网络结合遗传算法可对钙掺杂钛酸铅湿敏薄膜体系的制备过程参数进行优化和预报获得最佳性能的工艺参数，以及分析单因素影响四方晶轴比的规律，从而保证了制备工艺的稳定性和实现材料性能的重现性。

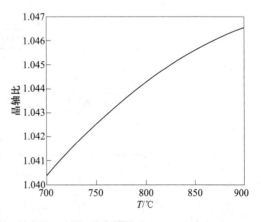

图 6-41　焙烧温度对四方晶轴比的影响
（升温速率和钙掺杂配比固定）

6.4 网络化的计算机优化系统

广义材料的设计方法有演绎法和归纳法。人们在实践中往往优先考虑用归纳法进行材料设计。"材料设计专家系统"是归纳法中的一类典型应用，它是通过收集已有材料数据和知识，并进行整理和分析，建立材料数据库和知识库，从而形成了专家系统实现材料设计。如在前人实验和研究的基础上，对材料领域的知识进行分析、归类，建立了材料的知识库，用于预测材料性能。然而，现有的神经网络（ANN）和遗传算法（GA）等人工智能系统通常都是在单机系统下操作，随着互联网的普及和发展，实现数据库网络化、资源共享已是发展的趋势。本章节仅简单介绍网络化（WEB）的人工神经网络-遗传算法（WEB based ANN-GA）系统的结构和实现方法及工作原理，并用该系统对制备材料的实验结果进行优化、寻优和预测影响因素的作用规律，为扩大规模试验或工业化参数设计提供指导。

6.4.1 系统的结构

常用的网络操作系统有三种：Unix、Linux 和 Windows NT。Unix 系统比较成熟，多用在大型机上运行，可靠性高，但用户界面不够友好，不易操作，且价格昂贵；Linux 系统是借助 Unix 技术发展起来的可在低端计算机上运行的操作系统，但软件和开发工具相对比较少；Windows NT 虽在稳定性上不如 Unix 系统，但界面友好，操作简单，且有大量的应用软件和开发工具，应用较为广泛。因此，这里介绍可供一般实验室使用的系统，选用微软公司的 NT Server 4.0 作为网络操作系统，以 Internet Information Server 4.0（IIS 4.0）作为 WEB 服务器，以 SQL Server 7.0 作为数据库系统。网络化（WEB）的人工神经网络-遗传算法系统基本结构如图 6-42 所示。由图可以看出，系统中包括了数据库维护、遗传算法和神经网络三大模块。系统中的数据库维护模块用于管理用户的材料工艺数据，诸如

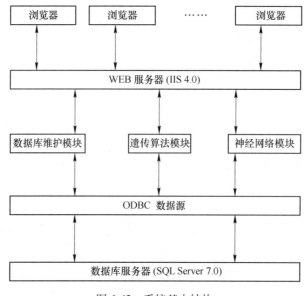

图 6-42 系统基本结构

材料的成分、性能、工艺参数和结构等等；神经网络模块用于建立材料制备工艺的数学模型，以期达到由材料制备的工艺参数预测材料性能的目的；遗传算法模块则是利用神经网络建立的模型，寻找材料制备的最佳工艺参数，以获得材料最优性能的目的。三大模块之间的关系如图6-43所示。系统中用数据库中的工艺参数对神经网络训练后所得的结果，是集成神经网络模块和遗传算法模块的关键。在这个系统中以数据库的形式来管理神经网络的训练结果，如果用户对神经网络训练结果满意，则将训练结果保存，并在数据库中记录，同时与用于训练网络的工艺参数对应起来，实现神经网络训练和预测分离，增大系统的灵活性；保存在数据库中的训练结果可作为神经网络模块和遗传算法模块的纽带，实现无缝连接。下面将分别介绍实现这三大模块的技术。

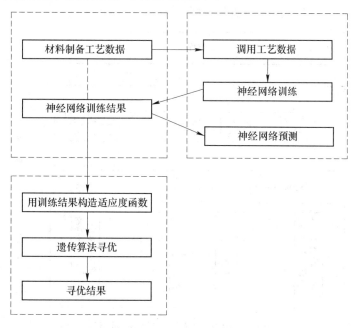

图 6-43　三大模块间的关系

6.4.2　数据维护模块

6.4.2.1　MIDAS 技术

用 Delphi 的多层分布式应用程序服务器技术（MIDAS），以分布式组件模型来实现基于 WEB 的数据库维护模块。利用 Delphi 的 MIDAS 技术建立 WEB 数据库应用程序有两种方式：一是将 MIDAS 技术与 ActiveX 技术相结合，由嵌入到网页中并下载到客户端的 ActiveX 控件或 Activeform 与 MIDAS 数据库应用程序服务器通讯并取得数据；二是将 MIDAS 技术与 WEB Broker 技术相结合，由使用 WEB Broker 技术编制的 WEB 应用程序，从 MIDAS 数据库应用程序服务器取得数据，并在服务器端产生出 HTML（Hyper Text Markup Language）代码，传给客户端。第一种方式的功能强大，因此这里介绍的是第一种方式。

要想使下载到客户端的 Activeform 能对数据库进行操作，首先要构造数据库应用程序服务器。其关键是远程数据模块，该模块通过 Database 及 Table 等数据集组件与远程数据库建立连接，并利用 DatasetProvider 组件为 Activeform 中的 ClientDataset 组件留下数据供应接口。客户端是通过数据供应接口来间接访问数据库。构造好的数据库应用程序服务器可根据均衡负载、提高系统性能的需要，将其运行并注册到相应计算机上。在注册好数据库应用程序服务器后就可编制 Activeform。Activeform 需要一个通讯组件与应用程序服务器连接，Delphi 提供了四种不同的通讯协议，它们是 DCOM、TCP/IP、OLEnterprise、CORBA。考虑到是以 WEB 方式开发，故选用 WEB 方式下广泛使用的 TCP/IP 协议，其所用的通讯组件为 Socket Connection。使用 TCP/IP 协议，应用程序服务器端必须运行一个专门的运行期软件 ScktSrver. exe。客户的请求首先传递给 ScktSrver. exe，然后再创建数据模块的实例，在此基础上，通过 Activeform 中 ClientDataset 的数据接口从应用程序服务器存取数据库，并用 DBGrid 等数据库显示组件显示到 Activeform 上。如此获得与数据库的交互能力，实现数据库维护。数据库模块维护结构如图 6-44 所示。

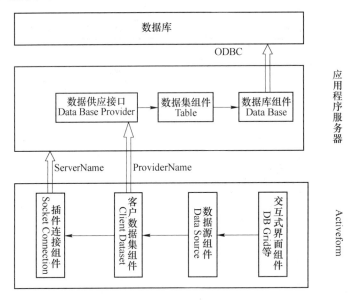

图 6-44   数据库模块维护结构示意图

建立的数据库结构和管理方式，允许注册用户在网页上添加数据、修改数据、删除数据等。

6.4.2.2   数据维护模块的实现

数据维护模块的实现首先要创建应用服务器，其步骤如下：（1）在"New Application"下选 Multitier 页，选 Remote Data Module（远程数据模块）；（2）在远程数据模块上放入数据集控件如 TTable，进行相关设置，使其访问远程 SQL 数据库，TableName 的设置；（3）放入 TDataSetProvider 控件，设置其 DataSet 属性指定要访问的数据库；（4）保存、编译应用服务器。

然后建立客户端程序，用户使用数据库前必须先注册，其步骤如下：（1）用"File"菜单上的"New"命令打开"New Items"选取"ActiveX"页的"Activeform"项；（2）放入连接组件，系统中选择 TSocketConnection，设置其 ServerName 属性，指定和连接应用服务。只要应用服务器已注册并正常运行，这时可以从其下拉列表中直接选择；（3）放入客户数据集组件，即 TClientDataSet，其 Remoteserver 为上一步的连接组件，另外设置 ProviderName 属性，从下拉列表中选取；（4）放入数据源组件 TDataSource，设置 Dataset 属性指向 TClientDataSet；（5）放入用户界面设计组件如 TDBGrid，其 DataSource 属性指向上一步的数据源；（6）使用［project］菜单上的"WEB Deployment Options"，设置有关 Web 发布的选项，主要是指定 Activeform 在 WEB 服务器上的 URL，最后使用［project］菜单上的"WEB Deploy"命令把 Activeform 发布到 Web 服务器上。

当修改了 Activeform 之后，再发布时必须在［project］菜单的 Options 下的 Version Info 页，修改版本号，这样浏览器遇到新版本才会重新下载。

6.4.3 神经网络模块

神经网络模块的编程选用 MATLAB 语言。这是因为 MATLAB 的基本元素是无需定义维数的矩阵，很适合处理涉及大量矩阵运算的神经网络编程问题，而且它还提供了关于神经网络的工具箱，即用 MATLAB 语言构造出了神经网络理论中所涉及的公式运算、矩阵操作和方程求解等大部分子程序，以用于神经网络设计和训练。这样只要根据需要调用相关程序，免除了编写复杂而庞大的算法程序的困扰，所以 MATLAB 在编制神经网络程序和此类程序的执行效率上是其他传统计算语言无法比拟的。此外，MATLAB 还提供了数据库工具箱和 MATLAB WEB 技术，支持数据库操作和 WEB 开发。MATLAB 数据库工具箱允许访问 SQL Server、Oracle、Sybase、Informix 等大部分关系型数据库。MATLAB WEB 技术是采用混合 CGI（common gateway interface）技术对 Web 服务器的扩展，亦即该 Web 服务器扩展程序分为两个部分："瘦"CGI 程序 Matweb. exe 和"胖"伙伴程序 Matlabserver。

6.4.3.1 MATLAB 神经网络工具箱

MATLAB 的神经网络工具箱是用 MATLAB 语言构造出了神经网络理论中所涉及的公式运算、矩阵操作和方程求解等大部分子程序，以用于神经网络设计和训练。由于在人工神经网络的实际应用中，80%～90%的神经网络模型是采用 BP 网络（反向传播误差的多层前馈神经网络）或它的变化形式。因此，就以 BP 网络为例介绍 MATLAB 的神经网络工具箱。

A　确定网络结构

构造神经网络应用的第一步是设计其网络结构，亦即确定网络层数、每层中的神经元数和传递函数。在 MATLAB 中，可用 NEWFF 函数来产生一个可训练的前馈网络，该函数的语法为：

$$\text{NET} = \text{NEWFF}(\mathbf{PR}, \ [S_1 S_2 \cdots S_i \cdots S_N], \ \{\text{TF}_1 \ \text{TF}_2 \cdots \text{TF}_i \cdots \text{TF}_N\}, \ \text{BTF})$$

其中，$\mathbf{PR}$ 是一个由每个输入向量的最大最小值构成的 $R \times 2$ 矩阵；S_i 是第 i 层网络的神经元个数；TF_i 是第 i 层网络的传递函数，传递函数可以是任何可微的函数，MATLAB 提供两个常用的 Sigmoid 型函数（TANSIG 和 LOGSIG）和一个线性型函数（PURELIN）；BTF 是训练函数，可使用的训练函数有 TRAINGD、TRAINGDM、TRAINGDA、TRAINBFG、TRAINLM 等。NWEFF 的返回值是一个对象型数据，即一个网络对象。

B　网络初始化

在网络的结构确定下来后，就要初始化网络的权重和阈值，只有在网络的权重和阈值初始化后才能构成一个可训练的网络。NEWFF 函数会调用 INIT 函数自动地初始化网络，该函数以 NEWFF 返回的网络对象为输入参数，返回一个具有权重和阈值的网络对象。

C   网络训练

在网络结构确定并初始化后，就要训练网络。这时将样本的输入和输出反复作用于网络，不断调整各权重和阈值，以使网络性能函数 NET. performFcn（一般是网络输出和实际输出间的均方差 MSE）达到最小，从而实现输入输出间的非线性映射。

一个训练成功的网络体现在找到了样本输入与输出间的函数关系，这个关系是通过网络的连接权重和阈值这种隐含形式来实现的。

网络训练的函数是 TRAIN，其最基本语法为：
$$NET = TRAIN(NET, \mathbf{P}, \mathbf{T})$$
其中，$\mathbf{P}$ 和 $\mathbf{T}$ 分别为样本输入和输出矩阵。

TRAIN 根据 NEWFF 函数中 BTF 参数确定训练算法，TRAINGD 为梯度法、TRAINGDM 为附加动量梯度法、TRAINGDA 为自适应学习速率法、TRAINBFG 为拟牛顿法、TRAINLM 是勒韦伯格-默库埃兹（Levenberg-Marquardt）算法。各算法的快慢及内存要求依据问题的复杂程度、训练集大小、网络的大小及误差要求的不同而有所不同。一般来讲，对于含有几百个权重的网络，勒韦伯格-默库埃兹算法具有最快的收敛速度，只是它需要大的内存。这里介绍的系统选用的就是这种算法，因为一个基于 WWW 的神经网络系统正是利用某一网站上高性能的计算机资源如内存、CPU 等，以期达到快的训练速度而满足用户的需求。

D   对过拟合的处理

"过拟合"是使用神经网络时经常出现的问题，特别是训练样本较少而网络结构又比较复杂时，更易出现"过拟合"。所谓"过拟合"就是训练集的误差被训练得非常小，而当把训练好的网络用于新的数据时却产生很大的误差的现象，也就是说此时网络适应新情况的泛化能力很差。从本质上讲，如果一个神经网络的非线性能力超过样本数据所包含的信息时，在网络训练过程中就会导致"过拟合"。为了提高网络泛化能力可采取提前结束训练的技术，即将已有的可训练的数据分成两部分：一部分用作训练集；一部分用作监控集，训练集数据用于更新网络权重和阈值，监控集数据不参加训练，而是通过在网络训练过程中计算自身误差的变化来监控网络的训练。在训练的最初阶段，监控误差通常会与训练误差一起不断减小，而当网络训练出现过拟合时，监控误差就会变大。若经过一定迭代次数后，监控误差仍在增大，训练就会被停止，并保留监控误差为最小时的网络权重和阈值。

E   数据预处理

如果对神经网络的输入和输出数据进行一定的预处理，可以加快网络的训练速度。MATLAB 中提供的预处理方法有：（1）归一化处理（将每组数据都变为-1 至 1 之间数，所涉及的函数有 premnmx、postmnmx、tramnmx）；（2）标准化处理（将每组数据都为均值为 0，方差为 1 的一组数据，所涉及的函数有 prestd、poststd、trastd）；（3）主成分分析（进行正交处理，减少输入数据的维数，所涉及的函数有 prepca、trapca）。

由此可见，用 MATLAB 提供的神经网络工具箱可以方便地进行神经网络设计和训练，只需要根据需要调用相关程序，免除了编写复杂而庞大的算法程序的困扰。

6.4.3.2   MATLAB 数据库工具箱

用于神经网络训练的大量样本数据可存于数据库中，MATLAB 提供了数据库工具箱以访问这些数据。该工具箱支持 SQL Server、Oracle、Sybase、Informix 等大部分数据库系统。MATLAB 是通过 ODBC 来访问数据库的，所以要使用 MATLAB 数据库工具箱，首先要为其设置 ODBC 数据源。需要注意的是：对于 Windiows NT 系统而言，为了能在 WWW 方式下使用数据库，必将 ODBC 数据源设为系统数据源（system DSN）。MATLAB 的数据库工具箱命令主要包括：database（用于连接数据库）、exec（用于执行 SQL 查询）、fetch（将查询所得数据存入元矩阵中）等。

6.4.3.3　MATLAB 的 WEB 技术

MATLAB WEB 技术采用的是混合 CGI(common gateway interface) 技术，其"瘦" CGI 程序 Matweb. exe 只负责接收用户输入和把用户输入发送给 Matlabserver，而不做任何其他工作："胖"伙伴程序 Matlabserver 是 Windows NT 的后台运行的"系统服务"，它负责解释并运行后缀为".M"的 WEB 神经网络程序和遗传算法程序，该程序根据用户输入完成数据库连接、进行神经网络和遗传算法计算并获得计算结果等任务，这种处理方式可大大提高系统的性能。为了使 Matlabserver 能正常运行，需做如下工作：

（1）启动 Matlabserver。对于 Windows NT 系统，在"控制面版"中打开"服务"图标，选中 MATLAB Server，单击"开始"按钮启动 Matlabserver；也可将该服务配置成自动启动方式，这样可免去每次手动启动 Matlabserver 的麻烦。

（2）在 WWW 服务器下设置一个可运行 CGI 程序的虚拟目录 CGI-BIN，并将 matweb. exe 和 matweb. conf 放到该目录下。

（3）配置 CGI 程序 matweb. exe 的运行参数，以使其可运行所编制的神经网络程序。实际上，是在 matweb. conf 文件中，添加神经网络程序的名字及路径，格式如下：

［神经网络程序名］

　　　mlserver ＝运行 Matlabserver 的主机名

　　　mldir＝神经网络程序的存在路径。

使用上述各技术可以实现如图 6-45 所示的基于 WEB 的神经网络系统的结构。而 WEB 神经网络程序 anntrain 首先需对由 CGI 传来的参数进行处理，以连接数据库取得样本数据并确定网络结构。然后该程序对样本数据进行标准化处理，并根据不同的防止过拟合的措施来确定训练算法，成功训练后即可得到用于优化和预测。神经网络训练程序框图如图 6-46 所示。该程序函数 anntrain 中的输入参数 instruct 是一个结构数组，用来存放由 input_anntrain. html 经 matweb. exe 传来的变量。p 和 t 是元矩阵变量，存放着样本数据对应的网络输入和网络实际输出，它们是利用数据库工具箱从

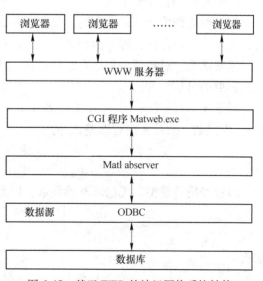

图 6-45　基于 WEB 的神经网络系统结构

数据库中获得的。程序中利用 prestd 函数对 p 和 t 进行标准化处理，并用 prepca 进行主成分分析。之后，取样本数据的 3/4 作为训练集，另 1/4 作为监控集。此后，程序根据训练

集中的数据和用户输入用 newff 函数确定网络结构，并通过 train 函数训练网络。监控集用来防止网络过拟合的出现。当网络训练结束后，htmlrep 函数将所得结果按上述（3）中做好的模板 output_anntrain.html 返回给用户。

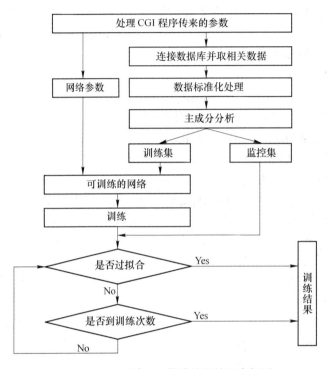

图 6-46　WEB 神经网络模块训练程序框图

6.4.3.4　神经网络的预测传递误差

神经网络训练达到要求之后，就认为对训练集已找到了合适的模型。当用其进行预测时，该模型是否合适，即可信程度有多大，是一个至关重要的问题。

通常认为：对要预测数据存在的误差，这一模型到底会传递多少，在一定程度上可衡量该模型的可信程度。

对于 $y = f(x_1, x_2, \cdots, x_n)$，若 $x_1, x_2, \cdots, x_n$ 的最大绝对误差为 $\Delta_{x_1}, \Delta_{x_2}, \cdots, \Delta_{x_n}$，则函数 y 的最大绝对误差 Δ_y 为

$$\Delta_y = \left| \frac{\partial f}{\partial x_1} \right| \Delta_{x_1} + \left| \frac{\partial f}{\partial x_2} \right| \Delta_{x_2} + \cdots + \left| \frac{\partial f}{\partial x_n} \right| \Delta_{x_n}$$

对神经网络模型，无法求其偏导数，因此采取近似的方法来求

$$\left| \frac{\partial f}{\partial x_i} \right| \approx \left| \frac{f(x_i + \Delta_{x_i}) - f(x_i)}{\Delta_{x_i}} \right| = \left| \frac{\Delta f_{x_i}^{\Delta_{x_i}}}{\Delta_{x_i}} \right|$$

那么，

$$\Delta_y = \left| \frac{\Delta f_{x_1}^{\Delta_{x_1}}}{\Delta_{x_1}} \right| \Delta_{x_1} + \left| \frac{\Delta f_{x_2}^{\Delta_{x_2}}}{\Delta_{x_2}} \right| \Delta_{x_2} + \cdots + \left| \frac{\Delta f_{x_n}^{\Delta_{x_n}}}{\Delta_{x_n}} \right| \Delta_{x_n}$$

$$= \Delta f_{x_1}^{\Delta_{x_1}} + \Delta f_{x_2}^{\Delta_{x_2}} + \cdots + \Delta f_{x_n}^{\Delta_{x_n}}$$

在预测时，若该传递误差较大，可以认为预测结果在该点的可信度较小。

6.4.4　遗传算法模块

由于遗传算法模块中也涉及大量的杂矩阵运算，所以与神经网络算法一样选择 MATLAB 语言来编写遗传算法的程序，而且 MATLAB 的 WEB 技术也为 MATLAB 语言编写的遗传算法程序进行网络化提供了方便。应该提醒的是与神经网络模块不同的是 MATLAB 没有提供遗传算法工具，需要自己编写遗传算法所涉及的编码、解码、选择、交叉（杂交）和变异等子程序。有关遗传算法的技术可参考本书 6.3 章节，这里不再赘述。

6.4.5　系统应用

刘国华等人在国内较早地开发的基于网络化（WEB）的神经网络-遗传算法系统结构和实现方法，它可以用于材料设计的网络化实时计算。这个系统用 ASP 技术实现数据库维护模块中对数据的添加、删除和修改等功能。用以矩阵为基本元素的 MATLAB 语言来构建其核心算法程序，然后借助 MATLAB 的 WEB 技术将所编程序网络化。在神经网络模块中，采用了批处理训练网络的思路，并以具有二阶寻优速率的数值优化算法，如拟牛顿法、勒韦伯格-默库埃兹法和共轭梯度法来完成网络的训练，大大加快了网络的训练速度，可以满足网络计算的需要。用修改性能函数和提前结束训练两类方法解决了神经网络存在的"过拟合"问题，提高了神经网络预测的可靠性以满足材料设计的要求。在遗传算法模块中，以训练好的神经网络为目标函数，并将其转化为适应度函数，用遗传算法来完成寻优过程，即找到材料最优性能及其对应的最佳工艺条件。WEB 遗传算法寻优程序框图如图 6-47 所示。其实现过程是：首先用一个结构体变量 instruct 来获得由 matweb.exe 传来的

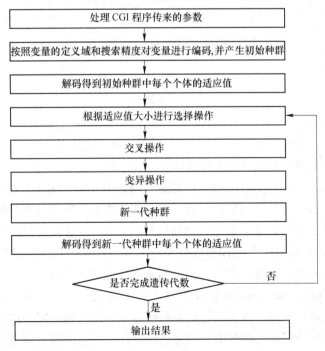

图 6-47　WEB 遗传算法模块程序框图

参数。而后，根据用户要求的求解精度决定编码串长度，用 encoding 函数对神经网络中涉及的变量进行编码，产生一个初始种群。然后，用相对应的解码函数 encoding 对每一个体进行解码，以 FitnessFun 函数的返回值作为各个体的适应度值来进行选择、交叉（杂交）和变异操作，直到达到规定的遗传代数，完成遗传寻优。遗传寻优结果，以及经解码后的最佳个体 var-best 及其适应度值 max（var-best 为最优值点；max 为最大适应度值），经相应转换可得到神经网络的实际响应最优值 target-best。最后，通过结构体变量 outstuct 将 var-best 和 target-best 返回给用户。

这个系统的遗传算法模块的主界面如图 6-48 所示。通常取搜索精度为 0.001，种群大小为 40，杂交（交叉）概率为 0.6，变异概率为 0.1，遗传 30 代，用遗传算法寻找由神经网络确立的函数的最大值和最小值。

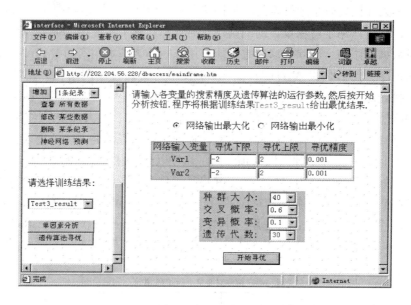

图 6-48　遗传算法模块的主界面

6.4.5.1　使用方法

当用户在浏览器中输入 WEB 神经网络材料设计系统主页的 URL 并且连接成功后，即可使用该系统。首先要用数据库中的样本数据对神经网络进行训练。在浏览器中根据提示选择合适的参数后开始训练网络（网络训练的界面如图 6-49 所示），直至网络的响应值与实际输出间的方差和相关系数满足要求后，网络训练结束。程序会将训练结果以文件的形式保存下来，作为从这些数据中获得的“知识”（这种知识是通过神经元间连结权重的隐含形式来实现的），以供下一步操作新数据预测未知时使用。当用户使用预测程序时，程序会调用训练结果文件，应用已有“知识”对未知数据做出预测。

WEB 神经网络程序 anntrain. m 首先需对由公共网关接口（common gateway interface，CGI）传来的参数进行处理，以连接数据库取得样本数据并确定网络结构。然后该程序对样本数据进行标准化处理，并根据不同的防止过拟合的措施来确定训练算法，成功训练后即可得到用于预测未知的网络。

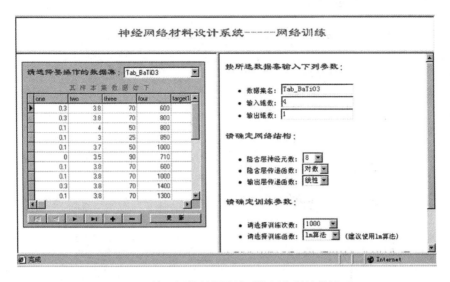

图 6-49 神经网络材料设计系统网络训练的界面

采用提前结束训练和修改性能函数的方法可以有效地防止"过拟合"的出现；在遗传算法模块中，以训练好的神经网络为目标函数，并将其转化为适应度函数，用遗传算法来完成寻优过程，即可找到获得最佳材料性能的工艺条件，或用于分析在优化工艺条件下单因素影响性能的规律。

6.4.5.2 规模化制备应用的实例

A 化学镀制备镍包覆 BN 颗粒工艺参数优化和寻优

联氨还原氨配合化学镀镍体系中影响因素多，且相互作用关系复杂，为得到各因素的影响规律和最佳工艺参数，采用基于网络化的人工神经网络——遗传算法（基于 WEB 的 ANN-GA）技术，对已有的试验数据进行处理，优化联氨还原氨配合化学镀镍包覆 BN 颗粒的工艺参数。小型和放大试验的数据分别列于表 6-4 和表 6-5。

在固定硫酸镍与联氨的比值后，以添加剂硫酸铵浓度、氨水、镀液温度和表面活性剂为网络输入，以镀覆时间为网络的期望输出，在表 6-4 和表 6-5 中选取 44 组不同条件的试验数据对 4×7×1 网络进行训练。成功训练后，神经网络输出值与实测镀覆时间值对比的相关系数为 0.985，方差为 0.855。图 6-50 是训练成功后神经网络的输出值与实测镀覆时间值的对比图。由此图可以看出：训练效果令人满意。根据训练所建立的数学模型对未知实验条件进行预报，并与实验结果比较，结果列于表 6-39。由表可看出预报与实验的结果吻合很好，平均误差为 8.4%。

表 6-39 化学镀镍包覆 BN 实验与预报结果的比较

序号	输 入 变 量				预报 t/min	实验 t/min	误差/%
	$(NH_4)_2SO_4$/g·L^{-1}	NH_4OH/mL·L^{-1}	T/K	SDS/mL·L^{-1}			
1	5.0	100	348	5	17.11	20	14.4
2	10.0	310	345	0	24.29	23	5.6
3	8.0	85	350	5	28.44	27	5.3

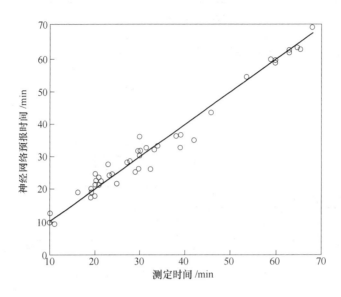

图 6-50　神经网络的输出值与实测镀覆时间值的对比

在用神经网络获得工艺过程的模型后，用遗传算法进行寻优，以确定镍包覆 BN 颗粒的最佳工艺条件。在固定硫酸镍与联氨比值的条件下，对用联氨还原氨配合化学镀制备镍包覆 BN 颗粒粉体材料工艺进行寻优得到：添加剂 $(NH_4)_2SO_4$ 为 5g/L，温度为 345K，氨水 90mL/L，SDS 饱和溶液为 5mL/L 的优化工艺参数。采用优化的工艺条件下，制备出包覆层的平均厚度约为 $2\sim3\mu m$ 的镍包覆 BN 颗粒的粉体材料（如图 6-51 所示）。将此粉体作为前驱体，经后序工艺处理，并经热喷涂实验和性能测试，涂层与基体的结合强度约为 $20\sim30MPa$，抗拉强度（黏结强度）>60MPa，基本符合用户对自磨耗封严涂层材料的要求。

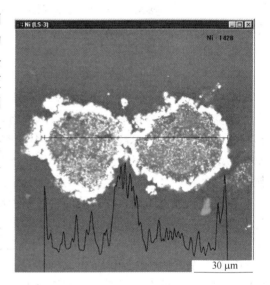

图 6-51　镍包覆 BN 颗粒的形貌和 Ni K_α 线的分布

为了预报各单因素对还原反应时间影响的规律，采用在最优条件下做单因素分析，即分别固定 3 个因素，考查另一个因素对镍包覆 BN 颗粒镀覆时间的影响，计算机预报结果如图 6-52 所示。由图 6-52（a）可知，化学镀镍包覆 BN 颗粒的镀覆时间随添加剂 $(NH_4)_2SO_4$ 含量的增加而增加，这与实验测定的结果相吻合。由图 6-52（b）可以看出，氨水的加入量与镀覆时间的关系在 90mL/L 附近出现最低值，这与实验结果基本一致。同样，还预报了镀覆时间与温度（见图 6-52（c））以及 SDS 饱和溶液的关系（见图 6-52（d）），其结果与实验结果也吻合。

由此可见，基于网络化（WEB）的 ANN-GA 系统可以用于化学镀制备镍包覆 BN 颗粒粉体材料的工艺设计，从而减小了实验研究的工作量，为工业化提供设计工艺参数的依据。

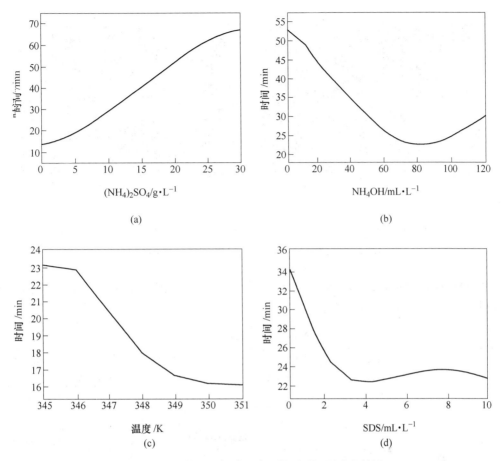

图 6-52　计算机预报单因素对镀覆时间影响的结果

（a）$(NH_4)_2SO_4$ 浓度与镀覆时间的关系；（b）氨水与镀覆时间的关系；

（c）温度与镀覆时间的关系；（d）SDS 饱和溶液与镀覆时间的关系

B　中空纤维镍基板制备工艺参数的优化

纤维镍或中空纤维镍基板电极，具有高比容、高充放电效率，且电极稳定性好，是密封二次 MH-Ni 电池内部镍正极的关键材料。用基于网络化的 ANN-GA 系统程序优化了制备中空纤维镍基板的工艺条件，预报最佳工艺参数和各单一因素的影响规律，并分别用实验和文献中的研究结果进行验证。

中空纤维镍基板制备工艺是将镍粉和中空镍纤维（见图 6-53（a）），以及助剂和造孔剂等制成浆料，去除其中的气体，而后在穿孔镀镍薄钢带上刮浆、干燥，再在 1300K 左右氨裂解气气氛下烧结 20~30min 获得多孔镍基板（见图 6-53（b））。经 SEM 观测表明：中空镍纤维彼此穿插形成网络结构，镍颗粒填充在网络结构的间隙处，这种结构有利提高基板的孔率。

孔率的高低是判断基板性能好坏的重要参数之一。影响中空纤维镍基板孔率的因素很多，如中空镍纤维的含量、造孔剂的种类和含量、浆料中氢氧化镍的含量、烧结温度和时间等等。为研究各因数的影响及寻求最佳工艺条件，在不同条件下进行的 58 组试验，并检测各种试验条件获得多孔镍基板的孔率。以这些试验数据为样本（列于表 6-40），用网

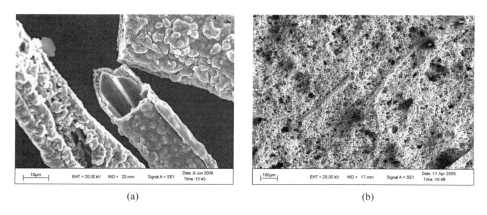

（a）　　　　　　　　　　　　　（b）

图 6-53　中空镍纤维和30%中空纤维镍基板三维网络结构的 SEM 照片

（a）中空镍纤维；（b）30%中空纤维镍基板三维网络结构

络化的 ANN-GA 程序优化工艺参数、建模，寻找最佳工艺条件，并分析、预报各因素的影响规律。

表 6-40　试验数据样本

序号	Ni 纤维含量 $w/\%$	烧结温度 $/K$	烧结时间 $/min$	PVB 含量 $w/\%$	PP 含量 $w/\%$	$Ni(OH)_2$ 含量 $w/\%$	基板孔率 $/\%$
1	0	1323	30				75
2	50	1323	30	2			80
3	50	1323	30	4			80.5
4	50	1323	30	6			80.8
5	50	1323	30	8			80.9
6	50	1323	30			3	77.6
7	50	1323	30	2		3	78
8	50	1323	30	4		3	77.5
9	50	1323	30	6		3	78.2
10	50	1323	30	8		3	77.6
11	100	1323	30	2			80.9
12	100	1323	30	4			82.5
13	100	1323	30	6			82.3
14	100	1323	30	8			83.3
15	50	1323	30		1		78
16	50	1323	30		2		79
17	50	1323	30		3		80
18	50	1323	30		4		84
19	100	1323	30		1		81.5
20	100	1323	30		2		81.6

序号	Ni 纤维含量 w/%	烧结温度 /K	烧结时间 /min	PVB 含量 w/%	PP 含量 w/%	Ni(OH)$_2$ 含量 w/%	基板孔率 /%
21	100	1323	30		3		82
22	100	1323	30		4		83.8
23	50	1323	30	1		1	77.8
24	50	1323	30	2		1	77.5
25	50	1323	30	3		1	77
26	50	1323	30	4		1	76.9
27	100	1323	30			1.3	80.7
28	100	1323	30			3	81
29	100	1323	30			4.3	79.5
30	100	1323	30			5.5	80.7
31	50	1323	30	6	4		82.4
32	50	1323	30	6	4	4	82
33	50	1323	30	6	4	8	82.3
34	50	1323	30	6	4	12	80.5
35	50	1323	30	3	4		81.2
36	50	1323	30	3	2		79
37	75	1323	30	6	4		85.3
38	100	1323	30	6	4		86.5
39	100	1323	5				80.5
40	100	1323	15				81
41	100	1323	45				79.2
42	100	1323	60				79
43	50	1323	5				76.5
44	50	1323	15				75.8
45	50	1323	45				75
46	50	1323	60				71.2
47	50	1100	30				79.3
48	50	1175	30				78.4
49	50	1250	30				78.5
50	50	1315	30				75.8
51	100	1125	30	6			78.3
52	100	1225	30	6			79.6
53	100	1275	30	6			81.3
54	50	1237	30	6	3		85.4
55	50	1325	30	6	3		82.9
56	50	1375	30	6	3		82.8
57	100	1265	30	6	3		84.5
58	100	1325	30	6	3		85.8

注：表中 PVB 为聚乙烯醇缩丁醛（polyvinyl butyral）；PP 为聚丙烯（polypropylene）。

以中空镍纤维含量、造孔剂种类与添加量、骨架厚度、烧结温度和保温时间为网络输入，以基板孔率值为网络的期望输出，用表 6-40 中的试验数据对 6×5×1 网络进行训练。成功训练后，神经网络输出值与实测基板孔率值对比的相关系数为 0.98，方差为 0.63。图 6-54 是训练成功后神经网络的输出值与实测值的对比图。由图可见，训练效果令人满意。根据训练所建数学模型对未知实验条件预报，根据预报进行实验及检测，并与预报结果进行比较，其结果列于表 6-41。由表可看出预报与实验的结果吻合很好。

表 6-41　中空纤维镍基板材料制备工艺实验与预报结果的比较

序号	Ni 纤维含量 w/%	烧结温度 /K	烧结时间 /min	PVB 含量 w/%	PP 含量 w/%	Ni(OH)$_2$ 含量 w/%	基板孔率/%	
							实验值	预报值
1	25	1323	30	0	0	0	77.5	77.5
2	50	1323	30	0	0	0	80	79.5
3	80	1323	30	0	0	0	83	82.9

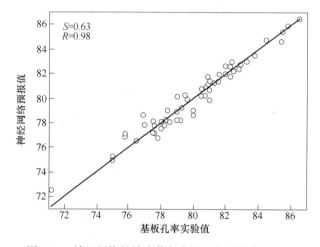

图 6-54　神经网络的输出值与实测基板孔率值的对比

另外，在用神经网络获得工艺过程的模型后，用遗传算法进行寻优，以确定达到材料最佳性能的工艺条件；也可在给定工艺条件，用神经网络预测该工艺条件下的材料性能。对采用的中空纤维镍基板制备工艺进行寻优得到的结果如下：纤维含量为 97%，烧结温度为 1275K，保温时间为 20min，造孔剂 PVB 为 5%，PP 为 3.5%，Ni(OH)$_2$ 为 1%。采用该优化的工艺条件，制备出了性能优异的基板材料，其孔率接近 87%。

为分析、预报各单因素对基板孔率的影响规律，采用在最优条件下做单因素分析，即分别固定中空镍纤维的含量、烧结温度、保温时间、造孔剂种类 5 个因素，考查每一因素对基板孔率的影响，计算机预报结果如图 6-55 所示。由图 6-55（a）可见，基板孔率随着中空镍纤维含量的增加而增加，中空镍纤维对提高基板的孔率的效果很明显。当中空镍纤维的含量高于 67% 时，基板孔率大于 82%。当中空镍纤维的含量超过 90% 时，基板孔率可接近 85%。这与文献的实验结果一致。

由图 6-55（b）可以看出：在研究的温度范围内，随着烧结温度的升高基板孔率有所升高；当温度超过 1300K 时，基板孔率有所下降。这是由于反应烧结，使纤维与颗粒生成

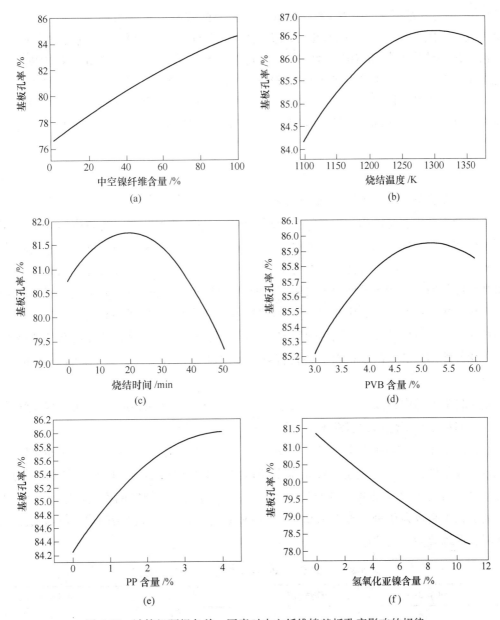

图 6-55　计算机预报各单一因素对中空纤维镍基板孔率影响的规律

（a）基板孔率随中空镍纤维含量的变化；（b）基板孔率随烧结温度的变化；（c）基板孔率随保温时间的变化；
（d）基板孔率随 PVB 含量的变化；（e）基板孔率随 PP 含量的变化；（f）基板孔率随 Ni(OH)$_2$ 含量的变化

聚合体造成孔洞塌陷。该规律与文献的报道吻合。由图 6-55（c）可以看出，实验开始阶段，随着烧结时间的延长基板孔率略有提高。这是由于有机添加剂的气化和逐步排出，而引起基板孔率的增加；但较长的保温时间（超过 20min）可导致空隙封闭、气孔闭合，使基板孔率下降。由图 6-55（d）可见，基板孔率随着造孔剂 PVB 增加而增加，且效果较明显。但其含量不宜过高，这是因为超过 5% 时，PVB 不能完全气化，致使在基板烧结过程中难以形成金属间的熔接点，基板孔率反而下降，这与 Zhu 等的实验研究结果吻合。由图

6-55（e）可见，基板孔率随着 PP 含量（在所研究的范围内）的增加而明显增加，这与文献一致。由图 6-55（f）可以看出，基板孔率随着 Ni(OH)$_2$ 造孔剂含量的增加而减小，这是由于在烧结过程中 Ni(OH)$_2$ 被 H$_2$ 还原成金属 Ni，减少基板 Ni 纤维相对含量，并与纤维烧结；在一定程度上破坏了中空镍纤维的三维网络状结构，导致基板孔率下降。

综上所述，基于网络化的 ANN-GA 系统可以用于中空纤维镍基板材料的工艺设计，从而避免了材料研制过程的盲目性，减小了实验工作量，并为放大实验和工业化工艺参数设计提供了依据。

6.4.5.3　实验室研究中应用的实例

A　在新型耐火材料 O′-Sialon-BN 复合材料的设计中应用

反向凝固新工艺是由钢液中直接生产复合钢板。即由炉底用辊道将普碳钢薄板导入盛有不锈钢钢液的炉中，钢板经过不锈钢液后，从上部导出普碳钢与不锈钢的复合板材或带材。此工艺对炉底狭缝材料提出新的要求是，不仅能承受在钢板生产过程中高温钢水的热冲击和侵蚀，而且还能承受母板导入过程中的摩擦挤压。考虑到 O′-Sialon 材料具有高温强度高、化学稳定性好、抗氧化能力和抗侵蚀能力强，但是断裂韧性不够高；而 BN 具有优良的抗热震性、抗侵蚀性、高温化学稳定性和可机械加工性，但材料的强度和抗冲刷能力及抗氧化性能不好等这两种材料的各自特点，提出制备利用二者优势互补的 O′-Sialon-BN 复合材料。

制备材料实验中，以 SiO$_2$ 和 β-Si$_3$N$_4$ 为原料，再加入 10% 的 BN 后，在高纯氮气保护和适当的埋粉条件下烧结，制备出了 O′-Sialon-BN 复合材料。

在用网络化的 ANN-GA 系统对 O′-Sialon-BN 复合材料的烧结工艺进行优化和寻优过程中，以合成条件：SiO$_2$/β-Si$_3$N$_4$、烧结温度和保温时间为网络输入，以材料的相对密度为网络输出，由表 6-42 中的实验数据对 3×2×1 网络进行训练。神经网络输出值与实测相对密度间的相关系数为 0.98，方差为 0.3，图 6-56 训练成功后神经网络的输出值与实测值的对比图，训练效果令人满意。

表 6-42　合成 O′-Sialon-BN 复合材料的实验数据

序号	SiO$_2$/β-Si$_3$N$_4$	烧结温度/℃	保温时间/h	相对密度/%
1	1	1600	1	88.8
2	1	1650	2	91.2
3	1	1700	3	94.6
4	1.1	1650	3	93.0
5	1.1	1700	1	92.6
6	1.1	1600	2	90.4
7	1.2	1700	2	93.6
8	1.2	1600	3	91.0
9	1.2	1650	1	92.4
10	1.2	1600	1	89.1

续表 6-42

序号	$SiO_2/\beta\text{-}Si_3N_4$	烧结温度/℃	保温时间/h	相对密度/%
11	1.2	1600	2	90.3
12	1.2	1600	3	91.6
13	1.2	1600	4	92.8
14	1.2	1650	2	91.1
15	1.2	1650	3	92.3
16	1.2	1650	4	92.8
17	1.2	1700	1	92.6
18	1.2	1700	2	93.4
19	1.2	1700	3	94.1
20	1.2	1700	4	94.5
21	1	1700	2	92.9
22	1.2	1650	2	92.3
23	1.2	1700	2	93.2

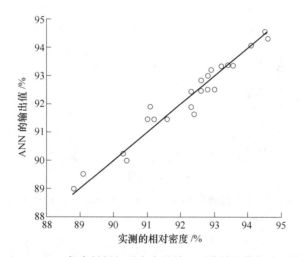

图 6-56 O′-Sialon-BN 复合材料相对密度的神经网络输出值与实测值间的对比

在用神经网络获得工艺过程的模型后，即可给定工艺条件，用神经网络预测该工艺条件下的材料性能。在此基础上用遗传算法进行寻优，以确定达到材料最佳性能的工艺条件。对该工艺进行寻优得到如下结果：$SiO_2/\beta\text{-}Si_3N_4$ 为 1.1，烧结温度为 1700℃，保温时间为 4h。在最优条件下做单因素分析，即固定两个因素，考查另一个因素对材料性能的影响，得到如图 6-57～图 6-59 所示的结果。

由图 6-57 可知，在 $SiO_2/\beta\text{-}Si_3N_4 = 1.1$ 时材料有较大的相对密度，即略高于 O′-Sialon 中的 SiO_2 和 $\beta\text{-}Si_3N_4$ 理论配比。在高温反应烧结过程中会有少量富 SiO_2 的 X 相生成，还有少量的 SiO_2 会生成气态 SiO 并挥发；如果按照 $SiO_2/\beta\text{-}Si_3N_4 = 1$ 的理论配比，必然会造成 $\beta\text{-}Si_3N_4$ 的剩余，故加入过量的 SiO_2；在该配比下，可得到 O′-Sialon 相含量高的 O′-Sialon-BN 复合材料。

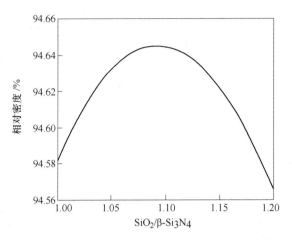

图 6-57　烧结温度 1700℃、保温时间 4h 条件下，O′-Sialon-BN 的相对密度随 SiO_2/β-Si_3N_4 的变化

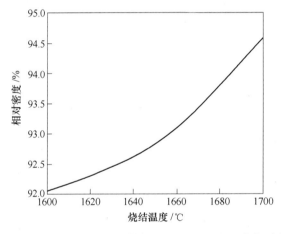

图 6-58　SiO_2/β-$Si_3N_4 = 1.1$、保温时间为 4h 的情况下，O′-Sialon-BN 的相对密度随烧结温度的变化

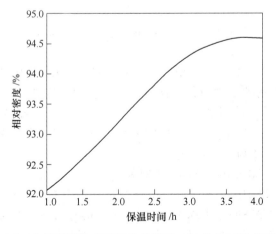

图 6-59　SiO_2/β-$Si_3N_4 = 1.1$、烧结温度为 1700℃ 的条件下，O′-Sialon-BN 相对密度随保温时间的变化

由图 6-58 和图 6-59 可知，较高烧结温度和较长的保温时间可以提高材料的相对密度；但保温时间在 3.5h 以上，相对密度的提高就不太明显了。

在遗传算法寻优的基础上，将 O′-Sialon-BN 复合材料的最佳工艺条件定为：$SiO_2/\beta\text{-}Si_3N_4$ 为 1.1，烧结温度为 1700℃，保温时间是 3.5h。采用最优工艺条件制备出的 O′-Sialon-BN 复合材料，其抗折强度为 170MPa，断裂韧性 $K_{IC} = 4.76MPa \cdot m^{1/2}$。

制备出的材料经 SEM 观测表明：O′-Sialon 形成网络结构，而 BN 颗粒弥散分布在网络结构的间隙处（见图 6-60），这有利于改善材料的力学性能。由图 6-61 可知，O′-sialon 为棒状形态。由图 6-62 可知，BN 颗粒呈不规则形态。

图 6-60 O′-Sialon-BN 的 SEM 照片

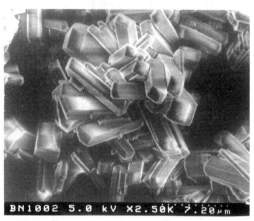

图 6-61 O′-Sialon 的 SEM 照片

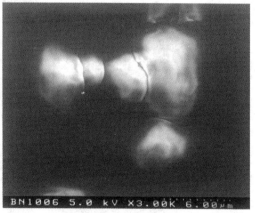

图 6-62 BN 的 SEM 照片

TEM 对这种材料的观测和选区电子衍射分析进一步证实：O′-Sialon-BN 复合材料显微结构是由棒状 O′-Sialon 晶体与不规则层状 BN 交织成（参见图 6-63）。图 6-64 是棒状 O′-Sialon 晶体的 TEM 形貌和它的选区电子衍射花样标定。图 6-65 是不规则层状 BN 的 TEM 形貌及其选区电子衍射花样的标定。

由制备复合板、带材的新工艺所需用炉底狭缝材料的研制过程可以看出，基于网络化的 ANN-GA 系统可以用于材料设计，利用已有实验数据通过神经网络获得材料工艺过程的模型，进而用遗传算法进行工艺过程的寻优，从而可以制备出性能优异的复合材料，大大节省了实验研究过程的人力和物力。

图 6-63   O′-Sialon-BN 的 TEM 照片   图 6-64   O′-Sialon 的 TEM 照片及选区电子衍射标定

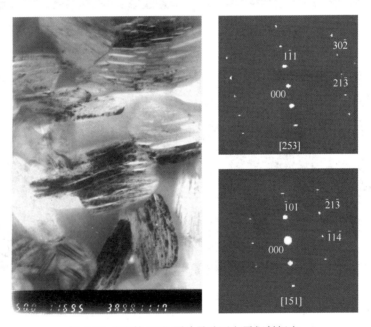

图 6-65   BN 的 TEM 照片及选区电子衍射标定

B   对 AlON-VN 复合材料合成的工艺参数优化和寻优

a   人工神经元网络优化

常压条件下合成 AlON-VN 的实验数据表，共有 24 个样本，如表 6-43 所示。

表 6-43　AlON-VN 复合材料的实验数据

序号	温度/℃	$w(VN)/\%$	$x(AlN)/\%$	抗压强度/MPa
1	1850	4	25	94.38
2	1850	8	25	112.69
3	1850	12	25	170.38
4	1850	4	27.5	135.45
5	1850	8	27.5	154.33
6	1850	12	27.5	162.36
7	1850	8	30	125.38
8	1850	12	30	220.86
9	1800	4	25	68.48
10	1800	8	25	72.60
11	1800	12	25	116.58
12	1800	4	27.5	90.34
13	1800	12	27.5	144.72
14	1800	4	30	56.72
15	1800	8	30	84.84
16	1800	12	30	129.60
17	1750	4	25	61.36
18	1750	8	25	78.34
19	1750	4	27.5	54.65
20	1750	8	27.5	68.74
21	1750	12	27.5	94.32
22	1750	4	30	63.42
23	1750	8	30	76.64
24	1750	12	30	106.20

　　b　神经网络的训练

　　采用基于网络化的神经网络-遗传算法系统对数据进行处理。采用 3×1×3 的网络进行训练，即输入层神经元数为 3，输出层神经元数为 1，隐含层神经元数为 3 的网络结构，训练 1000 次。当训练结束时，方差为 0.64，相关系数是 98.67。图 6-66 为由程序给出的神经网络输出值与实测结果的对比图，从图中可以看出训练的结果是好的。

　　c　神经网络的预测

　　神经元网络一经训练成功，即建立了工艺过程的模型，该模型可以模拟存在于工艺过程中的客观规律，可根据该过程的工艺参数，即 VN 的含量、AlN 摩尔分数、烧结温度预测出未知工艺条件下材料的抗压强度。为了验证模型的可靠性，选取 3 组样本进行了预

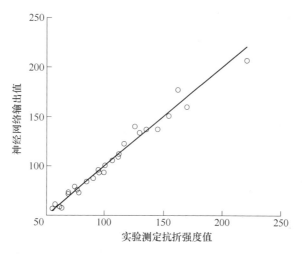

图 6-66　常压合成 AlON-VN 复合材料的神经网络输出值与实测抗压强度值的对比

测，结果如表 6-44 所示。

表 6-44　常压合成 AlON-VN 复合材料的神经网络预报结果与实测结果的对比

$w(VN)/\%$	$x(AlN)/\%$	烧结温度/℃	ANN 预报的抗压强度/MPa	实测的抗压强度/MPa
4	30	1850	93.35	99.81
8	27.5	1800	108.82	111.62
12	25	1750	100.46	100.42

d　遗传算法寻优

在已经训练成功的神经网络的基础上，用遗传算法进行寻优，确定达到复合材料最大抗压强度时所对应的工艺条件为：VN 的含量为 12%，AlN 摩尔分数为 29%，烧结温度为 1850℃。对应的最大目标值为 207.63MPa。

e　单因素分析

为了进一步分析工艺过程，在遗传算法寻优结果基础上进行单因素的分析，即固定其中的两个因素，利用网络模块中的单因素分析模式，分析抗压强度随另一个因素变化的规律。最优条件下的单因素分析结果如图 6-67～图 6-69 所示。由图可以看出：随着 VN 含量的增加，复合材料的抗压强度增加，这是由于 VN 的颗粒弥散强化的结果；而当烧结温度增大时，抗压强度增大，这是因为温度升高，使气孔率降低，基体致密，因而抗压强度增大，当温度过高时会出现过烧现象，抗压强度反而降低。所以高的 VN 的含量，适当的 AlN 摩尔分数和烧结温度是有利于获得性能优良的 AlON-VN 复合材料的。

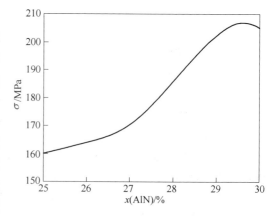

图 6-67　当 $T=2123\text{K}$、$w(VN)=12\%$ 时，AlON-VN 复合材料抗压强度随 $x(AlN)$ 的变化

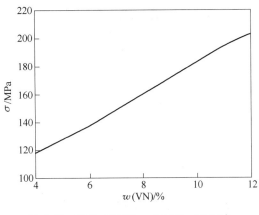

图 6-68 当 $T = 2123K$、$x(AlN) = 29\%$ 时,
AlON-VN 复合材料抗压强度随 $w(VN)$ 的变化

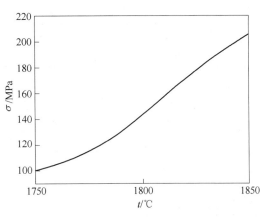

图 6-69 当 $x(AlN) = 29\%$、$w(VN) = 12\%$ 时,
AlON-VN 复合材料抗压强度随 t 的变化

C 在骨支架材料气孔率的预测及优化中应用

气孔率值的高低对骨支架材料至关重要,它不仅提供给细胞增殖、迁移所需较大的比表面积,而且还提供了细胞生长所需的气体、养分和交换环境。在该材料的制备过程中,发现造孔剂与骨料比 m 及烧结温度 t 是影响骨支架材料气孔率的重要因素,而且粉料的平均粒径大小 r 及成形压力 p 也影响骨支架材料的气孔率。这四个影响气孔率的因素相互制约,且呈非线性关系。用正交实验设计的分析方法,只能获得一些定性关系,无法对该材料制备过程进行深入的研究,以满足材料设计的要求。于是用基于网络化的人工神经网络技术来获得这一工艺过程的定量关系和优化,并在此基础上利用遗传算法来完成工艺参数的寻优。下面给出在实验研究制备工艺基础上,利用基于网络化的人工神经网络——遗传算法优化和寻优的操作过程。

a 数据录入

在实验研究制备工艺基础上,利用数据库维护模块提供的界面将表 6-45 中的实验数据输入数据库。

表 6-45 制备多孔骨支架材料的工艺参数及其气孔率

序号	粉料平均粒径 $r/\mu m$	造孔剂/骨料比 m	成形压力 p/MPa	烧结温度 $t/℃$	气孔率/%
1	200	0.4	5	1025	53.5
2	200	0.6	7	1050	54.2
3	200	0.8	9	1075	56.8
4	200	1	11	1100	61.5
5	115	0.4	7	1075	40.6
6	115	0.6	5	1100	49.2
7	115	0.8	11	1025	64.2
8	115	1	9	1050	65.8
9	90	0.4	11	1100	35.9

续表 6-45

序号	粉料平均粒径 $r/\mu m$	造孔剂/骨料比 m	成形压力 p/MPa	烧结温度 $t/^{\circ}C$	气孔率/%
10	90	0.6	11	1075	50
11	90	0.8	5	1050	60.7
12	90	1	7	1025	69.8
13	70	0.4	11	1050	41.8
14	70	0.6	9	1025	58
15	70	0.8	7	1100	55.1
16	70	1	5	1075	62.6
17	200	1	5	1025	69.3
18	90	1	5	1000	72.7

b　神经网络的训练

在对神经网络训练前首先须确定网络的结构，对于一个三层的 BP 网络而言，网络的输入和输出是由问题本身决定的，在这里，影响支架材料气孔率的四个主要因素：粉料平均粒径 r、造孔剂/骨料比 m、成型压力 p 和烧结温度 t 即为网络输入，而各工艺条件下合成材料的气孔率就是网络的期望输出。分别选隐含层神经元数为 2、3 和 4，构成 $4\times2\times1$，$4\times3\times1$ 和 $4\times4\times1$ 的网络结构，都得到较好的训练和预测效果。

在浏览器上根据提示输入选定的网络结构和训练参数后，即可调用已输入数据库中的工艺数据对神经网络进行训练。

当网络训练结束时，得到方差为 0.434，相关系数为 0.999 的训练结果。可见训练的结果令人满意。图 6-70 为由程序给出的神经网络的输出值与实测结果的对比图，从中可以直观地表示出训练的结果。

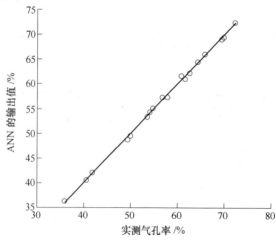

图 6-70　制备骨支架材料的气孔率的神经网络输出值与实测气孔率的对比

c　神经网络预测

神经网络训练成功，就相当于建立起工艺过程的模型，该模型可以模拟工艺过程中的客观规律，即可根据该过程的工艺参数（粉料平均粒径 r、造孔剂骨料比 m、成形压力 p

和烧结温度 t）预测未知工艺条件下支架材料的气孔率。

为了验证模型的可靠性，选两组工艺条件用神经网络进行预测，并按选定的工艺条件进行合成材料实验及材料的气孔率测试。网络的预报结果与实测结果对比列于表 6-46 中。由该表可知，神经网络的预报结果与实测结果吻合得很好，这说明用神经网络建立的工艺过程模型是可信的，可以用来预测未知并进一步来指导实验的进行。

表 6-46 制备骨支架材料的神经网络预报结果与实测结果的对比

工 艺 条 件				ANN 预报的气孔率/%	实测的气孔率/%
$r/\mu m$	m	p/MPa	$t/℃$		
115	0.9	6	1015	69.3	68.9
90	0.5	10	1015	54.4	54.6

d 遗传算法寻优

在训练成功的神经网络的基础上，用遗传算法进行寻优，即可以得到获得材料最大气孔率时对应的工艺条件。寻优结果（得到的工艺条件）为：粉料平均粒径 $r=115\mu m$、造孔剂/骨料 $m=1$、成形压力 $p=5MPa$、烧结温度 $t=1000℃$。

e 单因素分析

为了能更进一步地理解和分析工艺过程，为优化工作提供更多的信息，对遗传算法寻优结果做单因素分析，即在最佳工艺条件下固定其中三个因素，利用神经网络模块中的单因素分析模式，绘制出气孔率随另一个因素变化的曲线，以考查该因素对气孔率的影响。单因素分析的结果如图 6-71~图 6-74 所示。

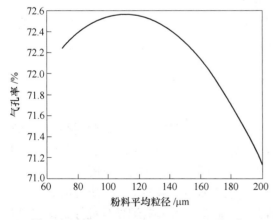

图 6-71 当 $m=1$、$p=5MPa$、$t=1000℃$ 时，气孔率随粉料平均粒径 r 的变化

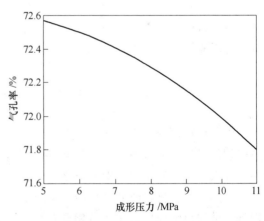

图 6-72 当 $m=1$、$r=115\mu m$、$t=1000℃$ 时，气孔率随成形压力 p 的变化

最优条件下的单因素分析表明：粉料平均粒径和成形压力虽对材料气孔率有一定影响，但效果并不明显。这主要是因为粉料平均粒径和成形压力主要与材料的微气孔有关。不同的粉料料径可与造孔剂形成不同的堆积形式，从而造成不同的堆积空隙，图 6-71 中在粉料平均粒径为 $115\mu m$ 处出现极值，可能是由于此时粉料平均粒径与造孔剂的平均粒径相近而造成较大的堆积空隙。成形压力主要是决定坯体的密实程度，随着成形压力的增加，坯体的密实程度增加，因此气孔率下降（见图 6-72）。

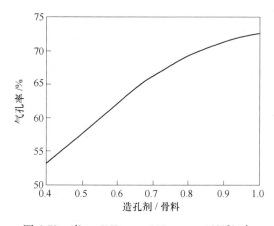
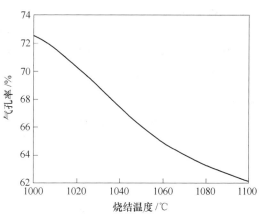

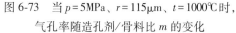

图 6-73 当 $p=5MPa$、$r=115\mu m$、$t=1000℃$ 时，气孔率随造孔剂/骨料比 m 的变化

图 6-74 当 $m=1$、$p=5MPa$、$r=115\mu m$ 时，气孔率随烧结温度 t 的变化

造孔剂在烧结时逸出造成连通开气孔的形成，而随着烧结温度的升高，一些开气孔会变成闭气孔，从而导致气孔率的降低。由图 6-73 和图 6-74 可见，造孔剂/骨料比及烧结温度是影响材料气孔率的主要因素，而且还有挖掘的潜力。因此，尝试用更大的造孔剂/骨料比和更低的烧结温度，以期找到更优的工艺条件，实验结果表明：降低烧结温度大大影响材料的强度，而适当加大造孔剂与骨料的配料比可以在不影响材料强度的情况下增加材料气孔率，所以可以确定最终的最优工艺条件为：粉料平均粒径 $r=115\mu m$、造孔剂/骨料比 $m=1.2$、成形压力 $p=5MPa$、烧结温度 $t=1000℃$。以该优化的工艺条件所制的骨支架材料做细胞相容性实验和动物实验，取得了良好的结果。

综上所述，基于网络化的 ANN-GA 系统可以设计新材料，优化工艺参数，预报新工艺参数，分析各单一因素对预期目标的影响，预报最佳工艺条件，是目前最好的优化技术之一。

6.5 分形几何及应用

随着材料研究的不断深化，人们已经认识到材料的宏观性质与它们的微观结构之间有着密切的联系，只有深入了解微观结构与宏观性能间的关系，以及微观结构在材料的制备、加工工艺和使用过程中的演化，才能有助于新材料的研究、开发和应用。

虽然人们在材料研究过程中，采用由传统的二维截面和材料的平面投影像的数据外推得到三维的材料信息，如从金相显微镜、扫描电子显微镜和透视电子显微镜等获得材料的二维图像，得到晶粒大小、晶粒分布状态以及各相含量等信息。但对同样影响材料性能的微观结构中不规则的晶界、位错、随机分布的微孔隙、微裂纹和微晶相等，以及它们随制备工艺和使用环境的不同的变化规律，采用什么方法来了解和分析，传统方法已无能为力。分形几何的出现，使材料研究工作者可以借助电子计算机技术，采用理论分析、实验制作和模拟三者结合的方法，研究这些不规则物态变化规律和对性能的影响成为可能。

分形（Fractal）一词是曼德尔布罗特（B. B. Mandelbrot）1975 年在其发表的论文中，借用拉丁语"Fractus"一词创出的新的英文单词，意思是"碎片的，不规则的"。1982年曼德尔布罗特在其专著"自然界的分形几何学"中介绍了分形几何的主要内容，随之有关分形几何的研究受到世界许多领域的学者关注。在 20 世纪 90 年代分形几何迅速发展成为新兴的数学分支，专门用来描述自然界的不规则以及杂乱无章现象和行为。人们把分形几何、耗散结构和混沌理论共称为 20 世纪 70 年代科学的三大重要发展。

分形几何学的主要概念是分维（维数可以是分数），是曼德尔布罗特将 1919 年豪斯道夫（Hausdorff）提出的 Hausdorff 维数（分数维数）推广形成分形几何学的。分数维数的概念可用于研究许多物理现象，分形几何学可用来处理不规则的图形和物体形状。所以分形几何是研究和处理自然界和各种工程中不规则图形的强有力理论工具。

分形理论的数学基础是分形几何。作为解释、关联和计算形状的数学语言，分形几何与人们熟知的欧氏几何有许多不同之处。两者的差异如表 6-47 所示。

表 6-47 分形几何学与欧氏几何学的差异

	描述对象	特征长度	表达方式	维 数
欧氏几何学	人造的简单的标准物体，有规则	有	数学公式	零及正整数（1 或 2 或 3…）
分形几何学	自然界中复杂的真实物体，无规则	无	迭代语言	一般为分数（也可以是正整数）

自然界大部分体系不是有序的、稳定的、平衡的和确定性的，而是处于无序的、不稳定的、非平衡的和随机的状态之中，存在着无数的非线性过程。分形理论则揭示了非线性系统中有序与无序的统一，确定性与随机性的统一。它是以自然界中的非线性过程为研究对象，以新的观念、新的手段，透过过程中无序的混乱现象和不规则的形态，揭示隐藏在复杂现象背后的规律的科学。

因此，分形理论的应用非常广泛，几乎涉及了自然科学的各个领域，甚至社会科学领域。近十多年来它在材料科学中也得到较为广泛的应用。

下面简要介绍分形几何的基本概念和几种计算方法以及在材料研究中的一些应用实例。

6.5.1 分形几何与分维计算

分形和不规则形状的几何有关。到目前为止科学家还无法给分形一个统一的、能概括一切内容的、确切严格的定义，只能分析其特征。分形最主要的特征是具有自相似性。分形作为一个数学集是所在空间的紧子集，并具有精细的内部结构，即在所有比例尺度上，其组成部分应包含整体，且彼此是相似的。分形几何区别于欧氏几何：欧氏几何诞生于两千年前，建立在特征长度和比例上，适合于人造物体，可用公式描述，并可与微积分结合，是经典的；而分形几何无特征长度和比例关系，适合于自然物体，用递归算法模拟，否定微积分，是近 20 余年发展起来的近代科学。分形几何适合处理在长度比率或分辨率变化时具有不变性的几何对象，即具有相似性的几何对象。

分形最主要的量是分形维数（分维），用来定量地描述分形集的复杂程度。可用于对比两个分形集的不同粗糙程度。每一个分形集都对应一个以某种方式定义的分形维数，这个维数一般是分数的分形集，但也有整数维的分形集。

6.5.1.1 分形的特征及其维数

针对不同的研究对象，一些学者从不同的角度对分形进行了描述。其中，曼德尔布罗特（Mandelbrot）于 1982 年根据分形具有自相似的特征提出了一个较为实用的定义，即

"组成部分以某种方式与整体相似的形体就叫做分形"。对严格的自相似性称之为"有规分形";在物理上或自然界中存在的分形自相似是近似的或统计意义上的自相似,则称之为"无规分形"。事实上,分形具有其他很多特征和性质,诸如:具有精细的结构,即具有任意的小尺度下的比例细节;不规则性使得它的整体与局部都不能用传统的几何语言来描述;通常具有某种自相似性,可能是近似的或是统计的;按一定方法定义的分形集的分形维数一般大于它的拓扑维数。

用分形维数定量地描述了一个分形集的复杂程度。形形色色的分形维数已成为分形几何的主要工具。这些维数有的有意义,比较科学;而有的理论性差一些,但在应用上也许方便些。最著名的豪斯道夫维数(Hausdorff Dimension)具有对任何分形集都有定义的优点。但缺点是在很多情况下用计算方法很难计算(估算)它的值。

简单的通俗地讲,对于一条长度为 L 的线段,若用一长为 r 的"尺"作为单位去量度,结果是 N "尺"。显然,N 的数值与所用尺的大小有关,它们之间具有如下关系

$$N(r) = \frac{L}{r} \sim r^{-1} \tag{6-65}$$

同理,若用边长为 r 的小方块作为单位,测量一块面积为 A 的平面,则结果为 N 个小方块。同样,测量结果与测量尺度间有类似的关系:

$$N(r) = \frac{A}{r^2} \sim r^{-2} \tag{6-66}$$

用边为 r 的小立方体去测量一个体积为 β 的物体,得到 N 个小立方体,则测量结果与所用测量尺度(测度)间的关系

$$N(r) = \frac{A}{r^3} \sim r^{-3}$$

对于任何一个有确定维数的几何体,若用与它相同维数的"尺"去量度,则可得到一确定的数值 N。测量结果与测量尺度(测度)间关系的数学表达式为

$$N(r) \sim r^{-D_H} \tag{6-67}$$

对上式两边取自然对数,再进行简单运算后,可得

$$D_H = \lim_{r \to 0} \frac{\ln N(r)}{\ln\left(\frac{1}{r}\right)} \tag{6-68}$$

式中,D_H 称为豪斯道夫维数。它可以是整数,也可以是分数;也可是精确表示维数的函数。

6.5.1.2　有规分形及其维数的测定

A　科赫(Koch)曲线

瑞典数学家科赫(H. von Koch)在 1904 年首次提出了如图 6-75 所示的曲线,即科赫曲线。它的生成方法是把一条直线等分成三段,将中间的一段用夹角为 60° 的两条等长的折线代替,形成一个生成元,然后再把每个直线段用生成元进行代换,经无穷多次迭代后就形成了一条有无穷多弯曲的科赫曲线。

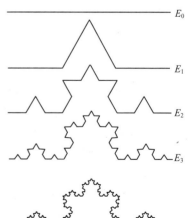

图 6-75　三次科赫曲线

因为曲线的基本单元由 4 段等长的线段构成，每一段的长度为 1/3，即 $N=4$，$r=1/3$；若经过 n 次迭代后，$r=\left(\dfrac{1}{3}\right)^n$，而 $N(r)=4^n$，于是科赫曲线的维数为

$$D_H = \frac{\ln 4^n}{\ln 3^n} = 1.2618$$

D_H 是一个大于 1 的分数，这反映了科赫曲线要比一般的曲线复杂和不规律，分形维数的大小是物体不规则性的度量。

当迭代次数趋近无穷大时，科赫曲线的长度为

$$L(r) = r \cdot N(r) = r^{1-D_H}$$

由此式可以看出，当 $r \to 0$ 时，则 $L(r) \to \infty$。这表明曲线的长度与测量尺度的大小无关，所以一条平面上的科赫曲线的长度是无穷大，面积为零。显然，经典的长度和面积不能描述科赫曲线的大小。

B　谢尔宾斯基（Sierpinski）垫片

谢尔宾斯基（Sierpinski）垫片为有规生长的模型，即将一个等边三角形四等分，得到四个小等边三角形，去掉中间的一个，保留它的三条边，形成一个生成元，然后再将剩下的每个小等边三角形用生成元进行代换，经无穷多次迭代（n）后就形成了如图 6-76 所示的图形，即谢尔宾斯基垫片。

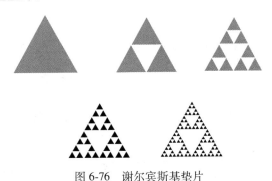

图 6-76　谢尔宾斯基垫片

此时，$N(r)=3^n$，$r=\left(\dfrac{1}{2}\right)^n$，所以其维数为

$$D_H = -\lim_{r \to 0} \frac{\ln N(r)}{\ln r} = \frac{\ln 3^n}{\ln 2^n} = 1.5850$$

6.5.1.3　无规分形及其维数的测定

有规分形具有严格的自相似性，而在自然界中存在大量的分形是无规分形，即它们只具有统计意义上的自相似性。无规分形的维数的计算比较复杂，且因分形的表现形式或形态的不同，其维数的计算方法也各不相同。

A　改变观察尺度求维数

改变观察尺度求维数的方法是用具有特征长度的基本图形，如圆和球、线段和正方形、立方体等，去近似分形图形。例如图 6-77 所示的曲线，先以曲线的一端为起点，然后以此点为中心画一个半径为 r 的圆，把此圆与曲线最初相交的点和起点用直线连接起

来，再把此交点重新作为起点，以后反复进行与上同样
的操作，即可得到一条与原曲线近似的折线。把折线包
含的长度为 r 的线段的总数记作 $N(r)$。如果改变线段的
长度 r，则 $N(r)$ 也要变化。

对于特殊情况，即所测量的是一条直线时，则有

$$N(r) \sim 1/r = r^{-1} \tag{6-69}$$

式中，r 的指数的绝对值 1 与直线的维数是一致的。

但式（6-69）对于形态如海岸线等复杂形状的曲线
就不适合。因为若把基准长度 r 变小时，就可以测到用
较大 r 时被漏掉的细致构造，所以需要用比由式（6-69）
所求得的更多的小线段来近似这样复杂的曲线。这可以

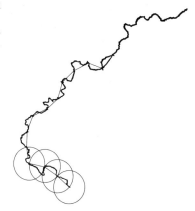

图 6-77　改变观察尺度求维数的方法

用三次科赫曲线来验证。

如图 6-75 所示，当基准长度 r 按 1/3 的倍数递减时，线段总数的变化为：$N(1/3) =
4$，$N((1/3)^2) = 4^2$，$\cdots$，$N((1/3)^k) = 4^k$，或表示为

$$N(r) \sim r^{-\log_3 4} \tag{6-70}$$

式（6-70）的指数项中的 $\log_3 4$ 与三次科赫曲线的维数是相同的。因此，如果某曲线
具有关系

$$N(r) \sim r^{-D} \tag{6-71}$$

即可称 D 为该曲线的维数。对于海岸线或随机行走轨迹的分形维数的测定，多采用这种
方法。

B　根据测度关系求维数

一般来讲，长度为 L，面积 S，体积为 V 时，则有如下关系式

$$L \sim S^{1/2} \sim V^{1/3} \tag{6-72}$$

若把具有 D 维测度的量假定为 X，则上式可变为

$$L \sim S^{1/2} \sim V^{1/3} \sim X^{1/D} \tag{6-73}$$

用式（6-73）可以测定类似于岛屿海岸线的分形维数。
例如有一个像图 6-78 所示的小岛，若小岛的面积为 S，海岸
线的长度为 X。因小岛的面积明显是具有二维测度的量，所
以，根据 $S^{1/2} \sim X^{1/D}$，即可求得海岸线的分形维数 D。具体做
法是先用很小的细格子把所考虑的平面分割为小正方形的集
合体。当单位正方体足够小时，则可以用覆盖整个小岛面积
的小正方形的个数 S_N 来代替小岛的面积 S，用覆盖小岛海岸
线的小正方形的个数 X_N 代替海岸线的长度 X。对大小不同的
岛屿可用同一方法求出其 S_N 和 X_N。如果存在一个 D，它能够
满足下式

$$S_N^{1/2} \sim X_N^{1/D} \tag{6-74}$$

则 D 就是该岛屿海岸线的分形维数。

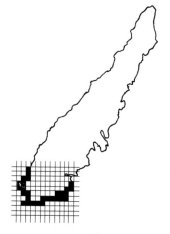

图 6-78　周长-面积方法
测定分形维数

6.5.1.4　分形维数计算方法

测定分形维数的方法很多，较为常用的测定分形维数的方法有：盒计数法、类海岸线法、Sandbox 法、Variation 法等。对于不规则颗粒采用的是测度关系方法中的周长-面积法。

例如，对不规则颗粒测量分数维数时，设颗粒在形貌像中的投影面积为 S，周长为 X。若用周长-面积法，根据测度关系，二者具有如下关系

$$S^{1/2} \sim X^{1/D} \qquad (6-75)$$

利用图像分析仪分别求出同一形貌像中不同颗粒的 S 和 X，并以 $\ln S$ 对 $\ln X$ 作图，若所得为直线，则该直线的斜率 k 与分形维数 D 的关系为

$$D = 2/k \qquad (6-76)$$

具体的处理过程如图 6-79 所示。

6.5.2　分形理论在材料科学中的应用实例

人们在研究材料过程中发现，材料的物理性能与其对应的微观结构之间存在密切的联系。深入了解材料的微观结构与宏观性能的相互关系，有助于材料的开发和应用。传统定量地表征材料微观结构的"体视学"方法是，通过仅能获得材料的二维截面或平面投影的二维图像（如金相显微镜和扫描电子显微镜照片等），来研究材料的三维结构信息，如晶粒平均粒度、晶粒尺寸分布状况和相关相含量等信息。而微观结构中的晶粒边界、晶粒表面、位错线和微裂纹等具有不规则的、不光滑形状的微观组元，它们的不规则程度通常受限于图像的分辨率，很难用欧氏几何来表征，

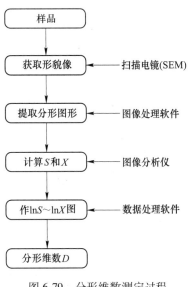

图 6-79　分形维数测定过程

只能采用分形几何来表征，因为分形几何能处理长度比例或分辨率变化时具有不变性的自相似几何形状。在很多情况下材料的生长或材料的破坏是被一些在非平衡条件下进行的过程所控制的。这时，仅用传统的、建立在线性或平衡系统下的理论和方法就不能够全面、准确地描述或解释这些过程及其出现的现象。分形理论的应用就可以辅助地解决这一问题。况且，材料的微观结构与宏观性能也是处在动态变化中的，它们可以依材料制备工艺条件和使用环境的不同而不同，随着过程的进展而演化。因此，研究材料时不可忽视这点。

6.5.2.1　分形理论在研究材料制备过程中的应用

A　实例一　分形理论在研究 O′-Sialon/ZrO$_2$ 复合材料氧化过程的应用

在研究 O′-Sialon/ZrO$_2$ 复合材料的氧化行为过程中，分别将不同 ZrO$_2$ 加入量及不同氧化时间的样品制备成氧化界面剖面样品，在 SEM 观察并拍摄氧化界面的形貌照片。将获得的氧化界面形貌像经图像处理，获得氧化界面的分形图形（二值化图），然后提取边界，用类海岸线法计算氧化界面的分形维数。

通过用类海岸线法计算氧化反应界面的分形维数，从而得到氧化反应时间与维数的关

系以及 ZrO_2 加入量与维数的关系，结果分别示于图 6-80 和图 6-81。

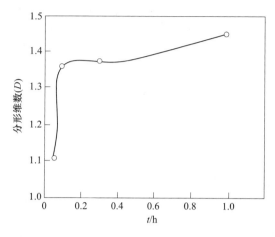

图 6-80　O'-Sialon-ZrO_2 复合材料氧化界面分形维数与氧化反应时间的关系

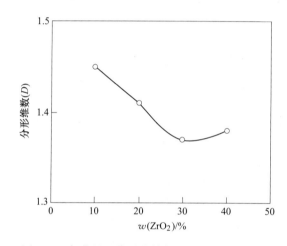

图 6-81　氧化界面分形维数与 ZrO_2 加入量的关系

由图 6-80 可以看出：在氧化反应时间 $0.05 \sim 0.1h$ 范围内，分形维数急剧变化，由 1.11 增大到 1.36。氧化动力学实验分析表明，此时（当分形维数小于 1.36 时），该复合材料的氧化过程受化学反应控制。而在氧化反应时间 $0.1 \sim 0.3h$ 范围内，分形维数变化不大，仅增加到 1.37。氧化 1h 时，氧化界面的分形维数为 1.45。图 6-81 表明，在一定范围内 ZrO_2 加入量的增加使分形维数下降，表明材料抗氧化性能得到改善。

同样运用分形理论类海岸线计算方法，在研究 Mo/β'-Sialon 功能梯度材料烧结过程中的界面行为时，测定烧结界面的分形维数 $D = 1.52$，并认为材料的烧结过程为扩散控速。

B　实例二　在研究红柱石粉体颗粒分解过程形态变化的应用

红柱石在高温下会发生分解（莫来石化）反应。通过观察红柱石粉体颗粒分解过程形态的变化，可以了解红柱石粉体颗粒开始分解的部位，有助解释红柱石莫来石化的历程。把在 1400℃不同分解保温时间处理的红柱石粉末样分散后制成扫描电镜样品，并按图 6-79 所示的过程提取不同颗粒的分形图形。从保温 360min 的试样提取的各种形状颗粒的分形图形（二值化图），如图 6-82 所示。

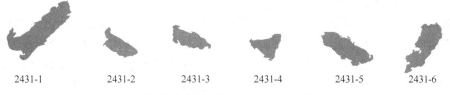

| 2431-1 | 2431-2 | 2431-3 | 2431-4 | 2431-5 | 2431-6 |

图 6-82　红柱石颗粒的分形图形（在 1400℃ 保温 360min 处理）

利用图像分析仪分别测定各个颗粒的面积 S 和周长 L，并作 $\ln(S/S^0) \sim \ln(L/L^0)$ 关系曲线，S^0 和 L^0 为分形图形初始操作量（图像分析仪度量的单位面积和单位长度），结果如图 6-83 所示。

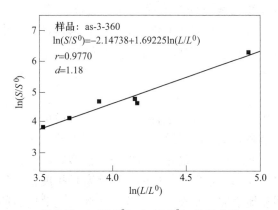

图 6-83　$\ln(S/S^0) \sim \ln(L/L^0)$ 关系曲线

由图中直线的斜率可以计算出经过 1400℃ 保温分解 360min 处理后的红柱石颗粒的分形维数是 1.18。

用同样的方法可以得到在不同条件下分解的红柱石颗粒的分形维数。图 6-84 显示了红柱石颗粒的分形维数与其在 1400℃ 时的保温分解时间的关系。

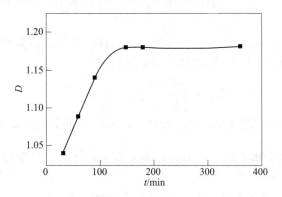

图 6-84　红柱石颗粒分形维数与保温分解时间的关系（1400℃）

对比红柱石的转化率与保温分解反应时间的关系，可以看出，在反应初期，二者具有相似的变化趋势，即转化率和分形维数随时间的变化急剧增大。但在分解反应的中后期，二者的变化有所不同。此时红柱石颗粒的分形维数随反应时间的变化已不明显，而转化率仍在缓慢增大，说明反应仍在进行。

颗粒表面分形维数的变化反映其形貌规整性的变化。在未发生反应时，颗粒表面主要是一些规整的解理面，此时的分形维数近似为 1；当分解反应发生时，产物在表面生成，使表面原来的规整性被破坏，这时颗粒表面的不规则性开始增大，分形维数开始增大，这种维数增大的趋势一直持续到颗粒表面完全被产物所覆盖。反应再继续进行将不会再影响颗粒的形貌，其分形维数也不再变化。

通过上述对红柱石分解颗粒分形特征的研究，进一步说明了红柱石的分解反应是从颗粒的表面开始，由表及里地进行，并由界面化学反应控制。

6.5.2.2 分形理论在研究材料断裂和腐蚀行为中的应用

A 实例一 几类氧化铝陶瓷的分形模型及其性能预测比较

对材料的脆性断裂，经典宏观断裂理论认为裂纹扩展在材料中是以直线形式而传播扩展的。因此，裂纹临界扩展力 G_{crit} 和断裂韧性 K_{IC} 的近似式分别为

$$G_{crit} = 2\gamma_s \tag{6-77}$$

$$K_{IC} = \sqrt{2E\gamma_s} \tag{6-78}$$

式中，γ_s 为材料的单位宏观量度的断裂表面能；E 为弹性模量。

根据材料内部微观断裂方式，已相继提出了一些唯象的、几何断裂分形模型以及层裂损伤演化统计分形模型，如岩石类与复相材料的分形模型。从微观结构（晶粒尺寸）角度来研究裂纹扩展，任何裂纹都不是平直扩展的，而是弯折扩展，断裂表面是粗糙的、凹凸不平的。这种粗糙度明显地增加了断裂表面面积，因此也耗散更多的能量。也就是说，实际的断裂面积要大于宏观量度的面积。对于单位厚度的断裂面积 A，可以认为

$$A_{rel} = \frac{L(\varepsilon)}{L_0(\varepsilon)} A_{macr}$$

式中，$L_0(\varepsilon)$ 为考虑平直裂纹扩展长度；$L(\varepsilon)$ 为裂纹的不规则性扩展在该区域的实际长度；A_{rel} 为实际的断裂表面面积；A_{macr} 宏观度量的断裂表面面积。

陶瓷内部晶粒尺寸越小断裂表面积越大，根据曼德尔布罗特（Mandelbrot）公式

$$L_i(\varepsilon_i) = L_0 D \varepsilon^{(1-D)} \tag{6-79}$$

因考虑微观尺度是晶粒尺寸，即晶粒尺寸是粗糙度下限，度量尺码是 d。当选用 L_0 为单位长度并以 d 表示晶粒尺寸，则裂纹临界扩展力应为

$$G_{crit} = 2 \frac{L(\varepsilon)}{L_0(\varepsilon)} \gamma_s \approx 2\gamma_s d^{(1-D)} \tag{6-80}$$

现以图 6-85 中几类陶瓷微观裂纹扩展（沿晶断裂）的分形模式为例进行计算。

设有 i 种裂纹扩展分形模式，N 为分形单元裂纹扩展的生成数目 $N = \dfrac{L_i}{\varepsilon_{0i}}$；$r$ 为自相似比，$r = \dfrac{\varepsilon_{0i}}{L_{0i}}$；$1/r$ 代表一个分形单元所行走的直线距离。于是

$$D = \frac{\lg N}{\lg \dfrac{1}{r}} \tag{6-81}$$

由此可以计算出相应的分形维数值 D 裂纹临界扩展力 G_{crit} 和微观断裂韧性 K_{IC}^{micro}

$$G_{crit} = 2\frac{L(\varepsilon)}{L_0(\varepsilon)}\gamma_s = 2\gamma_s\left(\frac{1}{r}\right)^{D-1} \tag{6-82}$$

$$K_{IC}^{micro} = \sqrt{EG_{crit}} = \sqrt{2E\gamma_s}\left(\frac{1}{r}\right)^{\frac{D-1}{2}} \tag{6-83}$$

下面针对氧化铝陶瓷的几种脆性断裂分形模型进行计算。

（1）等轴等径晶氧化铝陶瓷的脆断分形模型（Ⅰ）。具有等轴等径晶的单相多晶 Al_2O_3 陶瓷，断裂过程中以沿晶断裂为主（如图 6-85 中 A 和 B 所示），裂纹沿晶界方向上的传播有两种方式，即如图 6-85 中 A 的 1，2，…，5 为一分形单元（沿晶界断裂的 A 情形）和图 6-85 中 B 的 1，2，3 为一分形单元（沿晶界断裂的 B 情形）。根据式（6-82），这两种情形下的分形几何模型分别表示如下。

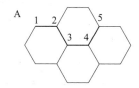

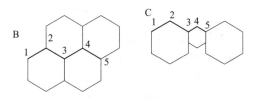

图 6-85　几类氧化铝陶瓷的裂纹扩展与分形模型

A，B—等轴等径晶单相陶瓷内部裂纹两种扩展分形单元；C—等轴非等径晶陶瓷内部裂纹扩展分形单元

图 6-85 中 A 表示为：$N=4$，$r=1/3$，$D^A=1.26$；于是

$$G_{crit}^A = 3^{0.26} \times 2\gamma_s = 1.33 \times 2\gamma_s$$

$$K_{IC}^{micr.\,A} = 1.15\sqrt{2E\gamma_s}$$

图 6-85 中 B 则表示为：$N=2$，$r=1/\sqrt{3}$，$D^B=1.26$；于是有

$$G_{crit}^B = \sqrt{3}^{0.26} \times 2\gamma_s = 1.15 \times 2\gamma_s$$

$$K_{IC}^{micr.\,B} = 1.07\sqrt{2E\gamma_s}$$

计算结果表明：单相陶瓷的沿晶界断裂中 B 情形较 A 情形耗散能小，易于发生；在 A、B 两种情形中微观脆断与宏观脆断机制中的韧性之比分别为 1.15 和 1.07 倍。

（2）等轴非等径晶氧化铝陶瓷的脆断分形模型（Ⅱ）。这类氧化铝陶瓷往往由于氧化铝陶瓷在烧结过程中出现异常晶粒长大现象，或者在氧化铝基体中引入第二相等径粒子（不考虑残余应力的作用），断裂过程中裂纹沿着粗晶粒相（或主晶相）和细晶粒相（或第二相粒子）的晶界方向扩展，如图 6-85 中 C 裂纹扩展的分形单元（1，2，3，4，5）所示。设粗晶粒相的边长为单位长度 1，细晶粒相（或弥散相粒子）的边长为 $q(0<q<1)$，其模型中分形维数 D，裂纹临界扩展力 G_{crit} 和微观断裂韧性 K_{IC}^{micro} 的计算如下。

图 6-85 中 C 裂纹扩展的分形维数

$$N = 2(1 + q) \quad r = \frac{1}{\sqrt{3}(1 + q)} \quad D = \frac{\lg[2(1 + q)]}{\lg[\sqrt{3}(1 + q)]}$$

于是

$$G_{crit} = 2\gamma_s \left(\frac{1}{r}\right)^{1-D} = 2\gamma_s [\sqrt{3}(1 + q)]^{1-\frac{\lg[2(1+q)]}{\lg[\sqrt{3}(1+q)]}}$$

$$= 2\gamma_s [\sqrt{3}(1 + q)]^{\frac{\lg\frac{2}{\sqrt{3}}}{\lg[\sqrt{3}(1+q)]}}$$

经过计算可知，当 0<q<1，D 介于 1.12~1.26。方程两边取对数，得到

$$\lg G_{crit} = \lg(2\gamma_s) + \lg[\sqrt{3}(1 + q)] \times \frac{\lg\frac{2}{\sqrt{3}}}{\lg[\sqrt{3}(1 + q)]}$$

$$= \lg(2\gamma_s) + \lg\left(\frac{2}{\sqrt{3}}\right)$$

所以

$$G_{crit} = \frac{2}{\sqrt{3}} \times 2\gamma_s = 1.15 \times 2\gamma_s$$

$$K_{IC}^{micro} = 1.07\sqrt{2E\gamma_s}$$

计算结果表明，随着两种晶粒尺寸的变化，其分形维数 D 介于 1.12~1.26。但 K_{IC} 和 G_{crit} 则不随晶粒尺寸和分形维数改变而变化，亦即裂纹临界扩展力和微观断裂韧性与弥散相粒子的尺寸无关，其数值与模型（Ⅰ）中的 B 情形相同。早期法布尔和伊万斯（Faber & Evans）关于球形第二相粒子形状与尺寸不能提高裂纹偏转增韧量的结论，也为本模型提供了有力的佐证。

B   实例二   β-Sialon-15R 复相材料抗钢液侵蚀界面的分形特征

为探索 β-Sialon-15R 复相材料在钢液中的侵蚀表面与侵蚀机理之间的关系，用课题组开发的 FDCP 程序对 β-Sialon-15R 复相材料侵蚀后的分形特征进行了研究。实验所用的材料抗钢液侵蚀装置如图 6-86 所示。实验开始时，将若干个 β-Sialon-15R 复相材料试样一同

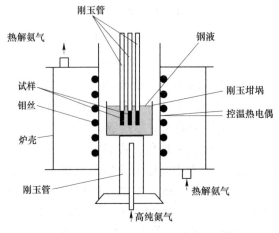

图 6-86   β-Sialon-15R 复相材料抗钢液侵蚀实验装置的示意图

置于恒温的钢液中，然后随侵蚀时间的增加，依次取出单根试样，并对取出的试样表面侵蚀层进行形貌观测。

图 6-87 为不同侵蚀时间侵蚀层断面的 SEM 形貌照片。由图可以看出：随着侵蚀时间的延长侵蚀层增厚，靠近钢水的侵蚀层外侧结构松散，有较多的侵蚀通道，而靠近基体的侵蚀层内侧结构较为致密。

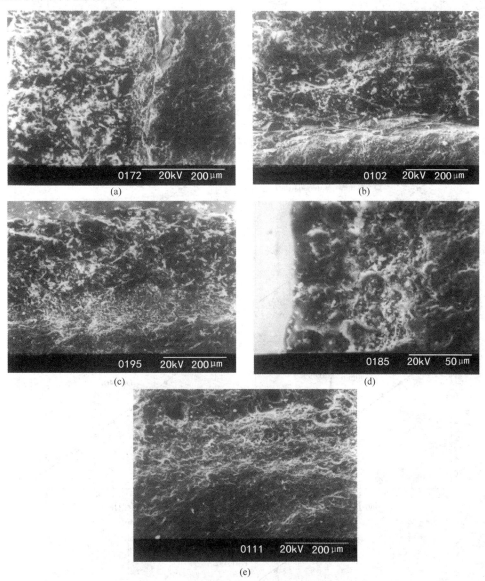

图 6-87　钢液侵蚀 β-Sialon-15R 复相材料不同侵蚀时间侵蚀层的 SEM 形貌照片
（a）侵蚀 10min；（b）侵蚀 25min；（c）侵蚀 40min；（d）侵蚀 55min；（e）侵蚀 70min

获得侵蚀层断面形貌像之后，对形貌像进行图像处理。即进行图像数字化处理，将侵蚀层与基体的界面图形二值化（见图 6-88）后，提取边界即得到侵蚀界面的分形图形。采用改变观察尺度求维数方法测定侵蚀界面分形维数。由式（6-71）知，改变基准尺寸 r 测量分形图形包含有 r 的总数 $N(r)$，由 $\ln N(r) = A + D\ln(r/[r])$ 计算分形维数 D。据此用 FDCP 程序

求出不同侵蚀时间 β-Sialon-15R 试样侵蚀界面的分形维数 D（见图 6-89）。然后将获得的 β-Sialon-15R 试样侵蚀界面分形维数 D 随侵蚀时间的变化作图，结果如图 6-90 所示。

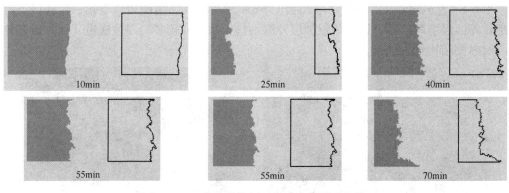

图 6-88　二值化黑白图及提取的侵蚀边界线

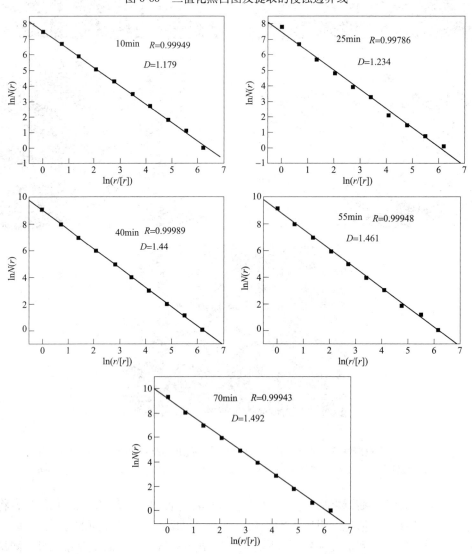

图 6-89　不同侵蚀时间 β-Sialon-15R 试样侵蚀界面的分形维数

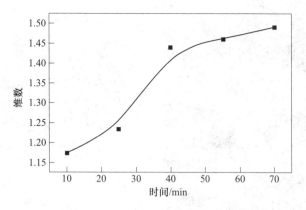

图 6-90　分形维数随浸蚀时间的变化

从图 6-90 中可以看出侵蚀界面分形维数随侵蚀时间的变化规律。即在侵蚀初始阶段（10~25min），随着试样在钢水中侵蚀时间的增加，侵蚀界面的分形维数几乎按直线规律逐渐增加，分形维数在 1.17~1.23 之间。对比钢水侵蚀试样的动力学分析知，这个时间段正处在化学反应控速阶段。在试样侵蚀 25min 到 40min 之间，侵蚀界面的分形维数大幅度增加，分形维数在 1.23~1.44 之间，而动力学分析表明这个时间段正对应于混合控速阶段。在试样侵蚀 40min 以后，侵蚀界面的分形维数增加缓慢，侵蚀 70min 时分形维数才增加到 1.492，这个时间段正对应于动力学分析的扩散控速阶段。可以看出：试样的侵蚀界面分形维数的变化规律与试样在钢水中的侵蚀机理——由初始阶段的界面化学反应控速，经历混合控速，最后过渡到扩散控速的反应机理是相对应的。

6.5.2.3　分形理论在研究单晶硅氧化过程中的应用

研究单晶硅氧化过程中氧化膜生长分形特征发现，单晶硅氧化膜的结构变化规律与其氧化动力学规律相一致。不同氧化时间单晶硅氧化膜的 SEM 观测发现：氧化初期氧化膜呈枝状晶，随着氧化时间的增长氧化物枝状晶发生交叉重叠，两小时后氧化膜逐渐变得均匀致密（见图 6-91）。

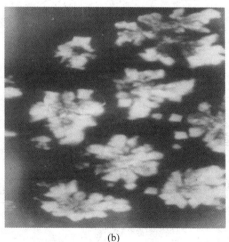

(a)　　　　　　　　　　　　　　　(b)

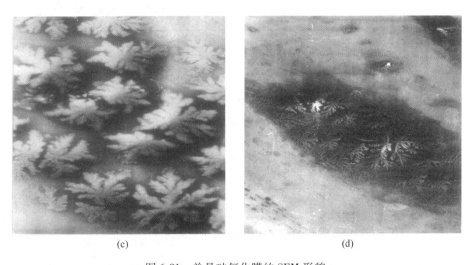

图 6-91　单晶硅氧化膜的 SEM 形貌

（a）自然对流条件下氧化 30min；（b）自然对流氧化 40min；
（c）自然对流氧化 1h；（d）空气流量 120mol/min 氧化 6h

　　单晶硅氧化膜的 SEM 形貌及分形维数计算表明，单晶硅的氧化膜呈"雪花"状，且具有分形特征，用周长-面积法计算不同氧化期的分形维数 D；氧化前期 $D \leqslant 1.35$ 为界面化学反应控制（氧化 10min，$D = 1.38$）；氧化后期 $D \geqslant 1.80$，证实了氧化后期为扩散控制。对不同氧化时间的氧化膜进行分形处理，从而得到分形维数随时间的变化规律（见图 6-92），其曲线走向与氧化动力学曲线走向完全相似。

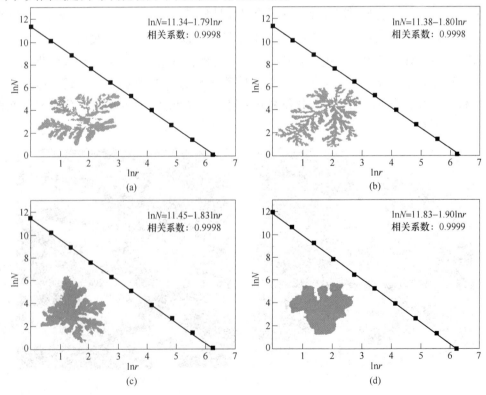

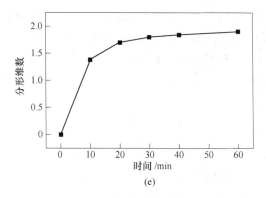

图 6-92 氧化膜的分形维数随氧化时间的变化规律
（a）氧化 20min；（b）氧化 30min；（c）氧化 40min；（d）氧化 60min；
（e）分形维数随时间变化规律

由上述讨论可以看出，氧化膜的形貌变化与其动力学规律相一致。氧化反应初期氧化膜呈"雪花"状，随时间延长呈枝状晶，枝状晶前沿汇合后，氧化反应进入混合控速阶段，氧化膜继续增厚，氧化反应进入扩散控速阶段。

综上所述，分形理论可以对材料的抗氧化性能、抗侵蚀性能，以及颗粒的尺寸分析等进行辅助佐证。

6.6 材料设计的思路

20 世纪 50 年代提出了"材料设计"的思想，到 20 世纪 80 年代逐渐成熟。随着计算机信息处理技术的飞速发展，特别是数据库、知识库、程序库和人工智能等技术的发展，人们把物理化学理论和繁杂的实验数据结合起来，利用归纳和演绎结合的方式对新材料进行设计，于是出现了计算机辅助研究（computer aided research，CAR）和辅助设计（computer aided design，CAD），以及日本三岛良绩和岩田修一等建立的计算机合金辅助设计系统（computer aided alloy design，CAAD），该系统包括：各元素的基本物理化学数据、合金相图、合金物性及其经验公式等等，从而对材料的设计和制备工艺实现了定量控制，并能揭示过程的反应机理。通常做法是将材料领域中的实际问题，经过抽象、概括，建立模型（包括：数学模型、物理模型和数学物理模型），再编制计算机程序或软件，利用计算机进行计算（见图 6-93）。

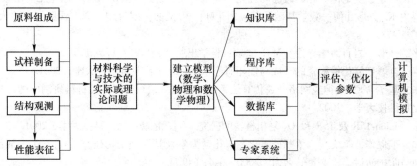

图 6-93 计算机材料设计应用示意图

随着信息技术（IT）的迅猛发展，材料基因组计划逐步成为计算材料领域的一个重要分支，计算机在材料科学中的应用日趋繁荣。随着机器学习（machine learning）的发展、人工智能（AI）技术进一步与材料化学、材料物理等诸多领域融合，不断产生新的突破性成果，智能实验室将成为可能，满足高新科技所需的各种特殊功能材料将不断涌现。

参 考 文 献

[1] 李金宗. 模式识别导论 [M]. 北京：高等教育出版社，1994.

[2] 陈念贻，钦佩，等. 模式识别方法在化学化工中的应用 [M]. 北京：科学出版社，2000.

[3] 刘洪霖，包宏. 化工冶金过程人工智能优化 [M]. 北京：冶金工业出版社，1999.

[4] 李钒，张登君，张慧，等. 中空镍纤维极板及电极研究中模式识别的应用 [J]. 电源技术，1999，23（专刊）：87~90.

[5] 张冠东. 纤维镍电极金属氢化物电池的研究 [D]. 北京：中国科学院化工冶金研究所，1999：22.

[6] 刘建华，模式识别在强化青花瓷研究中的应用 [D]. 北京：北京科技大学，1990.

[7] Zupan J，Gasteiger J. 神经网络及其在化学中的应用 [M]. 潘忠孝，等译. 合肥：中国科学技术大学出版社，2000.

[8] 李钒，张登君，李报厚，等. 影响六方 BN 颗粒表面化学镀镍过程的因素及其 ANN 优化 [J]. 稀有金属，2002，26（5）：336~340.

[9] 玄光男，陈润伟. 遗传算法与工程设计 [M]. 北京：科学出版社，2000.

[10] 刘国华，包宏，李文超. 基于 WWW 的人工神经网络系统的实现方法 [J]. 计算机工程，2001，27（6）：17~19.

[11] 刘国华，包宏，李文超. 基于 WEB 的人工神经网络材料设计系统 [J]. 计算机工程与应用，2001，37（20）：141~142.

[12] 刘国华，包宏，李文超. 用 MATLAB 实现遗传算法程序 [J]. 计算机应用研究，2001，18（8）：80~82.

[13] 刘国华，包宏，李文超. 基于 WWW 的人工神经网络——遗传算法系统的实现 [J]. 计算机工程，2002，28（2）：32~35.

[14] 李钒，王习东，张登君，等. 网络化的 ANN-GA 系统优化中空纤维镍基板制备工艺参数 [J]. 金属学报，2005，41（12）：1293~1297.

[15] Zhu W H，Zhang D J，Zhang G D，et al. Sintering Preparation of Fibrous Plaques Containing Hollow Nickel Fiber [J]. Materials Research Bulletin，1995，30（9）：1133~1140.

[16] 李钒，王习东，张梅，等. 化学镀制备镍包覆 BN 陶瓷颗粒的工艺与优化 [J]. 硅酸盐学报，2006，34（9）：1113~1116.

[17] 李文超，文洪杰，杜雪岩. 新型耐火材料理论基础——近代陶瓷复合材料的物理化学设计 [M]. 北京：地质出版社，2001.

[18] 李钒，王习东，夏定国. 化学镀的物理化学基础与实验设计 [M]. 北京：冶金工业出版社，2011.

[19] 法尔科内 K. 分形几何—数学基础及其应用 [M]. 曾文曲，刘世耀，译. 沈阳：东北大学出版社，1991：42~78.

[20] 谢和平. 分形—岩石力学导论 [M]. 北京：科学出版社，1996：176~198.

[21] 高立春. 自增韧氧化铝陶瓷的合成与性能研究 [D]. 北京：北京科技大学，2001.

[22] 刘国华. 基于 WEB 的神经网络—遗传算法系统及其在骨组织工程支架材料研制中的应用 [D]. 北京：北京科技大学，2002.

[23] 黄向东. Sialon-15R 及 15R-Al_2O_3 复相材料的研究 [D]. 北京：北京科技大学，2001.

[24] 孙贵如，丁保华，李文超. 单晶硅氧化和氮化动力学及其显微结构研究 [C]//第二届海峡两岸材料腐蚀与防护研讨会论文集. 台南，2000：644~649.

附　　录

附录 5　一些元素的 K 系谱线的波长、吸收限和激发电压

元素	原子序数	K_α(平均)/nm	K_{α_2}/nm	K_{α_1}/nm	K_{β_1}/nm	K 吸收限/nm	K 激发电压/kV
Na	11		1.1909	1.1909	1.1617		1.07
Mg	12		0.98889	0.98889	0.9558	0.95117	1.3
Al	13		0.833916	0.833669	0.7981	0.79511	1.55
Si	14		0.712773	0.712528	0.67681	0.67446	1.83
P	15		0.61549	0.61549	0.58038	0.57866	2.14
S	16		0.537471	0.537196	0.503169	0.50182	2.46
Cl	17		0.473056	0.47276	0.44031	0.43969	2.82
Ar	18		0.419456	0.419162		0.38707	
K	19		0.374462	0.374122	0.34538	0.343645	3.59
Ca	20		0.336159	0.335825	0.30896	0.307016	4
Sc	21		0.303452	0.303114	0.27795	0.27573	4.49
Ti	22		0.275207	0.274841	0.251381	0.24973	4.95
V	23		0.250729	0.250348	0.228434	0.226902	5.45
Cr	24	0.229092	0.229351	0.228962	0.20848	0.207012	5.98
Mn	25		0.210568	0.210175	0.191015	0.189636	6.54
Fe	26	0.193728	0.193991	0.193597	0.175653	0.174334	7.1
Co	27	0.179021	0.179278	0.178892	0.162075	0.160811	7.71
Ni	28		0.166169	0.165784	0.15001	0.148802	8.29
Cu	29	0.154178	0.154433	0.154051	0.139217	0.138043	8.86
Zn	30		0.143894	0.143511	0.129522	0.128329	9.65
Ga	31		0.134394	0.134003	0.120784	0.119567	10.4
Ge	32		0.125797	0.125401	0.112889	0.111652	11.1
As	33		0.117981	0.117581	0.105726	0.104497	11.9
Se	34		0.110875	0.110471	0.199212	0.097977	12.7
Br	35		0.104376	0.103969	0.193273	0.091994	13.5
Kr	36		0.09841	0.09801	0.087845	0.086546	
Rb	37		0.092963	0.092551	0.082863	0.081549	15.2
Sr	38		0.087938	0.0875214	0.078288	0.076969	16.1
Y	39		0.0833	0.082879	0.074068	0.072762	17

元素	原子序数	K_α(平均)/nm	K_{α_2}/nm	K_{α_1}/nm	K_{β_1}/nm	K 吸收限/nm	K 激发电压/kV
Zr	40		0.07901	0.078588	0.0701695	0.068877	18
Nb	41		0.07504	0.074615	0.066572	0.065291	19
Mo	42	0.71069	0.0713543	0.070926	0.0632253	0.061977	20
Tc	43		0.0676	0.0673	0.0602		
Ru	44		0.064736	0.06304	0.057246	0.056047	22.1
Rh	45		0.061761	0.0613245	0.054559	0.053378	23.2
Pb	46		0.0589801	0.058542	0.052052	0.050915	24.4
Ag	47		0.0563775	0.0559363	0.049701	0.048582	25.5
Cd	48		0.053941	0.053498	0.0475078	0.046409	26.7
In	49		0.051652	0.051209	0.0454514	0.044387	27.9
Sn	50		0.049502	0.049056	0.0435216	0.042468	29.1
Sb	51		0.047479	0.0470322	0.041706	0.040663	30.4
Te	52		0.0455751	0.0451263	0.0399972	0.038972	31.8
I	53		0.0437805	0.0433293	0.0383884	0.037379	33.2
Xe	54		0.042043	0.041596	0.036846	0.035849	
Cs	55		0.0404812	0.0400268	0.0354347	0.034473	35.9
Ba	56		0.0389646	0.0385089	0.0340789	0.033137	37.4
La	57		0.0375279	0.0370709	0.0327959	0.031842	38.7
Ce	58		0.0361665	0.0357075	0.0315792	0.030647	40.3
Pr	59		0.0348728	0.0344122	0.0304238	0.029516	41.9
Nd	60		0.0356487	0.0331822	0.0293274	0.028451	43.6
Pm	61		0.03249	0.0320709	0.028209	—	—
Sm	62		0.031365	0.030895	0.027305	0.026462	46.8
Eu	63		0.030326	0.029850	0.026360	0.025551	48.6
Gd	64		0.029320	0.028840	0.025445	0.024680	50.3
Tb	65		0.028343	0.027876	0.024601	0.023840	52.0
Dy	66		0.027430	0.026957	0.023758	0.023046	53.8
Ho	67		0.026552	0.026083	—	0.022290	55.8
Er	68		0.025716	0.025248	0.022260	0.021565	57.5
Tm	69		0.024911	0.024436	0.021530	0.02089	59.5
Yb	70		0.024147	0.023676	0.020876	0.020223	61.4
Lu	71		0.023405	0.022928	0.020212	0.019583	63.4
Hf	72		0.022699	0.022218	0.019554	0.018981	65.4
Ta	73		0.0220290	0.0215484	0.0190076	0.018393	67.4
W	74		0.0213813	0.0208992	0.0184363	0.017837	69.3
Re	75		0.0207598	0.0202778	0.0178870	0.017311	—

元素	原子序数	K_α（平均）/nm	K_{α_2}/nm	K_{α_1}/nm	K_{β_1}/nm	K 吸收限/nm	K 激发电压/kV
Os	76		0.0201626	0.0196783	0.0173607	0.016780	73.8
Ir	77		0.0195889	0.0191033	0.0168533	0.016286	76.0
Pt	78		0.0190372	0.0185504	0.0163664	0.015816	78.1
Au	79		0.0185064	0.0180185	0.0158971	0.015344	80.5
Hg	80		—	—	—	0.14923	82.9
Tl	81		0.0175028	0.0170131	0.0150133	0.014470	85.2
Pb	82		0.0170285	0.0165364	0.0145980	0.014077	87.6
Bi	83		0.0165704	0.0160777	0.0141941	0.013706	90.1
Th	90		0.0137820	0.0132806	0.0117389	0.011293	109.0
U	92		0.0130962	0.0125940	0.0111386	0.01068	115.0

附录 6 常用波长不同元素的质量吸收系数（μ/ρ）

（cm^2/g）

元素	原子序数	Ag K_α $\lambda=0.05609nm$	Mo K_α $\lambda=0.07107nm$	Cu K_α $\lambda=0.15418nm$	Ni K_α[①] $\lambda=0.1659nm$	Co K_α $\lambda=0.17902nm$	Fe K_α $\lambda=0.19373nm$	Cr K_α $\lambda=0.22909nm$
H	1	0.371	0.380	0.435	0.47	0.464	0.483	0.545
He	2	0.195	0.207	0.383	0.43	0.491	0.569	0.813
Li	3	0.187	0.217	0.716	0.87	1.03	1.25	1.96
Be	4	0.229	0.298	1.50	1.80	2.25	2.80	4.50
B	5	0.279	0.392	2.39	3.79	3.63	4.55	7.38
C	6	0.400	0.625	4.60	6.76	7.07	8.90	14.5
N	7	0.544	0.916	7.52	10.7	11.6	14.6	23.9
O	8	0.740	1.31	11.5	16.2	17.8	22.4	36.9
F	9	0.976	1.80	16.4	21.5	25.4	32.1	52.4
Ne	10	1.31	2.47	22.0	30.2	35.4	44.6	72.8
Na	11	1.67	3.21	30.1	37.9	46.5	58.6	95.3
Mg	12	2.12	4.11	38.6	47.9	59.5	74.8	121
Al	13	2.65	5.16	48.6	58.4	74.8	93.9	152
Si	14	3.28	6.44	60.6	75.8	93.3	117	189
P	15	4.01	7.89	74.1	90.5	114	142	229
S	16	4.84	9.55	89.1	112	136	170	272
Cl	17	5.77	11.4	106	126	161	200	318
Ar	18	6.81	13.5	123	141	187	232	366
K	19	8.00	15.8	143	179	215	266	417
Ca	20	9.28	18.3	162	210	243	299	463

元素	原子序数	Ag Kα $\lambda=0.05609nm$	Mo Kα $\lambda=0.07107nm$	Cu Kα $\lambda=0.15418nm$	Ni Kα[①] $\lambda=0.1659nm$	Co Kα $\lambda=0.17902nm$	Fe Kα $\lambda=0.19373nm$	Cr Kα $\lambda=0.22909nm$
Sc	21	10.7	21.1	184	222	273	336	513
Ti	22	12.3	24.2	208	247	308	377	571
V	23	14.0	27.5	233	275	343	419	68.4
Cr	24	15.8	31.1	260	316	381	463	79.8
Mn	25	17.7	34.7	285	348	414	57.2	93.0
Fe	26	19.7	38.5	308	397	52.8	66.4	108
Co	27	21.8	42.5	313	54.4	61.1	76.8	125
Ni	28	24.1	46.6	45.7	61.0	70.5	88.6	144
Cu	29	26.4	50.9	52.9	65.0	81.6	103	166
Zn	30	28.8	55.4	60.3	72.1	93.0	117	189
Ga	31	31.4	60.1	67.9	76.9	105	131	212
Ge	32	34.1	64.8	75.6	84.2	116	146	235
As	33	36.9	69.7	83.4	93.8	128	160	258
Se	34	39.8	74.4	91.4	101	140	175	281
Br	35	42.7	79.8	99.6	112	152	190	305
Kr	36	45.8	84.9	108	122	165	206	327
Rb	37	48.9	90.0	117	133	177	221	351
Sr	38	52.1	95.0	125	145	190	236	373
Y	39	55.3	100	134	158	203	252	396
Zr	40	58.5	15.9	143	173	216	268	419
Nb	41	61.7	17.1	153	183	230	284	441
Mo	42	64.8	18.4	162	197	243	300	463
Tc	43	67.9	19.7	172		257	316	485
Ru	44	10.7	21.1	183	221	272	334	509
Rh	45	11.5	22.6	194	240	288	352	534
Pd	46	12.3	24.1	206	254	304	371	559
Ag	47	13.1	25.8	218	276	321	391	586
Cd	48	14.0	27.5	231	289	338	412	613
In	49	14.9	29.3	243	307	356	432	638
Sn	50	15.9	31.1	256	322	373	451	662
Sb	51	16.9	33.1	270	342	391	472	688
Te	52	17.9	35.0	282	347	407	490	707
I	53	19.0	37.1	294	375	422	506	722
Xe	54	20.1	39.2	306	392	436	521	763
Cs	55	21.3	41.3	318	410	450	534	793

续附录6

元素	原子序数	Ag K$_\alpha$ $\lambda = 0.05609$nm	Mo K$_\alpha$ $\lambda = 0.07107$nm	Cu K$_\alpha$ $\lambda = 0.15418$nm	Ni K$_\alpha$[①] $\lambda = 0.1659$nm	Co K$_\alpha$ $\lambda = 0.17902$nm	Fe K$_\alpha$ $\lambda = 0.19373$nm	Cr K$_\alpha$ $\lambda = 0.22909$nm
Ba	56	22.5	43.5	330	423	463	546	<u>461</u>
La	57	23.7	45.8	341	444	475	<u>557</u>	202
Ce	58	25.0	48.2	352	476	486	<u>601</u>	219
Pr	59	26.3	50.7	363	493	<u>497</u>	359	236
Nd	60	27.7	53.2	374	510	<u>543</u>	379	252
Pm	61	29.1	55.9	386		327	172	268
Sm	62	30.6	58.6	<u>397</u>	519	<u>344</u>	182	284
Eu	63	32.2	61.5	<u>425</u>	498	156	193	299
Gd	64	33.8	64.4	<u>439</u>	509	165	203	314
Tb	65	35.5	67.5	<u>273</u>	140	173	214	329
Dy	66	37.2	70.6	<u>286</u>	146	182	224	344
Ho	67	39.0	73.9	128	153	191	234	359
Er	68	40.8	77.3	134	159	199	245	373
Tm	69	42.8	80.8	140	168	208	255	387
Yb	70	44.8	84.5	146	174	217	265	401
Lu	71	46.8	88.2	153	184	226	276	416
Hf	72	48.8	91.7	159	191	235	286	430
Ta	73	50.9	95.4	166	200	244	297	444
W	74	53.0	99.1	172	209	253	308	458
Re	75	55.2	103	179		262	319	473
Os	76	57.3	106	186	226	272	330	
Ir	77	59.4	110	193	237	282	341	502
Pt	78	61.4	113	200	248	291	353	517
Au	79	63.1	115	208	260	302	365	532
Hg	80	64.7	117	216	272	312	377	547
Tl	81	66.2	119	224	282	323	389	563
Pb	82	67.7	120	232	294	334	402	579
Bi	83	69.1	120	240	310	346	415	596

注：下划横线为接近吸收限的质量吸收系数。原子序数 12~45 为 K 吸收限，46~83 为 L$_{III}$ 吸收限。

① 来自另一文献，供参考。

附录 7　同类原子构成各种点阵的结构因子 F_{hkl} 与原子散射因子 f 的关系

点阵类型	简单点阵	底心点阵	体心立方点阵	面心立方点阵[①]	密积六方点阵	
结构因子 F_{hkl}	$F_{hkl} = f$	$h+k=$偶数时，$F_{hkl} = 2f$	$h+k+l=$偶数时，$F_{hkl} = 2f$	h，k，l 为同性指数时，$F_{hkl} = 4f$	$h+2k=3n$（n 为整数），$l=$奇数时，$F_{hkl} = 0$	
					$h+2k=3n$，$l=$偶数时，$F_{hkl} = 2f$	
		$h+k=$奇数时，$F_{hkl} = 0$	$h+k+l=$奇数时，$F_{hkl} = 0$	h，k，l 为异性指数时，$F_{hkl} = 0$	$h+2k=3n+1$，$l=$奇数时，$F_{hkl} = \sqrt{3} f$	
					$h+2k=3n+1$，$l=$偶数时，$F_{hkl} = f$	

① h、k、l 为同性指数系指它们全为奇数或全为偶数；h、k、l 为异性指数系指它们中有两个为奇数，一个为偶数，或者两个为偶数，一个为奇数。

附录 8　多晶体衍射的多重性因子 P

面指数	$(h00)$	$(0k0)$	$(00l)$	(hhh)	$(hh0)$	$(hk0)$	$(0kl)$	$(h0l)$	(hhl)	(hkl)
立方晶系	6			8	12	24[①]			24	48[①]
六方和三角晶系	6		2		6	12[①]		12[①]	12[①]	24[①]
四方晶系	4		2		4	8[①]		8	8	16[①]
正交晶系	2	2	2			4	4	4		8
单斜晶系	2							2		4
三斜晶系	所有反射类型均为 2									

① 系指通常的多重性因子，在某些晶体中具有此指数的两族晶面，其晶面间距相同，但结构因子不同，因而每族晶面的多重性因子应为上列数值的一半。

附录 9　一些物质的特征温度 Θ

物质	Θ/K	物质	Θ/K	物质	Θ/K	物质	Θ/K
Ag	210	Cr	485	Mo	380	Sn（白）	130
Al	400	Cu	320	Na	202	Ta	245
Au	175	Fe	453	Ni	375	Tl	96
Bi	100	Ir	285	Pb	88	W	310
Ca	230	K	126	Pd	275	Zn	235
Cd	168	Mg	320	Pt	230	金刚石	2200
Co	410						

附录 10　德拜函数 $\dfrac{\phi(\chi)}{\chi}+\dfrac{1}{4}$ 之值

χ	$\dfrac{\phi(\chi)}{\chi}+\dfrac{1}{4}$	χ	$\dfrac{\phi(\chi)}{\chi}+\dfrac{1}{4}$	χ	$\dfrac{\phi(\chi)}{\chi}+\dfrac{1}{4}$	χ	$\dfrac{\phi(\chi)}{\chi}+\dfrac{1}{4}$
0.0	∞	1.2	0.867	3.0	0.411	9.0	0.2703
0.2	5.005	1.4	0.753	4.0	0.347	10.0	0.2664
0.4	2.510	1.6	0.668	5.0	0.3142	12.0	0.2614
0.6	1.683	1.8	0.604	6.0	0.2952	14.0	0.25814
0.8	1.273	2.0	0.554	7.0	0.2834	16.0	0.25644
1.0	1.028	2.5	0.466	8.0	0.2756	20.0	0.25411

附录 11　几种成像方法与化学成分分析及晶体分析能力比较

中文名称	英文全名	英文缩写	成像分辨率	成分信息	分析分辨率	晶体学信息
光学显微镜	light optical microscope	LOM	2000nm	刻蚀，干涉颜色	—	浸蚀坑
扫描电子显微镜	scanning electron microscope	SEM	5~50nm（二次电子）	背散射电子 EDS[①] WDS[②]	（500nm）5000nm，150eV 500nm，5eV	选区（2μm）电子沟道像（菊池图）
透射电子显微镜	transmission electron microscope	TEM	0.1nm	EDS[①]	10nm，150eV	电子衍射图 会聚束图 晶格条纹像
扫描透射电子显微镜	scanning transmission electron microscope	STEM	2nm	EDS[①] EELS[③]	40nm，0.1eV	电子衍射图 会聚束图
场离子显微镜	field ion microscope	FIM	1 atom	原子探针	1atom	直接点阵像

① EDS：能量色散 X 射线谱。

② WDS：波长色散 X 射线谱。

③ EELS：电子能量损失谱。

附录 12　一些用于固体化学分析和微量化学分析方法

中文名称	英文名称	英文缩写	可探测最小原子序数的元素	横向分辨率	可探测极限表面，块体	分辨率可达深度	位移	成像
电子探针分析	electron microprobe analysis	EMPA	B	1000nm	单层[①]，$10 \sim 10^3$	—，$1 \sim 3000$nm		扫描
离子探针	Ion microprobe /microscope	IMP	He	10nm	—[②]，$10^{-2} \sim 10$	5nm，2000nm		扫描
二次离子质谱法	secondary ion mass spectroscopy	SIMS	H	1cm	0.01[②]，$10^{-3} \sim 10^0$	$0.3 \sim 2000$nm		
俄歇电子能谱法	Auger electron spectroscopy	AES	Li	50nm	0.01，10^3	0.5nm[③]，0.5nm	(+)	扫描
X 射线光电子谱分析电子谱化学分析	X-ray induced photoelectron spectroscopy	XPS ESCA						
紫外光电子谱法	ultraviolet-induced photoelectron spectroscopy	UPS	He	1mm	0.1，10^3	1nm[②]，5nm	+	
卢瑟福背散射法	Rurherford backscattering spectroscopy	RBS	H		0.01，10^{-3}	10nm，1000nm		
核反应分析活化分析	nuclear reaction analysis	NRA	H	0.1mm	0.01，10^{-3}	10nm，1000nm		
穆斯堡尔谱法	Mössbauer spectroscopy	MS	(少数)		—，1	—，深	+	
内转换电子穆斯堡尔谱法	conversion electron Mössbauer spectroscopy	CEMS	(少数)			—，50nm，μm	+	
扰动角关联技术[④]	Perturbed angular correlation	PAC	(少数)		—，10^{-6}	—，深	+	

① 只可能在低原子序数基体中探测出高原子序数的元素。

② 与材料种类的关系密切。

③ 溅射面积约 2000nm。

④ 扰动角关联技术类似于穆斯堡尔谱法和核磁共振波谱法，都是基于核探针和其局部电磁场超精细相互作用的核技术，是研究超精细相互作用的重要方法，已成为在微观尺度研究材料的重要手段之一。

冶金工业出版社部分图书推荐

书 名	作 者	定价（元）
冶金与材料热力学（本科教材）	李文超	65.00
物理化学（第4版）（本科国规教材）	王淑兰	45.00
冶金物理化学研究方法（第4版）（本科教材）	王常珍	69.00
冶金热力学（本科教材）	翟玉春	55.00
冶金动力学（本科教材）	翟玉春	36.00
钢铁冶金原理（第4版）（本科教材）	黄希祜	82.00
钢铁冶金原理及复习思考题解答（本科教材）	黄希祜	45.00
耐火材料（第2版）（本科教材）	薛群虎	35.00
钢铁冶金原燃料及辅助材料（本科教材）	储满生	59.00
能源与环境（本科国规教材）	冯俊小	35.00
现代冶金工艺学——钢铁冶金卷（第2版）（本科国规教材）	朱苗勇	75.00
炉外精炼教程（本科教材）	高泽平	39.00
连续铸钢（第2版）（本科教材）	贺道中	30.00
电磁冶金学（本科教材）	亢淑梅	28.00
钢铁冶金过程环保新技术（本科教材）	何志军	35.00
有色冶金概论（第3版）（本科国规教材）	华一新	49.00
冶金设备（第2版）（本科教材）	朱 云	56.00
冶金设备课程设计（本科教育）	朱 云	19.00
有色金属真空冶金（第2版）（本科国规教材）	戴永年	36.00
有色冶金炉（本科国规教材）	周子民	35.00
有色冶金化工过程原理及设备（第2版）	郭年祥	49.00
重金属冶金学（本科教材）	翟秀静	49.00
轻金属冶金学（本科教材）	杨重愚	39.00
稀有金属冶金学（本科教材）	李洪桂	34.00
复合矿与二次资源综合利用（本科教材）	孟繁明	36.00
冶金工厂设计基础（本科教材）	姜 澜	45.00
冶金科技英语口译教程（本科教材）	吴小力	45.00
冶金专业英语（第2版）（高职高专国规教材）	侯向东	36.00
冶金原理（第2版）（高职高专国规教材）	卢宇飞	45.00
物理化学（第2版）（高职高专国规教材）	邓基芹	36.00